VORLESUNGEN ÜBER INTEGRAL- UND DIFFERENTIALRECHNUNG

VON

DR. PHIL. GEORG PRANGE

PROFESSOR DER MATHEMATIK
AN DER TECHNISCHEN HOCHSCHULE HANNOVER
† 3. 2. 1941

HERAUSGEGEBEN VON

DR. PHIL. WERNER v. KOPPENFELS

PROFESSOR DER MATHEMATIK
AN DER DEUTSCHEN TECHNISCHEN HOCHSCHULE BRÜNN

ERSTER BAND

FUNKTIONEN EINER REELLEN VERÄNDERLICHEN

MIT 140 ABBILDUNGEN

BERLIN

SPRINGER-VERLAG

1943

ISBN-13:978-3-540-01337-2   e-ISBN-13:978-3-642-92523-8
DOI: 10.1007/978-3-642-92523-8

FRAU HILDEGARD PRANGE

GEWIDMET

Vorwort.

Im Herbst 1940 entschloß sich G. PRANGE zur Herausgabe seiner mathematischen Einführungsvorlesung. Ihren charakteristischen Zug erhält diese Vorlesung durch eine enge Verknüpfung der mathematischen Überlegungen mit physikalisch-technischen Fragestellungen, die einen für den künftigen Naturwissenschaftler und Ingenieur besonders geeigneten Zugang zu den begrifflichen Grundlagen der Infinitesimalrechnung erschließt.

Der vom Verfasser folgerichtig eingehaltene Grundsatz, mathematische Begriffsbildungen erst dann einzuführen, wenn es zwanglos möglich ist und wenn der Leser ihre Notwendigkeit oder die damit verbundenen Vorteile einsehen kann, führt zu einer Darstellung, die in mancher Hinsicht von der üblichen stark abweicht. Beispielsweise wird der Begriff des Differentials und die damit verbundene Schreibweise der Ableitung und des Integrals erst verhältnismäßig spät eingeführt, da die Begriffe Flächeninhalt und Steigung bei den ganzen rationalen und auch bei den einfachsten gebrochenen rationalen Funktionen sich ohne diesen Formalismus sehr einfach behandeln lassen. Erst bei der Begründung der Substitutionsmethode ergibt sich für den Leser zwanglos die Einführung der neuen Symbolik. Der Leser lernt aber nicht erst auf Seite 265 das Integrieren und Differenzieren, wie ein flüchtiger Blick in das Inhaltsverzeichnis befürchten läßt.

Ähnlich verhält es sich mit dem Prinzip der Reihenentwicklung, das dem Leser schon sehr bald nahe gebracht wird, und zwar in der Form: Zerlegung einer vorgelegten Funktion in eine ganze rationale Näherungsfunktion und eine Verbesserungsfunktion (Rest). Der Verfasser verzichtet bewußt darauf, das Rechnen mit unendlichen Reihen (Differenzieren, Integrieren usw.) in der üblichen Weise gesondert zu behandeln, weil er den Anfänger dazu erziehen will, bei allen Entwicklungen den Rest „mitzunehmen". Da dies bei den einfachen Funktionen, die in der mathematischen Einführungsvorlesung behandelt werden, keine Schwierigkeiten bietet, so erübrigen sich in diesem Rahmen die Überlegungen über das Rechnen mit Potenzreihen, die dem Verständnis des Anfängers erfahrungsgemäß große Schwierigkeiten bereiten und oft mehr Schaden als Nutzen bringen. In der ganzen Vorlesung behält er das formal umständlichere, aber begrifflich einfachere Rechnen mit Näherung und Rest bei, das die neueren Autoren auch erst bei der Ableitung der binomischen Reihe aufzugeben pflegen, um die hier etwas mühsame Abschätzung des Restes zu vermeiden. Da aber der Begriff der gleichmäßigen und ungleichmäßigen Annäherung an Hand der gegebenen Entwicklungen sorgfältig herausgearbeitet wird, so fehlt dem Leser nichts zum Verständnis. einer modernen Darstellung der Reihenlehre.

Die Grundlage des Buches bildet eine außerordentlich umfangreiche Niederschrift der Vorlesung, die Herr Studienassessor H. THIELE (Hannover) nach den Manuskripten des Verfassers in langjähriger, entsagungsvoller Arbeit hergestellt hat. Ihm gebührt an' dieser Stelle der erste Dank.

Da G. PRANGE sehr bald nach dem Abschluß des Vertrages mit dem Springer-Verlag erkrankte, war es ihm nicht mehr möglich, mit der Überarbeitung des Manuskriptes zu beginnen. Es liegen also keine Anhaltspunkte dafür vor, wie er sich die Kürzung der außergewöhnlich breit gehaltenen ersten Niederschrift gedacht hatte. Als mir der Verlag die Herausgabe antrug, sah ich die große Schwierigkeit dieser Aufgabe darin, eine Kürzung im Verhältnis 2,5 zu 1 durchzuführen, ohne den Aufbau und Charakter der Prangeschen Darstellung zu zerstören und ohne wesentliche Abschnitte ganz fortzulassen. Durch eine straffere Gliederung der Darstellung, bei der es sich als nötig erwies, einzelne Abschnitte neu zu fassen, hoffe ich, die Form gefunden zu haben, die dem Verfasser vorschwebte.

Bei dieser Arbeit hat mir mein Assistent, Herr H. EPHESER, durch kritische Bemerkungen und wohldurchdachte eigene Vorschläge wertvolle Hilfe geleistet. Ich danke ihm herzlich für seine ausgezeichnete Mitarbeit.

In der vorliegenden Darstellung konnten zahlreiche Anregungen berücksichtigt werden, die Herr F. SCHOBLIK (Brünn) beim Lesen der Korrekturen gab. Ich bin ihm sowie den Herren H. SCHÄFER (Braunschweig) und R. WEYRICH (Brünn) für freundliche Ratschläge zu Dank verpflichtet.

Der Verlag hat in bekannter Großzügigkeit trotz der erschwerten Umstände das unverzögerte Erscheinen dieses Bandes ermöglicht und ihm die beste Ausstattung gegeben. Die Drucklegung des zweiten Bandes, in dem die Funktionen mehrerer Veränderlicher einschließlich der Vektorrechnung behandelt werden, ist für das nächste Jahr in Aussicht genommen.

Das Buch soll die Widmung tragen, die der Verfasser ihm mitgegeben hätte.

Brünn, April 1942. **v. KOPPENFELS.**

Inhaltsverzeichnis.

Zweites Kapitel.

Die gebrochenen rationalen Funktionen und ihre Flächeninhaltsfunktionen.

Drittes Kapitel.

Ausbau der Differential- und Integralrechnung.

Viertes Kapitel.

Die einfachsten irrationalen Funktionen und ihre Integrale.

Einleitung.

Die Darstellung der Integral- und Differentialrechnung in dieser Vorlesung verfolgt das Ziel, die mathematischen Denkmittel zu entwickeln, die sich einerseits für die wissenschaftliche *Erforschung der Natur* in der Physik und den ihr verwandten Zweigen der Naturwissenschaft und andererseits für die *Beherrschung der Natur* in der wissenschaftlichen Technik als unentbehrlich erweisen. In dieser Zielsetzung kommt ein grundsätzlicher Unterschied gegenüber dem Mathematikunterricht, wie ihn die höhere Schule bietet, zum Ausdruck. Um diesen Unterschied klar herauszuarbeiten, wollen wir uns zunächst das Unterrichtsziel, dem unsere heutige höhere Schule nachstrebt, vergegenwärtigen.

Als Idealziel des Unterrichts stellen sich die deutschen höheren Schulen die universelle Entwicklung der menschlichen Geisteskräfte, ohne daß dabei die eine oder andere Seite bevorzugt werden soll. Alle Typen der höheren Schule lehnen es ab, für einen bestimmten Beruf vorzubereiten und stellen als Ziel die Allgemeinbildung des Schülers hin. Wenn auf den einzelnen Schulgattungen die Lehrgegenstände verschieden gewählt werden, so soll damit nur der spezifischen Begabung des Schülers Rechnung getragen werden, um jeweils auf dem für ihn angemessenen Wege seine formale Durchbildung um so sicherer zu erreichen. Alle Schulgattungen sind sich dabei, sosehr sie sonst auseinandergehen, darüber einig, daß ohne eine eingehende Beschäftigung mit der Mathematik dieses Ziel nicht erreicht werden kann. Fragen wir nach den Gründen hierfür, so werden wir gleichzeitig Wesen und Ziele der Schulmathematik vor Augen haben.

Am einfachsten erhalten wir eine Antwort, wenn wir den historisch ältesten Typ unserer Schulgattungen, das humanistische Gymnasium, betrachten. Der Leitgedanke dieses Schultyps ist der, über die Sprache in die Kultur des klassischen Altertums einzudringen und durch Betrachtung der einfachen und durchsichtigen Erscheinungen der Kulturentwicklung von Hellas und Rom den Schüler das Verständnis für die soviel kompliziertere Kultur seiner derzeitigen Umwelt gewinnen zu lassen. Warum beschäftigt man sich da auf dem humanistischen Gymnasium so ausführlich mit der Mathematik? Keineswegs deshalb, weil sie geeignet wäre, das Verständnis für die technische Seite der Kultur des Altertums und ihre Bedeutung im Rahmen der Gesamtkultur zu erschließen. Gewiß hat für die antike Kulturwelt auch die

Technik ihre große Bedeutung gehabt, aber die Zeit des Neuhumanismus, die das humanistische Gymnasium schuf, hat gerade diese Seite der antiken Kultur mehr oder weniger bewußt übersehen. Ihre verhältnismäßig so bedeutende Stellung im Lehrplan dieser vorwiegend sprachlich eingestellten Schulgattung verdankt die Mathematik vielmehr der Überlieferung, daß PLATO die Mathematik als unerläßlich für die Ausbildung des menschlichen Geistes angesehen habe. PLATOS Mahnung: „*Μηδεὶς ἀγεωμέτρητος εἰσίτω!*" über dem Tor seiner Akademie fordert freilich die mathematische Ausbildung nicht als Selbstzweck, sondern sie soll gleichsam die Vorbereitung für das Eindringen in die Philosophie PLATOS, die *Ideenlehre*, sein. Niemand, so will er sagen, könne diese verstehen, der nicht durch die Schule der Mathematik gegangen sei, und in der Tat hat ja die Platonische Ideenlehre mit ihrer Umbildung des Allgemeinbegriffs zum Idealbegriff im mathematischen Denken ihre Wurzel. Die „Ideen" der Platonischen Philosophie stehen zu den ihnen zugehörigen wirklichen Dingen der Welt in dem gleichen Verhältnis wie die Begriffe der Geometrie zu den Dingen unserer Umwelt, die zu ihrer Ausbildung Anlaß gegeben haben, z. B. wie der geometrische Begriff der geraden Linie zu einer mit dem Zeichenstift auf dem Papier gezogenen Geraden. Sollte die Geometrie diese Aufgabe einer Hilfswissenschaft für die Platonische Philosophie erfüllen können, so mußte sie freilich von den Problemen des praktischen Lebens losgelöst und zu einem reinen Begriffssystem umgestaltet werden. So ist es in der Tat Plato gewesen, der, sowenig er Fachmathematiker war, den Antrieb zu der systematischen Darstellung der mathematischen Erkenntnis gab, wie sie sich (gegen 300 vor Christus) in den *Elementen* des EUKLID auskristallisiert hat. Hier ist jede Beziehung zu den Anwendungen abgestreift, und zwar so weit, daß die geometrischen Konstruktionen des EUKLID für Zwecke des praktischen Konstruierens auf dem Zeichenbrett kaum brauchbar sind. Dafür erhält der logische Aufbau des Systems eine unübertreffliche Darstellung. Der Neuhumanismus dachte folgerichtig im Sinne PLATOS, wenn er diese „Euklidische" Geometrie an den Anfang des mathematischen Unterrichts in den Schulen stellte, wenngleich sie bei den hohen Ansprüchen an die Abstraktionsfähigkeit des Schülers kaum als zweckmäßiger Lehrgegenstand auf der Unter- und Mittelstufe der Schule gelten kann.

Gewiß ist die Euklidische Geometrie heute nicht mehr der alleinige Gegenstand des mathematischen Unterrichts, aber auch für die anderen mathematischen Stoffgebiete, die die Schule behandelt, ist der Geist der Euklidischen Geometrie richtunggebend geblieben. Man könnte meinen, das hätte anders werden müssen, als man neben dem humanistischen Gymnasium die anderen Schultypen „realer" Tendenz entwickelte. Denn die Errichtung dieser „Realschulen" habe doch unter anderem auch den Sinn gehabt, die Mathematik aus ihrem Zusammenhang mit den

Problemen des praktischen Lebens auf der Schule begreifen zu lehren. Indessen behielt man auch hier im wesentlichen die gleiche Form des mathematischen Unterrichts bei. Der Hauptgrund hierfür mag der sein, daß man auch bei den „realen" Anstalten an dem formalen Ziel der „allgemeinen Bildung" festhielt und dem mathematischen Unterricht nach wie vor die Schulung des logischen Denkens als Aufgabe zuwies.

So kommt es, daß der Absolvent einer deutschen höheren Schule vielfach kaum etwas davon weiß, daß die Griechen neben der „systematischen" Mathematik, die heute losgelöst von den Zwecken der Anwendung in Naturwissenschaft und Technik rein als Selbstzweck dasteht, noch eine *andere* Art, Mathematik zu treiben, kannten, eine Mathematik, die in lebendiger Fühlung mit dem praktischen Konstruieren und Rechnen stand. Von dieser sind uns auch nur verhältnismäßig wenige Bruchstücke überliefert, so z. B. die sog. „*Heronische Dreieckformel*"

$$F = \sqrt{s\,(s-a)\,(s-b)\,(s-c)} \qquad \left(s = \frac{a+b+c}{2}\right),$$

die den Dreiecksinhalt aus den der unmittelbaren Messung leicht zugänglichen drei Seiten des Dreiecks zu berechnen lehrt, und die in das System des EUKLID so gar nicht hineinpaßt.

Daß bis in die Zeit PLATOS (427—347 v. Chr.) bei den Forschern die mathematische Wissenschaft aufs engste mit der Praxis des Naturforschers und Ingenieurs verknüpft war, ersieht man aus einer uns überlieferten Bemerkung, nach der PLATO den ihm befreundeten ARCHYTAS, einen sehr bedeutenden Forscher der Zeit[1], getadelt habe, weil er *die Geometrie auf Mechanik und Maschinenkunst* angewendet und damit die Würde der Mathematik ganz vernichtet habe. Nun wird gewiß eine solche Bemerkung ein arges Mißverstehen des großen Denkers bedeuten, aber sie enthält doch den richtigen Kern, daß Plato die eigentliche Aufgabe der wissenschaftlichen Mathematik in anderer Richtung sah. Die mathematische Forschung hat das freilich nicht gehindert, hier ihre Aufgabe im allgemeinen Rahmen weiter zu spannen. Wie bei ARCHYTAS findet sich bei den großen Forschern auch nach PLATO meist die enge Verknüpfung neuer mathematischer Erkenntnisse mit neuen Fortschritten in der Naturerkenntnis und der Naturbeherrschung, wenn auch unter PLATOS Einfluß die äußere Darstellung der mathematischen Forschungsergebnisse jene Form erhielt, deren unübertreffliches Vorbild die Euklidischen Elemente sind.

Daß die Griechen eine verhältnismäßig bedeutende Ingenieurwissenschaft entwickelt haben müssen, ist wohl nach den Überresten der Bau-

---

[1] Er spielte auch als politischer Führer seiner Heimatstadt *Tarent* eine bedeutende Rolle.

ten des klassischen Altertums selbstverständlich. In den überlieferten historischen Schriften lesen wir andererseits viel von den Großtaten der Kriegsingenieure. Als Beispiel möge der Bericht über die Kämpfe der sizilianischen Griechen mit den Karthagern angeführt werden. Wir lesen da, wie der Sieg der Griechen in der entscheidenden Schlacht dieses Krieges (bei Akragas) dadurch errungen wurde, daß es den Griechen mit Hilfe ihrer Wurfmaschinen gelang, die zum Angriff vorgeführten Kriegselefanten der Karthager auf das eigene Heer zurückzutreiben. Noch bekannter ist die (von der Sage ausgeschmückte) Tätigkeit des ARCHIMEDES (287?—212 v. Chr.) als Kriegsingenieur, die im zweiten Punischen Kriege den langen Widerstand von Syrakus bei der Belagerung durch die Römer ermöglichte. Auch alles übrige, was wir vom Lebenswerk des ARCHIMEDES wissen, offenbart uns, wie bei diesem größten mathematischen Genie des Altertums das wechselseitige Durchdringen theoretischer Erkenntnis und ihrer Auswirkung in der Naturerforschung, wie in der Praxis der Technik, auf glanzvoller Höhe stand[1]. Wenn wir EUKLID und ARCHIMEDES als Vertreter der beiden verschiedenen von uns skizzierten Geistesrichtungen in der mathematischen Forschung und Lehre gelten lassen, so können wir sagen, daß sich die Schulmathematik, wenigstens ihrem Wesen nach, an EUKLID orientiert hat, während die Vorlesung über höhere Mathematik an der Technischen Hochschule sich den ARCHIMEDES als Vorbild wählen muß. Denn die mathematische Ausbildung ist hier nicht Selbstzweck, sondern soll dazu dienen, den Techniker für seinen Beruf mit einem wertvollen Werkzeug auszurüsten.

Um gemäß diesem Ziel den Rahmen der Vorlesung abzustecken, müssen wir vorab das Wesen der Ingenieurtätigkeit zu kennzeichnen suchen. Solche allgemeinen Definitionen haben immer etwas Unbestimmtes än sich. Vielleicht kann man sagen, die Technik habe die Aufgabe, die Schätze der Natur für den Menschen nutzbar zu machen und die Naturkräfte in seinen Dienst zu stellen. Diese Aufgaben, die sich übrigens in mannigfacher Weise durchdringen, hat der Mensch zunächst in primitivster Weise in Angriff genommen. Wachsende Erfahrung und damit verbunden Spezialisierung ließ die Handwerke mit der Summe ihrer Berufskenntnisse entstehen. Eine Technik im heutigen Sinne aber hat sich erst im Anschluß an die *wissenschaftliche Erforschung der Naturerscheinungen* entwickelt, als es gelang, die Summe der handwerklichen Erfahrungen mit den Ergebnissen der exakten Naturwissenschaft zu einer *Ingenieurwissenschaft* zu verschmelzen. Weist man der *Technik*

---

[1] Zu den bedeutendsten mathematischen Leistungen des ARCHIMEDES gehört seine Berechnung des Flächeninhaltes und des Schwerpunktes des Parabelsegmentes, die er in enger Verknüpfung mit Vorstellungen und Begriffen der Mechanik durchgeführt hat (vgl. § 2, 12, S. 47 ff.). Mit der Behandlung dieser und ähnlicher Probleme, die dem Gebiet der Infinitesimalrechnung angehören, eilte er seiner Zeit um mehr als eineinhalb Jahrtausende voraus.

die Aufgabe der *Naturbeherrschung* zu, so zeigt diese Entwicklung mit größter Deutlichkeit, wie richtig der alte Spruch ist:

Naturae non imperatur, nisi parendo.

Eine Beherrschung der Natur läßt sich nur so erreichen, daß man sie nach ihren eigenen Gesetzen zum Wirken zwingt. Daß in der Tat technisches Schaffen nur auf der Grundlage sorgfältigster Naturbeobachtung möglich ist, zeigt die Geschichte an vielen Beispielen, von PYTHAGORAS und ARCHIMEDES an bis zu LEONARDO DA VINCI (1452—1519). Bei ihnen allen paart sich die exakte Naturbeobachtung des Forschers mit der schöpferischen Tat des Ingenieurs.

Wenn dann auch die Naturwissenschaft selbständig wird, sich ihre eigenen Ziele setzt und nicht mehr bewußt, sondern nur noch mittelbar für die Fortentwicklung der Technik arbeitet[1], so bleibt sie doch der Mutterboden, in dem die technische Arbeit wurzelt. Daher sind die Leitgedanken, die die Forschungsmethoden der Naturwissenschaft bedingen, und die Mittel des Denkens, mit denen sie ihre Einzelergebnisse zu einem organischen Ganzen vereinigt, auch für die Technik notwendige Bestandteile ihrer Denk- und Arbeitsweise. Untersuchen wir daher, welche Rolle die Mathematik in der exakten Naturwissenschaft spielt, so werden wir uns zugleich über ihre Bedeutung für die Technik klar werden.

Man hört oft, die exakte Naturwissenschaft sei ein Kind der Neuzeit, ihre Entwicklung setze etwa um 1600 ein und beginne mit der Erforschung der Gesetze der Statik und der Aufklärung der Fallbewegung durch GALILEI (1564—1642). Hier habe man zuerst gelernt, die Naturerscheinungen mit Hilfe mathematischer Überlegungen zu verstehen. Das ist nur bedingt richtig, denn die Anwendung der Mathematik zur Beschreibung und Aufklärung von Naturerscheinungen haben bereits die hellenischen Forscher des Altertums gelehrt, als sie die *Astronomie* entwikkelten. Im Gegensatz zu den komplexen und vielfach miteinander verschlungenen Naturvorgängen auf der Erde sind die Himmelserscheinungen fast einfach zu nennen, und die Beobachtung der Gestirne, auf die die Menschen von jeher viel Mühe verwendet haben, ließ deutlich die Gesetzmäßigkeit ihrer Bewegung erkennen. Aus dem umfangreichen Beobachtungsmaterial, wie es die Babylonier angehäuft hatten, konnte der hellenische Forschergeist in ewig bewundernswerter Arbeit eine kinematische Theorie der Planetenbewegung gewinnen, die es ermöglichte, die Stellung der Planeten am Himmel für eine gewisse Zeit vorauszuberechnen. Mit Maß und Zahl wurden die Himmelserscheinungen er-

---

[1] Die Naturwissenschaft, deren Methode die Untersuchung der reinen Einzelerscheinung geworden ist, hat heute für die komplexen Vorgänge eines technischen Prozesses sehr oft nur geringes Interesse. Daher muß heute der Ingenieur meist eigene Forschungen über die für ihn wichtigen Naturvorgänge anstellen.

faßt und mathematische Überlegungen ermöglichten ihre Beschreibung und gedankliche Nachbildung. Wer von der heutigen Form der exakten Naturwissenschaft auf ihre geschichtliche Entwicklung schließen wollte, könnte glauben, daß die in der Astronomie so erfolgreiche Methode alsbald auch zur Beschreibung der Naturerscheinungen auf der Erde herangezogen wäre. Indessen, sosehr uns heute eine quantitative Auffassung der Naturerscheinungen selbstverständlich erscheint, zunächst lag sie dem Menschen ganz fern. Die Vorstufe aller Naturerkenntnis, die instinktive anschauliche Naturbeobachtung, geht keineswegs auf quantitative Erkenntnis aus. Je stärker die Intuition entwickelt ist, um so mehr ist die Aufmerksamkeit auf das *qualitative* Geschehen gerichtet. Wir finden heute noch bei Dichtern und Philosophen, die die Nachfahren jener „*Seher*“ sind, denen die Menschheit die ersten Naturbeobachtungen verdankt, eine scharfe Abneigung gegen die Verquickung des Geschehens mit der Zahl, mit dem messenden Experiment. Man braucht nur an die Opposition GOETHES, der seinerseits doch die „beschreibenden“ Naturwissenschaften, die Botanik, Zoologie, Mineralogie, durch wichtige Entdeckungen bereichern konnte, gegen NEWTONS Optik zu denken und kann in einem Physikbuch aus dem Besitz SCHOPENHAUERS die wütende Randbemerkung finden:

> „Es fragt sich *was?* und nicht *wieviel?*
> Der Teufel hol’ Euren Kalkül!“

Daher wird man verstehen, daß es der griechischen Forschung noch nicht gelang, den gleichen Schritt, der aus der Himmelsbeobachtung die Wissenschaft der Astronomie gemacht hatte, für das physikalische Geschehen auf der Erde zu wiederholen, wenngleich der Gedanke, daß in den Naturvorgängen quantitative Beziehungen verborgen liegen, gelegentlich auftaucht. Man denke an die Beobachtungen der Tonintervalle und ihre Abbildung durch einfache Zahlenverhältnisse, die schon dem PYTHAGORAS geläufig waren. Erst ARCHIMEDES macht bei seinen Forschungen aus der Mechanik mit diesem Gedanken Ernst. Es gelingt ihm, die einfachen quantitativen Gesetze der Statik starrer Körper (Hebelgesetz) und der Hydrostatik (Auftrieb) mit mathematischen Mitteln festzulegen. Nicht einmal in der Mechanik aber hat sich das weiter auswirken können, geschweige denn in anderen Zweigen der Physik. Mit dem Tode des ARCHIMEDES ist die große schöpferische Zeit der hellenischen Wissenschaft zu Ende.

Zwar blieb die Wissenschaft in dem anschließenden *hellenistischen Zeitalter* noch Jahrhunderte lang auf beachtenswerter Höhe, bevor sie sich endgültig zum Niedergang neigte; den einmal abgesteckten Rahmen aber hat sie nicht mehr zu durchbrechen vermocht. Sie hatte nicht mehr die innere Triebkraft, um eine geistige Einstellung der Zeit zu überwinden, die in der *Philosophie des Aristoteles* ihren prägnanten Ausdruck fand. Bei Aristoteles wird gelehrt, daß *Quantität* und *Qualität* gegensätzliche Begriffe seien, die einander ausschließen[1]. Als Quantitäten sollen dabei nur die sog. „addierbaren" Dinge gelten, wie Längen, Flächeninhalte, Gewichte usw. Daß hier der *Größenbegriff* auftreten muß, liegt auf der Hand. Beispielsweise wird man der Strecke, die durch Aneinanderreihen zweier gleicher Strecken entsteht, die *doppelte* Länge der Teilstrecken beilegen. Hier kommt man also unmittelbar zum *Messen*, d. h. zu einer *Zuordnung von Zahlen.* Anders aber stand Aristoteles (384—322) den Erscheinungen gegenüber, die er als *Qualitäten* bezeichnete. Freilich diente ihm diese Bezeichnung als eine Art Sammelbegriff, unter dem er alles zusammenfaßte, was nicht Quantität in seinem Sinne war, z. B. ebensowohl die Eigenschaften einer geometrischen Figur wie physikalische Erscheinungen, Farbe, Temperaturzustand usw. Für diese Dinge schien ihm eine Kennzeichnung durch Zahlen ganz ausgeschlossen.

Die Einstellung der Philosophie des Aristoteles wurde von um so größerer Bedeutung, als bei den Völkern des islamischen Kulturkreises, die nach dem Untergang der antiken Welt der Wissenschaft eine gewisse, wenn auch beschränkte Pflege angedeihen ließen, die Aristotelische Philosophie vor den anderen philosophischen Ansätzen der hellenischen Wissenschaft bevorzugt wurde. Noch überragender wurde diese Stellung des Aristoteles, als dann die von den islamischen Gelehrten bewahrte Wissenschaft an die Völker der abendländischen Christenheit weitergegeben wurde. Von 1000—1500 ist Aristoteles das bewunderte Vorbild der Philosophenschulen des christlichen Abendlandes gewesen.

Erst als von 1500 an die Reste der originalen hellenischen Wissenschaft bekannt wurden, konnte das Denken versuchen, die Fesseln des Aristotelischen Systems zu sprengen. Die Zeit von 1500—1600 steht im Zeichen dieser Kämpfe, die siegreich beendet werden mit der Aufklärung der Bewegung des freien Falles durch Galilei. In der großen Schrift des Galilei: *Dialoghi sui massimi sistemi cosmici, Tolemaico e Copernicano*[2] steht das Ringen mit der Aristotelischen Philosophie überall im Vordergrunde. Aber als nun bei der Untersuchung der Fallbewegung die *mathematische* Behandlungsweise so gute Erfolge zeigte, war der Bann gebrochen. In der Folgezeit verfiel die wissenschaftliche Forschung dann in das entgegengesetzte Extrem. Die Aristotelische Philosophie wurde abgelöst durch die des Descartes (1596—1650). Jetzt sollte der Aristotelische Begriff der Qualität ganz verbannt werden und alles Sein und Geschehen nur als quantitative Beziehung gelten. Am

---

[1] Vgl. für das Folgende: Pierre Duhem: Ziel und Struktur der physikalischen Theorien II. Teil 5. Kap. S. 139ff. Leipzig: Joh. Ambrosius Barth 1908.

[2] Dialoge über die beiden hauptsächlichsten Weltsysteme, das ptolemäische und das copernicanische. Deutsche Übersetzung von E. Strauss.

bedeutsamsten hat sich dieser Wechsel der Auffassung in der *Geometrie* ausgewirkt. Hatte ARISTOTELES gelehrt, die geometrischen Eigenschaften der Figuren als qualitative Eigenschaften aufzufassen, so sehen wir jetzt in der Ausbildung der *analytischen Geometrie* den entgegengesetzen Versuch, für die geometrischen Eigenschaften der Figuren eine Darstellung anzugeben, die sie als reine Beziehungen zwischen Zahlen deuten will. In analoger Weise wollte DESCARTES, um aus der Physik alle Qualitäten zu verbannen, beispielsweise als Wesen des Körpers nur Raumausfüllung (corpus = res mere extensa) anerkennen, so daß Eigenschaften wie Härte, Gewicht, Farbe usw. bewußt beiseite geschoben werden sollten. Natürlich führte das zu keinem Erfolg, da sich darauf höchstens eine ganz gekünstelte Physik hätte aufbauen lassen. Aber es gelang der Arbeit der Forscher des siebzehnten Jahrhunderts, zwischen beiden Extremen die richtige Mitte zu halten. Den physikalischen Qualitäten bleibt ihr Recht, aber es ist darum nicht unmöglich, sie durch Maßzahlen zu charakterisieren, denn die *Meßbarkeit* ist keineswegs an *unmittelbare Addierbarkeit* gebunden. Damit werden die Begriffe, mit denen die Naturerscheinungen erfaßt werden, von jener Unbestimmtheit befreit, die den wissenschaftlichen Fortschritt behinderte, und erhalten die gleiche Schärfe und Bestimmtheit, die dem Zahlbegriff eigen ist[1].

In der durch GALILEI eingeleiteten, rasch vorwärtsdrängenden Entwicklung der Naturwissenschaften fällt der Mathematik die Aufgabe zu, Begriffe zu schaffen, die eine quantitative Formulierung der Naturgesetze ermöglichen, und Rechenmethoden zu entwickeln, die das Naturgeschehen gedanklich nachzubilden gestatten. Zugleich rückt in der Geometrie durch die Einführung der analytischen Methode der Fragenkreis der Quadraturen (Bestimmung der Flächeninhalte krummlinig begrenzter Figuren) und verwandter Probleme wieder in den Vordergrund. Dabei nahm die mathematische Forschung des 17. Jahrhunderts

---

[1] Wie schwer die hier geschilderte Umstellung dem menschlichen Denken geworden ist, mag man daran ermessen, daß man noch in der Zeit Friedrichs des Großen bei DIDEROT die Scherzfrage findet, wieviel Schneebälle nötig seien, einen Ofen zu heizen. Sie kennzeichnet die Auffassung der Aristotelischen Philosophie nicht übel und zeigt zugleich für unseren heutigen Standpunkt ihren gedanklichen Fehler. Ein elementarer quantitativer Begriff im Sinn des ARISTOTELES ist hier die *Wärmemenge*, die unmittelbare Addierbarkeit gestattet. In der Tat addieren sich ja mit der Zusammenfügung zweier Schneebälle die in ihnen enthaltenen Wärmemengen. Der Wärmemenge gegenüber steht die *Temperatur*, die nach ARISTOTELES nicht quantitativ erscheint, denn durch Zusammenbringen zweier Körper gleicher Temperatur erhält man ja keineswegs eine höhere Temperatur. Aber gleichwohl kann man Temperaturen unter Zuordnung von Zahlen vergleichen, d. h. die *Intensität der Qualität* messen, die nach ARISTOTELES nicht meßbar sein sollte. Denn man kann, indem man die Eigenschaft der Wärme, die Körper auszudehnen, heranzieht (Thermometer), die Intensität der Temperatur unmittelbar zu der *Länge* auf einer Skala in Beziehung setzen. Durch eine solche Zuordnung der *nicht addierbaren* Intensität einer nach ARISTOTELES qualitativen Erscheinung zu der *Addierbarkeit* zeigenden *Länge* wird die Intensität meßbar gemacht.

den von ARCHIMEDES herrührenden Gedanken der Infinitesimalrechnung wieder auf, und es gelang, aus der Fülle der Einzelfragen einen Teil erfolgreich zu behandeln. Die entscheidende Tat am Ausgang des 17. Jahrhunderts war die Ausbildung eines neuen Rechenformalismus, der es ermöglicht, die Gesamtheit der Einzelfragen nach einer einheitlichen Methode zu behandeln. Diesen Schritt taten in genialer Intuition gleichzeitig und unabhängig voneinander I. NEWTON (1642—1727) und G. W. LEIBNIZ (1646—1716), die zu den größten Forschern aller Zeiten zu zählen sind[1].

Insbesondere war es LEIBNIZ, der die Form fand, die besondere Eignung für die Anwendung besitzt. Ein genaues Eindringen in diese Gedankengänge und die sichere Beherrschung des Rechenformalismus gehören zu den Aufgaben, die sich diese Vorlesung stellt. Denn wenn man mit Hilfe mathematischer Überlegungen sachliche Erkenntnis gewinnen will, so muß man die mathematischen Begriffe und Denkweisen mit der gleichen Sicherheit beherrschen wie die Gesetze der Logik, die man im täglichen Leben anwendet, ohne sich ihrer einzeln bewußt zu werden.

Diese Analogie zur Logik gibt uns einen wertvollen Hinweis für die Anlage einer mathematischen Einführungsvorlesung, die in erster Linie für Naturwissenschaftler und Ingenieure bestimmt ist. So wichtig das Studium der Logik für den ist, der aus philosophisch-erkenntnistheoretischem Interesse sich über die Denkprozesse unterrichten will, so wenig wird man durch Lehre der logischen Denkformen einen jungen Geist dazu erziehen können, die Umwelt richtig zu beurteilen. Das Kind beginnt vielmehr seine Urteilsbildung so, daß es aus seinen vielen Einzelerfahrungen richtiges logisches Schließen erlernt. Ganz ebenso steht es aber mit den mathematischen Schlußweisen in ihrer Bedeutung für die Anwendung. Nur durch Behandlung vieler konkreter Einzelprobleme wird man die Tragweite und Bedeutung der mathematischen Überlegungen für die gedankliche Erfassung der Naturerscheinungen sich wirklich zu eigen machen können. Wir werden dem in unserer Darstellung dadurch Rechnung tragen, daß wir die mathematischen Überlegungen immer aus bestimmten Fragestellungen physikalischer und technischer Natur herauswachsen lassen und stets die Bedeutung der allgemeinen Überlegungen und ihrer Ergebnisse durch zahlreiche Anwendungen veranschaulichen werden. Damit wiederholen wir im übrigen nicht selten den historischen Entwicklungsgang, denn die mathematischen Methoden sind vielfach zur Behandlung ganz bestimmter physikalischer Probleme entwickelt worden. Durch diese Behandlungsweise wird nicht nur eine Summe mathematischer Kenntnisse vermittelt, sondern der Student lernt zugleich, aus einem physikalischen Einzelproblem

---

[1] Nähere Angaben über beide Forscher und ihre grundlegenden Arbeiten findet man bei S. KOWALEWSKI: Große Mathematiker, S. 74—140. München: J. F. Lehmann 1938.

den mathematischen Kern herauszuschälen, wie es in seinem späteren Beruf oft seine Aufgabe sein wird; denn Physik und Technik streben das Ziel an, allein durch mathematische Schlüsse vorauszusagen, wie in einem Einzelfalle ein Naturvorgang abläuft, und welchen Einfluß die vorliegenden Umstände auf die Gesamterscheinung haben. Für die Naturforschung wie für die Naturbeherrschung im technischen Schaffen ist das gleich wichtig. Soll z. B. ein Ingenieur eine Maschine mit bestimmtem Zweck konstruieren, so ist sein Ziel, die Bedeutung jedes einzelnen Umstandes, den Einfluß einer konstruktiven Änderung usw. auf das Endergebnis zu erfassen. Die Lösung einer solchen Aufgabe verlangt bei dem hochentwickelten Stand der heutigen Technik die Beherrschung der gedanklichen Hilfsmittel und der mathematischen Schlußweisen, die es ermöglichen, das Naturgeschehen wiederzugeben. Wir gehen abschließend noch kurz auf zwei Einwände ein, die nicht selten von seiten der Praxis gegen die Mathematik erhoben werden.

Der eine dieser Einwände könnte auf den ersten Blick bestechend wirken. Man sagt, die Mathematik könne für die Erkenntnis der Naturerscheinungen nichts nützen, weil die mathematischen Schlüsse doch nur eine rein logische Deduktion seien. Daher stelle das Endergebnis bestenfalls eine neue Form der Voraussetzungen dar, es könne also sachlich nichts Neues herauskommen. Indessen sieht man leicht ein, daß dieser Einwand unberechtigt ist. Wenn man beispielsweise die drei Seiten eines Dreiecks gemessen hat, so ist damit gewiß auch der Flächeninhalt des Dreiecks bereits festgelegt. Aber niemand wird behaupten, daß die Formel, die den Dreiecksinhalt aus den Seiten berechnen lehrt, nichts Neues bringe und nutzlos sei. Daß sich diese Auffassung gleichwohl bei erfolgreichen Forschern und Ingenieuren nicht selten findet, läßt sich leicht psychologisch erklären. Wenn jemand, dem mathematische Überlegungen nicht geläufig sind, einen physikalischen Vorgang gedanklich erfassen will, so wird er ihn in mühsamer gedanklicher Arbeit zergliedern und sich so (durch vielleicht umständliche und schwerfällige Denkprozesse) eine Einsicht erarbeiten, die letzten Endes doch auf ein Verständnis mit Hilfe quantitativ auswertbarer Begriffe hinausläuft. Muß er nun die gleichen Überlegungen in der Sprache der mathematischen Symbolik, die als Verständigungsmittel dient, wiedergeben, so wird das für ihn nur eine Umsetzung seines Gedankenganges in eine andere Sprache sein. Diese kann ihn natürlich nichts sachlich Neues lehren. Ja, da ihm sein eigener (an sich vielleicht schwerfälligerer und mühsamerer) Gedankengang durch die geistige Arbeit, die ihn den Vorgang gedanklich erfassen ließ, sehr vertraut geworden ist, wird ihm die Darstellung mit den üblichen Mitteln der Mathematik komplizierter und daher unnütz und überflüssig erscheinen. Natürlich übersieht er dabei, daß ihm bei hinreichender mathematischer Schulung höchstwahrscheinlich die gedankliche Beherrschung in einer weit einfacheren und durchsichtigeren Form gelungen wäre. Man kann die Bedeutung einer mathematischen Ausbildung für den Naturforscher und Ingenieur mit der der Erlernung des Lesens und Schreibens für den Schriftsteller vergleichen. Gewiß macht nicht die Beherrschung des Lesens und Schreibens den großen Dichter oder Schriftsteller, sondern der Flug seiner Gedanken und die Kunst seiner Sprache. Ja, es kann jemand ein großer Dichter sein — WOLFRAM VON ESCHENBACH beweist es —, ohne Lesen und Schreiben zu beherrschen. Aber zu seiner Genialität als Dichter muß dann noch ein einzigartiges Gedächtnis hinzukommen. In gleicher Weise ist es natürlich die schöpferische Kraft einer genialen Persönlichkeit, die den großen Naturforscher oder Ingenieur macht. Sie läßt sich durch keine wie immer gestaltete Ausbildung erzeugen. Ja, es mag in einzelnen (wenn auch gewiß sehr seltenen) Sonderfällen für den Genius leichter sein, Neues in seinem Forschen oder Schaffen zu geben, wenn er an die Dinge mit seinen eigenen Gedanken, seiner eigenen Auffassung herantritt, als wenn er durch Aneignen des Schulwissens in ausgefahrene Geleise gezwungen wird. Ein Musterbeispiel hierfür ist FARADAYS Darstellung der Gesetze der Elektrizität und des Magnetismus mit Hilfe der Kraftlinien. Man muß aber wohl beachten, daß es sich auch in FARADAYS Theorien um eine *quantitative Erfassung* der Erscheinungen der Elektrizität und des Magnetismus handelt. Auch seine Beschreibung der elektrischen und magnetischen Felder mit Hilfe der Kraftlinien war eine mathematische, die nur von den zu seiner Zeit vorliegenden formalen Mitteln der Mathematik keinen Gebrauch machte[1].

Ein zweiter Einwand, der nicht selten gegen eine tiefergehende Heranziehung mathematischer Überlegungen ins Feld geführt wird, bezieht sich auf den berühmten *Gegensatz zwischen Theorie und Praxis*. Freilich hängt dieser Gegensatz im Grunde nicht an der mathematischen Form, die man der Theorie zu geben pflegt, sondern müßte auch bei jeder anderen Form gedanklicher Nachbildung eines Gebietes von Naturerscheinungen hervortreten. Er entspringt nämlich daraus, daß die Naturerscheinungen zu komplex sind, als daß man alles, was in ihnen vorgeht, bei der gedanklichen Erfassung berücksichtigen könnte. Vielmehr muß man in jedem Fall darauf sehen, die Züge herauszusuchen, die für das Wesen des Vorganges bestimmend erscheinen, um mit ihnen eine *Theorie* des Vorganges aufzubauen. Gibt man dieser Überlegung eine mathematische Form, so erhalten die Begriffe, mit denen man arbeitet, eine solche Schärfe und Präzision, daß die beim Aufbau der Theorie nicht berücksichtigten Umstände *vollkommen* ausgeschieden werden. Daher kann auch in den Folgerungen aus der Theorie, die im übrigen die gleiche Präzision wie die Voraussetzungen haben, ihr Einfluß nicht zur Geltung kommen, während er doch in dem wirklichen Er-

---

[1] Auf die Denkschwierigkeit der Faradayschen Theorie, daß von einem Einheitspol 4π „Kraftlinien" ausgehen, werde nur im Vorübergehen hingewiesen.

gebnis niemals ganz ohne Bedeutung sein wird. Inwieweit die vernachlässigten Umstände für den wirklichen Vorgang von Bedeutung sind, hängt nicht nur von der Fragestellung selbst ab, sondern kann auch von den Bedingungen des Einzelfalles wesentlich mitbestimmt werden. Sie können das eine Mal nur von untergeordneter Bedeutung sein, ein anderes Mal dagegen den Vorgang maßgebend beeinflussen. Dann wird natürlich die an Hand des ersten Vorganges aufgestellte Theorie für den zweiten völlig unbrauchbar sein und man hört dann leicht von einem Versagen der Theorie sprechen.

Ein ganz einfaches Beispiel hierfür ist die Theorie für die *Bewegung eines geworfenen Körpers*. GALILEI, der Wurfbewegungen mit sehr kleinen Geschwindigkeiten untersuchte, vernachlässigte den Luftwiderstand, und vereinfachte dadurch den Vorgang so, daß er einer theoretischen Durchdringung zugänglich wurde. Solange die Geschwindigkeit klein bleibt, spielt in der Tat der Luftwiderstand keine entscheidende Rolle, und die aus der Theorie gewonnenen Ergebnisse über größte Wurfweite, größte Höhe der Bahn usw. stimmen mit den Werten gut überein, die man wirklich beobachtet. Bei größeren Werten der Geschwindigkeit aber, insbesondere sobald die Wurfgeschwindigkeit die Geschwindigkeit des Schalles überschreitet, versagt die ,,Theorie'' vollkommen. Beispielsweise würde nach dieser ,,Theorie'' das deutsche Militärgewehr für einen Schuß unter 45^0 die größte Reichweite von etwa 40 km besitzen, wobei das Geschoß eine größte Höhe von 10 km erreichen müßte. In Wirklichkeit erhält man die größte Reichweite bei einem Zielwinkel von 32^0, sie beträgt nur rund $^1/_{10}$ der theoretischen, nämlich etwa 4 km. Dabei erreicht das Geschoß auf seiner Bahn eine größte Höhe von 2,2 km. Die Galileische Theorie der Wurfbewegung ist also auf den Schießvorgang nicht anwendbar. Aber das hängt nicht an ihrer mathematischen Formulierung, ist vielmehr dadurch bedingt, daß ein bei den hohen Mündungsgeschwindigkeiten moderner Feuerwaffen wesensbestimmender Umstand, der Luftwiderstand, nicht berücksichtigt ist. Man darf die Theorie nicht kurzerhand verwerfen, sondern hat sie zu verfeinern, indem man den Luftwiderstand quantitativ bestimmt und durch mathematische Überlegungen seinen Einfluß auf den Ablauf der Bewegung quantitativ ermittelt.

In entsprechender Weise ist der sog. Gegensatz zwischen Theorie und Praxis stets zu erklären, den man, wie gesagt, nicht selten mit der mathematischen Formulierung der Theorie in Zusammenhang bringen will. In Wirklichkeit lenkt die Prägnanz der quantitativen Begriffsbildungen den Blick davon ab, daß zum Aufbau einer Theorie der wirkliche Vorgang stets durch einen vereinfachten, idealisierten ersetzt werden muß. Der Praktiker sieht den ganzen komplexen Vorgang als solchen; die Begriffe, mit denen er ihn gedanklich zu erfassen sucht, haben nicht die gleiche scharfe Prägnanz wie die der Theorie, so daß auch die „Nebenumstände", die die Theorie ganz ausschaltet, in seinem Blickfeld bleiben, und er so evtl. zu einem richtigeren Urteil über das Ergebnis eines Vorganges kommt als die Theorie, bei der Dinge unberücksichtigt gelassen sind, die bei dem wirklichen Vorgange wesentlich mitsprechen. Aber dafür fehlt seiner Betrachtung jene Exaktheit quantitativer Begriffe, die durch die mathematische Formulierung erreicht wird und die eine wirkliche rationelle Erkenntnis und Beherrschung der Naturerscheinungen allein erst möglich macht. Daher wird stets eine Erfassung mit den Mitteln mathematischen Denkens das ideale Ziel sein müssen, und die mathematischen Schlußweisen müssen jedem geläufig sein, der die Natur erforschen oder beherrschen will. Schon GALILEI hat es ausgesprochen, und es gilt heute wie je, daß man, um im großen *Buch der Natur* lesen zu können, die Mathematik beherrschen müsse, denn dieses Buch

> „egli e scritto in lingua matematica
> ed i caratteri sono triangoli, cerchi
> ed altre figure matematiche."

(„Es ist geschrieben in mathematischer Sprache und die Lettern sind Dreiecke, Kreise und andere mathematische Figuren" oder, wie wir heute lieber sagen würden, die Lettern sind die mathematischen Zeichen und ihre Verknüpfungen.)

Erstes Kapitel.

Die ganzen rationalen Funktionen.

§ 1. Der Flächeninhalt „unter einer geraden Linie".

1, 1. Die Bewegung des freien Falles.

1, 11. Das Geschwindigkeitsgesetz (Galilei). Der Gedanke, die Fallbewegung quantitativ zu verfolgen, hatte sich schon vor Galilei Bahn gebrochen, insbesondere hatten in der Zeit von 1550 bis 1600 eine Reihe von Forschern Ansätze für die Geschwindigkeit der Fallbewegung versucht. Die unmittelbare Anschauung zeigt, daß die freie Fallbewegung *nicht* „*gleichförmig*" erfolgt, d. h. keine Bewegung mit konstanter Geschwindigkeit ist, daß vielmehr die Geschwindigkeit des Körpers mit wachsender Fallstrecke zunimmt. Es lag nahe, für diese Abhängigkeit der Geschwindigkeit v von der Fallstrecke s zunächst einmal versuchsweise die einfachste Annahme zu machen, es sei v eine *lineare Funktion* von s $(v = C s)$, und dann im Experiment zu prüfen, ob der Fallvorgang damit richtig wiedergegeben sei. Eine solche experimentelle Prüfung des Ansatzes kann offensichtlich nur darin bestehen, daß man die in bestimmten Zeitabschnitten von Körpern durchfallenen Strecken ausmißt. Daher war mathematisch abzuleiten, welche *Beziehung zwischen der gesamten Fallstrecke s und der seit Beginn des Falles verflossenen Zeit t* besteht, wenn für die Geschwindigkeit der Ansatz $v = C s$ gemacht wird. An der Lösung dieser mathematischen Aufgabe hat man sich bereits vor Galilei versucht, und auch Galilei selbst hat darauf langjährige mühsame Arbeit verwendet. Die mathematische Aufgabe war jedoch für die damalige Zeit zu schwierig, und darum machte sich Galilei von dem Ansatz $v = C s$ frei[1]. Er ersetzte ihn durch die Annahme, die Geschwindigkeit v sei proportional der seit Beginn des Falles verflossenen *Zeit t*, d. h. durch den Ansatz

$$(1) \qquad\qquad v = C t.$$

Auch für seine Prüfung im Experiment gilt es, aus dieser Beziehung die *Abhängigkeit der Fallstrecke s von der Zeit t* zu berechnen. Gehorcht der fallende Körper dem so gefundenen Gesetz, so liefert das Experiment

---

[1] Auch wenn ihm die Lösung dieser mathematischen Aufgabe gelungen wäre, hätte er sich zu einer Änderung seines Ansatzes entschließen müssen, weil das Experiment die Unrichtigkeit des Ergebnisses gezeigt hätte.

zugleich den Zahlwert des bisher noch unbestimmt gelassenen konstanten Faktors C.

Die Lösung dieser Aufgabe leiten wir mit einigen Vorbereitungen ein.

1, 12. Begriff der Funktion; Darstellung im Schaubild. Durch (1) ist jedem Wert t der Zeit ein bestimmter Wert v der Geschwindigkeit zugeordnet; die Geschwindigkeit ist, wie man sagt, eine Funktion der Zeit. Allgemein werden wir unter einer *Funktion* irgendeine Vorschrift verstehen, die Zahlwerten einer Größe (hier der Zeit t) Zahlwerte einer anderen Größe (hier der Geschwindigkeit v) zuordnet. Wenn man nur zum Ausdruck bringen will, daß v eine Funktion von t ist, ohne auf die besondere Art dieser Funktion einzugehen, so schreibt man etwa

$$v = f(t).$$

Dabei nennt man t die „unabhängige Veränderliche (Variable)", v die „abhängige Veränderliche". Der hier eingeführte Funktionsbegriff ist sehr allgemein; es ist z. B. nicht gesagt, daß danach eine Funktion immer durch einen analytischen Ausdruck beschrieben werden kann, wie das in unserem Fall durch (1) geschehen ist. Der Zusammenhang zwischen der unabhängigen und der abhängigen Veränderlichen kann auch etwa in Form einer graphischen Darstellung gegeben sein.

Eine solche graphische Darstellung einer Funktionsbeziehung in einem *Schaubild* ist übrigens in jedem Fall

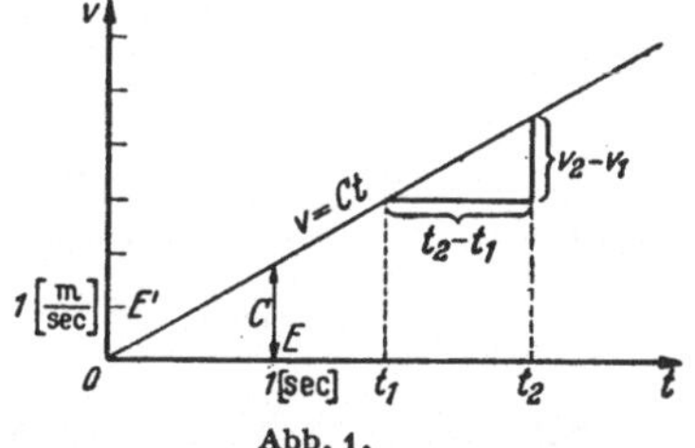

Abb. 1.

zweckmäßig. In bekannter Weise zeichnen wir dazu zwei aufeinander senkrechte Geraden, die wir in unserem Fall als t-Achse und v-Achse (Abb. 1) unterscheiden, wählen auf der t-Achse einen bestimmten Punkt E als Einheitspunkt und setzen fest, daß die Strecke OE eine Zeitspanne gleich der Zeiteinheit, also etwa 1 sec, darstellen soll. Jeder seit $t = 0$ verflossenen Zeitspanne t entspricht dann eine bestimmte, von 0 aus abzutragende Strecke der t-Achse. Ebenso wählen wir auf der t-Achse eine Strecke OE' als die Einheit der Geschwindigkeit, sie soll also etwa $1\frac{\text{cm}}{\text{sec}}$ oder $1\frac{\text{m}}{\text{sec}}$ darstellen. Es entspricht dann auch jeder Geschwindigkeit von bestimmter Größe eine Strecke bestimmter Länge auf der v-Achse. Die in der Formel (1) gegebene Beziehung zwischen v und t stellt sich in einem solchen Schaubild als eine gerade Linie dar, die durch den Anfangspunkt hindurchgeht, und zwar gehört zu der Abszisse $t = 1$ sec eine Ordinate, deren Maßzahl gleich der von C ist.

Nun sollte aber der Zahlwert der Konstanten C in der Formel (1) zunächst unbestimmt bleiben und erst durch das Experiment gefunden werden. Bei dieser Auffassung entspricht der Formel (1) im Schaubild nicht eine einzelne Gerade durch den Anfangspunkt, vielmehr haben wir ein ganzes Büschel solcher Geraden vor uns; und zwar verläuft, wenn man C einen kleineren Zahlwert gibt, die zugehörige Gerade flacher, dagegen steiler, wenn der Zahlwert von C größer gewählt wird (Abb. 2). Der zu den einzelnen Geraden gehörige Zahlwert von C ist leicht dem Schaubild zu entnehmen. Er ist einfach gleich der Maßzahl der Länge derjenigen Ordinate, die zu dem Punkt $t = 1$ sec der t-Achse gehört; aber es muß wohl beachtet werden, daß nur die beiden Maßzahlen einander gleich sind, daß man dagegen, sobald man an die physikalische Bedeutung dieser Größen denkt, keineswegs sagen kann, es sei die Ordinate gleich C. Denn während die Ordinaten die Dimension einer Geschwindigkeit haben, muß nach der Formel (1) C die Dimension einer *Beschleunigung*, d. h. $\dfrac{\text{Geschwindigkeit}}{\text{Zeit}}$ haben, damit auf beiden Seiten der Gleichung (1) Größen der gleichen Dimension stehen. Das ist aber unbedingt erforderlich, da man *nur physikalische Größen der gleichen Dimension* messend vergleichen kann. Die zu $t = 1$ sec gehörige Ordinate ist in der Tat

$$v = C \cdot 1 \text{ sec}$$

und besitzt die Dimension einer Geschwindigkeit.

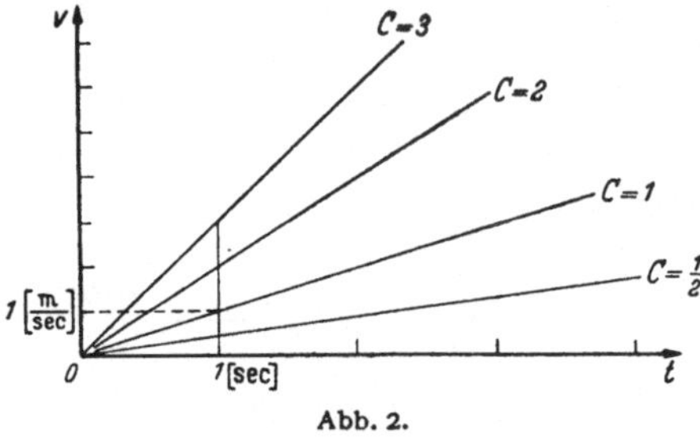

Abb. 2.

Wir wollen deshalb C auch nicht als Ordinate zu Abszisse $t = 1$ sec deuten, sondern C stets auffassen als das *Verhältnis* dieser Ordinate zu der zugehörigen Abszisse. Statt der Einheit können wir auch eine beliebige Abszissenspanne $(t_2 - t_1)$ wählen und die zugehörige Ordinatenspanne $(v_2 - v_1)$ bestimmen. Dann ist stets

$$(2) \qquad C = \frac{v_2 - v_1}{t_2 - t_1}$$

und entsprechend dieser Formel wollen wir C als die *Steigung* der geraden Linie bezeichnen[1].

Diese Überlegungen, die dem elementaren Gebiet der analytischen Geometrie angehören, werden jedem geläufig sein. Nur wollen wir hier noch ausdrücklich darauf hinweisen, daß man sich hüten muß, zu viele aus der analytischen Geometrie geläufige Vorstellungen in unser Schaubild zu übertragen. Wenn man im mathematischen Unterricht der Schule eine systematische Darstellung der analytischen Geometrie gibt, so pflegt man sie als *geometrische* Disziplin aufzubauen und nur geometrische Gesichtspunkte im Auge zu haben. Hier aber dient uns das Schaubild zur Veranschaulichung *physikalischer* Gesetze. Wir werden

---

[1] In den z. Z. eingeführten Schulbüchern wird auch die Bezeichnung *Anstieg* verwendet.

daher auch nur solche Dinge darin betrachten können, die einer unmittelbaren physikalischen Deutung fähig sind. Dazu gehört gewiß der Begriff der Steigung der Geraden, dem hier physikalisch die Beschleunigung der Bewegung entspricht. Betrachtet man andererseits eine solche Figur rein vom geometrischen Standpunkt aus, so pflegt man zu sagen, *die Steigung einer Geraden* sei gleich dem Tangens des Winkels α, den die Gerade mit der horizontalen Achse bildet ($C = \mathrm{tg}\,\alpha$). Da die Funktion Tangens aber eine dimensionslose Größe ist, so ist eine solche Deutung von C nur möglich, wenn die Strecken auf der Abszissen- und Ordinatenachse die *gleiche* (physikalische) *Dimension* besitzen, und sie ist nur dann zweckmäßig, wenn beide, wie in der eigentlichen Geometrie, *Längen* sind. Man kann ja beispielsweise den gleichen Vorgang auf verschiedene Arten darstellen, indem man die Maßstäbe der Zeit- und Geschwindigkeitsskalen verändert. Bei einer solchen Änderung würde der Winkel im allgemeinen ein anderer werden, während die Steigung in dem oben angegebenen Sinne von dem gewählten Maßstab unabhängig ist. Ebenso sinnlos wäre es, durch

$$r^2 = (t_2 - t_1)^2 + (v_2 - v_1)^2$$

den Abstand r zweier Punkte in der (v, t)-Ebene zu definieren, denn auf der rechten Seite dieser Gleichung wären dann ja zwei Größen von verschiedenen Dimensionen zu addieren.

Nachdem wir die Abhängigkeit der Geschwindigkeit von der Zeit im Schaubild dargestellt haben, ist unsere nächste Aufgabe, hieraus das Weg-Zeit-Gesetz der Fallbewegung abzuleiten. Die experimentelle Prüfung dieses Gesetzes entscheidet dann über die Richtigkeit des Ansatzes (1).

1, 13. Bewegung mit konstanter Geschwindigkeit. Zur Vorbereitung betrachten wir den einfacheren Fall, daß bei einer Bewegung die Geschwindigkeit v konstant ist. Der analytischen Beziehung

$$(3) \qquad v = k$$

entspricht bei der Darstellung in einem Schaubild eine Parallele zu der t-Achse (Abb. 3a). Hier ist es offenbar sehr leicht, die Wegstrecke zu berechnen, die der Körper in einer bestimmten Zeitspanne durchläuft, weil ja für eine *konstante* Geschwindigkeit unmittelbar aus ihrer Erklärung

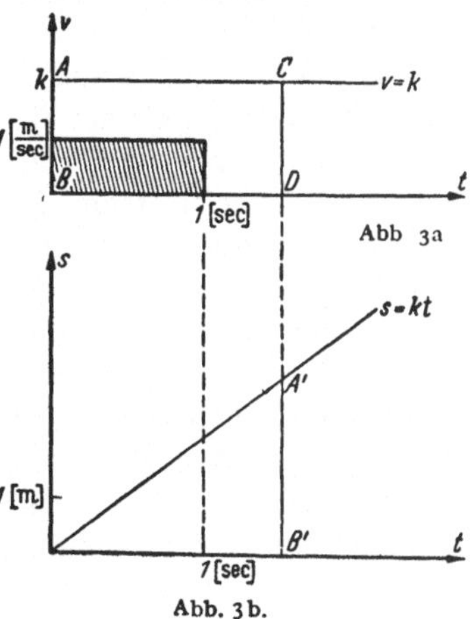

Abb 3a

Abb. 3b.

$$\text{Geschwindigkeit} = \frac{\text{Wegstrecke}}{\text{Zeitspanne}}$$

die Beziehung

$$(4) \qquad s = kt \ [\mathrm{m}]$$

hervorgeht, wenn wir dem Zeitpunkt $t = 0$ die Weglänge $s = 0$ zuordnen[1].

Das Produkt $(k \cdot t)$, dessen physikalische Dimension die einer Länge ist, läßt sich nun in dem Schaubild der Abb. 3a offenbar als *Flächeninhalt* deuten, und zwar als Flächeninhalt unterhalb der Geraden $v = k$, wie wir kurz sagen wollen. Genauer ausgesprochen meinen wir damit den Flächeninhalt zwischen der Geraden $v = k$ und der t-Achse, seitlich begrenzt von zwei Parallelen zur v-Achse, deren eine hier die v-Achse selbst ist. Freilich ist bei dieser Deutung der Flächeninhaltsbegriff gegenüber der elementaren Geometrie etwas erweitert worden. Während dort als Flächeneinheit das Quadrat der Längeneinheit zu nehmen war, müssen wir für unsere Aufgabe zunächst erklären, was als *Flächeneinheit* einzuführen ist.

Im Sinne unserer Deutung ist als *Flächeneinheit* die Wegstrecke von 1 m anzusprechen, die der bewegte Körper bei der Einheitsgeschwindigkeit 1 m/sec in der Zeiteinheit 1 sec zurücklegen würde. Sie wird in Abb. 3a durch das schraffierte *Rechteck* dargestellt, *dessen Seitenlängen gleich den Einheitsstrecken auf den beiden Achsen sind.* Das Ausmessen des Flächeninhalts des großen Rechtecks in Abb. 3a erfolgt dann so, daß man fragt, wie viele Einheitsrechtecke in ihm enthalten sind. Die so erhaltene Maßzahl gibt dann die Länge des zurückgelegten Weges an. Wir sehen bereits an diesem Beispiel, daß in einem Schaubild der in geeigneter Weise aufgefaßte *Flächeninhalt* eine wichtige physikalische Bedeutung besitzt, und werden das auch weiterhin immer wieder bestätigt finden, so daß die Aufgabe der Flächeninhaltsbestimmung in unseren Überlegungen eine wichtige Rolle spielen wird.

Wir kehren nun zu der Beziehung (4) zurück, die s und t verknüpft. Auch ihre Aussage können wir in einem Schaubild geometrisch darstellen, indem wir in einer (s, t)-Ebene eine Gerade von der Steigung k durch den Anfangspunkt ziehen (Abb. 3b). Um die Zusammengehörigkeit der beiden Beziehungen (3) und (4) besonders hervorzuheben, empfiehlt es sich, die beiden Schaubilder in der angegebenen Weise untereinanderzustellen und die Einheiten der Abszissenachsen in beiden Schaubildern gleich groß zu wählen. Auf den Ordinatenachsen kann man die Einheiten natürlich ganz unabhängig voneinander wählen und wird die Wahl so treffen, daß das Schaubild bei nicht zu großen Abmessungen die wesentlichen Dinge zeigen kann. Die beiden Figuren von Abb. 3 stehen in dem Zusammenhang, daß die Ordinate der unteren Figur zu jedem t den Wert des Flächeninhalts angibt, der in der oberen Abbildung zu dem entsprechenden t gehört; es ist also die Maßzahl der Länge $A'B'$

---

[1] Das Buchstabensymbol einer physikalischen Größe soll, wenn nicht ausdrücklich anderes bemerkt ist, die *dimensionierte Größe* bezeichnen. Bei der Einführung einer neuen Bezeichnung fügen wir die Maßeinheit in eckigen Klammern hinzu.

immer gleich der Maßzahl des Flächeninhalts des Rechtecks $ABCD$, das in der angegebenen Weise ausgemessen ist.

1, 14. Bestimmung des Fallweges nach dem Schachtelungsverfahren. Wir kommen jetzt zu unserer eigentlichen Aufgabe, aus dem Galileischen Ansatz (1) das Weg-Zeit-Gesetz der Fallbewegung abzuleiten, d. h. eine Rechenvorschrift anzugeben, mit deren Hilfe wir für jeden Wert der unabhängigen Veränderlichen t den zugehörigen Wert der abhängigen Veränderlichen s berechnen können.

Nun können wir freilich im Falle der Formel (1) *nicht* so wie im Falle konstanter Geschwindigkeit die Berechnung von s unmittelbar aus der Definition der Geschwindigkeit erschließen. Aber wir können das im Falle konstanter Geschwindigkeit gewonnene Ergebnis benützen, um auch bei veränderlicher Geschwindigkeit die Wegstrecke s zu bestimmen. Dazu gehen wir von der selbstverständlichen Tatsache aus, daß von zwei gleichzeitig sich bewegenden Körpern offenbar derjenige einen längeren Weg zurücklegt, dessen Geschwindigkeit während der ganzen Zeit größer als die des anderen ist.

Wollen wir für den Zeitpunkt $t = t^*$ die zurückgelegte Wegstrecke s^* berechnen, so überlegen wir uns, daß während dieser Zeit die Geschwindigkeit von $v = 0$ auf den Endwert $v^* = Ct^*$ anwächst. Die zur Zeit t^* zurückgelegte Wegstrecke ist also *größer* als Null und *kleiner* als die Wegstrecke eines Körpers, der sich dauernd mit der Größtgeschwindigkeit v^* bewegt hätte. Dessen Wegstrecke würde nach 1,13 durch den Flächeninhalt des Rechtecks mit den Seiten t^* und v^* dargestellt werden $(v^* t^* = Ct^{*2})$. Die gesuchte Größe s^* erscheint danach gemäß

$$0 < s^* < Ct^{*2}$$

zwischen zwei Grenzen *eingeschachtelt*. Diese Einschachtelung ist natürlich sehr grob und kann leicht verfeinert werden. Wir können z. B. die Strecke t^* halbieren (Abb. 4) und eine Treppe von zwei Stufen konstruieren, deren erste Stufe die Höhe Null, deren zweite die Höhe $\frac{v^*}{2}$ hat. Die-

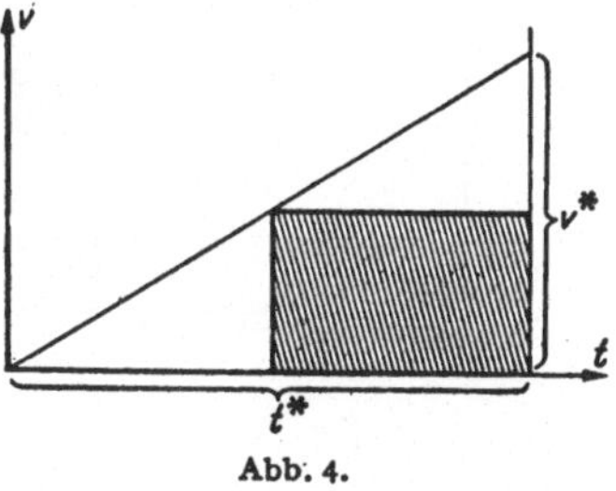
Abb. 4.

ser Treppe entspricht eine Bewegung, bei der die Geschwindigkeit des bewegten Körpers für den ersten Zeitabschnitt $0 \leqq t < \frac{t^*}{2}$ gleich Null ist, während sie im zweiten Zeitabschnitt $\frac{t^*}{2} < t \leqq t^*$ den Wert $\frac{v^*}{2}$ besitzt, auf den sie im Augenblick $t = \frac{t^*}{2}$ anspringt. Der bei dieser Bewegung zurückgelegte Weg ist nach derselben Überlegung gleich dem Flächeninhalt „unter" der Treppe (schraffiertes Rechteck in Abb. 4). Er ist kleiner als die gesuchte Größe s^*, weil die Geschwindigkeit dauernd kleiner ist als bei der durch die Gerade dargestellte

Bewegung. Dieser Treppe — wir wollen sie als *untere Treppe* bezeichnen — können wir eine *obere Treppe* gegenüberstellen (Abb. 5), deren erste Stufe die Höhe $\frac{v^*}{2}$ und deren zweite Stufe die Höhe v^* besitzt. Wenn sie die Geschwindigkeit eines bewegten Körpers darstellt, so ist die von diesem zurückgelegte Wegstrecke gleich dem Flächeninhalt unter der Treppe, die in Abb. 5 schraffiert ist. Sie muß größer sein als die gesuchte Wegstrecke s^*. Die Größe s^* ist damit wieder eingeschachtelt zwischen zwei Flächeninhalten, und diese Einschachtelung ist günstiger, denn die untere Grenze ist gewachsen, die obere Grenze gleichzeitig kleiner geworden, die *Spanne* zwischen beiden Grenzen ist also von beiden Seiten her *kleiner* geworden.

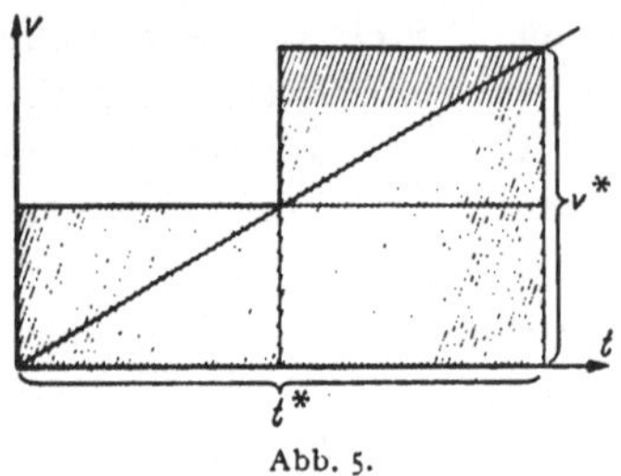

Abb. 5.

Damit ist uns zugleich der Weg gezeigt, wie wir die Einschachtelung fortgesetzt weiter verbessern können. Wir können jedes der beiden Intervalle der t-Achse, deren Länge die horizontale Breite einer Treppenstufe entsprach, erneut halbieren und dann statt der zweistufigen Treppen vierstufige konstruieren: eine vierstufige *untere Treppe*, die ganz unterhalb und eine vierstufige *obere Treppe*, die ganz oberhalb der Geraden verläuft (Abb. 6 und 7). Der Flächeninhalt unter der unteren Treppe ist kleiner und der Flächeninhalt unter der oberen Treppe

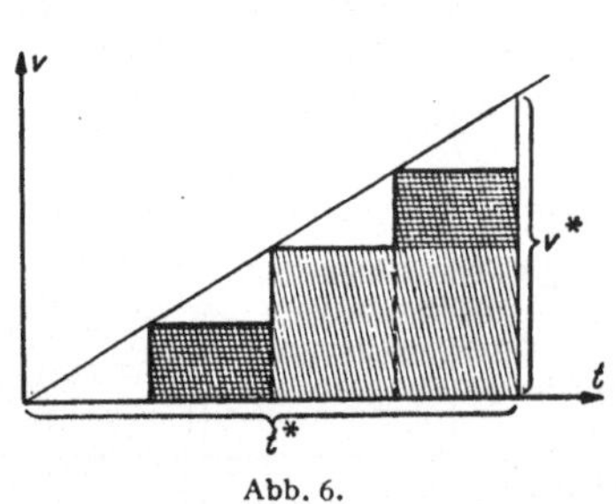

Abb. 6.

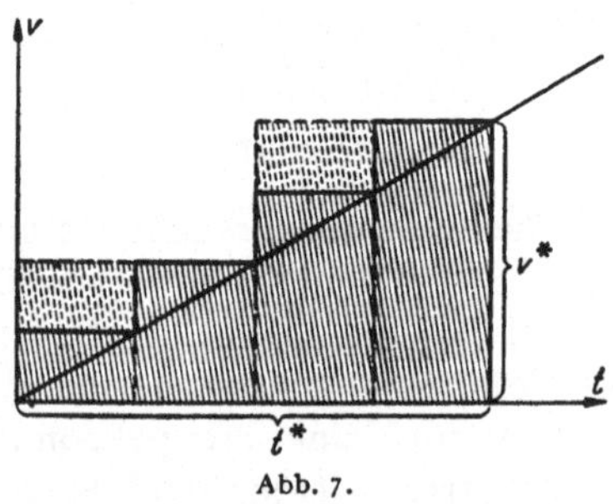

Abb. 7.

größer als die gesuchte Größe s^*. Wieder aber ist die Schachtelung günstiger geworden.

Offenbar läßt sich dieses Verfahren *ohne Ende fortsetzen*, indem wir durch fortgesetzte Halbierung der Intervalle der t-Achse zu achtstufigen, sechzehnstufigen usw. Treppen (unteren wie oberen) übergehen.

Die Größe dieser Spanne zwischen der oberen und unteren Grenze der Schachtelung können wir für jeden Schritt des Konstruktionsverfahrens leicht angeben. Denn die untere Treppe entsteht dadurch aus der oberen Treppe, daß wir diese um eine Stufe nach rechts verschieben. Die Spanne ist also gleich dem Flächeninhalt der letzten Stufe der oberen Treppe. Für den *zweiten* Schritt, also im Falle der $(2^2 = 4)$-stufigen Treppe ist die Spanne dementsprechend

$$S_2 = v^* \frac{t^*}{2^2} = C \frac{t^{*2}}{2^3}.$$

Allgemein haben wir für den ν-ten Schritt, also im Falle 2^ν-stufiger Treppen, die Formel

$$(5) \qquad S_\nu = v^* \frac{t^*}{2^\nu} = C \frac{t^{*2}}{2^\nu},$$

die auch den Fall $\nu = 0$ einschließt.

Auf Grund dieses Ergebnisses können wir uns nun leicht überzeugen, daß uns unser Schachtelungsverfahren die Möglichkeit gibt, die gesuchte Wegstrecke s^* mit beliebiger Genauigkeit zu berechnen. Wollen wir etwa s^* auf n Dezimalen der Längeneinheit $[m]$ berechnen, so können wir in (5) die (positive, ganze) Zahl ν so groß wählen, daß S_ν kleiner als eine halbe Einheit der n-ten Dezimale, also

$$S_\nu < \frac{5}{10^{n+1}}\, m$$

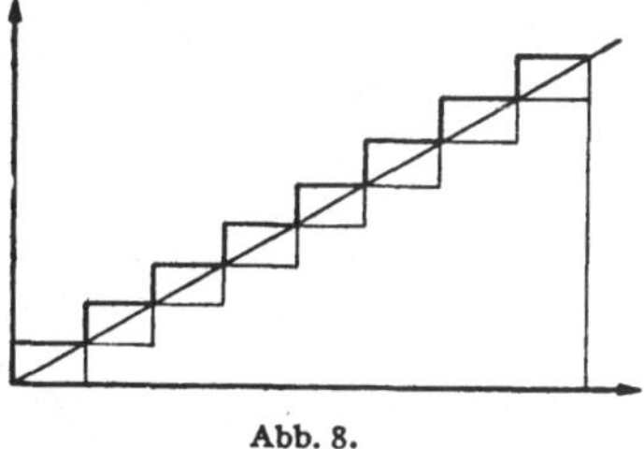

Abb. 8.

wird. Dann stimmen die untere und die obere Grenze des beim ν-ten Schritt auftretenden Schachtelungsintervalls in den ersten n Dezimalen überein, und damit sind auch die ersten n Dezimalen der zwischen ihnen eingeschlossenen Größe s^* gefunden. Da sich auf diese Art beliebig viele Dezimalen von s^* berechnen lassen, liefert uns der Schachtelungsprozeß, so können wir sagen, die gesuchte Größe s^*.

Im Schaubild sehen wir nun, daß zwischen einer „unteren" und „oberen" Treppe beliebiger Stufenzahl immer der Flächeninhalt des rechtwinkligen Dreiecks mit den Katheten t^* und v^* eingeschachtelt ist (Abb. 8). Da aber das Schachtelungsverfahren die Größe s^* eindeutig festlegt, so muß sie mit dem Flächeninhalt dieses rechtwinkligen Dreiecks übereinstimmen, d. h. mit dem „Flächeninhalt, der unter der Geraden $v = Ct$" liegt, und den wir unmittelbar angeben können. Wir erhalten

$$(6) \qquad s^* = \tfrac{1}{2} v^* t^* = \tfrac{1}{2} C t^{*2}.$$

Es tritt hier der besondere Umstand ein, daß wir die durch das Schachtelungverfahren zu ermittelnde Größe nach Gleichung (6) auch mittels eines analytischen Ausdrucks — man sagt: *in geschlossener Form* — gewinnen können. Von einem allgemeinen Standpunkt aus muß das als ein Ausnahmefall betrachtet werden, denn im allgemeinen wird sich die durch eine Intervallschachtelung dargestellte Zahl nicht durch einen einfachen endlichen Ausdruck darstellen lassen. Wenn das wie in (6) ausnahmsweise eintritt, so können wir das gleichsam als einen glücklichen Zufall ansehen, der etwa dem ähnelt, daß eine Quadratwurzel „aufgeht". Aber in unseren nächsten Überlegungen werden wir es zunächst gerade mit solchen „Glücksfällen" zu tun haben.

Zu dem Ergebnis (6) gelangte auch GALILEI, und er konnte leicht nachprüfen, daß dieses Weg-Zeit-Gesetz mit den wirklichen Verhältnissen (im luftleeren Raum) übereinstimmt. Der Zahlwert der Konstanten C ist die doppelte Maßzahl der Strecke, die ein freifallender Körper in einer Sekunde zurücklegt. Für mittlere geographische Breite hat sich für diese Konstante, die man mit g zu bezeichnen.pflegt, der Wert

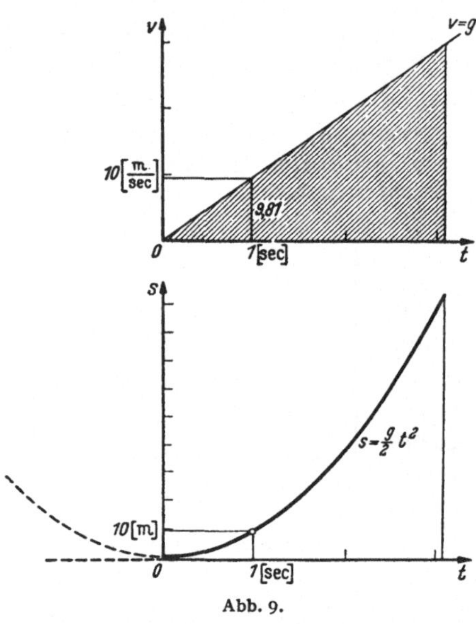

Abb. 9.

$$g = 9{,}81\ \frac{m}{sec^2}$$

ergeben.

Es ist zweckmäßig, auch hier den zurückgelegten Weg in einem Schaubild anschaulich darzustellen, und zwar in der gleichen Weise, wie wir es in Abb. 3 für den Fall einer konstanten Geschwindigkeit getan haben. In Abb. 9 ist oben nochmals die Geschwindigkeit v als Funktion der Zeit t dargestellt. In der darunter liegenden Figur haben wir zu jedem t die zugehörige Ordinate $s = \frac{g}{2}\,t^2$ aufgetragen. Diese Ordinate ist dabei in jedem Fall gleich dem Flächeninhalt des zugehörigen Dreiecks in der oberen Figur. Wir haben in Abb. 9 unten eine dieser Ordinaten angedeutet und das dazugehörige Dreieck in der oberen Figur schraffiert. Die so erhaltene krumme Linie ist aus den Elementen der analytischen Geometrie wohlbekannt. Sie ist eine *Parabel*, deren Scheitel in dem Nullpunkt unseres Koordinatensystems liegt und deren Achse vertikal steht (der links gelegene Teil der Parabel besitzt dabei für unsere Überlegungen keine Bedeutung).

Zusammenfassend können wir sagen: das Einschachtelungsverfahren hat uns gelehrt, daß der Weg, den ein Körper beim freien Fall aus der Ruhe zurücklegt, im Geschwindigkeitsschaubild durch den Flächeninhalt unter der Geraden $v = gt$ dargestellt wird. Für die wirkliche Berechnung dieses Flächeninhalts brauchen wir das Einschachtelungsverfahren nicht, da sich ja der Flächeninhalt eines Dreiecks unmittelbar nach der Lehre der Elementargeometrie angeben läßt.

1, 2. Bedeutung des Schachtelungsverfahrens für das Zahlenrechnen (Begriff der Irrationalzahl).

Daß ein Schachtelungsprozeß der betrachteten Art eine einzelne ganz bestimmte Zahl liefert, kann man auch so auffassen: die Angabe des Schachtelungsprozesses und die Angabe der Zahl bedeuten ganz das gleiche. Eine solche Auffassung wird dem Anfänger vielleicht im ersten Augenblick fremdartig vorkommen. Er wird eher geneigt sein, das Schachtelungsverfahren als ein Annäherungsverfahren aufzufassen, das *Näherungswerte* für die Zahl s^* liefere, denen der *genaue* Wert s^* gegenüberzustellen wäre. Um das zu klären, gehen wir ein wenig darauf ein, was man unter einem *genauen* Wert zu verstehen hat. Wir wählen ein Beispiel aus den Elementen der Arithmetik.

Wenn man nach der Zahl fragt, die zum Quadrat erhoben 2 ergibt, so wird wohl als *genauer* Wert

$$\sqrt{2}$$

angegeben. Indessen hat man damit doch *nur ein Symbol* angeschrieben, das einen Rechenprozeß vertritt, der gestattet, die Zahl, deren Quadrat 2 ist, mit jeder gewünschten Genauigkeit zu berechnen. Wenn man sich dann den Sinn dieses Rechenverfahrens deutlich macht, so sieht man unmittelbar, daß es sich dabei um ein Einschachtelungsverfahren handelt, das dem eben betrachteten Schachtelungsverfahren ganz entspricht. Man bestimmt zuerst die ganze Zahl, dann der Reihe nach die Ziffern der aufeinander folgenden Stellen hinter dem Komma. Wenn man sagt, die ganze Zahl vor dem Komma sei 1, so will man damit zum Ausdruck bringen, daß die gesuchte Zahl zwischen 1 und 2 liegen muß, d. h. man schließt den gesuchten Wert zwischen zwei Grenzen ein. Bestimmt man dann nach dem bekannten Verfahren die erste Dezimale nach dem Komma zu 4, so stellt man damit nichts anderes fest, als daß der gesuchte Wert zwischen 1,4 und 1,5 liegen muß, d. h. man bestimmt ein neues Intervall, dessen Länge auf den zehnten Teil der Länge des vorigen Intervalls zurückgebracht ist. Die untere Grenze ist größer, die obere kleiner geworden. Die Bestimmung der aufeinander folgenden Dezimalen führt der Reihe nach zu den ineinander geschachtelten Intervallen:

$$1,41 \quad < \sqrt{2} < 1,42$$
$$1,414 \quad < \sqrt{2} < 1,415$$
$$1,4142 < \sqrt{2} < 1,4143\,.$$

. . . .

Auch hier kann dieses Verfahren *unbegrenzt fortgesetzt* gedacht werden. Dem früheren Schachtelungsverfahren ist es allerdings dadurch überlegen, daß mit jedem folgenden Schritt die Spanne zwischen den Grenzen immer gerade auf den zehnten Teil der Spanne zwischen den Grenzen des vorhergehenden Schrittes herabsinkt. Man sieht, daß aber im übrigen unser obiges Verfahren zur Berechnung von s^* mit diesem aus den Elementen bekannten Verfahren zur Berechnung einer Quadratwurzel völlig gleichartig ist.

Das Zeichen $\sqrt{2}$ ist nur ein Symbol für diesen Rechenprozeß bzw. dieses Verfahren der Intervallschachtelung. Es ist *unmöglich*, durch eine *endliche* Anzahl von Angaben eine Zahl festzulegen, deren Quadrat genau gleich 2 ist. Man könnte den Einwand machen, daß es gar keine solche Zahl gibt, und es ablehnen, dem Symbol $\sqrt{2}$ die Bedeutung einer Zahl beizulegen. Für die mathematische Beschreibung von Naturvorgängen, deren stetiger Ablauf sich geometrisch veranschaulichen läßt, wäre aber eine solche Auffassung unmöglich. Denn auf Grund des Pythagoreischen Lehrsatzes hat z. B. die Hypotenuse des rechtwinklig-gleichschenkligen Dreiecks mit den Katheten 1 eine Länge, deren Quadrat gleich 2 ist, so daß dieser Strecke das Symbol $\sqrt{2}$ als Maßzahl zuzuweisen ist (Abb. 10). Für die ausnahmslose Zuordnung von Maßzahlen zu Strecken kommen wir daher mit den *ratio-nalen* (d. h. den ganzen oder gebrochenen) Zahlen nicht aus, sondern sind genötigt, durch Einführung der sog. *„irrationalen Zahlen"* den Zahlbereich zu erweitern. Diese Bezeichnung deutet auf die große Denkschwierigkeit hin, die mit diesem Begriff verbunden war. Der Lehrsatz des Pythagoras ist gewiß für Sonderfälle ($a = 3$, $b = 4, c = 5$ und ähnl.) schon lange vor Pythagoras bekannt gewesen. Die Leistung der Pythagoreer liegt darin, daß sie mit dem Nachweis der Allgemeingültigkeit dieses geometrischen Satzes zur Entdeckung des Irrationalen kamen. In der griechischen Mathematik entstand aus dieser Entdeckung eine Krise, in deren Verlauf der kühne Schritt einer Erweiterung des Zahlbegriffs noch nicht getan wurde[1].

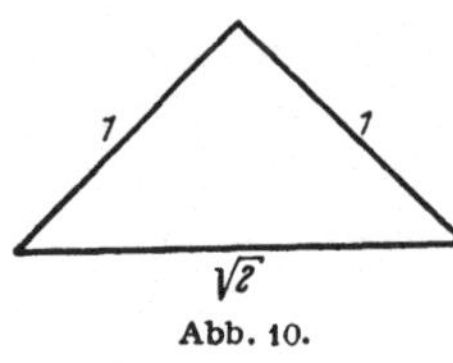

Abb. 10.

Für die Quadratwurzeln aus ganzen Zahlen hatte man in dem pythagoreischen Lehrsatz das Mittel einer einfachen Konstruktion gefunden. Die Beschäftigung mit geometrischen Problemen führte aber alsbald zu Irrationalitäten, für die eine solche einfache geometrische Konstruktion mittels Zirkel und Lineal nicht angegeben werden konnte. Eine solche Irrationalität ist z. B. $\sqrt[3]{2}$, auf die man geführt wird, wenn man nach der Kantenlänge eines Würfels fragt, dessen Rauminhalt doppelt so groß wie der des Würfels von der Kantenlänge 1 ist. Für diese Kantenlänge eine Konstruktion mittels Zirkel und Lineal anzugeben, war lange Zeit die Bemühung der griechischen Mathematiker. Wie populär das

---

[1] Vgl. Hasse-Scholz: Die Grundlagenkrisis der griechischen Mathematik. Pan-Bücherei, Gruppe Philosophie, Nr. 3 (1928).

Problem war, sieht man daraus, daß es der Mann auf der Straße mit einem Spruch des Delphischen Orakels in Verbindung brachte, in dem Apollo die Befreiung von einer Pest an die Bedingung geknüpft habe, den würfelförmigen Altar seines Tempels durch einen solchen von doppeltem Rauminhalt zu ersetzen. Besonders bekannt ist weiterhin das vergebliche Bemühen um eine entsprechende Konstruktion für die entsprechende Zahl, die den Inhalt des Kreises mißt, wenn man als Flächeneinheit das Quadrat mit dem Kreishalbmesser als Seitenlänge benützt. Schon im mathematischen Elementarunterricht pflegt es auseinandergesetzt zu werden, wie die griechischen Mathematiker — Vollender des Werkes war ARCHIMEDES — nach dem Verfahren der Intervallschachtelung griffen, als alle anderen Bemühungen vergeblich blieben. Jedermann weiß, wie man beim Kreis, ausgehend von dem ein- und umbeschriebenen regelmäßigen Sechseck, eine Folge von ein- und umbeschriebenen Vielecken konstruiert, indem man die Seitenzahl fortgesetzt verdoppelt. Die Inhalte des einbeschriebenen und umbeschriebenen Vielecks gleicher Seitenzahl bilden je die Grenzen eines Intervalls, in das der Kreisinhalt eingeschlossen ist. Indem man die Seitenzahlen die Folge

$$6, \; 6 \cdot 2^1, \; 6 \cdot 2^2, \; 6 \cdot 2^3, \ldots, 6 \cdot 2^n, \ldots$$

durchlaufen läßt, erhält man eine Intervallschachtelung, bei der die Länge des Intervalls mit wachsender Nummer so klein wird, wie man will.

Wenn man nun beim Kreis die gesuchte Maßzahl durch das Symbol π bezeichnete, so hatte man zur Darstellung von π keine elementargeometrische Konstruktion, sondern nur die Intervallschachtelung, die diese Zahl mit jeder gewünschten Genauigkeit zu berechnen gestattete. Die Einführung eines Zahlzeichens konnte demnach nur als Symbol für den durch die Intervallschachtelung definierten Rechenprozeß gemeint sein.

In diesem Sinn haben wir in dem Schachtelungsverfahren nicht nur einen Näherungsprozeß zu sehen, sondern wir können einen Schritt weiter gehen und sagen: *Jede Intervallschachtelung definiert eine Zahl.* In dem Wort „Schachtelung" ist zum Ausdruck gebracht, daß jedes Intervall der Folge in dem vorhergehenden liegt, d. h. daß die unteren Grenzen der Intervalle nicht abnehmen, die oberen nicht zunehmen. Weiter ist vorausgesetzt, daß die „Länge" des Intervalls mit wachsender Nummer kleiner wird als jede beliebige positive Zahl ε. Dieser Satz entspringt unserer Gleichsetzung von *Zahl* und *Strecke* (auf die wir im Rahmen dieses Buches nicht verzichten können). Denken wir uns nämlich die Intervallschachtelung auf der Geraden entsprechend definiert, so fordert die Anschauung die Anerkennung des Grundsatzes: *Ist auf einer Geraden eine Intervallschachtelung gegeben, so gibt es stets genau einen Punkt, der allen Intervallen der Schachtelung angehört.* In diesem Grundsatz, den man als *Cantor-Dedekindsches Axiom* bezeichnet, erkennen wir die Wurzel aller unserer Überlegungen[1].

Man wird gut tun, sich immer wieder klarzumachen, daß die Definition einer. Irrationalzahl als eines unendlichen nichtperiodischen Dezimalbruchs gar nichts anderes ist, als eine Definition mit Hilfe einer Intervallschachtelung, und daß damit gerade ausgesprochen ist, daß eine Intervallschachtelung eine Zahl repräsentiert. Für Zwecke des Zahlenrechnens wird man sie je nach der gewünschten Genauigkeit durch die untere oder obere Grenze eines Intervalls von geeigneter Nummer zu ersetzen haben, da Zahlenrechnungen natürlich nur mit rationalen Zahlen durchgeführt werden können. Daß man heute die hiermit angedeuteten Operationen fast von selbst richtig ausführt, ohne sich über ihren eigentlichen Sinn Rechenchaft zu geben, ja daß man vielleicht sogar das Reden darüber als lästige Umständlichkeit empfindet, rührt daher, daß wir in der Dezimalbruchrechnung, die uns eine durch Jahrhunderte sich hinziehende mathematische Arbeit vergangener Geschlechter geschaffen hat, ein Instrument besitzen, das den Aufgaben des Zahlenrechnens in geradezu wundervoller Weise angepaßt ist.

1, 3. Anwendungsbeispiele.

Wir wollen an einer Reihe von Beispielen zeigen, wie man mit Hilfe des Einschachtelungsverfahrens die Berechnung physikalischer Größen auf die Bestimmung von Flächeninhalten unter einer Geraden zurückführen kann.

Anwendung 1: Flüssigkeitsdruck. Der Druck einer Flüssigkeit nimmt linear mit der Tiefe zu. Für Wasser beispielsweise haben wir auf je 10 m Wassertiefe eine Druckzunahme von 1 at, d. h. $1 \frac{\text{kg}}{\text{cm}^2}$. Messen wir die Tiefe in cm, so haben wir, wenn wir von dem Druck der Luft über dem Wasser absehen[2], also in der Wasseroberfläche den Druck gleich **Null** annehmen;

$$p = k\,x \ \left(k = \frac{1}{1000}\ \frac{\text{at}}{\text{cm}}\right).$$

Es sei nun die Aufgabe gestellt, die Gesamtkraft, die der Wasserdruck auf die rechteckige Seitenwand eines Behälters von der Breite b [cm] ausübt, zu ermitteln. Da die Wand rechteckig vorausgesetzt ist, so würde die *Kraft*, die in der Tiefe x [cm] auf einen Streifen der Wand von der Höhe 1 cm ausgeübt wird, gleich $p\,b$ sein[3]. Bezeichnen wir diese Kraft, bezogen auf die Einheit der Wandhöhe, mit $S(x)$, so haben wir die Beziehung

$$S = b\,k\,x \left[\frac{\text{kg}}{\text{cm}}\right].$$

---

[1] Eine ausführliche Darstellung dieser Zusammenhänge findet der Leser z. B. in v. MANGOLDT-KNOPP: Einführung in die Höhere Mathematik Bd. 1 (1931) S. 173 ff.

[2] D. h. den Wasserdruck in atü messen.

[3] Der Druck ist dabei überall im Streifen konstant zu denken.

Bei ihrer Darstellung in einem Schaubild erhalten wir eine Gerade durch den Anfangspunkt mit der Steigung $b\,k\left[\dfrac{\text{kg}}{\text{cm}^2}\right]$. Wenn wir nun an die Berechnung der Gesamtkraft auf die Behälterwand gehen, so überlegen wir zunächst, daß diese Berechnung wieder sehr einfach wäre, wenn die Kraft S auf die Höheneinheit nicht mit der Wassertiefe veränderlich, sondern konstant wäre. Wir brauchten ja dann nur den konstanten Wert von S mit der Wassertiefe x zu multiplizieren, also in dem Schaubild den Flächeninhalt des Rechtecks unter einer horizontalen Geraden zu bilden. Will man die Gesamtkraft für die wirklichen Verhältnisse berechnen, so kann man wieder davon ausgehen, daß man die wirkliche (linear mit der Tiefe veränderliche) Druckverteilung durch eine fingierte Druckverteilung ersetzt, die stückweise konstant bleibt und sich an den Grenzen der Teilbereiche sprungweise um einen endlichen Betrag ändert. So konstruiert man zu der geraden Linie eine untere und eine obere Treppe mit je 2^ν Stufen. Für eine solche Druckverteilung nach der Treppe stellt aber der Flächeninhalt unter der Treppe die Gesamtkraft vor. Berechnen wir also für jedes ν die Flächeninhalte unter der unteren und der oberen Treppe, so erhalten wir eine Intervallschachtelung, die uns die gesuchte Gesamtkraft liefert. Da die Intervallschachtelung nach dem Schaubild den Flächeninhalt unter der Geraden liefert, so wird die Gesamtkraft des Wasserdrucks auf das Rechteck der Höhe h durch diesen Flächeninhalt dargestellt. Wir finden für sie

$$K = \tfrac{1}{2}\,S\,h = b\,k\,\frac{h^2}{2}\ \ [\text{kg}]$$

und sehen, daß K als Funktion von h durch eine Parabel dargestellt wird, die die Ordinatenachse als Symmetrieachse besitzt.

Anwendung 2: Dehnung eines Stabes. Formänderungsarbeit. Wird ein gerader Stab (konstanten Querschnitts) von der Länge l, der an einem Ende festgehalten wird, am anderen Ende in seiner Längsrichtung mit der Kraft P gezogen, so wird er sich wegen seiner Elastizität um ein bestimmtes Stück Δl verlängern.

Wir denken uns diesen belasteten Zustand aus dem unbelasteten dadurch hervorgegangen, daß die am Ende des Stabes angreifende Spannkraft S, die den Stab in einem bestimmten Spannungszustand im Gleichgewicht hält, allmählich vom Wert Null zum Endwert P ansteigt[1], und zwar so langsam, daß während des ganzen Vorganges Gleichgewicht herrscht. Die durch S bewirkte Stabverlängerung sei x. Wir führen noch die sog. *Spannung* des Stabes

$$\sigma = \frac{S}{F}\left[\frac{\text{kg}}{\text{cm}^2}\right]$$

ein, die aus S durch Division mit der Querschnittsfläche F hervorgeht. Nun gilt das sog. *Hookesche Gesetz der Elastizitätslehre*, nach dem die *Längenänderung* der *Längeneinheit*

$$\lambda = \frac{x}{l}$$

gleich der *Spannung* σ dividiert durch die *Elastizitätszahl* des Stabmaterials ist:

$$\lambda = \frac{\sigma}{E}\,.$$

Führen wir in die Formel des Hookeschen Gesetzes die Spannkraft S und die Längenänderung x des Stabes ein, so ergibt sich zwischen S und x die lineare Be-

---

[1] Würde man die Kraft P plötzlich mit ihrer ganzen Stärke angreifen lassen, so würde nicht der zu untersuchende Gleichgewichtsfall eintreten, sondern ein Schwingungsvorgang, der schwerer zu überblicken ist.

ziehung

$$S = \frac{FE}{l}\, x.$$

Für $x = \Delta l$ wird die Spannkraft $S = P$, d. h. bei der elastischen Verformung des Stabes wird x von Null so lange wachsen, bis S den Wert der wirkenden Kraft P erreicht hat. In einem Schaubild wird der Zusammenhang zwischen Spannkraft S und der Verlängerung x des Stabes durch eine gerade Linie durch den Anfangspunkt dargestellt. Fragen wir nun nach der bei der Dehnung des Stabes um das Stück x geleisteten Arbeit, der sog. *Formänderungsarbeit*, die als *elastische Energie* im Stabe aufgespeichert wird, so können wir wieder daran anknüpfen, daß sich die Arbeit bei konstant bleibender Kraft einfach als Produkt aus Kraft und Stabverlängerung, die hier den von der Kraft zurückgelegten Weg darstellt, berechnen würde. Wir ersetzen das wirkliche Anwachsen der Kraft durch ein ruckweises, das sich im Schaubild als eine Treppe darstellen würde, und erhalten so eine Intervallschachtelung, aus der man ersieht, daß die Formänderungsarbeit für jede Stabverlängerung x durch den Flächeninhalt des Dreiecks dargestellt wird, daß also

$$A = \frac{1}{2}\, S\, x = \frac{1}{2}\, \frac{FE}{l}\, x^2$$

ist. Die Abhängigkeit der Formänderungsarbeit von der Stabverlängerung wird im Schaubild durch eine Parabel dargestellt. Für $x = \Delta l$ ergibt sich die Gesamtarbeit.

Anwendung 3: Das Aufladen eines Kondensators. Ein Kondensator von der Kapazität C [Farad] enthält, wenn er zu der Spannung u [Volt] aufgeladen ist, die Elektrizitätsmenge:

$$q = C\, u \ \text{[Coulomb]}.$$

Diese Beziehung, die wir auch in der Form

$$u = \frac{1}{C}\, q$$

schreiben können, wird im Schaubild durch eine gerade Linie durch den Anfangspunkt mit der Steigung $\frac{1}{C}$ dargestellt. Könnte man den Kondensator auf einer konstanten Spannung u halten, so würde das Hineinbringen von q Coulomb in den Kondensator, wie die Elektrizitätslehre lehrt, die Arbeit

$$q\, u \ \text{[Wattsekunden]}$$

erfordern[1]. In der gleichen Weise wie in den bisherigen Beispielen können wir uns nun beim Aufladen des Kondensators eine fingierte Spannungsverteilung nach einer unteren und oberen Treppe denken und mit ihr eine Intervallschachtelung konstruieren, die zeigt, daß die Ladungsarbeit, bzw. die mit ihr identische im Kondensator aufgespeicherte elektrische Energie, durch den Flächeninhalt unter der Geraden gegeben wird, also

$$A = \frac{1}{2}\, u\, q = \frac{1}{2C}\, q^2$$

ist und in einem (A, q)-Schaubild durch eine Parabel dargestellt wird.

Anwendung 4: Das Einspannmoment eines eingeklemmten Balkens, der durch sein Eigengewicht belastet ist. Ein waagerechter Balken von der Länge l sei an dem Ende $x = 0$ eingeklemmt und rage frei vor. Sein Eigengewicht auf dem laufenden Meter sei p [kg m^{-1}]. Für elementare Betrachtungen

---

[1] Da 1 Coulomb = 1 Ampere · sec ist, so gilt

$$\text{Coulomb} \cdot \text{Volt} = \text{Volt} \cdot \text{Ampere} \cdot \text{sec} = \text{Watt} \cdot \text{sec}.$$

Die Wattsec ist ein Maß für die Arbeit.

über die Festigkeit des Balkens ist das Moment der Belastung in bezug auf den Einspannpunkt $x = 0$ von Bedeutung. Die Gewichte sind Kräfte, die senkrecht nach unten gerichtet sind. Greift also ein Gewicht an einem horizontal gerichteten Hebelarm an, so ist das Moment einfach gleich dem Produkt aus dem Gewicht und der Länge des Hebelarms. Nun handelt es sich hier allerdings um das Eigengewicht des Balkens, das kontinuierlich über die Balkenlänge verteilt ist. Wir können aber offenbar wieder das Einschachtelungsverfahren, und zwar in folgender Weise, anwenden. Beim ersten Schritt denken wir das Gesamtgewicht des Balkens $p\,l$ [kg] entweder im Punkte $x = 0$ oder im Punkte $x = l$ angebracht und erhalten so für das Moment die primitive Einschachtelung

$$p\,l \cdot 0 < M < p\,l \cdot l.$$

Beim zweiten Schritt denken wir das Gesamtgewicht in zwei gleiche Teile zerlegt und denken je eine Einzelkraft von der Größe $\dfrac{p\,l}{2}$ [kg] entweder in den Punkten

$x = 0$, $x = \dfrac{l}{2}$ oder in den Punkten $x = \dfrac{l}{2}$,

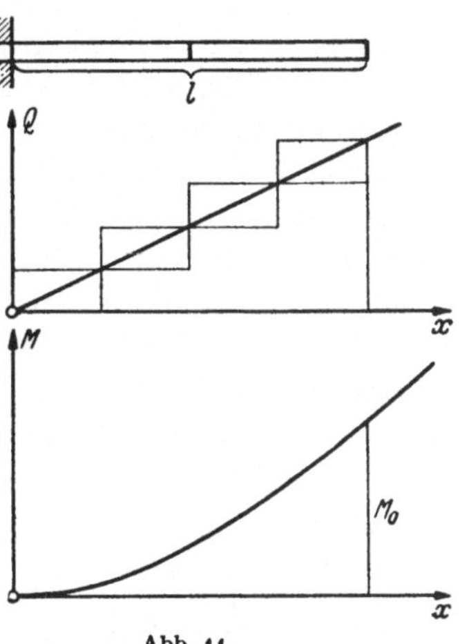

$x = l$ angebracht, so erhalten wir die günstigere Einschachtelung:

$$\frac{p\,l}{2}\,\frac{l}{2}\,(0 + 1) < M < \frac{p\,l}{2}\,\frac{l}{2}\,(1 + 2).$$

Dann betrachten wir $2^2 = 4$ Einzelkräfte, je von der Größe $\dfrac{p\,l}{4}$, die wir an den Stellen

$x = 0,\ \dfrac{l}{4},\ 2\dfrac{l}{4},\ 3\dfrac{l}{4}$, bzw. an den Stellen

$x = \dfrac{l}{4},\ 2\dfrac{l}{4},\ 3\dfrac{l}{4},\ 4\dfrac{l}{4}$, anbringen. Die zu diesen Einzelkräften gehörigen Momente ergeben sich offenbar als Flächeninhalte unter einer vierstufigen unteren bzw. oberen Treppe, die zu der Geraden

$$Q = p\,x$$

Abb. 11.

konstruiert ist (Abb. 11). Setzt man die Einschachtelung in der angegebenen Weise fort, so werden die Grenzen für das gesuchte Moment stets durch die Flächeninhalte unter einer unteren bzw. oberen Treppe unter der Geraden geliefert. Man sieht, daß das Einschachtelungsverfahren als Wert des Einspannmoments den Flächeninhalt unter der Geraden liefert. Somit ist der Beitrag des zwischen der Stelle 0 und x liegenden Stücks des Balkens zum Einspannmoment durch

$$M(x) = p\,\frac{x^2}{2}$$

gegeben[1], und das Einspannmoment des ganzen Balkens von der Länge l wird somit

$$M = M(l) = p\,\frac{l^2}{2}.$$

Die Größe Q ist übrigens nichts anderes als das Gewicht des zwischen den Abszissen 0 und x liegenden Balkenstücks.

---

[1] Diese Kurve ist nicht mit der in der Statik als Momentenlinie bezeichneten Kurve zu verwechseln, bei der das Moment nicht auf die Einspannstelle, sondern auf die jeweilige Schnittstelle bezogen ist.

I, 4. Der Flächeninhalt unter einer Geraden in beliebiger Lage.

I, 41. Negative Steigung; Vorzeichen des Flächeninhaltes. In den bisher betrachteten Beispielen handelte es sich darum, den Flächeninhalt unter einer durch den Koordinatenanfangspunkt gehenden Geraden

$$(7) \qquad y = a\,x$$

zu bestimmen, und die Beispiele waren so gewählt, daß a seiner physikalischen Bedeutung entsprechend immer positiv war. Die Gerade verläuft dann ganz im dritten und ersten Quadranten, und die Flächeninhaltsfunktion

$$(8\,\mathrm{a}) \qquad F_0^x = \frac{a}{2}\,x^2$$

wird durch eine nach oben geöffnete Parabel mit vertikaler Achse dargestellt. Erteilen wir der Konstanten a einen negativen Wert, so verläuft die Gerade im zweiten und vierten Quadranten, und die ihr durch (8a) zugeordnete Funktion wird durch eine nach unten geöffnete Parabel dargestellt, deren sämtliche Ordinaten negativ sind. Es fragt sich, ob auch hier die Deutung als Flächeninhalt sinnvoll bleibt. Vom rein geometrischen Standpunkt aus möchte es auf den ersten Blick einfacher erscheinen, alle Flächeninhalte als positive Größen anzusehen. Bei der Anwendung auf physikalische und technische Probleme erkennt man aber, daß das nicht zweckmäßig ist. Rechnen wir z. B. beim freien Fall die Richtung senkrecht nach *oben* als positiv für die Geschwindigkeit, so müssen wir der Geschwindigkeit der Fallbewegung, die doch senkrecht nach *unten* gerichtet ist, das negative Vorzeichen geben:

$$v = -\,g\,t.$$

Da bei dieser Festsetzung natürlich auch für den Fallweg die Richtung senkrecht nach oben positiv zu rechnen ist, so erhalten wir die *negative* Fallstrecke

$$s = \frac{-\,g}{2}\,t^2.$$

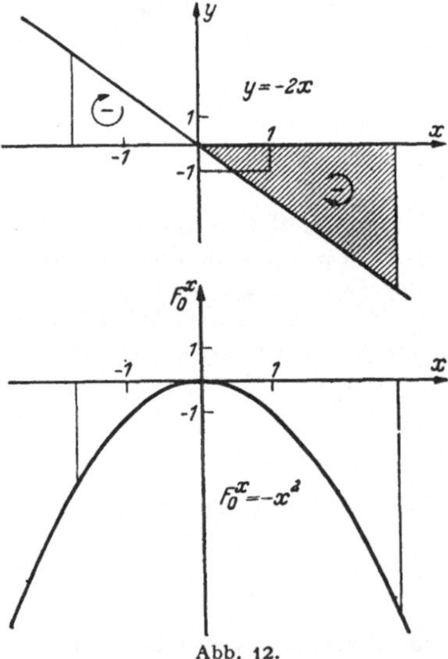

Abb. 12.

Wollen wir sie wieder als Flächeninhalt deuten, so müssen wir dem Flächeninhalt unter der Geraden mit negativer Steigung notwendig ein *negatives* Zeichen zuweisen.

Wie läßt sich nun das Vorzeichen eines Flächeninhaltes definieren? Eine eindeutige Festsetzung darüber erhalten wir auf folgende Weise:

Wenn wir auf der x-Achse von 0 nach der Stelle x gehen (bei der üblichen Lage der x-Achse gehen wir also für positives x nach rechts, für negatives x dagegen nach links) *und dann, in der dadurch gegebenen Richtung weiterlaufend, die betrachtete Fläche umfahren, so erhalten wir einen bestimmten Umlaufssinn.* Dieser ist in dem Falle eines negativen a (Abb. 12) dem Umlaufssinn des Uhrzeigers gleich, und zwar sowohl für positive wie negative x. Im Fall eines positiven a ist dagegen der auf diese Weise erhaltene Umlaufssinn der Flächenstücke dem Umlaufssinn des Uhrzeigers entgegengesetzt. Es ist üblich, den Umlaufssinn entgegengesetzt dem Drehsinn des Uhrzeigers als positiv, den mit dem Drehsinn des Uhrzeigers übereinstimmenden Umlaufssinn dagegen als negativ zu bezeichnen. Einem Flächeninhalt wird nun ein positives oder negatives Vorzeichen gegeben, je nachdem der zugehörige Umlaufssinn positiv oder negativ ist, d. h. je nachdem der Umlaufssinn dem Drehsinn des Uhrzeigers entgegengesetzt oder gleich ist.

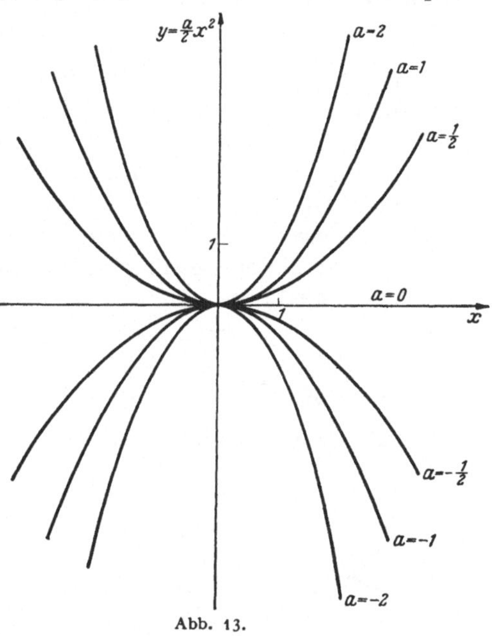

Abb. 13.

Die Formel (8a) gibt den Flächeninhalt, der zu der durch (7) dargestellten Geraden gehört, sowohl für positives wie auch für negatives a mit dem richtigen Vorzeichen an.

Abb. 13 zeigt, wie die Gestalt der Flächeninhaltsparabeln

$$y = \frac{a}{2}x^2$$

sich mit dem *Parameter a* ändert. Seinem absoluten Betrag nach mißt der „Beiwert" a die *Öffnung* der Parabel.

1, 42. Beliebige Wahl des Anfangspunktes der Flächeninhaltszählung. Wir haben bis jetzt den Flächeninhalt unter der Geraden immer vom Koordinatenanfangspunkt bis zu einer beliebigen

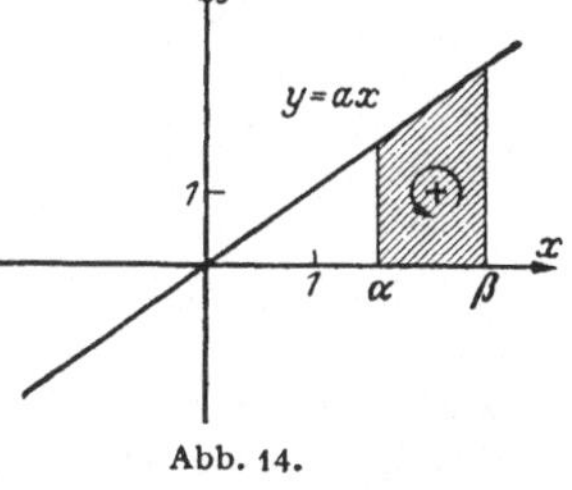

Abb. 14.

Stelle x betrachtet. Es wird indessen häufig notwendig sein, den Flächeninhalt von einer beliebigen ersten Stelle α bis zu einer beliebigen zweiten Stelle β (Abb. 14) zu berechnen. Diesen Flächeninhalt wollen wir mit F_α^β bezeichnen. Das bietet aber nicht die geringsten Schwierigkeiten, denn dieser Flächeninhalt ergibt sich unmittelbar als die Differenz zweier vom Nullpunkt aus gerechneten Flächeninhalte

$$F_a^\beta = F_0^\beta - F_0^\alpha = \frac{a}{2}\,(\beta^2 - \alpha^2)\,*.$$

Das Vorzeichen wird durch diese Formel von selbst richtig geliefert, denn eine Vertauschung der Grenzen ergibt:

$$F_\beta^\alpha = -\,F_\alpha^\beta.$$

Als wir die Flächeninhaltskurve zeichneten, haben wir die untere Grenze des Flächeninhaltes nach $x = 0$ gelegt und die obere Grenze als veränderlich aufgefaßt. Die Flächeninhaltskurve F_0^x ging daher durch den Anfangspunkt. Die oben angestellten Überlegungen ermöglichen es, die untere Grenze statt nach $x = 0$ auch an eine beliebige andere Stelle $x = x_0$ zu legen. Fassen wir die obere Grenze wieder als veränderlich auf und bezeichnen sie entsprechend mit x, so erhalten wir eine andere Flächeninhaltskurve

$$(8\,\text{b}) \qquad F_{x_0}^x = F_0^x - F_0^{x_0} = \frac{a}{2}\,x^2 - \frac{a}{2}\,x_0^2.$$

Diese neue Kurve können wir also unmittelbar zeichnen, indem wir bei der früheren Flächeninhaltskurve $F_0^x = \dfrac{a}{2}\,x^2$ alle Ordinaten um dieselbe Größe $F_0^{x_0}$ vermindern (Abb. 15), d. h. die Parabel als Ganzes um das Stück $F_0^{x_0}$ in Richtung der Ordinatenachse verschieben. Die nach unten verschobene Parabel schneidet die Abszissenachse in zwei Punkten. Der Flächeninhalt unter der Geraden hat also an zwei Stellen den Wert Null. Die eine dieser Nullstellen ist natürlich der Punkt x_0, der die untere Grenze, d. h. den Ausgangspunkt für die Flächeninhaltszählung, bildet. Rechts von dieser Stelle steigt in Abb. 15 die Flächeninhaltskurve an, da hier der Flächeninhalt unter der Geraden positiv zählt und mit wachsendem x immer größer wird. Für ein x links von $x = x_0$ wird der Flächeninhalt $F_{x_0}^x$ zunächst negativ, wie der Umlaufssinn zeigt, und entsprechend nimmt die Flächeninhaltskurve negative Werte an. Gehen

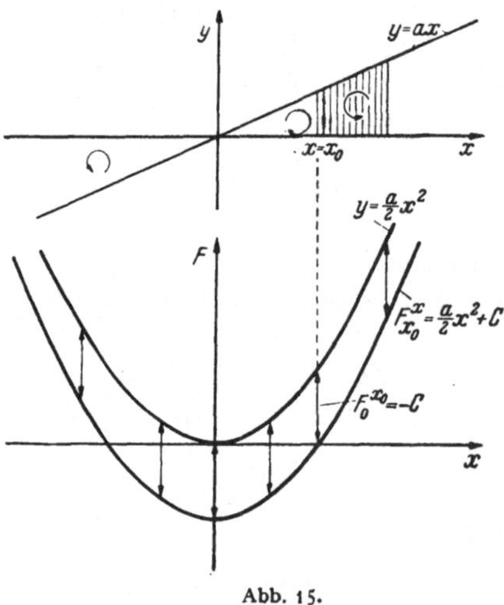

Abb. 15.

* Man gebraucht auch die Schreibweise $F_a^\beta = \dfrac{a}{2}\,x^2\,\Big|_a^\beta$ und liest: „$\dfrac{a}{2}\,x^2$, genommen zwischen den Grenzen α und β".

wir aber mit x nach links über die Stelle $x = 0$ hinaus, so wird der weiter hinzukommende Flächeninhalt positiv, wie man am Umlaufssinn erkennt. Entsprechend biegt die Flächeninhaltskurve von hier an wieder nach oben um, so daß an dieser Stelle der Scheitel der Parabel liegt. Gehen wir weiter nach links, so wird der hinzukommende positiv zu rechnende Flächeninhalt immer größer, so daß er den negativen Anteil allmählich aufhebt. An der Stelle $x = -x_0$ ist der Flächeninhalt wieder gleich Null geworden. Gehen wir mit x noch weiter nach links, so wird der Flächeninhalt wieder positiv, da der positive Teil den negativen überwiegt, die Flächeninhaltskurve steigt entsprechend nach links hin immer mehr in die Höhe. Wir sehen auch hier wieder, wie zweckmäßig es war, den Flächeninhalten ein bestimmtes Vorzeichen zu geben, da nur so die Verhältnisse durch eine einfache Formel wiedergegeben werden.

Denken wir uns den Ausgangspunkt der Flächeninhaltszählung zunächst nicht näher festgelegt, so können wir die Formel (8b) auch so ausdrücken, daß wir sagen, der Flächeninhalt sei gleich

$$F_0^x + C,$$

wo C eine willkürliche Konstante ist. Legen wir den Ausgangspunkt der Flächeninhaltszählung an eine feste Stelle x_0, so erhält C den Wert

$$C = -F_0^{x_0} = -\frac{a}{2} x_0^2$$

zugewiesen. Geben wir umgekehrt der Konstanten C einen festen Zahlwert, so ist damit der Ausgangspunkt x_0 für die Flächeninhaltszählung festgelegt. Natürlich kann, sofern a in der Parabelgleichung positiv ist, für C nur ein negativer Wert vorgegeben werden, wenn sich ein reeller Wert von x_0 bestimmen lassen soll. Wollen wir die Willkürlichkeit des Ausgangspunktes für die Flächeninhaltszählung andeuten, so schreiben wir nicht mehr $F_{x_0}^x$, sondern $F(x)$, und haben dann die Formel

$$(8) \qquad F(x) = \frac{a}{2} x^2 + C$$

worin C eine willkürliche Konstante bedeutet. Es gehört demnach zu einer Geraden $v = a x$ nicht *eine* Flächeninhaltskurve, sondern eine ganze Schar solcher Kurven, entsprechend dem willkürlich gewählten Werte der Konstanten C. Der Flächeninhalt zwischen zwei Punkten x_0 und x_1 ergibt sich *für jede dieser Kurven* durch die Formel

$$F_{x_0}^{x_1} = F(x_1) - F(x_0),$$

da sich für eine feste Kurve die Konstante bei der Subtraktion heraushebt.

1, 43. Der senkrechte Wurf. Überlagerungsprinzip. Zu einer weiteren leichten Verallgemeinerung werden wir geführt, wenn wir die Bewegung eines Körpers betrachten, der nicht wie bisher aus der Ruhe losgelassen, sondern zu Beginn der Bewegung mit einer bestimmten Geschwindigkeit senkrecht nach oben (oder nach unten) geschleudert wird.

Rechnen wir die Richtung senkrecht nach oben positiv, so wird, wie GALILEI gelehrt hat, die Abhängigkeit der Geschwindigkeit von der Zeit dann durch den Ansatz:

$$(9) \qquad v = v_0 - g\,t$$

wiedergegeben, der damit in Übereinstimmung ist, daß der Körper zu Beginn der Bewegung, d. h. zu der Zeit $t = 0$, die Geschwindigkeit $v = v_0$ [m/sec] besitzt. In dem Aufbau der Formel (9) steckt die Galileische Erkenntnis, daß man die konstante Geschwindigkeit v_0, die der Körper nach dem Trägheitsgesetz bei einer kräftefreien Bewegung dauernd beibehalten würde, und die Geschwindigkeit $(-g\,t)$, die er bei dem freien Fall aus der Ruhe annehmen würde, einfach zu addieren hat, um die Geschwindigkeit des geworfenen Körpers zu erhalten. Im Schaubild bedeutet dies, daß man die Ordinaten der Geraden, die den beiden Teilgeschwindigkeiten entsprechen, zu addieren hat. Diese Erzeugung der neuen Geraden durch die Addition der Ordinaten zweier bekannter Geraden ist das einfachste Beispiel einer sehr wichtigen Methode, die als *Überlagerung* oder, wie man auch sagt, *Superposition* bezeichnet wird.

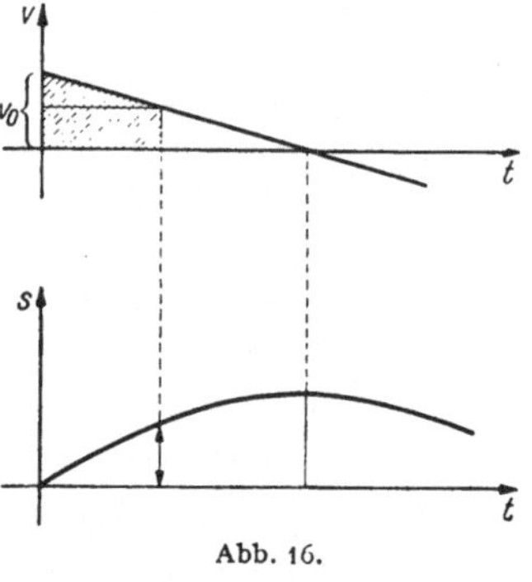

Abb. 16.

Wenn v_0 negativ ist, der Körper also nach unten geschleudert wird, nimmt die Größe der Geschwindigkeit (abgesehen vom Vorzeichen) von ihrem Anfangswert aus in Übereinstimmung mit der Erfahrung immer mehr zu. Ist v_0 dagegen positiv, so steigt der Körper zunächst in die Höhe, die Geschwindigkeit wird aber ihrer Größe nach immer geringer, bis sie schließlich zu Null wird. In diesem Moment hat der Körper offenbar seine höchste Lage erreicht. Dann nimmt die Geschwindigkeit der Größe nach wieder zu, sie erhält aber das negative Vorzeichen, ist also senkrecht nach unten gerichtet, der Körper beginnt wieder nach unten zu fallen (Abb. 16).

Es entsteht nun die Frage, wie man aus dem Geschwindigkeitsgesetz (9) die Abhängigkeit des von dem Körper zurückgelegten Weges s von der seit Beginn des Vorganges vergangenen Zeit t erschließt. Offenbar läuft das wieder auf eine Flächeninhaltsbestimmung hinaus, denn wir können in derselben Weise wie beim freien Fall den wirklichen Bewegungsvorgang durch einen fingierten Vorgang ersetzen, bei dem sich die Geschwindigkeit an einzelnen Stellen sprungweise ändert, während sie zwischen diesen Sprüngen konstant bleibt. Der zu berechnende Flächeninhalt setzt sich aus einem Rechteck und einem Dreieck zusammen

(Abb. 16), so daß

$$(10) \qquad s = F_0^t = v_0\,t - \tfrac{1}{2}g\,t^2$$

ist, wo in der Tat jeder der beiden Summanden der rechten Seite die Dimension einer Länge besitzt. Die beiden Summanden der rechten Seite lassen sich leicht einzeln deuten: $v_0 t$ als Flächeninhalt unter der Geraden $v = v_0$ und entsprechend $(-\tfrac{1}{2}g t^2)$ als Flächeninhalt unter der Geraden $v = -g t$. Die Überlagerung der Ordinaten zieht also die Überlagerung der Flächeninhalte nach sich.

Dementsprechend zeichnen wir auch die Parabel (10) durch Überlagerung der Geraden $s_1 = v_0 t$ und der durch den Anfangspunkt laufenden Parabel $s_2 = -\dfrac{g}{2}t^2$, d. h. wir addieren die Ordinaten beider Kurven unter Berücksichtigung des Vorzeichens (Abb. 17)[1].

Die eben angestellten Überlegungen sind offenbar von der Wahl des Beispiels unabhängig. Jede Gerade in beliebiger Lage

$$(11) \qquad y = m\,x + n$$

mit willkürlich vorgegebenen Konstanten m und n kann als die Überlagerung der beiden Kurven

$$y_1 = m\,x \quad \text{und} \quad y_2 = n$$

angesehen werden, und ihr Flächeninhalt ergibt sich ebenfalls durch Überlagerung der Flächeninhalte der beiden Geraden in der Form

$$F_0^x = \frac{m}{2}\,x^2 + n\,x.$$

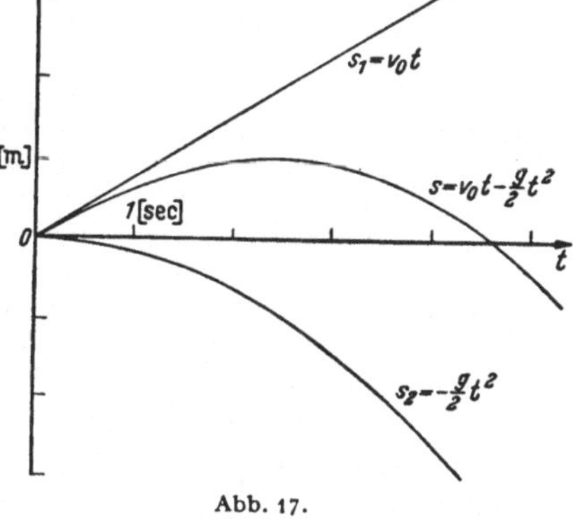

Abb. 17.

Hierzu tritt bei einer andern Wahl des Anfangspunktes der Flächeninhaltszählung noch eine additive Konstante, die eine Verschiebung der Parabel in Richtung ihrer Achse bewirkt. Wir schreiben die Flächeninhaltsfunktion daher in der Form

$$(\text{Fl. 11}) \qquad F(x) = \frac{m}{2}\,x^2 + n\,x + C.$$

Anwendung 5: Eine Kette von der Länge l [m], deren Gewicht auf d. lfd. Meter p [kg/m] beträgt, hängt (etwa in einem Schacht) senkrecht herunter und soll aufgewunden werden. Wie groß ist die zum Aufwinden der Kette erforderliche Arbeit?

---

[1] Es sei ausdrücklich darauf hingewiesen, daß die Parabel im (s, t)-Schaubild für den senkrechten Wurf nicht verwechselt werden darf mit der Bahnkurve beim schiefen Wurf (Wurfparabel).

Das Gewicht der Kette ist bei vollem Herabhängen gleich $p\,l$ [kg]. Ist von der Kette die Länge x [m] aufgewunden, so hat sich das Gewicht, da dann nur noch ein Teil der Kette herabhängt, auf

$$Q = p\,(l - x)\ [\text{kg}]$$

vermindert. Dieser Gleichung entspricht in dem Schaubild eine Gerade, die für $x = 0$ das Stück $Q = pl$ auf der Ordinatenachse abschneidet und durch den Punkt $x = l$ der Abszissenachse hindurchgeht. Mit Hilfe des Einschachtelungs-

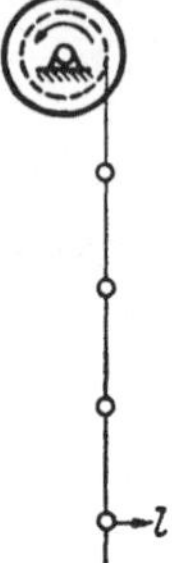

verfahrens können wir uns nun leicht überzeugen, daß die Arbeit beim Aufwinden der Kette gleich dem Flächeninhalt unter dieser Geraden ist. Dazu brauchen wir uns nur zu überlegen, daß beim Aufwinden eines Einzelgewichtes, das an einem (gewichtslos gedachten) Faden hängt, die geleistete Arbeit gleich dem Produkt aus dem Gewicht und dem Weg ist, den es beim Aufwinden zurücklegt. Wir denken uns die Kette in n gleiche Teile von der Länge $\dfrac{l}{n}$

geteilt, deren jede ein Gewicht von $\dfrac{p\,l}{n}$ [kg] hat und ersetzen dann die Kette durch einen gewichtslosen Faden, an dem wir die Einzelgewichte je von der Größe $\dfrac{p\,l}{n}$ anbringen, und zwar entweder

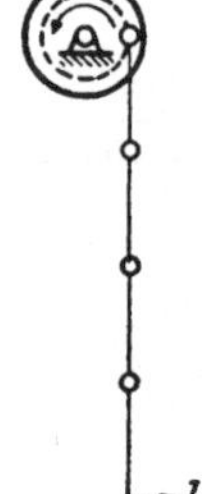

an den unteren oder an den oberen Enden der Teilintervalle (Abb. 18). Im ersten Fall ist die Arbeit beim Aufwinden des belasteten Fadens größer als die beim Aufwinden der Kette, im zweiten Fall kleiner. Stellen wir das Gewicht der belasteten Fäden in der gleichen Weise wie oben das Gewicht der Kette als Funktion von x dar, so erhalten wir in beiden Fällen Treppen, weil das Gewicht des belasteten Fadens sich sprunghaft ändert, wenn eines der Einzelgewichte oben ankommt, dazwischen aber ungeändert bleibt. Diese beiden Treppen sind offenbar obere und untere Treppen für die Gerade, und da die Arbeit beim Aufwinden des belasteten

Abb. 18.

Fadens gleich dem Flächeninhalt unter der Treppe ist, so folgt nach dem Einschachtelungsverfahren, daß die Arbeit beim Aufwinden der Kette gleich dem Flächeninhalt unter der Geraden, also gleich

$$A = p\,l\,x - \frac{p}{2}\,x^2$$

ist. Sie wird in einem $(x,\ A)$-Schaubild durch eine Parabel dargestellt, die durch den Nullpunkt geht, nach unten geöffnet ist und für die Abszisse $x = l$ ihre größte Ordinate erreicht. Nur von $x = 0$ bis $x = l$ dient die Parabel zur Veranschaulichung des Vorgangs. Ihre Scheitelordinate stellt die Gesamtarbeit $A_0^l = p\,l^2 - \tfrac{1}{2}\,p\,l^2 = \tfrac{1}{2}\,p\,l^2$ dar.

1, 5. Die Parabel zweiten Grades und ihr Steigungsbild.

1, 51. Allgemeines über den Verlauf, Bestimmung des Scheitels. Die Bestimmung des Flächeninhaltes unter einer Geraden in beliebiger Lage hat uns auf die Funktion

$$(12) \qquad\qquad y = a\,x^2 + b\,x + c$$

geführt, die im Schaubild durch eine Parabel dargestellt wird. Sie entsteht aus der speziellen Parabel

$$y_1 = a\,x^2$$

durch Parallelverschiebung. Schreiben wir nämlich die Gleichung (12) in der Form:

$$y = a\,x^2 + b\,x + c = a\left(x^2 + 2\frac{b}{2\,a}\,x + \frac{b^2}{4\,a^2}\right) + c - \frac{b^2}{4\,a}$$

oder

$$(12a) \qquad y - \left(c - \frac{b^2}{4\,a}\right) = a\left(x + \frac{b}{2\,a}\right)^2,$$

so brauchen wir nur

$$\xi = x + \frac{b}{2\,a}, \quad \eta = y - \left(c - \frac{b^2}{4\,a^2}\right)$$

zu setzen, damit die Gleichung der gegebenen Kurve die Gestalt

$$(12b) \qquad \eta = a\,\xi^2$$

erhält. Die Einführung dieser neuen Koordinaten ξ, η in der Gleichung (12) kommt aber einfach auf eine Parallelverschiebung des Koordinatensystems hinaus, und zwar besitzt der Nullpunkt des (ξ, η)-Systems in dem alten System die Koordinaten[1]

$$(13) \qquad x_0 = -\frac{b}{2\,a}, \quad y_0 = c - \frac{b^2}{4\,a}.$$

Also ist die Kurve (12) eine Parabel mit vertikaler Achse und der durch a bestimmten Öffnung, deren Scheitelkoordinaten durch (13) gegeben

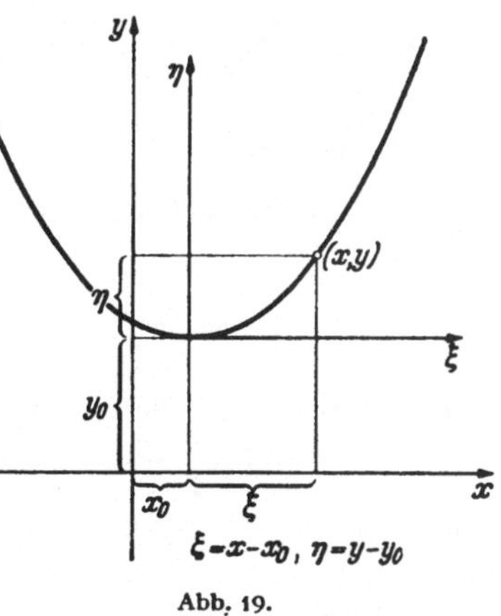

Abb. 19.

sind ($\xi = 0$, $\eta = 0$ im neuen System). Zeichnerisch können wir sie durch Überlagerung der ursprünglichen Parabel $y_1 = a\,x^2$ und der Geraden $y_2 = b\,x + c$ gewinnen. Diese Konstruktion läßt sogleich anschaulich erkennen, daß die resultierende Parabel die gerade Linie in ihrem Schnittpunkt mit der Ordinatenachse berühren muß, worauf wir übrigens nachher noch zurückkommen. Abb. 19 gibt diese Konstruktion für den Fall an, daß $a > 0$ und $b < 0$ ist. Der Leser möge sich selbst klarmachen, wie die entsprechenden Figuren aussehen, wenn für a oder b das andere Vorzeichen gewählt ist.

Es sei noch erwähnt, daß eine Parabel von allgemeiner Lage (12) durch Angabe dreier ihrer Punkte vollkommen festgelegt ist. Denn kennt man drei Punkte

$$P_1(x_1, y_1), \quad P_2(x_2, y_2), \quad P_3(x_3, y_3)$$

---

[1] Wenn z. B. die Größen x_0 und y_0 positiv sind, hat das neue Koordinatensystem gegenüber dem alten die in Abb. 19 angegebene Lage.

der Parabel, so kann man aus den drei linearen Gleichungen

$$\begin{cases} y_1 = a\,x_1^2 + b\,x_1 + c\,, \\ y_2 = a\,x_2^2 + b\,x_2 + c\,, \\ y_3 = a\,x_3^2 + b\,x_3 + c \end{cases}$$

die drei in der Parabelgleichung auftretenden Konstanten im allgemeinen eindeutig berechnen. Das entspricht völlig der Eigenschaft einer geraden Linie (in deren Gleichung *zwei* Konstante auftreten), durch zwei Punkte festgelegt zu sein.

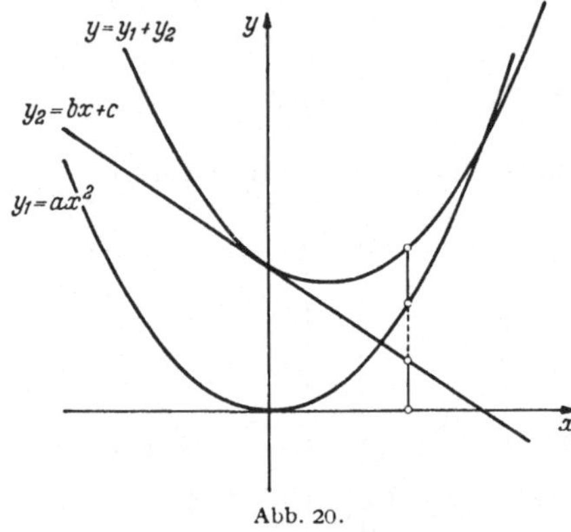

Abb. 20.

1, 52. Die Steigung der Parabel. Die Aufgabe, den Flächeninhalt unter einer geraden Linie zu bestimmen, vermittelte den Übergang von der Geraden zur Parabel als ihrer Flächeninhaltskurve. Wir werden jetzt zeigen, daß uns eine ganz andersartige Fragestellung von der Parabel wieder zur Geraden zurückführt.

Wir kehren zur Bewegung des freien Falles zurück und versuchen, die Geschwindigkeit dieser Bewegung an der Parabel

$$(14) \qquad\qquad s = f(t) = \frac{g}{2}\,t^2$$

unmittelbar zu deuten. Es ist dabei lehrreich, so vorzugehen, als sei über die Geschwindigkeit der betrachteten Bewegung noch nichts bekannt, und wir stellen uns dementsprechend die Aufgabe, aus dem Weg-Zeit-Gesetz (14) die „Augenblicksgeschwindigkeit" v zu einer beliebigen Zeit t zu bestimmen. Die Lösung dieser Aufgabe beginnen wir mit der Angabe einer mittleren Geschwindigkeit, die wir erhalten, wenn wir den vom Zeitpunkt t bis zum Zeitpunkt $t + \varDelta t$ durchlaufenen Weg durch die Zeitspanne $\varDelta t$ dividieren[1].

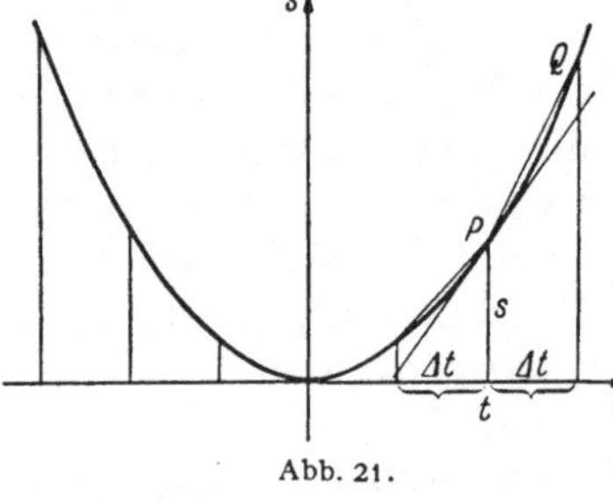

Abb. 21.

Diese mittlere Geschwindigkeit läßt sich im Schaubild als Steigung der durch die Kurvenpunkte P und Q gelegten Sekante deuten (Abb. 21),

---

[1] Der Buchstabe $\varDelta$ bedeutet hier keinen Faktor, sondern ist das Zeichen für „Differenz" (Zuwachs). Danach heißt $\varDelta t$ (bzw. $\varDelta x$, $\varDelta y$, ...): Zuwachs der Veränderlichen t (bzw. x, y, ...).

und wir führen für diese Größe daher die Bezeichnung m_s ein:

$$(14\text{a}) \qquad m_s = \frac{f(t+\Delta t) - f(t)}{\Delta t} = \frac{g}{2} \cdot \frac{(t+\Delta t)^2 - t^2}{\Delta t} \qquad (\Delta t \neq 0)$$

Hierin können wir durch Δt kürzen und gelangen so zu der vereinfachten Form

$$(14\text{b}) \qquad m_s = \frac{g}{2}(2t + \Delta t) \qquad (\Delta t \neq 0).$$

Nun erinnern wir uns an die Beobachtung, daß die Geschwindigkeit eines frei fallenden Körpers beständig zunimmt. Gibt man der Zeitspanne Δt den positiven Wert α, so ist aus diesem Grunde die mittlere Geschwindigkeit $\frac{g}{2}(2t + \alpha)$ sicher größer als die Augenblicksgeschwindigkeit zur Zeit t. In gleicher Weise sieht man auch, daß der Wert der mittleren Geschwindigkeit, der sich für negatives $\Delta t = -\alpha$ ergibt, nämlich $\frac{g}{2}(2t - \alpha)$, kleiner ist als die gesuchte Augenblicksgeschwindigkeit. Damit sind wir nun in der Lage, die gesuchte Größe v einzuschachteln. Wir lassen dazu die Zahl α eine sog. *Nullfolge* durchlaufen, d. h. eine Folge von Zahlen $\alpha_1, \alpha_2, \ldots, \alpha_n, \ldots$, deren jede kleiner ist als die vorhergehende und die sich mit wachsender Nummer n der Null beliebig nähern, ohne daß jedoch ein Element dieser Folge selbst Null ist. (Eine solche Nullfolge ist beispielsweise die Folge $1, \frac{1}{10}, \frac{1}{10^2}, \frac{1}{10^3}, \ldots$.) Dann kommen wir zu einer Folge von Ungleichungen

$$(14\text{c}) \qquad \frac{g}{2}(2t - \alpha_n) < v < \frac{g}{2}(2t + \alpha_n) \qquad (n = 1, 2, \ldots),$$

die die gesuchte Augenblicksgeschwindigkeit in immer engere Intervalle einschachteln. Der Unterschied zwischen der oberen und unteren Grenze des Intervalls beim n-ten Schritt ist gleich $g\,\alpha_n$ und geht mit wachsender Nummer nach Null. Wie wir oben ausführlich darlegten, erfaßt eine solche Intervallschachtelung einen ganz bestimmten Zahlwert, und dieser stellt die Augenblicksgeschwindigkeit dar. In unserem Fall ist diese Zahl leicht direkt anzugeben. Denn in jedem Intervall — unabhängig von der Nummer — liegt die Zahl gt eingeschlossen. Wenn also die Intervallschachtelung eine einzige wohlbestimmte Zahl definiert, so kann diese nur die Zahl gt sein. Damit haben wir die Augenblicksgeschwindigkeit gefunden:

$$(14') \qquad v = gt.$$

Auch diese Augenblicksgeschwindigkeit können wir natürlich als Steigung einer Geraden durch den Punkt P deuten. Diese Gerade muß offenbar flacher verlaufen als jede mit positivem Δt gebildete Sekante, jedoch steiler als jede mit negativem Δt gebildete Sekante. Sie trennt also die Sekanten mit positiver Abszissenspanne von denen mit negativer

Abszissenspanne. Diese Eigenschaft hat offenbar nur eine einzige Gerade durch den Punkt P, nämlich die *Tangente* der Parabel. Die Augenblicksgeschwindigkeit zur Zeit t ist damit als Steigung der durch den zugehörigen Parabelpunkt P gelegten Tangente gedeutet.

Man bemerkt sofort, daß der Ausdruck (14b) der Sehnensteigung in die Darstellung (14') der Tangentensteigung übergeht, wenn man $\varDelta t = 0$ setzt. Es muß jedoch betont werden, daß man hierin nichts für den Begriff der Tangentensteigung Wesentliches sehen darf. Denn in der ursprünglichen Darstellung (14a) der Sehnensteigung können wir $\varDelta t$ nicht gleich Null setzen, weil dann die sinnlose Operation einer Division durch Null auszuführen wäre, und die Möglichkeit der Kürzung durch $\varDelta t$, die uns zu (14b) führte, ist lediglich ein besonders glücklicher Umstand. Das Wesen der vorliegenden Fragestellung findet seinen Ausdruck in dem durchgeführten Schachtelungsprozeß. Mit der Tatsache, daß sich einfach $\varDelta t = 0$ setzen läßt, hängt es natürlich zusammen, daß wir die durch die Schachtelung erfaßte Zahl unmittelbar angeben konnten.

Wir können unsere Überlegungen von dem Beispiel des freien Falles lösen und brauchen nur von vornherein die Begriffe „mittlere Geschwindigkeit“ und „Augenblicksgeschwindigkeit“ durch die Begriffe „Sehnensteigung“ und „Tangentensteigung“ zu ersetzen. Wenn wir dann von der Parabel

$$(15) \qquad\qquad\qquad y = a\,x^2$$

ausgehen, so überträgt sich für $a > 0$ die Überlegung, die von (14) zu (14') führt, ungeändert, während bei $a < 0$ lediglich zu beachten ist, daß die obere und untere Grenze der Schachtelung ihre Rollen vertauschen (der Leser mache sich das an Abb. 12 durch Einzeichnen von Sehnen klar). In beiden Fällen ergibt sich für die Tangentensteigung der Wert

$$m_t = 2\,a\,x\,.$$

Diese Tangentensteigung ist selbst eine Funktion von x. Man nennt sie die „*Ableitung*“ der Funktion (15) und pflegt sie mit dem Symbol y' zu bezeichnen:

$$(15') \qquad\qquad\qquad y' = 2\,a\,x\,.$$

Um den Zusammenhang zwischen beiden Kurven besonders anschaulich vor Augen zu stellen, können wir die Ableitung y' als Kurve gerade so unter die Parabel zeichnen, wie wir im ersten Paragraphen die Flächeninhaltskurve unter die Ausgangskurve gezeichnet haben (gleiche Maßstäbe auf den x-Achsen!). Man nennt diese Gerade das *Steigungsbild der Parabel* (Abb. 22).

In dem Scheitel der Parabel verläuft die zugehörige Tangente horizontal, entsprechend erhalten wir hier für die Steigung den Wert Null. Nach rechts hin wird dann die Parabel immer steiler, so daß die Tangente eine immer stärkere Steigung besitzen muß, genau wie die zugehörige Steigungskurve angibt. Für negative x ist zu beachten, daß infolge der Symmetrie der Parabel zu entgegengesetzt gleichen Abszissen entgegengesetzt gleiche Werte der Steigung gehören.

Um die durch einen Parabelpunkt $P\,(x,\,y)$ hindurchlaufende Parabeltangente zu konstruieren, trägt man von P aus zunächst parallel zur x-Achse die *Einheit* als Abszissenspanne und im Endpunkt dieser Spanne parallel zur Ordinatenachse die Tangentensteigung m_t als Ordinatenspanne ab. Verbindet man den so erhaltenen Punkt mit dem Parabelpunkt P, so hat man die Tangente der Parabel im Punkte P gefunden.

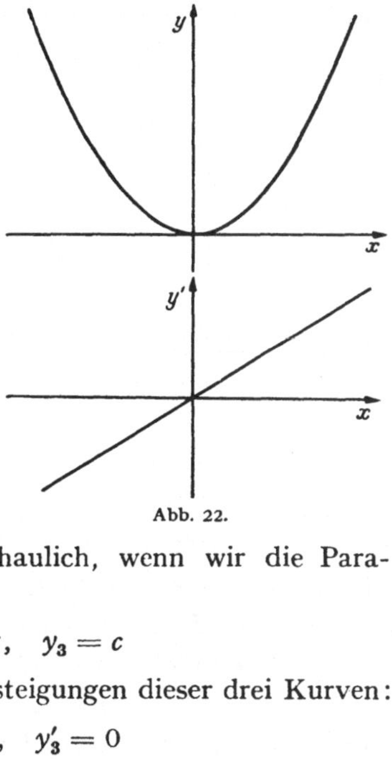

Eine Parabel mit allgemeiner Lage des Scheitels:

$$y = a\,x^2 + b\,x + c$$

besitzt, wie man sofort bestätigt, für $\varDelta x \neq 0$ die Sehnensteigung

$$m_s = a\,(2\,x + \varDelta\,x) + b,$$

und daraus gewinnt man durch Anwendung des Schachtelungsverfahrens in der gleichen Weise, wie wir es oben durchführten, die Tangentensteigung

$$m_t = 2\,a\,x + b.$$

Abb. 22.

Das Ergebnis erscheint besonders anschaulich, wenn wir die Parabel als Überlagerung der drei Kurven

$$y_1 = a\,x^2, \quad y_2 = b\,x, \quad y_3 = c$$

auffassen. Man sieht, daß die Tangentensteigungen dieser drei Kurven:

$$y_1' = 2\,a\,x, \quad y_2' = b, \quad y_3' = 0$$

sich in der gleichen Weise wie die Ordinaten überlagern:

$$y' = y_1' + y_2' + y_3' = 2\,a\,x + b + 0.$$

Wir werden später feststellen, daß dieser Satz von der Überlagerung der Tangentensteigungen allgemeine Gültigkeit besitzt. Die Bestimmung der Ableitung der allgemeinen Parabel ist damit auf die drei Grundformeln

$$\begin{cases} y = 1, & y' = 0, \\ y = x, & y' = 1, \\ y = x^2, & y' = 2\,x \end{cases}$$

zurückgeführt.

Um auch geometrisch die Beziehung zwischen der Parabel und ihrer Ableitung anschaulich vor Augen zu stellen, werden wir nun wieder die Parabel und das zugehörige Steigungsbild untereinander zeichnen (Abb. 23). Da die Steigung der Parabel in dem Scheitel den Wert Null annimmt, so läßt sich die Abszisse x_s des Scheitels als Nullstelle des Steigungsbildes leicht bestimmen. Aus

$$y' = 2\,a\,x + b = 0$$

folgt

$$x_0 = -\frac{b}{2\,a},$$

und wenn wir diesen Wert in die Gleichung der Parabel einsetzen, so erhalten wir die Scheitelordinate:

$$y_0 = a\,\frac{b^2}{4\,a^2} + b\left(-\frac{b}{2\,a}\right) + c = c - \frac{b^2}{4\,a}$$

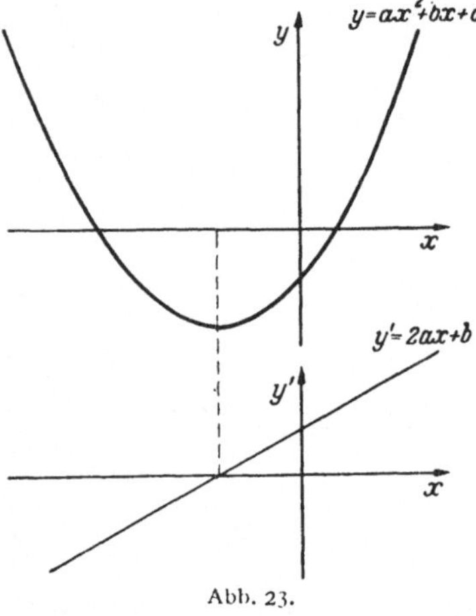

Abb. 23.

Dieses Ergebnis hatten wir früher (S. 37) auf einem ganz anderen Wege abgeleitet. Wir merken noch an, daß unsere Parabel durch den Punkt $x=0$, $y = c$ mit der Steigung $y' = b$ hindurchgeht. Sie berührt also die Gerade $\eta = b\,x + c$, die wir oben (Abb. 20) der Parabel $y_1 = a\,x^2$ überlagerten, im Schnittpunkt mit der y-Achse.

Zum Schluß sei noch auf den engen Zusammenhang der beiden an sich so verschiedenen Fragestellungen — Bestimmung des Flächeninhaltes unter einer Geraden und Bestimmung der Steigung einer Parabel — hingewiesen:

A. Wir gehen aus von einer beliebigen geraden Linie

$$y = a\,x + b$$

und bestimmen den unter ihr gelegenen Flächeninhalt, der nach unseren früheren Ergebnissen durch

$$F(x) = \frac{a}{2}\,x^2 + b\,x + C$$

gegeben wird. Dabei ist C eine Konstante, die je nach der Wahl der Stelle, von der aus wir den Flächeninhalt abzählen, einen verschiedenen Wert besitzt. Wir können nun diese Flächeninhaltskurve auch als selbständige Kurve betrachten und nach der Steigung dieser Parabel fragen. Nach unseren Überlegungen erhalten wir für diese den Ausdruck

$$F' = a\,x + b,$$

der genau wieder die Gerade darstellt, deren Flächeninhalt wir bestimmt hatten.

B. Umgekehrt können wir auch von der Parabel

$$y = a\,x^2 + b\,x + c$$

ausgehen und zunächst ihre Steigung bestimmen:

$$y' = 2\,a\,x + b.$$

Betrachten wir dieses Steigungsbild als selbständige Kurve und bestimmen den unter ihr gelegenen Flächeninhalt, so erhalten wir

$$F = a\,x^2 + b\,x + C,$$

wobei die Konstante C je nach der Stelle, von der aus wir den Flächeninhalt zählen, alle beliebigen Werte annehmen kann. Im besonderen können wir diese Stelle gerade so wählen, daß $C = c$ wird. Dann sind wir aber ebenfalls auf die Ausgangskurve zurückgekommen.

Wir sehen, daß hier die Flächeninhaltsbestimmung und die Bestimmung der Tangentensteigung als zwei entgegengesetzte Operationen erscheinen, die sich gegenseitig aufheben, wie etwa Addition und Subtraktion oder Multiplikation und Division usw. Den inneren Grund für dieses zunächst sehr überraschende Ergebnis werden wir später erkennen.

§ 2. Der Flächeninhalt unter einer Parabel zweiten Grades.

2, 1. Die Flächeninhaltsaufgabe.

2, 11. Trägheitsmoment eines Rechtecks. Wir werden zunächst an einer der Festigkeitslehre entnommenen Aufgabe zeigen, daß die Bestimmung des Flächeninhalts unter einer Parabel für Probleme der Physik und der Technik von großer Bedeutung ist.

Hierzu betrachten wir einen Balken, der an den beiden Enden frei aufgelagert ist und irgendwelche Lasten trägt, unter deren Einfluß er sich durchbiegt. Für das Folgende setzen wir voraus, der Querschnitt des Balkens (senkrecht zu seiner Achse) sei ein Rechteck. Schon GALILEI hat für die Verformung des Balkens eine Theorie aufgestellt. Er dachte sich — wohl angeregt durch die Struktur des als Baustoff dienenden Holzes — den Balken aus einzelnen Längsfasern zusammengesetzt und stellte sich vor, daß diese Längsfasern bei der Durchbiegung zum Teil gedehnt, zum Teil zusammengedrückt würden. Die Fasern, die die horizontale Mittelebene des Balkens bilden — ihre Spur in der Querschnittsebene ist die horizontale Mittellinie des Rechtecks —, werden weder gedehnt noch zusammengedrückt, sie heißen daher die *neutralen Fasern*. Dehnung bzw. Pressung der unterhalb bzw. oberhalb der neutralen Ebene liegenden Fasern sind um so stärker, je weiter die Fasern von der neutralen Ebene entfernt sind. Daraus schließt man dann, wie es übrigens auch die alltägliche Erfahrung zeigt — man braucht ja nur zu versuchen, ein Lineal zu verbiegen —, daß sich der Balken unter dem Einfluß derselben Lasten sehr viel stärker durchbiegt, wenn die längere Seite des rechteckigen Querschnitts horizontal ist, als wenn sie vertikal ist. In der Theorie der Balkenbiegung wird diese einfache Erfahrung

dahin präzisiert, daß bei gegebener Belastung die Ordinate der Durch-
biegungskurve des Balkens umgekehrt proportional sei dem sog. *Trägheitsmoment des Balkenquerschnitts, bezogen auf eine horizontale Gerade
durch den Schwerpunkt des Querschnitts.*

Der Begriff des Trägheitsmomentes, auf den wir hier treffen, tritt nicht
nur bei dieser Aufgabe auf, sondern spielt überhaupt in der Mechanik,
insbesondere bei der Untersuchung der Drehbewegung eines starren
Körpers um eine feste Achse, eine große Rolle. Das Trägheitsmoment
ist dort ein Maß für den Widerstand des rotierenden Körpers gegen eine
Beschleunigung der Drehbewegung und hat daher auch seinen Namen
erhalten.

Für ein einzelnes Massenteilchen der Masse m [gr] * in der Entfernung
r [cm] von der Achse, wird das *Trägheitsmoment* in bezug auf die
Achse durch

$$I = m r^2$$

dargestellt; seine physikalische Dimension ist also [gr·cm²]. Aus diesem
Begriff ist nun durch leichte Verallgemeinerung die Vorstellung von dem
Trägheitsmoment einer Fläche, etwa der Querschnittsfläche eines Balkens, entstanden. Zunächst läßt sich der Begriff des Trägheitsmoments
sofort auf Massenverteilungen längs einer geradlinigen Strecke parallel
zur Bezugsachse anwenden, da alle Punkte einer solchen Strecke denselben Abstand, etwa r, von dieser Achse besitzen; als Wert des Trägheitsmomentes ergibt sich dann offenbar wieder $I = m r^2$, wobei unter m
jetzt aber die Masse der gesamten Strecke zu verstehen ist. Damit
können wir aber noch nicht unmittelbar zu einer flächenhaft verteilten
Masse übergehen, da in diesem Falle einer bestimmten Masse kein bestimmter Abstand mehr zugeordnet werden kann. Um dennoch an dieser
Begriffsbildung festhalten zu können, müssen wir die Definition sinngemäß erweitern, und dafür dient uns als Ausgangspunkt die Tatsache,
daß das Trägheitsmoment durch Entfernen einer Masse von der Bezugsachse vergrößert, durch Nähern dagegen verkleinert wird. Wir betrachten wieder das Rechteck mit den Seiten a und b und wählen als Bezugsachse die eine Rechtecksseite der Länge a. Dieses Rechteck sei gleichmäßig mit Masse der Flächendichte σ [gr/cm²] * belegt, so daß seine Gesamtmasse durch $\sigma a b$ gegeben ist. Denkt man sich diese Gesamtmasse
in die der Achse gegenüberliegende Seite des Rechtecks verschoben, so
stellt nach unseren Überlegungen das dann erhaltene Trägheitsmoment
$\sigma a b\, b^2$ sicher einen zu großen Wert dar; andererseits ist der Wert Null,
der sich für das Trägheitsmoment ergeben würde, wenn die Gesamtmasse des Rechtecks auf die Bezugsachse konzentriert wäre, sicher zu
klein. Wir sind also auf diesem Wege zu einer ersten, freilich noch recht

---

* Hier ist im physikalischen Maßsystem gearbeitet, in dem gr die Einheit der
Masse ist.

groben Eingrenzung für die gesuchte Größe I gelangt. Diese Einschachtelung läßt sich nun aber ohne weiteres verbessern, indem man das Rechteck nicht als Ganzes betrachtet, sondern durch Geraden parallel zur Achse zunächst in 2, dann in $2^2 = 4$, dann in 2^3... Streifen einteilt und für jeden die zugehörige Masse einmal auf dem der Achse zugewandten, ein anderes Mal auf dem der Achse abgewandten Rand konzentriert denkt. Betrachten wir einen solchen Streifen einzeln, dessen abgrenzende Schnittgeraden von der Achse die Abstände x und $x + \varDelta x$ besitzen (Abb. 24), so erscheint der von diesem Streifen zum Trägheitsmoment gelieferte Beitrag $\varDelta I$ durch

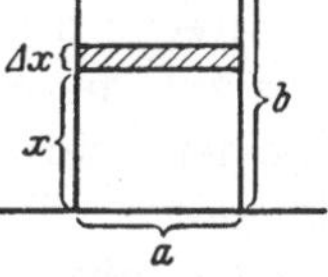

Abb. 24.

$$\sigma a \, \varDelta x \, x^2 < \varDelta I < \sigma a \, \varDelta x \, (x + \varDelta x)^2$$

zwischen Grenzen eingeschlossen, und durch Zusammenfügen aller dieser Ungleichungen erhält man eine Eingrenzung für I, die sich beliebig verbessern läßt, wenn man den Prozeß der Halbierung der Streifen hinreichend oft wiederholt. Bei dem so berechneten I handelt es sich um die für die Untersuchung der Drehbewegung bedeutsame Größe. In der Festigkeitslehre, also etwa für das Problem der Balkenbiegung, ist natürlich von einer Massenbelegung abzusehen, es tritt an die Stelle der Masse die Fläche selbst, der Faktor σ wird also durch 1 ersetzt. Statt der Dimension [gr/cm²] bekommt man dann die Dimension [cm⁴]. Man nennt diese Größe zum Unterschied von dem eigentlichen Trägheitsmoment auch „*Flächenträgheitsmoment*". Für dieses tritt an die Stelle der letzten Ungleichung dann die folgende:

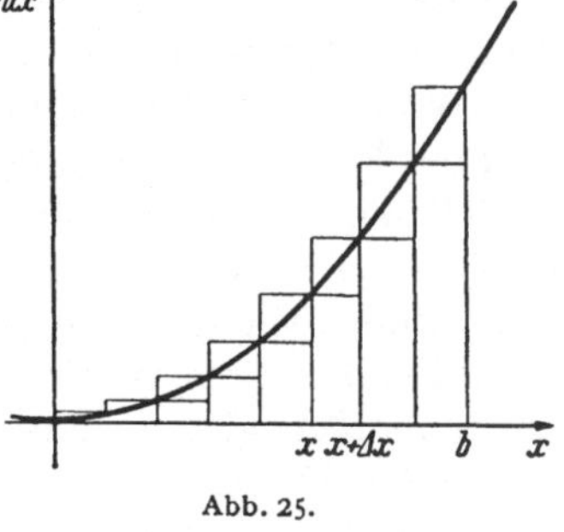

Abb. 25.

$$a \, x^2 \, \varDelta x < \varDelta I < a \, (x + \varDelta x)^2 \, \varDelta x ,$$

von der wir im folgenden ausgehen wollen.

Es ist nun bemerkenswert, daß sich genau dieselbe Eingrenzung und damit auch derselbe Schachtelungsprozeß ergibt, wenn man in ähnlicher Weise, wie dies in § 1 für die Gerade geschehen ist, den Flächeninhalt unterhalb eines Bogens der Parabel $y = a x^2$ zu berechnen sucht. In Abb. 25 ist diese Parabel gezeichnet, und zugleich sind in ihr die beiden Parallelen zur y-Achse mit den Abszissen x und $x + \varDelta x$ eingetragen. Sie begrenzen einen Flächenstreifen der Breite $\varDelta x$, den wir uns oben von der Parabel und unten von der x-Achse abgeschnitten denken. Zu diesem Flächenstreifen gehört ein *unteres Rechteck* mit dem Inhalt $a x^2 \cdot \varDelta x$ und ein *oberes Rechteck* mit dem Flächeninhalt $a (x + \varDelta x)^2 \cdot \varDelta x$. Somit erscheint der Beitrag des Streifens des rechteckigen Balkenquerschnitts zum Trägheitsmoment zwischen zwei Grenzen eingeschlossen, deren Zahlwerte durch das untere und obere Rechteck des Parabelstreifens in Abb. 25 dargestellt werden. In der bekannten Weise des Einschachtelungsverfahrens teilen wir nun den rechteckigen Querschnitt in Abb. 25 in Streifen ein, indem wir die Höhe in $2^0 = 1$, 2^1, 2^2, . . ., 2^ν unter sich gleiche Teile zerlegen. Jeder dieser Teilungen entspricht bei der Parabel eine Zerschneidung in ebenso viele (also allgemein 2^ν) Streifen von der gleichen Breite $\Delta x = \dfrac{b}{2^\nu}$ und der Beitrag, den ein Streifen des Rechteckquerschnitts zum Trägheitsmoment liefert, ist eingeschachtelt zwischen die Flächeninhalte des unteren und oberen Rechtecks des zugeordneten Parabelstreifens. Das gesamte Trägheitsmoment des Streifens ist entsprechend eingeschachtelt zwischen dem Flächeninhalt unter der unteren Treppe und dem Flächeninhalt unter der oberen Treppe. Es ist leicht, den Unterschied S_ν zwischen dem Flächeninhalt unter der unteren und der oberen Treppe anzugeben, denn die obere Treppe entsteht aus der unteren Treppe doch einfach dadurch, daß man jede Stufe um eine Streifenbreite nach links rückt, die ν-te Stufe der unteren Treppe und die $(\nu - 1)$-te Stufe der oberen Treppe haben den gleichen Flächeninhalt. Also ist S_ν gleich dem Flächeninhalt der letzten Stufe der oberen Treppe:

$$S_\nu = \Delta x\, a\, b^2 = \frac{b}{2^\nu}\, a\, b^2 = \frac{a\, b^3}{2^\nu}.$$

Mit wachsender Nummer ν geht dieser Unterschied nach Null, das Einschachtelungsverfahren mit der nicht abreißenden Folge von immer enger werdenden Schachtelungen liefert also eine bestimmte Zahl. Diese ist das Trägheitsmoment. Andererseits ist aber zwischen dem Flächeninhalt unter der unteren und der oberen Treppe stets der Flächeninhalt unter der Parabel selbst eingeschachtelt. Also muß das Trägheitsmoment des Balkenquerschnitts dem Flächeninhalt F_0^b unter der Parabel $y = a x^2$ gleich sein. Offenbar haben wir hier eine entsprechende Konstruktion durchgeführt, wie sie uns seinerzeit bei der Untersuchung des freien Falls und des senkrechten Wurfes zum Ziele führte. Damals erhielten wir freilich den Flächeninhalt unter einer geraden Linie, den wir nach den Regeln der Elementargeometrie berechnen konnten, während wir bei der Aufgabe, den Flächeninhalt unter einer Parabel zu bestimmen, deren Lösung wir uns jetzt zuwenden, nicht mit elementaren Hilfsmitteln zum Ziel kommen.

2, 12 .Indirekte Methode der Flächeninhaltsbestimmung nach ARCHIMEDES. Wir können uns bei der Bestimmung des Flächeninhaltes auf die Parabel

$$(1) \qquad\qquad\qquad y = x^2$$

beschränken, denn die Multiplikation mit einem Faktor a bedeutet im Fall $a > 0$ nur eine Streckung der Ordinaten, die bewirkt, daß jedes Rechteck und damit auch der Flächeninhalt sich mit a multipliziert.

Im Fall $a < 0$ tritt außerdem (vgl. die umgeklappte Parabel in Abb. 12) eine Änderung des Umlaufsinnes des betrachteten Flächenstückes ein.

Nach dieser Vorbemerkung können wir die Bestimmung des Flächeninhalts unter der Parabel (1) unmittelbar an die Einschachtelung zwischen einer Folge von unteren und oberen Treppen anknüpfen. Das hat schon ARCHIMEDES durchgeführt[1]. Er verknüpfte in geistvoller Weise liese Einschachtelung mit einer Problemstellung aus der Statik, deren einfachsten Fall wir bereits in Anw. 4 (S. 28 f.) als Beispiel für die Flächeninhaltsbestimmung unter der geraden Linie betrachtet haben. Es handelt sich um das *Einspannmoment* eines frei vorragenden belasteten Balkens.

Die x-Achse möge die Achse des Balkens vorstellen, der bei $x = 0$ in eine Wand eingemauert ist. Wir haben oben den Fall behandelt, daß dieser Balken eine kontinuierliche Belastung der konstanten Dichte p [kg m^{-1}] trägt, beispielsweise sein Eigengewicht. Wir wollen jetzt annehmen, daß die Belastungsdichte eine Funktion von x sei, und zwar möge eine Belastung der Dichte

$$(2) \qquad\qquad p = 2\,x$$

angebracht sein[2]. Man kann sich etwa vorstellen, daß diese Belastung durch eine Übermauerung des Balkens in Form eines rechtwinkligen Dreiecks hergestellt sei. In Abb. 26 ist die Belastungskurve (2) als Gerade mit der Steigung 2 gezeichnet.

Wir wollen nun den Balken als Hebelarm auffassen, der um den Punkt $x = 0$ drehbar ist, und fragen nach dem Drehmoment seiner Belastung. Falls der Balken unter der Belastung im Gleichgewicht ist, muß die Einspannung des Balkens bei $x = 0$ ein Drehmoment von entgegengesetzt gleicher Größe erzeugen. Daher bezeichnet man das gesuchte Drehmoment als Einspannmoment des Balkens.

Grenzen wir an der Belastungskurve zwischen $x = \xi$ und $x = \xi + \varDelta\xi$ einen Streifen von der Breite $\varDelta\xi > 0$ ab, so ist der zugehörige Lastanteil gleich dem Flächeninhalt des Trapezes, also gleich

$$2\,\frac{2\,\xi + \varDelta\xi}{2}\,\varDelta\xi\,.$$

Den Beitrag dieser Last zum Einspannmoment — wir bezeichnen ihn

---

[1] Bez. des ursprünglichen Gedankenganges des ARCHIMEDES sei der Leser auf OSTWALDS Klassiker der exakten Wissenschaften N. 203 verwiesen (ARCHIMEDES: Die Quadratur der Parabel ...).

[2] Abweichend von unserem sonstigen Brauch bezeichnen wir in dieser Überlegung mit x, p, Q, M keine dimensionierten Größen, sondern lediglich Maßzahlen. Es sei noch betont, daß die Annahme einer linearen Abhängigkeit einigermaßen künstlich ist, sie soll ja aber auch nicht einen wirklichen Sachverhalt wiedergeben, sondern uns zu einer mathematischen Überlegung dienen. In diesem Sinne ist es auch zulässig, vom Eigengewicht des Balkens abzusehen und ihn als gewichtslos vorauszusetzen.

mit ΔM — können wir nicht ohne weiteres angeben, da dieser Last kein Hebelarm von bestimmter Größe zugehört. Wir entnehmen der Figur indessen sofort, daß wir einen zu kleinen Wert erhalten, wenn wir für den Hebelarm den kleinstmöglichen Wert ξ wählen, und einen zu großen, wenn wir den größtmöglichen Wert $(\xi + \Delta\xi)$ wählen. Damit hätten wir die Einschachtelung erreicht. Es ist aber zweckmäßig, noch etwas ungünstiger zu schachteln und die wirkliche Last des Trapezstreifens bei der Berechnung der unteren Grenze durch eine zu kleine Last (unteres Rechteck), bei der Berechnung der oberen Grenze durch eine zu große Last (oberes Rechteck) zu ersetzen, da man auf diese Weise einfachere Grenzen erhält. Das Drehmoment der zu kleinen Last mit dem kleinsten Hebelarm ist

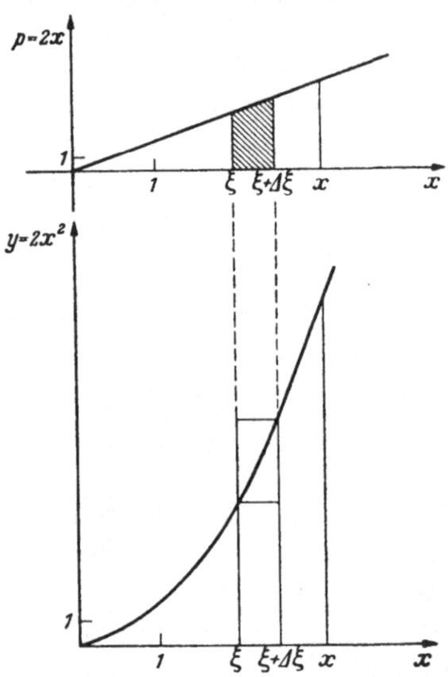

$$2\,\xi^2\,\Delta\xi\,,$$

das der zu großen Last mit dem größten Hebelarm entsprechend

$$2\,(\xi + \Delta\xi)^2\Delta\xi\,,$$

und wir haben für den Beitrag ΔM des Streifens zu dem Einspannmoment die Einschachtelung

$$(3\text{a}) \qquad 2\,\xi^2\,\Delta\xi < \Delta M < 2\,(\xi + \Delta\xi)^2\,\Delta\xi$$

gewonnen. Sie läßt sich sehr einfach deuten, wenn wir in Abb. 26 unter die Belastungskurve $p = 2x$ die Parabel $y = 2x^2$ zeichnen. Denn wenn wir den Streifen zwischen den Abszissen $x = \xi$ und $x = \xi + \Delta\xi$ in die Parabel übertragen, so sind die beiden Grenzen, zwischen die wir ΔM eingeschlossen haben, gerade das untere und obere Rechteck, das zu dem Parabelstreifen gehört. Daraus folgt nach der uns nun schon geläufigen Schlußweise, daß das Einspannmoment der Lasten zwischen 0 und x gleich dem Flächeninhalt unter der Hilfsparabel $y = 2x^2$, also doppelt so groß wie der gesuchte Flächeninhalt F_0^x unter der Parabel (1):

$$(4\text{a}) \qquad\qquad M_0^x = 2\,F_0^x$$

ist.

Wir können nun mit ARCHIMEDES das Einspannmoment noch in einer zweiten Weise als Flächeninhalt unter einer Parabel bestimmen. Wir zeichnen dazu zunächst wieder die Belastungskurve (2) und berechnen dann die Last Q_0^x, die zwischen den Abszissen 0 und x auf dem Balken liegt. Diese Last ist der Flächeninhalt unter der Belastungsgeraden, also

$$(\text{Fl. 2}) \qquad\qquad Q_0^x = x^2\,,$$

Abb. 26.

wir wollen sie als die *Querkraft* an der Stelle x bezeichnen[1]. Die Querkraftkurve ist die Parabel (1), deren Flächeninhalt wir bestimmen wollen. Wir zeichnen das Schaubild der Querkraft unter die Belastungskurve und markieren auch bei der Querkraftkurve die Ordinaten, die zu den Abszissen $x = \xi$ und $x = \xi + \Delta\xi$ gehören. Die Differenz ΔQ dieser Ordinaten mißt die in dem Streifen enthaltene Last (Abb. 27).

Jetzt können wir den Beitrag ΔM unseres Streifens zum Einspannmoment in der Weise einschachteln, daß wir die *wirkliche* Last einmal mit dem zu kleinen Hebelarm ξ, das andere Mal mit dem zu großen Hebelarm $(\xi + \Delta\xi)$ multiplizieren, daß wir also für den Beitrag ΔM die Ungleichung

(3b) $\qquad \xi \Delta Q < \Delta M < (\xi + \Delta\xi)\,\Delta Q$

ansetzen, wobei ΔQ der Lastanteil (Flächeninhalt) des Trapezes ist. Die hier auftretenden Grenzen lassen sich anschaulich an der Querkraftkurve als Rechtecke deuten, und zwar ist die untere Grenze das Rechteck mit der Horizontalseite ξ, das in der Figur schraffiert ist, und die obere Grenze das zugehörige Rechteck mit der Horizontalseite $(\xi + \Delta\xi)$. Nach Ausführung der Summation erscheint das Einspannmoment erneut zwischen

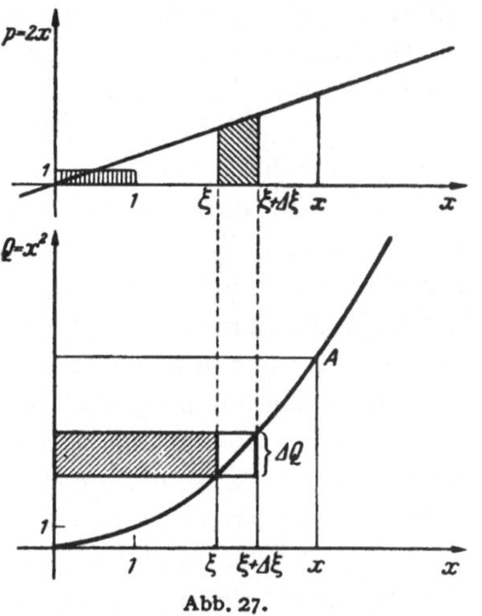

Abb. 27.

zwei Treppen eingeschachtelt, für die aber jetzt die Q-Achse die Grundlinie ist. Da der Unterschied zwischen beiden Flächeninhalten durch fortgesetzte Verfeinerung der Einteilung beliebig klein gemacht werden kann, so können wir schließen, daß das Einspannmoment gleich dem Flächeninhalt ist, der von der Parabel, der y-Achse und der Parallelen zur x-Achse durch den Punkt A (mit den Koordinaten x, $Q = x^2$) begrenzt wird. Nach Abb. 27 ist dieser Flächeninhalt gleich dem Rechteck mit den Seiten x und x^2, vermindert um den Flächeninhalt F_0^x unter der Parabel (1):

(4b) $\qquad\qquad\qquad M_0^x = x \cdot x^2 - F_0^x$

Wir haben so das Einspannmoment M_0^x auf zwei verschiedene Weisen durch einen Flächeninhalt ausgedrückt, und zwar beide Male durch einen Flächeninhalt an einer Parabel.

---

[1] In der Balkentheorie wird freilich nicht dieser Ausdruck selbst als Querkraft bezeichnet, sondern dieser Ausdruck vermindert um eine Konstante, die sog. Auflagerkraft des Balkens bei $x = 0$. Doch möge die Bezeichnung hier gestattet sein, um für Q_0^x einen kurzen Namen zu haben.

Setzen wir nun die beiden Ausdrücke (4a) und (4b) einander gleich, so erhalten wir die Beziehung

$$2F_0^x = x^3 - F_0^x$$

und können sie als Bestimmungsgleichung für den unbekannten Flächeninhalt F_0^x unter der Parabel (1) auffassen. Aus ihr berechnet sich für den Flächeninhalt der Wert

(Fl. 1) $F_0^x = \tfrac{1}{3}\, x^3.$

In dieser außerordentlich geistvollen Weise, die mit anschaulichen Begriffen der Statik operiert, hat ARCHIMEDES das Schachtelungsverfahren zur Bestimmung des Flächeninhaltes unter der Parabel herangezogen. Wir haben sein Verfahren hier vorangestellt, weil es sich, wie wir unten sehen werden, mühelos verallgemeinern läßt. Um die Leistung des ARCHIMEDES richtig werten zu können, muß man sich vergegenwärtigen, wie wenig zu seiner Zeit das formale Buchstabenrechnen ausgebildet war. Bei der heutigen Entwicklung des algebraischen Rechnens brauchten wir natürlich eine Einkleidung, wie sie ARCHIMEDES benutzte, nicht heranzuziehen, sondern können unmittelbar die Flächeninhalte unter der unteren bzw. oberen Treppe berechnen und von da aus die Werte des Flächeninhalts F_0^x unter der Parabel $y = x^2$ leicht ermitteln. Die Durchführung zeigt aber, daß die Überlegungen, die wir dabei anzustellen haben, keineswegs einfacher sind als die Betrachtung, durch die ARCHIMEDES zum Ziel kam.

2, 13. **Direkte Methode.** Wir denken uns die Strecke 0 bis x der Abszissenachse in n gleiche Teile geteilt und konstruieren die untere und die obere Treppe. Der k-te der n Streifen liegt zwischen den Abszissen $(k-1)\,\dfrac{x}{n}$ und $k\,\dfrac{x}{n}$ eingeschlossen. Mit den Ordinaten

$$y = (k-1)^2\,\frac{x^2}{n^2} \quad \text{bzw.} \quad y = k^2\,\frac{x^2}{n^2}$$

an der linken bzw. rechten Grenze des k-ten Streifens bilden wir das untere bzw obere Rechteck

$$(\text{U. R.})_k = \frac{x^3}{n^3}\,(k-1)^2 \quad \text{bzw.} \quad (\text{O. R.})_k = \frac{x^3}{n^3}\,k^2.$$

Durch Summation ergeben sich die Flächeninhalte unter den beiden Treppen:

$$(\text{Untere Treppe})_n = \frac{x^3}{n^3}\,(0^2 + 1^2 + 2^2 + \cdots + (n-1)^2),$$

$$(\text{Obere Treppe})_n = \frac{x^3}{n^3}\,(1^2 + 2^2 + 3^2 + \cdots + n^2)\ {}^*.$$

---

* Die Spanne zwischen beiden Flächeninhalten ist

$$S_n = \frac{x^3}{n^3}\,n^2 = \frac{x^3}{n},$$

wie wir bereits oben sahen.

Um geschlossene Ausdrücke für diese Flächeninhalte zu bekommen, müssen wir die Summe der n ersten Quadratzahlen bilden. Das läßt sich in folgender Weise erreichen. Wir bilden die dritten Potenzen der $n + 1$ ersten ganzen Zahlen und schreiben diese in der folgenden Weise untereinander:

$$1^3 \quad\quad = 1^3 \quad\quad\quad = \quad\quad\quad\quad\quad\quad\quad\quad\quad\quad\quad + 1$$

$$2^3 \quad\quad = (1 + 1)^3 \quad = 1^3 \quad\quad + 3 \cdot 1^2 \quad\quad + 3 \cdot 1 \quad\quad + 1$$

$$3^3 \quad\quad = (2 + 1)^3 \quad = 2^3 \quad\quad + 3 \cdot 2^2 \quad\quad + 3 \cdot 2 \quad\quad + 1$$

$$4^3 \quad\quad = (3 + 1)^3 \quad = 3^3 \quad\quad + 3 \cdot 3^2 \quad\quad + 3 \cdot 3 \quad\quad + 1$$

$$\cdots \cdots \cdots \cdots \cdots \cdots \cdots \cdots \cdots \cdots$$

$$n^3 \quad\quad = \{(n - 1) + 1\}^3 = (n - 1)^3 + 3 \cdot (n - 1)^2 + 3 \cdot (n - 1) + 1$$

$$(n + 1)^3 = (n + 1)^3 \quad = n^3 \quad\quad + 3 \cdot n^2 \quad\quad + 3 \cdot n \quad\quad + 1$$

Wir addieren dann die linken und die rechten Seiten der so erhaltenen Gleichungen und beachten dabei, daß die dritten Potenzen 1^3, 2^3, 3^3, 4^3, ..., n^3 sowohl auf der linken wie auf der rechten Seite der Gleichungen auftreten und sich daher bei der Bildung der Summe herausheben. Es ergibt sich

$$(n + 1)^3 = 3\,(1^2 + 2^2 + 3^2 + \cdots + n^2)$$
$$+ 3\,(1 + 2 + 3 + \cdots + n) + n + 1.$$

Hierin können wir die Summe der ganzen Zahlen nach der Summenregel für die arithmetische Reihe durch einen geschlossenen Ausdruck darstellen:

$$1 + 2 + \cdots + n = \frac{n\,(n + 1)}{2}$$

und erhalten nach einfacher Zusammenfassung:

$$1^2 + 2^2 + 3^2 + \cdots + n^2 = \frac{n\,(n + 1)\,(2\,n + 1)}{6}.$$

Unter Benutzung dieser Summenformel erhalten die Flächeninhalte unter den beiden Treppen die einfache Form

$$(\text{Untere Treppe})_n = \frac{x^3}{n^3}\,\frac{(n - 1)\,n\,(2\,n - 1)}{6} = \frac{x^3}{3}\Big(1 - \frac{1}{n}\Big)\Big(1 - \frac{1}{2\,n}\Big)$$

und

$$(\text{Obere Treppe})_n = \frac{x^3}{n^3}\,\frac{n\,(n + 1)\,(2\,n + 1)}{6} = \frac{x^3}{3}\Big(1 + \frac{1}{n}\Big)\Big(1 + \frac{1}{2\,n}\Big),$$

so daß beim n-ten Schritt für den Flächeninhalt unter der Parabel F_0^x die Einschachtelung

$$\frac{x^3}{3}\Big(1 - \frac{1}{n}\Big)\Big(1 - \frac{1}{2\,n}\Big) < F_0^x < \frac{x^3}{3}\Big(1 + \frac{1}{n}\Big)\Big(1 + \frac{1}{2\,n}\Big)$$

erreicht ist. Die Spanne zwischen den beiden Treppen ist

$$S_n = \frac{x^3}{n},$$

sie kann also durch genügend große Wahl von n beliebig klein gemacht werden. Da ferner der Flächeninhalt der unteren Treppe stets kleiner, der der oberen Treppe stets größer als der Wert $\frac{x^3}{3}$ ist, so sehen wir, daß der durch die Treppenkonstruktion definierte Zahlwert kein anderer sein

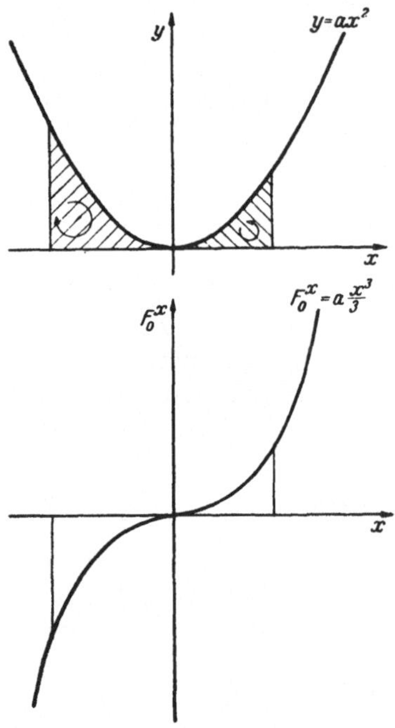

kann als $\frac{x^3}{3}$. Damit ist die Formel (Fl. 1) auch auf direktem Weg abgeleitet.

Nehmen wir noch einen Maßstabsfaktor a auf (vgl. die Bemerkung zu Beginn von 2, 12), so haben wir das Ergebnis, daß zu einer Parabel $y = a x^2$ die Flächeninhaltsfunktion $F_0^x = a \frac{x^3}{3}$ gehört. In Abb. 28 sind für ein positives a die Parabel und die zugehörige Flächeninhaltskurve in der üblichen Weise untereinander gezeichnet. Für negatives a sind beide Kurven an der x-Achse gespiegelt. Lassen wir den Ausgangspunkt der Flächeninhaltszählung unbestimmt, so tritt in dem Ausdruck für den Flächeninhalt eine zunächst unbestimmte Konstante auf. Wir können allgemein schreiben

$$F(x) = \frac{a x^3}{3} + C.$$

Abb. 28.

Geometrisch entspricht dem, daß wir die Flächeninhaltskurve, die in Abb. 28 durch den Nullpunkt hindurchläuft, parallel zur y-Achse um ein beliebiges Stück verschieben.

Wir kehren nun zu der Aufgabe zurück, von der wir oben ausgingen, das Trägheitsmoment I des in Abb. 24 gezeichneten Rechtecks bez. der Horizontalseite (a) zu berechnen. Wir sahen, daß es gleich dem Flächeninhalt unter der Parabel $y = a x^2$ von $x = 0$ bis $x = b$ ist, also

$$I = \frac{a x^3}{3} \Big|_0^b = \frac{a b^3}{3} \ [\text{cm}^4].$$

Für die Durchbiegung eines Balkens von rechteckigem Querschnitt kommt nicht dieses Trägheitsmoment, sondern das Trägheitsmoment des Balkenquerschnittes, bezogen auf eine horizontale Gerade durch den Schwerpunkt des Querschnittes, in Frage. Dieses ist gleich dem Flächeninhalt unter der Parabel $y = a x^2$, genommen zwischen den Grenzen $\left(-\dfrac{b}{2}\right)$ und $\left(+\dfrac{b}{2}\right)$, es hat also die Größe

$$I = \frac{a\,x^3}{3}\,\Bigg|_{-\frac{b}{2}}^{+\frac{b}{2}} = \frac{a\,b^3}{12}\ [\text{cm}^4].$$

Wir sehen, daß die Breite a in der ersten, die Höhe b aber in der dritten Potenz eingeht, so daß ein und derselbe Rechtecksquerschnitt hochgestellt ein sehr viel größeres Trägheitsmoment ergibt als quergestellt (Vertauschung der Werte von a und b). Um für einen Balken bei vorgeschriebener Querschnittsfläche ein möglichst großes Trägheitsmoment und infolgedessen eine möglichst kleine Durchbiegung zu erhalten, muß man den Flächeninhalt möglichst von der Mitte fortbringen. Nach diesem Grundsatz sind die sog. Doppel-T-Träger, deren Querschnitt in Abb. 29 angegeben ist, entworfen. Ist die Breite des Steges gleich a [cm], die Breite der Flanschen gleich b [cm] und hat der Steg die Höhe h [cm], während die Flanschen die Dicke c [cm] aufweisen, so müssen wir, wenn wir das Trägheitsmoment des Profils bestimmen wollen, die beiden Parabeln $y = a x^2$ und $y = b x^2$ zeichnen und den Flächeninhalt der Figuren bestimmen, die zwischen $x = -\dfrac{h}{2}$ und $x = +\dfrac{h}{2}$ oben von der ersten Parabel, zwischen $x = -c-\dfrac{h}{2}$ und $x = -\dfrac{h}{2}$ bzw. $x = \dfrac{h}{2}$ und $x = \dfrac{h}{2}+c$ von der zweiten Parabel begrenzt werden (Abb. 30). Man sieht, wieviel mehr die Flanschen zum Trägheitsmoment beitragen als der Steg. Bei der Ausrechnung erhalten wir, da der Flächeninhalt zu beiden Seiten der Ordinatenachse gleich groß ist, für das Trägheitsmoment den Wert

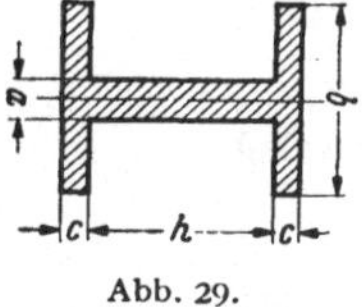

Abb. 29.

$$I = 2\,a\,\frac{x^3}{3}\,\Bigg|_{0}^{\frac{h}{2}} + 2\,b\,\frac{x^3}{3}\,\Bigg|_{\frac{h}{2}}^{\frac{h}{2}+c}$$

oder

$$I = \tfrac{1}{12}[a h^3 + 2\,b\,c\,(3\,h^2 + 6\,h\,c + 4\,c^2)].$$

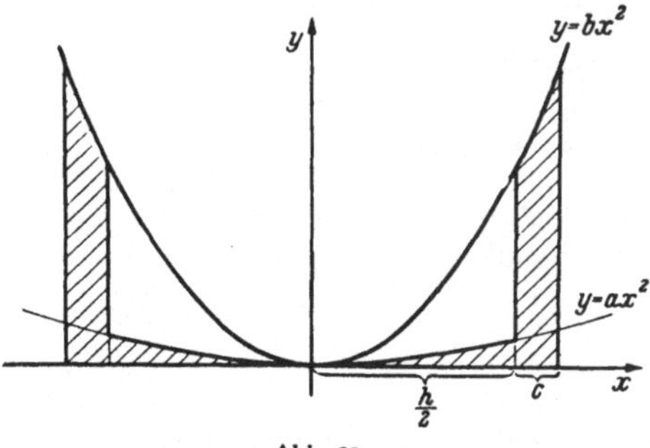

Abb. 30.

Wir schließen eine Anzahl anderer Beispiele an, die auf die Bestimmung des Flächeninhaltes unter einer Parabel führen.

Anwendung 6: Rauminhalt des Kreiskegels. Denken wir uns eine gerade Linie durch den Anfangspunkt eines (x, y)-Systems gezeichnet, und lassen wir diese Gerade um die x-Achse rotieren, so wird ein Kreiskegel erzeugt. Gehört zu der

Höhe h des Kegels der Grundkreishalbmesser r, so ist die Gleichung der erzeugenden Geraden

$$y = \frac{r}{h}\,x.$$

Um den Rauminhalt des Kegels zu finden, wenden wir das Einschachtelungsverfahren in folgender Weise an. Für das Intervall zwischen x und $x + \varDelta x$ zeichnen wir das untere und obere Rechteck der Geraden. Bei der Drehung um die x-Achse erzeugen diese Rechtecke dann je eine kreiszylindrische Platte von der Höhe $\varDelta x$,

deren Grundkreise bzw. die Halbmesser $\frac{r}{h}\,x$ und $\frac{r}{h}\,(x + \varDelta x)$ besitzen, und diese kreiszylindrischen Platten schachteln den zu dem Intervall $(x,\ x + \varDelta x)$ gehörigen Kegelstumpf ein, so daß für den Rauminhalt dieses Kegelstumpfes

$$\pi\,\frac{r^2}{h^2}\,x^2\,\varDelta x < \varDelta V < \pi\,\frac{r^2}{h^2}\,(x + \varDelta x)^2\,\varDelta x$$

gilt. Sie zeigt, daß der Rauminhalt des Kegels gleich dem Flächeninhalt unter der Parabel

$$\eta = \pi\,\frac{r^2}{h^2}\,x^2$$

ist. Wir erhalten also:

$$V = F_0^h = \pi\,\frac{r^2}{h^2}\,\frac{x^3}{3}\,\Big|_0^h = \frac{1}{3}\,\pi\,r^2\,h.$$

Anwendung 7: Angriffspunkt des Wasserdrucks auf eine rechteckige Fläche. Wir haben oben die Größe der Druckkraft des Wassers auf eine rechteckige Fläche der Breite b ausgerechnet (Anwendung 1). Wir können jetzt auch den *Angriffspunkt* dieser resultierenden Druckkraft ermitteln (Abb. 31). Nach den Grundregeln über die Zusammensetzung paralleler Kräfte finden wir ihn durch Heranziehung des *Hebelprinzips*. Es muß das Drehmoment des Wasserdrucks für eine beliebige horizontale Gerade gleich sein dem Drehmoment der resultierenden Druckkraft um dieselbe Gerade. Wir wählen etwa die obere Wasserlinie als Drehachse. Ist die Tiefe des Angriffspunktes der Druckkraft K gleich x_0, so ist ihr Drehmoment um diese Achse

$$M = K\,x_0\ [\text{kg cm}].$$

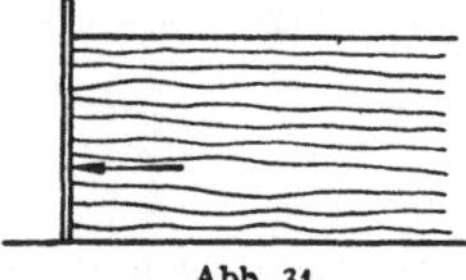

Abb. 31.

Ist andererseits in der Tiefe x unter dem Wasserspiegel

$$S = b\,k\,x\,\left[\frac{\text{kg}}{\text{cm}}\right]\ \left(k = \frac{1}{1000}\,\frac{\text{at}}{\text{cm}}\right)$$

die Größe des Wasserdruckes, bezogen auf die Einheit der Wandhöhe, so ist die Kraft $\varDelta K$ auf den Streifen zwischen den Geraden der Tiefe x und $x + \varDelta x$ eingeschachtelt durch die Ungleichung

$$b\,k\,x\,\varDelta x < \varDelta M < b\,k\,(x + \varDelta x)\,\varDelta x.$$

Aus dieser Einschachtelung der Kraft erhalten wir eine Einschachtelung für den Beitrag $\varDelta M$, den der Druck auf diesen Streifen zu dem Drehmoment M liefert, wenn wir die zu kleine Kraft mit dem kleinstmöglichen Hebelarm x und die zu große Kraft mit dem größtmöglichen Hebelarm $(x + \varDelta x)$ multiplizieren. Es gilt also die Ungleichung

$$b\,k\,x^2\,\varDelta x < \varDelta M < b\,k\,(x + \varDelta x)^2\,\varDelta x,$$

in der alle drei Ausdrücke die Dimension [kg cm] besitzen. Nach unserer Schlußweise folgt hieraus, daß das Moment M gleich dem von $x = 0$ aus gerechneten Flächeninhalt unter der Parabel

$$\eta = b\,k\,x^2$$

ist. Ist also die Wassertiefe gleich h [cm], so ist das Drehmoment

$$M = b\,k\,\frac{x^3}{3}\bigg|_0^h = b\,k\,\frac{h^3}{3}\ \text{[kg cm]}.$$

Setzen wir die Ausdrücke für das Moment einander gleich, wobei wir in dem ersten für die Druckkraft K den auf S. 27 berechneten Wert

$$K = b\,k\,\frac{h^2}{2}\ \text{[kg]}$$

einführen, so ergibt sich die Beziehung

$$b\,k\,\frac{h^2}{2}\,x_0 = b\,k\,\frac{h^3}{3}\,,$$

aus der man die Tiefe des Angriffspunktes zu

$$x_0 = \tfrac{2}{3}\,h$$

berechnet.

Anwendung 8: Der Schwerpunkt eines Drehparaboloides. Läßt man die Parabel

$$y^2 = 2\,p\,x\,,$$

die symmetrisch zur x-Achse liegt, um ihre Symmetrieachse rotieren, so erhält man ein *Drehparaboloid* (Abb. 32). Es ist leicht, den Rauminhalt eines Stücks dieses Drehparaboloids, das wir uns von der Ebene $x = h$ abgegrenzt denken, auszurechnen. Denn wenn wir wie oben beim Kegel (Anw. 6, S. 53f.) durch die Punkte mit den Abszissen x und $(x + \varDelta x)$ senkrecht zur x-Achse die Ebenen gelegt denken, so ist der Rauminhalt $\varDelta V$ der zwischen ihnen eingeschlossenen Teile des Drehparaboloides eingeschachtelt zwischen den beiden zylindrischen Scheiben mit den Grundkreishalbmessern $y = \sqrt{2\,p\,x}$ und $y = \sqrt{2\,p\,(x + \varDelta x)}$. Wir haben also für $\varDelta V$ die Einschachtelung

$$2\,p\,x\,\pi\,\varDelta x < \varDelta V < 2\,p\cdot(x + \varDelta x)\,\pi\,\varDelta x,$$

aus der wir schließen, daß der Rauminhalt des Drehparaboloides gleich dem Flächeninhalt unter der Geraden

$$\eta = 2\,p\,\pi\,x$$

ist. Wir finden somit für den Inhalt des Paraboloides den Wert

$$V = p\,\pi\,x^2\bigg|_0^h = p\,h^2\,\pi.$$

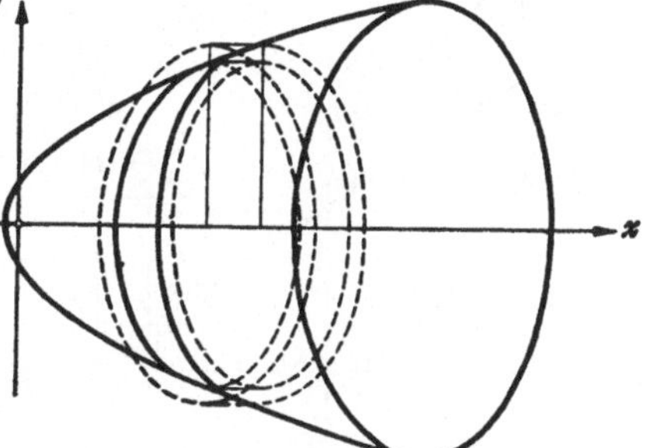
Abb. 32.

Das Drehparaboloid ist halb so groß wie der Zylinder, der die gleiche Höhe und den gleichen Grundkreis besitzt. Um nun den Schwerpunkt des Drehparaboloids zu finden, der natürlich auf der Symmetrieachse liegt, müssen wir das Hebelgesetz heranziehen. Wir berechnen das Drehmoment des Körpers um eine Achse, die im Anfangspunkt auf der (x, y)-Ebene senkrecht steht. Dazu denken wir uns den Körper wie eben in einzelne Scheiben zerschnitten und schachteln das Drehmoment der einzelnen Scheibe in der Weise ein, daß wir das Gewicht der zu kleinen Zylinderscheibe mit dem kleinstmöglichen Hebelarm x multiplizieren und entsprechend das Gewicht der zu großen zylindrischen Scheibe mit dem größtmöglichen Hebelarm, wobei das spezifische Gewicht konstant gleich γ sei. Die Einschachtelung lautet also

$$2\,p\,x^2\,\pi\,\gamma\,\varDelta x < \varDelta M < 2\,p\,(x + \varDelta x)^2\,\pi\,\gamma\,\varDelta x,$$

und wir finden danach das Drehmoment des Körpers als Flächeninhalt unter der Parabel

$$\xi = 2\,p\,\pi\,\gamma\,x^2.$$

Es ist also

$$M = 2\,p\,\pi\,\gamma\,\frac{x^3}{3}\,\Big|_0^h = \frac{2}{3}\,p\,h^3\,\pi\,\gamma.$$

Denken wir uns andererseits den gesamten Rauminhalt (bzw. das Gesamtgewicht) des Drehparaboloides im *Schwerpunkt* vereinigt und hat dieser die Abszisse x_0, so hat dieses Drehmoment den Wert

$$M = p\,h^2\,\pi\,x_0.$$

Durch Vergleich beider Werte für M erhalten wir

$$x_0 = \tfrac{2}{3}\,h.$$

Der Schwerpunkt teilt also die Höhe des Drehparaboloides im Verhältnis 1 : 2.

2, 14. Das Überlagerungsprinzip für die Flächeninhalte. Die allgemeine Parabel zweiten Grades konnten wir durch Überlagerung der Parabel $y_1 = a\,x^2$ und der Geraden $y_2 = b\,x + c$ gewinnen. Es steht zu erwarten, daß sich dabei auch die Flächeninhalte der Teilkurven überlagern. In der Tat überlagern sich mit den Ordinaten ($y = y_1 + y_2$) auch die Rechtecke ($R = R_1' + R_2$).

Man könnte glauben, daß man damit aus den Einschachtelungen für die Flächeninhalte unter den beiden Ausgangskurven ohne weiteres eine Einschachtelung für den Flächeninhalt unter der resultierenden Kurve gefunden hätte. Indessen ist dabei eine Schwierigkeit, die wir in Abb. 33 deutlich vor uns sehen. Wenn wir für die beiden Teilkurven die „linken" Rechtecke konstruieren, so ist das linke Rechteck für die Parabel ein unteres Rechteck, für die gerade Linie aber ein oberes Rechteck. Von den rechten Rechtecken ist entsprechend das zu der Parabel gehörige ein oberes Rechteck, das zu der geraden Linie gehörige dagegen ein unteres Rechteck. Wenn wir nun die Summe der linken bzw. rechten Rechtecke bilden, so haben wir je ein oberes und unteres Rechteck zu addieren, und wir können (wenigstens ohne genaueres Eingehen auf die Figur) gar nicht mehr sagen, ob und in welcher Weise der Streifen der durch Überlagerung gewonnenen Parabel zwischen den Rechtecksummen eingeschachtelt ist. In Abb. 33 ergibt die Summe der beiden linken Rechtecke ein unteres, die Summe der beiden rechten Rechtecke ein oberes Rechteck. Indessen würde dies anders sein, wenn der Streifen zwischen dem Nullpunkt und dem Scheitel der Parabel liegen würde.

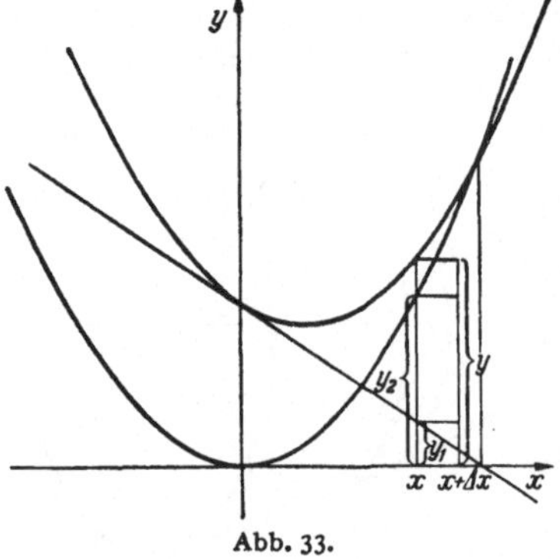

Abb. 33.

Um diese Schwierigkeit zu überwinden, machen wir folgende Überlegung: Bisher haben wir für jeden Streifen das zur Einschachtelung dienende untere und obere Rechteck so konstruiert, daß wir als Vertikalseite die kleinste bzw. größte Ordinate der Kurve in dem Streifen wählten. Das ist aber nicht unbedingt nötig. Für eine Einschachtelung des Streifens unter der Kurve genügt es, wenn die Vertikalseite des zu kleinen Rechtecks kleiner ist als die kleinste Ordinate der Kurve im Streifen, und die Vertikalseite des zu großen Rechtecks größer als die größte Ordinate der Kurve. Wir können daher im Streifen die kleinste Ordinate m_1 der Parabel $y_1 = a x^2$ und ebenso die kleinste Ordinate m_2 der geraden Linie $y_2 = b x + c$ wählen und mit ihrer Summe $(m_1 + m_2)$ als Vertikalseite ein Rechteck konstruieren, und ebenso die größte Ordinate M_1 der Parabel $y_1 = a x^2$ und die größte Ordinate M_2 der Geraden $y_2 = b x + c$ und mit ihrer Summe $(M_1 + M_2)$ als Vertikalseite das Rechteck konstruieren. Die beiden Rechtecke schachteln den Flächeninhalt $\varDelta F$ des Streifens unter der resultierenden Parabel ein, so daß wir die Ungleichung

$$(5) \qquad (m_1 + m_2)\, \varDelta x < \varDelta F < (M_1 + M_2)\, \varDelta x$$

erhalten. Wenn sowohl die Kleinstwerte wie die Größtwerte der Ordinaten beider Teilkurven im Streifen die gleiche Abszisse besitzen, so stellen die beiden Grenzen in unserem bisherigen Sinn das untere bzw. obere Rechteck vor, im allgemeinen dagegen nicht.

Um nun in dieser neuen Weise den Flächeninhalt F_0^x unter der Parabel $y = y_1 + y_2$ einzuschachteln, denken wir uns das Intervall von 0 bis x in n gleiche Teile geteilt, die wir von 1 bis n numerieren. Da die Breite des einzelnen Streifens

$$\varDelta x = \frac{x}{n}$$

ist, so folgt aus (5) für den Flächeninhalt F die Schachtelung

$$\frac{x}{n}\left[(m_1^{(1)} + m_2^{(1)}) + (m_1^{(2)} + m_2^{(2)}) + \cdots + (m_1^{(n)} + m_2^{(n)})\right] < F$$

$$F < \frac{x}{n}\left[(M_1^{(1)} + M_2^{(1)}) + (M_1^{(2)} + M_2^{(2)}) + \cdots + (M_1^{(n)} + M_2^{(n)})\right],$$

wobei die oberen Indizes die Numerierung der Streifen wiedergeben. Wir schreiben diese Ungleichung nun in der Form

$$\frac{x}{n}\,(m_1^{(1)} + m_1^{(2)} + \cdots + m_1^{(n)}) + \frac{x}{n}\,(m_2^{(1)} + m_2^{(2)} + \cdots + m_2^{(n)}) < F$$

$$F < \frac{x}{n}\,(M_1^{(1)} + M_1^{(2)} + \cdots + M_1^{(n)}) + \frac{x}{n}\,(M_2^{(1)} + M_2^{(2)} + \cdots + M_2^{(n)})$$

Lassen wir die Zahl n die Folge 2^1, 2^2, 2^3, $\ldots$ durchlaufen, so daß bei jedem Schritt die einzelnen Streifen halbiert werden, so nimmt die linke Seite der Doppel-Ungleichung beständig zu, die rechte zugleich beständig ab. Wenn wir noch zeigen können, daß gleichzeitig die Spanne zwischen beiden durch hinreichend großes n beliebig klein gemacht werden kann, so liegt eine Intervallschachtelung für den gesuchten Flächeninhalt unter der Parabel $y = y_1 + y_2$ vor.

Um den Beweis zu führen, beachten wir, daß in der letzten Ungleichung die ersten Summanden links und rechts in unserem früheren Sinne die unteren und oberen Rechtecksummen für den Flächeninhalt F_1 unter der Parabel $y_1 = a x^2$ vorstellen, daß also die Einschachtelung

$$(6) \quad \frac{x}{n}\left(m_1^{(1)} + m_1^{(2)} + \cdots + m_1^{(n)}\right) < F_1 < \frac{x}{n}\left(M_1^{(1)} + M_1^{(2)} + \cdots + M_1^{(n)}\right)$$

gilt. Analog bilden die zweiten Summanden die Summe der unteren bzw. oberen Rechtecke für die Gerade $y_2 = b x + c$, so daß wir die Ungleichung

$$(7) \quad \frac{x}{n}\left(m_2^{(1)} + m_2^{(2)} + \cdots + m_2^{(n)}\right) < F_2 < \frac{x}{n}\left(M_2^{(1)} + M_2^{(2)} + \cdots + M_2^{(n)}\right)$$

haben.

Da (6) eine Intervallschachtelung für den Flächeninhalt F_1 darstellt, so können wir durch passende Wahl der Nummer n die Spanne zwischen der unteren und oberen Grenze unter jeden Betrag herabdrücken. Präziser gesprochen, es läßt sich eine bestimmte Nummer N_1 angeben, so daß für alle $n > N_1$ der Unterschied zwischen der oberen und unteren Grenze

$$(6a) \qquad\qquad S_1^{(n)} < \frac{\varepsilon}{2}$$

wird, wobei ε eine (beliebig kleine) vorgegebene positive Zahl ist. Ebenso können wir, da (7) eine Intervallschachtelung für den Flächeninhalt F_2 darstellt, eine Nummer N_2 angeben, so daß für alle Nummern $n > N_2$ der Unterschied zwischen der oberen und unteren Grenze

$$(7a) \qquad\qquad S_2^{(n)} < \frac{\varepsilon}{2}$$

wird, unter ε dieselbe positive Zahl wie in (6a) verstanden.

Nun ist der Unterschied zwischen der oberen und unteren Grenze für den Flächeninhalt F

$$(8) \qquad\qquad S^{(n)} = S_1^{(n)} + S_2^{(n)},$$

also haben wir, wenn N die größere der beiden Nummern N_1 und N_2 bedeutet,

$$(8a) \qquad\qquad S^{(n)} < \varepsilon$$

für alle Nummern $n > N$. Wir sehen daraus, daß ein wirklicher Einschachtelungsprozeß vorliegt.

Diese Betrachtung läßt uns aber zugleich die Beziehung

$$F = F_1 + F_2$$

zwischen dem Flächeninhalt F unter der Überlagerungskurve und den Flächeninhalten F_1 und F_2 unter den beiden Teilkurven erkennen, da die Addition von (6) und (7) zeigt, daß $F_1 + F_2$ zwischen denselben Grenzen wie F eingeschachtelt ist.

Der Flächeninhalt unter der resultierenden Kurve ist die Summe der Flächeninhalte unter den beiden überlagerten Ausgangskurven.

Die Überlegung, die uns zu diesem Ergebnis geführt hat, ist offenbar von der Gestalt der Teilkurven weitgehend unabhängig und läßt sich unverändert übertragen, wenn an Stelle der Parabel und geraden Linie irgend zwei Kurven $y_1 = f_1(x)$ und $y_2 = f_2(x)$ überlagert werden, sofern ihre Eigenschaften denen der Parabel $y_1 = a x^2$ und der Geraden $y_2 = b x + c$ analog sind. D. h. man muß voraussetzen, daß man bei einer Streifenteilung für beide Kurven die kleinste und größte Ordinate in jedem Streifen angeben und also zu jedem Streifen ein unteres und oberes Rechteck konstruieren kann. Weiter muß für jede der beiden Kurven die Spanne zwischen der oberen und der unteren Rechteckssumme mit wachsender Nummer nach Null gehen, so daß man für jede von ihr den Flächeninhalt bestimmen kann. Sind diese Voraussetzungen erfüllt, so erhalten wir den Flächeninhalt unter der Kurve

$$y = f(x) = f_1(x) + f_2(x),$$

die sich durch Überlagerung der beiden Teilkurven ergibt, als Summe der Flächeninhalte unter den beiden Teilkurven. Aus der Addition der Ordinaten folgt die Addition der Flächeninhalte. Das ist ein Satz, der die Flächeninhaltsbestimmung außerordentlich erleichtert.

Ihm zur Seite tritt der ebenso wichtige Satz, daß die Multiplikation der Ordinaten einer Kurve mit einem konstanten Faktor die Multiplikation des Flächeninhalts mit demselben Faktor nach sich zieht. Das Vorzeichen des Flächeninhalts kommt dabei richtig heraus, denn ein negativer Faktor bewirkt eine Umklappung der Kurve und zieht darum eine Änderung des Umlaufssinnes nach sich. Der Flächeninhalt unter der allgemeinen Parabel

$$(9) \qquad\qquad y = a x^2 + b x + c$$

ist damit auf die drei einfachen Flächeninhalte

$$(10) \qquad \begin{cases} y = 1, & F_0^x = x, \\[2mm] y = x, & F_0^x = \dfrac{x^2}{2}, \\[2mm] y = x^2, & F_0^x = \dfrac{x^3}{3} \end{cases}$$

zurückgeführt, und es ergibt sich bei willkürlicher Wahl des Anfangspunktes der Flächeninhaltszählung

$$(\text{Fl. } 9) \qquad\qquad F(x) = a\,\frac{x^3}{3} + b\,\frac{x^2}{2} + c\,x + C,$$

wobei C eine beliebige Konstante ist.

Anwendung 9: Rauminhalt des Drehellipsoids. Eine Ellipse

$$\frac{x^2}{a^2} + \frac{y^2}{b^2} = 1$$

möge um die x-Achse rotieren und so ein *Drehellipsoid* erzeugen. Die Scheibe des Ellipsoids, die die Ebenen mit den Abszissen x und $(x + \varDelta x)$ ausschneiden, denken wir uns eingeschachtelt zwischen zwei Kreiszylinder, deren Grundkreishalbmesser die Ordinaten der Ellipse sind, die zu den Abszissen x bzw. $(x + \varDelta x)$ gehören. Für positive Abszissen erhalten wir so die Ungleichung

$$\pi\, b^2 \left(1 - \frac{x^2}{a^2}\right) \varDelta x < \varDelta V < \pi\, b^2 \left(1 - \frac{(x + \varDelta x)^2}{a^2}\right) \varDelta x,$$

aus der wir entnehmen, daß der Rauminhalt des Drehellipsoids gleich dem Flächeninhalt unter der Parabel

$$\eta = \pi\, b^2 \left(1 - \frac{x^2}{a^2}\right)$$

ist, deren Ordinaten die Dimension einer Fläche besitzen. Es ist somit der Rauminhalt einer Schicht des Körpers zwischen den Abszissen 0 und x:

$$V_0^x = \pi\, b^2 \left(x - \frac{1}{3}\frac{x^3}{a^2}\right)\Big|_0^x = \pi\, b^2 x \left(1 - \frac{1}{3}\frac{x^2}{a^2}\right),$$

und der Gesamtrauminhalt des Drehellipsoids

$$V_{-a}^{+a} = 2\, V_0^a = \tfrac{4}{3}\, \pi\, b^2\, a.$$

Anwendung 10: Rauminhalt des Zylinderhufs. Gegeben sei ein Kreiszylinder. Eine Ebene, die durch einen Durchmesser des Grundkreises hindurchgeht und gegen dessen Ebene unter dem Winkel α geneigt ist, schneidet von dem Zylinder einen Körper ab, den man einen *Zylinderhuf* nennt. Es soll der Rauminhalt des Zylinderhufs berechnet werden.

Wir wählen in der Ebene des Grundkreises des Zylinders die Schneide des Hufes als x-Achse und legen zu ihr senkrecht die y-Achse, so daß der Grundkreis die Gleichung

$$x^2 + y^2 = a^2$$

besitzt. Für die Flächeninhaltsbestimmung zerschneiden wir den Huf durch Ebenen senkrecht zur Schneide in Scheiben. Die Schnittfigur einer solchen Ebene mit dem Zylinderhuf ist ein rechtwinkliges Dreieck, dessen eine Kathete die Länge

$$y = \sqrt{a^2 - x^2}$$

besitzt, während die Länge der anderen gleich $(y\, \mathrm{tg}\, \alpha)$ ist. Der Flächeninhalt eines solchen rechtwinkligen Dreiecks ist also

$$F(x) = \tfrac{1}{2}\, y^2\, \mathrm{tg}\, \alpha = \tfrac{1}{2}\, \mathrm{tg}\, \alpha\, (a^2 - x^2).$$

Legen wir zwei solche Ebenen senkrecht zur Schneide in den Punkten x und $(x + \varDelta x)$, so grenzen sie eine Scheibe des Zylinderhufs von der Dicke $\varDelta x$ ab. Der Rauminhalt $\varDelta V$ dieser Scheibe läßt sich einschachteln zwischen zwei gerade Prismen der Höhe $\varDelta x$, deren Grundflächen das kleinere bzw. größere der beiden rechtwinkligen Dreiecke ist. Bei einem positiven Werte von x und von $\varDelta x$ haben wir also die Ungleichung

$$\tfrac{1}{2}\, \mathrm{tg}\, \alpha\, (a^2 - x^2)\, \varDelta x > \varDelta V > \tfrac{1}{2}\, \mathrm{tg}\, \alpha\, (a^2 - (x + \varDelta x)^2) \cdot \varDelta x.$$

Daraus schließen wir, daß der Rauminhalt des Zylinderhufs sich als Flächeninhalt unter der Parabel

$$\eta = \tfrac{1}{2}\, \mathrm{tg}\, \alpha\, (a^2 - x^2)$$

berechnen läßt. Wir erhalten somit

$$V_0^x = \frac{1}{2}\,\mathrm{tg}\,\alpha\left(a^2\,x - \frac{x^3}{3}\right)\Big|_0^x = \frac{1}{2}\,\mathrm{tg}\,\alpha\,x\left(a^2 - \frac{x^2}{3}\right)$$

und also für den Rauminhalt des ganzen Zylinderhufs den Ausdruck

$$V_{-a}^{+a} = 2\,V_0^a = \tfrac{2}{3}\,a^3\,\mathrm{tg}\,\alpha.$$

2, 2. Die ganzen rationalen Funktionen dritten Grades und ihre Steigungsbilder.

Wir wenden uns der Untersuchung der allgemeinen Kurven mit der Gleichung

$$(11) \qquad\qquad y = a\,x^3 + b\,x^2 + c\,x + d$$

zu, worin a, b, c, d beliebige Zahlen sind.

Um die Kurve (11) zu zeichnen, können wir sie als Überlagerung der bereits in 2,13 betrachteten speziellen Parabel dritten Grades $y_1 = a\,x^3$ und der allgemeinen Parabel zweiten Grades $y_2 = b\,x^2 + c\,x + d$ auffassen (vgl. Abb. 34). Um ihren Verlauf in Abhängigkeit von ihren Konstanten zu untersuchen, müssen wir ihr Steigungsbild kennen. Wir bestimmen es zunächst in 2, 21 für die spezielle Parabel dritten Grades.

2, 21. Das Steigungsbild der Kurve $y = x^3$. Der Wendepunkt. Aus dem Büschel der Sehnen, die durch einen Punkt P der Kurve

$$(12) \qquad y = x^3$$

gehen, sondern wir eine einzelne aus, wenn wir einen zweiten Punkt auf

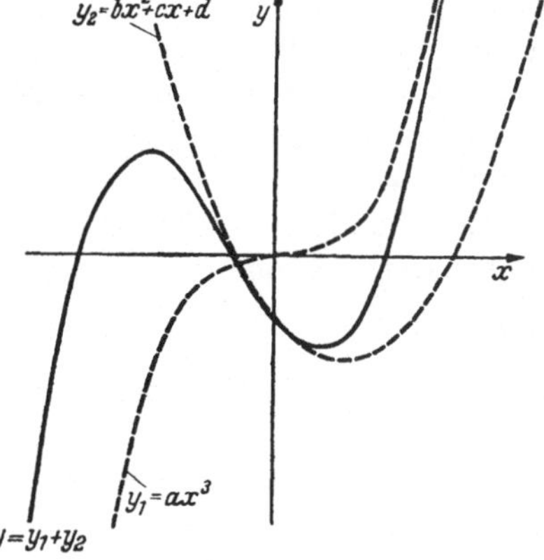

Abb. 34.

der Kurve vorschreiben und ihn mit P verbinden. Ist x die Abszisse des Punktes P und $(x + \Delta x)$ die Abszisse des zweiten Punktes, so ist die Abszissenspanne beider Punkte gleich Δx, die zugehörige Ordinatenspanne

$$\Delta y = (x + \Delta x)^3 - x^3$$

und die Steigung der Sehne, die die beiden Kurvenpunkte miteinander verbindet,

$$(13) \qquad m_s = \frac{\Delta y}{\Delta x} = \frac{(x + \Delta x)^3 - x^3}{\Delta x} \qquad (\Delta x \neq 0)$$

oder, da sich Δx herausheben läßt,

$$(13\,\mathrm{a}) \qquad m_s = 3\,x^2 + 3\,x\,\Delta x + (\Delta x)^2 \qquad (\Delta x \neq 0).$$

Wie zu erwarten war, erweist sie sich einerseits abhängig von der

Abszisse x des Punktes P der Kurve und andererseits von der Abszissenspanne Δx, die die einzelne der durch P laufenden Sehnen der Kurve aussondert.

Für $\Delta x = 0$ verliert der Ausdruck (13a) seine Bedeutung als Sehnensteigung, da ja nicht mehr von einer Sehne gesprochen werden kann, wenn die Abszissenspanne den Wert Null hat. Trotzdem aber besitzt die rechte Seite der Gleichung (13a) für $\Delta x = 0$ einen bestimmten Wert, nämlich

$$(14) \qquad\qquad m = 3\,x^2,$$

und es gibt natürlich auch eine Gerade durch P, deren Steigung diesen Wert hat[1].

Es ist unmittelbar klar, daß diese Gerade die *Tangente der Kurve in dem Punkte* P sein muß, denn setzen wir zunächst x positiv voraus, so ist die Sehnensteigung (13a) für eine positive Abszissenspanne Δx größer und für negative Δx (solange wenigstens ihr absoluter Wert nicht allzu groß ist[2]) kleiner als die Steigung (14). Die Gerade mit der Steigung (14) trennt also die Sehnen mit positiver Abszissenspanne von denen mit negativer Abszissenspanne, sie ist Tangente der Kurve. Eine ganz analoge Überlegung gilt für Kurvenpunkte mit einer negativen Abszisse x.

Eine Sonderbetrachtung erfordert der Punkt $x = 0$. Hier hat die Sehnensteigung mit der Abszissenspanne Δx die Größe

$$(15) \qquad\qquad m_s = (\Delta x)^2,$$

sie ist also sowohl für positive wie für negative Δx positiv. Setzen wir darin $\Delta x = 0$, so folgt $m = 0$, so daß die zugehörige Gerade durch den Nullpunkt mit der Abszissenachse zusammenfällt. Wir können nicht mehr sagen, daß die Gerade mit der Steigung $m = 0$ die Sehnen mit positiven Abszissenspannen von denen mit negativen Abszissenspannen scheidet. Fassen wir aber den Begriff der Tangente etwas allgemeiner als bisher, so können wir trotzdem auch noch im Nullpunkt von einer Tangente der Kurve sprechen (vgl. Abb. 35). Wir dürfen nur nicht mehr verlangen, daß die Kurve in der unmittelbaren Nachbarschaft des Berührungspunktes ganz auf der einen Seite der Tangente liegt, wie es in einem Punkte der Kurve, dessen Abszisse von Null verschieden ist, der Fall war. Vielmehr müssen wir, wenn wir den Begriff der Tangente für

---

[1] Die Möglichkeit, in dem Ausdruck (13a) für die Sehnensteigung Δx gleich Null setzen zu können, ist ein besonders günstiger Umstand. In dem Ausdruck (13) dürften wir es nicht tun, denn wir hätten sonst die sinnlose Operation einer Division von Null durch Null zu vollziehen.

[2] Der absolute Wert von Δx darf nur so groß werden, daß der absolute Wert von $3\,x\,\Delta x$ gleich $(\Delta x)^2$ ist. Für solche negative Abszissenspannen, deren absoluter Wert größer wird, ist gerade wie für positive Δx die Sehnensteigung m_s größer als die Steigung (14).

den Nullpunkt beibehalten und also auch die x-Achse als Tangente bezeichnen wollen, zulassen, daß die Tangente die Kurve *durchsetzen* darf,
so daß die Kurve von der einen Seite an die Gerade heranläuft und auf
der anderen Seite sich wieder von ihr entfernt. Was dann die x-Achse
vor anderen Geraden durch den Nullpunkt als Tangente auszeichnet,
ist dies: Es ist möglich, den Unterschied der Steigungen $m_s = (\varDelta x)^2$
der Sehnen der Kurve gegen die Steigung $m = 0$ der x-Achse unter
jeden (noch so kleinen) positiven Wert ε herabzudrücken, indem man
eine Abszissenspanne $\varDelta x$ von hinreichend kleinem Absolutbetrag (nämlich $-\sqrt{\varepsilon} < \varDelta x < + \sqrt{\varepsilon}$) wählt. Diese Kennzeichnung der Tangente
gilt für jeden Punkt und kann daher als
allgemeine Defination dienen (vgl. 5, 4).
Die besondere Eigenschaft einer Tangente, die Kurve im Berührungspunkt
zu durchsetzen, bringt man dadurch
zum Ausdruck, daß man sie eine *Wendetangente* der Kurve nennt[1]. Eine solche
Wendetangente tritt uns hier bei der
Kurve $y = x^3$ zum ersten Male entgegen. Bei den Parabeln zweiten Grades
gibt es noch keine Wendetangenten.

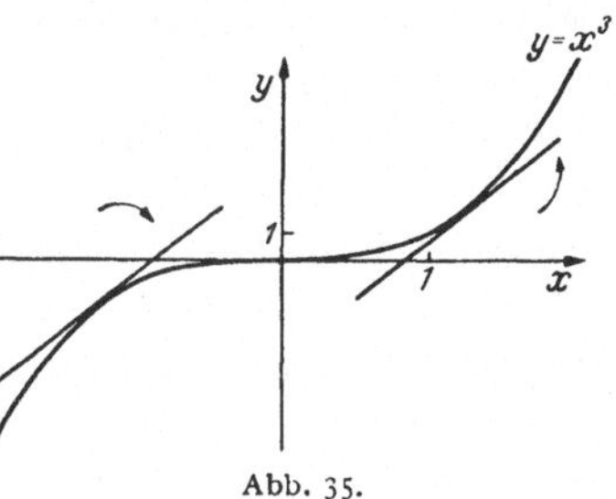

Abb. 35.

Die Beziehung der Kurve zu der Wendetangente tritt besonders
anschaulich in Erscheinung, wenn wir an der Kurve entlanglaufen und
dabei immer die Tangente der Kurve konstruiert denken. Wir sehen,
wie die Tangente für negative x eine positive Steigung besitzt, die beim
Fortschreiten im Sinne wachsender x kleiner wird, so daß sich die
Tangente im Sinn des Uhrzeigers dreht, bis für $x = 0$ die Tangente
horizontal verläuft. Geht man über $x = 0$ hinaus in das Gebiet der
positiven x, so wächst die Steigung, die Tangente dreht sich im positiven Drehsinn, also entgegengesetzt dem Uhrzeiger. Im *Wendepunkt*,
dem Berührungspunkt der Wendetangente, ändert die Drehung der
Kurventangente ihre Richtung, die Drehung kommt in diesem Punkt
gleichsam zum Stillstand (Abb. 35).

Unser Ergebnis, daß die Steigung der Tangente an die Kurve (12)
$y = x^3$ in allen ihren Punkten durch $m_t = 3 x^2$ gegeben wird, läßt sich
auch so aussprechen:

Die Funktion (12) hat die Ableitung

$$(12') \qquad\qquad y' = 3 x^2.$$

---

[1] Im Fall einer Wendetangente tritt, wie sich eben am Beispiel gezeigt hat, die
Besonderheit ein, daß sich die Tangentensteigung nicht wie sonst zwischen Sehnensteigungen einschachteln läßt, sondern die Sehnensteigungen nähern die Tangentensteigungen nur von einer Seite her an. Es sei ausdrücklich festgestellt, daß eine
Wendetangente nicht, wie im vorliegenden Beispiel, horizontal zu sein braucht.

Wir sehen, daß sich dies den bisherigen Ergebnissen über die Ableitungen der Kurven $y = x^2$, $y = x$ und $y = 1$ in der schönsten Weise anpaßt.

Das Steigungsbild ist hier eine Parabel zweiter Ordnung, deren Scheitel der Nullpunkt und deren Symmetrieachse die Ordinatenachse ist. In ihm entspricht dem Wendepunkt der Kurve (12) der Scheitel der Steigungsparabel (12'). Nach unseren obigen Überlegungen war das zu erwarten, denn wenn die Ordinate des Steigungsbildes mit wachsendem x abnimmt, so dreht sich die Tangente der Ausgangskurve im negativen Drehsinn, nimmt sie dagegen mit wachsendem x zu, so dreht sich die Tangente im positiven Drehsinn. Im Wendepunkte ändert die Drehung ihre Richtung. Es muß also dem Wendepunkte ein tiefster (oder höchster) Punkt (Kleinstwert bzw. Größtwert) im Steigungsbilde entsprechen.

Wenn sich die Kurventangente mit wachsendem x im positiven Sinn dreht, so ist offenbar die Kurve so gekrümmt, daß sie nach oben hohl wird. Dreht sich die Tangente dagegen im negativen Sinne, so wird die Kurve nach unten hohl. Es gilt daher die Beziehung: Wenn die Ordinaten des Steigungsbildes mit wachsendem x wachsen, so ist die Ausgangskurve nach oben hohl. Nehmen dagegen die Ordinaten des Steigungsbildes mit wachsendem x ab, so ist die Kurve nach unten hohl. Ein Wendepunkt einer Kurve ist hiernach ein Punkt, in dem sich ein nach unten hohles Stück der Kurve an ein nach oben hohles Stück anschließt.

Auf diese Beziehung zwischen der Kurve und ihrem Steigungsbilde hätten wir auch schon bei der Parabel zweiten Grades $y = a x^2 + b x + c$ mit der Ableitung $y' = 2 a x + b$ eingehen können. Nur sind hier die Verhältnisse außergewöhnlich einfach. Ist $a > 0$, so ist die Parabel überall nach oben hohl, und in der Tat wachsen die Ordinaten des Steigungsbildes dauernd. Für $a < 0$ ist die Parabel nach unten hohl, und in der Tat ist das Steigungsbild eine fallende Gerade. Die Steigungsbilder haben keinen höchsten oder tiefsten Punkt, so daß kein Wendepunkt auftreten kann.

Für diese Betrachtungen kommt es, wie wir sehen, auf das Steigen und Fallen der Ordinaten des Steigungsbildes an. Beim Wachsen der Ordinaten einer Kurve ist aber, wie wir wissen, die Steigung der Kurve positiv, beim Fallen negativ. Wenn wir uns also darüber klar werden wollen, ob und in welcher Weise die Ordinaten des Steigungsbildes wachsen oder abnehmen, so müßten wir das Steigungsbild als selbständige Kurve auffassen und deren Steigung bestimmen. Diese Steigung des Steigungsbildes können wir als *zweite Steigung* oder *zweite Ableitung* y'' der Ausgangskurve bezeichnen. So gehört z. B. zu der Parabel zweiten Grades $y = a x^2 + b x + c$ mit der ersten Ableitung $y' = 2 a x + b$ die konstante zweite Ableitung

$$y'' = 2a.$$

Da die Parabel dritten Grades

$$(12) \qquad\qquad y = x^3$$

die erste Ableitung

$$(12') \qquad\qquad y' = 3\,x^2$$

besitzt, so ist ihre zweite Ableitung

$$(12'') \qquad\qquad y'' = 6\,x.$$

Man sieht, daß sie für negative x negativ, für positive x positiv ist und bei $x = 0$ verschwindet. Entsprechend nehmen die Ordinaten des ersten Steigungsbildes von links nach rechts für $x < 0$ ab, für $x > 0$ zu. Die Kurve selbst ist für negative x nach unten, für positive x nach oben hohl. Die Stelle $x = 0$, wo die zweite Ableitung gleich Null wird, ist der Wendepunkt (Abb. 36). Wir sehen aus diesen Überlegungen, daß eine Kurve nach oben hohl ist, wenn ihre zweite Ableitung positiv, nach unten hohl, wenn ihre zweite Ableitung negativ ist. Ein Wendepunkt liegt vor, wenn die zweite Ableitung mit Vorzeichenwechsel durch Null geht.

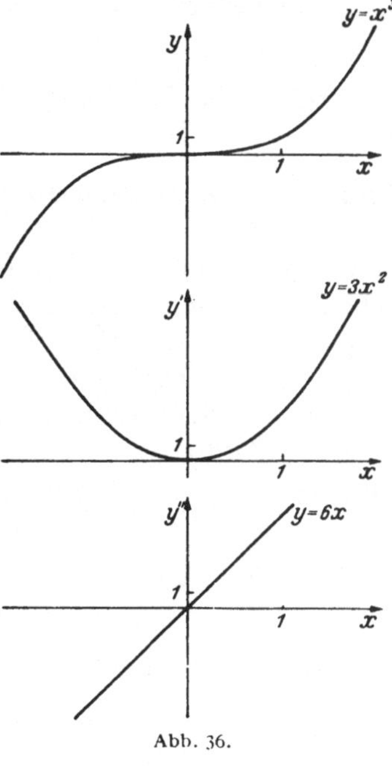

Abb. 36.

2, 22. Überlagerungssatz für die Tangentensteigungen. Wir gehen nun zur *allgemeinen Parabel* dritten Grades (11) über und fragen uns, ob wir ihre Steigung in einfacher Weise aus den Steigungen der Teilkurven gewinnen können. Da die Erzeugung einer Kurve durch Überlagerung zweier anderer von großer Bedeutung ist, wollen wir die Betrachtung nicht auf die Parabel dritten Grades beschränken, sondern gleich allgemein durchführen. Wir denken uns zwei Kurven

$$(16) \qquad y_1 = f_1(x) \quad \text{und} \quad y_2 = f_2(x)$$

gegeben und aus ihnen durch Überlagerung die neue Kurve

$$(17) \qquad y = f(x) = f_1(x) + f_2(x)$$

gebildet. Wir wollen voraussetzen, daß wir die Ableitungen der beiden Teilkurven

$$(16') \qquad y_1' = f_1'(x) \quad \text{und} \quad y_2' = f_2'(x)$$

kennen, so daß wir für jeden Wert von x die Tangenten der beiden Kurven (16) ziehen können. Was folgt daraus für die Ableitung der Funktion (17)?

Um diese Frage zu beantworten, gehen wir von den *Sehnensteigungen* aus, die wir für alle drei Kurven (16) und (17) an der Stelle x mit der Abszissenspanne Δx berechnen wollen. Da

$$(16a) \qquad \begin{cases} m_s^{(1)} = \dfrac{f_1(x + \Delta x) - f_1(x)}{\Delta x} \\[2mm] m_s^{(2)} = \dfrac{f_2(x + \Delta x) - f_2(x)}{\Delta x} \end{cases}$$

und

$$(17a) \qquad m_s = \frac{f(x + \Delta x) - f(x)}{\Delta x}$$

ist, so können wir aus

$$f(x + \Delta x) - f(x) = f_1(x + \Delta x) - f_1(x) + f_2(x + \Delta x) - f_2(x)$$

unmittelbar die Gleichung

$$(18) \qquad m_s = m_s^{(1)} + m_s^{(2)}$$

ablesen, d. h. *die Sehnensteigungen überlagern sich in der gleichen Weise wie die Ordinaten.*

Wenn wir nun für die beiden Einzelkurven im Punkte x die Tangenten ziehen, was nach Voraussetzung möglich ist, so werden die Sehnensteigungen $m_s^{(1)}$ und $m_s^{(2)}$ sich von den Steigungen $f_1'(x)$ bzw. $f_2'(x)$ dieser Tangenten um sehr wenig unterscheiden, sofern wir die absolute Größe von Δx sehr klein wählen. Genauer gesagt: Wenn wir eine positive (noch so kleine) Zahl ε vorschreiben, so läßt sich dazu eine (von ihr abhängige) Länge $l_1 = l_1(\varepsilon) > 0$ bestimmen, so daß für alle Δx, die der Ungleichung

$$|\Delta x| < l_1{}^{*}$$

genügen, die Abweichung von Sehnen- und Tangentensteigung

$$|f_1'(x) - m_s^{(1)}(x, \Delta x)| < \varepsilon$$

wird. In analoger Weise läßt sich auch eine Länge $l_2(\varepsilon) > 0$ bestimmen, so daß für alle

$$|\Delta x| < l_2$$

die Ungleichung

$$|f_2'(x) - m_s^{(2)}(x, \Delta x)| < \varepsilon$$

gilt. Ist schließlich l die kleinere der beiden Längen l_1 und l_2, so gelten die Ungleichungen *gleichzeitig* für alle Δx, die der Bedingung

$$(19a) \qquad |\Delta x| < l$$

genügen.

Wenn wir nun auf der rechten Seite von (18) die Summe $f_1'(x) + f_2'(x)$ addieren und wieder subtrahieren, so läßt sich die Sehnensteigung m_s der Kurve $y = f(x)$ in der Form

$$m_s = (f_1'(x) + f_2'(x)) + (m_s^{(1)} - f_1'(x)) + (m_s^{(2)} - f_2'(x))$$

---

* Die senkrechten Striche bedeuten den absoluten Betrag, also $|a| = a$ für $a \geqq 0$, $|a| = -a$ für $a < 0$.

schreiben. Daraus geht hervor, daß sich für alle Δx, die der Ungleichung $|\Delta x| < l$ genügen, diese Sehnensteigung m_s von der Summe $(f_1'(x) + f_2'(x))$ um weniger als 2ε unterscheidet. Zeichnen wir daher durch den allen Sehnen gemeinsamen Punkt der Kurve $y = f(x)$ die Gerade mit der Steigung

$$(19) \qquad m = f_1'(x) + f_2'(x),$$

so hat sie die Eigenschaft, daß ihre Steigung sich von der Steigung m_s der Sehne der Kurve $y = f(x)$ um so weniger unterscheidet, je kleiner wir Δx wählen. Genauer gesagt: für alle Δx, die der Ungleichung $|\Delta x| < l$ genügen, ist

$$(19b) \qquad |m - m_s| < 2\varepsilon.$$

Nach den Ausführungen auf S. 63 ist das kennzeichnend dafür, daß die Gerade mit der Steigung m die *Tangente der Kurve $y = f(x)$ in dem betrachteten Punkt* ist. Die Funktion (17) besitzt demnach die Ableitung

$$(17') \qquad y' = f'(x) = f_1'(x) + f_2'(x).$$

Was von den Sehnensteigungen galt, gilt also auch von den Tangentensteigungen. *Durch Überlagerung der Tangentensteigungen der beiden Einzelkurven erhält man die Tangentensteigung der resultierenden Kurve.* Dieser allgemeine Satz wird uns im weiteren Verlauf unserer Überlegungen sehr wichtige Dienste leisten. Von gleicher Wichtigkeit ist der Satz:

Wird eine Funktion $y = f(x)$, die die Ableitung $y' = f'(x)$ besitzt, mit einem konstanten Faktor multipliziert, so multipliziert sich die Ableitung mit demselben Faktor, weil eine Streckung der Ordinaten sich unmittelbar auf die Sehnen- und damit auch auf die Tangentensteigungen überträgt. Hier folgern wir zunächst, daß die Steigung der allgemeinen Parabel dritten Grades sich aus den Steigungen der vier Einzelkurven

$$y_1 = a x^3, \quad y_2 = b x^2, \quad y_3 = c x, \quad y_4 = d$$

additiv zusammensetzt:

$$(11') \qquad y' = y_1' + y_2' + y_3' + y_4' = 3 a x^2 + 2 b x + c.$$

Es zeigt sich, daß die Flächeninhaltsbestimmung unter der Kurve y' wieder zu y zurückführt, ein Ergebnis, das wir schon bei der Geraden und der Parabel zweiten Grades gefunden hatten.

2, 23. Verlauf der allgemeinen Parabel dritten Grades. Bevor wir in unseren systematischen Überlegungen weitergehen, stellen wir uns vorerst die Aufgabe, die verschiedenen Möglichkeiten des Verlaufs einer Parabel dritten Grades

$$(11) \qquad y = a x^3 + b x^2 + c x + d$$

in Abhängigkeit von den in der Gleichung auftretenden Parametern zu untersuchen. Hierzu eignen sich die Konstanten a, b, c, d aber nicht sehr gut, und daher führt man zweckmäßig andere Größen ein, die eine unmittelbare Bedeutung für den Kurvenverlauf haben. Zunächst stellen wir neben die erste Ableitung (11′) noch die zweite:

$$(11'') \qquad\qquad y'' = 6\,a\,x + 2\,b$$

und bemerken, daß diese stets eine und nur eine Nullstelle

$$x_0 = -\frac{b}{3\,a}$$

besitzt. Diese Abszisse x_0 teilt die x-Achse in zwei Bereiche, in deren einem y'' positiv ist und daher y' ansteigt, während in dem anderen y'' negativ ist und daher y' fallenden Verlauf hat. Dementsprechend ist die Ausgangskurve auf der einen Seite von x_0 nach oben, auf der anderen nach unten hohl, während bei $x = x_0$ der Übergang stattfindet, so daß hier ein Wendepunkt vorliegt.

Jede Parabel dritten Grades

$$y = a\,x^3 + b\,x^2 + c\,x + d$$

hat genau ein en Wendepunkt mit der Abszisse $x_0 = -\dfrac{b}{3\,a}$.

Diese Wendepunktsabszisse x_0 ist nun offenbar eine für den Kurvenverlauf wesentliche Größe, und wir werden daher unsere Gleichung so umschreiben, daß x_0 als Parameter in sie eingeht. Man erhält zunächst unmittelbar:

$$y = a\left(x^3 - 3\,x_0\,x^2 + \frac{c}{a}\,x + \frac{d}{a}\right).$$

Durch Addition und Subtraktion von $(3x_0^2 x - x_0^3)$ geht dies über in:

$$y = a\left[(x - x_0)^3 + \left(\frac{c}{a} - 3\,x_0^2\right)x + x_0^3 + \frac{d}{a}\right].$$

Es fällt auf, daß das quadratische Glied vollständig in $(x - x_0)^3$ einbezogen ist. Um nun auch im linearen Glied an Stelle von x die Differenz $x - x_0$ zu bekommen, addieren und subtrahieren wir jetzt noch $\left(\frac{c}{a} - 3\,x_0^2\right)x_0$, so daß entsteht:

$$y = a\left[(x - x_0)^3 + \left(\frac{c}{a} - 3\,x_0^2\right)(x - x_0) + \frac{c}{a}\,x_0 - 2\,x_0^3 + \frac{d}{a}\right].$$

Für die neu aufgetretenen Koeffizienten führen wir die Bezeichnungen ein:

$$\frac{c}{a} - 3\,x_0^2 = \frac{c}{a} - \frac{b^2}{3\,a^2} = p\,,$$

$$\frac{c}{a}\,x_0 - 2\,x_0^3 + \frac{d}{a} = -\frac{b\,c}{3\,a^2} + \frac{2\,b^3}{27\,a^3} + \frac{d}{a} = q\,,$$

und damit erhalten wir

$$(11a) \qquad\qquad y = a\,[(x - x_0)^3 + p(x - x_0) + q]\,.$$

Auch in der ersten und zweiten Ableitung wollen wir die alten Konstanten durch die neuen ersetzen. Man findet leicht[1]:

$$y' = a\,[3\,(x - x_0)^2 + p],$$
$$y'' = 6\,a\,(x - x_0).$$

Die in unserer Funktion auftretenden Konstanten sind jetzt a, x_0, p, q, und wir wollen uns die Bedeutung dieser Parameter klarmachen. x_0 ist die Wendepunktsabszisse; ändert man x_0 und hält dabei die anderen drei Parameter konstant, so verschiebt sich die Kurve nur horizontal, ohne ihre Form zu ändern, da ja in der Funktionsgleichung nur die Differenz $x - x_0$ auftritt. Ebenso tritt, wenn man q einen anderen Wert gibt, eine reine Verschiebung der Kurve in vertikaler Richtung ein. Vollständig übersehbar ist auch der Einfluß von a, denn durch eine Änderung dieses Parameters werden alle Ordinaten der Kurve in einem konstanten Verhältnis gestreckt bzw. verkürzt. Die Bedeutung von p schließlich erkennen wir an der ersten Ableitung, denn für $x = x_0$ wird $y = a\,p$, so daß $a\,p$ die Steigung der Wendetangente ist. Den Einfluß dieses Parameters auf die Kurvenform werden wir sogleich erkennen, wenn wir den allgemeinen Verlauf der Kurve untersuchen.

Dazu setzen wir a zunächst als positiv voraus. Für sehr große absolute Werte der Abszisse x wird stets das Glied x^3 überwiegen und daher das Vorzeichen von y bestimmen. Also gehören zu großen positiven Abszissenwerten x stets positive y, zu großen negativen x stets negative y. Bedenkt man nun, daß die Funktion für keinen Wert von x springt, daß sie also, wie man sagt, eine „stetige Funktion" ist, so schließt man daraus leicht, daß ihre Kurve die x-Achse mindestens einmal schneiden muß. Um den Kurvenverlauf genauer zu erkennen, verfolgen wir die Kurve, von großen negativen Abszissen ausgehend, nach rechts und richten unser Augenmerk zugleich ständig auf das zugehörige Steigungsbild. Wir bemerken dann, daß der zunächst sehr steile Anstieg der Kurve immer flacher wird, bis die Steigung im Wendepunkt $x = x_0$ ein Minimum erreicht. Beim weiteren Fortschreiten nach rechts nimmt die Steigung wieder zu. Die Steigung $a\,p$ der Wendetangente ist die kleinste vorkommende Tangentensteigung. Es ist nun ein wesentlicher Unterschied, ob p positiv oder negativ ist. Im ersten Fall (Abb. 37) bleibt die

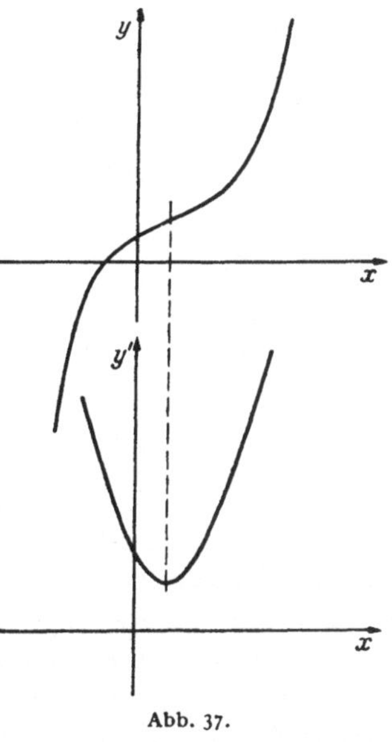

Abb. 37.

---

[1] Hierzu ist es an dieser Stelle noch erforderlich, vor der Bildung der Ableitungen die Klammern auszumultiplizieren.

Steigungsparabel beständig oberhalb der x-Achse, die Kurve y steigt un-
unterbrochen (denn auch die kleinste vorkommende Steigung ist ja noch
positiv). Ist p jedoch negativ (Abb. 38), so schneidet die Steigungsparabel
die x-Achse zweimal und verläuft zwischen diesen Schnittpunkten unterhalb der x-Achse, so daß die Kurve y an den beiden Stellen, wo $y' = 0$
ist, horizontale Tangenten hat und dazwischen fallend verläuft. Läßt
man durch Ändern des Parameters p den einen Kurventyp in den anderen übergehen, so überschreitet man den Grenzfall $p = 0$, in dem der
Scheitel der Steigungsparabel auf die x-Achse fällt. Die Kurve hat in

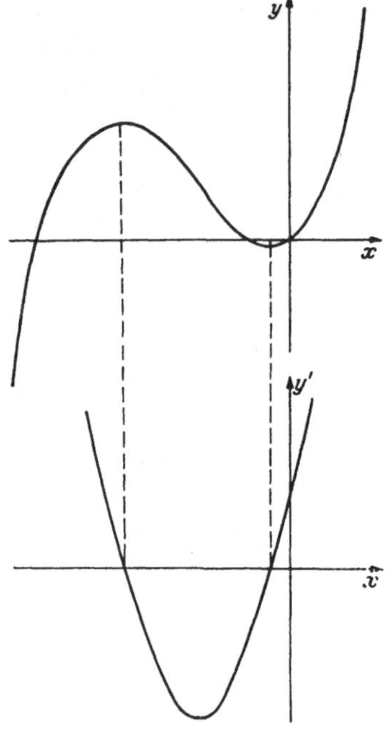

Abb. 38.

diesem Grenzfall eine horizontale Wendetangente, wie wir es bei $y = x^3$ gesehen
hatten.

Obwohl wir bei unseren Betrachtungen a als positiv vorausgesetzt haben,
überblicken wir auch den Fall eines negativen a vollständig, denn ein Vorzeichenwechsel von a bewirkt lediglich einen Vorzeichenwechsel von y, so daß die Kurve
einfach um die x-Achse umgeklappt wird.

Es sei an dieser Stelle eine Bemerkung
über die manchmal auftretende Aufgabe
eingeschaltet, die Stellen zu bestimmen
und zu untersuchen, wo eine Kurve eine
horizontale Tangente besitzt. Solche Stellen
sind, wie wir sahen, gegeben durch die
Nullstellen der ersten Ableitung der Funktion. Ist an einer solchen Stelle gleichzeitig
die zweite Ableitung positiv, so hat die
Funktion dort ein Minimum, denn ihre
Kurve ist ja nach oben hohl. Bei negativer zweiter Ableitung handelt es sich entsprechend um ein Maximum. Verschwin-
det zugleich mit der ersten auch die zweite Ableitung, so haben wir
im allgemeinen den schon besprochenen Fall eines Wendepunktes mit
horizontaler Wendetangente vor uns.

Wir wollen die Funktion dritten Grades jetzt hinsichtlich ihrer Nullstellen, also der Schnittpunkte ihrer Kurve mit der x-Achse, untersuchen. Wir hatten bereits erkannt, daß jede Funktion dritten Grades *eine*
Nullstelle besitzen muß. Ist nun p positiv oder gleich Null, so kann die
Kurve mit einer jeden horizontalen Geraden nur einen Punkt gemeinsam
haben, da sie ja ständig steigt; daher liegt in diesem Falle stets auch *nur*
eine Nullstelle vor. Bei negativem p besteht dagegen die Möglichkeit,
daß die Kurve die x-Achse dreimal schneidet. Das braucht jedoch durchaus nicht einzutreten; denn man kann ja durch entsprechende Wahl

von q die Kurve auch so weit nach oben oder unten schieben, daß doch nur ein Schnittpunkt zustande kommt.

Eine Parabel dritten Grades hat entweder einen oder drei Schnittpunkte mit der x-Achse.

Eine scheinbare Ausnahme hiervon bildet der Fall, daß eine der beiden Stellen mit horizontaler Tangente, die ja bei negativem p immer vorhanden sind, auf die x-Achse fällt. Dann verschwindet y nämlich für zwei Werte von x. Aber in dem einen dieser Punkte schneidet die Kurve die x-Achse nicht, sondern sie berührt sie. Geht man von einer Lage der Kurve aus, in der sie drei Schnittpunkte mit der x-Achse hat, und verschiebt sie durch Veränderung von q so weit, bis dieser Grenzfall eintritt, so sieht man, wie bei diesem Prozeß zwei Nullstellen immer näher zusammenrücken und sich schließlich vereinigen. Aus diesem Grunde wird eine solche Nullstelle als ,,doppelte'' Nullstelle angesehen. Bei dieser Zählung bleibt dann der ausgesprochene Satz ausnahmslos richtig. Auf die Frage der Vielfachheit von Nullstellen werden wir weiter unten noch eingehen. Ebenso wird uns die Frage der Bestimmung der Nullstellen noch in etwas allgemeinerem Rahmen beschäftigen.

Unsere Funktionsgleichung können wir, wenn wir für die Wendepunktsordinate $a\,q$ noch y_0 schreiben, auf die Form bringen:

$$y - y_0 = a\,[(x - x_0)^3 + p\,(x - x_0)].$$

Führen wir nun durch

$$x - x_0 = \xi, \quad y - y_0 = \eta$$

ein neues Koordinatensystem ein, dessen Anfangspunkt im Wendepunkt liegt, so haben wir in diesen Koordinaten die Gleichung

$$\eta = a\,(\xi^3 + p\,\xi)$$

und damit eine Normalform der Gleichung hergestellt, ähnlich der, die wir in 1,51 Gl. (12b) für die Parabel zweiten Grades gefunden hatten. An dieser Form erkennen wir nun eine wichtige Eigenschaft der Parabel dritten Grades. Zu zwei Werten von ξ, die gleichen absoluten Betrag, aber entgegengesetztes Vorzeichen haben, gehören nämlich offenbar zwei Werte von η, die sich ebenfalls nur im Vorzeichen unterscheiden. Das hat zur Folge, daß man die gleiche Kurve wieder erhält, wenn man sie um 180° um ihren Wendepunkt dreht.

Jede Parabel dritten Grades ist zentrisch symmetrisch in bezug auf ihren Wendepunkt.

Diese Eigenschaft der Kurven erleichtert ihre Zeichnung erheblich; denn wenn man sie auf der einen Seite des Wendepunktes gezeichnet hat, braucht man nur diese Kurvenpunkte mit dem Wendepunkt zu verbinden und diese Strecken zu verdoppeln, um die Kurve auch auf der anderen Seite zu erhalten.

§ 3. Die ganzen rationalen Funktionen beliebigen Grades.

3, 1. Flächeninhalt und Steigung der Kurve $y = x^n$.

3, 11. Polares Trägheitsmoment eines Kreises. Wir beginnen mit einem Anwendungsbeispiel, das auf die Bestimmung des Flächeninhaltes unter einer Parabel dritten Grades führt.

In einer Maschine dreht am einen Ende einer Welle ein Moment, während an dem anderen Ende ein „widerstehendes Moment" angreift. Hierdurch wird die Welle, wie man sagt, tordiert oder gedrillt. Es entsteht die Frage, wie groß der Radius der Welle zu wählen ist, damit sie die dadurch verursachte Beanspruchung, ohne zu brechen, aushält. In der Festigkeitslehre wird gezeigt, daß hierfür eine Größe entscheidend ist, die man als das *polare Trägheitsmoment* des Wellenquerschnitts bezeichnet. Dieses polare Trägheitsmoment des Wellenquerschnittes, der ein *Kreis* sein möge, ist etwas verschieden von dem in 2, 11 behandelten Trägheitsmoment, das bei der Balkenbiegung eine Rolle spielt. Dort handelte es sich um das Trägheitsmoment in bezug auf eine Gerade, das man daher auch genauer als *axiales Trägheitsmoment* bezeichnet. Hier dagegen hat man ein Trägheitsmoment in bezug auf einen Punkt, nämlich den Mittelpunkt des Kreises, zu bilden[1]. Dementsprechend wird nun das polare Trägheitsmoment einer Fläche so definiert, daß man das einzelne Flächenelement mit dem Quadrat des Abstandes vom Pol multipliziert und über alle Flächenelemente summiert. Präziser wird diese Definition allerdings auch hier erst, wenn wir das Einschachtelungsverfahren heranziehen. Für den Kreis geschieht das am einfachsten in folgender Weise: Um den Mittelpunkt konstruieren wir zwei konzentrische Kreise mit den Halbmessern r und $r + \Delta r$ $(\Delta r > 0)$ (Abb. 39). Dadurch wird ein Kreisring mit dem Flächeninhalt

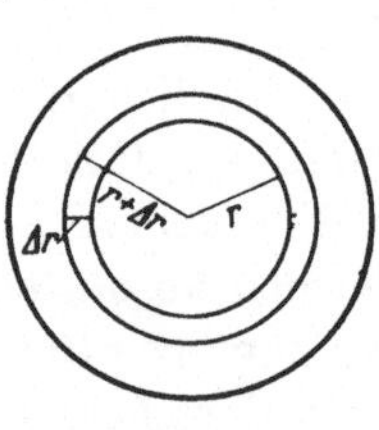

$$\Delta F = (r + \Delta r)^2 \pi - r^2 \pi = \pi \Delta r (2r + \Delta r)$$

abgegrenzt. Der Beitrag ΔI, den dieser Kreisring zum polaren Trägheitsmoment I liefert, läßt sich nun offenbar einschachteln zwischen einen zu kleinen Wert, den wir erhalten, wenn wir dem Abstand durchweg den kleinstmöglichen Wert r beilegen, und einen zu großen Wert, der sich ergibt, wenn für den Abstand durchweg der größtmögliche Wert $(r + \Delta r)$

Abb. 39.

---

[1] In seiner mechanischen Grundbedeutung (vgl. S. 44) ist das Trägheitsmoment stets auf eine Achse, nämlich die Drehachse, zu beziehen. Der Übergang vom axialen zum polaren Trägheitsmoment, der nur für Flächenträgheitsmomente sinnvoll ist, bedeutet im Grunde auch nichts anderes als daß die Bezugsachse nicht mehr in der Ebene des betrachteten Querschnitts liegt, sondern auf ihr senkrecht steht.

gewählt wird. So ergibt sich die Ungleichung

$$r^2 \Delta F < \Delta I < (r + \Delta r)^2 \Delta F$$

oder

$$\pi r^2 (2r + \Delta r)\, \Delta r < \Delta I < \pi (r + \Delta r)^2 (2r + \Delta r)\, \Delta r.$$

In dieser Form ist die Ungleichung aber ziemlich unbequem weiter zu behandeln. Wir wollen die Einschachtelung daher durch eine andere Einschachtelung ersetzen, bei der die Grenzen weiter auseinandergezogen sind, indem wir die untere Grenze des Intervalls verkleinern, die obere vergrößern. Dazu ersetzen wir in der unteren Grenze $(2r + \Delta r)$ durch $2r$ und in der oberen Grenze $(2r + \Delta r)$ durch $2r + 2\Delta r$ und erhalten für ΔI die neue Einschachtelung

$$2\pi r^3 \Delta r < \Delta I < 2\pi (r + \Delta r)^3 \Delta r.$$

Die Ausdrücke $2\pi r^3 \Delta r$ und $2\pi (r + \Delta r)^3 \Delta r$ lassen sich leicht als Flächeninhalt eines unteren bzw. oberen Rechtecks deuten. Wir brauchen dazu nur bei der Funktion

$$\eta = 2\pi r^3$$

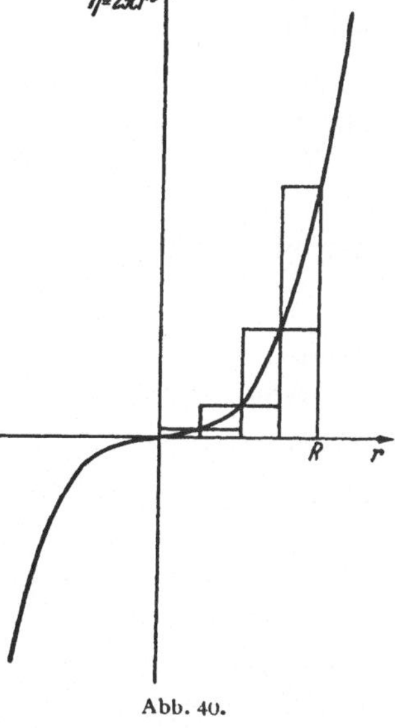

Abb. 40.

den Streifen zwischen der Abszisse r und $(r + \Delta r)$ zu zeichnen, um unmittelbar die Grenzen der Schachtelung als unteres und oberes Rechteck dieses Streifens zu erhalten. Denken wir uns daher das Intervall von 0 bis R der Abszissenachse (wobei R der Halbmesser der Welle ist), in n gleiche Teile geteilt, so erscheint das gesuchte polare Trägheitsmoment I eingeschachtelt zwischen der unteren und oberen Rechtecksumme, die bei der Kurve zu dieser Teilung gehört (Abb. 40). Der Unterschied der beiden Rechtecksummen ist gleich dem letzten oberen Rechteck, also gleich $2\pi R^3 \Delta r = 2\pi \dfrac{R^4}{n}$ und geht mit wachsendem n nach Null.

Der durch diese Intervallschachtelung bestimmte Zahlwert muß offenbar einerseits gleich dem *Flächeninhalt* F_0^R unter der Kurve $\eta = 2\pi r^3$ und andererseits gleich dem gesuchten polaren Trägheitsmoment I sein.

Wir finden

$$I = F_0^R \quad \text{bei} \quad \eta = 2\pi r^3.$$

Die Bestimmung des polaren Trägheitsmomentes für den Kreisquerschnitt ist also geleistet, sobald man den Flächeninhalt unter der Parabel dritten Grades $y = x^3$ bestimmt hat. Um diesen Flächeninhalt zu berechnen, kann man das auf ARCHIMEDES zurückgehende Verfahren anwenden, das uns bereits in 2, 12 die Berechnung des Flächeninhaltes unter der Parabel $y = x^2$ ermöglichte. Man findet[1] $F_0^x = \dfrac{x^4}{4}$ und erhält danach das polare Trägheitsmoment

$$I = \frac{\pi}{2}\, R^4.$$

3, 12. Flächeninhalt (vollständige Induktion). Die bisher abgeleiteten einfachen Formeln für die Flächeninhalte, die auf S. 59 zusammengestellt sind, lassen das allgemeine Gesetz vermuten, daß zu einer Kurve

$$(1) \qquad\qquad\qquad y = x^n,$$

wo n eine positive ganze Zahl ist, der Flächeninhalt

$$(\text{Fl. } 1) \qquad\qquad\qquad F_0^x = \frac{x^{n+1}}{n+1}$$

gehört. Zum Beweis dieser Formel wollen wir einen eigenartigen, in der Mathematik häufig begangenen Weg einschlagen.

Wir nehmen an, *wir wüßten bereits*, daß zu der Funktion

$$y = x^{n-1}$$

der Flächeninhalt

$$F_0^x = \frac{x^n}{n}$$

gehört.

Wenn beispielsweise $n = 3$ wäre, so wissen wir ja in der Tat, daß für $y = x^{3-1} = x^2$ der Flächeninhalt $F_0^x = \dfrac{x^3}{3}$ ist. So können wir wohl einen Augenblick denken, daß wir das auch bereits für irgend ein beliebiges n wüßten.

Nun machen wir genau die gleiche Überlegung, die wir in 2, 12 für $n = 2$ angestellt haben. Wir stellen uns die x-Achse als einen (gewichtslosen) Balken vor, der bei $x = 0$ eingeklemmt ist und denken auf dem Balken eine kontinuierliche Belastung angebracht, deren Stärke an jeder Stelle x durch

$$(2) \qquad\qquad\qquad p(x) = n\, x^{n-1}$$

gegeben ist. Dann stellen wir uns die Aufgabe, das Einspannmoment des Balkens bei dieser Belastung zu ermitteln, und berechnen dieses Einspannmoment auf zwei Weisen. Einmal zeichnen wir uns wieder die Kurve, die die Gesamtlast links von der betrachteten Stelle x darstellt. Diese Gesamtlast Q_0^x ist gleich dem von 0 bis x genommenen Flächeninhalt unter der Belastungskurve (2). Wir wollten voraussetzen, daß die zur Berechnung dieses Flächeninhaltes dienende Formel bereits als richtig nachgewiesen sei, und haben danach

$$(\text{Fl. } 2) \qquad\qquad\qquad Q_0^x = x^n.$$

---

[1] Wir werden diese Flächeninhaltsformel in 3, 12 gleich für beliebige Exponenten ableiten.

Grenzen wir nun durch die Ordinaten bei ξ und $\xi + \varDelta\xi$ $(\varDelta\xi > 0)$ einen Streifen ab, so ist der in diesem Streifen enthaltene Anteil $\varDelta Q$ der Belastung gleich der zum Streifen gehörigen Ordinatenspanne der Kurve (Fl. 2). Für den Anteil $\varDelta M$ des Streifens zum Einspannmoment gilt die Einschachtelung[1]

$$(3\,\mathrm{b}) \qquad\qquad \xi\,\varDelta Q < \varDelta M < (\xi + \varDelta\xi)\,\varDelta Q,$$

wobei die Grenzen ohne weiteres wieder als Rechtecke in der $(Q,\,x)$-Ebene gedeutet werden können (Abb. 41). Daraus folgt, daß das Einspannmoment gleich dem Flächeninhalt „links" von der Kurve $Q = x^n$ ist (Abb. 41). Bezeichnen wir den Flächeninhalt unter der Kurve (1) mit F_0^x, so ist daher das Einspannmoment

$$(4\,\mathrm{b}) \qquad M_0^x = x \cdot x^n - F_0^x.$$

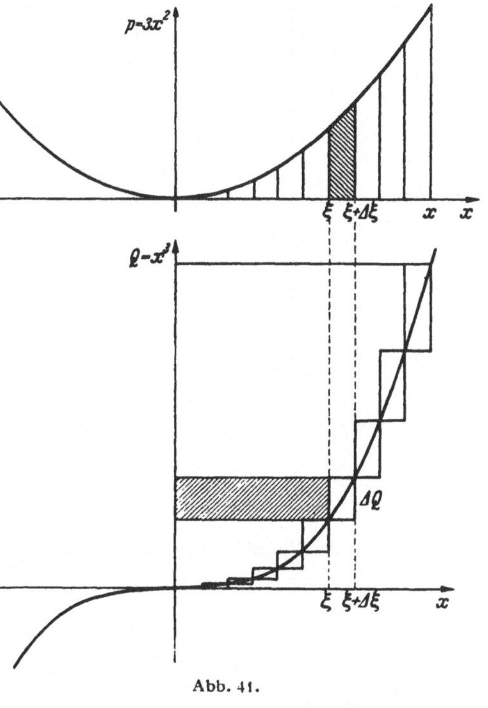

Abb. 41.

Dann drücken wir das Einspannmoment noch in einer zweiten Weise aus, indem wir nicht die wirkliche zum Streifen gehörige Last $\varDelta Q$ beim Einschachteln von $\varDelta M$ verwenden, sondern sie für die untere Grenze der Schachtelung durch das zum Streifen gehörige untere Rechteck und für die obere Grenze durch das entsprechende obere Rechteck ersetzen. Da nun das untere Rechteck den Flächeninhalt $(n\,\xi^{n-1}\varDelta\xi)$, das obere den Flächeninhalt $n(\xi + \varDelta\xi)^{n-1}\varDelta\xi$ besitzt, so erhalten wir, wenn wir den ersten mit dem kleinstmöglichen Hebelarm ξ des Streifens, den zweiten mit dem größtmöglichen Hebelarm $(\xi + \varDelta\xi)$ multiplizieren, für den Beitrag $\varDelta M$ die Einschachtelung

$$(3\,\mathrm{a}) \qquad\qquad n\,\xi^n\,\varDelta\xi < \varDelta M < n(\xi + \varDelta\xi)^n\,\varDelta\xi.$$

Zeichnen wir nun unter die Belastungskurve $p(x)$ die Hilfskurve

$$\eta = n\,x^n,$$

so sind die Grenzen der Schachtelung (3a) das untere bzw. obere Rechteck, das bei dieser Kurve zu dem Vertikalstreifen zwischen den Abszis-

---

[1] Numerierung der Formeln wie in 2, 12.

sen ξ und $(\xi + \varDelta\xi)$ gehört (Abb. 42). Daraus schließen wir, genau wie früher, daß das Einspannmoment gleich dem Flächeninhalt unter der Hilfskurve, d. h. n-mal so groß wie der Flächeninhalt unter der Kurve (1) ist:

(4 a) $$M_0^x = n\, F_0^x.$$

Damit haben wir für das Einspannmoment die beiden verschiedenen Ausdrücke (4 a) und (4 b) gefunden, und wenn wir sie einander gleich

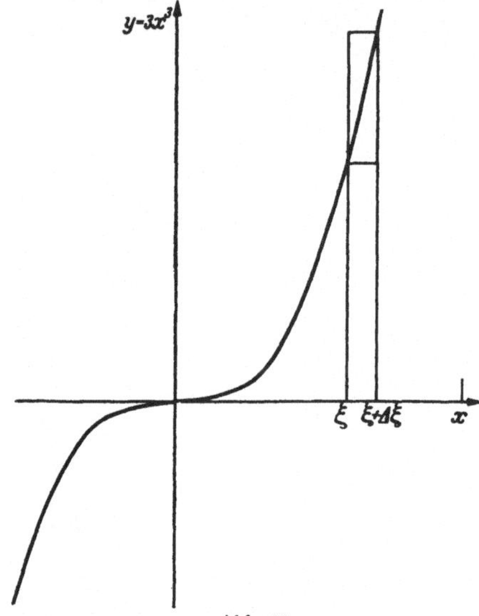

Abb. 42.

setzen, erhalten wir eine Bestimmungsgleichung für den Flächeninhalt F_0^x, nämlich

$$n\, F_0^x = x^{n+1} - F_0^x,$$

aus der

(Fl. 1) $$F_0^x = \frac{x^{n+1}}{n+1}$$

hervorgeht.

Damit haben wir folgendes Ergebnis gewonnen:

Wenn die Voraussetzung, daß der Flächeninhalt unter der Kurve

$$y = x^{n-1}$$

den Wert

$$F_0^x = \frac{x^n}{n}$$

besitzt, richtig ist, so muß der Flächeninhalt unter der Kurve

$$y = x^n$$

den Wert

$$F_0^x = \frac{x^{n+1}}{n+1}$$

besitzen.

Auf Grund dieses Satzes können wir nun leicht die allgemeine Gültigkeit der Flächeninhaltsformel erkennen. Wir wissen nämlich, daß für $n = 3$ zu der Funktion $y = x^{n-1} = x^2$ der Flächeninhalt $F_0^x = \frac{x^3}{3}$ gehört. Also muß nach unserem Satz zu der Funktion $y = x^3$ die Flächeninhaltsfunktion $F_0^x = \frac{x^4}{4}$ gehören.

Damit wissen wir, daß die Voraussetzung unseres Satzes für $n = 4$ richtig ist, es muß also auch der Satz für $n = 5$ richtig sein, d. h. zu der Funktion $y = x^4$ gehört der Flächeninhalt $F_0^x = \frac{x^5}{5}$. In dieser Weise fortfahrend erkennen wir die allgemeine Gültigkeit der Beziehung (Fl. 1) für die unendliche Folge aller positiven ganzen Zahlen.

Die hier angewandte Schlußweise ist eine der wichtigsten Beweismethoden der Mathematik. Man bezeichnet sie als den *Schluß von n auf* $(n + 1)$ oder *vollständige Induktion*. Der Grundgedanke ist folgender: Man nimmt an, daß ein Satz für eine gewisse ganze Zahl richtig sei und zeigt, daß er dann auch für die nächsthöhere Zahl richtig sein muß. Läßt sich dann der Nachweis führen, daß er für eine bestimmte ganze Zahl, etwa $n = 2$ richtig ist, so ist damit seine Gültigkeit für alle $n > 2$ erkannt. Man umspannt so mit *endlich* vielen Schlüssen eine *unendliche* Mannigfaltigkeit von Einzelfällen. Hierin hat ein hervorragender Mathematiker (H. POINCARÉ[1] in seiner erkenntnistheoretischen Schrift „La science et l'hypothèse") einen der Gründe sehen wollen, weshalb das mathematische Denken, trotzdem es mit den Hilfsmitteln der formalen Logik arbeitet, imstande ist, neue wesentliche Erkenntnis zu gewinnen, während doch die Erkenntniskritik längst gelehrt hat, daß sonst durch bloße Anwendung formalen Denkens, etwa der Syllogismen der formalen Logik, nichts wesentlich Neues erkannt werden kann (vgl. hierzu auch die Bemerkungen in der Einleitung S. 10).

3, 13. Die Steigung der Kurve $y = x^n$. Nachdem wir den Flächeninhalt für die Funktionen $y = x^n$ bestimmt haben, wollen wir jetzt ihre Tangentensteigung berechnen. Unsere früheren Ergebnisse lassen vermuten, daß die Funktion $y = x^n$ die Tangentensteigung $m_t^{(n)} = n\,x^{n-1}$ besitzt, denn für $n = 1, 2, 3$ haben wir dieses Gesetz als gültig erkannt. Wir nehmen wieder an, es sei für alle natürlichen Zahlen bis einschließlich $n - 1$ bewiesen, und zeigen, daß es unter dieser Voraussetzung auch für n gültig ist. Damit ist dann das Gesetz allgemein bewiesen. Die Sehnensteigung der Funktion $y = x^n$ schreiben wir in der Form

$$m_s^{(n)} = \frac{(x + \Delta x)^n - x^n}{\Delta x} = (x + \Delta x)\,\frac{(x + \Delta x)^{n-1} - x^{n-1}}{\Delta x} + x^{n-1}$$

$$= (x + \Delta x)\,m_s^{(n-1)} + x^{n-1} = x^{n-1} + x\,m_s^{(n-1)} + \Delta x\,m_s^{(n-1)}.$$

Lassen wir jetzt Δx eine Nullfolge durchlaufen, so wird nach unserer Voraussetzung die Abweichung der Sehnensteigung $m_s^{(n-1)}$ der Kurve $y = x^{n-1}$ von $m_t^{(n-1)} = (n - 1)\,x^{n-2}$ beliebig klein, so daß in der Summe das zweite Glied gegen die Zahl $(n - 1)\,x^{n-1}$ strebt, während das dritte Glied der Null beliebig nahe kommt. Die Funktion

$$(1) \qquad\qquad\qquad y = x^n$$

hat also die Ableitung

$$(1') \qquad\qquad\qquad m_t^{(n)} = y' = n\,x^{n-1}.$$

Auch dieses Resultat stimmt mit den früheren Ergebnissen für $n = 0, 1, 2$ überein. Wir brauchen uns also nur die allgemeine Formel (1') als Grundregel zu merken.

---

[1] POINCARÉ, H.: Wissenschaft und Hypothese. Deutsch von F und L. LINDEMANN, S. 9. Leipzig u. Berlin 1928.

Wir sehen wieder, daß die Flächeninhaltsbestimmung und die Steigungsbestimmung entgegengesetzte Operationen sind; denn bestimmen wir zunächst zu der Funktion:

$$y = x^p$$

die Flächeninhaltskurve

$$F(x) = \frac{x^{p+1}}{p+1} + C$$

und suchen dann zu dieser Flächeninhaltskurve die Tangentensteigung, so ergibt sich

$$F'(x) = \frac{1}{p+1}\,(p+1)\,x^p = x^p.$$

Wir können auch umgekehrt vorgehen und erst die Ableitung der Ausgangskurve bilden; wir müssen dann nur bei der folgenden Flächeninhaltsbestimmung, wenn wir zu der ursprünglichen Kurve selbst zurückkommen wollen, den Ausgangspunkt der Flächeninhaltszählung in den Koordinatenanfangspunkt legen, damit die sonst auftretende additive Konstante verschwindet.

Anwendung 11: Trägheitsmoment eines Drehellipsoides. Das Ellipsoid denken wir uns durch Drehung der Ellipse

$$\frac{x^2}{a^2} + \frac{y^2}{b^2} = 1$$

um die x-Achse erzeugt. Grenzen wir nun zwischen den Ebenen, die an den Stellen x und $(x + \varDelta x)$ senkrecht zur x-Achse gelegt werden, eine Scheibe des Drehellipsoides ab, so läßt sich der Beitrag, den diese Scheibe zum Trägheitsmoment des Drehellipsoides liefert, einschachteln zwischen die Trägheitsmomente der Kreiszylinder, deren Höhe gleich der Höhe $\varDelta x > 0$ der Scheibe und deren Grundfläche gleich dem kleinsten bzw. größten Kreise der Scheibe ist. Wir erhalten also für $0 \leqq x < a$ die Schachtelung

$$(y(x))^4\,\frac{\pi}{2}\,\varrho\,\varDelta x > \varDelta I > (y(x + \varDelta x))^4\,\frac{\pi}{2}\,\varrho\,\varDelta x \qquad\qquad (\varrho = \text{Massendichte})$$

oder, da

$$(y(x))^2 = b^2\left(1 - \frac{x^2}{a^2}\right)$$

ist,

$$\frac{\pi}{2}\,b^4\left(1 - \frac{(x + \varDelta x)^2}{a^2}\right)^2\varrho\,\varDelta x < \varDelta I < \frac{\pi}{2}\,b^4\left(1 - \frac{x^2}{a^2}\right)^2\varrho\,\varDelta x.$$

Daraus folgt, daß das gesuchte Trägheitsmoment des Drehellipsoides, bezogen auf die Drehachse, gleich dem doppelten Flächeninhalt unter der Kurve

$$\eta = \frac{\pi}{2}\,\varrho\,b^4\left(1 - \frac{x^2}{a^2}\right)^2 = \frac{\pi}{2}\,\varrho\,b^4\left(1 - 2\,\frac{x^2}{a^2} + \frac{x^4}{a^4}\right)$$

ist, der zwischen den Grenzen $x = 0$ und $x = +a$ liegt. Der Flächeninhalt F_0^x unter dieser Kurve ist

$$F_0^x = \frac{\pi}{2}\,\varrho\,b^4\left(x - \frac{2}{3}\,\frac{x^3}{a^2} + \frac{1}{5}\,\frac{x^5}{a^4}\right),$$

so daß schließlich das gesuchte Trägheitsmoment

$$I = F_{-a}^{+a} = 2 F_0^a = \tfrac{8}{15} \pi \varrho \, a b^4$$

wird.

Für $b = a$ geht die Ellipse in einen Kreis, das Drehellipsoid in eine Kugel über. Die Drehachse ist ein beliebiger Durchmesser der Kugel. Es ist also das *Trägheitsmoment einer Kugel vom Halbmesser a, bezogen auf einen Durchmesser:*

$$I = \tfrac{8}{15} \pi \varrho \, a^5$$

3, 2. Allgemeine Bemerkungen über den Verlauf der ganzen rationalen Funktionen.

Was können wir zunächst über die Gestalt der Kurven $y = x^n$ aussagen? Offenbar zeigen sie ein ganz verschiedenartiges Verhalten, je nachdem n eine gerade oder eine ungerade Zahl ist.

Für einen geraden Exponenten $n = 2m$ muß die Kurve

$$y = x^{2m}$$

symmetrisch zu der y-Achse liegen, es ist

$$(5) \qquad\qquad f(-x) = f(x).$$

Wenn dagegen n eine ungerade Zahl ist, $n = 2m + 1$, so sind die Ordinaten der Kurve

$$y = x^{2m+1}$$

für positive und negative, absolut gleich große Werte von x entgegengesetzt gleich. Es gilt

$$(6) \qquad\qquad f(-x) = -f(x).$$

Diese Kurven liegen also zentrisch symmetrisch zum Koordinaten-Anfangspunkt. Solche Symmetrieeigenschaften, wie sie in den Gleichungen (5) oder (6) ausgesprochen sind, heben die Funktionen, die sie besitzen, aus der Gesamtheit der Funktionen heraus. Denn bei einer beliebigen Funktion wird im allgemeinen keine einfache Beziehung zwischen $f(x)$ und $f(-x)$ bestehen, wie man ja schon an der einfachen Funktion (11) S. 67 feststellen kann. Die Sonderstellung der Funktionen, die die oben genannten Eigenschaften besitzen, drückt man dadurch aus, daß man die Funktion eine *gerade* bzw. *ungerade* Funktion nennt, wenn für sie die Beziehung (5) bzw. (6) besteht für alle x ihres Definitonsbereiches.

Wegen der Symmetrieeigenschaften (5) bzw. (6) können wir uns bei der Betrachtung der Kurven $y = x^n$ auf die positiven Werte von x beschränken, für die auch die Ordinaten stets positiv sind. Wir sehen unmittelbar, daß alle diese Kurven außer durch den Nullpunkt auch durch den Punkt $x = 1$, $y = 1$ hindurchgehen. Je größer der Exponent wird, um so niedriger verläuft die Kurve zwischen $x = 0$ und $x = 1$, während sie für $x > 1$ bei großen Werten von n immer steiler werden.

Die Kurven werden sich also mit wachsendem n immer mehr den in
Abb. 43 und 44 angegebenen rechtwinkligen Haken nähern. Auf Grund
der in 2, 14 und 2, 22 bewiesenen Überlagerungssätze sind wir jetzt in
der Lage, Flächeninhalt und Steigung für alle Funktionen der Gestalt

$$(7) \qquad y = a_n x^n + a_{n-1} x^{n-1} + \cdots + a_2 x^2 + a_1 x + a_0$$

zu bestimmen. Man bezeichnet eine solche Funktion, weil bei ihrem Aufbau *nur* die *rationalen
Rechenoperationen*[1] benützt werden, als eine
rationale Funktion, insbesondere als eine *ganze
rationale Funktion*, da auf
die Veränderliche x die
Division nicht angewendet wird.

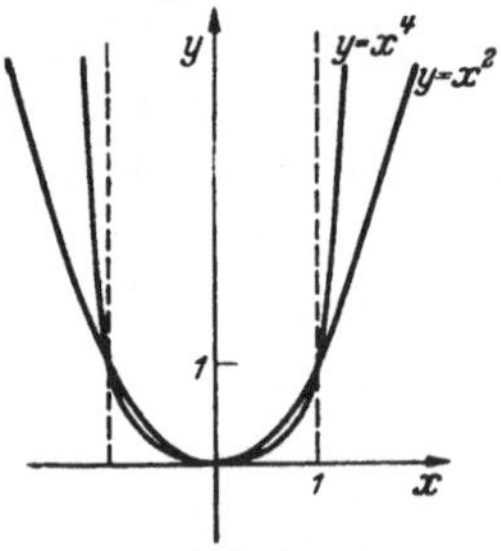

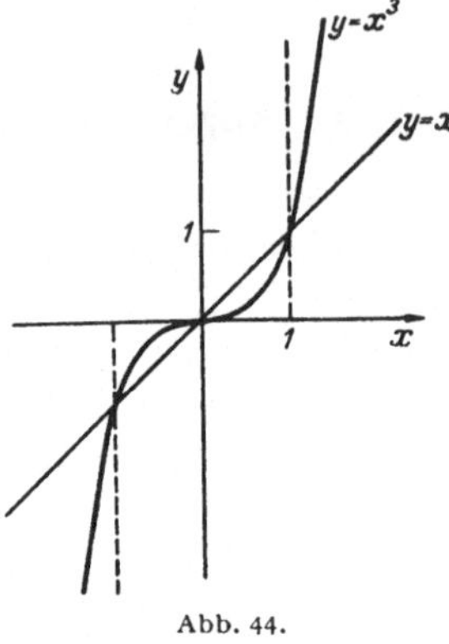

Die Bezeichnung „ganze
rationale Funktion" wird
vielfach durch das kürzere
Wort „*Polynom*" ersetzt.

Abb. 43.

Abb. 44.

Man unterscheidet die Funktionen dieser Art nach dem *Grad*, d. h. nach
dem Exponenten der höchsten auftretenden Potenz von x.

Bisher haben wir die ganzen rationalen Funktionen ersten Grades
(gerade Linien) sowie die Funktionen zweiten und dritten Grades eingehend behandelt. Bei den Funktionen höheren Grades erfolgt die Diskussion des Kurvenverlaufs in entsprechender Weise an Hand der Steigungsbilder. Man kann dabei die Bildung der Ableitungen über die
zweite hinaus fortsetzen und kommt so zu einer dritten und zu höheren
Ableitungen, die sämtlich ganze rationale Funktionen sind, deren Grad
bei jedem Schritt um eine Einheit erniedrigt wird. Die $(n-1)$-te Ableitung einer ganzen rationalen Funktion n-ten Grades ist daher eine
ganze rationale Funktion ersten Grades. Die darauf folgende n-te Ableitung ist dann eine Konstante, und damit erkennt man, daß die
$(n+1)$-te Ableitung einer ganzen rationalen Funktion n-ten Grades,
und mit ihr auch alle folgenden, gleich Null sind. Man rechnet leicht
aus, daß allgemein die k-te Ableitung der Funktion

$$y = x^n$$

durch

$$y^{(k)} = n\,(n-1)\,(n-2)\ldots(n-k+2)\,(n-k+1)\,x^{n-k}$$

gegeben ist. Das Symbol $y^{(k)}$ ist dabei so zu verstehen, daß der eingeklammerte obere Index k die eigentlich an das y zu setzenden k Striche

---

[1] Als *rationale* Rechenoperationen bezeichnet· man in der Algebra die Grundoperationen des Addierens, Subtrahierens, Multiplizierens und Dividierens.

vertritt. Für $k = n$ erhält man insbesondere

$$y^{(n)} = n\,(n-1)\,(n-2)\ldots 2\cdot 1\,x^0 = 1\cdot 2\cdot 3\ldots (n-1)\,n = n!\,{}^*$$

Sämtliche Ableitungen beeinflussen das Kurvenbild und dementsprechend wächst die Anzahl der zu unterscheidenden Fälle bzw. Lage und Zahl der Nullstellen, Maxima, Minima und Wendepunkte mit zunehmendem Grad rasch an. Auf die Ermittlung der Lage der Nullstellen werden wir in anderem Zusammenhang zurückkommen, während wir auf die systematische Kurvendiskussion verzichten können, da hierbei keine neuen Gesichtspunkte auftreten. Wichtig ist die folgende Bemerkung: Für Werte der unabhängigen Veränderlichen mit großem Absolutbetrag wird das Verhalten der Funktion durch das Glied mit der höchsten Potenz entscheidend beeinflußt. Also besitzt eine ganze rationale Funktion geraden Grades für positive und negative x mit großem Absolutbetrag *gleiches Vorzeichen*, eine ganze rationale Funktion ungeraden Grades dagegen *verschiedenes Vorzeichen*. Daraus folgt unmittelbar[1], daß die Anzahl der Nullstellen im ersten Fall *gerade* ($\geqq 0$), im zweiten Fall *ungerade* ($\geqq 1$) ist.

3, 3. Der Taylorsche Satz für ganze rationale Funktionen.

3, 31. Die Ableitungen im Nullpunkt. Die Koeffizienten einer ganzen rationalen Funktion n-ten Grades

$$(7) \qquad y = f(x) = a_0 + a_1 x + a_2 x^2 + \cdots + a_{n-1} x^{n-1} + a_n x^n$$

lassen sich in einfacher Weise durch die Ableitungen von $f(x)$ an der Stelle $x = 0$ ausdrücken. Der erste Koeffizient gibt unmittelbar den Funktionswert für $x = 0$ selbst an:

$$a_0 = f(0)\,.$$

Um die Bedeutung der anderen Koeffizienten zu erkennen, bilden wir

$$y' = f'(x) = a_1 + 2\,a_2 x + 3\,a_3 x^2 + \cdots + (n-1)\,a_{n-1} x^{n-2} + n\,a_n x^{n-1}$$

und weiter alle folgenden Ableitungen bis zur n-ten Ableitung

$$y^{(n)} = f^{(n)}(x) = n(n-1)\,(n-2)\ldots 2\cdot 1\cdot a_n = n!\,a_n$$

und setzen in den erhaltenen Ausdrücken nachträglich $x = 0$ ein. Dann

---

* Diese Abkürzung für das Produkt aus den ersten n natürlichen Zahlen wird „n Fakultät" gelesen. Der Name (facultas = Möglichkeit) rührt daher, daß $n!$ die Anzahl der Anordnungsmöglichkeiten von n verschiedenen Elementen untereinander (z. B. die Anzahl der möglichen Verteilungen von n Personen auf n Plätzen) darstellt.

[1] Dieser Schluß, den wir hier der Anschauung entnehmen, wird im Anhang (5,5) noch seine strenge Begründung finden.

erhalten wir:

$$a_1 = \frac{f'(0)}{1!}, \quad a_2 = \frac{f''(0)}{2!}, \quad \cdots \quad a_{n-1} = \frac{f^{n-1}(0)}{(n-1)!}, \quad a_n = \frac{f^n(0)}{n!},$$

und können (7) in der Form

$$(7\text{a}) \quad y = f(x)$$
$$= f(0) + \frac{f'(0)}{1!}\,x + \frac{f''(0)}{2!}\,x^2 + \cdots + \frac{f^{(n-1)}(0)}{(n-1)!}\,x^{n-1} + \frac{f^{(n)}(0)}{n!}\,x^n$$

schreiben.

3, 32. Der binomische Satz. Dieser Zusammenhang zwischen den Koeffizienten und den Ableitungen der ganzen rationalen Funktion $f(x)$ im Nullpunkt ist vor allem dann von Bedeutung, wenn die ganze rationale Funktion nicht von vornherein in der Gestalt (7) vorliegt, sondern in anderer Form gegeben ist. Ein wichtiges Beispiel ist die Funktion

$$f(x) = (a + x)^n.$$

Da ihre Kurve aus der Kurve $y = x^n$ dadurch hervorgeht, daß diese um das Stück a nach links geschoben wird, werden dabei auch die Kurven der Ableitungen mit verschoben, und wir erhalten:

$$f'(x) = n\,(a + x)^{n-1}, \qquad\qquad f'(0) = n\,a^{n-1}$$
$$f''(x) = n\,(n-1)\,(a+x)^{n-2} \qquad f''(0) = n\,(n-1)\,a^{n-2}$$
$$\cdots\cdots\cdots\cdots\cdots\cdots\cdots\cdots$$
$$f^{(k)}(x) = n\,(n-1)\,(n-2)\ldots(n-k+1)\,(a+x)^{n-k}$$
$$f^{(k)}(0) = n\,(n-1)\,(n-2)\ldots(n-k+1)\,a^{n-k}.$$

Setzt man diese Werte in die Formel (7a) ein, so hat man damit die Funktion $(a + x)^n$ auf die Form (7) gebracht, man hat sie „entwickelt". Man schreibt gewöhnlich

$$(8) \quad (a+x)^n = a^n + \binom{n}{1}a^{n-1}\,x + \binom{n}{2}a^{n-2}\,x^2 + \cdots + \binom{n}{n-1}a\,x^{n-1} + \binom{n}{n}x^n,$$

indem man

$$\binom{n}{1} = \frac{n}{1!}, \ \binom{n}{2} = \frac{n\,(n-1)}{2!}, \ \ldots, \ \binom{n}{k} = \frac{n\,(n-1)\,(n-2)\ldots(n-k+1)}{k!}, \ \binom{n}{n} = 1$$

setzt. Diese an sich elementare Entwicklung (8) könnte auch ohne den Begriff der Ableitung gewonnen werden. Sie heißt der „binomische Satz".

Wenn wir den Ausdruck für $\binom{n}{k}$ mit $(n-k)!$ erweitern, erhalten wir die kürzere Darstellung:

$$\binom{n}{k} = \frac{n!}{k! \cdot (n-k)!},$$

an der man insbesondere sofort die Gültigkeit von

$$\binom{n}{n-k} = \binom{n}{k}$$

erkennt. Es brauchen also nur diejenigen $\binom{n}{k}$ tatsächlich berechnet zu werden, für die $k \leq \dfrac{n}{2}$ ist, die anderen ergeben sich aus dieser Symmetrieeigenschaft. Mit ihrer Hilfe können wir auch dem zunächst sinnlosen Ausdruck $\binom{n}{0}$ eine Bedeutung beilegen, indem wir festsetzen:

$$\binom{n}{0} = \binom{n}{n-n} = \binom{n}{n} = 1.$$

Schließlich genügen die Binomialkoeffizienten noch, wie man ohne Schwierigkeit nachrechnet, der Beziehung:

$$\binom{n+1}{k+1} = \binom{n}{k} + \binom{n}{k+1},$$

aus der die bekannte übersichtliche Zusammenstellung im Pascalschen Dreieck hervorgeht.

3, 33. Entwicklung an einer beliebigen Stelle (Umordnung). Die Darstellung (7a) läßt sich erheblich dadurch verallgemeinern, daß man $f(x)$ nicht nach steigenden Potenzen von x, sondern nach steigenden Potenzen von $(x - x_0)$ anordnet.

Wir denken uns dazu an Stelle des (x, y)-Systems ein neues (ξ, η)-Koordinatensystem eingeführt, für das die Stelle $x = x_0$ der x-Achse zum Anfangspunkt wird, indem wir

$$\xi = x - x_0, \quad y = \eta$$

setzen, d. h., das Koordinatensystem in Richtung der x-Achse um das Stück x_0 parallel verschieben. Führen wir in (7) $x = \xi + x_0$, $y = \eta$ ein, so erhalten wir für die ganze rationale Funktion die Darstellung

$$\eta = a_0 + a_1(\xi + x_0) + \cdots + a_{n-1}(\xi + x_0)^{n-1} + a_n(\xi + x_0)^n$$

oder, wenn wir ausmultiplizieren:

$$\eta = c_0 + c_1 \xi + \cdots + c_{n-1} \xi^{n-1} + c_n \xi^n,$$

wobei nach dem binomischen Satz

$$\begin{cases}
c_0 \;\; = a_0 + a_1 x_0 + \cdots + a_{n-1} x_0^{n-1} + a_0 x_0^n \\[2mm]
c_1 \;\; = a_1 + a_2 2 x_0 + \cdots + a_{n-1}\binom{n-1}{1} x_0^{n-2} + a_n \binom{n}{1} x_0^{n-1} \\[2mm]
\;\;\vdots \\[2mm]
c_{n-2} = a_{n-2} + a_{n-1}\binom{n-1}{n-2} x_0 + a_n \binom{n}{n-2} x_0^2 \\[2mm]
c_{n-1} = a_{n-1} + a_n \binom{n}{n-1} x_0 \\[2mm]
c_n \;\; = a_n
\end{cases}$$

ist. Man erkennt unmittelbar, daß

$$c_0 \;\; = f(x_0)$$

$$c_1 \;\; = \frac{f'(x_0)}{1!}$$

$$c_2 \;\; = \frac{f''(x_0)}{2!}$$

$$\cdots \cdots \cdots$$

$$c_{n-1} = \frac{f^{(n-1)}(x_0)}{(n-1)!}$$

$$c_n \;\; = \frac{f^{(n)}(x_0)}{n!}$$

wird und daher für die Funktion η die Darstellung

$$\eta = f(x_0) + \frac{f'(x_0)}{1!}\,\xi + \frac{f''(x_0)}{2!}\,\xi^2 + \cdots + \frac{f^{(n-1)}(x_0)}{(n-1)!}\,\xi^{n-1} + \frac{f^{(n)}(x_0)}{n!}\,\xi^n$$

gilt. Gehen wir nun von den ξ, η zu x, y zurück, so erhalten wir schließlich unsere ganze rationale Funktion (7) in der Form

$$(7\text{b}) \quad y = f(x_0) + \frac{f'(x_0)}{1!}\,(x - x_0) + \frac{f''(x_0)}{2!}\,(x - x_0)^2 + \cdots +$$

$$+ \frac{f^{(n-1)}(x_0)}{(n-1)!}\,(x - x_0)^{n-1} + \frac{f^n(x_0)}{n!}\,(x - x_0)^n$$

dargestellt (Taylorscher Satz). Dieser Ausdruck entspricht der Gleichung (7a), in die er übergeht, wenn wir $x_0 = 0$ wählen.

3, 34. Das Hornersche Schema. Die Berechnung der in (7b) auftretenden Größen $f(x_0)$, $\dfrac{f'(x_0)}{1!}$, $\ldots$, $\dfrac{f^{(n-1)}(x_0)}{(n-1)!}$, $\dfrac{f^{(n)}(x_0)}{n!}$ geschieht zweckmäßig nach einem Verfahren, das bald nach 1800 von dem Schweizer Mathematiker HORNER angegeben worden ist und nach ihm als das „Hornersche Schema" bezeichnet wird. Bei diesem Verfahren wird durch geschickte Anordnung der Rechnung der Rechenaufwand sehr niedrig gehalten.

Wir wollen es zunächst für eine Funktion vierten Grades

$$(9) \qquad\qquad y = a_4 x^4 + a_3 x^3 + a_2 x^2 + a_1 x + a_0$$

angeben, wo wir alle Rechnungen vollständig hinschreiben können, ohne übermäßig viel Platz zu brauchen. Um zunächst den Wert der Funktion selbst an der Stelle x auszurechnen, schreibt HORNER den Ausdruck in der Form

$$(9\text{a}) \qquad\quad f(x_0) = \{[(a_4 x_0 + a_3)\,x_0 + a_2]\,x_0 + a_1\}\,x_0 + a_0.$$

Der hierdurch angedeutete Rechnungsgang wird auch in der Schreibweise sehr einfach, wenn man die Koeffizienten der Funktion so anordnet, wie es in der obersten Zeile des Schemas geschehen ist. Dann multipliziert man a_4 mit x_0, schreibt das Produkt unter a_3 und addiert beide Zahlen, so daß man die runde Klammer $(a_4 x_0 + a_3)$ in (9a) erhält. Diese Summe multipliziert man nun erneut mit x_0 und schreibt sie unter a_2, um durch Addition die eckige Klammer in (9a) zu bilden. Erneute Multiplikation mit x_0 und Addition zu a_1 gibt die geschweifte Klammer in (9a), die wieder mit x_0 multipliziert und zu a_0 addiert wird. Als letztes Glied der 3. Zeile des Schemas erhält man schließlich den Funktionswert $f(x_0)$. Um nun weiter $\frac{f'(x_0)}{1!}$ in entsprechender Weise zu berechnen, ziehen wir die Schlußzeile der Rechnung heran, in die wir auch a_4 noch herunternehmen, während die letzte Größe, d. h. $f(x_0)$ selbst ausgeschieden wird. Dann rechnen wir mit dieser dritten Zeile genau so weiter wie vorhin mit der ersten Zeile und erhalten, wie man sieht, unmittelbar den Ausdruck $\frac{f'(x_0)}{1!}$. Die Fortsetzung dieses Rechenverfahrens liefert der Reihe nach die Ableitungen der ganzen rationalen Funktion an der Stelle x_0, wobei die k-te Ableitung durch den Zahlfaktor $k!$ dividiert erscheint.

$$x = x_0$$

$$
\begin{array}{lllll}
a_4 & a_3 & a_2 & a_1 & a_0 \\
 & a_4 x_0 & a_4 x_0^2 + a_3 x_0 & a_4 x_0^3 + a_3 x_0^2 + a_2 x_0 & a_4 x_0^4 + a_3 x_0^3 + a_2 x_0^2 + a_1 x_0 \\
\hline
a_4 & a_4 x_0 + a_3 & a_4 x_0^2 + a_3 x_0 + a_2 & a_4 x_0^3 + a_3 x_0^2 + a_2 x_0 + a_1 & \left| a_4 x_0^4 + \cdots + a_0 = f(x_0) \right. \\
 & a_4 x_0 & 2 a_4 x_0^2 + a_3 x_0 & 3 a_4 x_0^3 + 2 a_3 x_0^2 + a_2 x_0 & \\
\hline
a_4 & 2 a_4 x_0 + a_3 & 3 a_4 x_0^2 + 2 a_3 x_0 + a_2 & \left| 4 a_4 x_0^3 + 3 a_3 x_0^2 + 2 a_2 x_0 + a_1 = \frac{1}{1!} f'(x_0) \right. & \\
 & a_4 x_0 & 3 a_4 x_0^2 + a_3 x_0 & & \\
\hline
a_4 & 3 a_4 x_0 + a_3 & \left| 6 a_4 x_0^2 + 3 a_3 x_0 + a_2 = \frac{1}{2!} f''(x_0) \right. & & \\
 & a_4 x_0 & & & \\
\hline
a_4 & \left| 4 a_4 x_0 + a_3 = \frac{1}{3!} f'''(x_0) \right. & & & \\
\hline
\left| a_4 = \frac{1}{4!} f^{(4)}(x_0) \right. & & & &
\end{array}
$$

Wir erhalten so die Koeffizienten der Entwicklung nach Potenzen von $(x - x_0)$ durch sehr übersichtliche und einfache Rechnungen, die bei wirklicher Zahlenrechnung auch kaum Schreibaufwand erfordern. Bei der Entwicklung von

$$y = 2 x^4 - 3 x^3 - 7 x^2 + 8$$

ergibt sich für $x_0 = 3$ das folgende Schema:

$$
\begin{array}{lrrrrr}
x_0 = 3 & 2 & -3 & -7 & 0 & 8 \\
        &   & 6 & 9 & 6 & 18 \\
\hline
        & 2 & 3 & 2 & 6 & \boxed{26} \\
        &   & 6 & 27 & 87 & \\
\hline
        & 2 & 9 & 29 & \boxed{93} & \\
        &   & 6 & 45 & & \\
\hline
        & 2 & 15 & \boxed{74} & & \\
        &   & 6 & & & \\
\hline
        & 2 & \boxed{21} & & & \\
\end{array}
$$

so daß die Entwicklung

$$y = 26 + 93(x - 3) + 74(x - 3)^2 + 21(x - 3)^3 + 2(x - 3)^4$$

lautet. Es liegt auf der Hand, daß die gleiche Rechnungsart, die wir hier bei der ganzen rationalen Funktion vierten Grades durchgeführt haben, auch bei ganzen rationalen Funktionen beliebigen Grades angewendet werden kann. Man schreibt das Koeffizientensystem $a_n, a_{n-1}, \ldots, a_1, a_0$ hin, hat immer nur mit der Zahl x_0 zu multiplizieren und dazwischen zu addieren. Dabei müssen wir beachten, daß *alle* $(n + 1)$-Koeffizienten hingeschrieben werden, auch solche, die *Null* sind. Da man diese in dem Ausdruck der Funktion nicht hinzuschreiben pflegt, so wird leicht der Fehler gemacht, daß man den diesen Gliedern entsprechenden Koeffizienten Null fortläßt.

Worin beruht nun eigentlich die Zweckmäßigkeit des Hornerschen Schemas? Statt die Zahl x_0 in die zweite und die dritte usw. Potenz zu erheben, die Multiplikationen auszuführen und schließlich die einzelnen Glieder zu addieren, brauchen wir bei Anwendung der Schemas wegen des Rechnens mit Klammern weniger Multiplikationen auszuführen. Dies bedeutet schon an und für sich eine erhebliche Ersparnis an Rechenarbeit. Wesentlich ist dabei aber noch der Gesichtspunkt, daß die Multiplikationen immer mit *derselben Zahl* x_0 auszuführen sind. Wenn wir also hierzu den Rechenschieber verwenden, brauchen wir die Zunge des Schiebers nur einmal richtig einzustellen und können dann alle Multiplikationen allein durch Verschieben des Läufers ausführen. Man wird die große Ersparnis an Rechenarbeit, die hiermit eintritt, besonders dann richtig schätzen lernen, wenn x_0 und die Koeffizienten a_ν als Dezimalbrüche gegeben sind. Um z. B.

$$y = 2{,}34\, x^3 - 1{,}97\, x^2 - 2{,}02\, x - 3{,}48$$

an der Stelle $x = 1{,}74$ mit ihren Ableitungen zu berechnen, braucht man bei Verwendung des Rechenschiebers nur einige Minuten, um das Schema

$$x_0 = 1{,}74$$

2,34	−1,97	−2,02	−3,48
	4,07	3,65	2,84
2,34	2,10	1,63	$-0{,}64 = f(x_0)$
	4,07	10,74	
2,34	6,17	$12{,}37 = \dfrac{f'(x_0)}{1!}$	
	4,07		
2,34	$10{,}24 = \dfrac{f''(x_0)}{2!}$		
$2{,}34 = \dfrac{f'''(x_0)}{3!}$			

durchzurechnen. Wenn die Genauigkeit des Rechenschiebers nicht ausreicht und wir eine Rechenmaschine verwenden, gilt genau das gleiche, da auch hier die Zahl x_0, mit der jedesmal zu multiplizieren ist, nur einmal eingestellt werden muß.

Ein weiterer Vorteil des Hornerschen Schemas liegt darin, daß die zugehörige Rechnung rein mechanisch ohne besondere Überlegungen abläuft. Der menschliche Geist kann sich nun einmal nur auf eine kurze Zeit völlig konzentrieren, so daß sich Rechenfehler einstellen, wenn bei längeren Rechnungen noch Nebenüberlegungen notwendig sind. Diese Nebenüberlegungen werden bei dem Hornerschen Schema völlig vermieden, so daß diese Rechnungen meist mit weniger Fehlern behaftet sind. Hierzu kommt noch die übersichtliche Anordnung des Schemas, die eine Nachprüfung der Resultate unmittelbar gestattet, so daß bei umfangreicheren Arbeiten die Auswertung der Schemata auch mathematisch nicht ausgebildeten Hilfskräften überlassen werden kann.

3, 35. Die Schmiegparabeln. Für die nähere Umgebung von $x = x_0$, in der $(x - x_0)$ sehr kleine Werte besitzt, sind die Potenzen $(x - x_0)^\nu$ um so kleiner, je größer der Exponent ν ist. Daher werden die Beiträge der einzelnen Summanden in der Summe (7b) für genügend nahe an x_0 gelegene Werte von x um so geringer, je höher der Exponent der Potenz $(x - x_0)$ ist. Man wird daher sagen können, daß die Kurven mit den Gleichungen

$$\eta_0 = f(x_0)$$

$$\eta_1 = f(x_0) + \frac{f'(x_0)}{1!}(x - x_0) = \eta_0 + \frac{f'(x_0)}{1!}(x - x_0)$$

$$\eta_2 = f(x_0) + \frac{f'(x_0)}{1!}(x - x_0) + \frac{f''(x_0)}{2!}(x - x_0)^2 = \eta_1 + \frac{f''(x_0)}{2!}(x - x_0)^2$$

$$\cdots \cdots \cdots \cdots \cdots \cdots \cdots$$

$$\eta_n = \eta_{n-1} + \frac{f^{(n)}(x_0)}{n!}(x - x_0)^n = y,$$

deren rechte Seiten der Reihe nach aus dem ersten, den ersten beiden, den ersten drei, ... Gliedern von (7b) gebildet sind, die Parabel (7b) in der Umgebung von $x = x_0$ näherungsweise darstellen, und zwar wird der Grad der Annäherung durch das jeweils neu hinzutretende Glied schrittweise verbessert. Die erste dieser Funktionen (η_0) ist eine horizontale Gerade durch den Kurvenpunkt, die nächste (η_1) die Tangente der Kurve in diesem Punkt. Die Funktion η_2 ist eine Parabel zweiten Grades, die durch den Kurvenpunkt geht und dort die gleiche Tangente wie die Kurve besitzt. Darüber hinaus ist ihre (konstante) zweite Ableitung gleich der zweiten Ableitung der Kurve $y = f(x)$ in dem betrachteten Kurvenpunkt. Man nennt eine Parabel mit dieser Eigenschaft eine *Schmiegparabel* der Kurve. Diese Bezeichnung ist dann auf die Gesamtheit dieser Näherungskurven übertragen worden, indem man Schmiegparabeln nullter, erster, zweiter, dritter, ... Ordnung unterscheidet. Die Schmiegparabel n-ter Ordnung fällt mit der vorgelegten Parabel n-ten Grades selbst zusammen. Schmiegparabeln von höherer als der n-ten Ordnung gibt es bei einer ganzen rationalen Funktion n-ten Grades natürlich nicht. Das Zeichen der Kurve in der Umgebung von $x = x_0$ geschieht zweckmäßig so, daß man mit der Tangente η_1 der Kurve beginnt und dann durch jeweiliges Anbringen der Verbesserung zu den Schmiegparabeln zweiter, dritter usw. Ordnung aufsteigt (Abb. 45).

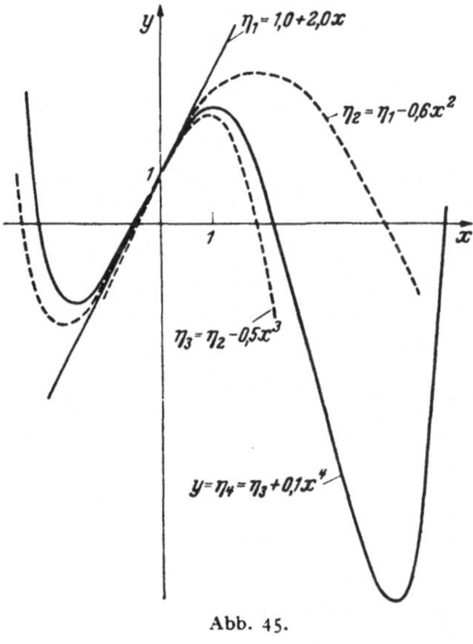

Abb. 45.

Die Annäherung durch Schmiegparabeln ist nicht nur bei der Parabel n-ten Grades, sondern bei noch sehr viel allgemeineren Kurven möglich und besitzt, wie wir später sehen werden, eine große Bedeutung. In dieser Hinsicht ist es besonders bemerkenswert, daß die obigen Gleichungen der Schmiegparabeln rein äußerlich in keiner Weise mehr die Bezugnahme auf die Parabel n-ten Grades (7) erkennen lassen und daher unmittelbar die Übertragung auf allgemeine Kurven gestatten. In diesem Umstand liegt die hauptsächliche Bedeutung der zunächst rein formalen Umschreibung von (7) in (7b)

3, 4. Nullstellen der ganzen rationalen Funktionen.

3, 41. Abspaltung linearer Faktoren. Von besonderer Bedeutung wird die Darstellung einer ganzen rationalen Funktion (7) in der Gestalt (7b), wenn *die Entwicklungsstelle* $x = x_0$ *eine Nullstelle* von (7) ist. Da dann in (7b) wegen

$$f(x_0) = 0$$

das erste Glied fortfällt, so können wir den linearen Faktor $(x - x_0)$ absondern und erhalten

$$y = f(x)$$
$$= (x - x_0)\left[\frac{f'(x_0)}{1!} + \frac{f''(x_0)}{2!}(x - x_0) + \cdots + \frac{f^{(n)}(x_0)}{n!}(x - x_0)^{n-1}\right],$$

d. h. $f(x)$ läßt sich als Produkt des linearen Faktors $(x - x_0)$ und einer ganzen rationalen Funktion $(n - 1)$-ten Grades

$$y = (x - x_0)(a_n x^{n-1} + a'_{n-2} x^{n-2} + \cdots + a'_1 x + a'_0)$$

darstellen, in der der Koeffizient der höchsten Potenz x^{n-1} wieder a_n ist, während man die anderen Koeffizienten $a'_{n-2}, \ldots, a'_1, a'_0$ leicht berechnen kann. Am einfachsten erhält man sie, indem man

$$(a_n x^n + a_{n-1} x^{n-1} + \cdots + a_1 x + a_0) : (x - x_0)$$

ausdividiert. Man hat dann zugleich eine Kontrolle darin, daß diese Division ohne Rest aufgehen muß, wenn x_0 eine Nullstelle von $f(x)$ ist.

Wenn die Kurve der Funktion $y = f(x)$ in der Nullstelle x_0 die x-Achse berührte, so wollten wir, wie wir oben verabredet haben, die Nullstelle doppelt zählen. Wir sehen jetzt unmittelbar den Grund für diese Festsetzung. Denn wenn die Kurve an der Nullstelle x_0 die x-Achse berührt, so ist doch außer $f(x_0) = 0$ auch die erste Ableitung

$$f'(x_0) = 0.$$

In der Darstellung (7b) fallen demnach die beiden ersten Glieder fort, und wir können den Faktor $(x - x_0)^2$ absondern:

$$y = f(x)$$
$$= (x - x_0)^2\left[\frac{f''(x_0)}{2!} + \frac{f'''(x_0)}{3!}(x - x_0) + \cdots + \frac{f^{(n)}(x_0)}{n!}(x - x_0)^{n-2}\right].$$

Sehen wir daher das Kennzeichen einer einfachen Nullstelle in der Möglichkeit, den zugehörigen linearen Faktor $(x - x_0)$ abzusondern, so müssen wir in der Tat im letzten Fall die Nullstelle x_0 doppelt zählen, da sich der Faktor $(x - x_0)^2$ absondern läßt.

Ist die x-Achse an der Nullstelle x_0 eine horizontale Wendetangente der Kurve, so ist auch noch

$$f''(x_0) = 0.$$

Es fallen also in (7b) die drei ersten Glieder der rechten Seite fort, und wir können den Faktor $(x - x_0)^3$ absondern. Daher ist es sinnvoll, wenn wir eine solche Nullstelle dreifach zählen. Allgemein können wir sagen: Wenn an einer Nullstelle x_0 die ersten $(\nu - 1)$ Ableitungen

$$f'(x_0) = 0, \quad f''(x_0) = 0, \ldots, f^{(\nu-1)}(x_0) = 0$$

sind, während $f^{(r)}(x_0) \neq 0$ ist, so läßt sich der Faktor $(x - x_0)^\nu$ absondern, und $f(x)$ wird das Produkt von $(x - x_0)^\nu$ mit einer ganzen rationalen Funktion $(n - \nu)$-ten Grades, die an der Stelle $x = x_0$ nicht verschwindet. *Eine solche Nullstelle ist daher ν-fach zu zählen.*

Wenn wir eine Nullstelle einer ganzen rationalen Funktion gefunden haben, so werden wir entsprechend zunächst die *Vielfachheit* dieser Nullstelle feststellen. Man wird dazu am einfachsten mit Hilfe des Hornerschen Schemas der Reihe nach $f(x_0)$, $\frac{f'(x_0)}{1!}$, $\frac{f''(x_0)}{2!}$, ... berechnen, bis man auf einen von Null verschiedenen Wert stößt. Hat man die Vielfachheit, so kann man $f(x)$ durch die entsprechende Potenz von $(x - x_0)$ dividieren. Die Division geht auf. Beispielsweise hat die Funktion

$$y = f(x) = x^5 - 3x^4 - 2x^3 + 4x^2 + 24x - 32$$

die Nullstelle $x = 2$. Setzen wir für $x = 2$ das Hornersche Schema an, so stellen wir fest, daß die Funktion und ihre beiden ersten Ableitungen an der Stelle $x = 2$ verschwinden, während $f'''(2)$ von Null verschieden ist. Also ist $x = 2$ eine dreifache Nullstelle, die Division von $f(x)$ durch $(x - 2)^3$ geht ohne Rest auf. Es ergibt sich $y = (x - 2)^3 (x^2 + 3x + 4)$.

Da bei Kenntnis einer Nullstelle die ganze rationale Funktion $y = f(x)$ als Produkt einer bestimmten Potenz eines linearen Faktors und einer ganzen rationalen Funktion niedrigeren Grades dargestellt wird, so können wir weitere Nullstellen von $f(x)$ in der Weise finden, daß wir eine Nullstelle der ganzen rationalen Funktion niedrigerem Grades aufsuchen. Haben wir insbesondere eine einfache Nullstelle $x = x_1$ gefunden, so zerlegen wir $f(x)$ nach der Formel

$$f(x) = (x - x_1) f_1(x)$$

nd können dann die weiteren Nullstellen von $f(x)$ finden, indem wir die Nullstellen von $f_1(x)$, einer ganzen rationalen Funktion $(n - 1)$-ten Grades ermitteln. Ist dann x_2 eine Nullstelle von $f_1(x)$, also

$$f_1(x_2) = 0,$$

so geht die Division von $f_1(x)$ durch $(x - x_2)$ ohne Rest auf, und wir erhalten

$$f(x) = (x - x_1)(x - x_2) f_2(x),$$

wo $f_2(x)$ eine ganze rationale Funktion $(n - 2)$-ten Grades ist. Durch Fortsetzung dieses Verfahrens können wir im günstigsten Fall n Nullstellen von $f(x)$ auffinden, x_1, x_2, ..., x_n und haben dann die Produktzerlegung

$$f(x) = a_n (x - x_1)(x - x_2)(x - x_3) \ldots (x - x_n);$$

denn wenn wir $f(x)$ durch die n Linearfaktoren dividiert haben, so muß sich eine Konstante ergeben, und diese muß naturgemäß gleich a_n sein. Diese Überlegung zeigt, daß eine ganze rationale Funktion n-ten Grades *höchstens n Nullstellen* besitzen kann. — Besitzt sie genau *n* Nullstellen, so können wir mit deren Hilfe eine Produktzerlegung der Funktion in *n* Linearfaktoren herstellen.

Treten Nullstellen auf, die mehrfach zu zählen sind, ist aber die Anzahl der richtig gezählten Nullstellen nach wie vor gleich *n*, so hat die Produktzerlegung die Gestalt:

$$f(x) = a_n (x - x_1)^{\lambda_1} (x - x_2)^{\lambda_2} \ldots (x - x_\varkappa)^{\lambda_\varkappa}.$$

Dabei ist *ϰ* die Anzahl der voneinander verschiedenen Nullstellen, während bei *richtiger Zählung* die Anzahl gleich *n* ist, also

$$\lambda_1 + \lambda_2 + \cdots + \lambda_\varkappa = n.$$

Natürlich können einzelne der λ_ϱ auch gleich 1 sein.

3, 42. Nicht zerlegbare quadratische Faktoren. Das sind die Möglichkeiten in dem Fall, daß die ganze rationale Funktion $y = f(x)$ bei richtiger Zählung genau *n* Nullstellen besitzt. Es können aber auch *weniger* als *n* Nullstellen vorhanden sein. Ist *r* die Anzahl der vorhandenen Nullstellen (jede richtig gezählt), so läßt sich $f(x)$ darstellen als Produkt von *r* Linearfaktoren und einer ganzen rationalen Funktion $(n - r)$-ten Grades $\varphi(x)$, die keine Nullstellen besitzt,

$$f(x) = (x - x_1)(x - x_2) \ldots (x - x_r) \varphi(x).$$

Der Grad der Funktion $\varphi(x)$ muß eine gerade Zahl sein. Denn eine ganze rationale Funktion, deren Grad eine ungerade Zahl ist, hat, wie wir oben sahen, mindestens eine Nullstelle. Ist dagegen der Grad eine gerade Zahl, so braucht keine Nullstelle vorhanden zu sein. So hat eine gewöhnliche Parabel zweiten Grades

$$y = a x^2 + 2 b x + c$$

unter Umständen keine Nullstellen. Schreiben wir nämlich

$$a x^2 + 2 b x + c = a \left(x + \frac{b}{a} \right)^2 + \left(c - \frac{b^2}{a} \right) = \frac{a^2 \left(x + \frac{b}{a} \right)^2 + (a c - b^2)}{a},$$

so erkennen wir, daß diese Funktion für keinen reellen Wert von *x* Null werden kann, wenn

$$a c - b^2 > 0$$

ist, da dann im Zähler eine Summe aus zwei positiven Gliedern steht.

Bei der ganzen rationalen Funktion vierten Grades

$$y = a_4 x^4 + a_3 x^3 + a_2 x^2 + a_1 x + a_0$$

kann es auch eintreten, daß keine Nullstelle vorhanden ist. Dann lassen sich in dem Ausdruck der rechten Seite sicher keine linearen Faktoren abspalten. Wir könnten dann aber untersuchen, ob sich nicht vielleicht die rechte Seite als Produkt zweier quadratischer Faktoren (mit reellen Koeffizienten) darstellen läßt, so daß sich die Darstellung

$$y = a_4 \left(x^2 + 2\alpha_1 x + \beta_1\right)\left(x^2 + 2\alpha_2 x + \beta_2\right)$$

ergeben würde, worin α_1, β_1 und α_2, β_2 gewöhnlich reelle Zahlen sind, die den Ungleichungen

$$\beta_1 - \alpha_1^2 > 0, \quad \beta_2 - \alpha_2^2 > 0$$

genügen.

In Einzelfällen läßt sich eine solche Zerlegung nach der Methode des Koeffizientenvergleiches leicht durchführen. Beispielsweise erhält man

$$x^4 + 1 = \left(x^2 + \sqrt{2}\, x + 1\right)\left(x^2 - \sqrt{2}\, x + 1\right).$$

Daß man freilich bei beliebig gegebenem a_4, a_3, a_2, $\ldots$, a_0 durch einen derartigen Ansatz stets zum Ziel kommt und vier reelle Zahlen α_1, β_1, α_2, β_2 finden kann, die die Zerlegung ermöglichen, ist eine tiefliegende Tatsache der Algebra, deren Beweis wir an dieser Stelle noch nicht allgemein durchführen können. Auf den ersten Blick ist diese Tatsache sogar einigermaßen überraschend, denn man sollte erwarten, daß es ebenso selbständige, in keiner Weise weiter zerlegbare Ausdrücke vierten Grades gäbe, wie es solche zweiten Grades gibt. Das ist nicht der Fall. Ja, es läßt sich darüber hinaus allgemein nachweisen, daß jede ganze rationale Funktion, deren Grad eine gerade Zahl ist,

$$y = a_{2\nu}\, x^{2\nu} + a_{2\nu-1}\, x^{2\nu-1} + a_{2\nu-2}\, x^{2\nu-2} + \cdots + a_1 x + a_0$$

und die keine reellen Nullstellen besitzt, in ν quadratische Faktoren

$$y = a_{2\nu} \left(x^2 + 2\alpha_1 x + \beta_1\right)\left(x^2 + 2\alpha_2 x + \beta_2\right) \ldots \left(x^2 + 2\alpha_\nu x + \beta_\nu\right)$$

zerlegt werden kann, wo die α_ϱ, β_ϱ $(\varrho = 1, 2, \ldots, \nu)$ reelle Zahlen sind, die der Ungleichung

$$\beta_\varrho - \alpha_\varrho^2 > 0$$

genügen. Diese Zerlegung ist eindeutig bestimmt. Natürlich können in dieser Zerlegung einzelne der quadratischen Faktoren einander gleich werden.

Danach läßt sich allgemein jede beliebige ganze rationale Funktion n-ten Grades zerlegen in ein Produkt von linearen und quadratischen Faktoren:

$$(10) \quad y = f(x)$$
$$= a_n (x - x_1)^{\lambda_1} (x - x_2)^{\lambda_2} \ldots (x - x_r)^{\lambda_r} (x^2 + 2\alpha_1 x + \beta_1)^{\mu_1} \ldots$$
$$\ldots (x^2 + 2\alpha_s x + \beta_s)^{\mu_s},$$

wobei

$$\lambda_1 + \lambda_2 + \cdots + \lambda_r + 2(\mu_1 + \cdots + \mu_s) = n$$

ist. Dieser Satz ist der sog. *Fundamentalsatz der Algebra*, für den zuerst C. F. GAUSS (1777—1855) einen einwandfreien Beweis geliefert hat[1]. Wir sehen aus dem Satz insbesondere wieder, daß jede ganze rationale Funktion, deren Grad eine ungerade Zahl ist, auch eine ungerade Anzahl von Nullstellen besitzt, während eine Funktion, deren Grad eine gerade Zahl ist, notwendig eine gerade Anzahl von Nullstellen aufweisen muß (wobei wir Null als gerade Zahl mitnehmen). Wir haben diese Eigentümlichkeit schon in 3, 2 bei der Betrachtung der Kurven festgestellt.

3, 43. Berechnung der Nullstellen (NEWTON). Es bleibt uns nun übrig, Methoden anzugeben, um die wirkliche Berechnung der Nullstellen einer ganzen rationalen Funktion auszuführen, oder, was damit gleichbedeutend ist, die *algebraische Gleichung n-ten Grades*

$$(11) \qquad a_n x^n + a_{n-1} x^{n-1} + \cdots + a_1 x + a_0 = 0$$

aufzulösen. Für eine Gleichung ersten Grades

$$a_1 x + a_0 = 0$$

ist die Auflösung trivial und erfordert nur rationale Operationen. Für eine Gleichung zweiten Grades

$$a_2 x^2 + a_1 x + a_0 = 0$$

hat man, wie im Elementarunterricht gelehrt wird, eine *Quadratwurzel* zu ziehen und kommt im übrigen mit rationalen Operationen aus. In Verallgemeinerung dieses Ergebnisses war es lange Zeit das Bestreben der Mathematiker, die Auflösung aller Gleichungen auf das Ausziehen von Wurzeln zurückzuführen. Aus jener Zeit stammt die Bezeichnung der Lösungen einer algebraischen Gleichung als *Wurzeln*, die auch beibehalten ist, trotzdem man seit mehr als 100 Jahren weiß, daß es keineswegs immer möglich ist, die Lösungen von Gleichungen, deren Grad höher als 4 ist, durch Ausziehen von Wurzeln zu gewinnen. Übrigens bringt es bei der heutigen Durchbildung unseres Zahlenrechnens keine Rechenvorteile mit sich, wenn man die Lösung der Gleichungen

---

[1] Wenn man die komplexen Zahlen $(a + bi)$ einführt, so läßt sich *jeder* quadratische Ausdruck $(x^2 + 2\beta x + \gamma)$ in zwei Linearfaktoren zerlegen. Der Fundamentalsatz der Algebra sagt dann aus, daß sich mit Hilfe der komplexen Zahlen jeder ganze rationale Ausdruck

$$a_n x^n + a_{n-1} x^{n-1} + \cdots + a_1 x + a_0$$

in n Linearfaktoren zerlegen läßt, und zwar nur auf eine Weise. Wir haben diese Formulierung des Satzes hier vermieden, weil wir die Zahl i als Lösung der quadratischen Gleichung

$$x^2 + 1 = 0$$

erst im zweiten Band einführen werden, wenn wir die komplexen Zahlen zur Vereinfachung der Darstellung harmonischer Schwingungsvorgänge heranziehen werden.

in den Fällen, wo es möglich ist, auf das Ausziehen von Wurzeln zurückführt. Als das numerische Rechnen noch nicht so entwickelt war wie
heute, war dies freilich anders. Daher sah man damals auch vom
Standpunkt des numerischen Rechnens einen großen Fortschritt darin,
als es bald nach 1500 gelang, die Auflösung der Gleichung dritten Grades
auf das Ausziehen einer Quadratwurzel und zweier dritten Wurzeln
zurückzuführen. Diese Methode zur Lösung der Gleichung dritten Grades nennt man gewöhnlich nach HIERONIMO CARDANO (1501—1576),
einem bekannten vielseitigen Gelehrten der Renaissancezeit, die Cardanische Formel, wenngleich CARDANO, wie sich herausgestellt hat,
nicht der Erfinder der Methode ist. Heute wird man freilich für die
numerische Auflösung einer Gleichung dritten Grades 'die Cardanische Formel weniger benützen, noch weniger für die Auflösung der
Gleichung vierten Grades die von LUIGI FERRARI (1522—1566), einem
Nachfolger des CARDANO, entwickelte Methode. Der Wert dieser
Methoden liegt für die heutige Entwicklungsstufe der Mathematik
nicht in ihrer Anwendung auf das numerische Rechnen, sondern darin,
daß sie die algebraische Natur der Lösungen der Gleichungen aufklären. Das ist eine Aufgabe von zunächst wesentlich theoretischem
Interesse, der zwar die heutige Algebra unter Entwicklung weitreichender Methoden für die Behandlung von Gleichungen beliebig
hohen Grades ihr besonderes Interesse zugewendet hat, die aber für die
numerische Auflösung der Gleichungen weniger von Bedeutung ist.
Hierbei kommt es darauf an, mit verhältnismäßig geringem Rechenaufwand eine Reihe von Dezimalen der reellen Wurzeln anzugeben.
Nach dem Vorbild des Rechnens mit Dezimalbrüchen wird es zweckmäßig sein, hier wieder nach dem Schachtelungsprinzip zu arbeiten.
Wir werden zunächst (ohne eine große Genauigkeit anzustreben) die zu
der Funktion

$$y = a_n\, x^n + a_{n-1}\, x^{n-1} + \cdots + a_1\, x + a_0$$

gehörige Kurve zeichnen, indem wir etwa für eine Reihe ganzzahliger
Werte von x die Funktionswerte bestimmen und die zugehörigen Punkte
der Figur durch einen Kurvenzug verbinden. Da wir aus unseren allgemeinen Betrachtungen über den qualitativen Verlauf der Kurve unterrichtet sind, können wir hieraus die ungefähre Lage der Nullstellen entnehmen. Genauer gesagt, wir können eine Anzahl von Intervallen bestimmen, die so klein gewählt sind, daß in ihnen nur je eine Nullstelle
liegt. Handelt es sich insbesondere um Nullstellen von ungerader Vielfachheit, so haben die beiden Ordinaten an den Enden des Intervalles
entgegengesetztes Zeichen. Nehmen wir jeweils die Mitte eines solchen
Intervalls und berechnen für dieses x nach dem Hornerschen Schema
den zugehörigen Wert der Funktion, so zeigt sich, in welchem der beiden
Teilintervalle die Nullstelle liegt, in demjenigen nämlich, an dessen

Enden die Ordinaten entgegengesetzte Vorzeichen besitzen. Damit haben wir den gesuchten Wert bereits in engere Grenzen eingeschlossen.

Wir wenden nun dasselbe Verfahren immer wieder an, indem wir das neu erhaltene Intervall jeweils wieder halbieren ... Ist die Länge des Intervalls kleiner als $\frac{1}{10}$, so haben wir die erste Dezimale nach dem Komma genau. Ist die Länge des Intervalls unter $\frac{1}{100}$ gesunken, so haben wir auch die zweite Dezimale genau. Man sieht, wie man der Reihe nach die einzelnen Dezimalen ermittelt, bis die verlangte Genauigkeit erreicht ist.

Sind die Koeffizienten a_n, a_{n-1}, $\ldots$, a_0 einer Gleichung *genau* vorgegeben, so läßt sich bei hinreichendem Rechenaufwand auch jede Wurzel der Gleichung mit beliebig vorgegebener Genauigkeit berechnen. In den Gleichungen jedoch, deren Auflösung für die Behandlung physikalischer oder technischer Probleme erforderlich ist, sind im allgemeinen die Koeffizienten a selbst nur mit beschränkter Genauigkeit bekannt. Dann lassen sich auch die Wurzeln nur mit beschränkter Genauigkeit ermitteln, und es ist für die Problemstellung von großer Bedeutung, wie man aus der bekannten Genauigkeit der Koeffizienten die höchste erreichbare Genauigkeit der Wurzeln erschließen kann. Sind z. B. die Koeffizienten nur bis auf zwei Stellen nach dem Komma bekannt, so hat es keinen Sinn, die Wurzeln genauer zu berechnen als den Grenzen $-0{,}005 < y < 0{,}005$ entspricht. Wenn die Kurve in der Nähe der Nullstelle sehr flach verläuft, wird sich der zugehörige Wurzelwert von x offenbar nur mit sehr geringer Genauigkeit berechnen lassen, so daß vielleicht nicht einmal die erste Dezimale nach dem Komma noch festgelegt ist. Anderseits kann die Wurzel aber auch genauer bestimmt sein als die Koeffizienten.

Haben wir z. B. die reelle Wurzel der Gleichung

$$x^3 = 27{,}0$$

zu bestimmen, wobei die Schreibweise andeuten soll, daß die rechte Seite auf *eine Dezimale* genau ist, so erhalten wir die Wurzel mindestens auf *zwei Dezimalen* genau. Denn setzen wir $x = 3{,}01 = 3(1 + \frac{1}{300})$, so ist $x^3 = 3^3(1 + \frac{1}{300})^3 \approx 27{,}27^*$, und entsprechend wird für $x = 2{,}99$ $x^3 \approx 27(1 - \frac{1}{100}) = 26{,}73$, so daß wir sicher zwei Dezimalen in $x = 3{,}00\ldots$ genau haben.

Es bedarf daher jedesmal einer besonderen Überlegung, um aus der gegebenen Genauigkeit der Koeffizienten auf die erreichbare Genauigkeit der Wurzelbestimmung zu schließen.

Das Einschachtelungsverfahren zur Bestimmung der einzelnen Wurzel, wie wir es eben beschrieben haben, ist natürlich primitiv. Denn wenn

---

* Wir ersetzen dabei den ganzen rationalen Ausdruck

$$\eta = (1 + \xi)^3$$

durch die Schmiegparabel erster Ordnung

$$\eta_1 = 1 + 3\,\xi.$$

wir das erreichte Intervall jeweils einfach halbieren, so ist auf den besonderen Verlauf der Kurve in dem Intervall keinerlei Rücksicht genommen. Schon früh hat man daher für die Einschachtelung ein günstigeres Verfahren eingeführt. Wenn wir in den Endpunkten a und b des Intervalls die zugehörigen Ordinaten $f(a)$ und $f(b)$ berechnet haben, so können wir ohne weiteres die Gleichung der Sehne aufstellen, die diese beiden Kurvenpunkte miteinander verbindet:

$$\frac{y - f(a)}{x - a} = \frac{f(b) - f(a)}{b - a}.$$

Der Schnittpunkt dieser Sehne mit der x-Achse $y = 0$ hat die Abszisse:

$$x^* = a - f(a)\frac{b - a}{f(b) - f(a)}.$$

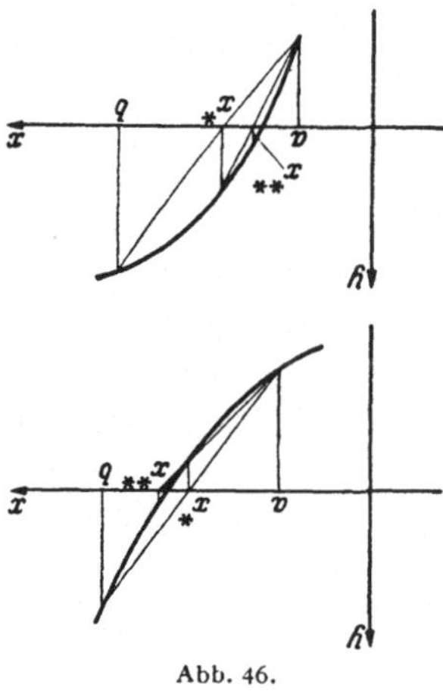

Man berechnet nun nach dem Hornerschen Schema den Funktionswert $f(x^*)$ und bestimmt aus dem Vorzeichen dieser Zahl, in welchem der beiden jetzt erhaltenen Intervalle die Nullstelle liegen muß (Abb. 46). Dann kann man dieses Intervall in der Regel noch dadurch verkleinern, daß man den Punkt $(x^*, f(x)^*)$ mit demjenigen der beiden Punkte $(a, f(a))$ bzw. $(b, f(b))$ verbindet, dessen Ordinate das gleiche Vorzeichen wie $f(x^*)$ hat (ob. Abb.). Fällt der Schnittpunkt x^{**} dieser Geraden mit der x-Achse in das Intervall a bis b, so sind x^* und x^{**} die Grenzen eines neuen Intervalls, das im allgemeinen sehr viel kleiner ist als das ursprüngliche Intervall a bis b. Man kann dann von diesem Intervall aus das Verfahren wiederholen und so die Grenzen des Schachtelungsintervalls einander rasch so nahe bringen, daß sie in der verlangten Anzahl von Dezimalen übereinstimmen. Damit ist dann die gesuchte Wurzel mit der gewünschten Genauigkeit ermittelt. Diese Berechnungsweise wurde von den alten Mathematikern als *Regel des falschen Ansatzes* (*regula falsi*) bezeichnet, weil man die wirkliche Kurve durch eine „falsche", nämlich durch die Sehne, ersetzt, um einen Näherungswert für die Wurzel zu erhalten.

Abb. 46.

Dieses Verfahren der regula falsi erscheint keineswegs ideal, sondern läßt sich unmittelbar durch ein wesentlich vollkommeneres Verfahren ersetzen. Haben wir nämlich irgendwie einen Näherungswert x_0^* für die gesuchte Wurzel x_0 gefunden, so daß der absolute Wert von $f(x_0^*)$ nicht mehr allzu groß ist, so können wir in diesem Kurvenpunkte $(x_0^*, f(x_0^*))$ die Tangente konstruieren (Abb. 47). Bestimmen wir darauf den Schnittpunkt der Tangente mit der x-Achse, so wird seine Abszisse x_0^{**} im allgemeinen einen sehr guten Näherungswert für die gesuchte Nullstelle angeben. Allerdings können wir unter ungünstigen Umständen einen schlechteren Wert bekommen (Abb. 48). An der vorher anzufertigenden Zeichnung wird man aber leicht erkennen können, wann ein solcher Ausnahmefall eintritt. Im allgemeinen wird unser Verfahren zu einem besseren Näherungswert führen.

Der Schnittpunkt der Tangente mit der x-Achse läßt sich leicht berechnen. Denn da die Tangente Schmiegungsparabel erster Ordnung an der Stelle x_0^* ist, so lautet ihre Gleichung:

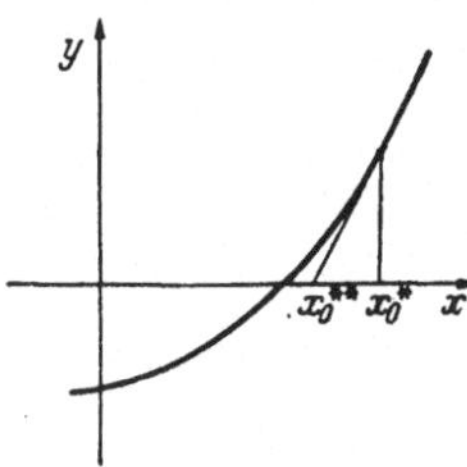

$$y = f(x_0^*) + f'(x_0^*)(x - x_0^*),$$

und der Schnittpunkt dieser Geraden mit der x-Achse $y = 0$ hat die Abszisse:

$$x_0^{**} = x_0^* - \frac{f(x_0^*)}{f'(x_0^*)}.$$

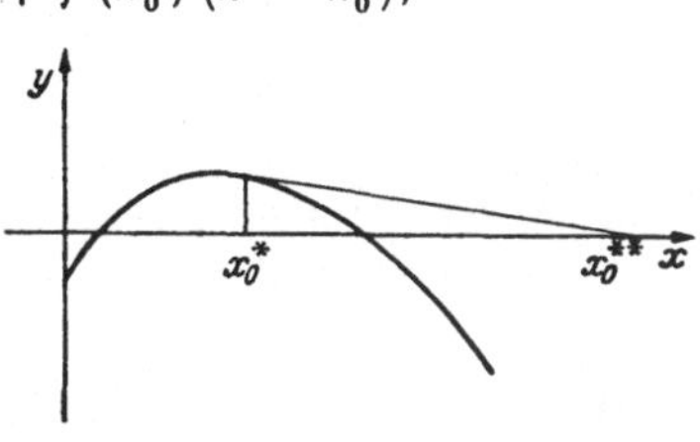

Abb. 47.

Abb. 48.

Das zweite Glied auf der rechten Seite wird man dabei zweckmäßig als eine Verbesserung auffassen, die man an dem Näherungswert x_0^* anzubringen hat, um einen (im allgemeinen) besseren Näherungswert x_0^{**} zu erhalten. Dabei wird man $f(x_0^*)$ und $f'(x_0^*)$ gleichzeitig nach dem Hornerschen Schema berechnen. Offenbar läßt sich das Verfahren unmittelbar wiederholen, indem wir von dem Näherungswert x_0^{**} ausgehen, nach dem Hornerschen Schema $f(x_0^{**})$ und $f'(x_0^{**})$ berechnen und dann

$$x_0^{***} = x_0^{**} - \frac{f(x_0^{**})}{f'(x_0^{**})}$$

als besseren Näherungswert berechnen. Die so bestimmte Folge von Näherungswerten

$$x_0^*, \; x_0^{**} \; x_0^{***}, \ldots$$

wird schon in den ersten Gliedern die Wurzel mit der verlangten Genauigkeit liefern, so daß man in der Regel bei diesem Verfahren mit ein, zwei oder drei Schritten auskommt.

Dieses Verfahren stammt von I. NEWTON (1642—1727). Es wird als das *Newtonsche Verfahren zur Bestimmung der Nullstellen einer Gleichung* bezeichnet und ist nicht nur auf ganze rationale Funktionen anwendbar, sondern auf jede Funktion, bei der in einer Umgebung der gesuchten Nullstelle die Existenz der 1. Ableitung gesichert ist.

Aufgabe: Es sollen die Wurzeln der Gleichung dritten Grades
$$x^3 - 6x^2 + 5x + 11 = 0$$
auf zwei Dezimalen genau bestimmt werden.

Um den Verlauf der Kurve
$$y = x^3 - 6x^2 + 5x + 11$$
angenähert zu überschauen, rechnen wir für eine Reihe von ganzzahligen x die zu-

gehörigen y aus:

x	-2	-1	0	1	2	3	4	5
y	-31	-1	11	11	5	-1	-1	11

Als Näherungswerte für die Wurzeln haben wir somit

$$x_1^* = -1, \quad x_2^* = 3 \quad \text{und} \quad x_3^* = 4.$$

Um den Näherungswert der ersten Wurzel $x_1^* = -1$ zu verbessern, rechnen wir $f(-1)$ und $f'(-1)$ nach dem Hornerschen Schema aus und haben

$$
\begin{array}{r|rrrr}
x_1^* = -1 & 1 & -6 & 5 & 11 \\
 & & -1 & 7 & -12 \\
\hline
 & 1 & -7 & 12 & \underline{-1} \\
 & & -1 & 8 & \\
\hline
 & & -8 & \underline{20} & \\
\end{array}
$$

Also ist der verbesserte Näherungswert

$$x_1^{**} = -1 + \frac{+1}{20} = -0{,}95.$$

Rechnen wir für diese Abszisse den Wert der Funktion und der ersten Ableitung, so erhalten wir

$$
\begin{array}{r|rrrr}
x_1^{**} = -0{,}95 & 1 & -6 & 5 & 11 \\
 & & -0{,}95 & +6{,}60 & -11{,}02 \\
\hline
 & 1 & -6{,}95 & 11{,}60 & \underline{-0{,}02} \\
 & & -0{,}95 & 7{,}50 & \\
\hline
 & & -7{,}90 & \underline{19{,}10} & \\
\end{array}
$$

Die Verbesserung würde also nur noch die dritte Dezimale beeinflussen. $x_1^{**} = -0{,}95$ ist auf zwei Dezimalen genau die erste Wurzel.

Für die Verbesserung des Näherungswertes $x_2^* = 3$ der zweiten Wurzel berechnen wir ebenso nach dem Hornerschen Schema:

$$f(3) = -1, \quad f'(3) = -4, \quad x_2^{**} = 3 - \frac{-1}{-4} = 2{,}75$$

und für diesen verbesserten Wert:

$$f(2{,}75) = 0{,}19, \qquad f'(2{,}75) = -5{,}32; \quad x_2^{***} = 2{,}79$$
$$f(2{,}79) = -0{,}05, \qquad f'(2{,}79) = -5{,}13; \quad x_2^{****} = 2{,}78$$

In der gleichen Weise verbessern wir den Näherungswert $x_3^* = 4$ der dritten Wurzel:

$$f(4) = -1, \qquad f'(4) = 5; \qquad x_3^{**} = 4{,}2$$
$$f(4{,}2) = 0{,}25, \qquad f'(4{,}2) = 7{,}52; \qquad x_3^{***} = 4{,}17.$$

Wenn eine Gleichung n-ten Grades

$$(11) \qquad a_n x^n + a_{n-1} x^{n-1} + \cdots + a_1 x + a_0 = 0$$

gerade n Nullstellen $x_1, x_2, \ldots, x_n$ hat, so kann man die linke Seite als Produkt von n Linearfaktoren in der Form

$$a_n (x - x_1)(x - x_2) \ldots (x - x_n) = 0$$

darstellen. Daraus ergeben sich einige Kontrollen für die Richtigkeit der berechneten Werte

$$x_1, x_2, \ldots, x_n,$$

deren Kenntnis gelegentlich von Bedeutung ist.

Betrachten wir, um die Rechnungen abzukürzen, eine Gleichung vierten Grades mit vier reellen Wurzeln, so haben wir die Beziehung

$$a_4\,x^4 + a_3\,x^3 + a_2\,x^2 + a_1\,x + a_0$$
$$= a_4\,(x - x_1)\,(x - x_2)\,(x - x_3)\,(x - x_4),$$

die für alle Werte von x erfüllt sein muß. Multipliziert man auf der rechten Seite aus, so findet man durch Koeffizientenvergleich

$$x_1 + x_2 + x_3 + x_4 = -\frac{a_3}{a_4}$$
$$x_1 x_2 + x_1 x_3 + x_1 x_4 + x_2 x_3 + x_2 x_4 + x_3 x_4 = +\frac{a_2}{a_4}$$
$$x_1 x_2 x_3 + x_1 x_2 x_4 + x_1 x_3 x_4 + x_2 x_3 x_4 = -\frac{a_1}{a_4}$$
$$x_1 x_2 x_3 x_4 = +\frac{a_0}{a_4}$$

Man hat hiernach bei der Berechnung der Wurzeln einer Gleichung vierten Grades die Kontrolle, daß die Summe der vier berechneten Wurzeln gleich $\left(-\frac{a_3}{a_4}\right)$ und das Produkt der vier Wurzeln gleich $\left(+\frac{a_0}{a_4}\right)$ sein muß[1].

Die Ausdrücke auf der linken Seite sind die Summen der Wurzeln, bzw. die Summen der Produkte von je zwei, drei, ... Wurzeln. Wenn man entsprechend das Produkt

$$(x - x_1)\,(x - x_2)\ldots(x - x_n)$$

nach Potenzen von x geordnet anschreibt, so erhält man durch Vergleich mit (11) die Beziehungen

$$(11\,\mathrm{a})\quad\begin{cases} x_1 + x_2 + x_3 + \cdots + x_n = -\dfrac{a_{n-1}}{a_n} \\[2mm] x_1 x_2 + x_1 x_3 + \cdots + x_{n-1} x_n = +\dfrac{a_{n-2}}{a_n} \\[2mm] x_1 x_2 x_3 + x_1 x_2 x_4 + \cdots + x_{n-2} x_{n-1} x_n = -\dfrac{a_{n-3}}{a_n} \\[2mm] \cdots\cdots\cdots\cdots\cdots\cdots\cdots \\[2mm] x_1 x_2 \ldots x_n = (-1)^n \dfrac{a_0}{a_n}\,. \end{cases}$$

Hat also eine Gleichung n-ten Grades n reelle Wurzeln, so gilt auch hier die entsprechende Kontrolle, daß die Summe und das Produkt aller Wurzeln in einfacher Weise durch den „ersten" und „letzten" Koeffizienten, $\frac{a_{n-1}}{a_n}$ bzw. $\frac{a_0}{a_n}$, ausgedrückt sind. (Es ist zweckmäßig die Gleichung von vornherein durch a_n zu dividieren, so daß die Potenz x^n den Koeffizienten 1 erhält.)

---

[1] Die beiden mittleren Ausdrücke sind für eine Kontrolle zu unhandlich.

Wenden wir diese Kontrollen auf die drei Wurzeln

$$x_1 = -0{,}95, \quad x_2 = +2{,}78, \quad x_3 = +4{,}17$$

der oben behandelten Gleichung an, so erhalten wir

$$x_1 + x_2 + x_3 = 6{,}00$$

und

$$x_1 x_2 x_3 = -11{,}01,$$

die im Rahmen der Rechengenauigkeit mit den negativen Werten des ersten und letzten Koeffizienten (6 bzw. -11) der Gleichung übereinstimmen.

3, 44. Interpolationsformel von Lagrange. Da eine ganze rationale Funktion n-ten Grades, wie wir sahen, höchstens n Nullstellen besitzen kann, muß jede solche Funktion

$$y = a_n x^n + a_{n-1} x^{n-1} + \cdots + a_1 x + a_0,$$

die mehr als n, etwa $(n+1)$ Nullstellen besitzt, notwendig für alle Werte von x, oder, wie man auch sagt, *identisch* in x gleich Null sein, d. h. es müssen alle ihre Koeffizienten

$$a_n = 0, \quad a_{n-1} = 0, \ldots, a_1 = 0, \quad a_0 = 0$$

sein. Daraus folgt weiter, daß eine ganze rationale Funktion n-ten Grades eindeutig bestimmt sein muß, wenn man für $(n+1)$ Werte von x

$$x_1, \; x_2, \; \ldots, \; x_n, \; x_{n+1}$$

ihre Funktionswerte

$$A_1, \; A_2, \; \ldots, \; A_n, \; A_{n+1}$$

vorschreibt. Denn wenn es zwei voneinander verschiedene ganze rationale Funktionen n-ten Grades $f_n(x)$ und $g_n(x)$ gäbe, die für die angegebenen Abszissen diese Funktionswerte annähmen, so wäre die Differenz

$$y = f_n(x) - g_n(x)$$

eine ganze rationale Funktion von höchstens n-tem Grad, die die $(n+1)$ Stellen als Nullstellen besitzen würde. Eine solche rationale Funktion muß aber identisch Null sein, d. h. die beiden Funktionen $f_n(x)$ und $g_n(x)$ müßten die gleichen Koeffizienten besitzen.

Es bleibt uns übrig, die ganze rationale Funktion n-ten Grades wirklich zu bilden, die an den $(n+1)$ Stellen die vorgegebenen Funktionswerte annimmt. Eine solche Funktion können wir für einen Sonderfall, wenn nämlich die Funktionswerte

$$A_1 = 1, \quad A_2 = 0, \; \ldots, \; A_{n+1} = 0$$

sind, leicht angeben. Wir brauchen nur

$$y(x) = C(x - x_2)(x - x_3) \ldots (x - x_{n+1})$$

anzusetzen, um eine Funktion zu haben, die an den n-Stellen $x = x_2,$

$x = x_3, \ldots, x = x_{n+1}$ gleich Null wird. Für $x - x_1$ hat sie den Wert

$$y(x_1) = C(x_1 - x_2)(x_1 - x_3) \ldots (x_1 - x_{n+1}),$$

und wenn wir daher

$$C = \frac{1}{(x_1 - x_2)(x_1 - x_3) \ldots (x_1 - x_{n+1})}$$

setzen, so haben wir in der Funktion

$$f^{(1)}(x) = \frac{(x - x_2)(x - x_3) \ldots (x - x_{n+1})}{(x_1 - x_2)(x_1 - x_3) \ldots (x_1 - x_{n+1})}$$

die ganze rationale Funktion n-ten Grades der gewünschten Art vor uns.
Ebenso ist

$$f^{(2)}(x) = \frac{(x - x_1)(x - x_3) \ldots (x - x_{n+1})}{(x_2 - x_1)(x_2 - x_3) \ldots (x_2 - x_{n+1})}$$

die ganze rationale Funktion n-ten Grades die an den $(n + 1)$ Stellen
die Werte

$$f^{(2)}(x_1) = 0, \quad f^{(2)}(x_2) = 1, \quad f^{(2)}(x_3) = 0, \ldots, f^{(2)}(x_{n+1}) = 0$$

annimmt. Entsprechend bilden wir die ganze rationale Funktion $f^{(3)}(x)$,
die für $x = x_3$ den Wert 1 und an den n anderen Stellen den Wert 0
annimmt usw., schließlich die Funktion

$$f^{(n+1)}(x) = \frac{(x - x_1)(x - x_2) \ldots (x - x_n)}{(x_{n+1} - x_1)(x_{n+1} - x_2) \ldots (x_{n+1} - x_n)},$$

die für $x = x_{n+1}$ den Wert 1 und an den n anderen Stellen die Werte
Null annimmt.

Aus diesen $(n + 1)$ besonderen Funktionen $f^{(1)}(x)$, $f^{(2)}(x)$, $\ldots$,
$f^{(n+1)}(x)$ können wir nun diejenige ganze rationale Funktion n-ten
Grades, die an den Stellen x_1, x_2, $\ldots x_{n+1}$ die vorgeschriebenen Werte
A_1, A_2, $\ldots A_{n+1}$ annimmt, durch Überlagerung in der Form

$$f(x) = A_1 f^{(1)}(x) + A_2 f^{(2)}(x) + \cdots + A_n f^{(n)}(x) + A_{n+1} f^{(n+1)}(x)$$

aufbauen. Führen wir darin die Ausdrücke der $(n + 1)$ Funktionen
$f^{(\nu)}(x)$ ein, so liegt es nahe, in ihnen allen den gleichen Zähler

$$(x - x_1)(x - x_2) \ldots (x - x_n)(x - x_{n+1})$$

herzustellen, indem man im Zähler und Nenner mit $(x - x_1)$, bzw.
$(x - x_2)$, $\ldots$, bzw. $(x - x_{n+1})$ erweitert. Dann kann der gemeinsame
Zähler abgesondert werden, und man erhält

$$(12) \quad f(x) = (x - x_1)(x - x_2) \ldots (x - x_{n+1}) \left[\frac{A_1}{(x_1 - x_2)(x_1 - x_3) \ldots (x_1 - x_{n+1})} \frac{1}{x - x_1} + \right.$$
$$+ \frac{A_2}{(x_2 - x_1)(x_2 - x_3) \ldots (x_2 - x_{n+1})} \frac{1}{x - x_2} + \cdots +$$
$$\left. + \frac{A_{n+1}}{(x_{n+1} - x_1)(x_{n+1} - x_2) \ldots (x_{n+1} - x_n)} \frac{1}{x - x_{n+1}} \right]$$

als die Darstellung der gesuchten ganzen rationalen Funktion n-ten
Grades, die an den vorgeschriebenen Stellen die vorgeschriebenen

Werte annimmt. Man nennt diese Formel nach dem französischen Mathematiker J. L. LAGRANGE (1736—1813), der von Friedrich d. Großen als Nachfolger EULERS an die Berliner Akademie berufen wurde, die *Lagrangesche Interpolationsformel*. Als *Interpolation* bezeichnet man nämlich die Aufgabe, für eine Funktion $f(x)$, von der an einer Anzahl Stellen x die Funktionswerte $f(x_\nu)$ bekannt sind, auch die Werte in den dazwischen liegenden Intervallen zu bestimmen, oder geometrisch gesprochen, eine Anzahl bekannter Punkte der (x, y)-Ebene durch eine Kurve zu verbinden. Unsere Formel leistet dies für die Bestimmung der ganzen rationalen Funktion n-ten Grades, die durch die $(n + 1)$ vorgeschriebenen Punkte hindurchgeht. Sie leistet allerdings noch mehr, denn sie gibt nicht nur die Interpolation, sondern auch die *Extrapolation*, da sie auch die Funktionswerte außerhalb der betrachteten Intervalle zu berechnen gestattet.

§ 4. Elemente der Differenzenrechnung.

4, 1. Die Newtonsche Interpolationsformel.

4, 11. Beispiel. Wir haben in § 3, 44 erkannt, daß eine ganze rationale Funktion n-ten Grades dadurch festgelegt werden kann, daß man zu $n+1$ Werten der unabhängigen Veränderlichen die Funktionswerte vorschreibt. Dieses Ergebnis enthält die bereits bekannten Tatsachen, daß eine gerade Linie durch zwei, eine Parabel zweiten Grades durch drei Punkte bestimmt ist. Wir haben auch bereits in der Lagrangeschen Interpolationsformel ein Mittel in der Hand, aus den gegebenen Kurvenpunkten die Gleichung der Parabel n-ten Grades abzuleiten. Diese Formel stellt aber nicht in allen Fällen das geeignete Mittel zum Aufbau einer ganzen rationalen Funktion dar, wie zunächst an einem Beispiel veranschaulicht werden soll.

Zur experimentellen Bestimmung des Weg-Zeit-Gesetzes für die Bewegung eines senkrecht nach unten geschleuderten Körpers seien in Zeitabständen von $\tau = 0{,}1$ sek Messungen vorgenommen, deren Ergebnisse wir in folgender Tabelle zusammenstellen:

Fallzeit in sek	Fallstrecke in cm
0,1	15
0,2	40
0,3	75
0,4	120
0,5	175

Die Messungen seien unter konstanten Abwurfbedingungen so oft wiederholt, daß die angegebenen Werte als genau anzusehen sind. Unser Meßergebnis ist in Abb. 49 veranschaulicht. Wir stellen uns auf den Standpunkt, das Weg-Zeit-Gesetz des senkrechten Wurfes sei uns nicht bekannt. Es ist dann eine naturgemäße Aufgabe, eine

Funktion zu suchen, deren Kurve durch die 6 Punkte O, P_1, P_2, P_3, P_4, P_5 der Abbildung hindurchläuft. Es wäre nun sehr unzweckmäßig, aus den 6 Funktionswerten nach der Lagrangeschen Formel eine ganze rationale Funktion 5-ten Grades zu bestimmen; denn die Zahl 6 ist ja völlig willkürlich gewählt, und es liegt daher gar kein Grund zu der Annahme vor, daß die den Vorgang beschreibende Funktion gerade vom 5-ten Grade sei. Es erscheint viel natürlicher, zunächst einen

einfachen Ansatz zu machen und diesen dann immer mehr zu verbessern, bis man schließlich am Ziel ist. Für die gesuchte Funktion $s = f(t)$ werden wir daher als erste Näherung einen linearen Ansatz machen. Wir nehmen dazu die Gerade durch die Punkte O und P_1, deren Gleichung lautet:

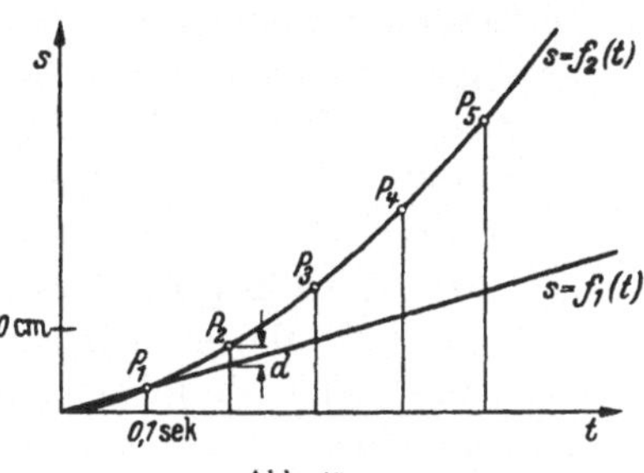

Abb. 49.

$$f_1(t) = \frac{s_1}{\tau} t \quad \text{mit} \quad \frac{s_1}{\tau} = 150 \text{ cm/sek}.$$

Die Figur zeigt uns unmittelbar, daß diese Näherung noch zu grob ist; denn außer O und P_1 liegen alle Punkte erheblich oberhalb der Geraden. Wir werden daher einen Schritt weitergehen und als zweite Näherungsfunktion eine Parabel zweiten Grades nehmen, die durch die Punkte O, P_1 und P_2 hindurchgeht. Zu ihrer Bestimmung könnten wir nun natürlich die Lagrangesche Interpolationsformel verwenden; es ist aber der ganzen Entwicklungsmethode angemessener, die zweite Näherung dadurch herzustellen, daß man an der ersten eine Verbesserung anbringt, die das durch die erste Näherung bereits Erreichte erhält und darüber hinaus noch dafür sorgt, daß die entstehende zweite Näherung $f_2(t)$ auch durch den Punkt P_2 hindurchläuft. Für $t = 2\tau = 0{,}2$ sek hat nun f_1 den Wert 30 cm. Die Verbesserung $V_1(t)$ ist also dadurch festgelegt, daß sie bei $t = 0$ und bei $t = \tau$ verschwinden muß (damit $f_2(t)$ auch durch O und P_1 hindurchläuft), und daß sie für $t = 2\tau$ den Wert $d = 10$ cm besitzen muß. Sie ist damit gegeben durch:

$$V_1(t) = \frac{t(t-\tau)}{\tau \cdot 2\tau} d,$$

und damit ergibt sich für die zweite Näherung:

$$f_2(t) = f_1(t) + V_1(t) = \left(\frac{s_1}{\tau} - \frac{d}{2\tau}\right) t + \frac{d}{2\tau^2} t^2 = v_0 t + \frac{1}{2} \frac{d}{\tau^2} t^2$$

mit

$$v_0 = \frac{2 s_1 - d}{2\tau} = 100 \text{ cm/sek}, \quad \frac{d}{\tau^2} = 1000 \text{ cm/sek}^2 \text{ *}.$$

Es zeigt sich nun in unserem Falle, daß diese zweite Näherungskurve bereits auch durch die drei übrigen festliegenden Punkte hindurchgeht,

---

* Das Experiment hätte also für g den Näherungswert 10 m/sek² geliefert.

so daß wir das Ziel bereits erreicht haben. Wäre das nicht der Fall gewesen, so hätten wir folgendermaßen fortfahren müssen: Wir hätten an der zweiten Näherungsfunktion eine weitere Verbesserung $V_2(t)$ angebracht mit der Eigenschaft, bei $t = 0$, τ, 2τ zu verschwinden und bei $t = 3\tau$ den Fehler der Funktion $f_2(t)$ auszugleichen, so daß $f_3(t) = f_2(t) + V_2(t)$ bei $t = 3\tau$ den vorgeschriebenen Wert $s_3 = 75$ cm erreicht hätte. Wir erkennen, daß wir auf diesem Wege immer weiter hätten fortschreiten können und sehen, daß wir so zu einem neuen Verfahren gelangen, eine ganze rationale Funktion aus vorgeschriebenen Funktionswerten aufzubauen. Diese Entwicklung hat den Charakter einer schrittweise immer besser werdenden Annäherung und ist in diesem Sinne mit der in § 3. 35 besprochenen Annäherung durch Schmiegparabeln verwandt.

4, 12. Ableitung der Newtonschen Interpolationsformel. Es handelt sich nun noch darum, dem an unserem Beispiel entwickelten Gedanken eine allgemeine Form zu geben. Wir beschränken uns dabei auf den praktisch wichtigsten Fall, daß die Abszissenwerte, für die die zugehörigen Ordinaten vorgeschrieben sind, untereinander gleiche Abstände haben (äquidistant sind). Wir suchen eine ganze rationale Funktion von höchstens n-tem Grade, die an den $(n + 1)$ Stellen x_0, $x_0 + h$, $x_0 + 2h, \ldots, x_0 + nh$ die vorgegebenen Werte annimmt.

In dem gleichen Sinn wie in 3, 35 werden wir als nullte Näherungsfunktion die horizontale Gerade durch P_0 ansehen, wir setzen also

$$f_0(x) = f(x_0).$$

Als erste Näherung nehmen wir eine lineare Funktion, die außer bei x_0 auch bei $x_0 + h$ den vorgeschriebenen Wert besitzt. Das Verbesserungsglied, das wir zu $f_0(x)$ hinzufügen müssen, muß also bei x_0 verschwinden und bei $x_0 + h$ den Wert

(1 a) $$f(x_0 + h) - f_0(x_0 + h) = f(x_0 + h) - f(x_0)$$

annehmen, den wir in der Form

(1) $$f(x_0 + h) - f(x_0) = \Delta^1 f(x_0)$$

schreiben[1]. Wir erhalten damit für die erste Näherung:

$$f_1(x) = f(x_0) + \frac{\Delta^1 f(x_0)\,(x - x_0)}{h}.$$

Die in (1) eingeführte Größe $\Delta^1 f(x_0)$, der Fehler der nullten Näherungsfunktion für die Abszisse $x_0 + h$, oder, anders ausgedrückt, die Ordinatenspanne an der Kurve $f(x)$, die entsteht, wenn man, von der Stelle x_0 ausgehend, um die Abszissenspanne h fortschreitet, wird die „*erste Differenz*" der Funktion $f(x)$ an der Stelle x_0 genannt, wobei zu ihrer Fest-

---

[1] In den Symbolen Δ^1, Δ^2, ... bedeuten die Ziffern keine Exponenten, sondern Indizes.

legung außer x_0 auch noch die zugrunde liegende Abszissenspanne h angegeben werden muß.

Um nun zu der zweiten Näherung zu gelangen, werden wir zuerst den Fehler der ersten Näherungsfunktion bei $x_0 + 2h$ bestimmen und erhalten:

$$f(x_0 + 2h) - f_1(x_0 + 2h) = f(x_0 + 2h) - f(x_0) - 2\,\Delta^1 f(x_0).$$

Bedenken wir, daß wir die in (1) definierte erste Differenz statt bei x_0 auch an irgend einer anderen Stelle bilden und $f(x_0 + 2h)$ durch

$$f(x_0 + 2h) = f(x_0 + h) + \Delta^1 f(x_0 + h)$$

ersetzen können, so erhalten wir für den berechneten Fehler der ersten Näherungsfunktion:

$$(2)\quad f(x_0 + 2h) - f_1(x_0 + 2h) = \Delta^1 f(x_0 + h) - \Delta^1 f(x_0) = \Delta^2 f(x_0).$$

Den Fehler der ersten Näherungsfunktion bei $x_0 + 2h$ finden wir also, indem wir aus den für x_0 und $x_0 + h$ gebildeten ersten Differenzen abermals die Differenz bilden. Man nennt diese Größe daher die „*zweite Differenz*" an der Stelle x_0 (Abb. 50).

Um diesen Fehler nun auszugleichen, fügen wir ein Verbesserungsglied zu der ersten Näherung hinzu, das wir durch Multiplikation dieses Fehlers $\Delta^2 f(x_0)$ mit einer ganzen

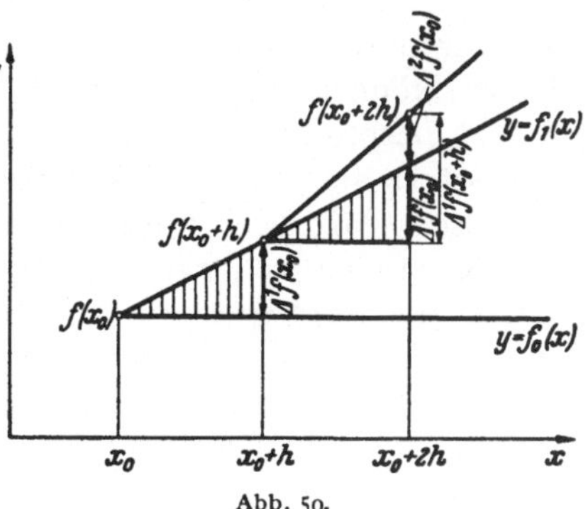

Abb. 50.

rationalen Funktion zweiten Grades erhalten, die bei x_0 und $x_0 + h$ verschwindet und zugleich bei $x_0 + 2h$ den Wert 1 annimmt. Sie muß also lauten:

$$\frac{(x - x_0)(x - x_0 - h)}{h \cdot 2h},$$

und damit ergibt sich für die zweite Näherungsfunktion:

$$f_2(x) = f(x_0) + \frac{\Delta^1 f(x_0)\,(x - x_0)}{1!\,h} + \frac{\Delta^2 f(x_0)\,(x - x_0)(x - x_0 - h)}{2!\,h^2}.$$

Es ist völlig klar, wie die weitere Entwicklung vor sich zu gehen hat, und wir erkennen auch bereits das Bildungsgesetz. Wenn wir nämlich in Erweiterung von (1) und (2) schreiben:

$$(3)\quad \begin{cases} f(x_0 + h) - f(x_0) = \Delta^1 f(x_0), \\ \Delta^1 f(x_0 + h) - \Delta^1 f(x_0) = \Delta^2 f(x_0), \\ \cdots\cdots\cdots\cdots\cdots\cdots \\ \Delta^k f(x_0 + h) - \Delta^k f(x_0) = \Delta^{k+1} f(x_0) \\ \cdots\cdots\cdots\cdots\cdots\cdots \end{cases}$$

und so neben der ersten und zweiten noch höhere Differenzen einführen, wenn wir ferner die folgenden Abkürzungen verwenden:

$$\frac{(x - x_0)}{1!} = G_1(x),$$

$$\frac{(x - x_0)(x - x_0 - h)}{2!} = G_2(x),$$

. . . .

$$(4) \qquad \frac{(x - x_0)(x - x_0 - h)(x - x_0 - 2h)\dots(x - x_0 - (k-1)h)}{k!} = G_k(x)$$

. . . . ,

so läßt unser bisheriges Ergebnis vermuten, daß die k-te Näherungsfunktion allgemein lautet:

$$(5) \quad f_k(x) = f(x_0) + \frac{\Delta^1 f(x_0)\, G_1(x)}{h} + \frac{\Delta^2 f(x_0) G_2(x)}{h^2} + \cdots + \frac{\Delta^k f(x_0)\, G_k(x)}{h^k}.$$

Da wir diese Formel für den speziellen Wert $k = 2$ bereits bewiesen haben, können wir uns zum Beweis ihrer Allgemeingültigkeit des in § 3, 12 besprochenen Schlusses der vollständigen Induktion bedienen. Wir setzen also die Gültigkeit von (5) für die k-te Näherung voraus und beweisen, daß diese Formel dann auch für die $(k + 1)$-te richtig ist. Der Übergang von der k-ten zur $(k + 1)$-ten Näherungsfunktion bedeutet die Hinzunahme eines Zusatzgliedes, das an den Stellen $x = x_0$, $x_0 + h$, ..., $x_0 + kh$ verschwindet und bei $x = x_0 + (k + 1)h$ den Fehler der in (5) gegebenen Näherungsfunktion ausgleicht. Wenn die Darstellung (5) auch für $k + 1$ richtig ist, muß dieses Zusatzglied die Gestalt

$$\frac{\Delta^{k+1} f(x_0)\, G_{k+1}(x)}{h^{k+1}}$$

besitzen. In der Tat verschwindet diese Funktion an den vorgeschriebenen Stellen und besitzt bei $x = x_0 + (k + 1)h$ den Wert $\Delta^{k+1} f(x_0)$. Aus (4) folgt nämlich für natürliche Zahlen v, r unmittelbar:

$$(6) \qquad \frac{G_r(x_0 + vh)}{h^r} = \binom{v}{r} \quad (r \leqq v);$$

insbesondere ist also

$$\frac{G_{k+1}(x_0 + (k + 1)h)}{h^{k+1}} = 1.$$

Danach bleibt nur noch zu beweisen, daß der Fehler der k-ten Näherungsfunktion an der Stelle $x_0 + (k + 1)h$ gleich $\Delta^{k+1} f(x_0)$ ist. Es ist offenbar nach (6):

$$(6a) \quad f_k(x_0 + (k + 1)h) = f(x_0) + \binom{k+1}{1} \Delta^1 f(x_0) + \binom{k+1}{2} \Delta^2 f(x_0)$$

$$+ \cdots + \binom{k+1}{k} \Delta^k f(x_0).$$

und wir müssen jetzt für $f(x_0 + (k + 1)h)$ eine ähnliche Darstellung suchen. Dazu beachten wir zunächst, daß unter der gemachten Voraussetzung der Gültigkeit von (5) für die k-te Näherung $f(x_0 + kh)$ $= f_k(x_0 + kh)$ ist, und daß daher gilt:

$$f(x_0 + kh) = f(x_0) + \binom{k}{1}\Delta^1 f(x_0) + \binom{k}{2}\Delta^2 f(x_0) + \cdots + \binom{k}{k}\Delta^k f(x_0).$$

Hierin ersetzen wir nun x_0 durch $x_0 + h$, so daß sich, wenn wir noch $\binom{k}{0} = 1$ beachten, ergibt:

$$f(x_0 + (k+1)h) = \binom{k}{0} f(x_0 + h) + \binom{k}{1}\Delta^1 f(x_0 + h) +$$
$$+ \binom{k}{2}\Delta^2 f(x_0 + h) + \cdots + \binom{k}{k}\Delta^k f(x_0 + h).$$

Wenn wir hierin der Reihe nach einsetzen:

$$f(x_0 + h) = f(x_0) + \Delta^1 f(x_0)$$
$$\Delta^1 f(x_0 + h) = \Delta^1 f(x_0) + \Delta^2 f(x_0)$$
$$\cdot \quad \cdot \quad \cdot \quad \cdot \quad \cdot \quad \cdot \quad \cdot \quad \cdot \quad \cdot \quad \cdot \quad \cdot \quad \cdot$$
$$\Delta^k f(x_0 + h) = \Delta^k f(x_0) + \Delta^{k+1} f(x_0)$$

und dabei die schon in § 3, 32 erwähnten Beziehungen

$$\binom{k}{r} + \binom{k}{r+1} = \binom{k+1}{r+1}$$

berücksichtigen, erhalten wir:

$$(6b) \quad f(x_0 + (k+1)h) = f(x_0) + \binom{k+1}{1}\Delta^1 f(x_0) + \binom{k+1}{2}\Delta^2 f(x_0) + \cdots +$$
$$+ \binom{k+1}{k}\Delta^k f(x_0) + \Delta^{k+1} f(x_0).$$

Subtrahiert man (6a) von (6b), so erhält man in der Tat das erwartete Ergebnis, so daß (5) für jedes beliebige k bewiesen ist. Wir können daher k jetzt auch gleich n setzen und die gesuchte durch unsere $n + 1$ Punkte bestimmte Funktion n-ten Grades hinschreiben:

$$(7) \quad f(x) = f_n(x) = f(x_0) + \frac{\Delta^1 f(x_0)}{h} G_1(x) + \frac{\Delta^2 f(x_0)}{h^2} G_2(x) + \cdots +$$
$$+ \frac{\Delta^n f(x_0)}{h^n} G_n(x).$$

Diese Formel wird als „*Newtonsche Interpolationsformel*" bezeichnet. Die in ihr auftretenden Polynome $G_r(x)$ sind bei vorgeschriebenen Werten von x_0 und h leicht anzugeben, die Koeffizienten der Entwicklung ergeben sich, bis auf die Potenzen von h, durch wiederholte Differenzbildungen aus den $n + 1$ zahlenmäßig gegebenen Funktionswerten nach (3), wobei aber in diesen Gleichungen x_0 auch durch $x_0 + h$, $x_0 + 2h, \ldots, x_0 + (n-1)h$ zu ersetzen ist. Der Gang der Rechnung ist in dem nachstehenden Schema für $n = 4$ zusammengestellt:

$$
\begin{array}{llllll}
f(x_0) \\
& \Big) \; \Delta^1 f(x_0) \\
f(x_0 + h) & & \Big) \; \Delta^2 f(x_0) \\
& \Big) \; \Delta^1 f(x_0 + h) & & \Big) \; \Delta^3 f(x_0) \\
f(x_0 + 2h) & & \Big) \; \Delta^2 f(x_0 + h) & & \Big) \; \Delta^4 f(x_0) \\
& \Big) \; \Delta^1 f(x_0 + 2h) & & \Big) \; \Delta^3 f(x_0 + h) \\
f(x_0 + 3h) & & \Big) \; \Delta^2 f(x_0 + 2h) \\
& \Big) \; \Delta^1 f(x_0 + 3h) \\
f(x_0 + 4h)
\end{array}
$$

(An diesem Schema sieht man, daß sich aus $n + 1$ Funktionswerten keine höhere Differenz als die n-te bilden läßt, da es ja nur noch *eine* n-te Differenz gibt.)

Unsere Ableitung der Newtonschen Formel zeigt auch die anschauliche Bedeutung der in (3) zunächst rein formal eingeführten höheren Differenzen. Denn wir haben erkannt, daß $\Delta^{k+1} f(x_0)$ der Fehler der k-ten Näherungsfunktion an der Stelle $x_0 + (k + 1)h$ ist.

Zu einem Sonderfall der Newtonschen Formel gelangen wir, wenn wir $x_0 = 0$ und $h = 1$ setzen. Dann ist nämlich:

$$(8) \qquad G_r(x) = \frac{x\,(x - 1)\,(x - 2)\,(x - 3) \ldots (x - r + 1)}{r!} = \binom{x}{r},$$

wenn wir die Schreibweise der Binomialzahlen auf diese „Binomialfunktionen" übertragen, und aus (7) wird:

$$(9) \qquad f(x) = f(0) + \Delta^1 f(0) \binom{x}{1} + \Delta^2 f(0) \binom{x}{2} + \cdots + \Delta^n f(0) \binom{x}{n}.$$

Die Newtonsche Interpolationsformel zeigt in ihrem Aufbau große Ähnlichkeit mit der Taylorschen Formel (§ 3, 33). Die „Bausteine" sind hier an Stelle der Funktionen $\frac{(x - x_0)^r}{r!}$ die in (4) eingeführten Polynome $G_r(x)$, und die Koeffizienten der Entwicklung erhalten wir anstatt durch Bildung der Ableitungen durch wiederholte Differenzbildung und nachfolgende Division durch die Abszissenspanne h. An die Stelle der Ableitungen sind also die „Differenzenquotienten" getreten, die aus den entsprechenden Differenzen einfach durch Division mit den entsprechenden Potenzen von h hervorgehen. Der *erste Differenzenquotient* hat die unmittelbar anschauliche Bedeutung der *Sehnensteigung*.

4, 2. Die Differenzen als Funktionen.

4, 21. Definition und Grundeigenschaften. In der Newtonschen Interpolationsformel sind die an einer festen Stelle gebildeten Differenzenquotienten als Koeffizienten aufgetreten, und der Aufbau dieser Formel veranlaßte uns, diese Größen zu den Ableitungen einer

Funktion in Parallele zu setzen. Es liegt daher sehr nahe, jetzt die Beschränkung auf einen festen Zahlwert x_0 der Abszisse x aufzugeben und die Differenzen bzw. Differenzenquotienten als Funktionen der Veränderlichen x aufzufassen, genau so, wie wir ja auch die Ableitungen einer Funktion wieder als Funktionen betrachtet haben. Wir ersetzen dementsprechend jetzt in (3) x_0 durch x und führen damit der Reihe nach die folgenden Funktionen ein:

$$(10) \quad \left\{ \begin{aligned} f(x+h) - \quad f(x) &= \Delta^1 f(x), \\ \Delta^1 f(x+h) - \Delta^1 f(x) &= \Delta^2 f(x), \\ \cdots \cdots \cdots & \cdots \cdots \\ \Delta^k f(x+h) - \Delta^k f(x) &= \Delta^{k+1} f(x), \\ \cdots \cdots \cdots & \cdots \cdots \end{aligned} \right.$$

Es ist klar, daß zur Festlegung dieser Differenzenfunktionen die zugrunde liegende Abszissenspanne h vorzugeben ist. An Stelle der Differenzen können wir natürlich auch die Differenzenquotienten $\dfrac{\Delta^r f(x)}{h^r}$ betrachten.

Der Zusammenhang zwischen einer Funktion und ihrem ersten Differenzenquotienten ist mit dem Zusammenhang der Funktion und ihrer ersten Ableitung sehr eng verwandt; denn zu jedem Abszissenwert x gibt der erste Differenzenquotient die mit der Abszissenspanne h gebildete Sehnensteigung an, genau so, wie die erste Ableitung die Tangentensteigung liefert. Dieser Zusammenhang läßt sich aber auch in umgekehrter Richtung betrachten. Ist nämlich $\dfrac{\Delta^1 f(x)}{h} = g(x)$ und sind x_1 und x_2 zwei Abszissenwerte, die sich um ein ganzzahliges Vielfaches von h unterscheiden, so gilt offenbar:

$$(11) \quad f(x_2) - f(x_1) = \{ g(x_1) + g(x_1+h) + \cdots + g(x_2-h) \} \cdot h$$
$$= \overset{x_2-h}{\underset{x_1}{S}} g(x)\, h.$$

Der Buchstabe S ist dabei das Symbol für die Summenbildung. Die Summe (11) ist die mit der Abszissenspanne h gebildete linke Rechteckssumme unter der Kurve $g(x)$. Zwischen der Rechteckssumme und der Sehnensteigung besteht also die gleiche Reziprozität, die wir immer zwischen dem Flächeninhalt unter einer Kurve und der Tangentensteigung gefunden hatten. Auch hierin findet die schon mehrfach bemerkte enge Verwandtschaft einen bedeutsamen Ausdruck.

Die in (11) eingeführte Symbolik wird auch dahingehend verallgemeinert, daß man die Grenzen fortläßt und schreibt:

$$(11\,\text{a}) \quad f(x) = S\, g(x)\, h.$$

Es soll hierdurch nur ausgedrückt werden, daß $g(x)$ der erste mit der Abszissenspanne h gebildete Differenzenquotient von $f(x)$ ist.

Die Bildung der Differenzen wird sehr erleichtert durch die beiden folgenden, aus (10) unmittelbar hervorgehenden Sätze:

$$(12) \qquad \Delta^k [f_1(x) + f_2(x)] = \Delta^k f_1(x) + \Delta^k f_2(x),$$

$$(13) \qquad \Delta^k [a\, f(x)] = a\, \Delta^k f(x),$$

die natürlich auch für die Differenzenquotienten gelten und die den Überlagerungssätzen für die Ableitungen entsprechen.

4, 22. Die Differenzen der ganzen rationalen Funktionen. Wenn wir von der Funktion x^n die erste Differenz bilden:

$$\Delta^1 x^n = (x + h)^n - x^n,$$

so sehen wir mit Hilfe des binomischen Satzes (3, 32), daß das Glied x^n gerade herausfällt und eine ganze rationale Funktion $(n-1)$-ten Grades übrigbleibt. Die gewonnenen Überlagerungssätze geben uns dann die Möglichkeit, folgende Aussage zu machen:

Die erste Differenz einer ganzen rationalen Funktion n-ten Grades ist eine ganze rationale Funktion $(n-1)$-ten Grades.

Durch fortgesetzte Anwendung dieses Satzes findet man weiter, daß die n-te Differenz einer ganzen rationalen Funktion n-ten Grades eine Konstante ist, und daß alle höheren Differenzen gleich Null sind. Selbstverständlich bezieht sich das über die Differenzen Gesagte auch auf die Differenzenquotienten. Wir erkennen auch hier, wie groß die Ähnlichkeit mit dem Verhalten der Ableitungen ist.

Demgegenüber fällt auf, daß, anders als bei den Ableitungen, die erste Differenz von x^r keineswegs eine besonders einfache ganze rationale Funktion ist. Man sieht, daß man einen sehr langen Ausdruck für die erste Differenz einer ganzen rationalen Funktion erhält, wenn man diese nach Potenzen von x aufbaut und gliedweise die erste Differenz bildet. Offenbar sind die Funktionen x^r, von diesem Standpunkt aus gesehen, gar nicht die einfachsten ganzen rationalen Funktionen, und wir werden daher nach solchen Funktionen suchen, die in dieser Beziehung ein übersichtlicheres Verhalten zeigen. Da nun bereits in der Newtonschen Interpolationsformel im Vergleich zur Taylorschen Formel an die Stelle der Funktionen $\dfrac{(x-x_0)^r}{r!}$ die durch (4) definierten Funktionen $G_r(x)$ getreten sind, liegt es nahe, diese auf ihre Differenzeneigenschaften zu untersuchen.

Die Funktion $G_r(x)$ hatten wir so eingeführt, daß sie an den Stellen $x_0,\ x_0 + h,\ \ldots,\ x_0 + (r-1)h$ verschwindet, an der Stelle $x_0 + rh$ aber den Wert h^r annimmt. Der Differenzenquotient dieser Funktion, der natürlich mit der gleichen Abszissenspanne h zu bilden ist, verschwindet daher bei $x_0,\ x_0 + h,\ \ldots,\ x_0 + (r-2)h$ und hat bei $x_0 + (r-1)h$ den Wert h^{r-1}. Diese Eigenschaften hat aber gerade die Funktion $G_{r-1}(x)$, und da $\Delta^1 G_r(x)$ eine ganze rationale Funktion

$(r-1)$-ten Grades ist, die also durch Angabe von r Funktionswerten eindeutig bestimmt ist, muß gelten:

$$(14) \qquad \frac{\Delta^1 G_r(x)}{h} = G_{r-1}(x).$$

(Diese Beziehung läßt sich auch durch einfaches Ausrechnen sofort bestätigen.) Die Funktionen $G_r(x)$ zeigen also in bezug auf die Differenzenbildung ein besonders einfaches Verhalten.

Es ist immer möglich und für die Durchrechnung praktischer Aufgaben zweckmäßig, die unabhängige Veränderliche x so einzuführen, daß die Abszissenspanne h gleich 1 und der Anfangswert $x_0 = 0$ wird. Dann treten die in (8) definierten Binomialfunktionen an die Stelle der Funktionen $G_r(x)$, und wegen $h = 1$ fallen die Differenzenquotienten mit den Differenzen selbst zusammen. Aus der Gleichung (14) wird:

$$(15) \qquad \Delta^1 \binom{x}{r} = \binom{x}{r-1}$$

oder ausgeschrieben:

$$(15\,\mathrm{a}) \qquad \binom{x+1}{r} - \binom{x}{r} = \binom{x}{r-1}.$$

Diese Beziehung ist uns für den Fall, daß x eine natürliche Zahl ist, schon in 3, 32 begegnet, jetzt kann aber in ihr x jeden beliebigen Wert besitzen. Die Umkehrung von (15) lautet mit der in (11a) eingeführten Bezeichnungsweise:

$$(15\,\mathrm{b}) \qquad \binom{x}{r} = S\binom{x}{r-1},$$

und wenn wir jetzt an das Summensymbol Grenzen schreiben, so erhalten wir die Formel

$$(15\,\mathrm{c}) \qquad \overset{x_2-1}{\underset{x_1}{S}} \binom{x}{r-1} = \binom{x_2}{r} - \binom{x_1}{r},$$

die der Differenzeneigenschaft (15) bzw. (15a) der Binomialfunktion als Summeneigenschaft gegenübertritt. Voraussetzung ist dabei selbstverständlich, daß $x_2 - x_1$ eine ganze Zahl ist. Wählt man insbesondere für die untere Grenze den Wert 0, so kommt man zu:

$$(15\,\mathrm{d}) \qquad \binom{n}{r} = \overset{n-1}{\underset{0}{S}} \binom{x}{r-1} = \binom{0}{r-1} + \binom{1}{r-1} + \cdots + \binom{n-1}{r-1}$$

$$= \binom{r-1}{r-1} + \binom{r}{r-1} + \cdots + \binom{n-1}{r-1}$$

Bei der letzten Umformung ist berücksichtigt, daß $\binom{x}{r-1}$ an den Stellen $x = 0, 1, \ldots, r-2$ verschwindet. Natürlich kann man (15d) auch ohne Einführung des Begriffes der Binomialfunktion unmittelbar aus der Differenzeneigenschaft der Binomialzahlen gewinnen. Es ist dies eine Beziehung, die zum sukzessiven Aufbau der Binomialzahlen dienen kann und die in der Tat schon sehr früh, nämlich bei MICHAEL STIFEL (1486—1567), zu diesem Zweck verwandt wurde.

Um in einfacher Weise von einer ganzen rationalen Funktion $f(x)$ die Differenzen bilden zu können, werden wir sie jetzt in folgender Weise aufbauen:

$$f(x) = b_0 + b_1 \binom{x}{1} + b_2 \binom{x}{2} + \cdots + b_n \binom{x}{n},$$

denn mit (15) und mit dem Überlagerungssatz lassen sich hiervon sofort die Differenzen hinschreiben. Es ergibt sich allgemein für die k-te Differenz

$$\Delta^k f(x) = b_k + b_{k+1} \binom{x}{1} + b_{k+2} \binom{x}{2} + \cdots + b_n \binom{x}{n-k},$$

solange $k \leqq n$ ist. Setzt man hierin $x = 0$, so wird

$$\Delta^k f(0) = b_k,$$

und es folgt

$$f(x) = f(0) + \Delta^1 f(0) \binom{x}{1} + \cdots + \Delta^n f(0) \binom{x}{n}.$$

Wir sind also auf einem anderen Wege wieder zu der Gleichung (9) gelangt. Stellen wir dieser Formel die in § 3, 31 gewonnene gegenüber:

$$f(x) = f(0) + f'(0) \frac{x}{1!} + f''(0) \frac{x^2}{2!} + \cdots + f^{(n)}(0) \frac{x^n}{n!},$$

so sehen wir noch einmal ganz klar, wie bei dieser Betrachtungsweise die Binomialfunktionen $\binom{x}{r}$ an die Stelle der Funktionen $\frac{x^r}{r!}$ und die Differenzen, die hier im Fall $h = 1$ mit den Differenzenquotienten identisch sind, an die Stelle der Ableitungen treten.

4, 3. Differenzengleichungen.

Von größerer Bedeutung als die Bestimmung der Differenzen einer gegebenen Funktion ist im allgemeinen die Aufgabe, eine Funktion $f(x)$ zu suchen, deren erste Differenz eine vorgeschriebene ganze rationale Funktion ist. Um diese Differenzengleichung erster Ordnung

$$(16) \qquad\qquad \Delta^1 f(x) = g(x)$$

aufzulösen, wird man die gegebene ganze rationale Funktion $g(x)$ aus den Funktionen $G_r(x)$, bzw., nachdem die Abszissenspanne auf 1 reduziert ist, aus den Binomialfunktionen aufbauen:

$$(16a) \qquad g(x) = \alpha_0 + \alpha_1 \binom{x}{1} + \alpha_2 \binom{x}{2} + \cdots + \alpha_k \binom{x}{k},$$

denn wir wissen ja, daß die spezielle Differenzengleichung $\Delta^1 f(x) = \binom{x}{r-1}$ die Lösung $f(x) = \binom{x}{r}$ besitzt [vgl. (15)], und können daher nach dem

Überlagerungsprinzip die Lösung von (16) in der Form

$$(16\text{b}) \quad f(x) = \alpha_0 \binom{x}{1} + \alpha_1 \binom{x}{2} + \alpha_2 \binom{x}{3} + \cdots + \alpha_k \binom{x}{k+1}$$

schreiben. Hierzu kann noch eine willkürliche additive Konstante treten, da diese die Bildung der Differenz nicht beeinflußt. Es bleibt noch die Frage zu entscheiden, ob mit (16b) bereits alle Möglichkeiten solcher Funktionen erfaßt sind, deren erste Differenz eine gegebene ganze rationale Funktion ist. Um hierüber Klarheit zu erhalten, bilden wir aus zwei Funktionen $f_1(x)$ und $f_2(x)$, die die gleiche erste Differenz besitzen, die Funktion $\varphi(x) = f_2(x) - f_1(x)$. Für diese muß dann

$$\Delta^1 \varphi(x) = 0,$$

d. h.:

$$\varphi(x+1) = \varphi(x)$$

gelten (für jedes x), die Funktion φ muß, wie man sagt, eine „periodische Funktion" mit der Periode 1 sein. Zu jeder Funktion, die die vorgeschriebene erste Differenz besitzt, können wir also eine beliebige periodische Funktion mit der Periode 1 addieren, ohne an der ersten Differenz etwas zu ändern. Wenn wir uns nun aber auf ganze rationale Funktionen $f(x)$ beschränken wollen, so müßte $\varphi(x)$ gleichzeitig periodisch und ganz-rational sein, und diese beiden Forderungen sind nur dann verträglich, wenn $\varphi(x)$ eine Konstante ist. Es sei nämlich a irgend ein Wert von x, und man betrachte die Funktion $\varphi(x) - \varphi(a)$. Diese muß offenbar bei $x = a$, $x = a + 1$, ... Nullstellen besitzen, und diese Nullstellenfolge bricht nicht ab; das ist bei einer ganzen rationalen Funktion nur möglich, wenn sie identisch verschwindet.

Eine ganze rationale Funktion ist durch ihre erste Differenz bis auf eine additive Konstante bestimmt. Damit vervollständigt sich die Analogie der Differenzen- und Summenbildung einerseits und der Steigungs- und Flächeninhaltsbestimmung andererseits, die noch einmal in der folgenden Formelgruppe zusammengestellt ist:

$$f(x) = \frac{x^r}{r!} \qquad\qquad f(x) = \binom{x}{r}$$

$$f'(x) = \frac{x^{r-1}}{(r-1)!} \qquad\qquad \Delta^1 f(x) = \binom{x}{r-1}$$

$$F(x) = \frac{x^{r+1}}{(r+1)!} + C \qquad\qquad Sf(x) = \binom{x}{r+1} + C.$$

Die Einführung der höheren Differenzen führt uns unmittelbar dazu, den Begriff der Differenzengleichung, wie wir ihn in (16) aufgestellt haben, zu verallgemeinern. Indem wir in (16) die erste Differenz durch die n-te ersetzen, kommen wir zu der Aufgabe, eine Funktion $f(x)$ zu bestimmen, die der *Differenzengleichung* n-ter Ordnung

$$(17) \qquad\qquad \Delta^n f(x) = R(x)$$

genügt, wobei $R(x)$ eine ganze rationale Funktion (beliebigen Grades) ist. Wir lösen diese Differenzengleichung in n aufeinanderfolgenden Schritten. Denn da

$$\Delta^n f(x) = \Delta(\Delta^{n-1} f(x))$$

ist, so haben wir zunächst

$$\Delta^{n-1} f(x) = S\, R(x) + C_1 = R_1(x),$$

wo $R_1(x)$ wieder eine ganze rationale Funktion ist; und zwar ist ihr Grad um eine Einheit höher als der der Funktion $R(x)$. Dann finden wir weiter

$$\Delta^{n-2} f(x) = S\, R_1(x) + C_2 = R_2(x),$$

und so fahren wir fort, bis wir schließlich

$$f(x) = S\, R_{n-1}(x) + C_n = R_n(x)$$

als eine ganze rationale Funktion finden, deren Grad um n Einheiten höher als der von $R(x)$ ist und die n willkürliche Konstanten enthält. Das entspricht wieder genau der Bestimmung einer Funktion, deren n-te Ableitung als eine ganze rationale Funktion

$$y^{(n)} = R(x)$$

vorgegeben ist. Hier hat man n Flächeninhaltsbestimmungen nacheinander auszuführen, wobei sich der Grad der ganzen rationalen Funktion um insgesamt n Einheiten erhöht und bei jeder Flächeninhaltsbestimmung eine willkürliche Konstante additiv hinzutritt, so daß in das Ergebnis ebenfalls insgesamt n willkürliche Konstanten eingehen.

Anwendung 12: Hängebrücke. Bei einer *Hängebrücke* ist die Fahrbahn an einem (über zwei „Türme" gespannten) Seil aufgehängt, und zwar im allgemeinen mit Hilfe einer Anzahl von Tragstangen, die mit Kabelschellen an dem Seil befestigt sind. Das Seil wird dabei als vollkommen biegsam vorausgesetzt, so daß es nur Längsspannungen übertragen kann und zwischen zwei benachbarten Stellen *geradlinig* verläuft, also die Form eines Polygonzuges erhält, dessen Ecken in den Befestigungspunkten der Tragstangen liegen. Die Spannweite l der Hängebrücke ist ein ganzzahliges Vielfaches des Tragstangenabstandes h

$$l = n h,$$

wo n um 1 größer als die Zahl der Tragstangen ist. Man sagt, die Brücke habe n Felder. Als laufende Veränderliche führen wir das Verhältnis $\xi = \dfrac{x}{h}$ ein, wobei x den horizontalen Abstand vom linken Aufhängepunkt bezeichnet. Der größeren Allgemeinheit zuliebe wollen wir die Türme zunächst nicht als gleich hoch voraussetzen, wenngleich sie bei wirklichen Ausführungen in der Regel gleich hoch zu sein pflegen. Auf jede Tragstange entfalle das Gewicht q [kg]. Wir denken uns die Fahrbahn in einzelne Stücke aufgeteilt, die je von der Mitte zwischen zwei Tragstangen bis zu der nächstfolgenden Mitte reichen[1]. Wir wollen versuchen, eine Kurve

---

[1] Die beiden Endstücke der Fahrbahn, die dann übrigbleiben, können um so mehr vernachlässigt werden, als ja die Fahrbahn an den Türmen selbst noch gestützt wird.

anzugeben, auf der die Eckpunkte des Polygonzuges liegen, so daß die einzelnen geradlinigen Stücke des Seils als Sehnen dieser Kurve erscheinen. Dazu betrachten wir drei auf einander folgende Eckpunkte des Seilecks P_ν, $P_{\nu+1}$, $P_{\nu+2}$, deren Ordinaten y_ν, $y_{\nu+1}$, $y_{\nu+2}$ sein mögen. Sie grenzen zwei Seiten des Seilecks ab, die wir als ν-te und $(\nu + 1)$-te Seite ansprechen wollen. Die Zugkraft des Seils in der ν-ten Seite sei gleich T_ν, die in der anstoßenden $(\nu + 1)$-ten Seite gleich $T_{\nu+1}$. Es erscheint zweckmäßig, diese beiden Zugkräfte in eine Horizontalkomponente H_ν bzw. $H_{\nu+1}$ und eine Vertikalkomponente V_ν bzw. $V_{\nu+1}$ zu zerlegen. Offenbar ist das Kräftedreieck dem Dreieck $P_\nu Q_{\nu+1} P_{\nu+1}$ an dem Brückenseil ähnlich, so daß

$$V_\nu : H_\nu = (y_{\nu+1} - y_\nu) : (x_{\nu+1} - x_\nu) = \Delta y_\nu : h$$

ist. Es gilt also

$$V_\nu = H_\nu \frac{\Delta y_\nu}{h}$$

und entsprechend natürlich auch

$$V_{\nu+1} = H_{\nu+1} \frac{\Delta y_{\nu+1}}{h}.$$

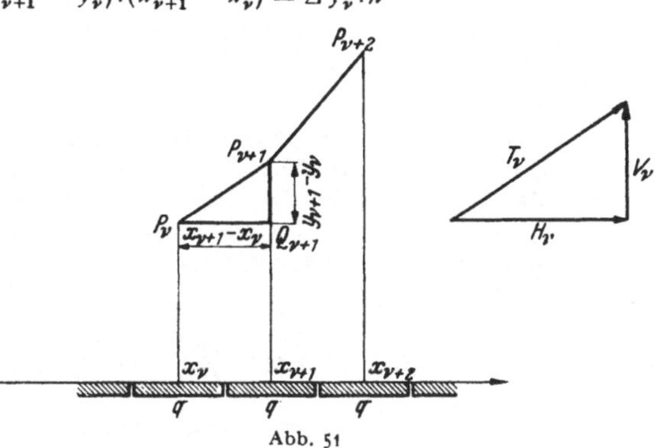

Abb. 51

Um nun zu einer Bestimmung der Zugkräfte in den einzelnen Seiten des Seilecks zu kommen, betrachten wir eine Ecke des Seils, etwa den Endpunkt $P_{\nu+1}$. Dort sind offenbar drei Kräfte miteinander im Gleichgewicht, nämlich die beiden Zugkräfte in den anstoßenden Seilseiten und das Gewicht q, das an der Tragstange hängt. Dabei wirkt die Zugkraft in der $(\nu + 1)$-ten Seite in der Richtung von $P_{\nu+1}$ nach $P_{\nu+2}$ und ist daher gleich $T_{\nu+1}$. Dagegen ist der Zugkraft in der ν-ten Seite die Richtung von $P_{\nu+1}$ nach P_ν beizulegen. Sie ist also gleich $(-T_\nu)$ zu setzen. Wir erhalten die Gleichgewichtsbedingungen für die drei Kräfte am Endpunkt $P_{\nu+1}$, wenn wir die Summen der Horizontal- wie der Vertikalkomponenten gleich Null setzen. Das Gewicht q hat eine vertikale Richtung, so daß seine Horizontalkomponente Null ist. Es müssen also die Horizontalkomponenten der beiden Zugkräfte einander gleich sein, und die erste Gleichgewichtsbedingung lautet:

$$H_{\nu+1} - H_\nu = 0 .$$

Für die Vertikalkomponenten der drei Kräfte erhalten wir entsprechend die zweite Gleichgewichtsbedingung

$$V_{\nu+1} - V_\nu - q = 0 .$$

Offenbar sagt die erste Gleichung aus, daß die Horizontalkomponente der Zugkraft für alle Seiten des Seilecks den gleichen Wert hat. Wir sprechen daher kurz von einem *Horizontalzug H* des Seilecks und haben

$$H_\nu = \text{Const} = H .$$

Damit folgt aber

$$V_\nu = H \frac{\Delta y_\nu}{h} ,$$

so daß die zweite Gleichgewichtsbedingung in

$$H \frac{(\Delta y_{\nu+1} - \Delta y_\nu)}{h} = q$$

oder

$$\frac{\Delta^2 y_\nu}{h} = \frac{q}{H}$$

übergeht. *Die Kurve, auf der die Ecken des Seilecks liegen, hat also eine konstante zweite Differenz,* und zwar ist

$$\frac{\Delta^2 y}{h} = \frac{q}{H}.$$

Diese Differenzengleichung zweiter Ordnung läßt sich sofort lösen. Wir erhalten zunächst

$$\Delta y = \frac{q\,h}{H}\binom{\xi}{1} + C_1$$

und dann weiter

$$y = \frac{q\,h}{H}\binom{\xi}{2} + C_1\binom{\xi}{1} + C_2.$$

Die Ecken des Seilecks liegen auf einer Parabel zweiten Grades mit vertikaler Achse, die nach oben offen ist.

In die Gleichung der Parabel sind die drei willkürlichen Konstanten H, C_1 und C_2 eingegangen, zu deren Festlegung drei zusätzliche Angaben erforderlich sind. Man wird dafür die Ordinaten y_0 und y_l der Aufhängepunkte sowie die Ordinate y^* der niedrigsten Tragstange wählen. Die Konstanten C_1 und C_2 bestimmen sich sofort aus den beider „Randbedingungen"

$$\begin{cases} y_0 = C_2 \\ y_l = \dfrac{q\,h}{H}\binom{n}{2} + C_1\binom{n}{1} + C_2. \end{cases}$$

Zur Bestimmung des Horizontalzuges müssen wir dann noch angeben, wie tief die Kette durchhängen soll. Es genügt dabei, sich auf den Fall gleich hoher Aufhängepunkte ($y_0 = y_l$), der in der Praxis fast allein vorkommt, zu beschränken. Die Gleichung der Parabel erhält dann mit den aus den Randbedingungen berechneten Werten der Konstanten C_1, C_2 die einfache Form:

$$y - y_0 = \frac{q\,h}{2\,H}\,\xi\,(\xi - n).$$

Offenbar muß man nun unterscheiden, ob die Zahl der Felder n eine gerade oder eine ungerade Zahl ist.

Ist *n gerade* ($n = 2\varrho$), haben wir also eine *ungerade* Anzahl, nämlich $(2\varrho - 1)$ Tragstangen, so fällt der Angriffspunkt der mittleren, also der ν-ten Tragstangen mit dem Scheitel der Parabel zusammen, auf der die Ecken des Seilecks liegen. Ist y die Ordinate dieses Scheitels, so haben wir als weitere Beziehung

$$y_0 - y^* = \frac{q\,h}{2\,H}\,\varrho^2,$$

und diese Größe stellt den „Durchgang" d dar. Wir erhalten also für den Horizontalzug H den Wert

$$H = \frac{q\,h\,\varrho^2}{2\,d} = \frac{q\,l^2}{8\,h\,d}.$$

Ist die Anzahl der Felder n *ungerade* ($n = 2\varrho + 1$), so haben wir eine *gerade* Anzahl (2ϱ) von Tragstangen, und die Sehne des mittleren Feldes ist horizontal. Der Scheitel der Parabel, die die Ecken des Seilecks verbindet, liegt also unter der Mitte dieser horizontalen Seileckseite, und wir können nicht den Durchgang d angeben, sondern nur den Höhenunterschied δ dieses horizontalen Gliedes gegen die Aufhängepunkte. Man erhält dann

$$H = \frac{q\,h\,\varrho\,(\varrho + 1)}{2\,\delta} = \frac{q\,(l - 1)\,(l + 1)}{8\,h\,\delta}.$$

§ 5. Anhang zum ersten Kapitel: Der Grenzwertbegriff und seine Bedeutung.

Im Verlaufe der Überlegungen dieses Kapitels sind wir gerade an den entscheidenden Stellen immer wieder auf die Aufgabe gestoßen, gewisse nicht abbrechende Zahlenfolgen zu betrachten und uns zu fragen, ob die Elemente einer solchen Folge sich mit unbegrenzt wachsender Nummer irgend einer bestimmten Zahl beliebig nähern und welchen Wert diese Zahl gegebenenfalls hat. In den meisten Fällen wurde unsere Aufgabe dadurch sehr erleichtert, daß wir unsere gesuchte Zahl zwischen zwei solche Folgen einschachteln konnten. Aber bei der Steigungsbestimmung im Wendepunkt einer Kurve (S. 63) hatten wir auch bereits eine Aufgabe vor uns, bei der eine solche Einschachtelung nicht möglich war. Da nun im folgenden die Überlegungen dieser Art eine noch größere Bedeutung erlangen werden, wollen wir an dieser Stelle den gedanklichen Kern dieser Grenzbetrachtungen herausarbeiten, uns die grundlegenden Begriffe klarmachen und einige Sätze ableiten, die uns später das Arbeiten mit diesen Begriffen sehr erleichtern werden.

5, 1. Grenzwerte von Zahlenfolgen, Konvergenz und Divergenz.

Bei der Untersuchung unendlicher Zahlenfolgen muß man sich sehr davor hüten, von endlichen Zahlenfolgen her vertraute Schlußweisen anzuwenden; denn infolge des Nicht-Abbrechens einer unendlichen Folge geht manches verloren, was sonst eine ganz selbstverständliche Tatsache ist. So kann man z. B. aus endlich vielen Zahlen immer eine größte und eine kleinste aussuchen. Schon die Betrachtungen der Folge

$$1, 2, 3, \ldots$$

aller natürlichen Zahlen lehrt aber, daß dieser Satz sich auf unendliche Folgen nicht überträgt; denn unter allen natürlichen Zahlen kann man zwar eine kleinste angeben, nämlich 1, nicht aber eine größte. Andererseits gibt es in der Folge

$$1, \tfrac{1}{2}, \tfrac{1}{3}, \ldots$$

der reziproken natürlichen Zahlen zwar ein größtes, nicht aber ein kleinstes Element, und die Folge

$$0, +\tfrac{1}{2}, -\tfrac{2}{3}, +\tfrac{3}{4}, -\tfrac{4}{5}, +\tfrac{5}{6}, \ldots$$

schließlich enthält weder ein größtes noch ein kleinstes Element.

Wenn wir die drei bisher angeführten Zahlenfolgen betrachten, so erkennen wir, daß die erste von ganz anderer Art ist als die beiden anderen. Während nämlich sämtliche Elemente der zweiten Folge in dem Intervall zwischen 0 und 1 und die der dritten Folge sämtlich zwischen −1 und +1 liegen, übersteigen die Elemente der ersten mit unbegrenzt wachsender Nummer jede noch so große Zahl. In dieser Hinsicht teilt man die unendlichen Zahlenfolgen in zwei Klassen und sagt:

Erklärung 1: Eine unendliche Zahlenfolge heißt *beschränkt*, wenn sich eine positive Zahl G angeben läßt, die von dem absoluten Betrag keines Elementes der Folge übertroffen wird. Ist das jedoch nicht möglich, so nennt man die Folge unbeschränkt.

Man kann das auch so aussprechen:

Erklärung 1a: Man nennt eine Zahlenfolge beschränkt, wenn sich durch zwei Zahlen ein (endliches) Intervall abgrenzen läßt, in das sämtliche Elemente der Folge fallen.

Wir wollen nun insbesondere die zweite angeführte Folge, also die Folge der reziproken natürlichen Zahlen, genauer untersuchen. Man wird vielleicht im ersten Augenblick geneigt sein, der Zahl 0 die Rolle des kleinsten Elementes dieser Folge zuzuweisen; aber eine solche Sprechweise wäre unkorrekt, da die Zahl 0 gar kein Element der Folge ist. Die Bedeutung der Zahl 0 für unsere Folge beschreiben wir dagegen richtig mit der Bemerkung, daß die Elemente der Folge der Zahl 0 beliebig nahe kommen, wenn wir die Nummer nur hinreichend groß wählen. Diesen Sachverhalt drückt man für gewöhnlich so aus: Die Folge strebt (konvergiert) gegen den Wert 0, wenn n unbegrenzt wächst, oder auch: Die Folge hat den Grenzwert (Limes) 0, und dafür hat sich das Symbol eingebürgert:

$$\lim_{n \to \infty} \frac{1}{n} = 0,$$

das aber nicht zu dem Irrtum Anlaß geben darf, der Wert 0 würde schließlich doch noch erreicht; denn es ist, wie gesagt, nur eine kurze Schreibweise zur Kennzeichnung der oben beschriebenen Eigenschaft der Zahl 0 in bezug auf unsere Folge.

Daß der Grenzwert gerade Null war, war für die Erklärung des Begriffes natürlich unwesentlich, und ebenso unwesentlich war auch, daß die Annäherung der Elemente an·diesen Grenzwert beständig von oben her erfolgte; denn sie kann ebensogut auch von unten oder teils von oben, teils von unten erfolgen. Die Folge

$$1 - 1,\ 1 + \frac{1}{2},\ 1 - \frac{1}{3},\ \ldots,\ 1 + \frac{(-1)^n}{n},\ \ldots$$

hat z. B. den Grenzwert:

$$\lim_{n \to \infty} \left(1 + \frac{(-1)^n}{n}\right) = 1,$$

wie man ja sofort sieht.

Wenn wir jetzt von einer Zahlenfolge $a_1,\ a_2,\ \ldots,\ a_n,\ \ldots$ sagen, sie habe den Grenzwert a, so verstehen wir darunter in Verallgemeinerung des am Beispiel Erläuterten, daß sich die Elemente dieser Folge in beliebigem Maß der Zahl a nähern, wenn nur die Nummer hinreichend groß wird. Die Zahl a kann also, anders ausgedrückt, mit jeder beliebigen Genauigkeit durch ein Element der Folge angenähert werden, und diese

Genauigkeit wächst mit der Nummer des Elementes. Wir formulieren dies in folgender Weise genauer: Zu einer jeden „Toleranzzahl" ε läßt sich eine Nummer N bestimmen, von der an alle Elemente der Folge zwischen die Grenzen $a - \varepsilon$ und $a + \varepsilon$ fallen, und die positive Zahl ε kann dabei beliebig klein gewählt werden.

Erklärung 2: Die Zahlenfolge a_1, a_2, ..., a_n, ... hat den *Grenzwert a*, wenn es zu jeder noch so kleinen positiven Zahl ε eine solche Nummer N gibt, daß für alle $n > N$ die Ungleichung $|a_n - a| < \varepsilon$ erfüllt ist.

Eine besonders kurze Formulierung ist folgende:

Erklärung 2a: Die Zahl a ist der Grenzwert der Zahlenfolge a_1, a_2, ..., wenn „fast alle" Elemente dieser Folge in das Intervall zwischen $a - \varepsilon$ und $a + \varepsilon$ fallen. Der etwas unbestimmt klingende Ausdruck „fast alle" hat dabei den klaren Sinn: alle mit Ausnahme einer endlichen Anzahl.

Eine Folge, die einen Grenzwert besitzt, wollen wir eine „konvergente" Folge nennen, im Gegensatz dazu spricht man von „divergenten" Folgen. Es gilt:

Satz 1: *Jede konvergente Folge ist beschränkt.*

Dies ist fast eine Selbstverständlichkeit, und in der Tat ist der Beweis leicht zu führen, wenn man bedenkt, daß fast alle Elemente einer Folge mit dem Grenzwert a zwischen den Grenzen $a - \varepsilon$ und $a + \varepsilon$ liegen und nur endlich viele Elemente nicht in dieses Intervall fallen. Satz 1 ist aber keineswegs umkehrbar, denn schon die dritte der oben angeführten Folgen ist ein Beispiel einer beschränkten, jedoch nicht konvergenten Folge.

Nachdem wir uns nun eine klare Vorstellung vom Wesen des Grenzwertbegriffes gebildet haben, wollen wir einige Beispiele untersuchen, die nicht ganz so primitiver Natur sind wie die zur einführenden Erläuterung herangezogenen.

Beispiel 1: Es sei $p > 1$ und wir betrachten die Folge:

$$(1) \qquad\qquad a_n = \sqrt[n]{p}.$$

Sämtliche Elemente dieser Folge sind größer als 1. Wäre nämlich $a_n \leqq 1$, so müßte auch $a_n^n = p \leqq 1$ sein, und das widerspricht unserer Voraussetzung. Weiter hat die Folge die Eigenschaft, daß jedes Element kleiner ist als das vorangehende. Wäre nämlich $a_{n+1} \geqq a_n$, so müßte, da ja beide größer als 1 sind, $a_{n+1}^{n+1} > a_n^n$ sein, während doch in Wirklichkeit $a_{n+1}^{n+1} = a_n^n = p$ ist. Eine zahlenmäßige Zusammenstellung dieser Folge für irgend ein beliebiges p führt auf die Vermutung, daß die Zahl 1 der Grenzwert dieser Folge ist. Das läßt sich in der Tat leicht bestätigen, wenn man von der für positive α sicher gültigen, unmittelbar aus dem binomischen Satz folgenden „Bernoullischen Ungleichung":

$$(2) \qquad\qquad (1 + \alpha)^n > 1 + n\alpha$$

ausgeht und darin $\alpha = \frac{p-1}{n}$ setzt, so daß sich

$$\left(1 + \frac{p-1}{n}\right)^n > p$$

ergibt. Zieht man hieraus beiderseits die n-te Wurzel und nimmt noch die Ungleichung $1 < \sqrt[n]{p}$ hinzu, so gelangt man zu der doppelten Ungleichung:

$$(3) \qquad\qquad 1 < \sqrt[n]{p} < 1 + \frac{p-1}{n}.$$

Zu jeder noch so kleinen positiven Zahl ε kann man nun eine solche Nummer N angeben, daß $a_N = \sqrt[N]{p} < 1 + \varepsilon$ ist, denn dazu braucht man nur $N > \frac{p-1}{\varepsilon}$ zu setzen. Mit a_N sind aber auch alle folgenden Elemente kleiner als $1 + \varepsilon$, da unsere Folge ja beständig abnimmt. Andererseits sind aber alle Elemente größer als 1, so daß von der Nummer N an alle zwischen 1 und $1 + \varepsilon$ fallen, und damit ist unsere Behauptung:

$$(4) \qquad\qquad \lim_{n \to \infty} \sqrt[n]{p} = 1 \qquad\qquad (p > 1)$$

bewiesen.

Beispiel 2: Es sei q eine beliebige (reelle) Zahl, und wir betrachten die Folge:

$$a_n = q^n.$$

Das Verhalten dieser Folge hängt offenbar wesentlich von der Zahl q ab, und wir müssen in dieser Hinsicht verschiedene Fälle unterscheiden.

a) $q > 1$. In diesem Fall kann man schreiben:

$q = 1 + \alpha$ mit $\alpha > 0$. Dann ist aber nach der Bernoullischen Ungleichung (2):

$$a_n = q^n > 1 + n\alpha,$$

und daraus erkennt man, daß die Elemente a_n mit unbegrenzt wachsendem n jede noch so große Zahl übersteigen. Die Folge hat also in unserem bisherigen Sinn keinen Grenzwert. Um darüber hinaus die Natur dieser Folge näher zu kennzeichnen, stellen wir fest: Zu jeder noch so großen positiven Zahl G läßt sich eine Nummer N angeben, so daß von a_N an alle Elemente der Folge größer als G sind. Man sagt in diesem Fall, die Folge habe den Grenzwert $+\infty$. Das widerspricht nicht der anfänglichen Feststellung, daß die Folge keinen Grenzwert hat; denn das Symbol ∞ ist ja keine eigentliche Zahl. Als Ergebnis schreiben wir also:

$$\lim_{n \to \infty} q^n = +\infty. \qquad\qquad (q > 1)$$

b) $q < -1$. Dann ist

$$q^n = (-1)^n |q|^n,$$

und da ja $|q| > 1$ ist, übersteigt der absolute Betrag wie wir unter a) gesehen haben, alle Grenzen, während sich das Vorzeichen von Element zu Element jedesmal umkehrt. Die Folge besitzt keinen Grenzwert.

c) $-1 < q < 1$. Setzt man hier $|q| = \frac{1}{p}$, so ist $p > 1$, und die Folge $p^n = \frac{1}{|q|^n}$ übersteigt mit wachsendem n alle Grenzen. Damit muß aber $|q|^n = \frac{1}{p^n}$ mit unbegrenzt größer werdendem n der Zahl 0 beliebig nahe kommen. Da sich q^n hiervon nur durch das Vorzeichen unterscheiden kann, haben wir:

$$(6) \qquad \lim_{n \to \infty} q^n = 0. \qquad\qquad (|q| < 1)$$

Damit ist unsere Aufgabe gelöst, mit Ausnahme der beiden Sonderfälle $q = 1$ und $q = -1$, die aber sehr einfach zu übersehen und ohne besonderes Interesse sind.

Beispiel 3: Jetzt beschäftigen wir uns mit der Folge:

$$(7) \qquad a_0 = c, \quad a_1 = c(1 + q), \quad a_2 = c(1 + q + q^2), \ldots,$$
$$a_n = c(1 + q + q^2 + \cdots + q^n), \ldots,$$

deren Elemente die Teilsummen der geometrischen Reihe sind. Für die Untersuchung der Konvergenz ist die Form (7) ungeeignet[1], da mit wachsender Nummer n auch die Anzahl der Glieder unbegrenzt steigt, aus denen das einzelne Element der Folge aufgebaut ist. Subtrahiert man nun von

$$a_n q = c(q + q^2 + q^3 + \cdots + q^n + q^{n+1})$$

das Element a_n, so kommt man zu:

$$a_n(q - 1) = c(q^{n+1} - 1)$$

und erhält daraus unter der Voraussetzung $q \neq 1$ die wichtige Umformung

$$(8) \qquad a_n = c(1 + q + q^2 + \cdots + q^n) = c\frac{1 - q^{n+1}}{1 - q} \qquad (q \neq 1)*.$$

Wenn wir in dem so umgeformten Ausdruck nun n unbegrenzt wachsen lassen, so wird davon nur das Glied q^{n+1} betroffen, und wir können an Hand des Ergebnisses von Beispiel 2 den Grenzübergang leicht verfolgen. Es ergibt sich dann im Fall $-1 < q < 1$

$$(9) \qquad \lim_{n \to \infty} a_n = \lim_{n \to \infty} [c(1 + q + q^2 + \cdots + q^n)] = \lim_{n \to \infty} c\frac{1 - q^{n+1}}{1 - q}$$
$$= c\frac{1}{1 - q}, \qquad\qquad (|q| < 1)$$

---

[1] Nur in den uninteressanten Sonderfällen $q = 0$, $q = -1$, $q = +1$ ist das Verhalten der Folge für $n \to \infty$ nach (7) fofort zu überblicken.

* Diese Formel wird auch als „Summenformel der endlichen geometrischen Reihe" bezeichnet.

während die Folge für $|q| > 1$ keinen Grenzwert (wenigstens keinen endlichen) besitzt. An Stelle von (9) schreibt man meist:

$$(9a) \qquad c\,(1 + q + q^2 + q^3 + \cdots) = c\,\frac{1}{1 - q}\,.$$

Die Punkte auf der linken Seite deuten an, daß die Reihe ohne Ende fortgesetzt werden soll, und man nennt (9a) die „Summenformel der unendlichen geometrischen Reihe". Unter der Summe einer unendlichen Reihe hat man dabei den Grenzwert zu verstehen, dem die Summe der gewöhnlichen (endlichen) Reihe zustrebt, wenn ihre Gliederzahl unbegrenzt wächst. Dieser Ausdruck hat also nur einen Sinn, wenn die Summen der endlichen Reihen eine konvergente Folge bilden.

Diese Beispiele waren immer noch recht einfach. Man muß sich nämlich vergegenwärtigen, daß sich die Aufgabe der Untersuchung einer Zahlenfolge grundsätzlich in zwei Teilaufgaben spaltet: Es muß zuerst untersucht werden, ob eine Folge einen Grenzwert besitzt, anschließend muß gegebenenfalls dieser Grenzwert bestimmt werden. Eine getrennte Behandlung der ersten Frage erübrigte sich nun bei unseren Beispielen deshalb, weil wir die Grenzwerte von vornherein aus den Bildungsgesetzen unserer Folgen ablesen, gewissermaßen erraten konnten und dieses Ergebnis nur nachträglich durch die „ε-Probe" zu bestätigen brauchten (vgl. Beispiel 1; dagegen waren 2 und 3 so einfach, daß sich sogar die ε-Probe erübrigte). Ein solches Vorgehen ist natürlich nicht mehr möglich, wenn durch den Grenzwert der zu untersuchenden Folge eine neue Zahl definiert wird. Ganz abgesehen davon ist aber eine so vollständige Übersicht über eine Zahlenfolge, die das Erraten ihres Grenzwertes ermöglicht, nur dann zu gewinnen, wenn das Bildungsgesetz der Folge sehr einfach ist. Diese Betrachtungen führen zu dem Bestreben, verwickeltere Folgen aus solchen mit einfacherem Bildungsgesetz aufzubauen.

5, 2. Das Rechnen mit Grenzwerten.

Die Möglichkeit zu derartigen Zerlegungen geben uns einige einfache Sätze, die wir jetzt ableiten wollen. Es seien $a_1,\ a_2,\ \ldots,\ a_n,\ \ldots$ bzw. $b_1,\ b_2,\ \ldots,\ b_n,\ \ldots$ zwei konvergente Zahlenfolgen mit den Grenzwerten a bzw. b. Dann gilt:

$$(10a) \qquad \lim_{n \to \infty} (a_n + b_n) = a + b, \quad \Big\}$$

$$(10b) \qquad \lim_{n \to \infty} (a_n - b_n) = a - b, \quad \Big\} \ \text{(Summensatz)}$$

$$(10c) \qquad \lim_{n \to \infty} a_n\,b_n = a\,b, \qquad \text{(Produktsatz)}$$

und wenn man die Voraussetzung macht, daß $b \neq 0$ ist, hat man weiter[1]:

$$(10\,\mathrm{d}) \qquad\qquad \lim_{n \to \infty} \frac{a_n}{b_n} = \frac{a}{b} \;*. \qquad \text{(Quotientensatz)}$$

Der Beweis dieser Sätze ist sehr einfach. Da a und b die Grenzwerte der beiden Folgen sind, läßt sich zu jeder noch so kleinen positiven Zahl ε eine solche Nummer N angeben, daß für alle $n > N$

$$(11\,\mathrm{a}) \qquad\qquad |\,a - a_n\,| < \varepsilon\,,$$
$$(11\,\mathrm{b}) \qquad\qquad |\,b - b_n\,| < \varepsilon$$

ist. Wenn aber diese beiden Ungleichungen bestehen, kann sich $a_n + b_n$ höchstens um 2ε von $a + b$ unterscheiden, und da mit ε natürlich auch 2ε beliebig klein wird, ist (10a) bereits bewiesen. Ebenso erkennt man auch die Richtigkeit von (10b). Zum Beweise des Produktsatzes (10c) betrachten wir die Differenz:

$$a\,b - a_n\,b_n = a\,b - a\,b_n + a\,b_n - a_n\,b_n = a\,(b - b_n) + b_n\,(a - a_n)\,,$$

für deren absoluten Betrag wir

$$|\,a\,b - a_n\,b_n\,| \leqq |\,a\,|\,|\,b - b_n\,| + |\,b_n\,|\,|\,a - a_n\,|\,,$$

also nach (11a) und (11b):

$$|\,a\,b - a_n\,b_n\,| < (|\,a\,| + |\,b_n\,|)\,\varepsilon$$

erhalten. Da unsere beiden Folgen konvergent und damit nach Satz 1 auch beschränkt sind, läßt sich stets eine positive Zahl G angeben, die größer als $|\,a\,| + |\,b_n\,|$ ist, so daß

$$|\,a\,b - a_n\,b_n\,| < G\,\varepsilon$$

wird. Mit ε wird auch $G\,\varepsilon$ beliebig klein, und damit ist auch (10c) bewiesen. Zum Beweis des Quotientensatzes (10d) bilden wir die Differenz:

$$\frac{a}{b} - \frac{a_n}{b_n} = \frac{a\,b_n - a_n\,b}{b\,b_n} = \frac{a\,b_n - a\,b + a\,b - a_n\,b}{b\,b_n} = \frac{a\,(b_n - b) + b\,(a - a_n)}{b\,b_n}\,,$$

und daraus schließen wir nach (11a) und (11b):

$$\left|\frac{a}{b} - \frac{a_n}{b_n}\right| < \frac{|\,a\,| + |\,b\,|}{|\,b\,|\,|\,b_n\,|}\,\varepsilon\,.$$

Da der Grenzwert b von Null verschieden vorausgesetzt wurde, so läßt sich zu jeder positiven Zahl $\gamma < |\,b\,|$ eine Nummer N derart angeben, daß für alle $n > N$ auch $|\,b_n\,| > \gamma$ wird. Mit dieser Zahl γ gilt dann

$$\left|\frac{a}{b} - \frac{a_n}{b_n}\right| < \frac{|\,a\,| + |\,b\,|}{\gamma^2}\,\varepsilon\,,$$

und da die rechte Seite dieser Ungleichung mit ε beliebig klein wird, ist nun auch (10d) bewiesen. Die Beziehungen (10a—d) besagen:

---

* Enthält die Folge der b_n endlich oft die Zahl Null, so sind diese Elemente bei der Bildung der Quotientenfolge auszulassen.

Satz 2: Der Grenzwert einer Summe, einer Differenz, eines Produktes oder eines Quotienten ist gleich der Summe bzw. der Differenz, dem Produkt oder dem Quotienten der Grenzwerte der einzelnen Bestandteile, sofern diese Bestandteile überhaupt konvergent sind und sofern im Fall des Quotienten der Nenner nicht den Grenzwert Null hat.

Die angegebenen Voraussetzungen sind wesentlich und müssen bei der Anwendung dieser Sätze genau beachtet werden. So kann man z. B. auf die Folge

$$a_n = \frac{n+1}{n-1}$$

keinesfalls den Quotientensatz anwenden, da weder die Zählerfolge noch die Nennerfolge einen Grenzwert hat. Auch die Anwendung des Produktsatzes auf die in der Form $a_n = \frac{1}{n-1}(n+1)$ geschriebene Folge wäre sinnlos, da zwar die Folge der ersten, nicht aber die Folge der zweiten Faktoren konvergent ist. Dennoch hat die Folge a_n einen Grenzwert; wir brauchen ja nur

$$\frac{n+1}{n-1} = 1 + \frac{2}{n-1}$$

zu schreiben, um zu erkennen, daß dieser Grenzwert 1 ist. Ebenso kann es auch bei einer Summe eintreten, daß beide Summanden keinen Grenzwert haben, während die Summe konvergent ist. Besonders häufig tritt der Fall ein, daß bei einer Folge von Quotienten sowohl die Zählerfolge als auch die Nennerfolge den Grenzwert Null hat, wodurch die Anwendung des Quotientensatzes unmöglich gemacht wird[1].

Vor der Anwendung der Grenzwertsätze muß man sich also stets davon überzeugen, ob die aus den einzelnen Bestandteilen gebildeten Folgen konvergent sind und ob nicht etwa bei einem Quotienten die Nennerfolge den Grenzwert Null hat. Wenn man sich über diese Voraussetzungen ständig im klaren ist, kann man die Grenzwertsätze nun auch in der folgenden Form zusammenfassen:

Satz 2a: *Die rationalen Rechenoperationen sind mit dem Prozeß der Grenzwertbildung vertauschbar.*

Jetzt sind wir in der Lage, komplizierter aufgebaute Folgen auf einfachere zurückzuführen. Wir finden z. B.

$$\lim_{n \to \infty} \frac{(a+n)(b+n)}{c+n^2} = \lim_{n \to \infty} \frac{\left(1+\frac{a}{n}\right)\left(1+\frac{b}{n}\right)}{1+\frac{c}{n^2}} = 1.$$

---

[1] Die Bestimmung des Grenzwertes einer solchen Folge wird oft in einer sinnwidrigen Ausdrucksweise als ,,Bestimmung des wahren Wertes‘‘ des ,,unbestimmten Ausdrucks 0/0‘‘ bezeichnet, und ebenso wird leider immer noch manchmal von den ,,wahren Werten‘‘ von $\frac{\infty}{\infty}$, $0 \cdot \infty$ und $\infty - \infty$ gesprochen.

Ferner können wir durch Anwendung des Quotientensatzes unser bisher nur für $p > 1$ abgeleitetes Ergebnis

$$\lim_{n \to \infty} \sqrt[n]{p} = 1$$

auf alle positiven p erweitern.

Es muß in diesem Zusammenhang noch auf einen wichtigen Punkt hingewiesen werden. Hat man die Folge:

$$a_n = \frac{1}{n^2} + \frac{2}{n^2} + \frac{3}{n^2} + \cdots + \frac{n-1}{n^2},$$

so ist auf diese der Summensatz nicht anwendbar, weil die Zahl der Glieder dieser Summe von der Nummer des Elementes abhängt und insbesondere mit n über alle Grenzen wächst. Man erkennt auch leicht, daß man dabei zu einem falschen Ergebnis kommen würde. Denn da jedes einzelne Glied der Summe den Grenzwert Null hat, würde man aus dem Summensatz folgern, daß auch der Grenzwert der Summe Null wäre. Man hat aber wegen

$$1 + 2 + 3 + \cdots + n - 1 = \tfrac{1}{2} n (n - 1)$$

für a_n auch die Darstellung:

$$a_n = \frac{1}{2} \frac{n(n-1)}{n^2} = \frac{1}{2} \left(1 - \frac{1}{n} \right),$$

und daher ist der Grenzwert in Wirklichkeit gleich $\tfrac{1}{2}$. Ebenso darf der Produktsatz nur angewandt werden, wenn die Anzahl der Faktoren von der Nummer des Elementes unabhängig ist. Für

$$a_n = \left(1 + \frac{1}{n} \right)^n$$

würde die fälschliche Anwendung des Produktsatzes z. B. den Grenzwert 1 liefern, und wir werden in § 8 noch erkennen, daß das in der Tat unrichtig ist.

5, 3. Häufungsstellenprinzip und Konvergenzkriterien.

Wenn wir von einer Zahlenfolge den Grenzwert erraten hatten, war es an Hand der in der Erklärung 2 gegebenen Ungleichung leicht möglich, nachträglich die vermutete Konvergenz der Folge zu bestätigen und die Richtigkeit des erratenen Grenzwertes zu erkennen. Die interessanteren Fälle sind aber die, in denen durch den Grenzwert einer Folge eine neue Zahl definiert wird, diese selbst also noch nicht bekannt ist. Dann zerfällt die Aufgabe, wie am Schluß von 5, 1 schon ausgeführt wurde, in zwei Teile. Der erste Teil, nämlich die Untersuchung, ob eine Folge konvergiert, kann dann nicht mehr mit Hilfe der Erklärung 2 durchgeführt werden, da in der dortigen Ungleichung der noch nicht bekannte Grenzwert selbst vorkommt. Um diese Schwierigkeiten überwinden zu können, ist es notwendig, unsere Begriffsbildungen noch etwas zu verfeinern.

Wir können dazu an die schon einmal genannte Folge

$$0, \; + \frac{1}{2}, \; - \frac{2}{3}, \; + \frac{3}{4}, \; \ldots, \; (-1)^n \left(1 - \frac{1}{n}\right), \; \ldots$$

anknüpfen. Für sie haben offenbar die Zahlen -1 und $+1$ eine besondere Bedeutung, wenn man sie auch nicht als Grenzwerte dieser Folge ansprechen kann; denn in jede noch so enge Nachbarschaft einer dieser Zahlen fallen, wenn auch nicht fast alle, so doch unendlich viele Elemente der Folge. Die Elemente der Folge drängen oder *häufen* sich gegen diese Zahlen hin, und daher werden sie „*Häufungsstellen*" der Folge genannt. Wir sagen:

Erklärung 3: Die Zahl α ist eine Häufungsstelle einer Zahlenfolge, wenn in jedes noch so schmale, α in seinem Innern enthaltende Intervall unendlich viele Elemente dieser Folge fallen.

Dem ist auch die zunächst scheinbar schwächere Formulierung gleichwertig:

Erklärung 3a: Die Zahl α ist eine Häufungsstelle einer Zahlenfolge wenn entweder α selbst unendlich oft in der Folge vorkommt, oder in jede noch so enge Nachbarschaft von α mindestens ein von α verschiedenes Element der Folge fällt.

Es ist unmittelbar klar, daß eine Häufungsstelle im Sinn der Erklärung 3 auch Häufungsstelle im Sinn der Erklärung 3a ist. Um zu erkennen, daß auch die Umkehrung gilt, bleibt nur noch zu überlegen: Wenn in jede beliebig enge Nachbarschaft von α auch nur ein von α verschiedenes Element der Folge fällt, so müssen es auch unendlich viele sein; denn enthielte eine gewisse Umgebung der Zahl α nur endlich viele von α verschiedene Elemente der Folge, so könnte man unter ihnen das α am nächsten liegende auswählen und darauf eine engere Umgebung von α bestimmen, die kein von α verschiedenes Element der Folge mehr enthielte. Das widerspricht aber der Voraussetzung.

Von grundlegender Bedeutung ist nun der folgende Satz:

Satz 3 *(Weierstraßscher Häufungsstellensatz): Jede beschränkte unendliche Zahlenfolge besitzt mindestens eine Häufungsstelle.*

Dieser Satz besagt, daß in einem endlichen Intervall niemals unendlich viele Zahlen Platz finden können, ohne sich an mindestens einer Stelle dieses Intervalls zu häufen. Er leuchtet daher für die Anschauung unmittelbar ein. Seinen strengen Beweis führen wir, indem wir ein Verfahren zur Auffindung einer Häufungsstelle angeben, bei dem wir erkennen, daß es unter allen Umständen zum Ziel führen muß. Wir teilen das Intervall mit den Grenzen a und b, das sämtliche Elemente der zu untersuchenden Folge enthält, durch die Stelle $c = \dfrac{a+b}{2}$ zunächst in zwei Teilintervalle. Es ist klar, daß mindestens eines dieser Teilintervalle noch unendlich viele Elemente der Folge enthalten muß. Dieses (oder, wenn das für beide der Fall ist, eins von ihnen) betrachten wir weiter, halbieren es abermals und suchen unter diesen neuen Teilintervallen wieder eines aus, das noch unendlich viele Elemente unserer Folge enthält. Dies Verfahren können wir offenbar ohne Ende fortsetzen und gelangen so zu einer Folge von Intervallen, deren jedes vollständig dem vorhergehenden angehört, wobei die Intervallänge jedesmal auf die Hälfte sinkt. Wir haben somit eine Intervallschachtelung vor uns, die nach den Ausführungen von 1, 2 eine ganz bestimmte Zahl α erfassen muß. Da nun aber jedes Intervall unserer Schachtelungsfolge unendlich viele Elemente der gegebenen Zahlenfolge enthielt, fallen, anders ausgedrückt, in jede noch so enge Nachbarschaft der Zahl α unendlich viele Elemente der vorgelegten Folge, die Zahl α ist also eine Häufungsstelle. Damit ist die Existenz mindestens einer Häufungsstelle nachgewiesen[1].

Aus der Erklärung 2 für den Grenzwert einer Folge ist ersichtlich, daß der Grenzwert selbstverständlich eine Häufungsstelle der Folge ist. Die Einordnung des Grenzwertbegriffes in den allgemeineren Rahmen unserer jetzigen Betrachtungen gibt

Satz 4: Der Grenzwert einer konvergenten Zahlenfolge ist ihre einzige Häufungsstelle, und andererseits hat jede beschränkte Zahlenfolge mit nur einer Häufungsstelle diese zum Grenzwert.

Zum Beweise des ersten Teils dieses Satzes hat man nur zu beachten, daß ja in jede noch so enge Umgebung des Grenzwertes bereits fast alle Elemente der Folge fallen und nur noch eine endliche Anzahl übrigbleibt. Den Beweis der im zweiten Teil ausgesprochenen Umkehrung führen wir folgendermaßen: Es seien a' und a'' ($a'' > a'$) die Grenzen eines Intervalls, das sämtliche Elemente einer beschränkten unendlichen Zahlenfolge enthält, deren einzige Häufungsstelle α sei. Dann liegen zwischen $\alpha - \varepsilon$ und $\alpha + \varepsilon$ unendlich viele Elemente der Folge, wie klein die positive Zahl ε auch gewählt sein mag. Würden nun außer diesen Elementen noch unendlich viele existieren, so müßte mindestens eines der beiden Intervalle von a' bis $\alpha - \varepsilon$ oder von $\alpha + \varepsilon$ bis a'' unendlich viele Elemente enthalten, und dann müßte nach dem Weierstraßschen Häufungsstellensatz außer α noch mindestens eine weitere Häufungsstelle vorhanden sein, was aber unserer Voraussetzung widerspricht. Es können also nur endlich viele Elemente nicht zwischen die Grenzen $\alpha - \varepsilon$ und $\alpha + \varepsilon$ fallen, und damit ist α nach Erklärung 2 der Grenzwert der Folge.

---

[1] Das hier angewandte Beweisverfahren ist für die Behandlung so allgemeiner Fragestellungen charakteristisch, und der Leser wird es in diesem Abschnitt auch weiter noch in ähnlicher Form antreffen. Der Anfänger, der gewohnt ist, sich eine allgemeine Überlegung an konkreten Beispielen zu veranschaulichen, möge sich klarmachen, daß hier nicht die Durchführung des Schachtelungsprozesses, wie sie in einem Einzelfall vorgenommen würde, für den Beweis wesentlich ist, sondern lediglich die Feststellung, daß in jedem Fall die Möglichkeit einer solchen Schachtelung vorliegt.

Wir sind jetzt in der Lage, die zu Beginn dieses Abschnitts ange-schnittene Frage wiederaufzunehmen und eine Zahlenfolge ohne vor-herige Kenntnis ihres eventuellen Grenzwertes hinsichtlich ihrer Kon-vergenz zu untersuchen. Wir nehmen eine besonders wichtige Klasse von Folgen vorweg:

Erklärung 4: Eine Zahlenfolge heißt „monoton zunehmend" bzw. „monoton abnehmend", wenn jedes ihrer Elemente größer bzw. kleiner ist als das vorhergehende. Wir wollen den Begriff der Monotonie aber noch dahin erweitern, daß wir auch Gleichheit von aufeinanderfolgenden Elementen zulassen. Bei dieser erweiterten Begriffsbildung ist die obige Unterscheidung durch „monoton nicht abnehmend" und „monoton nicht zunehmend" zu ersetzen.

Sei jetzt a_1, a_2, ..., a_n, ... eine monoton nicht abnehmende Folge und α eine Häufungsstelle dieser Folge. Dann kann kein Element der Folge größer als α sein; wäre nämlich etwa $a_m = \alpha + \gamma$ $(\gamma > 0)$, so müßten alle folgenden Elemente nach Voraussetzung eben so groß sein und sich damit mindestens um γ von α unterscheiden. Dann wäre aber α entgegen der Voraussetzung keine Häufungsstelle. Es gibt also ober-von α kein Element der Folge und erst recht keine Häufungsstelle. Eine monoton nicht abnehmende Folge kann also höchstens eine Häu-fungsstelle besitzen und ganz entsprechendes gilt für monoton nicht zu-nehmende Folgen. Ist die Folge überdies beschränkt, so ergibt sich zu-sammen mit den Sätzen 3 und 4:

Satz 5: *Jede monotone beschränkte Zahlenfolge ist konvergent.*

In der jetzigen Ausdrucksweise läßt sich das Schachtelungsverfahren folgender-maßen beschreiben. Es liegen zwei Folgen vor, und zwar eine monoton nicht ab-nehmende Folge a_1', a_2', ... und eine monoton nicht zunehmende Folge a_1'', a_2'', ...; es gilt für jedes n die Ungleichung:

$$a_n' < a_n'' ,$$

womit die Beschränktheit beider Folgen gesichert ist. Jede der beiden Folgen muß daher nach Satz 5 einen Grenzwert besitzen. Wenn nun weiter die Spanne $a_n'' - a_n'$ den Grenzwert Null hat, müssen die Grenzwerte der beiden Folgen zusammen-fallen. Die durch das Schachtelungsverfahren erfaßte Zahl ist dieser gemeinsame Grenzwert

$$a = \lim_{n \to \infty} a_n' = \lim_{n \to \infty} a_n''.$$

Nach der Gewinnung dieser wichtigen Teilergebnisse beweisen wir nun den folgenden allgemeinen Satz:

Satz 6 (Cauchysches Konvergenzkriterium): Eine Zahlen-folge a_1, a_2, ..., a_n, ... ist dann und nur dann konvergent, wenn sich zu jeder noch so kleinen positiven Zahl ε eine solche Nummer N angeben läßt, daß stets $|\, a_l - a_m \,| < 2\,\varepsilon$ ist, sobald nur l und m größer als N sind.

Beweis: Darüber, daß die Bedingungen von Satz 6 notwendig sind, braucht kein Wort verloren zu werden, denn das folgt sofort aus Erklärung 2. Um diese Bedingungen auch als hinreichend zu erkennen, beachten wir als erstes, daß in diesen unter allen Umständen die Beschränktheit der vorgelegten Folge enthalten ist, womit nach dem Weierstraßschen Häufungsstellensatz (Satz 3) die Existenz mindestens einer Häufungsstelle gesichert ist. Es bleibt zu zeigen, daß es wirklich *nur eine* Häufungsstelle geben kann. Dies einzusehen nehmen wir an, die Folge besäße mehrere Häufungsstellen, und greifen unter ihnen zwei beliebige heraus, die wir α' und α'' nennen. Es werde ferner $|\alpha' - \alpha''| = \gamma > 0$ gesetzt. Nach Voraussetzung fallen von der Nummer N an sämtliche Elemente der Folge in ein Intervall der Länge 2ε, also gehören nur eine endliche Anzahl von Elementen nicht diesem Intervall an. Es müssen also sämtliche Häufungsstellen, und damit sowohl α' als auch α'', in diesem Intervall oder auf seinen Grenzen liegen, d. h. es gilt: $\gamma \leqq 2\varepsilon$. Das Bestehen dieser Ungleichung für beliebig kleines $\varepsilon > 0$ ist mit der Annahme $\gamma > 0$ unvereinbar, die Häufungswerte α' und α'' fallen also zusammen. Da α' und α'' ganz beliebig herausgesucht waren, folgt hieraus, daß sämtliche Häufungswerte der Folge zusammenfallen müssen, d. h. aber, es gibt nur einen einzigen Häufungswert α, und hiermit ist Satz 6 nach Satz 4 bewiesen.

Unsere allgemeinen Untersuchungen über Zahlenfolgen wollen wir nun mit der folgenden Betrachtung abschließen: Man kann aus einer unendlichen Zahlenfolge stets eine „Teilfolge" auswählen, die ebenfalls unendlich ist, auch wenn sie durch Fortlassen unendlich vieler Elemente entsteht. So läßt sich z. B. aus der Folge aller natürlichen Zahlen die Teilfolge aller ungeraden oder geraden Zahlen oder auch die aller Quadratzahlen herausnehmen. Ist nun a_1^*, a_2^*, ... eine unendliche Teilfolge der Folge a_1, a_2, ..., so kann die Folge der a_n^* sicher keine Häufungsstelle haben, die nicht auch eine Häufungsstelle der Folge a_n ist, weil jedes Element der Folge a_n^* auch der Folge a_n angehört. Da nun selbstverständlich jede Teilfolge einer beschränkten Folge wieder beschränkt ist, ergibt sich nach den Sätzen 1, 3 und 4:

Satz 7: Hat eine Zahlenfolge einen Grenzwert, so muß auch jede unendliche Teilfolge den gleichen Grenzwert besitzen.

Besonders wichtig ist folgender Satz:

Satz 8: Ist α eine Häufungsstelle der Folge a_1, a_2, ..., so kann man aus dieser Folge stets eine konvergente Teilfolge mit dem Grenzwert α heraussuchen.

Beweis: Man gebe sich zunächst ein Intervall mit der Zahl α als Mitte vor, suche in der Folge a_1, a_2, ... das erste in dieses Intervall fallende Element auf und nehme dieses zum ersten Element der Teilfolge. Darauf ersetze man das erste Intervall durch ein zweites, das ebenfalls α als Mitte hat, jedoch nur halb so lang ist, durchlaufe die Folge der a_n so lange weiter, bis man an ein in dieses zweite Intervall fallende Element gelangt, und mache dieses zum zweiten Element der Teilfolge. Fährt man in dieser Weise fort, so erhält man, weil α eine Häufungsstelle ist (Erkl. 3a), eine nicht abbrechende Teilfolge. Diese Teilfolge hat aber auch, wie verlangt, den Grenzwert α: denn da die zum Aufbau verwandten ineinander liegenden Intervalle sich gegen die Zahl α hin zusammenziehen, fallen in jedes noch so enge, α enthaltende Intervall fast alle Elemente der Teilfolge.

Wir bringen nun noch eine wichtige Anwendung. Die zunächst nur für eine natürliche Zahl p definierte Potenz a^p wird bekanntlich durch die Festsetzung

$$a^{\frac{m}{n}} = \sqrt[n]{a^m}$$

auf gebrochene Exponenten erweitert, wobei man a als positiv voraussetzen muß und zur Erzielung der Eindeutigkeit festsetzen kann, daß bei geradzahligem Nenner des Exponenten die positive Wurzel zu nehmen ist. Wir wollen nun aber auch die Beschränkung auf rationale Exponenten aufgeben und auch Symbolen wie $a^{\sqrt{2}}$ oder a^π, allgemein a^p mit beliebigem p, einen Sinn beilegen. Hierzu denken wir daran, daß der unendliche Dezimalbruch, der die irrationale Zahl p angibt, eine Intervallschachtelung

$$p'_n < p < p''_n$$

mit rationalen p'_n und p''_n darstellt, deren Spanne bei geeigneter Numerierung der Näherungsbrüche durch

$$p''_n - p'_n = \frac{1}{10^n}$$

gegeben ist. Wenn wir zunächst $a > 1$ voraussetzen, so folgt, wie man ohne weiteres erkennt, aus $\lambda > \mu$ (λ und μ rational) stets auch $a^\lambda > a^\mu$. Daher ist mit p'_1, p'_2, ... auch $a^{p'_1}$, $a^{p'_2}$, ... eine monoton nicht abnehmende, und ebenso $a^{p''_1}$, $a^{p''_2}$, ... eine monoton nicht zunehmende Folge. Es gilt ferner für jedes n die Ungleichung:

$$a^{p'_n} < a^{p''_n},$$

und daraus folgt sofort, daß beide Folgen auch beschränkt sein müssen, jede also einen Grenzwert hat. Die zugehörige Spanne ist:

$$a^{p''_n} - a^{p'_n} = a^{p'_n}\left(a^{p''_n - p'_n} - 1\right) = a^{p'_n}\left(a^{\frac{1}{10^n}} - 1\right).$$

Wegen der Beschränktheit der Folge $a^{p'_n}$ können wir eine Zahl G finden, die von keinem Elemen. dieser Folge übertroffen wird, und damit gewinnen wir die Abschätzung:

$$a^{p''_n} - a^{p'_n} \leqq G\left(\sqrt[10^n]{a} - 1\right).$$

Da die Folge $\sqrt[10^n]{a}$ eine Teilfolge der in 5, 1, Beispiel 1 behandelten Folge ist, hat sie den Grenzwert 1, und damit folgt

$$\lim_{n \to \infty} \left(a^{p''_n} - a^{p'_n}\right) = 0.$$

Die Folgen $a^{p'_n}$ und $a^{p''_n}$ haben also den gleichen Grenzwert, und diese Zahl werden wir unter dem Symbol a^p verstehen:

$$a^p = \lim_{n \to \infty} a^{p'_n} = \lim_{n \to \infty} a^{p''_n}.$$

Die Berechtigung dazu hat man allerdings erst, wenn man noch gezeigt hat, daß irgend eine andere die Zahl p erfassende Intervallschachtelung stets zu dem gleichen Grenzwert führt. Das ist in der Tat nicht schwer zu zeigen, wir wollen hier jedoch darauf verzichten.

Wenn man in der Gleichung

$$\left(\frac{1}{a}\right)^{p'_n} = a^{-p'_n}$$

n über alle Grenzen wachsen läßt, kommt man auf:

$$\left(\frac{1}{a}\right)^{p} = a^{-p},$$

und damit können wir unsere bisherige Beschränkung auf $a > 1$ fallen lassen. Ferner leitet man aus dem Produktsatz der Grenzwertrechnung sofort ab, daß die Rechenregel

$$a^{p+q} = a^p\, a^q$$

auch für irrationale Exponenten Gültigkeit hat. Die Übertragung der Regel

$$(a^p)^q = a^{pq}$$

ist ebenfalls ohne besondere Schwierigkeiten möglich. Es bleiben also alle für rationale Exponenten gewonnenen Rechenregeln gültig, und wir brauchen daher beim Rechnen mit Potenzen nicht zwischen rationalen und irrationalen Exponenten zu unterscheiden.

5, 4. Grenzwerte von Funktionen, Stetigkeit und Steigung.

Den Grenzwertbegriff müssen wir nun noch in geeigneter Weise auf Funktionen übertragen. Es sei durch zwei Zahlen a und b (die unter Umständen auch $-\infty$ und $+\infty$ sein können) ein Intervall abgegrenzt, und ξ sei eine diesem Intervall angehörende Zahl. Es liege ferner eine Funktion $f(x)$ vor, die in dem ganzen Intervall $a < x < b$, unter Umständen mit Ausnahme der Zahl ξ, definiert ist. Es kann nun sein, daß sich der Funktionswert $f(x)$ einer Zahl g beliebig nähert, sobald nur die Zahl x hinreichend nahe an ξ heranrückt, und in einem solchen Fall werden wir g den „Grenzwert der Funktion" nennen, der erhalten wird, wenn x gegen ξ strebt.

Erklärung 5: Es ist

$$\lim_{x \to \xi} f(x) = g,$$

wenn sich zu jedem noch so kleinen positiven ε ein positives δ angeben läßt, so daß $|f(x) - g| < \varepsilon$ wird, sobald nur $|x - \xi| < \delta$ ist.

Diese Erklärung kann man auch durch folgende ersetzen:

Erklärung 5a: Es ist

$$\lim_{x \to \xi} f(x) = g,$$

wenn die zu einer gegen ξ konvergierenden Zahlenfolge $x_1, x_2, \ldots, x_n, \ldots$ gehörende Folge $f(x_1), f(x_2), \ldots, f(x_n), \ldots$ von Funktionswerten stets den Grenzwert g besitzt.

Die Gleichwertigkeit dieser beiden Erklärungen ist leicht einzusehen: Wenn die Bedingungen der Erklärung 5 erfüllt sind und fast alle Elemente der Folge $x_1, x_2, \ldots$ in das Intervall zwischen $\xi - \delta$ und $\xi + \delta$ fallen, so liegen fast alle Elemente der Folge $f(x_1), f(x_2), \ldots$ zwischen $g - \varepsilon$ und $g + \varepsilon$, und das besagt gerade die Erklärung 5a. Sind umgekehrt die Bedingungen der Erklärung 5a erfüllt, so kann es sicher nicht in jeder noch so engen Nachbarschaft von ξ noch x-Werte geben, deren zugehörige Funktionswerte sich von der Zahl g um mehr als eine bestimmte feste Zahl γ unterscheiden; wäre das nämlich der Fall, so müßten in jedem ξ enthaltenden Intervall unendlich viele solche Zahlen liegen, und man könnte aus ihrer Gesamtheit eine Folge $x_1^*, x_2^*, \ldots$ auswählen, die den Grenzwert ξ hätte. Die zugehörige Funktionswertfolge $f(x_1^*)$, $f(x_2^*), \ldots$ würde aber entgegen der Voraussetzung nicht gegen g konvergieren. Die Erklärungen 5 und 5a besagen also das gleiche. Die Anwendung von 5a vereinfacht sich beträchtlich auf Grund des folgenden Satzes:

Satz 9: Wenn man zeigen kann, daß die Folge $f(x_1), f(x_2), \ldots$ konvergent ist, sofern die Folge $x_1, x_2, \ldots$ den Grenzwert ξ hat, so ist der Grenzwert $\lim_{n \to \infty} f(x_n)$ von der speziellen Wahl der x-Folge unabhängig und damit gleich $\lim_{x \to \xi} f(x)$.

Man beweist diesen Satz dadurch, daß man von zwei verschiedenen gegen die Zahl ξ konvergierenden Folgen $x_1', x_2', \ldots$ und $x_1'', x_2'', \ldots$ ausgeht und $\lim_{n \to \infty} f(x_n') = g'$, $\lim_{n \to \infty} f(x_n'') = g''$ annimmt. Für die neue Folge

$$x_1 = x_1', \ x_2 = x_1'', \ x_3 = x_2', \ x_4 = x_2'', \ldots,$$

die sicher auch den Grenzwert ξ hat, besitzt die zugehörige Folge der Funktionswerte die Zahlen g' und g'' zu Häufungsstellen und wäre, wenn diese beiden Zahlen voneinander verschieden wären, nicht konvergent.

Bei der Untersuchung einer Funktion wird man, falls man ihren Grenzwert, ähnlich wie bei einfachen Zahlenfolgen, erraten kann, zur Nachprüfung am besten die Erklärung 5 heranziehen. Liegen die Verhältnisse jedoch nicht so einfach, so untersucht man zunächst, ob die Voraussetzung des Satzes 9 erfüllt ist, die ja auch eine notwendige Voraussetzung für die Existenz eines Grenzwertes darstellt. Bei der Ausrechnung des Grenzwertes kann man sich dann nach Satz 9 auf eine bestimmte beliebig herausgegriffene Folge x_1, x_2, ... mit dem Grenzwert ξ beschränken.

Im übrigen vereinfacht sich die Grenzwertbestimmung bei Funktionen wieder durch den folgenden Satz, den man durch Anwendung des eben beschriebenen Verfahrens und aus Satz 2 erhält:

Satz 10: Ist

$$\lim_{x \to \xi} f_1(x) = g_1$$

und

$$\lim_{x \to \xi} f_2(x) = g_2,$$

so gilt:

(12a)
$$\lim_{x \to \xi} [f_1(x) + f_2(x)] = g_1 + g_2,$$

(12b)
$$\lim_{x \to \xi} [f_1(x) - f_2(x)] = g_1 - g_2,$$

(12c)
$$\lim_{x \to \xi} [f_1(x) f_2(x)] = g_1 g_2,$$

und unter der weiteren Voraussetzung $g_2 \neq 0$ gilt auch:

(12d)
$$\lim_{x \to \xi} \frac{f_1(x)}{f_2(x)} = \frac{g_1}{g_2}.$$

Die Grenzwertbildung von Funktionen ist also ebenfalls mit den rationalen Rechenoperationen vertauschbar, wobei aber selbstverständlich die Voraussetzungen genau so beachtet werden müssen, wie das in 5, 2 bei Zahlenfolgen ausgeführt wurde.

Die große Bedeutung des jetzt erklärten Begriffes des Grenzwertes einer Funktion für die Kennzeichnung von Funktionen werden wir sogleich erkennen. Wir wollen jetzt voraussetzen, die Funktion $f(x)$ sei auch an der Stelle ξ definiert. Dann sagen wir:

Erklärung 6: Wenn der Grenzwert

$$\lim_{x \to \xi} f(x)$$

existiert und gleich $f(\xi)$ ist, so ist die Funktion $f(x)$ „an der Stelle ξ *stetig*".

Zusatz: Gilt dies nur unter der Einschränkung, daß die Annäherung *einseitig* (von rechts oder von links) erfolgt, so nennt man die Funktion $f(x)$ an der Stelle ξ „rechtsseitig" bzw. „linksseitig" stetig.

Die bisher von uns behandelten ganzen rationalen Funktionen waren überall stetig, und daher ist man zunächst wohl geneigt, die Stetigkeit einer Funktion als eine Selbstverständlichkeit hinzunehmen. Man muß sich demgegenüber aber stets darüber klar sein, eine welch allgemeine Bedeutung dem Wort „Funktion" zukommt. Es ist durchaus möglich, daß die eine Funktion darstellende Kurve an gewissen Stellen springt, wie etwa die Treppenkurven, die uns immer als Hilfsmittel bei der Flächeninhaltsbestimmung dienten. Solche Sprungstellen sind die einfachsten Fälle der Unstetigkeit. Mit dem Begriff der stetigen Funktion hat man dagegen das Bild einer Kurve zu verbinden, die an keiner Stelle einen Sprung macht.

Der Erklärung 6 kann man auf Grund von Erklärung 5 auch die folgende Form geben:

Erklärung 6a: Eine Funktion $f(x)$ heißt an der Stelle $x = \xi$ stetig, wenn sich zu jeder noch so kleinen positiven Zahl ε eine solche positive Zahl δ finden läßt, daß $|f(x) - f(\xi)| < \varepsilon$ wird, sobald nur $|x - \xi| < \delta$ ist.

Unmittelbar folgt aus den Erklärungen 6 und 5a auch: ·

Satz 11: Ist x_1, x_2, ... eine unendliche Zahlenfolge mit dem Grenzwert ξ und ist $f(x)$ eine bei $x = \xi$ *stetige Funktion*, so ist

$$\lim_{n \to \infty} f(x_n) = f(\xi),$$

wofür wir auch

$$\lim_{n \to \infty} f(x_n) = f(\lim_{n \to \infty} x_n)$$

schreiben können. Bei einer stetigen Funktion ist also, kurz gesagt, das *Funktionszeichen mit dem Limeszeichen vertauschbar.*

Die Untersuchung, ob eine Funktion stetig ist, wird oft beträchtlich erleichtert durch den folgenden, aus Erklärung 6 und Satz 10 hervorgehenden Satz:

Satz 12: Für alle Werte der unabhängigen Veränderlichen x, bei denen zwei gegebene Funktionen stetig sind, sind auch die Summe, die Differenz, und das Produkt stetig, und das gleiche gilt auch für den Quotienten, mit Ausnahme derjenigen Stellen, an denen die Nennerfunktion den Wert Null hat.

Aus diesem Satz folgt sofort die bereits erwähnte Tatsache der Stetigkeit aller ganzen rationalen Funktionen, weil die zu ihrem Aufbau dienenden Grundfunktionen $f_1(x) = x$ und $f_2(x) = $ const sicher stetig sind.

Nach der Gewinnung des Stetigkeitsbegriffes erinnern wir uns nun daran, daß wir früher bei den Steigungsbestimmungen im Grunde auch schon immer Grenzwerte von Funktionen gebildet haben, ohne das allerdings in dieser Form auszusprechen. Ist nämlich

$$y = f(x) = x^n$$

und legt man durch die beiden Punkte dieser Kurve mit den Abszissen x und $x + \Delta x$ eine Sehne, so hat deren Steigung den Wert

$$m_s = \frac{f(x + \Delta x) - f(x)}{\Delta x} = \frac{(x + \Delta x)^n - x^n}{\Delta x},$$

den wir nun als Funktion der Abszissenspanne Δx ansehen. Diese Funktion ist für $\Delta x = 0$ nicht definiert, wohl aber für alle $\Delta x \neq 0$. Als Tangentensteigung hatten wir früher nun diejenige Zahl erkannt, der die

Sehnensteigung beliebig nahekommt, sofern nur $|\Delta x|$ hinreichend klein wird, das heißt aber, den Grenzwert

$$m_t = \lim_{\Delta x \to 0} m_s \, .$$

Die Existenz dieses Grenzwertes ist dabei leicht zu erkennen, denn für jedes $\Delta x \neq 0$ ist

$$\frac{(x+\Delta x)^n - x^n}{\Delta x} = \binom{n}{1} x^{n-1} + \binom{n}{2} x^{n-2} \Delta x + \binom{n}{3} x^{n-3} (\Delta x)^2 + \cdots + (\Delta x)^{n-1} .$$

Da die rechte Seite dieser Gleichung auch für $\Delta x = 0$ definiert und überdies als Funktion von Δx (bei festem x) stetig ist, so muß der Wert, den sie für $\Delta x = 0$ annimmt, gleich dem Grenzwert der linken Seite sein. Es ist also

$$m_t = y' = f'(x) = n \, x^{n-1} \, .$$

Natürlich war der Grundgedanke unserer früheren Ableitung dieses Ergebnisses der gleiche wie hier, nur zogen wir damals noch nicht den Grenzwertbegriff heran.

Den Gedanken der Bestimmung der Tangentensteigung werden wir natürlich auch bei anderen Funktionen weiter verfolgen. Der Weg, der uns dabei zum Ziel führt, bleibt grundsätzlich unverändert: Es wird zunächst die Sehnensteigung

$$m_s = \frac{f(x + \Delta x) - f(x)}{\Delta x}$$

gebildet. Dieser Ausdruck verliert stets für $\Delta x = 0$ seinen Sinn; wenn er aber, als Funktion von Δx aufgefaßt, für $\Delta x \to 0$ einen Grenzwert hat, so ist dieser Grenzwert die Tangentensteigung:

$$y' = f'(x) = \lim_{\Delta x \to 0} \frac{f(x + \Delta x) - f(x)}{\Delta x}$$

Die Bestimmung dieses Grenzwertes ist im allgemeinen nicht so einfach wie bei den bisher betrachteten Funktionen. Wir müßten dabei immer zu den in Erklärung 5a und Satz 9 bereitgestellten Hilfsmitteln greifen, wenn uns nicht ein merkwürdiger Zusammenhang mit dem Problem der Flächeninhaltsbestimmung, den wir in § 7 kennenlernen werden, die Aufgabe in den meisten Fällen sehr erleichtern würde.

Man sieht unmittelbar ein, daß die Funktion $f(x)$ an der betrachteten Stelle stetig sein muß, wenn der die Tangentensteigung definierende Grenzwert existieren soll. Man erkennt aber auch leicht, daß diese Bedingung nicht hinreichend ist; denn wenn z. B. die Kurve $f(x)$ an der untersuchten Stelle geknickt ist, macht die Funktion, die die Sehnensteigung in Abhängigkeit von der Spanne Δx darstellt, bei $\Delta x = 0$ einen Sprung, und das bedeutet, daß man zwei verschiedene Grenzlagen der Sehne erhält, je nachdem, ob Δx von rechts oder von links her gegen Null strebt. Das sind aber in dieser Hinsicht noch die einfachsten Fälle. WEIERSTRASS[1] hat eine Funktion angegeben, die überall stetig ist, bei der man aber dennoch an keiner Stelle eine Tangentensteigung definieren kann. Solche Eigentümlichkeiten passen nicht in das anschauliche Bild, das wir mit dem Begriff der stetigen Funktion verbinden, und es wird damit klar, daß dieses Bild offenbar schon Elemente enthält, die über den Inhalt der Erklärung 6 bzw. 6a hinausgehen, von denen wir aber andererseits unsere Anschauung kaum werden befreien können. Da man sich aber in jedem Augenblick darüber klar sein muß, welche Voraussetzungen einer bestimmten Überlegung zugrundeliegen, müssen wir unbedingt wissen, wie weit der Stetigkeitsbegriff reicht und bei welchen Fragestellungen die Stetigkeit einer Funktion eine ausreichende Voraussetzung darstellt. Im Hinblick auf das Beispiel von WEIERSTRASS können wir uns bei der Klärung dieser Fragen nicht mehr auf die Anschauung stützen. Daher müssen wir allein aus der Stetigkeitsdefinition (Erklärung 6 bzw. 6a) rein logisch Folgerungen ziehen. Wir dürfen uns dann nicht wundern, wenn die dabei erhaltenen Ergebnisse vom Standpunkt der Anschauung als Selbstverständlichkeiten erscheinen; denn wir wollen uns ja darüber klar werden, welche unserer Anschauung vertrauten Tatsachen der Stetigkeit entspringen. Wir werden dabei feststellen, daß sich das bei dem Steigungsbegriff festgestellte Versagen unserer Anschauung beim Flächeninhaltsbegriff nicht wiederholt. Das gibt uns die Berechtigung, in den folgenden Kapiteln wieder, wie bisher, an die Anschauung anzuknüpfen, wenn wir uns beim Vordringen auf neues Gebiet immer auf Flächeninhaltsbestimmungen stützen. Hierfür gilt es, eine sichere Grundlage zu schaffen.

5, 5. Allgemeine Sätze über stetige Funktionen.

Wenn wir es bei den folgenden Sätzen mit Intervallen zu tun haben, so ist es immer von Bedeutung, ob zu einem Intervall seine Grenzen hinzugerechnet werden oder nicht. Man führt diesbezüglich folgende Sprechweise ein:

Erklärung 7: Ein Intervall $a \leqq x \leqq b$ mit hinzugenommenen Grenzen wird ein „abgeschlossenes Intervall" genannt; sind dagegen die Grenzen nicht als zum Intervall gehörig betrachtet, schreibt man also $a < x < b$, so hat man ein „offenes Intervall"; bei Hinzurechnung einer der Grenzen, also etwa $a \leqq x < b$, nennt man das Intervall „halboffen".

Wenn wir es im folgenden mit Stetigkeit in einem abgeschlossenen Intervall zu tun haben, so genügt es, in den Randpunkten „einseitige Stetigkeit" (Erkl. 6, Zusatz) anzunehmen, nämlich rechtsseitige an der unteren, linksseitige an der oberen Grenze des Intervalls.

Satz 13: Eine in einem abgeschlossenen Intervall $a \leqq x \leqq b$ überall stetige Funktion ist dort auch beschränkt.

Beweis: Wäre die stetige Funktion $f(x)$ in dem abgeschlossenen Intervall $\langle ab \rangle$ nicht beschränkt, so könnte man eine monoton und unbeschränkt ansteigende Folge positiver Zahlen $\mu_1, \mu_2, \mu_3, \ldots$ vorschreiben und danach eine Folge $x_1, x_2, x_3, \ldots$ von sämtlich dem Intervall $\langle ab \rangle$ angehörenden Zahlen so bestimmen, daß für alle n

$$|f(x_n)| \geqq \mu_n$$

---

[1] 1815—1897.

wäre. Die Folge der x_n müßte dann Häufungsstellen besitzen, die sämtlich dem abgeschlossenen Intervall $\langle a\,b \rangle$ angehören. Ist ξ eine dieser Häufungsstellen und x_1', x_2', ... eine gegen ξ konvergierende Teilfolge der Folge x_1, x_2, ..., die sich nach Satz 8 immer finden läßt, so würde, obwohl

$$\lim_{n \to \infty} x_n' = \xi$$

wäre, die zugehörige Folge der Funktionswerte nicht konvergent sein. Dann wäre $f(x)$ entgegen der Voraussetzung an der Stelle $x = \xi$ nicht stetig. Der Beweis zeigt, wie wesentlich es war, die Intervallgrenzen in die Stetigkeitsvoraussetzung einzubeziehen, da ja die Häufungsstelle ξ auch eine der Intervallgrenzen sein kann. Für nicht abgeschlossene Intervalle ist Satz 13 in der Tat auch nicht gültig, was wir auch noch an Beispielen bestätigt finden werden.

Satz 13 besagt, daß man bei einer in einem abgeschlossenen Intervall stetigen Funktion eine obere und eine untere Schranke angeben kann, die von den Werten der Funktion in diesem Intervall nicht über- bzw. unterschritten wird. Wir legen uns, an diese Feststellung anknüpfend, die Frage vor, ob man unter allen möglichen oberen Schranken eine kleinste und entsprechend unter allen möglichen unteren Schranken eine größte auswählen kann. Um diese Frage zunächst für die oberen Schranken zu beantworten, gehen wir von zwei Zahlen α und β ($\alpha < \beta$) aus, von denen die Zahl β eine obere Schranke sei, α dagegen nicht. Halbieren wir das von den Zahlen α und β begrenzte Intervall, so hat sicher eines der entstehenden Teilintervalle wieder die Eigenschaft, daß wohl sein oberes, nicht aber sein unteres Ende eine obere Schranke der Funktionswerte darstellt. Dieses Teilintervall halbieren wir abermals, treffen unter seinen Hälften wieder die gleiche Auswahl und fahren in dieser Weise ohne Ende fort. Diese Intervallschachtelung erfaßt eine Zahl M, die die Eigenschaft hat, daß jede größere, jedoch keine kleinere Zahl eine mögliche obere Schranke ist. Dann ist aber auch M selbst eine obere Schranke; denn würde M übertroffen, so ließen sich auch noch größere (M benachbarte) Zahlen finden, die ebenfalls übertroffen würden, und das widerspräche unserer Feststellung. M ist also in der Tat die kleinstmögliche obere Schranke, und in ganz entsprechender Weise läßt sich natürlich auch die Existenz einer größtmöglichen unteren Schranke m beweisen. Diese beiden eindeutig bestimmten Zahlen m und M heißen die *untere* und die *obere* „*Grenze*" des Wertevorrates der Funktion $f(x)$ im abgeschlossenen Intervall $\langle a\,b \rangle$. Wichtiger noch als diese Feststellung der Existenz solcher Grenzen ist die Erkenntnis, daß diese beiden Werte von der Funktion auch wirklich angenommen werden, daß also die Funktionswerte nicht etwa nur diesen Grenzen beliebig nahekommen. Es gilt

Satz 14 (Satz von WEIERSTRASS): Unter den Werten, die eine in einem abgeschlossenen Intervall stetige Funktion dort annimmt, gibt es stets einen größten und einen kleinsten.

Beweis: Ist M die obere Grenze des Wertevorrates der Funktion im abgeschlossenen Intervall $\langle a\,b \rangle$, so wählen wir uns eine monoton aufsteigende Zahlenfolge μ_1, μ_2, ... mit dem Grenzwert M. Wegen der Bedeutung der Zahl M kann man anschließend eine solche Folge x_1, x_2, ... mit sämtlich dem abgeschlossenen Intervall angehörenden x_n dazu bestimmen, daß für alle n

$$f(x_n) \geqq \mu_n$$

ist. Unter den sämtlich in dem abgeschlossenen Intervall $\langle a\,b \rangle$ liegenden Häufungsstellen dieser Folge wählen wir jetzt wieder eine aus, die wir etwa ξ nennen, und wir bestimmen aus der Folge x_n eine gegen ξ konvergierende Teilfolge x_n'. Wegen

$$\mu_n \leqq f(x_n) \leqq M \qquad \text{und} \qquad \lim_{n \to \infty} \mu_n = M$$

ist auch

$$\lim_{n \to \infty} f(x_n) = M,$$

und dann muß auch für die Teilfolge gelten:

$$\lim_{n \to \infty} f(x'_n) = M$$

Da nun

$$\lim_{n \to \infty} x'_n = \xi$$

ist und $f(x)$ nach Voraussetzung an der Stelle ξ stetig sein muß, folgt aus Satz 11:

$$f(\xi) = M.$$

In der gleichen Weise zeigt man auch, daß die untere Grenze m wirklich angenommen wird, und damit ist Satz 14 bewiesen.

Erklärung 8: Die Differenz $M - m = \sigma$ zwischen dem größten und dem kleinsten Wert, den eine Funktion in einem abgeschlossenen Intervall annimmt, nennt man die *Schwankung* der Funktion in diesem Intervall.

Dieser Begriff gibt die Möglichkeit, folgenden Satz auszusprechen, der im Grund auf eine andere Formulierung der Stetigkeitsdefinition hinausläuft:

Satz 15: ·Ist die Funktion $f(x)$ an der Stelle $x = \xi$ stetig, so läßt sich zu jedem noch so kleinen positiven ε ein solches positives δ bestimmen, daß die Schwankung der Funktion ·$f(x)$ in dem abgeschlossenen Intervall $\xi - \delta \leqq x \leqq \xi + \delta$ nicht größer als $2\,\varepsilon$ wird.

Dies ist sofort einzusehen, denn schon das δ der Erklärung 6a leistet das Gewünschte (wegen dieser Bezugnahme haben wir in Satz 15 mit $2\,\varepsilon$ statt mit ε gearbeitet).

Wir betrachten nun wieder eine in dem abgeschlossenen Intervall $a \leqq x \leqq b$ stetige Funktion $f(x)$. Wir geben uns eine feste positive Zahl ε vor und bestimmen, am linken Ende a beginnend, Intervalle, die lückenlos aneinanderliegen und von denen jedes die Eigenschaft hat, daß in ihm die Schwankung der Funktion $f(x)$ höchstens gleich $\dfrac{\varepsilon}{2}$ ist. Das ist nach Satz 15 natürlich immer möglich. Wichtig und keineswegs selbstverständlich ist aber, daß wir es dabei immer so einrichten können, daß wir nach endlich vielen Schritten am rechten Ende b unseres Grundintervalls ankommen, das Grundintervall also mit einer endlichen Anzahl solcher durch ε bestimmter Intervalle auffüllen können. An sich wäre es ja denkbar, daß man bei der Durchführung dieser Konstruktion auf eine solche monoton aufsteigende Folge $a,\, x_1,\, x_2,\, \ldots$ von Intervallgrenzen stieße, die eine Häufungsstelle $\xi \leqq b$ hätte. Dann müßte aber $f(x)$ nach Voraussetzung auch in ξ stetig sein und damit nach Satz 15 ein Intervall $\xi - \varrho \leqq x \leqq \xi + \varrho$ existieren, in dem die Schwankung der Funktion höchstens gleich $\dfrac{\varepsilon}{2}$ wäre. Da man nun mit der ursprünglichen Intervallfolge sicher nach endlich vielen Schritten die Zahl $\xi - \varrho$ erreicht, könnte dann dieses bis $\xi + \varrho$ reichende Intervall angeschlossen werden. Die vorherige Intervallfolge, die ξ zur Häufungsstelle hatte, war also ganz offensichtlich zu ungünstig bestimmt. Ebenso wie ξ könnten wir natürlich auch noch jede weitere in das abgeschlossene Intervall $\langle ab \rangle$ fallende Häufungsstelle überbrücken. Wir sehen, daß wir eine Folge von Teilintervallen aneinanderreihen können, deren Endpunkte sich in $\langle ab \rangle$ nirgends häufen. Ihre Anzahl muß endlich sein, weil sonst ein Verstoß gegen den Weierstraßschen Häufungsstellensatz (Satz 3) eintreten würde; unsere Behauptung ist also bewiesen.

Unter den so aufgebauten endlich vielen Intervallen, die das Grundintervall $\langle ab \rangle$ ausfüllen, können wir nun das schmalste aussuchen und seine Breite δ nennen. Wenn sich dann zwei dem Intervall $a \leqq x \leqq b$ angehörende Zahlen höchstens um δ unterscheiden, so liegen sie entweder in ein und demselben oder in zwei unmittelbar benachbarten Intervallen der soeben aufgebauten Teilung. Daher können sich ihre

Funktionswerte höchstens um ε unterscheiden. Da nun aber ε jede beliebig kleine positive Zahl sein kann, besagt das:

Satz 16: Ist $f(x)$ in dem abgeschlossenen Intervall $a \leq x \leq b$ stetig, so läßt sich zu jedem noch so kleinen positiven ε ein solches positives δ finden, daß stets $|f(x_2) - f(x_1)| \leq \varepsilon$ wird, sobald nur $|x_2 - x_1| \leq \delta$ ist und x_1 und x_2 zu dem abgeschlossenen Intervall $\langle ab \rangle$ gehören.

Dieser Satz, der als *„Satz von der gleichmäßigen Stetigkeit"* bekannt ist, sagt sehr viel mehr aus als die Erklärung 6a; denn das in jener Erklärung zu einem vorgeschriebenen ε gehörige δ bezog sich nur auf eine bestimmte Stelle $x = \xi$, während doch hier ausgedrückt ist, daß man ein δ finden kann, das gleich für das ganze Intervall $\langle ab \rangle$ ausreicht. Die Abgeschlossenheit ist natürlich auch hier eine wesentliche Voraussetzung.

Von grundlegender Bedeutung ist auch der folgende Satz:

Satz 17 (Satz von BOLZANO[1]): Ist $f(x)$ in dem abgeschlossenen Intervall $a \leq x \leq b$ überall stetig und haben $f(a)$ und $f(b)$ entgegengesetzte Vorzeichen, so muß es in diesem Intervall mindestens eine Stelle $x = \xi$ geben, deren zugehöriger Funktionswert gleich Null ist.

Beweis: Zunächst halbieren wir das Intervall $\langle ab \rangle$ und nennen die Mitte c. Sollte $f(c)$ zufällig gleich Null sein, so hätten wir unser Ziel schon erreicht. Ist das aber nicht der Fall, dann hat eines der beiden entstandenen Teilintervalle wieder die Eigenschaft, daß $f(x)$ an seinen beiden Enden verschiedene Vorzeichen hat, und mit diesem beschäftigen wir uns weiter. Wir halbieren es abermals und suchen unter den beiden neu entstandenen Teilintervallen wieder dasjenige mit der ursprünglichen Eigenschaft aus. Wenn wir, so fortfahrend, nach endlich vielen Schritten auf einen Teilpunkt stoßen, für den der zugehörige Funktionswert Null ist, sind wir wiederum am Ziel. Andernfalls wird durch unsere Konstruktion eine Intervallschachtelung aufgebaut, bei der die Länge der Intervalle gegen den Grenzwert Null hin abnimmt. Daher erfaßt diese Schachtelung eine Zahl ξ. Jedes noch so enge Intervall dieser Folge hat die Eigenschaft, daß die Funktionswerte an seinen beiden Enden entgegengesetzte Vorzeichen besitzen. Wäre $f(\xi)$ von Null verschieden, so widerspräche das aber der Stetigkeit der Funktion $f(x)$ an der Stelle ξ, die selbst dem abgeschlossenen Intervall $\langle ab \rangle$ angehört. $f(\xi)$ ist daher gleich Null, womit unser Beweis geführt ist.

Hieraus folgt nun sofort weiter:

Satz 17a (Bolzano-Weierstraßscher Zwischenwertsatz): Ist $f(x)$ in dem abgeschlossenen Intervall $\langle ab \rangle$ stetig und ist $f(b) \neq f(a)$, so muß diese Funktion jeden Zwischenwert zwischen $f(a)$ und $f(b)$ an mindestens einer Stelle des Intervalls $\langle ab \rangle$ annehmen.

(Zum Beweise hat man nach Wahl einer beliebigen festen Zahl p zwischen $f(a)$ und $f(b)$ den Satz 17 auf die nach Satz 12 im abgeschlossenen Intervall $\langle ab \rangle$ sicher auch stetige Funktion $g(x) = f(x) - p$ anzuwenden.)

Diese Tatsache beherrscht unsere anschauliche Vorstellung vom Wesen einer stetigen Funktion. Und doch kann man aus ihr nicht auf die Stetigkeit einer Funktion schließen, denn auch eine nicht in dem ganzen Intervall $\langle ab \rangle$ stetige Funktion kann alle Zwischenwerte annehmen, wie man sich mühelos klarmachen kann. Eine Umkehrung hat der Satz 17a nur dann, wenn die betrachtete Funktion im Intervall $\langle ab \rangle$ monotonen Charakter hat, d. h. wenn aus $x_2 > x_1$ entweder stets $f(x_2) > f(x_1)$ oder stets $f(x_2) < f(x_1)$ folgt, sofern x_1 und x_2 dem Intervall $\langle ab \rangle$ angehören. (Wir wollen also stückweise Konstanz nicht zulassen und legen dem Wort Monotonie einen engeren Sinn bei, als wir es bei Zahlenfolgen getan haben.) Wenn eine solche monotone Funktion jeden Zwischenwert annimmt, ist sie auch stetig. Zu jeder beliebigen Zahl ξ zwischen a und b gehört

---

[1] 1781—1848.

nämlich zunächst sicher ein Funktionswert $f(\xi)$ zwischen $f(a)$ und $f(b)$. Ist nun ε eine beliebig kleine positive Zahl, so müssen auch die Funktionswerte $f(\xi) - \varepsilon$ und $f(\xi) + \varepsilon$ von der Funktion $f(x)$ innerhalb des Intervalls angenommen werden, und wir nennen die betreffenden Stellen α und β. Aus der Monotonie folgt, daß die beiden Zahlen α und β die Zahl ξ einschließen müssen. Wir können also mit positiven δ_1 und δ_2 schreiben: $\alpha = \xi - \delta_1$, $\beta = \xi + \delta_2$. Ist nun x irgend eine Zahl zwischen $\xi - \delta_1$ und $\xi + \delta_2$, so muß der Funktionswert wegen der Monotonie zwischen $f(\xi) - \varepsilon$ und $f(\xi) + \varepsilon$ liegen, und damit ist $f(x)$ nach Erklärung 6a bei $x = \xi$ stetig. Das gilt für jede innere Stelle des Intervalls, und in entsprechender Weise läßt sich die einseitige Stetigkeit an den Intervallgrenzen zeigen.

Es gilt also:

Satz 18: Eine in dem abgeschlossenen Intervall $a \leqq x \leqq b$ beschränkte und monotone Funktion, die keinen Zwischenwert zwischen $f(a)$ und $f(b)$ ausläßt, ist in diesem abgeschlossenen Intervall stetig.

Eine Funktion dieser Art hat offenbar die Eigenschaft, daß jeder Zahl y, die dem von den Zahlen $f(a)$ und $f(b)$ begrenzten abgeschlossenen Intervall angehört, genau ein Wert x aus dem abgeschlossenen Intervall $a \leqq x \leqq b$ zugehört, für den $f(x) = y$ ist. Wenn man nun x und y die Rollen vertauschen läßt und y als unabhängige, x dagegen als abhängige Veränderliche betrachtet, so ist diese sog. *Umkehrfunktion* $x = \varphi(y)$ in dem in Betracht kommenden Intervall sicher eindeutig definiert und hat, genau wie die Ausgangsfunktion, monotonen Charakter, wobei sie jeden Wert x aus dem abgeschlossenen Intervall $a \leqq x \leqq b$ genau einmal annimmt. Aus diesen Eigenschaften folgt nach Satz 18 das wichtige Ergebnis:

Satz 19: Ist $y = f(x)$ eine im abgeschlossenen Intervall $a \leqq x \leqq b$ definierte stetige und (im engeren Sinne[1]) monotone Funktion, so ist ihre Umkehrfunktion $x = \varphi(y)$ in dem von den Zahlen $f(a)$ und $f(b)$ begrenzten abgeschlossenen Intervall eindeutig erklärt und ebenfalls stetig und monoton.

5, 6. Analytische Definition des Flächeninhaltes.

Bei dem jetzt eingenommenen Standpunkt, der die Berufung auf die Anschauung nicht zuläßt, müssen wir auch den Flächeninhalt als eine Größe ansehen, deren Existenz noch nicht gesichert ist und die analytisch definiert werden muß. Dabei ist als erstes zu fragen, durch welche rein analytischen Angaben die Zahl, die dann als Flächeninhalt gedeutet werden soll, festzulegen ist. Wir wollen, um darüber Klarheit zu schaffen, das betrachtete Intervall von a bis b durch die Zahlen $x_0 = a, x_1, x_2, \ldots, x_n = b$ in n Teilintervalle teilen, so daß das ν-te Teilintervall durch die Zahlen $x_{\nu-1}$ und x_ν begrenzt wird. $f(x)$ wird in dem abgeschlossenen Intervall $\langle ab \rangle$ als stetig vorausgesetzt, woraus nach Satz 16 die gleichmäßige Stetigkeit in $\langle ab \rangle$ folgt. Nun sei M_ν der größte und m_ν der kleinste Wert, den $f(x)$ im abgeschlossenen ν-ten Teilintervall annimmt. Mit diesen Größen bilden wir die beiden Summen

$$(13\,\mathrm{a}) \qquad F_n = m_1(x_1 - x_0) + m_2(x_2 - x_1) + \cdots + m_n(x_n - x_{n-1})$$

$$= \sum_{\nu=1}^{n} m_\nu(x_\nu - x_{\nu-1}),$$

$$(13\,\mathrm{b}) \qquad \overline{F}_n = \sum_{\nu=1}^{n} M_\nu(x_\nu - x_{\nu-1}).$$

Es ist sicher

$$F_n \leqq \overline{F}_n,$$

---

[1] „Im engeren Sinne" bedeutet, daß die Funktion entweder beständig steigt oder beständig fällt, jedoch nicht stückweise konstant ist.

wobei das Gleichheitszeichen nur gelten kann, wenn $f(x) = \text{const}$ ist. Diese beiden Summen haben offenbar in unserem früheren Sinne die Bedeutung einer unteren und einer oberen Rechteckssumme. Soll nun die analytische Definition des Flächeninhalts das richtig wiedergeben, was wir geometrisch mit diesem Begriff verbinden, so müssen wir jetzt als Flächeninhalt eine Zahl F verstehen, die stets zwischen $\underline{F}_n$ und $\overline{F}_n$ liegt, ganz gleichgültig, welche Unterteilung des Intervalls $\langle ab \rangle$ bei der Bildung der Summen $\underline{F}_n$ und $\overline{F}_n$ zugrunde gelegen hat. Wenn wir diese Aussage nunmehr als Definition des Flächeninhalts ansehen, so wird ersichtlich, welche Fragen noch zu klären sind: Wir müssen feststellen, ob es überhaupt eine Zahl gibt, die die angeführten Eigenschaften hat, und müssen uns vergewissern, ob den gestellten Bedingungen wirklich nur *eine einzige* Zahl genügt.

Wir versuchen, eine Intervallschachtelung zur Erfassung der gesuchten Zahl aufzubauen. Daher wollen wir zunächst die Spanne

$$\overline{F}_n - \underline{F}_n = \sum_{\nu=1}^{n} (M_\nu - m_\nu)(x_\nu - x_{\nu-1})$$

untersuchen. Wenn wir ein beliebig kleines positives ε vorschreiben und zu ihm das δ des Satzes 16 bestimmen und dann die Teilung so fein wählen, daß keins der Teilintervalle eine Länge größer als δ hat, so ist nach Satz 16 in jedem Teilintervall die Schwankung $M_\nu - m_\nu$ höchstens gleich ε, und damit bekommen wir die Abschätzung

$$\overline{F}_n - \underline{F}_n \leqq \varepsilon\,(b - a),$$

aus der wir sofort schließen, daß bei einer Folge von Teilungen, bei der die größte vorkommende Intervallänge dem Grenzwert Null zustrebt, die Spanne zwischen den Summen $\underline{F}_n$ und $\overline{F}_n$ unbegrenzt abnimmt:

$$\lim_{n \to \infty} (\overline{F}_n - \underline{F}_n) = 0.$$

Damit brauchten die Folgen $\underline{F}_n$ und $\overline{F}_n$ natürlich nicht konvergent zu sein. Wir wollen aber jetzt über die Zerlegungsfolge bestimmtere Voraussetzungen machen und verlangen, daß jede Teilung der Folge aus der vorhergehenden durch Hinzunahme neuer Teilpunkte zu den schon vorhandenen entsteht. Bei diesem Prozeß der „Weiterteilung" kann dann nämlich $\underline{F}_n$ nicht abnehmen und $\overline{F}_n$ nicht zunehmen; denn wenn durch Hinzutreten eines neuen Teilpunktes aus einem Intervall zwei werden, so ist in jedem dieser Teilintervalle der kleinste Funktionswert *mindestens* gleich dem kleinsten Wert, den die Funktion in beiden zusammen annimmt, und entsprechendes gilt für den größten. Wir haben auf diese Weise also erreicht, daß die Folge der $\underline{F}_n$ eine monoton nicht abnehmende, die der $\overline{F}_n$ eine monoton nicht zunehmende Folge geworden ist. Beide sind außerdem wegen der Ungleichungen $\underline{F}_n \leqq \overline{F}_n$ auch beschränkt, so daß jede von ihnen einen Grenzwert hat. Wenn wir nun daran festhalten, daß die größte vorkommende Intervallänge nach Null streben soll, so hat gleichzeitig die Spanne den Grenzwert Null, und die Grenzwerte beider Folgen fallen zusammen. Wir haben dann tatsächlich durch eine Intervallschachtelung eine Zahl F definiert, die die Ungleichung

$$(13\,\text{c}) \qquad\qquad \underline{F}_n \leqq F \leqq \overline{F}_n$$

erfüllt. Dabei haben wir uns aber auf eine spezielle Zerlegungsfolge beschränkt und wollen nun noch zeigen, daß wir bei jeder anderen Zerlegungsfolge auf die gleiche Zahl F stoßen würden. Erst der Nachweis, daß diese Zahl von der Zerlegungsfolge unabhängig ist, gibt uns das Recht, sie als „Flächeninhalt" zu definieren. Wir gehen von zwei völlig verschiedenen und ganz willkürlichen Zerlegungen aus, die wir durch die

Symbole I und II kennzeichnen wollen. $\underline{F}^{(I)}$ und $\underline{F}^{(II)}$ seien die unteren, $\overline{F}^{(I)}$ und $\overline{F}^{(II)}$ die oberen Rechteckssummen. Nun nehmen wir die Teilpunkte der Zerlegungen I und II zusammen als Teilpunkte einer neuen Zerlegung III und nennen die zu ihr gehörige untere Rechteckssumme $\underline{F}^{(III)}$, die obere $\overline{F}^{(III)}$. Da die Zerlegung III sowohl aus I als auch aus II durch Weiterteilung entstanden ist, kann $\underline{F}^{(III)}$ nicht kleiner sein als $\underline{F}^{(I)}$ oder $\underline{F}^{(II)}$, und ebenso kann $\overline{F}^{(III)}$ nicht größer sein als $\overline{F}^{(I)}$ oder $\overline{F}^{(II)}$. Daraus folgt aber in Verbindung mit

$$\underline{F}^{(III)} \leqq \overline{F}^{(III)},$$

daß

$$\underline{F}^{(I)} \leqq \overline{F}^{(II)} \qquad \text{und} \qquad \underline{F}^{(II)} \leqq \overline{F}^{(I)}$$

sein muß. Es kann also niemals eine untere Rechteckssumme größer sein als eine obere, auch wenn beide mit ganz verschiedenen Teilungen gebildet sind. Unter solchen Umständen kann es aber nur eine einzige Zahl F geben, der sowohl untere als auch obere Rechteckssummen beliebig nahekommen können; daher muß der oben erhaltene gemeinsame Grenzwert *diese bestimmte Zahl F gewesen sein*, und sie *definieren wir als den Flächeninhalt unter der Kurve $f(x)$ zwischen den Grenzen a und b*. Die Existenz des Flächeninhalts unter einer stetigen Kurve ist damit allgemein gesichert.

Auf Grund dieser nun gewonnenen Gewißheit vereinfacht sich das Berechnungsverfahren. Haben wir nämlich eine beliebige Folge von Teilungen vor uns, so wissen wir jetzt, daß es eine Zahl F gibt, die für jedes n der doppelten Ungleichung

$$\underline{F}_n \leqq F \leqq \overline{F}_n$$

genügt. Die Zerlegungsfolge braucht dann nur noch der Bedingung zu genügen, daß die Spanne zwischen unterer und oberer Rechteckssumme den Grenzwert Null hat, und dafür ist, wie wir erkannt haben, hinreichend, daß die größte vorkommende Streifenbreite gegen Null konvergiert. Es ist also nun nicht mehr erforderlich, daß jede Zerlegung der Folge aus der vorhergehenden durch Weiterteilung entsteht. Man erhält dennoch zwei Zahlenfolgen, deren Elemente in der Grenze einander beliebig nahekommen, ohne daß sie allerdings noch unbedingt eine Schachtelung im eigentlichen Sinn zu bilden brauchen, da wir durch das Aufgeben des Prinzips der Weiterteilung im allgemeinen die Monotonie der beiden Folgen verlieren werden. Wir werden allerdings künftig auch in solchen Fällen, wo eine Zahl als gemeinsamer Grenzwert zweier Folgen erscheint, von denen die eine lauter zu kleine, die andere lauter zu große Elemente enthält, ohne daß beide Folgen unbedingt monoton zu sein brauchen, kurz von Schachtelungen sprechen. Es ist also:

$$F = \lim_{n \to \infty} \underline{F}_n = \lim_{n \to \infty} \overline{F}_n.$$

Wir kommen zu einer noch allgemeineren Darstellung von F, wenn wir statt von $\underline{F}_n$ und $\overline{F}_n$ von $\sum_{\nu=1}^{n} f(\xi_\nu)(x_\nu - x_{\nu-1})$ ausgehen, wo ξ_ν eine dem ν-ten Teilintervall angehörende Zahl ist. Das führt nämlich zu

$$\underline{F}_n \leqq \sum_{\nu=1}^{n} [f(\xi_\nu)(x_\nu - x_{\nu-1})] \leqq \overline{F}_n,$$

und daraus ergibt sich:

$$F = \lim_{n \to \infty} \left\{ \sum_{\nu=1}^{n} [f(\xi_\nu)(x_\nu - x_{\nu-1})] \right\}, \quad (x_{\nu-1} \leqq \xi_\nu \leqq x_\nu).$$

Es wäre danach also nicht erforderlich, in jedem Streifen erst den größten und den kleinsten Funktionswert zu bestimmen. Für die wirkliche Berechnung wird man allerdings immer gern die Schachtelung heranziehen, weil sie gleich einen Überblick über die erreichte Genauigkeit gestattet.

Alles, was wir bei der Flächeninhaltsbestimmung bisher der Anschauung entnommen haben, hat hiermit nun seine strenge Begründung gefunden. Wir können daher künftig in dieser Hinsicht wie bisher weiterarbeiten. Insbesondere können wir bei der Aufteilung der Fläche in Streifen gleicher Breite bleiben, können aber auch gelegentlich zu einer anderen Aufteilung übergehen, wenn uns das für die Berechnung zweckmäßiger erscheint. Wir müssen dabei aber natürlich darauf achten, daß in der Grenze die größte vorkommende Streifenbreite gegen Null konvergiert, eine Forderung, die ja auch anschaulich vollständig klar ist. Zugleich hat sich auch gezeigt, daß sich unter jeder stetigen Funktion der Flächeninhalt berechnen läßt, also auch im Falle des Vorliegens einer der in 5, 4 erwähnten Ausnahmen, die die anschauliche Darstellung durch eine Kurve unmöglich machen.

Zweites Kapitel.

Die gebrochenen rationalen Funktionen und ihre Flächeninhaltsfunktionen.

Im vorigen Kapitel haben wir uns ausschließlich mit den ganzen rationalen Funktionen beschäftigt, die aus der Veränderlichen x und konstanten Größen durch die drei Operationen: Addition, Subtraktion und Multiplikation entstehen. Wir gehen nun einen Schritt weiter und lassen außerdem noch die Division durch die Veränderliche x zu; hierdurch gelangen wir zu den *gebrochenen rationalen Funktionen*.

§ 6. Der Flächeninhalt unter der Hyperbel $y = \frac{1}{x}$.

6, 1. Verlauf der Kurve (Pol, Asymptoten, Tangentensteigung).

Der einfachste Sonderfall dieser Funktionen entsteht offensichtlich, wenn wir die Einheit durch x dividieren:

$$(1) \qquad y = \frac{1}{x}.$$

Wir zeichnen in bekannter Weise zunächst die Kurve, die durch diese Gleichung dargestellt wird. Dabei müssen wir den Wert $x = 0$ ausschließen, da die Division durch Null eine unerlaubte Operation, die Kurve also für diesen Wert von x nicht definiert ist. Für alle $x \neq 0$ wird die Funktion durch eine stetige Kurve dargestellt[1].

Für $x > 0$ erkennt man, daß die Ordinaten positiv sind und mit wachsendem x immer kleiner werden. Die Kurve nähert sich, wie man sagt, mit wachsendem x *asymptotisch* der x-Achse. Wenn wir eine noch so kleine positive Zahl ε vorgeben, so können wir stets eine Ordinate der Kurve (1), die kleiner als ε ist, erhalten, wenn wir nur die Abszisse x genügend groß wählen, oder genauer gesagt: zu jeder vorgegebenen positiven

---

[1] Vgl. 5, 4 Satz 12.

Zahl ε kann eine positive Zahl a bestimmt werden, so daß für alle Abszissen $x > a$ die Ordinate $y < \varepsilon$ ausfällt.

Jetzt betrachten wir, von $x = 1$ ausgehend, die positiven Werte der Abszisse x, die kleiner als 1 sind, z. B. der Reihe nach die Werte $x = \frac{1}{2}$, $\frac{1}{3}, \frac{1}{4}, \frac{1}{5} \ldots$ Wir erhalten, je weiter x an Null herankommt, immer größere Werte für die Ordinate. Die Kurve steigt also beliebig hoch an, oder, genauer gesprochen: Wenn wir eine beliebig große positive Zahl M vorschreiben, so läßt sich dazu eine positive Zahl b bestimmen, so daß die Kurvenordinate von (1) größer als M wird, sofern wir die positive Abszisse x kleiner als b wählen. Man sagt daher: Wenn die Abszisse x durch positive Werte auf Null zustrebt, so strebt die Ordinate der Kurve (1) nach $(+\infty)$ und schreibt entsprechend

$$(2a) \qquad \lim_{x \to +0} y = +\infty .$$

Beim Übergang zu negativen Werten von x bedenken wir, daß y nach (1) eine ungerade Funktion von x ist, d. h., daß

$$(3) \qquad y(-x) = -y(x)$$

gilt. Wir brauchen also nur die für die positiven Abszissen x gefundenen Ordinaten an der entsprechenden Stelle $(-x)$ der negativen Abszissenachse nach unten abzutragen, um für die negativen Abszissenwerte den Kurvenzug zu erhalten (Abb. 52). Nähern wir uns dem Wert $x = 0$ auf der Halbachse der negativen x, so erhalten wir:

$$(2b) \qquad \lim_{x \to -0} y = -\infty .$$

Wir sehen also, daß dem Abszissenwerte $x = 0$ in der Tat keine Ordinate zugehört. Wenn man dem Punkte $x = 0$ einen Funktionswert zuordnen will, so kann das nur durch einen Grenzprozeß geschehen, wie er in (2a) und in (2b) seinen Ausdruck findet. Man sieht, daß dieser Funktionswert verschieden ausfällt, je nachdem man mit x von der einen oder von der anderen Seite her auf die kritische Stelle $x = 0$ zugeht. Dabei ist noch zu beachten, daß man überhaupt den Wert $+\infty$ bzw. $-\infty$ nur im weiteren Sinn als „Funktionswert" bezeichnen kann, denn das Symbol ∞ ist natürlich keineswegs den endlichen Zahlen ohne weiteres gleichzusetzen. Mit den Worten: „y strebt nach $+\infty$, wenn x von rechts her auf Null zugeht", meinen wir eben nur, daß y über jeden (noch so großen) vorgegebenen positiven Wert hinausgebracht werden kann, sofern man dem x einen geeigneten kleinen positiven Wert gibt. Daß man das Unendliche selbst nur in einem solchen Grenzprozeß erfassen kann, hat man in dem Satze ausgedrückt: „Das Unendliche ist nicht etwas Vorhandenes, sondern etwas Werdendes." Eine solche kritische Stelle einer Kurve, wie sie hier bei $x = 0$ vorliegt, pflegt man *einen Pol der Kurve* zu nennen, und zwar spricht man hier insbesondere von einem *einfachen Pole* der

Funktion im Gegensatz zu komplizierterem Verhalten bei später zu betrachtenden Funktionen.

Die Kurve ist aus den Elementen der analytischen Geometrie wohl bekannt als *gleichseitige Hyperbel*, und die beiden Koordinatenachsen werden als die *Asymptoten* dieser Hyperbel bezeichnet. Auch die etwas allgemeinere Kurve

$$(4) \qquad y = \frac{C}{x}$$

stellt eine gleichseitige Hyperbel dar.

Zur Ermittlung der Tangentensteigung gehen wir in der üblichen Weise von der Steigung einer Sehne durch den Punkt P mit der Abszisse x aus, die mit der Abszissenspanne $\Delta x \neq 0$ konstruiert ist. Ihre Steigung ist allgemein:

$$m_s = \frac{y(x + \Delta x) - y(x)}{\Delta x}.$$

Für die Hyperbel (1) ergibt sich daher mit $\Delta x \neq 0$

$$(5) \quad m_s = \frac{\dfrac{1}{x + \Delta x} - \dfrac{1}{x}}{\Delta x} = \frac{-1}{x(x + \Delta x)}.$$

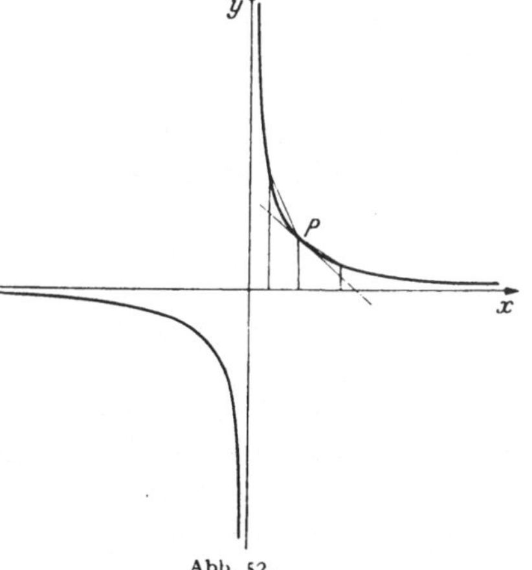

Abb. 52.

Auch hier hebt sich die Abszissenspanne Δx heraus, und wir können in dem Ergebnis $\Delta x = 0$ setzen. Der erhaltene Wert

$$m = \lim_{\Delta x \to 0} \frac{-1}{x(x + \Delta x)} = -\frac{1}{x^2}$$

verliert natürlich seine Bedeutung als Sehnensteigung. Fassen wir ihn dennoch als Steigung einer Geraden durch den Punkt P auf, so erkennen wir, daß diese Steigung kleiner ist als die der Sehnen mit positiver Abszissenspanne und größer als die der Sehnen mit negativer Abszissenspanne (Abb. 52). Die Gerade trennt also die Sehnen mit positiver Abszissenspanne von denen mit negativer Abszissenspanne, sie ist die Tangente der Hyperbel im Punkt P. Nach S. 135 kann dies unmittelbar aus der Existenz des Grenzwertes geschlossen werden. Für die Funktion (1) haben wir damit die Ableitung

$$(1') \qquad y' = m_t = -\frac{1}{x^2}$$

gefunden.

Für die Hyperbel (4) ist die Tangentensteigung entsprechend

$$(4') \qquad y' = -\frac{C}{x^2}.$$

Der Vergleich von (4) und (4') zeigt, daß die Tangentensteigung auch in der Form

$$(6) \qquad\qquad y' = -\frac{y}{x}$$

geschrieben werden kann, und daraus sehen wir, daß die Tangente der Hyperbel (4) in dem Punkt mit der Abszisse x die x-Achse in dem Punkte mit der Abszisse $2x$ schneidet. Um also in dem Hyperbelpunkt P die Tangente zu konstruieren, hat man die Abszisse zu verdoppeln und den dadurch erhaltenen Punkt mit dem Kurvenpunkt P zu verbinden.

6, 2. Beispiel für die Bedeutung der Kurve in der Technik. (Isotherme Zustandsänderung eines idealen Gases.)

Wir wollen zunächst an einem einfachen Beispiel aus der Wärmemechanik zeigen, daß diesen Kurven für die mathematische Behandlung technischer Aufgaben große Bedeutung zukommt.

Für ein ideales Gas, bzw. einen überhitzten Dampf, sind der Druck p, das Volumen v und die absolute Temperatur T durch die Zustandsgleichung

$$(7) \qquad\qquad p\,v = M\,R\,T$$

verknüpft (Boyle-Mariotte-Gay-Lussacsches Gasgesetz). M bedeutet hierbei die Masse der eingeschlossenen Gasmenge, während R eine Konstante ist. Nun soll bei einem Vorgang sich der Zustand des Gases in der Weise ändern, daß die *Temperatur konstant* bleibt, oder, wie man auch sagt, die Zustandsänderung soll *isotherm* sein. Dann besteht nach (7) zwischen Druck p und Volumen v des Gases die Beziehung $p\,v = $ Const oder

$$(7\,\text{a}) \qquad\qquad p = \frac{C}{v}.$$

Wir erhalten also für den Zusammenhang zwischen Druck und Volumen des Gases eine Funktion der eben betrachteten Gestalt. Da das Volumen stets eine positive Zahl ist, brauchen wir der unabhängigen Veränderlichen v nur positive Werte zu geben und erhalten im Bild nur den einen Ast der gleichseitigen Hyperbel.

Wir denken uns die Zustandsänderung etwa im Zylinder einer Wärmekraftmaschine vor sich gehen und haben, nachdem der Dampf aus dem Kessel in den Zylinder eingeströmt ist, ein bestimmtes Volumen Dampf unter einem bestimmten Druck im Zylinder. Das Volumen möge v_1 [cm³] sein, der Druck p_1 [at]. Sollen p und v durch die Gleichung (7a) verknüpft sein, so ist $p_1 v_1 = C$, so daß wir den zur Zeichnung der Kurve (7a) erforderlichen Zahlwert der Konstanten C aus dem Anfangszustand des Gases in dem Zylinder berechnen können. Ist die „Füllung" des Zylinders beendet, so wird das Gas sich selbst überlassen, es „expandiert", d. h. es dehnt sich aus und schiebt dabei den Kolben vor sich her, bis die Endstellung des Kolbens erreicht ist. Das Volumen ist dann gleich dem Zylinderinhalt v_2 geworden und der Druck hat abgenommen. Wenn wir voraussetzen, daß die Zustandsänderung *isotherm* erfolgt, d. h., daß während der Expansion Druck und Volumen durch die Gleichung (7a) verknüpft sind, so ist der Druck des Gases am Ende der Expansion

$$(7\text{b}) \qquad\qquad p_2 = \frac{C}{v_2} = \frac{p_1 v_1}{v_2},$$

und während der Expansion hat zu jeder Stellung des Kolbens, d. h. zu jedem abgegrenzten Volumen v ein Druck gehört, der durch die Ordinate der Kurve (7a) dargestellt wird.

In der Wärmemechanik wird nun die Frage gestellt, welche *Arbeit* das Gas bei der isothermen Expansion durch die Verschiebung des Kolbens nach außen abgibt.

Aus dem *Druck* berechnet man leicht die vom Gase auf den Kolben ausgeübte *Kraft*, denn da der Druck die auf die Flächeneinheit bezogene Kraft ist, so brauchen wir nur den Druck mit der Fläche des Kolbens zu multiplizieren.

Wird also der Druck des Gases in Atmosphären gemessen (1 at = 1 kg cm^{-2}), und ist der Durchmesser des Zylinders gleich d [cm], so ist die auf den Kolben ausgeübte Kraft

$$K = p\,\frac{d^2\pi}{4}\ \ [\text{kg}].$$

Wenn man in den Elementen der Mechanik die Arbeit einer Kraft bei einer bestimmten Verschiebung betrachtet, so geht man von dem Sonderfall aus, daß die Richtung der Kraft und die Richtung der Verschiebung übereinstimmen und daß die Kraft während der Verschiebung unverändert bleibt.

In unserem Problem stimmt die Richtung der Kraft mit der Richtung der geradlinigen Verschiebung dauernd überein, die Größe der Kraft aber ändert sich, weil der Druck während der isothermen Expansion abnimmt. Wir werden daher vorab den einfacheren Fall behandeln, daß der Druck im Zylinder während der Verschiebung konstant ist. (Das ist in Annäherung während der Dauer der *Füllung* des Zylinders der Fall, d. h. solange der Dampf aus dem Kessel, wo er unter konstantem Druck steht, in den Zylinder einströmt.) Wenn nun bei konstant gehaltenem Druck der Kolben eine Verschiebung s erfährt, so erhalten wir für die Arbeit der konstanten Kraft den Ausdruck

$$A = K\,s = p\,\frac{d^2\pi}{4}\,s\ \ [\text{kg cm}]^*.$$

---

* Wollen wir als Einheit der Arbeit, wie üblich, das Kilogrammeter einführen, so haben wir

$$A = \frac{1}{100}\,p\,\frac{d^2\pi}{4}\,s\ \ [\text{kg m}].$$

10*

Das Produkt aus der Kolbenfläche und der Verschiebung s des Kolbens ist gleich der Volumenzunahme des Gases:

$$\frac{d^2\pi}{4}\, s = v_2 - v_1,$$

also kann die Formel für die Arbeit des Gases bei konstantem Druck in der Gestalt

$$A = p(v_2 - v_1)$$

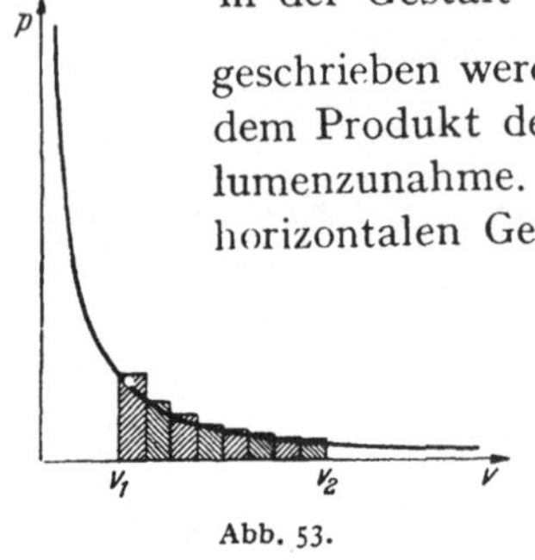

Abb. 53.

geschrieben werden. Die vom Gas geleistete Arbeit ist gleich dem Produkt des konstant bleibenden Druckes und der Volumenzunahme. Sie wird durch den Flächeninhalt unter der horizontalen Geraden dargestellt, die den Druck als Funktion des Volumens wiedergibt.

Im Fall der isothermen Zustandsänderung ist der Druck nicht konstant, sondern nimmt mit wachsendem Volumen ab. Aber wir können auch hier zum Ziele kommen, wenn wir wieder unser altes Verfahren der Einschachtelung heranziehen. Wir teilen das Volumenintervall in n gleiche Teile und konstruieren einen Idealvorgang, bei dem der Druck immer konstant bleibt, während das Volumen sich um eine der n Spannen vermehrt. In dem Augenblick aber, in dem der Trennpunkt zweier Spannen überschritten wird, möge der Druck sprungweise auf den Wert sinken, der dem erreichten Wert des Volumens entspricht; diesen Wert möge er dann während der folgenden Volumenspanne beibehalten usw. So erhalten wir einen Vorgang, der der in Abb. 53 angegebenen oberen Treppenkurve entspricht. Die zugehörige Arbeit ist, wie man unmittelbar erkennt, gleich der Summe der Inhalte aller Rechtecke. Der so erhaltene Wert für die Arbeit ist offenbar zu groß, da wir im allgemeinen nicht den richtigen, sondern einen zu großen Wert für den Druck angenommen haben. Sodann betrachten wir einen zweiten fingierten Vorgang, der einer unteren Treppenkurve entsprechen möge. Auch hier ist die zugehörige Arbeit gleich dem Flächeninhalt unter der Treppenkurve, und wir erhalten einen zu kleinen Wert. Damit haben wir die gesuchte Arbeit in Grenzen eingeschlossen. Wenn wir nun in der uns geläufigen Weise der Zahl n der Reihe nach die Werte $n = 1, 2, 2^2, 2^3, 2^4, \ldots$ zuweisen, so erhalten wir eine *Folge* von Flächeninhalten, die zu der oberen Treppe gehören, und eine Folge von Flächeninhalten, die zu der unteren Treppe gehören. Die gesuchte Arbeit des Gases ist stets eingeschlossen zwischen dem Flächeninhalt unter der unteren Treppe und dem Flächeninhalt unter der oberen Treppe mit der gleichen Stufenzahl. Offenbar ist der Unterschied zwischen diesen beiden Flächeninhalten gleich der Differenz aus dem ersten oberen und dem letzten unteren Rechteck und somit gleich

$$S_n = C\left(\frac{1}{v_1} - \frac{1}{v_2}\right)(\varDelta v)_n$$

oder, da

$$(\varDelta v)_n = \frac{v_2 - v_1}{n}$$

ist,

$$S_n = C \frac{(v_2 - v_1)^2}{v_1 v_2} \cdot \frac{1}{n}.$$

Da dieser Unterschied mit wachsender Nummer nach Null geht, so erhalten wir durch die Treppeneinschachtelung den Flächeninhalt von v_1 bis v_2 unter der Hyperbel $p = \frac{C}{v}$. Dies ist die gesuchte Arbeit. Wir sehen, daß es auch bei der gleichseitigen Hyperbel von Bedeutung ist, den Flächeninhalt unter der Kurve zu berechnen. Dieser Aufgabe wenden wir uns jetzt zu.

6, 3. Berechnung des Flächeninhaltes nach dem Schachtelungsverfahren.

Wir knüpfen wieder an die Hyperbel $y = \frac{1}{x}$ an. Für die Durchführung der weiteren mathematischen Überlegungen ist es nötig, mit dimensionslosen Größen zu arbeiten. Wir fassen daher im folgenden x als reine Zahl auf.

Bei den bisherigen Flächeninhaltsbestimmungen hatten wir den Flächeninhalt zunächst immer von der Stelle $x = 0$ an gezählt. Bei der Hyperbel (1) ist dies offenbar nicht möglich, da die Funktion an dieser Stelle keinen endlichen Wert besitzt. Wir werden deshalb an der Stelle $x = 1$ beginnen und den Flächeninhalt zunächst bis zu einer beliebigen Stelle $x > 1$ bestimmen.

Zur Ermittlung des Flächeninhaltes ziehen wir das Einschachtelungsverfahren heran und teilen, wie in dem oben behandelten Beispiel, das Intervall von 1 bis x in n gleiche Teile, so daß jedes Intervall die Länge

$$\varDelta x = \frac{x - 1}{n}$$

hat. Sodann konstruieren wir die zugehörige obere und untere Treppenkurve. Die Stufen der Treppe werden durch die $(n + 1)$ Punkte mit den Abszissen

$$1,\ 1 + \varDelta x,\ \ 1 + 2\varDelta x;\ \ldots,\ 1 + n\varDelta x = x$$

bestimmt.

Der Unterschied zwischen diesen beiden Flächeninhalten mit der gleichen Nummer n ist

$$S_n = \varDelta x \left(\frac{1}{1 + 0 \cdot \varDelta x} - \frac{1}{1 + n \varDelta x} \right) = \varDelta x \left(1 - \frac{1}{x} \right) = \frac{1}{n} \frac{(x - 1)^2}{x},$$

und man sieht, daß dieser Unterschied mit wachsender Nummer n nach Null geht.

Diese Einschachtelung liefert uns den Flächeninhalt F_1^x (vgl. 5, 6 Ende), und wir können ihn mit jeder gewünschten Genauigkeit leicht berechnen, denn F_1^x weicht sowohl von dem Flächeninhalt unter der unteren wie von dem unter der oberen Treppe um weniger ab, als der Unterschied dieser beiden beträgt. Ist also eine Genauigkeit für die Berechnung von F_1^x vorgeschrieben, so brauchen wir nur n so groß zu wählen, daß diese Spanne kleiner wird als der zulässige Fehler von F_1^x; dann wird sowohl die untere wie die obere Rechteckssumme den gesuchten Flächeninhalt mit der gewünschten Genauigkeit liefern. Das ist prinzipiell sehr einfach; für die praktische Durchführung bleibt es allerdings unbequem, die Rechteckssumme wirklich durch Addieren der einzelnen Summanden zu bilden, denn es gelingt nicht, dafür einen geschlossenen Ausdruck anzugeben.

Wenn wir nach einem Ausweg suchen, der uns zu einer für das praktische Rechnen bequemeren Berechnung des gesuchten Flächeninhalts F_1^x führt, so liegt die Frage nahe, ob die Zerlegung in Streifen gleicher Breite zweckmäßig war. Offenbar zwingt uns nichts zu dieser Wahl der Teilpunkte des Intervalls, vielmehr kann man auch mit oberen und unteren Rechteckssummen arbeiten, wenn das Gesetz, nachdem das Intervall in Teilintervalle zerlegt werden soll, ganz beliebig vorgeschrieben wird, nur muß mit wachsender Nummer die Breite jedes einzelnen Streifens nach Null gehen[1]. Bei der Hyperbel gelingt es nun in einfachster Weise, die Teilung so zu wählen, daß alle unteren wie alle oberen *Rechtecke* unter sich *flächengleich* sind.

Wir erhalten diese Teilung, wenn wir aus der vorgeschriebenen oberen Grenze $x > 1$ des Intervalls die n-te Wurzel

$$(8) \qquad\qquad q_n = \sqrt[n]{x}$$

gezogen denken und als Teilpunkte die Punkte mit den Abszissen

$$(8\,\mathrm{a}) \qquad 1 = q_n^0,\ q_n^1,\ q_n^2,\ q_n^3,\ \ldots,\ q_n^n = x$$

wählen. Dann erhalten wir für die Längen der einzelnen Teilintervalle, d. h. für die Breite der Streifen, die Werte:

$$q_n - 1,\ q_n^2 - q_n,\ q_n^3 - q_n^2,\ \ldots,\ q_n^n - q_n^{n-1},$$

aus denen man durch Multiplikation z. B. mit den „rechten" Ordinaten:

$$\frac{1}{q_n},\ \frac{1}{q_n^2},\ \frac{1}{q_n^3},\ \ldots,\ \frac{1}{q_n^n},$$

---

[1] Wir haben uns in 5, 6 davon überzeugt, daß diese Forderung bei der Bestimmung des Flächeninhaltes unter einer stetigen Funktion in der Tat ausreicht.

die unteren Rechtecke erhält, die offensichtlich alle den gleichen Flächeninhalt

$$\frac{q_n - 1}{q_n}$$

besitzen. Ebenso sieht man, daß der Flächeninhalt jedes oberen Rechteckes den Wert $q_n - 1$ hat.

Bei unserer Teilung wird also die Abnahme der Höhe der Rechtecke beim Fortgehen nach rechts gerade durch die Zunahme der Breite wettgemacht (Abb. 54). Damit ergibt sich aber der Flächeninhalt unter der oberen Treppe gleich dem n-fachen Flächeninhalt des einzelnen oberen Rechtecks:

(9a) $(\text{Obere Treppe})_n = n\,(q_n - 1)$

und entsprechend der Flächeninhalt unter der unteren Treppe gleich dem n-fachen Inhalt des einzelnen unteren Rechtecks

(9b) $(\text{Untere Treppe})_n = n\,\dfrac{q_n - 1}{q_n}.$

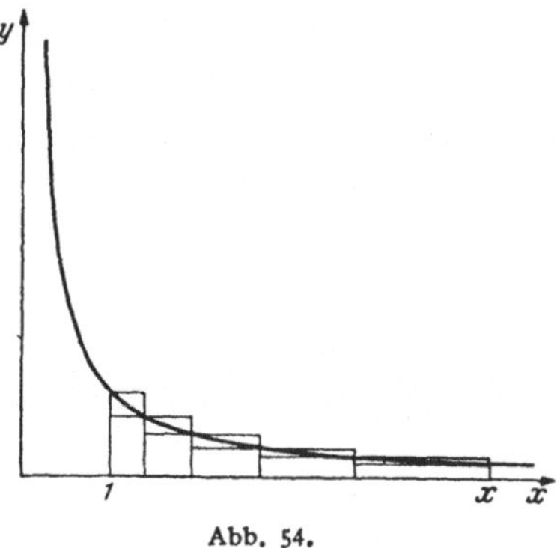
Abb. 54.

Die Summation der oberen wie der unteren Rechtecke ist also hier in einfachster Weise zu erreichen. Da der gesuchte Flächeninhalt zwischen dem Flächeninhalt unter der unteren Treppe und dem unter der oberen Treppe liegt, haben wir die Ungleichung

$$(10) \qquad n\,\frac{\sqrt[n]{x} - 1}{\sqrt[n]{x}} < F_1^x < n\,(\sqrt[n]{x} - 1).$$

Die Spanne zwischen dem zu großen und dem zu kleinen Wert ist

$$S_n = n\,\frac{\left(\sqrt[n]{x} - 1\right)^2}{\sqrt[n]{x}}.$$

Man sieht dieser Spanne ohne große Mühe àn, wie sie sich für größer werdendes n verhält:

Bei der Untersuchung einfacher Grenzwerte hatten wir festgestellt (§ 5, 1 Beispiel 1, S. 119), daß für $x > 1$ die Zahlen $\sqrt[n]{x}$ eine absteigende Folge mit dem Grenzwert

$$\lim_{n \to \infty} \sqrt[n]{x} = 1$$

bilden. Mit Hilfe des binomischen Satzes konnten wir $\sqrt[n]{x}$ leicht zwischen zwei Grenzen einschachteln:

$$1 < \sqrt[n]{x} < 1 + \frac{x - 1}{n}.$$

Hieraus folgt sofort, daß die Spanne mit wachsendem n nach Null geht, denn wegen $1 < \sqrt[n]{x}$ wird

$$n\frac{\left(\sqrt[n]{x}-1\right)^2}{\sqrt[n]{x}} < n\left(\sqrt[n]{x}-1\right)^2$$

und mit Rücksicht auf

$$\sqrt[n]{x}-1 < \frac{x-1}{n}$$

ergibt sich weiter

$$(11) \qquad S_n = n\frac{\left(\sqrt[n]{x}-1\right)^2}{\sqrt[n]{x}} < \frac{(x-1)^2}{n}.$$

Wir erkennen, daß die Spanne mit wachsendem n gegen Null geht, daß also die Ungleichungen (10) ein Einschachtelungsverfahren vorstellen, das den gesuchten Zahlwert des Flächeninhalts F_1^x und der gleichseitigen Hyperbel $y = \frac{1}{x}$ liefert[1].

Wir haben in (11) zugleich eine sehr brauchbare Abschätzung des Fehlers gewonnen. Als Ergebnis halten wir fest, daß der Flächeninhalt unter der Hyperbel durch die Grenzwertformel

$$(12) \qquad F_1^x = \lim_{n\to\infty}\left[n\left(\sqrt[n]{x}-1\right)\right] \qquad\qquad (x>1)$$

gegeben wird, d. h. der Unterschied zwischen F_1^x und $n\left(\sqrt[n]{x}-1\right)$ kann durch geeignet große Wahl von n unter jeden Betrag herabgedrückt werden. Da dieser Unterschied kleiner sein muß als die in (11) abgeschätzte Spanne, so tritt zu (12) noch die Abschätzungsformel

$$(12\text{a}) \qquad n\left(\sqrt[n]{x}-1\right) - F_1^x < \frac{(x-1)^2}{n} \qquad\qquad (x>1)$$

hinzu, die angibt, welche Annäherung an den Grenzwert mit dem Element der Nummer n aus der Folge erreicht wird. Soll etwa F_1^x auf v Dezimalen genau werden, so wird man F_1^x durch den Wert von $n\left(\sqrt[n]{x}-1\right)$ ersetzen dürfen, vorausgesetzt, daß der Unterschied höchstens fünf Einheiten der $(v+1)$-ten Dezimalen beträgt. Das ist nach (12a) sicher der Fall, wenn man n so groß wählt, daß

$$\frac{(x-1)^2}{n} < \frac{5}{10^{v+1}} = \frac{1}{2 \cdot 10^{v}},$$

$$(12\text{b}) \qquad n > 2(x-1)^2\,10^{v}$$

wird.

Damit ist die Aufgabe der Flächeninhaltsbestimmung vollkommen gelöst; wir sind jetzt in der Lage, für jedes $x > 1$ den Flächeninhalt F_1^x

---

[1] Daß die beiden Zahlenfolgen, zwischen die wir in (10) den gesuchten Flächeninhalt eingeschlossen haben, denselben Grenzwert besitzen, ergibt sich auch sofort mittels des Quotientensatzes.

mit jeder gewünschten Genauigkeit zu berechnen, und mehr ist nicht nötig *und nicht möglich*. Das Einschachtelungsverfahren erweist hier zum ersten Mal seine volle Kraft.

Wenn wir bisher bei den ganzen rationalen Funktionen das Einschachtelungsverfahren zur Berechnung des Flächeninhaltes anwandten, so diente es uns nur dazu, eine geschlossene Formel für den Flächeninhalt aufzufinden. Für die allgemeine Parabel $y = x^n$ fanden wir für den Flächeninhalt den Ausdruck $F_0^x = \dfrac{x^{n+1}}{n+1}$, d. h., es ist die Ordinate $y = x^n$ mit der Abszisse x zu multiplizieren und das Produkt durch $(n + 1)$ zu dividieren. Wir finden also den Flächeninhalt durch rationale Operationen.

Hier spielt demgegenüber das Einschachtelungsverfahren eine allgemeinere Rolle. Es dient nicht zur Auffindung eines geschlossenen, unter Verwendung rationaler Operationen aufgebauten Ausdrucks, den es hier nicht gibt. Vielmehr liefert es selbst ein Rechenverfahren, das uns den Flächeninhalt mit beliebiger Genauigkeit zu berechnen gestattet.

Beim Anfänger wird dies Ergebnis häufig falsch aufgefaßt. Man findet nicht selten das Mißverständnis, als sei eine Formel von dem Typ

$$F_0^x = \frac{x^{n+1}}{n+1}$$

eine „genaue" Darstellung, während eine Formel wie

$$F_1^x = \lim_{n \to \infty} \left[n\left(\sqrt[n]{x} - 1\right)\right]$$

nur eine „Näherungsformel" sei. Eine solche Auffassung wäre aber falsch, da auch die erste Formel den Flächeninhalt nur „angenähert" liefert, sofern wir ihn durch einen Dezimalbruch darstellen wollen. Denn (abgesehen von Ausnahmefällen) wird die Division durch $(n + 1)$ nicht aufgehen, sondern einen unendlichen Dezimalbruch liefern, und man wird dann festsetzen müssen, auf wieviel Dezimalstellen man den Flächeninhalt berechnen will[1]. Die wesentliche Bedingung dafür, daß die Bestimmung eines Zahlwertes „genau" ist, ist die, daß die Anzahl der Dezimalen, d. h. die Genauigkeit, beliebig festgelegt werden kann. Das ist aber bei beiden Flächeninhaltsformeln in gleicher Weise der Fall. Beide Formeln sind in demselben Sinn „*genau*".

Für das Zahlenrechnen besteht der einzige Unterschied der beiden Formeln darin, daß bei der ersten Formel die Berechnung des Flächen-

---

[1] Selbst wenn man dagegen einwenden wollte, daß bei rationalem Zähler der Dezimalbruch periodisch wird, und somit durch Angabe endlich vieler Zahlen vollständig gekennzeichnet werden kann, sieht man doch sogleich, daß schon die unabhängige Veränderliche x eine Irrationalzahl sein kann, und daß dann der Zähler x^{n+1} nicht vollständig, sondern nur auf eine (beliebig große) Zahl von Dezimalen genau angegeben werden kann.

inhaltes auf eine bestimmte Anzahl von Dezimalen etwas weniger mühsam ist als bei der zweiten.

Das eben besprochene Mißverständnis wirkt sich nicht selten dahin aus, daß man einen prinzipiellen Gegensatz zwischen der Flächeninhaltsbestimmung unter einer Kurve wie $y = x^n$ und der Hyperbel $y = \dfrac{1}{x}$ sehen will: im ersten Fall ergebe sich für die Abhängigkeit des Flächeninhalts von der Veränderlichen x ein einfacher algebraischer Ausdruck als Funktionswert, während man im zweiten Falle nur die Möglichkeit angegeben habe, den Funktionswert von x zu berechnen, aber keine geschlossene Formel für die Funktion erhalte und somit nichts über ihre Eigenschaften aussagen könne. Selbstverständlich ist auch das unrichtig. Man muß vielmehr die Sachlage so auffassen, daß die Aufgabe, den Flächeninhalt zu ermitteln, uns eine Funktion, eben die Flächeninhaltsfunktion, zunächst begrifflich definiert, und daß es nun gilt, *aus dieser Definition ihre Eigenschaften zu ermitteln*. Das ist immer möglich, und wir werden es an unserem Beispiel sogleich genauer durchführen. Manchmal, allerdings selten, zeigt sich dann, daß die Flächeninhaltsfunktion zu den uns bereits geläufigen Funktionen gehört, wie es bei der Flächeninhaltsbestimmung unter der Kurve $y = x^n$ eintritt. Im allgemeinen aber ergibt sich der Flächeninhalt als eine völlig neuartige Funktion. Beispielsweise tritt hier für die gleichseitige Hyperbel $y = \dfrac{1}{x}$ die Flächeninhaltsfunktion über den Kreis der rationalen Funktionen hinaus, sie wird als eine *transzendente Funktion* bezeichnet (transcedere = überschreiten).

Ist die Flächeninhaltsfunktion von besonderer Bedeutung, d. h. tritt sie bei vielen technischen oder auch mathematischen, physikalischen Problemstellungen auf, so wird man ihr einen besonderen Namen geben und sie durch ein Symbol abkürzen. Man denke z. B. an die Trigonometrie, wo man vom Sinus, Kosinus, Tangens usw. spricht. Der Flächeninhalt unter der Hyperbel ist eine Funktion von solcher Wichtigkeit, daß man ihr zweckmäßigerweise einen besonderen Namen gibt. Wir kürzen sie mit $\ln x$ ab[1] und schreiben

$$(12^*) \qquad F_1^x = \lim_{n \to \infty}\left[n\left(\sqrt[n]{x} - 1\right)\right] = \ln x.$$

Wegen ihrer häufigen Verwendung erschien es zweckmäßig, ihre Werte für veränderliches x in Tabellenform zusammenzustellen.

Sagen wir noch ein Wort darüber, wie man nach unseren Überlegungen die Berechnung einer solchen Tabelle auszuführen hätte. Stellen wir uns z. B. die Aufgabe, $F_1^{11} = \ln 11$ auf drei Dezimalen genau zu berechnen, dann

---

[1] „ln" ist die Abkürzung für „logarithmus naturalis". Dieser Name wird in 8, 3 seine Erklärung finden.

ist nach (12) der Ausdruck $n\left(\sqrt[n]{11}-1\right)$ zu berechnen, wobei nach (12b) ($x=11$, $\nu=3$) $n>2\,10^2\,10^3=200000$ zu nehmen ist.

Die Bestimmung der n-ten Wurzel wird sehr erleichtert, wenn man für n eine Potenz von 2 wählt, etwa $n=2^\lambda$; dann braucht man nur λmal hintereinander die Quadratwurzel aus x zu ziehen.

Für unsere Aufgabe der Berechnung von ln 11 ist λ so groß zu wählen, daß $2^\lambda>2\cdot10^5$ wird, also, wie man leicht nachrechnet, $\lambda=18$ zu setzen. Wir haben dementsprechend 18mal hintereinander aus 11 die Quadratwurzel auszuziehen, eine einfache, wenn auch etwas langwierige Aufgabe. Von der erhaltenen Zahl subtrahieren wir 1 und müssen die Differenz wieder 18mal nacheinander mit 2 multiplizieren. Im ganzen ist also etwa mit $2\cdot10^5$ zu multiplizieren, wodurch eine Verschiebung der Dezimalstellen um 6 Stellen nach links stattfindet. Daher müssen alle Quadratwurzeln auf mindestens 9 Stellen genau berechnet werden, wenn wir einen auf 3 Dezimalen genauen Zahlwert für ln 11 erhalten wollen.

6, 4. Einfachste Eigenschaften der Funktion ln x (Additionstheorem).

Wenn man in dieser Weise die ganze Tafel der Funktion ln x berechnen wollte, wäre die notwendige Rechenarbeit sehr umfangreich. Es ist daher dringend erforderlich, die Eigenschaften der Funktion ln x zu erforschen, um mit ihrer Hilfe eine Verringerung der notwendigen Zahlenrechnung zu erhalten.

Es seien x_1 und $x_2>x_1$ zwei beliebig angenommene positive Werte der unabhängigen Veränderlichen x. Die Differenz der zugehörigen Funktionswerte

$$\ln x_2 - \ln x_1 = F_{x_1}^{x_2}$$

können wir durch das zu große Rechteck mit der Breite x_2-x_1 und der Höhe $\dfrac{1}{x_1}$ abschätzen, es gilt also

$$0 \leqq \ln x_2 - \ln x_1 < \frac{x_2}{x_1} - 1.$$

Es folgt daraus unmittelbar, daß man die Differenz dieser beiden Funktionswerte unter jede beliebig kleine positive Zahl ε herunterdrücken kann, wenn man nur x_2 hinreichend nahe an x_1 heranrücken läßt. Es wird nämlich sicher ln x_2-ln $x_1<\varepsilon$, sobald man nur $x_2-x_1\leqq x_1\varepsilon$ annimmt. Eine entsprechende Überlegung ließe sich auch durchführen, wenn man die Stelle x_2 statt von rechts von links her gegen x_1 rücken ließe. Da die Zahl $x_1>0$ willkürlich gewählt war, haben wir somit erkannt, daß die ln-Funktion für alle $x>0$ stetig ist (vgl. 5, 4 Erklärung 6a), d. h., anschaulich gesprochen, daß sie sich durch einen nicht unterbrochenen Kurvenzug wird darstellen lassen, wie wir das bei den bisher von uns betrachteten Funktionen gewohnt sind[1].

Eine weitere Eigenschaft ergibt sich noch, wenn wir beachten, daß aus $x_2 > x_1 > 0$ stets auch $\ln x_2 > \ln x_1$ folgt, weil der Flächeninhalt $F_{x_1}^{x_2}$ wegen der positiven Ordinaten der Kurve $y = \dfrac{1}{x}$ das positive Vorzeichen hat. Das bedeutet, daß die Funktion $\ln x$ mit wachsendem positivem x beständig (*monoton*) steigt. Unser Ergebnis ist also:

Die für alle $x > 0$ definierte Funktion $\ln x$ ist eine stetige und monoton ansteigende Funktion.

Wir hatten uns in 6, 3 auf die Betrachtung der Flächeninhalte F_1^x, bei denen $x > 1$ ist, beschränkt. Liegt x im Intervall $0 < x < 1$, so wird der Flächeninhalt F_1^x negativ, weil der Umlaufsinn mit dem des Uhrzeigers zusammenfällt. Nun wollen wir aber einen Augenblick vom Vorzeichen absehen und — unter x_0 eine positive Zahl größer als 1 verstanden — den Flächeninhalt $F_1^{x_0}$ mit dem Flächeninhalt $\left| F_1^{\frac{1}{x_0}} \right|$ vergleichen. (Dabei ist dann $\dfrac{1}{x_0} < 1$.) Ziehen wir zu diesem Zweck durch die beiden Punkte $x = 1$, $y = 1$ und $x = \dfrac{1}{x_0}$, $y = x_0$ Parallelen zur Abszissenachse, so ist der Flächeninhalt, der von diesen beiden Horizontalen, der Hyperbel und der y-Achse begrenzt wird, absolut genommen gleich[2] dem Flächeninhalt $F_1^{x_0}$. Nun sieht man aber sehr leicht, daß der gesuchte Flächeninhalt $\left| F_1^{\frac{1}{x_0}} \right|$ die gleiche absolute Größe hat, denn die beiden Rechtecke, um die sich beide Flächeninhalte unterscheiden und die in Abb. 55 doppelt schraffiert sind, sind offenbar inhaltsgleich. Das eine hat die Seitenlängen $\left(1 - \dfrac{1}{x_0}\right)$ und 1, das andere die Seitenlängen $\dfrac{1}{x_0}$ und $(x_0 - 1)$. Es folgt also:

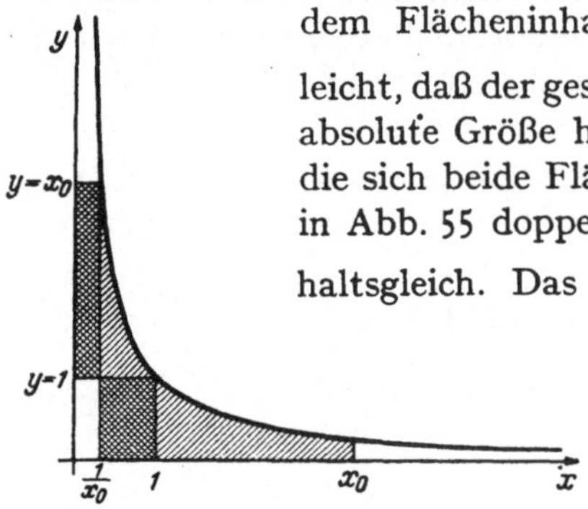

$$\left| F_1^{\frac{1}{x_0}} \right| = F_1^{x_0}.$$

Abb. 55.

Da beide Flächeninhalte verschiedene Vorzeichen haben, so gilt

$$F_1^{\frac{1}{x_0}} = -\, F_1^{x_0},$$

und da dies für jedes $x_0 > 0$ gilt, haben wir die fundamentale Eigenschaft

---

[1] Es sind uns jedoch auch schon Unstetigkeiten begegnet, nämlich die Sprünge der Treppenkurven, die wir für die Flächeninhaltsbestimmungen herangezogen hatten, sowie der Pol der Hyperbel $y = \dfrac{1}{x}$ für $x = 0$.

[2] Dies ist in Abb. 55 dadurch besonders augenfällig gemacht, daß die Einheiten auf beiden Achsen gleichgewählt sind. Dann sind die betreffenden Flächenstücke kongruent.

der ln-Funktion:

(13) $$\ln\left(\frac{1}{x}\right) = -\ln x \qquad\qquad (x > 0)$$

gewonnen.

Auf Grund dieser Beziehung können wir nun auch die ln-Funktion im Bereich $0 < x < 1$ berechnen und danach die Kurve zeichnen (Abb. 56). Die erhaltene Kurve hat links von der Stelle $x = 1$ negative Ordinaten, wie es auch der geometrischen Deutung als Flächeninhalt der Hyperbel entspricht. Für negative Werte von x ist der zugehörige Flächeninhalt F_1^x nicht zu bestimmen, da wir die Flächeninhaltsbestimmung von $x = 1$ an nicht über den bei $x = 0$ liegenden Pol der Hyperbel ausdehnen können. Anmerken wollen wir aber noch ausdrücklich, daß nach der Definition der ln-Funktion

$$\ln 1 = F_1^1 = 0$$

ist.

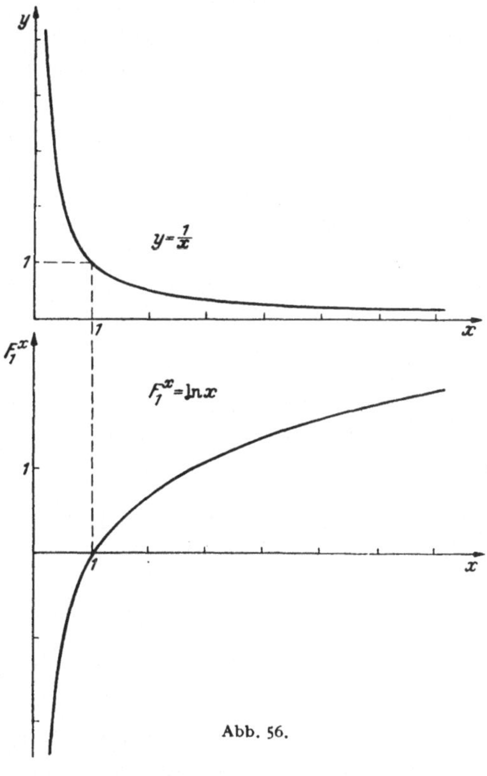

Die Beziehung (13) ist ein Sonderfall einer allgemeinen Eigenschaft der ln-Funktion, die wir gewinnen, wenn wir den Flächeninhalt $F_1^{x_2}$ mit dem Flächeninhalt $F_{x_1}^{x_1 x_2}$ vergleichen (Abb. 57). Wir haben nach unseren Überlegungen bei der Berechnung von $F_1^{x_2}$ eine Teilung des Intervalls zu verwenden, deren Teilpunkte wir erhalten, indem wir

$$\sqrt[n]{x_2} = q_n \qquad (x_2 > 1)$$

und die Potenzen

(14a) $$1 = q_n^0,\ q_n^1,\ q_n^2,\ \ldots,\ q_n^{n-1},\ q_n^n = x_2$$

bilden.

Abb. 56.

Wir können nun die Größe q_n benützen, um auch das Intervall $x_1 > 1$ bis $x_1 x_2$ einzuteilen, indem wir als Abszissen der Teilpunkte

(14b) $$x_1,\ x_1 q_n,\ x_1 q_n^2,\ \ldots,\ x_1 q_n^{n-1},\ x_1 q_n^n = x_1 x_2$$

wählen. Jeder mit einem bestimmten n durchgeführten Teilung (14a) des Intervalles 1 bis x_2 entspricht eine zugehörige Teilung (14b) des Intervalles x_1 bis $x_1 x_2$ in n Teile.

Betrachten wir die Breiten der Teilintervalle, so stehen sich gegenüber:

Intervall $\langle 1,\ x_2 \rangle$	Intervall $\langle x_1,\ x_1 x_2 \rangle$
1. Streifen: $q_n - 1$	$x_1(q_n - 1)$
2. Streifen: $q_n(q_n - 1)$	$x_1 q_n(q_n - 1)$
3. Streifen: $q_n^2(q_n - 1)$	$x_1 q_n^2(q_n - 1)$
. . . .	. . . . . .
n. Streifen: $q_n^{n-1}(q_n - 1)$	$x_1 q_n^{n-1}(q_n - 1)$

Bei der Übertragung auf das zweite Intervall sind also die Streifenbreiten im Verhältnis $1 : x_1$ verlängert, die Ordinaten dagegen (auf Grund der Hyperbelgleichung) im reziproken Verhältnis verkürzt worden. Daher ist jedes untere und obere Rechteck des zweiten Intervalls dem entsprechenden unteren und oberen Rechteck des ersten Intervalls flächengleich. Für beide Intervalle sind daher die Flächeninhalte unter der unteren wie unter der oberen Treppe inhaltsgleich, und zwar gilt das für jedes n.

Die beiden Flächeninhalte $F_1^{x_2}$ und $F_{x_1}^{x_1 x_2}$ werden also durch ein und dieselbe Einschachtelungsfolge geliefert. Da diese eine ganz bestimmte Zahl erfaßt, müssen beide Flächeninhalte einander gleich sein:

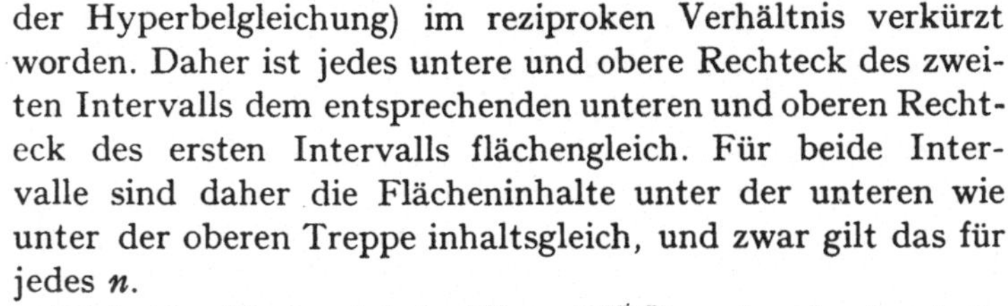

Abb. 57.

$$F_1^{x_2} = F_{x_1}^{x_1 x_2}.$$

Daraus gewinnen wir aber sofort eine grundlegende Eigenschaft der Funktion $\ln x$, wenn wir den Flächeninhalt $F_1^{x_1 x_2}$ bilden. Offenbar ist nämlich

$$F_1^{x_1 x_2} = F_1^{x_1} + F_{x_1}^{x_1 x_2}$$

und daher

$$F_1^{x_1 x_2} = F_1^{x_1} + F_1^{x_2}$$

oder

(15) $$\ln(x_1 x_2) = \ln x_1 + \ln x_2.$$

Diese in dieser Gleichung ausgesprochene Eigenschaft der Funktion $\ln x$ wird als das *Additionstheorem* der ln-Funktion bezeichnet. Sie erleichtert die Aufstellung der Tabelle der ln-Funktion beträchtlich. Denn um $\ln x$ für *alle* positiven ganzen Zahlen zu erhalten, braucht man unsere Rechenmethode nur für die *Primzahlen* anzuwenden. Wenn wir die Tabelle der ln-Funktion für alle positiven ganzzahligen Abszissen aufstellen wollen, so müssen wir zunächst $\ln 2$ und $\ln 3$ durch das Einschachtelungsverfahren bestimmen. Dann finden wir sogleich ohne neue Rechnung

$$\ln 4 = \ln 2 + \ln 2 = 2\ln 2.$$

Zur Berechnung von ln 5 ist wieder das Einschachtelungsverfahren heranzuziehen. Dagegen ergibt sich

$$\ln 6 = \ln 2 + \ln 3.$$

Hat man weiter ln 7 durch Einschachtelung ermittelt, so folgt

$$\ln 8 = 3 \ln 2, \quad \ln 9 = 2 \ln 3, \quad \ln 10 = \ln 2 + \ln 5,$$

und wir hätten erst wieder ln 11 nach dem Einschachtelungsverfahren auszurechnen usw.

Wollen wir ln x für die ersten 10 000 ganzen Zahlen berechnen, so brauchen wir das Einschachtelungsverfahren nur für die darin enthaltenen Primzahlen anzuwenden, deren Anzahl noch unter 1250 liegt. Der Umfang der Rechenarbeit wird also durch das Additionstheorem auf den achten Teil reduziert.

Wir haben bei der Ableitung der Formel (15) in der Figur vorausgesetzt, daß x_1 und x_2 größer als 1 waren. Man überzeugt sich aber unmittelbar, daß das Additionstheorem auch gültig bleibt, wenn x_1 und x_2 zwei beliebige positive Zahlen sind. Wir fassen nun den Quotienten $\frac{x_1}{x_2}$ als ein Produkt auf und haben

$$\ln \left(\frac{x_1}{x_2} \right) = \ln \left(x_1 \frac{1}{x_2} \right) = \ln x_1 + \ln \left(\frac{1}{x_2} \right)$$

oder nach (13)

$$(15\,\text{a}) \qquad\qquad \ln \left(\frac{x_1}{x_2} \right) = \ln x_1 - \ln x_2.$$

Diese Formel macht klar, weshalb in die Tabelle der Funktion ln x nur die natürlichen Zahlen aufgenommen sind. Denn um etwa ln 3,75 zu erhalten, hat man nur (ln 375 — ln 100) zu bilden.

Ist m eine positive ganze Zahl, so folgt durch wiederholte Anwendung der Formel (15)

$$(15\,\text{b}) \qquad\qquad \ln x^m = m \ln x \quad (m = 1, 2, 3, \ldots).$$

Aus dieser Formel läßt sich ein wichtiger Schluß über das Verhalten der ln-Kurve ziehen. Da die Zunahme der Kurvenkoordinaten mit wachsendem x immer langsamer erfolgt[1], könnte man im Zweifel sein, ob die Kurve jeden Wert übersteigt, oder ob sich eine horizontale Gerade derart angeben läßt, daß die Kurve stets unterhalb dieser Geraden bleibt. Aus (15 b) folgt aber sofort, daß das erstere richtig ist. Setzen wir nämlich $x = 2^m$, so können wir wegen $\ln 2^m = m \ln 2$ für m sicher einen Wert angeben, mit dem z. B. $\ln 2^m = m \ln 2 > 10^6$ wird. Wir brauchen ja nur $m > \dfrac{10^6}{\ln 2}$ zu wählen. Die ln-Kurve übersteigt

---

[1] Der Grund für diese Tatsache liegt in der beständigen Abnahme der Ordinaten von $y = \dfrac{1}{x}$ $(x > 0)$.

also für genügend große Werte von x jede angebbare Zahl, was wir kurz in die folgende Formel zusammenfassen können:

$$\lim_{x \to \infty} \ln x = + \infty.$$

Freilich erfolgt das Anwachsen sehr langsam, in dem Beispiel hätten wir für x einen Wert zu wählen, der größer als $2^{1000000}$ wäre [1].

Aus der Beziehung (13) folgt ferner, daß

$$\lim_{x \to +0} \ln x = - \infty$$

ist; die negative Ordinatenachse ist somit eine vertikale Asymptote der ln-Kurve (vgl. Abb. 56).

Die Beziehung (15b), die bisher nur für positive ganzzahlige Exponenten nachgewiesen ist, läßt sich leicht auf beliebige Exponenten verallgemeinern. Denn ist beispielsweise m eine negative ganze Zahl ($m = -\mu$, $\mu = 1, 2, \ldots$), so haben wir

$$\ln(x^{-\mu}) = \ln\left(\frac{1}{x^\mu}\right) = - \ln x^\mu = - \mu \ln x,$$

so daß also die Beziehung für *positive und negative ganze Zahlen* gilt.

Ferner ist

$$\ln\left(\sqrt[n]{x}\right)^n = \ln x = n \ln\left(\sqrt[n]{x}\right)$$

und somit

$$\ln\left(\sqrt[n]{x}\right) = \frac{1}{n} \ln x$$

oder

$$\ln\left(x^{\frac{1}{n}}\right) = \frac{1}{n} \ln x,$$

und daraus schließt man sofort weiter

$$(15c) \qquad \ln x^{\frac{p}{q}} = p \ln x^{\frac{1}{q}} = \frac{p}{q} \ln x.$$

Die Beziehung (15b) gilt also für alle Exponenten, die rationale Zahlen (Brüche) sind.

Ist nun m eine irrationale Zahl, so können wir sie durch einen Dezimalbruch mit jeder gewünschten Genauigkeit approximieren:

$$m = n + \frac{q_1}{10} + \frac{q_2}{10^2} + \cdots = \lim_{\varrho \to \infty} m_\varrho$$

mit

$$m_\varrho = n + \frac{q_1}{10} + \frac{q_2}{10^2} + \cdots + \frac{q_\varrho}{10^\varrho},$$

---

[1] Wer gelegentlich der bekannten Aufgabe, auf dem Schachbrett den einzelnen Feldern

$$2^0 = 1, \ 2^2, \ 2^3, \ \ldots, \ 2^{63}.$$

Weizenkörnern zuzuordnen, die Menge des erforderlichen Weizens berechnet hat, weiß, welche ungeheuer große Zahl bereits 2^{63} ist.

wo n irgend eine ganze Zahl und $q_1, q_2, \ldots$ je eine der Zahlen $0, 1, \ldots, 9$ ist. Zunächst gilt sicher

$$\ln x^{m_\varrho} = m_\varrho \ln x.$$

In 5,3 haben wir ausgeführt, daß wir unter dem Symbol x^m den für positives x immer existierenden Grenzwert

$$x^m = \lim_{\varrho \to \infty} x^{m_\varrho}$$

verstehen wollen. Damit ist aber

$$\ln x^m = \ln \lim_{\varrho \to \infty} x^{m_\varrho},$$

und da die ln-Funktion eine stetige Funktion ist, kann nach 5, 4 Satz 11 das Funktionszeichen mit dem Limes-Zeichen vertauscht werden, so daß

$$\ln x^m = \lim_{\varrho \to \infty} \ln x^{m_\varrho} = \lim_{\varrho \to \infty} (m_\varrho \ln x) = m \ln x.$$

6, 5. Praktische Berechnung der Werte der ln-Funktion (Mercator).

6, 51. Verhalten der Näherungsparabeln; gleichmäßige und ungleichmäßige Annäherung. Trotz der Vereinfachungen, die das Additionstheorem der ln-Funktion mit sich bringt, mag es immerhin noch mühsam erscheinen, die Werte der Funktion $\ln x$ für die Primzahlen nach dem Einschachtelungsverfahren zu berechnen, wie wir es oben für $\ln 11$ angedeutet haben. In der Tat läßt sich die Rechenarbeit noch wesentlich vereinfachen, wie bereits bald nach 1650 der Mathematiker NIKOLAUS MERCATOR[1] zeigen konnte. Es gelang ihm nämlich, die Berechnung des Flächeninhaltes F_1^x unter der Hyperbel (1) auf die Berechnung des Flächeninhaltes ganzer rationaler Funktionen zurückzuführen. Dazu dachte er ein neues Koordinatensystem (ξ, η) eingeführt, indem er die neue Ordinatenachse durch den Punkt $x = 1$ parallel zu der alten zog und die Abszissenachse beibehielt. Die neuen Koordinaten ξ, η eines Punktes der Ebene hängen dann mit dem alten x, η durch die Formeln

$$x = 1 + \xi$$
$$y = \eta$$

zusammen, und die Gleichung der Hyperbel (1) lautet in dem neuen Koordinatensystem:

$$(16) \qquad y = \frac{1}{1 + \xi}.$$

Der gesuchte Flächeninhalt unter der Hyperbel, der oben mit F_1^x bezeichnet wurde, würde jetzt mit F_0^ξ zu bezeichnen sein. Der glückliche Gedanke des NIKOLAUS MERCATOR war nun der, nach dieser Umformung

---

[1] 1620—1687. Er darf nicht verwechselt werden mit GERHARD MERCATOR, dem Erfinder der Mercator-Projektion der Kartographie, der über 100 Jahre früher lebte.

die Division auf der rechten Seite von (16) wirklich durchzuführen. Es ergeben sich dadurch nacheinander die Formeln

$$y = \frac{1}{1+\xi} = 1 - \frac{\xi}{1+\xi}$$

$$= 1 - \xi + \frac{\xi^2}{1+\xi}$$

$$= 1 - \xi + \xi^2 - \frac{\xi^3}{1+\xi}$$

$$\cdot \quad \cdot \quad \cdot \quad \cdot \quad \cdot \quad \cdot \quad \cdot \quad \cdot \quad \cdot \quad \cdot \quad \cdot$$

Sie bilden, wie man sieht, eine Kette, die sich unaufhörlich weiterführen läßt. Das allgemeine Glied dieser Kette hat offenbar die Gestalt

$$(16a) \quad y = \frac{1}{1+\xi}$$

$$= 1 - \xi + \xi^2 - \xi^3 + \xi^4 - + \cdots + (-1)^{n-1}\,\xi^{n-1} + (-1)^n\,\frac{\xi^n}{1+\xi}.$$

Das Gemeinsame aller dieser Darstellungen ist, daß sie die Hyperbel aufbauen durch *Überlagerung* einer *ganzen rationalen* „*Näherungsfunktion*"

$$(16b) \qquad G_{n-1}(\xi) = 1 - \xi + \xi^2 - \xi^3 + \cdots + (-1)^{n-1}\,\xi^{n-1}$$

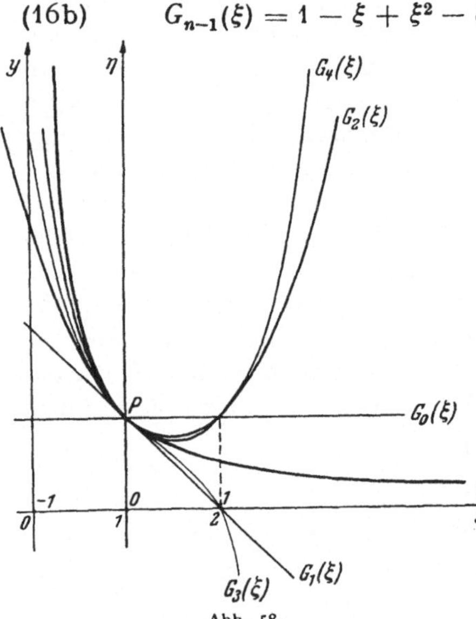

Abb. 58.

mit einer „*Verbesserungsfunktion*"

$$(16c) \quad V_{n-1}(\xi) = (-1)^n\,\frac{\xi^n}{1+\xi}.$$

Wir sehen sofort, daß für jedes ξ im Intervall $-1 < \xi < +1$ der absolute Betrag der Verbesserungsfunktion mit wachsender Nummer n abnimmt, denn für $|\xi| < 1$ wird $|\xi|^n < |\xi|^{n-1}$, also auch $|V_n(\xi)| < |V_{n-1}(\xi)|$. Für $\xi = 1$ haben alle Verbesserungsfunktionen absolut genommen den gleichen Wert $\frac{1}{2}$, für $\xi > 1$ wachsen die absoluten Beträge der $V_n(\xi)$ mit der Nummer n. Die Näherungsfunktionen $G_n(\xi)$ werden also die Hyperbel im Intervall $-1 < \xi < +1$

mit wachsender Nummer immer besser annähern, während sie für $\xi > 1$ immer stärker abweichen werden.

Wir wollen den Aufbau der Hyperbel durch diese Überlagerung für $n = 1, 2, \ldots$ in Abb. 58 betrachten. Offenbar stellt die *Näherungsfunktion nullter Ordnung*:

$$G_0(\xi) = 1$$

die horizontale Gerade dar, die durch den Punkt $\xi = 0$, $\eta = 1$ der Hyperbel hindurchläuft.

Die *Näherungsfunktion erster Ordnung*

$$G_1(\xi) = 1 - \xi$$

ist eine Gerade, die durch den Punkt P ($\xi = 0$, $\eta = 1$) hindurchgeht. Sie besitzt die Steigung (-1), d. h. die gleiche Steigung, wie die Hyperbel selbst in dem Punkt P, ist also die Tangente der Hyperbel in diesem Punkt. Während die Näherungsfunktion $G_0(\xi)$ die Kurve durchsetzte, bleibt die Gerade $G_1(\xi)$ ganz auf der einen Seite der Hyperbel.

Die *Näherungsfunktion zweiter Ordnung*

$$G_2(\xi) = 1 - \xi + \xi^2$$

ist eine gewöhnliche Parabel, die durch den Punkt P hindurchgeht und dort die gleiche Tangente wie die Hyperbel hat.

Der Verlauf der Näherungsfunktionen ist leicht zu überblicken. Alle Näherungsparabeln bleiben für $-1 < \xi < 0$ unterhalb der Hyperbel und nähern die Hyperbel von unten mit wachsender Nummer immer besser an. Selbst für $\xi = -1$ wird die Ordinate mit jeder folgenden Nummer um eine Einheit größer ($G_{n-1}(-1) = n$), so daß die Näherungsparabeln gleichsam das Unendlichwerden der Hyperbel nachzumachen suchen, so gut das bei ihrer Natur möglich ist. Für $\xi = 0$ laufen alle Näherungsparabeln durch den Hyperbelpunkt P hindurch. Wenn aber $\xi > 0$ wird, so verhalten sich die Näherungsparabeln verschieden, je nachdem ihre Nummer (und damit ihre Ordnung) eine gerade oder ungerade Zahl ist. Die Näherungsparabeln *gerader* Ordnung durchsetzen die Hyperbel und nähern sie mit wachsender Nummer immer besser von oben an. Die Stelle, für die die Näherungsparabel ihren tiefsten Punkt erreicht, rückt mit wachsender Nummer immer mehr auf $\xi = 1$ zu. Jenseits des tiefsten Punktes wird dann, wie man sieht, die Annäherung verhältnismäßig ungünstig, denn dann wendet sich die Näherungsparabel wieder nach oben, und zwar steigt sie um so steiler an, je höher die Nummer wird. Ganz unabhängig von der Nummer gehen alle diese Näherungsparabeln durch den Punkt ($\xi = 1$, $\eta = 1$) hindurch, so daß hier die Abweichung von der Hyperbel immer gleich $\frac{1}{2}$ wird. Jenseits von $\xi = 1$ tritt eine um so schärfere *Abkehr* von der Hyperbel ein, je höher die Ordnung der Näherungsparabel wird.

Die Näherungsparabeln, deren Grad eine *ungerade* Zahl ist, nähern die Hyperbel auch für positive ξ von *unten* an, sie haben im Intervall $0 < \xi < 1$ einen Wendepunkt, der mit wachsender Nummer immer weiter auf die Stelle $\xi = 1$ rückt. Ist für die einzelne Näherungsparabel der Wendepunkt überschritten, so kehrt sie sich von der Hyperbel ab. Für $\xi = 1$ schneiden die Näherungsparabeln ungerader Ordnung die ξ-Achse, die Abweichung von der Hyperbel beträgt $\frac{1}{2}$. Rechts von der Stelle $\xi = 1$ findet wieder eine scharfe Abkehr der Näherungsparabeln von der Hyperbel statt, jetzt aber nach unten, während bei den Näherungsparabeln gerader Ordnung die Abkehr nach oben erfolgte.

Die Näherungsparabeln gerader Ordnung nähern sich mit wachsendem Grade immer mehr einem Gebilde, wie es Abb. 59 zeigt. Es besteht aus dem Stück der Hyperbel zwischen $-1 < \xi < +1$ und dem Teil

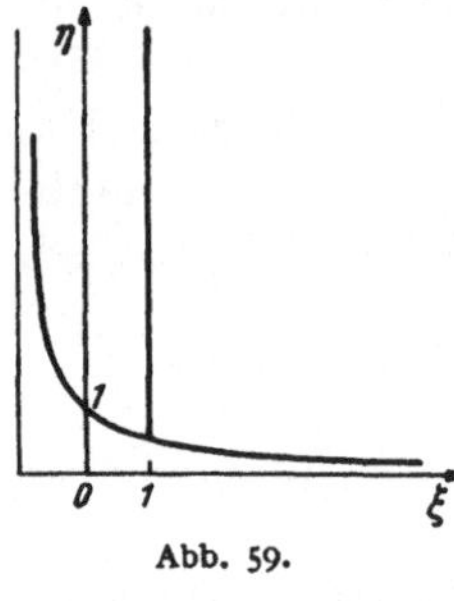

Abb. 59.

der Geraden $\xi = 1$, der oberhalb der Hyperbel liegt. Für die Näherungsparabeln ungerader Ordnung bildet das gleiche Stück der Hyperbel und das Stück der Geraden $\xi = 1$, das unterhalb der Hyperbel liegt, das Gebilde, dem sie sich mit wachsender Nummer immer mehr anzunähern suchen (Abb. 60).

Diese Betrachtung führt uns vor Augen, wie die Hyperbel (16) in dem Intervall $-1 < \xi < +1$ als Grenzgebilde einer Folge ganzer rationaler Funktionen $G_{n-1}(\xi)$ sich ergibt. An Hand der expliziten Darstellung (16c) bestätigt man sofort, daß für eine beliebige Abszisse ξ des Intervalls der absolute Betrag $|V_{n-1}(\xi)|$ beliebig klein gemacht werden kann, sofern nur die Nummer n genügend groß gewählt wird (dies folgt aus $\lim\limits_{n \to \infty} \xi^n = 0$ für $|\xi| < 1$, vgl. 5, 1 Beispiel 2). Das heißt aber: Es läßt sich zu jedem $\varepsilon > 0$ eine Nummer N angeben, so daß für alle $n > N$

$$|V_{n-1}(\xi)| < \varepsilon$$

wird. Man schreibt dann statt der Limesgleichung

$$(17) \qquad y = \lim_{n \to \infty} G_{n-1}(\xi) = \lim_{n \to \infty} (1 - \xi + \xi^2 - \xi^3 + - \cdots + (-1)^{n-1}\xi^{n-1}).$$
$$(-1 < \xi < +1).$$

kürzer

$$(17a) \qquad y = 1 - \xi + \xi^2 - \xi^3 + \xi^4 - + \cdots \qquad (-1 < \xi < +1)$$

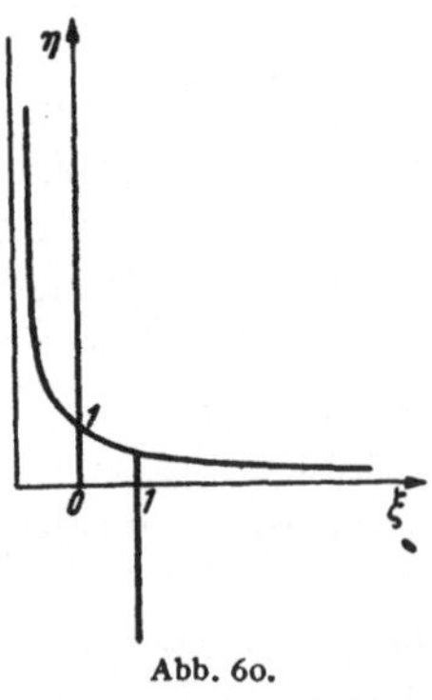

Abb. 60.

und bezeichnet die rechte Seite als eine *unendliche Reihe* oder genauer als eine (unendliche) *Potenzreihe*. Die Schreibweise (17a) bedeutet also genau dasselbe wie die Schreibweise (17). Man muß in (17a) die rechte Seite, d. h. die Potenzreihe, durchaus als Grenzwert einer Folge ganzer rationaler Funktionen $G_n(\xi)$ ansehen. Beide Gleichungen drücken dasselbe aus, nämlich daß man an jeder Stelle ξ des Intervalls den Funktionswert mit beliebiger Genauigkeit durch ein Polynom $G_n(\xi)$ (mit genügend großem n) darstellen kann. Wenn man sich vor Augen hält,

daß die Schreibweise (17) nur diese einigermaßen unbestimmte Aussage enthält, so wird man klar erkennen, wieviel weniger sie bedeutet, als unsere obige Erkenntnis, daß zu der ganzen rationalen

Funktion $G_{n-1}(\xi)$ die ganz bestimmte Verbesserungsfunktion (16c) gehört. Gerade auf diese Kenntnis der Verbesserungsfunktion ist besonderer Wert zu legen, sobald eine Zahlberechnung praktisch durchgeführt werden soll.

Der Ausdruck (16c) der Verbesserungsfunktion macht auch anschaulich, daß die Annäherung der Hyperbel durch die ganzen rationalen Funktionen $G_n(\xi)$ nicht im ganzen Intervall $-1 < \xi < +1$ gleichmäßig gut ist. Wir müssen ja schon *die Grenzen des Intervalls ausschließen*, denn an der Grenze $\xi = +1$ hat die Abweichung stets die absolute Größe $\frac{1}{2}$, gleichgültig welches der Wert der Nummer n ist, und an der Grenze $\xi = -1$, wo die Hyperbel ihren Pol hat, kann von einer Annäherung überhaupt nicht gesprochen werden. Ein solches Intervall, bei dem die Grenzen fortgenommen sind, pflegt man als ein *offenes Intervall* zu bezeichnen und stellt es als solches dem *abgeschlossenen* Intervall $-1 \leqq \xi \leqq +1$ gegenüber, zu dem die Grenzen hinzugerechnet werden[1]. Für jede Abszisse ξ in dem offenen Intervall kann man nach (16c) bei vorgeschriebener Genauigkeit ohne weiteres die Zahl n bestimmen, von der aus im Rahmen eben dieser Genauigkeit y durch $G_n(\xi)$ ersetzt werden darf. Aber es ist nicht möglich, für alle Abszissen ξ des offenen Intervalls mit *einer* Nummer n auszukommen. Denn bei einer fest vorgeschriebenen Genauigkeit wird die Nummer n, für die diese Ersetzung gilt, offenbar um so größer, je näher man den Grenzen des Intervalls kommt, und zwar ist die Nummer n bei einer Annäherung an das linke Ende $\xi = -1$ noch größer zu nehmen als bei einer Annäherung an das rechte Ende $\xi = +1$. Es kann also offenbar keine größte Zahl n geben, die es *für alle Punkte* des Intervalls bei einer vorgeschriebenen Genauigkeit ermöglichen würde, die Hyperbel durch die Näherungsparabeln $G_n(\xi)$ mit dieser Nummer zu ersetzen. Denn wenn eine positive ganze Zahl n gegeben ist, so ist es stets durch hinreichend nahes Herangehen an die Grenzen des Intervalls möglich, den absoluten Betrag der Verbesserungsfunktion größer zu machen, als die vorgeschriebene Genauigkeitstoleranz beträgt. Man bezeichnet eine solche Annäherung als eine *ungleichmäßige Annäherung*. Es ist klar, daß in einem offenen Intervall, an dessen Grenzen die Abweichung zwischen der Näherungsfunktion und der angenäherten Funktion *nicht* unter eine (beliebig klein) vorgegebene Schranke herabgedrückt werden kann, die Annäherung stets eine ungleichmäßige sein muß.

Greifen wir aus dem offenen Intervall $-1 < \xi < +1$ irgend ein *abgeschlossenes Intervall* heraus, z. B. das Intervall

$$-a \leqq \xi \leqq +a, \qquad\qquad (0 < a < 1)$$

und verlangen wir, daß in diesem abgeschlossenen Intervall die Abwei-

---

[1] Diese Erklärung wird hier wiederholt, da dieser Abschnitt auch ohne 5,5 verständlich sein soll.

chung der Näherungsfunktion $G_{n-1}(\xi)$ von der Hyperbel kleiner als eine vorgegebene positive Zahl ε wird, so können wir eine Nummer N derart bestimmen, daß die Näherungsfunktion $G_n(\xi)$ für $n > N$ in *allen Punkten* des abgeschlossenen Intervalls die verlangte Annäherung leistet. Denn wenn wir die Zahl N so bestimmen, daß an der linken Grenze $\xi = -a$ des abgeschlossenen Intervalls der absolute Wert der Verbesserungsfunktion

$$|V_{N-1}(-a)| = \frac{a^N}{1-a} < \varepsilon$$

wird, so wird das für alle anderen Punkte ξ des abgeschlossenen Intervalls erst recht der Fall sein, weil für sie

$$|V_{N-1}(\xi)| \leq |V_{N-1}(-a)| \qquad (-a \leq \xi \leq +a)$$

gilt. Es läßt sich also für das abgeschlossene Intervall eine Nummer angeben, die für *alle* Punkte des Intervalls ausreicht, die Abweichung der Näherungsparabeln von der Hyperbel unterhalb der vorgeschriebenen Toleranz ε zu halten. Man spricht in solchem Fall von *gleichmäßiger Annäherung*.

Der Unterschied zwischen gleichmäßiger und ungleichmäßiger Annäherung wird besonders deutlich, wenn man sich klarmacht, daß für jedes abgeschlossene Teilintervall die Annäherung eine gleichmäßige ist, daß aber die zugehörige Nummer N um so größer wird, je mehr sich die Zahl a der 1 nähert. Für $a \to 1$ wächst N über jede Grenze, so daß für das offene Intervall

$$-1 < \xi < +1$$

die Gleichmäßigkeit der Annäherung aufhört.

Wenn wir nun davon ausgehen, daß für alle ξ die Hyperbel die Überlagerung einer Näherungsparabel und der zugehörigen Verbesserungsfunktion

$$(16a) \qquad y = \frac{1}{1+\xi} = G_{n-1}(\xi) + V_{n-1}(\xi)$$

ist, so finden wir den Flächeninhalt F_0^ξ unter der Hyperbel, indem wir den Flächeninhalt unter der Näherungsparabel bestimmen und dazu den Flächeninhalt addieren, der zu der Verbesserungsfunktion gehört. Für den Flächeninhalt unter der Näherungsparabel

$$(16b) \qquad G_{n-1}(\xi) = 1 - \xi + \xi^2 - + \cdots + (-1)^{n-1}\xi^{n-1},$$

den wir mit $H_n(\xi)$ bezeichnen wollen, erhalten wir in bekannter Weise

$$H_n(\xi) = \xi - \frac{\xi^2}{2} + \frac{\xi^3}{3} - + \cdots + (-1)^{n-1}\frac{\xi^n}{n}.$$

Bezeichnen wir weiter den Flächeninhalt von 0 bis ξ unter der Kurve der Verbesserungsfunktion

$$(16c) \qquad V_{n-1}(\xi) = (-1)^n \frac{\xi^n}{1+\xi}$$

mit $R_n(\xi)$, so ist der Flächeninhalt unter der Hyperbel

$$F_0^\xi = H_n(\xi) + R_n(\xi)\,,$$

oder, wenn wir für F_0^ξ seinen Wert

$$F_0^\xi = \ln(1 + \xi)$$

einsetzen,

$$(18) \quad \ln(1 + \xi) = \xi - \frac{\xi^2}{2} + \frac{\xi^3}{3} - \frac{\xi^4}{4} + - \cdots + (-1)^{n-1}\frac{\xi^n}{n} + R_n(\xi)\,.$$

Diese Beziehung gilt an sich für jedes ξ. Sie ist aber besonders wertvoll für solche Werte von ξ, die im Intervall $-1 < \xi < +1$ liegen. Denn für diese Werte von ξ wird die absolute Größe von $V_n(\xi)$ mit wachsender Nummer n immer kleiner und daher können wir schließen, daß auch der Betrag $|R_n(\xi)|$ mit wachsender Nummer klein wird. Das ist wichtig, wenn wir die Darstellung (18) zu zahlenmäßiger Berechnung von $\ln(1 + \xi)$ benutzen wollen, denn die genaue Bestimmung von $R_n(\xi)$, d. h. des Flächeninhaltes unter der Verbesserungsfunktion (16c) ist an sich schwieriger als die des gesuchten Flächeninhaltes unter der Hyperbel selbst. Wenn wir aber zeigen können, daß die absolute Größe von $R_n(\xi)$ mit wachsender Nummer n unter jede vorgegebene (noch so kleine) positive Größe ε heruntergeht, so können wir nach der Formel (18) für jede vorgeschriebene Genauigkeit eine Zahl N angeben, so daß der Unterschied von $\ln(1 + \xi)$ und der ganzen rationalen Funktion

$$H_n(\xi) = \frac{\xi}{1} - \frac{\xi^2}{2} + \frac{\xi^3}{3} - + \cdots + (-1)^{n-1}\frac{\xi^n}{n}$$

für alle $n > N$ unter der Abweichung bleibt, die gemäß der verlangten Genauigkeit zulässig ist.

Es wird also darauf ankommen, den Flächeninhalt $R_n(\xi)$ nicht auszurechnen, sondern seine absolute Größe abzuschätzen. Für positive ξ sind nun die Ordinaten des absoluten Betrages der Verbesserungsfunktion

$$|V_{n-1}(\xi)| = \frac{\xi^n}{1 + \xi} \qquad\qquad (\xi > 0)$$

stets kleiner als die Ordinaten der Funktion

$$\eta = \xi^n\,,$$

so daß die absolute Größe des Flächeninhaltes $R_n(\xi)$ unter der Verbesserungsfunktion kleiner als der Flächeninhalt unter dieser Kurve wird. Wir haben für positive ξ

$$(18a) \qquad\qquad |R_n(\xi)| < \frac{\xi^{n+1}}{n+1}\,. \qquad\qquad (0 < \xi < 1)$$

Für negative Werte von ξ sind die absoluten Werte der Ordinaten der Verbesserungsfunktion zwischen $\xi = -a$ $(0 < a < 1)$ und $\xi = 0$ kleiner als die der Kurve

$$\eta = \frac{|\xi|^n}{1 - a} = \left|\frac{\xi^n}{1-a}\right|,$$

und somit ist die absolute Größe des Flächeninhaltes unter der Verbesserungsfunktion von $\xi = 0$ bis $\xi = -a$ durch

$$|R_n(-a)| < \left|\frac{1}{1-a}\frac{\xi^{n+1}}{n+1}\frac{a}{|0}\right| = \frac{a^{n+1}}{n+1}\frac{1}{1-a}$$

abgeschätzt. Wenn wir schließlich wieder $(-a)$ durch ξ ersetzen, so erhalten wir für negative ξ die Abschätzung

$$(18\,\mathrm{b}) \qquad |R_n(\xi)| < \frac{|\xi|^{n+1}}{1+\xi}\frac{1}{n+1}. \qquad\qquad (0 < \xi < 1)$$

Die beiden Formeln (18a) und (18b) zusammen geben eine Abschätzung von $R_n(\xi)$ für alle Werte von ξ im Intervall $-1 < \xi < 1$.

Wir sehen daraus, daß für positive ξ nach (18a) der **absolute** Betrag des Korrekturgliedes $R_n(\xi)$ durch geeignete Wahl der Nummer n unter jede (noch so kleine) positive Größe ε herabgedrückt werden kann, solange $\xi < 1$ ist. Auch für $\xi = 1$ selbst ist das noch möglich, da ja nach (18a)

$$|R_n(1)| < \frac{1}{n+1}$$

ist. Für die Abszissenwerte $\xi > 1$ aber können wir aus der Abschätzungsformel (18a) gar nichts schließen, denn hier geht der Ausdruck auf der rechten Seite mit wachsendem n gegen $(+\infty)$.

Für negative ξ schließen wir aus der Näherungsformel (18b), daß $R_n(\xi)$, solange $\xi > -1$ ist, mit wachsender Nummer nach Null geht, daß aber, wenn man unter eine bestimmte positive Zahl ε herabkommen will, die Nummer n um so größer sein muß, je näher man der Stelle $\xi = -1$ kommt.

Als Ergebnis haben wir somit, daß die Näherungsfunktionen $H_n(\xi)$ den Flächeninhalt unter der Hyperbel, d. h. die Funktion $\ln(1+\xi)$, in dem *halboffenen Intervall*[1]

$$-1 < \xi \leqq +1$$

annähern, daß also in diesem Intervall

$$\ln(1+\xi) = \lim_{n\to\infty}\left(\frac{\xi}{1} - \frac{\xi^2}{2} + \frac{\xi^3}{3} - + \cdots + (-1)^{n-1}\frac{\xi^n}{n}\right)$$
$$= \frac{\xi}{1} - \frac{\xi^2}{2} + \frac{\xi^3}{3} - + \cdots$$

ist. Für die Zahlenrechnung ist es aber zweckmäßiger,

$$(18) \qquad \ln(1+\xi) = \frac{\xi}{1} - \frac{\xi^2}{2} + \frac{\xi^3}{3} - + \cdots + (-1)^{n-1}\frac{\xi^n}{n} + R_n(\xi)$$

beizubehalten und die Abschätzungsformeln

$$(18\,\mathrm{a}) \qquad |R_n(\xi)| < \frac{\xi^{n+1}}{n+1} \qquad\qquad (0 \leqq \xi \leqq +1)$$

$$(18\,\mathrm{b}) \qquad |R_n(\xi)| < \frac{|\xi^{n+1}|}{n+1}\frac{1}{1+\xi} \qquad\qquad (-1 < \xi \leqq 0)$$

daneben zu haben.

---

[1] Vgl. 5, 5 Erklärung 7.

Überraschend mag es zunächst erscheinen, daß der Flächeninhalt unter der Hyperbel durch die Näherungsfunktionen $H_n(\xi)$ auch noch an der Stelle $\xi = 1$ angenähert wird, während die Ordinate der Hyperbel für $\xi = 1$ durch die Parabeln $G_n(\xi)$ nicht mehr angenähert wird, vielmehr Näherungskurve und Hyperbel hier eine Abweichung von der absoluten Größe $\frac{1}{2}$ aufweisen. Das liegt an dem Auftreten des Nenners $(n + 1)$ auf der rechten Seite der Ungleichung (18a), er sorgt dafür, daß das Nullwerden von $|R_n(\xi)|$ mit wachsender Nummer, das für $0 < \xi < 1$ gilt, erhalten bleibt, wenn ξ gegen 1 geht. Für $\xi = -1$ gilt etwas Analoges nicht, denn wenn auch in (18b) der erste Faktor der rechten Seite mit wachsendem n noch nach Null geht, so ist er doch für jedes n mit dem Faktor $\frac{1}{1 + \xi}$ zu multiplizieren, der für $\xi = -1$ seinen Sinn verliert.

In Abb. 61 ist die Kurve $y = \ln x = \ln(1 + \xi)$ samt ihren ersten vier Näherungskurven gezeichnet. Man erkennt wieder das unterschiedliche Verhalten der Näherungsparabeln gerader und ungerader Ordnung, die für $0 < \xi \leqq 1$ die ln-Kurve von unten bzw. oben annähern.

6, 52. Berechnung der ln-Tafel. Man wird zunächst meinen, daß diese Überlegungen eine sehr geringe praktische Bedeutung haben. Denn nach unseren obigen Ergebnissen brauchen wir die Funktion $\ln x$ ja nur für positive ganzzahlige Werte von x zu berechnen.

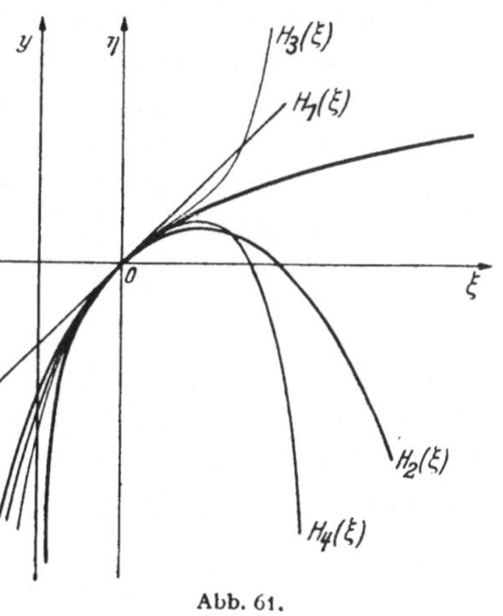

Abb. 61.

Dazu scheint unsere Formel (18) aber lediglich für $\xi = 1$ brauchbar. Sie liefert da

$$(19) \qquad \ln 2 = 1 - \frac{1}{2} + \frac{1}{3} - \frac{1}{4} + - \cdots + (-1)^n \frac{1}{n+1} + R_n(1),$$

wobei

$$(19a) \qquad |R_n(1)| < \frac{1}{n+1}$$

ist. Wollen wir nach dieser Formel $\ln 2$ berechnen, etwa auf 5 Dezimalen genau, so müßte n so groß gewählt werden, daß $|R_n(1)| < \frac{5}{10^6}$ ausfällt, und das wäre nach (19a) sicher der Fall, wenn $n + 2 > 200\,000$ wird. Wir brauchen also 200000 Glieder der Reihe (19), um $\ln 2$ auf 5 Dezimalen genau zu berechnen, und zwar müßte jedes Glied der Reihe auf 10 Dezimalen genau berechnet werden, damit wir sicher sind, daß der Abrundungsfehler in den einzelnen Gliedern die fünfte Dezimale des

Resultates nicht beeinflußt. Die aufzuwendende Rechenarbeit ist sicher noch größer als die bei der Berechnung von ln 2 nach der Formel

$$\ln 2 = \lim_{n \to \infty} n \left(\sqrt[n]{2} - 1\right),$$

wobei wir, wie wir oben sahen, $n = 2^{18}$ setzen müssen.

Immerhin hat die Darstellung (19), die wir auch in der Form der unendlichen Reihe

$$\ln 2 = 1 - \frac{1}{2} + \frac{1}{3} - \frac{1}{4} + \frac{1}{5} - + \cdots$$

schreiben können, großes theoretisches Interesse, weil sie uns umgekehrt zeigt, daß die Teilsummen der rechts stehenden unendlichen Reihe den Grenzwert ln 2 besitzen.

Wenn wir nun also auch nicht ln 2 mit der Darstellung (19) berechnen können, so ist die Formel (18) doch für die Berechnung der Tafel der ln-Funktion von großer Bedeutung. Wollen wir nämlich jetzt etwa ln 3 berechnen, so können wir freilich nicht $\xi = 2$ in (18) einsetzen, weil $R_n(\xi)$ für $\xi = 2$ nicht mit wachsendem n nach Null geht. Wir können uns aber in der Weise helfen, daß wir ansetzen:

$$\ln 3 = \ln \left(\tfrac{3}{2} \cdot 2\right) = \ln 2 + \ln \left(\tfrac{3}{2}\right) = \ln 2 + \ln \left(1 + \tfrac{1}{2}\right).$$

Ist also ln 2 bereits bekannt, so haben wir nur noch ln $\left(1 + \tfrac{1}{2}\right)$ auszurechnen, und das geschieht, indem wir in der Formel (18) $\xi = \tfrac{1}{2}$ setzen. Wollen wir dabei eine Genauigkeit von 5 Dezimalen erzielen, so darf bei ln $\left(1 + \tfrac{1}{2}\right)$ der Fehler nicht 5 Einheiten der 6. Dezimale übersteigen, es muß also nach (18a)

$$\left| R_n\left(\tfrac{1}{2}\right) \right| < \frac{\left(\tfrac{1}{2}\right)^{n+1}}{n+1} < \frac{5}{10^6}, \quad \text{d. h.} \quad (n+1)\, 2^{n+1} > 2 \cdot 10^5$$

gelten. Diese Bedingung wird erfüllt für $n = 13$, und demnach haben wir *im Rahmen der verlangten Genauigkeit* für ln 3 den Wert

$$\ln 2 + \frac{1}{2} - \frac{1}{2}\frac{1}{2^2} + \frac{1}{3}\frac{1}{2^3} - + \cdots + \frac{1}{13}\frac{1}{2^{13}}.$$

Nach dieser Formel berechnet ergibt sich der Zahlwert von ln 3 aber sehr viel rascher als nach der früher angegebenen Methode, zumal wir die einzelnen Glieder nur auf 8 Dezimalen zu berechnen brauchen, um sicher zu sein, daß die Abrundungsfehler keinen Einfluß mehr auf die fünfte Dezimale besitzen.

Der dann zu berechnende Wert ln 5 erfordert wieder weniger Rechenaufwand. Wir gehen aus von der Formel

$$\ln 5 = \ln 4 + \ln \tfrac{5}{4} = \ln 4 + \ln \left(1 + \tfrac{1}{4}\right)$$

und hätten jetzt, um eine Genauigkeit von 5 Dezimalen zu gewährleisten, die Zahl n so zu bestimmen, daß

$$\frac{\left(\tfrac{1}{4}\right)^{n+1}}{n+1} < \frac{5}{10^6}$$

wird, und das ist schon für $n = 7$ der Fall. Im Rahmen der verlangten Genauigkeit wird ln 5 gleich

$$\ln 4 + \frac{1}{4} - \frac{1}{2}\frac{1}{4^2} + \frac{1}{3}\frac{1}{4^3} - + \cdots + \frac{1}{7}\frac{1}{4^7}.$$

Dabei braucht die Berechnung der einzelnen Glieder nur auf 7 Dezimalen ausgeführt zu werden.

Man sieht zugleich, wie die Berechnung von $\ln (x + 1)$ allgemein in dieser Weise erfolgen kann, wenn $\ln x$ bekannt ist, indem man von der Formel

$$(20) \qquad \ln (x + 1) = \ln x + \ln \left(\frac{x+1}{x}\right) = \ln x + \ln \left(1 + \frac{1}{x}\right)$$

ausgeht. Dabei wird die Anzahl der Glieder in der ganzen rationalen Funktion, durch die man im Rahmen der Genauigkeit $\ln\left(1+\frac{1}{x}\right)$ ersetzt, mit größer werdendem x rasch sehr klein. Die Rechenarbeit ist also damit ungeheuer vereinfacht gegenüber der Berechnung von $\ln x$ mittels der Grenzwertdarstellung (12).

Recht mühsam bleibt nur noch die Berechnung von ln 2, mit der die Aufstellung der Tabelle zu beginnen hat. Um auch diesen ersten Schritt zu erleichtern, können wir die Zahl 2 in zwei kleinere Faktoren aufspalten und schreiben etwa $2 = \frac{4}{3}\frac{3}{2}$. Noch geschickter legt man dabei die Rechnung so an, daß man $2 = \frac{4/3}{2/3} = \frac{1+1/3}{1-1/3}$ schreibt, da sich dann in $\ln 2 = \ln (1 + \frac{1}{3}) - \ln (1 - \frac{1}{3})$ aus den Entwicklungen beider Teile abwechselnd Glieder herausheben. Da sich der gleiche Gedanke mit Vorteil auch auf $\ln\left(1 + \frac{1}{x}\right)$ anwenden läßt, formulieren wir ihn gleich allgemeiner, indem wir

$$(21) \qquad 1 + \frac{1}{x} = \frac{1+\zeta}{1-\zeta}$$

setzen, woraus sich zunächst

$$(21\,\text{a}) \qquad \zeta = \frac{1}{2x+1}$$

ergibt, also eine Zahl, die noch nicht einmal halb so groß ist wie $\frac{1}{x}$, so daß sich die Rechenarbeit schon dadurch beträchtlich vermindert.

Gemäß (18) ist für $0 < \zeta < 1$:

$$\ln (1 + \zeta) = \frac{\zeta}{1} - \frac{\zeta^2}{2} + \frac{\zeta^3}{3} - \frac{\zeta^4}{4} + - \cdots - \frac{\zeta^{2n}}{2n} + R_{2n}(\zeta),$$

wobei nach (18a)

$$|R_{2n}(\zeta)| < \frac{\zeta^{2n+1}}{2n+1}$$

ist. Setzen wir andererseits $\xi = -\zeta$, so haben wir mit $0 < \zeta < 1$:

$$\ln (1 - \zeta) = -\left(\frac{\zeta}{1} + \frac{\zeta^2}{2} + \frac{\zeta^3}{3} + \frac{\zeta^4}{4} + \cdots + \frac{\zeta^{2n}}{2n}\right) + R_{2n}(-\zeta),$$

wobei jetzt nach (18b)

$$R_{2n}(-\zeta) < \frac{\zeta^{2n+1}}{2n+1} \frac{1}{1-\zeta}$$

ist.

Subtrahieren wir diese beiden Formeln voneinander, so folgt

$$(22) \quad \ln(1+\zeta) - \ln(1-\zeta) = \ln\left(\frac{1+\zeta}{1-\zeta}\right)$$

$$= 2\left(\frac{\zeta}{1} + \frac{\zeta^3}{3} + \frac{\zeta^5}{5} + \cdots + \frac{\zeta^{2n-1}}{2n-1}\right) + S_{2n}(\zeta),$$

wobei

$$(22a) \quad |S_{2n}(\zeta)| < |R_{2n}(\zeta)| + |R_{2n}(-\zeta)| < \frac{\zeta^{2n+1}}{2n+1} \frac{2}{1-\zeta} \zeta \quad (0 \leqq \zeta < 1)$$

wird.

Das ermöglicht uns zunächst die Berechnung von ln 2 mit verhältnismäßig geringem Rechenaufwand. Für $\zeta = \frac{1}{3}$ wird nach (22)

$$\ln 2 = 2\left(\frac{1}{3} + \frac{1}{3}\frac{1}{3^3} + \frac{1}{5}\frac{1}{3^5} + \cdots + \frac{1}{2n-1}\frac{1}{3^{2n-1}}\right) + S_{2n}\left(\tfrac{1}{3}\right),$$

wobei

$$|S_{2n}\left(\tfrac{1}{3}\right)| < \frac{\left(\tfrac{1}{3}\right)^{2n+1}}{2n+1} \cdot \frac{\tfrac{5}{3}}{\tfrac{2}{3}}$$

wird. Verlangen wir eine Genauigkeit von 5 Dezimalen, so muß $n = 5$ gewählt werden. Also wird ln 2 mit der verlangten Genauigkeit durch die Formel

$$2\left(\frac{1}{3} + \frac{1}{3}\frac{1}{3^3} + \frac{1}{5}\frac{1}{3^5} + \frac{1}{7}\frac{1}{3^7} + \frac{1}{9}\frac{1}{3^9}\right)$$

geliefert. Dabei sind die einzelnen Glieder auf 7 Dezimalen zu berechnen, damit die Abrundungsfehler die fünfte Dezimale nicht beeinflussen. Damit ist die Rechenarbeit auf ein Mindestmaß herabgedrückt. Wir erhalten ln 2 = 0,693 15.

Um die Formel (22) für die Berechnung von $\ln(x+1)$ bei bekannten Werten von ln x auszunützen, führen wir in (22) nach (21a) wieder x ein und schreiben:

$$\ln(x+1) - \ln x = \ln\left(\frac{x+1}{x}\right)$$

$$= 2\left[\frac{1}{2x+1} + \frac{1}{3}\left(\frac{1}{2x+1}\right)^3 + \frac{1}{5}\left(\frac{1}{2x+1}\right)^5 + \cdots + \frac{1}{2n+1}\left(\frac{1}{2x+1}\right)^{2n+1}\right] + S_{2n}\left(\frac{1}{2x+1}\right),$$

wobei

$$\left|S_{2n}\left(\frac{1}{2x+1}\right)\right| < \frac{1}{2n+1}\left(2 + \frac{1}{2x}\right)\left(\frac{1}{2x+1}\right)^{2n+1}$$

ist. Wollen wir jetzt ln 3 aus ln 2 berechnen, so haben wir:

$$\ln 3 = \ln 2 + 2\left(\frac{1}{5} + \frac{1}{3}\frac{1}{5^3} + \frac{1}{5}\frac{1}{5^5} + \cdots + \frac{1}{2n-1}\frac{1}{5^{2n-1}}\right) + S_{2n}\left(\tfrac{1}{5}\right),$$

wobei
$$\left| S_{2n}\left(\tfrac{1}{5}\right) \right| < \frac{1}{2\,n+1}\,\frac{9}{4}\,\frac{1}{5^{2\,n+1}}$$

ist. Dieser Ausdruck wird bereits für $n = 4$ kleiner als $\dfrac{5}{10^6}$, so daß wir im Rahmen der verlangten Genauigkeit für $\ln 3$

$$\ln 2 + 2\left(\frac{1}{5} + \frac{1}{3}\,\frac{1}{5^3} + \frac{1}{5}\,\frac{1}{5^5} + \frac{1}{7}\,\frac{1}{5^7}\right)$$

erhalten, und die einzelnen Glieder brauchen nur auf 6 Dezimalen genau berechnet zu werden. Die Rechenarbeit wird also sehr abgekürzt. Es gilt allgemein:

Je größer x wird, mit um so geringerer Rechenarbeit ist die Korrektur an $\ln x$ zu berechnen, die uns $\ln (x + 1)$ liefert.

Wir gehen abschließend noch kurz auf das Verhalten der Näherungsfunktionen

$$H_n(\xi) = \frac{\xi}{1} - \frac{\xi^2}{2} + \frac{\xi^3}{3} - + \cdots + (-1)^{n-1}\,\frac{\xi^n}{n}$$

an den Grenzen $\xi = +1$ und $\xi = -1$ des Intervalls $-1 \leqq \xi \leqq +1$ ein. An der Grenze $\xi = 1$ wird $\ln (1 + \xi)$ durch die Reihe

$$\ln 2 = 1 - \frac{1}{2} + \frac{1}{3} - \frac{1}{4} + - \cdots$$

dargestellt. Die Glieder der Reihe auf der rechten Seite sind abwechselnd positiv und negativ. Reihen mit dieser Eigenschaft nennt man *alternierende Reihen*. Die Bedeutung fortgesetzten Wechsels des Vorzeichens von Glied zu Glied ist unmittelbar ersichtlich. Brechen wir die Reihe mit einem negativen Glied ab, so erhalten wir eine endliche Summe, die kleiner als $\ln 2$ ist. Denn wir können die Reihe in der Form schreiben:

$$\ln 2 = \left(1 - \frac{1}{2}\right) + \left(\frac{1}{3} - \frac{1}{4}\right) + \left(\frac{1}{5} - \frac{1}{6}\right) + \cdots,$$

die uns zeigt, daß wir bei Abbrechen mit einem negativen Glied unendlich viele positive Summanden fortlassen. Brechen wir dagegen die Reihe mit einem positiven Glied ab, so erhalten wir eine endliche Summe, die größer als $\ln 2$ ist, denn die Schreibweise

$$\ln 2 = 1 - \left(\frac{1}{2} - \frac{1}{3}\right) - \left(\frac{1}{4} - \frac{1}{5}\right) - \left(\frac{1}{6} - \frac{1}{7}\right) - \cdots$$

zeigt an, daß wir beim Abbrechen mit einem positiven Glied unendlich viele negative Summanden fortlassen.

Es wird also auf diese Weise $\ln 2$ zwischen zwei Folgen eingeschachtelt, von denen die eine aufsteigt, die andere absteigt. Die Annäherung durch die aufsteigende Folge ist:

$$\ln 2 = \frac{1}{1 \cdot 2} + \frac{1}{3 \cdot 4} + \frac{1}{5 \cdot 6} + \cdots,$$

die durch die absteigende Folge ist:

$$\ln 2 = 1 - \frac{1}{2 \cdot 3} - \frac{1}{4 \cdot 5} - \frac{1}{6 \cdot 7} - \cdots.$$

Die beiden Folgen lauten

$$a_1 = \frac{1}{1\cdot 2}, \quad a_2 = \frac{1}{1\cdot 2} + \frac{1}{3\cdot 4}, \quad a_3 = \frac{1}{1\cdot 2} + \frac{1}{3\cdot 4} + \frac{1}{5\cdot 6}, \quad \dots$$

bzw.

$$b_1 = 1, \quad b_2 = 1 - \frac{1}{2\cdot 3}, \quad b_3 = 1 - \frac{1}{2\cdot 3} - \frac{1}{4\cdot 5}, \quad \dots$$

An Hand der Abb. 62 überzeugt man sich leicht davon, daß a_1, a_2, a_4, a_8, $\dots$, a_{2n}; die unteren und b_1, b_2, b_4, b_8, $\dots$, b_{2n}, $\dots$ die oberen Rechteckssummen der Hyperbel $y = \frac{1}{x}$ sind, die bei fortgesetzter Halbierung des Intervalls $1 \leq x \leq 2$ entstehen. Zur vollen Streifenbreite 1 gehört das untere Rechteck mit dem Flächeninhalt $\frac{1}{2}$, das obere Rechteck mit dem Flächeninhalt 1. Bei der Halbierung des Intervalls kommt der Teilpunkt $x = \frac{3}{2}$ mit der Hyperbelordinate $y = \frac{2}{3}$ hinzu, so daß sich die „Untersumme" um das Rechteck der Breite $\frac{1}{2}$ und der Höhe $(\frac{2}{3} - \frac{1}{2}) = \frac{1}{6}$ vermehrt, während die „Obersumme" um das Rechteck der Breite $\frac{1}{2}$ und der Höhe $1 - \frac{2}{3} = \frac{1}{3}$ vermindert wird. In ähnlicher Weise erkennt man dann die weitere Entwicklung.

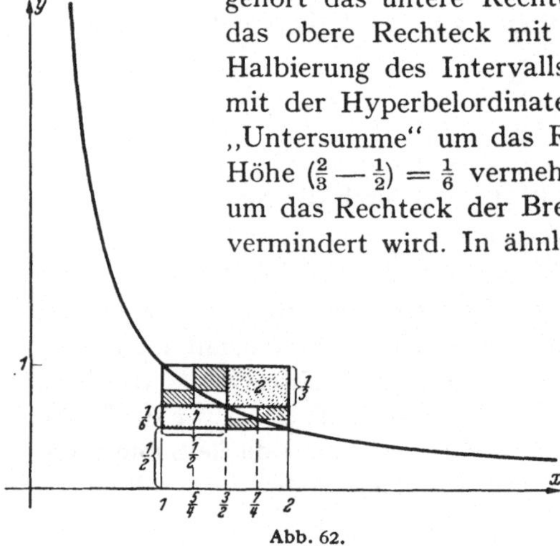

Abb. 62.

6, 6. Schlußbemerkungen.

1. Wenn wir die gewonnenen Ergebnisse dazu verwenden wollen, die in 6, 2 begonnene Berechnung der Arbeit eines sich isotherm ausdehnenden idealen Gases zu Ende zu führen, also unter der Hyperbel

$$p = \frac{p_1 v_1}{v}$$

den Flächeninhalt zwischen v_1 und v_2 zu bestimmen, so müssen wir beachten, daß hier die unabhängige Veränderliche v eine dimensionierte Größe ist und daher nicht in der gleichen Weise behandelt werden kann wie x (es wäre beispielsweise sinnlos, etwa ln v bilden zu wollen, wenn v ein Volumen ist). Wir werden daher mit

$$\frac{v}{v_1} = x$$

eine dimensionslose Größe als unabhängige Veränderliche einführen, so daß an die Stelle der ursprünglichen Hyperbel die neue Hyperbel

$$p = \frac{p_1}{x}$$

in einer (xp)-Ebene tritt. Die Grenzen v_1 und v_2 gehen hier in 1 und $\frac{v_2}{v_1}$

über. Da nun die Breite Δv eines Streifens der (vp)-Ebene aus der Breite Δx des entsprechenden Streifens in der (xp)-Ebene durch Multiplikation mit v_1 hervorgeht, ist die gesuchte Arbeit gleich dem mit v_1 multiplizierten Flächeninhalt unter der Hyperbel $p = \dfrac{p_1}{x}$ zwischen den Grenzen 1 und $\dfrac{v_2}{v_1}$, also

$$A = p_1\, v_1 \ln \frac{v_2}{v_1}.$$

Natürlich hätten wir, wenn wir unter v lediglich die Maßzahl des Volumens hätten verstehen wollen, unmittelbar unter der ursprünglichen Hyperbel den Flächeninhalt zwischen v_1 und v_2 berechnen können und hätten

$$A = p_1\, v_1 \left(\ln v_2 - \ln v_1\right) = p_1\, v_1 \ln \frac{v_2}{v_1}$$

erhalten. Wenn man hierin zu einer anderen Volumeneinheit übergeht, multiplizieren sich alle v mit einem konstanten Faktor, es ändert sich $\ln v$ also um eine additive Konstante, die in der Differenz $\ln v_2 - \ln v_1$ natürlich wieder herausfällt. Die zuerst durchgeführte Rechnung erscheint in dieser Auffassung als ein Sonderfall, insofern das Volumen v_1 als Einheitsvolumen gewählt war. Wir wollen jedoch grundsätzlich an unserer Vereinbarung (vgl. S. 18 Fußn.) festhalten, daß Buchstabensymbole, die physikalische Größen bezeichnen, stets die Dimensionen mit enthalten, und wollen den Übergang zu dimensionslosen Größen durch ausdrückliche Einführung neuer Veränderlicher vollziehen, wie es zuerst geschehen ist. Das mag an dieser Stelle wegen des besonders einfachen Ergebnisses als eine Komplikation erscheinen, ist es in anderen Fällen jedoch nicht, weil nämlich, wie wir noch sehen werden, ohnehin meist neue Veränderliche eingeführt werden müssen, um vorliegende Flächeninhaltsaufgaben auf gewisse Normalformen zu bringen. Freilich können wir uns beim Flächeninhalt unter einer Hyperbel diese Zwischenrechnung künftig ersparen, wenn wir hier anmerken, daß zur Hyperbel

$$(23) \qquad\qquad y = \frac{C}{x}$$

der Flächeninhalt

$$(\text{Fl. 23}) \qquad\qquad F_{x_0}^{x} = C \ln \frac{x}{x_0} \qquad\qquad (x_0 > 0,\ x > 0)$$

gehört, eine Beziehung, in der x auch dimensionsbehaftet sein kann.

2. Die Funktion $\ln x$ ist nach ihrer Entstehungsart nur für $x > 0$ definiert. Will man den Flächeninhalt unter dem anderen Ast der Hyperbel $y = \dfrac{1}{x}$ berechnen, so überlegt man, daß für $x = -\xi$

$$F_{-1}^{-\xi} = F_{+1}^{+\xi} = \ln \xi \qquad\qquad (\xi > 0)$$

wird. Wir können die Flächeninhaltsformeln für beide Hyperbeläste in die eine zusammenfassen:

$$F(x) = \ln |x| + \text{const.}$$

Diese zusammengefaßte Schreibweise darf nicht davon ablenken, daß die Stelle $x = 0$ bei der Flächeninhaltsbestimmung nicht überschritten werden darf. Ein bestimmter Wert der Konstanten legt für $x < 0$ einen anderen Anfangspunkt der Flächeninhaltszählung fest als für $x > 0$, und zwar unterscheiden sich die beiden Anfangsstellen durch das Vorzeichen.

§ 7. Der Fundamentalsatz über den Zusammenhang von Flächeninhalt und Tangentensteigung. Der Integraph.

7, 1. Steigung der Funktion ln x.

Nachdem wir die Art der Berechnung der Funktion ln x angegeben und die Eigenschaften der Funktion besprochen haben, stellen wir uns zum Schluß die Aufgabe, ihre Tangentensteigung zu bestimmen.

Auch hierbei halten wir uns immer die Entstehungsart der Funktion ln x als Flächeninhaltsfunktion der Hyperbel $y = \dfrac{1}{x}$ vor Augen. Wir betrachten an einer beliebigen Stelle x die Funktion

$$(1) \qquad \eta = F_1^x = \ln x$$

und bilden mit einer willkürlich gewählten Abszissenspanne $\Delta x > 0$ die Sehnensteigung

$$(2) \qquad m_s = \frac{\Delta \eta}{\Delta x} = \frac{\ln (x + \Delta x) - \ln x}{\Delta x}$$

In diesem Ausdruck kann Δx nicht gleich Null gesetzt werden, da die Division $0 : 0$ keine sinnvolle Operation ist. Wir erinnern uns, daß bei der Bildung der Sehnensteigung einer Parabel sich der Faktor Δx in Zähler und Nenner forthob und darum der Grenzwert $\lim\limits_{\Delta x \to 0} m_s$ durch Einsetzen von $\Delta x = 0$ in den gekürzten Bruch sofort gefunden werden konnte, der sich dann als Steigung der Tangente deuten ließ. Ganz so leicht ist die Aufgabe hier nun nicht mehr; wir kommen aber dadurch zum Ziel, daß die Entstehungsart der ln-Funktion es uns ermöglicht, die Sehnensteigung in einfachster Weise einzuschachteln. Schreiben wir nämlich

$$(2a) \qquad \Delta \eta = m_s \Delta x = \ln (x + \Delta x) - \ln x,$$

und bedenken wir, daß $\Delta \eta$ den Flächeninhalt des Hyperbelstreifens zwischen den Ordinaten bei x und $x + \Delta x$ darstellt, so können wir $\Delta \eta$ wie üblich zwischen ein unteres und ein oberes Rechteck der Hyperbel einschachteln und erhalten:

$$\frac{\Delta x}{x+\Delta x} < \ln(x+\Delta x) - \ln x < \frac{\Delta x}{x},$$

oder nach Division durch $\Delta x > 0$:

$$(3) \qquad \frac{1}{x+\Delta x} < \frac{\ln(x+\Delta x) - \ln x}{\Delta x} < \frac{1}{x}.$$

Lassen wir jetzt Δx eine Nullfolge durchlaufen, so strebt die untere Grenze gegen den Wert der oberen, und damit ergibt sich als Grenzwert der zugehörigen Sehnensteigungen:

$$(4) \qquad \lim_{\Delta x \to 0} \frac{\ln(x+\Delta x) - \ln x}{\Delta x} = \frac{1}{x}.$$

Die Beschränkung auf positives Δx kann fallen gelassen werden, denn für $\Delta x < 0$ vertauschen sich nur die Grenzen in (3), und es ergibt sich der gleiche Grenzwert. In der üblichen Weise schließen wir, daß die Gerade mit der Steigung (4) durch den Punkt (x, η) die Tangente der ln-Kurve in diesem Punkt ist. Wir haben das Ergebnis, daß die Funktion (1) die Steigung

$$(1') \qquad \eta' = \frac{1}{x}$$

besitzt. Die Steigung unserer Flächeninhaltskurve ist also gleich der Ordi-

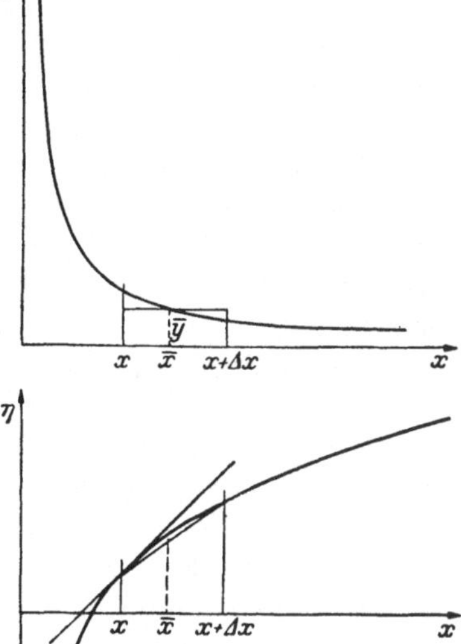

Abb. 63.

nate der Ausgangskurve $y = \frac{1}{x}$. Wir finden damit aufs neue bestätigt, daß die Flächeninhaltsbestimmung und die Steigungsbestimmung entgegengesetzte Operationen sind, die sich gegenseitig aufheben.

Für die Verallgemeinerung unserer Überlegung ist es zweckmäßig, ihr noch eine etwas andere Wendung zu geben und die Sehnensteigung m_s der Flächeninhaltskurve an der Ausgangskurve selbst zu deuten. Offenbar können wir die Gleichung (2a) so auffassen, daß der Hyperbelstreifen $\Delta \eta$ in ein inhaltsgleiches Rechteck der Breite Δx und der Höhe m_s verwandelt worden ist. Die Einschachtelung (3) zeigt, daß diese Höhe m_s größer als die kleinste und kleiner als die größte Ordinate der Hyperbel in dem betrachteten Streifen ist. Da nun die Funktion $y = \frac{1}{x}$ in dem Intervall keinen „Sprung" macht, sondern alle Werte annimmt, die zwischen dem kleinsten und größten Wert liegen, so muß es eine „mittlere Ordinate" $\overline{y}$ in dem Streifen geben, die gleich m_s ist (Abb. 63).

Diese Deutung der Sehnensteigung als mittlere Ordinate der Ausgangskurve macht besonders anschaulich, wie bei dem Grenzübergang $\Delta x \to 0$ die Ordinate y als Tangentensteigung der Flächeninhaltskurve herauskommt.

7, 2. Tangentensteigung der Flächeninhaltsfunktion einer beliebigen stetigen Funktion.

Die im vorigen Abschnitt durchgeführte Überlegung ist nicht auf die betrachtete spezielle Funktion zugeschnitten, sondern ermöglicht uns, den allgemeinen Zusammenhang zwischen Flächeninhalts- und Steigungsbestimmung aufzudecken.

Hierzu gehen wir von einer beliebigen eindeutigen Funktion aus, die also jedem Zahlwert x der unabhängigen Veränderlichen genau einen Funktionswert $y = f(x)$ zuordnet, und setzen über diese Funktion nur voraus, daß sie sich durch einen ununterbrochenen Kurvenzug darstellen läßt. Darin liegt, daß man für den absoluten Betrag der Differenz zweier Funktionswerte $|f(x_2) - f(x_1)|$ eine beliebig kleine Größe erhalten kann, wenn man nur die Abszissen x_1 und x_2 hinreichend nahe zusammenrücken läßt, und diese Aussage deckt sich mit der in § 5, 4 Erklärung 6 bzw. 6a gegebenen Definition der Stetigkeit. Tatsächlich kommen wir mit der Voraussetzung der Stetigkeit von $f(x)$ auch aus und brauchen die darüber hinausgehende Forderung, daß es möglich sein soll, diese Funktion in der üblichen Weise durch eine Kurve darzustellen, nur, um die jetzt folgenden Überlegungen in einem Bilde veranschaulichen zu können. Unter einer stetigen Funktion läßt sich, wie wir in § 5, 6 gesehen haben, immer ein Flächeninhalt bestimmen, und so können wir auch zu der Funktion $f(x)$ eine Flächeninhaltsfunktion $Y = F(x)$ konstruieren. Unsere Aufgabe ist es, die Steigung dieser Flächeninhaltsfunktion zu berechnen. In gewohnter Weise gehen wir von der mit einer beliebigen Abszissenspanne Δx gebildeten Sehnensteigung

$$m_s = \frac{\Delta Y}{\Delta x} = \frac{F(x + \Delta x) - F(x)}{\Delta x} \qquad (\Delta x \neq 0)$$

aus. An der Ausgangskurve $y = f(x)$ ist nun der Zähler dieses Bruches sofort als Flächeninhalt des von den Ordinaten x und $x + \Delta x$ begrenzten Streifens zu deuten, und daher können wir wegen

$$F(x + \Delta x) - F(x) = m_s \Delta x$$

die Sehnensteigung m_s jetzt als Vertikalseite eines Rechtecks von der Breite Δx auffassen, das diesem Streifen inhaltsgleich ist. Die Länge dieser Rechtecksseite muß zwischen der größten und der kleinsten von der Kurve $f(x)$ in dem Streifen erreichten Ordinate liegen und daher selbst ein in diesem Intervall vorkommender Funktionswert sein, weil ja die Kurve $f(x)$ nach unserer Voraussetzung nirgends springt (vgl. auch § 5, 5 Satz 17a). Es ist also

$$m_s = \overline{y} = f(\overline{x})\,, \quad (\overline{x} \text{ zwischen } x \text{ und } x + \varDelta x)$$

und damit haben wir die Sehnensteigung der Flächeninhaltsfunktion $F(x)$ als eine in dem Streifen vorkommende mittlere Ordinate der Kurve $f(x)$ gedeutet. Um nun zur Tangentensteigung zu kommen, lassen wir $\varDelta x$ eine Nullfolge durchlaufen und bilden die zugehörige Folge der Sehnensteigungen. Die entscheidende Frage nach der Existenz eines Grenzwertes dieser Sehnensteigungsfolge und nach seiner Größe ist auf Grund der eben gegebenen Deutung sehr leicht zu beantworten. Wenn nämlich $\varDelta x$ gegen Null strebt, so muß $\overline{x}$, das ja ständig zwischen x und $x + \varDelta x$ eingeschlossen ist, dem Grenzwert x zustreben. Dann konvergiert aber zugleich $f(\overline{x})$ wegen der Stetigkeit der Funktion f gegen den Grenzwert $f(x)$ (vgl. 5, 4 Erklärung 6), so daß $f(x)$ die Tangentensteigung von $F(x)$ sein muß. Ist also $Y = F(x)$ die Flächeninhaltsfunktion zu der stetigen Funktion $y = f(x)$, so ist stets

$$Y' = F'(x) = f(x)\,.$$

Die bisher schon immer festgestellte Merkwürdigkeit, daß Flächeninhalts- und Steigungsbestimmung entgegengesetzte Operationen sind, ist hiermit als allgemein gültiges Gesetz erkannt, das wir den „*Fundamentalsatz der Flächeninhaltsbestimmung*“ nennen.

Bei unseren Überlegungen sind wir von einer stetigen Funktion ausgegangen, haben deren Flächeninhaltskurve bestimmt und haben dann die Tangentensteigung dieser Flächeninhaltskurve ermittelt. Man könnte daran denken, diesen Gedankengang umzukehren und, ausgehend von einer stetigen Funktion, versuchen, ihr Steigungsbild zu zeichnen, um dann durch Flächeninhaltsbestimmung am Steigungsbild wieder zu der Ausgangskurve zurückzukommen. Diese Überlegung würde immer dann, wenn es uns gelingt, das Steigungsbild wirklich zu ermitteln, der vorhergehenden gleichwertig sein. Wir haben uns jedoch in § 5, 4 überlegt, daß es nicht zu jeder stetigen Funktion ein Steigungsbild gibt, oder, was auf das gleiche herauskommt, daß nicht jede stetige Funktion als Flächeninhaltskurve einer anderen Kurve aufgefaßt werden kann. Die Flächeninhaltsbestimmung ist also gegenüber der Bestimmung der Tangentensteigung das prinzipiell einfachere Problem. Dies ist der Grund dafür, daß wir es beim Aufbau dieser Vorlesung so stark in den Vordergrund gerückt haben.

7, 3. Der Mittelwertsatz.

An die zur Veranschaulichung unserer eben durchgeführten Überlegungen erfolgte Einführung der mittleren Ordinate $\overline{y}$ können wir eine Bemerkung knüpfen, die von großer Bedeutung ist. Ist $f(x)$ eine beliebige stetige Funktion. und $F(x)$ die zu ihr gehörige Flächeninhaltsfunktion, so ist

$$F(b) - F(a)$$

der Flächeninhalt unter $f(x)$ zwischen a und b. Setzt man diesen gleich $\bar{y} \cdot (b - a)$, so ist $\bar{y}$ eine Zahl, die zwischen dem größten und dem kleinsten von der Funktion $f(x)$ in dem abgeschlossenen Intervall $a \leqq x \leqq b$ angenommenen Wert liegt. Als stetige Funktion muß $f(x)$ diesen Wert zwischen $x = a$ und $x = b$ mindestens einmal annehmen (vgl. 5, 5 Satz 17a), es ist also

$$\bar{y} = f(\bar{x}). \qquad\qquad (a \leqq \bar{x} \leqq b)$$

Für die Abszisse $\bar{x}$ können wir schreiben:

$$\bar{x} = a + \vartheta (b - a), \qquad\qquad (0 < \vartheta < 1)$$

und haben dann:

$$F(b) - F(a) = (b - a)\, f(a + \vartheta (b - a)).$$

Dies wird als *Mittelwertsatz der Flächeninhaltsbestimmung* bezeichnet. Wenn wir umgekehrt von der Funktion $F(x)$ ausgehen, nimmt er die folgende Gestalt an:

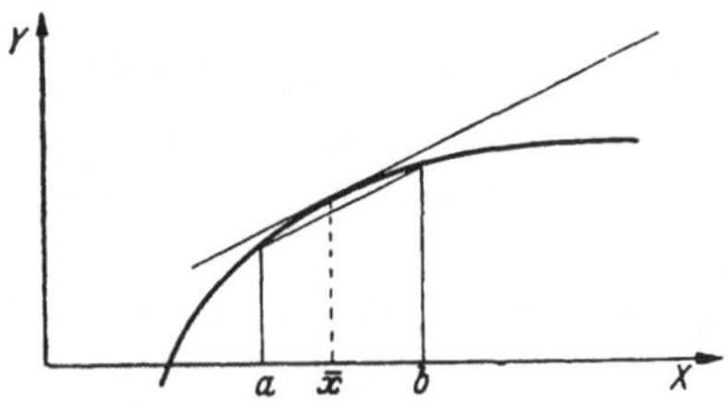

Ist $F(x)$ eine Funktion, deren erste Ableitung in dem abgeschlossenen Intervall $a \leqq x \leqq b$ stetig ist, so gibt es stets eine solche Zahl ϑ zwischen Null und Eins, daß

$$F'(a + \vartheta (b - a)) = \frac{F(b) - F(a)}{b - a}$$

Abb. 64.

ist.

Der anschauliche Inhalt dieses *Mittelwertsatzes der Steigungsbestimmung* ist in Abb. 64 gezeigt: Wenn die Kurve der Funktion $F(x)$ zwischen a und b nirgends geknickt ist, so muß es mindestens eine Abszisse $\bar{x} = a + \vartheta (b - a)$ zwischen a und b geben, bei der die Kurventangente der durch die Kurvenpunkte mit den Abszissen a und b gelegten Sehne parallel ist.

7, 4. Der Integraph.

Auf den Fundamentalsatz gestützt, hat man einen Apparat konstruieren können, der zu jeder gegebenen Kurve die zugehörige Flächeninhaltskurve aufzeichnet. Einen solchen Apparat nennt man einen „Integraphen"

Um zu verstehen, wie der Apparat arbeitet, denken wir uns eine Kurve $y(x)$ und ihre Flächeninhaltskurve $Y(x)$ in gewohnter Weise untereinander gezeichnet und fassen zwei Punkte mit derselben Abszisse x

ins Auge. Nach dem Fundamentalsatz ist die Steigung der Flächen
inhaltskurve gleich der Ordinate der Ausgangskurve, so daß wir

$$Y' = y = \frac{y}{1}$$

erhalten. Tragen wir also bei der Ausgangskurve von dem Fußpunkt der
Ordinate aus nach links hin die Einheitsstrecke ab (A) und verbinden A
mit dem Punkt P der Kurve, so ist die *Hypotenuse A B dieses rechtwinkligen Dreiecks der Tangente der Flächeninhaltskurve parallel.* Da sich zu
jedem Punkt der Ausgangskurve $y = f(x)$ ein solches „Einheitsdreieck"
konstruieren läßt, so können wir allgemein sagen:

*Die Tangente der Flächeninhaltskurve
ist stets der Hypotenuse des zugehörigen
Einheitsdreiecks der Ausgangskurve parallel* (Abb. 65).

Daraus ergibt sich für die Zeichnung der Flächeninhaltskurve folgende

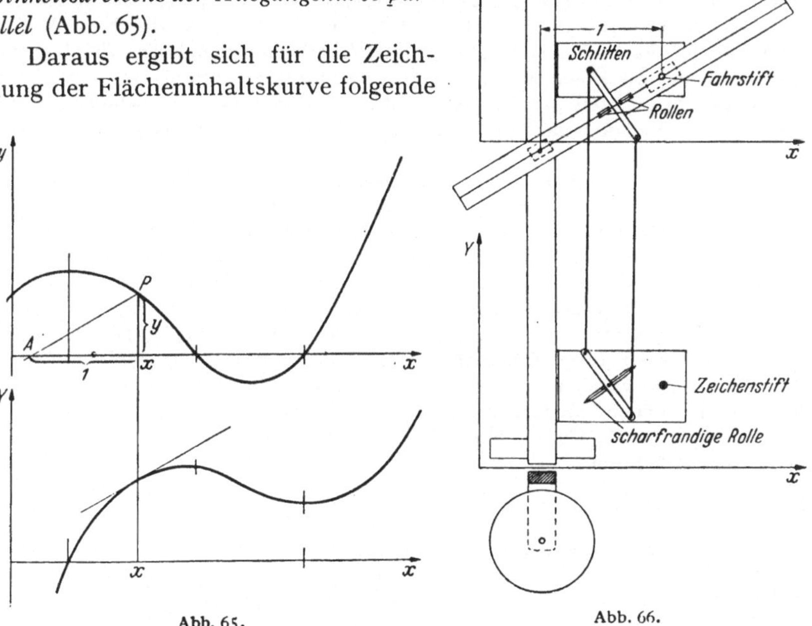

Abb. 65.   Abb. 66.

Vorschrift: Man muß den Zeichenstift so führen, daß seine Fortschreitungsrichtung (Tangentenrichtung) beständig mit der Richtung der
Hypotenuse des Einheitsdreiecks übereinstimmt, das zu der Ausgangskurve in dem betreffenden Punkt gehört.

Wie läßt sich das nun durch einen Apparat verwirklichen? Offenbar ist es zunächst erforderlich, in jedem Punkt der Ausgangskurve die Hypotenuse des Einheitsdreiecks festzulegen. Das erreichen wir einfach in der folgenden Weise (Abb. 66).
Ein der y-Achse paralleles Lineal kann auf zwei Rädern in der Richtung der x-Achse
parallel verschoben werden. An seiner Längskante kann man einen Schlitten auf
und ab bewegen, und an diesem Schlitten ist ein Stift angebracht, den wir

den *Fahrstift* nennen wollen. Offenbar können wir diesen Fahrstift einmal auf jede Abszisse einstellen, da ja das Lineal als Ganzes auf seinen Rädern in Richtung der x-Achse verschoben werden kann, andererseits unabhängig davon auch auf jede Ordinate, da der Schlitten beliebig auf und ab bewegt werden kann. Es ist also möglich, den Fahrstift an der gegebenen Kurve $y = f(x)$ entlang zu führen. Die Hypotenuse des Einheitsdreiecks ist dann die Verbindungslinie der augenblicklichen Stellung des Fahrstiftes mit einem Punkt der x-Achse, dessen Abszisse um eine Einheit kleiner ist als die Abszisse des Fahrstiftes. Dieser Punkt wird ein fester Punkt A des Lineals sein. In diesem Punkt des Lineals und über dem Fahrstift des Schlittens bringen wir je eine Muffe an, die beide um eine vertikale Achse durch den Punkt A des Lineals, bzw. den Fahrstift F, drehbar sind. Wenn wir durch die Muffen eine Schiene stecken, so gibt diese Schiene unmittelbar die Hypotenuse des Einheitsdreiecks an.

An dem Apparat ist diese Schiene als ein Vierkant von verhältnismäßig starkem quadratischem Querschnitt ausgebildet, sie liegt so in den Muffen, daß die Diagonalen des Querschnitts horizontal bzw. vertikal sind. Die Muffen umfassen sie nur von unten, so daß die obere Kante freibleibt, was für später wichtig ist. Die Stange ist im übrigen blank poliert, so daß sie fast reibungsfrei durch die Muffen hindurchgleiten kann. Nach unseren obigen Überlegungen müssen wir jetzt den Zeichenstift, der die Flächeninhaltskurve aufzeichnet, so führen, daß seine Fortschreitungsrichtung stets parallel zur Richtung der rechtkantigen Schiene ist. Wie

läßt sich das erreichen? Wir machen dabei von der bekannten Tatsache Gebrauch, daß eine *Rolle* sich nur in der Ebene senkrecht zu ihrer Drehachse vorwärtsbewegen läßt. Eine Verschiebung senkrecht zu dieser Ebene kann man nur dadurch erreichen, daß man sie wie einen Wagen (Abb. 67) hin und her bewegt. Wenn man den Rand einer Rolle durch Schärfen als Schneide ausbildet — wir werden dann von einer *scharfrandigen Rolle* sprechen —, so wird sie die Eigenschaft, sich nur in der Ebene senkrecht zu ihrer Drehachse bewegen zu lassen, in besonders hohem Maße besitzen. Wie man diese Eigenschaft zur Zeichnung der Flächeninhaltskurve verwenden kann, wollen wir uns zunächst an dem einfachst möglichen Fall klar machen.

Die Kurve, deren Flächeninhalt gezeichnet werden soll, sei die horizontale Gerade

$$y = c.$$

Abb. 67.

Gleitet der Fahrstift an dieser Geraden entlang, so verschiebt sich der Schlitten, der ihn trägt, relativ zum Lineal *nicht*, und daher erfährt die rechtkantige Schiene nur eine Parallelverschiebung. Um die Flächeninhaltskurve aufzuzeichnen, muß der Zeichenstift die Gerade

$$Y = c(x - x_0)$$

beschreiben, sofern wir den Flächeninhalt von der Stelle x_0 aus zählen wollen.

Wenn man die Flächeninhaltskurve genau unter die Ausgangskurve zeichnen will, so muß der Zeichenstift mit gleicher Abszisse wie der Fahrstift von dem Lineal mitgeführt werden. Um seine Ordinate verändern zu können, bringt man ihn an einem zweiten Schlitten an, der ebenfalls an dem Lineal auf und ab gleitet. Man muß nun dafür sorgen, daß seine Ordinate in jedem Augenblicke gerade die Ordinate der Flächeninhaltsgeraden $Y = c(x - x_0)$ ist. Um das zu erreichen, bringt man an dem Schlitten des Zeichenstiftes eine scharfrandige Rolle an und stellt sie so ein, daß ihre Drehachse senkrecht zur (festbleibenden) Hypotenuse des Einheitsdreiecks steht. Dann kann sich die Rolle selbst nur parallel zu der Hypotenuse des Einheitsdreiecks bewegen, und sie muß, wenn die Reibungswiderstände klein genug sind, ihren Schlitten mitsamt dem daran angebrachten Zeichenstift mitnehmen. Der Zeichenstift wird sich also, wie er soll, parallel zur Hypotenuse des Einheitsdreiecks bewegen und eine Gerade mit der Steigung c beschreiben. Um die Gerade $Y = c(x - x_0)$ zu erhalten, muß man noch den Schlitten des Zeichenstiftes so einstellen, daß der Zeichenstift für $x = x_0$ sich gerade auf der x-Achse des Flächeninhalts-Schaubildes befindet.

Nach dieser Vorbereitung verstehen wir leicht, wie der Apparat zu einer allgemeinen Kurve $y = f(x)$ die Flächeninhaltskurve aufzeichnen kann. Führen wir den Fahrstift an der Kurve entlang, so wird die Vierkantschiene von Stelle zu Stelle jetzt ihre Richtung ändern. Soll der Zeichenstift dauernd zu ihr parallel geführt werden, so müssen wir die scharfrandige Rolle so steuern, daß ihre Drehachse in jedem Augenblick zu der rechtkantigen Schiene senkrecht ist. Dann bewegt sich der Zeichenstift stets in der gewünschten Richtung und zeichnet die gesuchte Flächeninhaltskurve auf. Diese Steuerung läßt sich mit ziemlich einfachen Mitteln erreichen. Man bildet die Drehachse der scharfrandigen Rolle als Steuerarm aus und bringt gleichzeitig senkrecht zur rechtkantigen Schiene einen Bügel an, der sich längs der Schiene verschieben kann. Um zu große Reibung zu vermeiden, läßt man den Bügel auf zwei Rollen längs der oberen Kante der Schiene laufen. Es bleibt nur noch übrig, dafür zu sorgen, daß dieser zur Schiene senkrechte Bügel und der Steuerarm der scharfrandigen Rolle dauernd parallel bleiben, und das erzwingt man einfach dadurch, daß man beide zu einem Parallelogramm koppelt, dessen Seiten durch Gelenke verbunden sind. Dadurch ist in der Tat die Beweglichkeit nirgends gehemmt und die Parallelität gesichert. Beschreibt der Fahrstift die Ausgangskurve, so zeichnet der Zeichenstift die Flächeninhaltskurve auf. Natürlich müssen alle Fehler, die durch die Reibung hineinkommen, so klein sein, daß sie keinen merklichen Einfluß auf das Ergebnis haben. Alle Reibungskräfte, die an den mannigfachsten Stellen auftreten, müssen also insgesamt gering sein gegenüber der Kraft, die erforderlich ist, die scharfrandige Rolle aus ihrer Ebene herauszudrehen. Man sieht, daß die Ausführung des Apparates ganz außerordentlich hohe Anforderungen an die Feinmechanik stellt. Ihnen Genüge getan zu haben, ist das Verdienst der Schweizer Werkstätte Coradi, der ein polnischer Mathematiker Abdank Abakanowicz die Anregung zum Bau des Integraphen gab (1878) (Abb. 68). Wollte man übrigens die Flächeninhaltskurve, wie wir es in der Figur angedeutet haben, genau unter die Ausgangskurve zeichnen, so würde das Lineal unbequem lang. Man kann die Länge des Lineals (und also auch die der zur Kopplung dienenden Parallelogrammseiten) auf die Hälfte verkürzen, wenn man den Schlitten, der den Zeichenstift trägt, nicht an der gleichen Seite des Lineals entlanglaufen läßt, an der der Schlitten des Fahrstiftes entlangläuft, sondern an der entgegengesetzten Seite. Dann kann man die beiden x-Achsen zusammenfallen lassen, und die Ordinaten der Ausgangskurve und der Flächeninhaltskurve, die zusammengehören, haben einen horizontalen Abstand gleich dem horizontalen Abstand von Fahrstift und Zeichenstift.

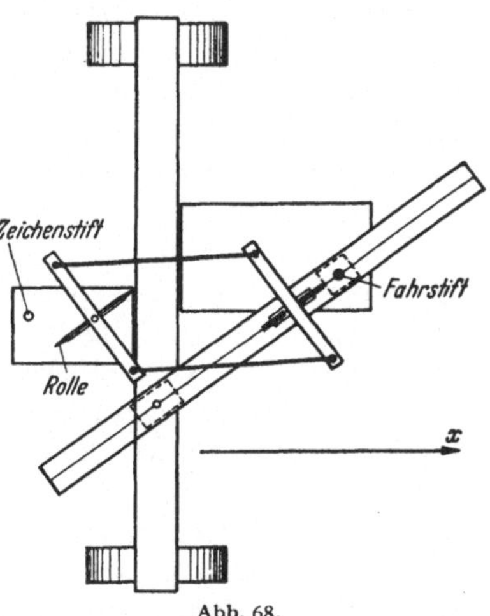

Abb. 68.

7, 5. Allgemeine Bemerkungen über das Problem der Flächeninhaltsbestimmung.

Wenn man den Fahrstift des Integraphen an der gleichseitigen Hyperbel $y = \frac{1}{x}$ entlangführt, so zeichnet der Zeichenstift unmittelbar die Flächeninhaltskurve $\eta = \ln x$ auf.

Würden wir die Funktion $\ln x$ nicht bei vielen Aufgaben benötigen, sondern etwa nur bei einem einzelnen Problem und nur mit beschränkter Genauigkeit, so würde man nicht ihre ganze Theorie zu entwickeln brauchen, wie wir es in § 6 getan haben, sondern könnte sich mit der Zeichnung der Kurve (bzw. eines Kurvenstückes) auf die für die Aufgabe erforderlichen Genauigkeit beschränken. Weil aber die ln-Funktion außerordentlich große Bedeutung für alle Zweige der physikalischen Anwendungen besitzt, wobei es auch von Fall zu Fall ganz verschieden ist, mit welcher Genauigkeit man die Funktionswerte kennen muß, haben wir die Funktion systematisch untersucht, ihre Eigenschaften durchforscht und ein rechnerisches Verfahren zur Bestimmung der Funktionswerte angegeben, das jede gewünschte Genauigkeit zu erreichen gestattet.

Eine entsprechende Bemerkung gilt für alle Flächeninhaltsprobleme. Wenn man für irgend eine vorgelegte Kurve den Flächeninhalt zu bestimmen hat, so liegt die Aufgabe entweder so, daß man nur den Verlauf der Flächeninhaltskurve, und zwar in der Regel auch nur mit beschränkter Genauigkeit, zu kennen braucht, oder es ist erforderlich, die Theorie der Flächeninhaltsfunktion zu beherrschen und ihre Eigenschaften zu kennen. Im ersten Fall kann man sich auf ein Zeichnen der Flächeninhaltskurve etwa mit Hilfe des Integraphen beschränken. Im zweiten Falle aber muß man die *Flächeninhaltsbestimmung als Definition einer neuen Funktion* ansehen, deren Eigenschaften unmittelbar aus der Flächeninhaltsaufgabe heraus zu ermitteln sind. Die im vorigen Paragraphen durchgeführte Untersuchung der Funktion $\ln x$ ist ein Musterbeispiel dafür. — Wenn man in der technischen Praxis auf eine Flächeninhaltsaufgabe stößt, so wird sich der Techniker in der Regel darauf beschränken können, die Aufgabe in der ersten Art zu behandeln. Für alle Flächeninhaltsaufgaben aber, bei denen eine systematische Theorie der Flächeninhaltsfunktion unerläßlich ist, werden Physik und Technik die Aufstellung einer solchen Theorie der **Mathematik** zur Pflicht machen. Die Mathematik hat diese Aufgabe für alle diejenigen Flächeninhaltsfunktionen zu lösen, die in den Anwendungen häufig auftreten.

Hält man sich diese Sachlage vor Augen, so ist man gegen ein arges, aber leider weit verbreitetes Mißverständnis geschützt. Man hört nämlich oft die Behauptung, daß man den Flächeninhalt nur in gewissen einfachen Fällen berechnen könne, daß dies aber in der Mehrzahl der Fälle unmöglich sei. Damit meint man folgendes. Nur recht selten steht die Flächeninhaltsfunktion zu der Ausgangsfunktion in einer so einfachen Beziehung, wie es bei der Funktion

$$y = x^n, \quad F_0^x = \frac{x^{n+1}}{n+1}$$

der Fall ist, wo die Flächeninhaltsfunktion eine Funktion der gleichen Art wie die Ausgangsfunktion ist. Schon bei der einfachsten gebrochenen rationalen Funktion $y = \frac{1}{x}$ sehen wir, daß der Flächeninhalt eine Funktion ganz anderer Art, nämlich die Funktion $\ln x$ definiert, die nicht mehr rational ist, sondern als eine *transzendente* Funktion bezeichnet wird.

In den wenigen Sonderfällen, in denen sich die Flächeninhaltsfunktion durch bereits bekannte Funktionen ausdrücken läßt, brauchen wir natürlich nicht erst nach den Eigenschaften der Flächeninhaltsfunktionen zu forschen und nach einem Verfahren zu suchen, mit dessen Hilfe sich die Funktionswerte berechnen lassen. Denn alles das entnehmen wir ohne weiteres den Eigenschaften der bekannten Funktionen, aus denen sich der Ausdruck für den Flächeninhalt zusammensetzt. Diese Vereinfachung meint man, wenn man sagt, in solchen Sonderfällen lasse sich der Flächeninhalt „explizit" angeben.

In den anderen Fällen, in denen es nicht gelingt, die Flächeninhaltsfunktion durch bereits bekannte Funktionen auszudrücken — diese Fälle bilden die Regel —, darf man nicht etwa meinen, die Berechnung der Größe eines einzelnen bestimmten Flächeninhalts mache Schwierigkeiten. Wir können ja mit Hilfe des Einschachtelungsverfahrens einen solchen Zahlwert meist ziemlich rasch berechnen. Auch die Flächeninhaltskurve selbst können wir, wenn kein Integraph zur Verfügung steht, numerisch mit verhältnismäßig geringer Mühe konstruieren, sofern die verlangte Genauigkeit nicht allzu groß ist (vgl. 13, 5 S. 312). Hat man nun in einem bestimmten technischen Gebiet sehr häufig mit der gleichen Flächeninhaltsfunktion zu tun, so wird man eine Wertetabelle anlegen. Sind mehrere Zweige der Naturwissenschaft und Technik an der Flächeninhaltsfunktion interessiert, so wird man auch die Eigenschaften der Funktion sorgfältig erforschen. Einer so nach allen Seiten hin erforschten Funktion wird man dann einen besonderen Namen beilegen und sie durch ein besonderes Funktionssymbol bezeichnen. Damit erscheint sie dann als *bekannte Funktion*.

Diese Entwicklung hat auch die ln-Funktion durchgemacht. Wenn man als „bekannte" Funktionen nur die rationalen Funktionen ansieht, so erscheint der Flächeninhalt unter den ganzen rationalen Funktionen als bekannt, weil er sich wieder als eine ganze rationale

Funktion ausdrückt. Der Flächeninhalt unter der Hyperbel $y = \frac{1}{x}$ aber, die die einfachste gebrochene rationale Funktion ist, läßt sich mit Hilfe der „bekannten", d. h. der rationalen Funktionen nicht ausdrücken. Dies war die Sachlage, der man sich etwa um 1600 gegenübersah. Wegen ihrer Wichtigkeit hat man alsbald diese Flächeninhaltsfunktion sorgfältig studiert, ihre Eigenschaften festgestellt und ihr den Namen ln x gegeben. Seither gehört nun der Flächeninhalt unter der Hyperbel zu den „bekannten" Funktionen, die sich explizit angeben lassen, weil man jetzt die Funktion ln x zur Verfügung hat.

Der Anfänger sieht leicht einen Wesensunterschied, wo es sich nur um eine graduelle Verschiedenheit in der Durchführung der Aufgabe handelt. Wenn es notwendig ist, kann man die Eigenschaften jeder Flächeninhaltsfunktion so weit erforschen, wie es bei der Funktion ln x geschehen ist.

Nach dieser Zwischenbemerkung kehren wir zurück zu der ln-Funktion und geben als Abschluß einige Anwendungen, bei denen es wichtig ist, daß man den Fundamentalsatz der Flächeninhaltsbestimmung kennt, daß man also weiß, die Funktion

$$y = \ln x$$

hat die Steigung

$$y' = \frac{1}{x}.$$

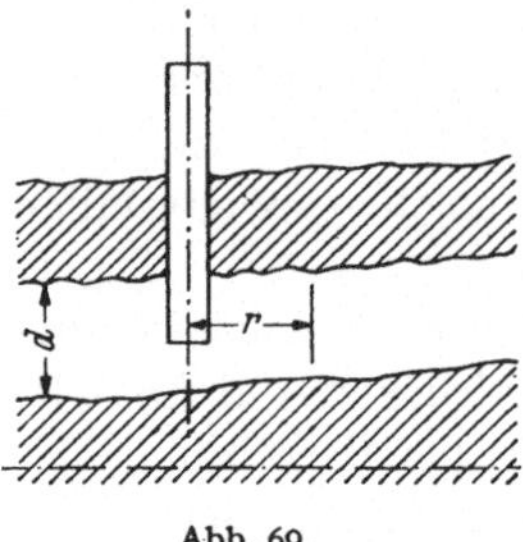

Abb. 69.

Anwendung 13: Artesischer Brunnen. Zwischen zwei wasserundurchlässigen Schichten befinde sich eine wasserführende Schicht der Dicke d [m]. In diese Schicht hineingetrieben sei ein artesischer Brunnen, dessen Querschnitt ein Kreis vom Durchmesser $2r_0$ [m] sei (Abb. 69). Der Druck des Wassers an der Brunnensohle sei $p_0 \left[\frac{\text{kg}}{\text{m}^2}\right]$ und die Ergiebigkeit des Brunnens sei $Q \left[\frac{\text{m}^3}{\text{sek}}\right]$. Nach welchem Gesetz muß nun in der wasserführenden Schicht der Druck mit der Entfernung r von der Brunnenachse zunehmen? Offenbar muß im Beharrungszustand durch den Mantel des Zylinders vom Halbmesser r in jeder Sekunde die Wassermenge Q hindurchtreten. Durch die Flächeneinheit des Mantels tritt also, wenn wir annehmen dürfen, die Geschwindigkeit in der wasserführenden Schicht sei unabhängig von der Höhe, die Wassermenge $\frac{Q}{2\pi r d} \left[\frac{\text{m}}{\text{sek}}\right]$ in der Sekunde hindurch. Die Hydraulik macht die Annahme, daß diese Größe, die offenbar die Strömungsgeschwindigkeit ist, der Steigung der gesuchten Druckkurve $p = p(r)$ proportional sei, daß also die Gleichung

$$(*) \qquad\qquad k\, p'(r) = \frac{Q}{2\pi d}\, \frac{1}{r}$$

gilt. Dabei ist k, die sog. *Durchlässigkeit* der Schicht, eine Materialkonstante, die die Dimension $\frac{\text{m}^4}{\text{kg sek}}$ besitzt. Diese Gleichung sagt nach dem Fundamentalsatz aus, daß die Funktion $p(r)$ die Flächeninhaltskurve zu der Hyperbel

$$\eta = \frac{Q}{2\,\pi\,d\,k}\;\frac{1}{r}$$

ist. Da zu r_0 der Druck p_0 gehört, so wird (vgl. S. 175)

$$p - p_0 = F_{r_0}^r = \frac{Q}{2\,\pi\,d\,k}\;\ln\frac{r}{r_0}.$$

Natürlich stellt diese Gleichung den wirklichen Vorgang nur insoweit richtig dar, wie die Annahme (*) richtig ist. Daß diese Annahme lediglich eine Näherung sein kann, die nur für nicht zu große r zulässig ist, sieht man schon daraus, daß in (*) für $r \to \infty$ auch $p \to \infty$ gilt, während doch selbstverständlich in sehr großer Entfernung von der Bohrung ihr Einfluß in der wasserführenden Schicht immer weniger bemerkbar sein müßte. Es müßte also für $r \to \infty$ der Druck p gegen einen *endlichen* konstanten Wert streben. Aber in einer gewissen Umgebung des Bohrlochs, d. h., wenn r nicht allzu groß wird, stellt die Annahme (*) die wirklichen Verhältnisse leidlich gut dar, und so gibt auch die Schlußformel hier den wirklichen Verlauf des Druckes angenähert wieder.

Anwendung 14: Induktivität einer Spule. Um einen Ring aus (geteiltem) Eisen, dessen Querschnitt ein Rechteck mit der Höhe h [cm] sein möge, während der innere Halbmesser die Länge r_1 [cm], der äußere die Länge r_2 [cm] besitze, sei ein Draht mit w Windungen herumgewickelt.

Wenn der Draht von einem Strom durchflossen wird, so bildet sich ein magnetisches Feld aus, und wenn die Windungen einigermaßen dicht nebeneinanderliegen, so verlaufen die magnetischen Kraftlinien als Kreise in dem Eisenring, während das Äußere des Ringes fast von magnetischen Kraftlinien frei bleibt. Längs einer solchen kreisförmigen Kraftlinie hat die magnetische Feldstärke überall die Richtung der Kreistangente, und ihre Größe ist aus Symmetriegründen längs der Kraftlinie konstant. Die zu der Kraftlinie gehörige magnetische Umlaufspannung hat also die Größe

$$H \cdot 2\,r\,\pi = \text{Umlaufspannung [Amp]},$$

wenn r der Halbmesser der Kraftlinie und H die zugehörige magnetische Feldstärke ist. Die Kraftlinie umschlingt einen Strom, dessen Gesamtstärke gleich der Anzahl der Windungen ist, multipliziert mit der im Draht vorhandenen Stromstärke i, also

$$w\,i = \text{umschlungene Stromstärke}[1].$$

Nach dem elektromagnetischen Grundgesetz

$$\text{magnetische Umlaufspannung} = \text{umschlungene Stromstärke}$$

gilt also für die magnetische Feldstärke im Innern des Ringes das Gesetz:

$$H = \frac{w\,i}{2\,\pi\,r}\,[\text{Amp} \cdot \text{cm}^{-1}].$$

Ist μ die Permeabilität des Eisens, und bleiben wir vom Sättigungspunkt des Eisens

---

[1] Man nennt ihre Maßzahl gewöhnlich die *Ampere-Windungszahl*, indem man sich vorstellt, daß man statt der w Windungen, die einen Strom i führen, eine Anordnung von wi Windungen hätte, die ein Strom von 1 Ampere durchläuft.

hinreichend weit entfernt, so ist die Flußdichte im Innern des Ringes[1]:

$$B = \mu H = \mu \frac{w\,i}{2\,\pi\,r} \left[\frac{\text{Volt sek}}{\text{cm}^2} \right].$$

Die Dichte Ψ der magnetischen Energie im Felde ist dann:

$$\Psi = \frac{1}{2}\,H B = \frac{1}{8\,\pi^2}\,\mu \left(\frac{w\,i}{r} \right)^2 \left[\frac{\text{Watt sek}}{\text{cm}^3} \right].$$

Um daraus nun die gesamte in dem Ringe angesammelte magnetische Energie zu berechnen, denken wir aus dem Ringe einen Hohlzylinder mit den Halbmessern r und $(r + \varDelta r)$ herausgeschnitten. Dann ist der Inhalt dieses Hohlzylinders $\varDelta V$ eingeschachtelt gemäß

$$2\,\pi\,r\,h\,\varDelta r < \varDelta V < 2\,\pi(r + \varDelta r)\,h\,\varDelta r.$$

Leider hat nun aber die Energiedichte Ψ ihren *größten* Wert auf dem *inneren* Mantel und ihren *kleinsten* Wert auf dem Mantel des *äußeren* Zylinders, so daß hier die Schachtelung

$$\frac{1}{8\,\pi^2}\,\mu\,\frac{w^2\,i^2}{(r + \varDelta r)^2} \leqq \Psi \leqq \frac{1}{8\,\pi^2}\,\mu\,\frac{w^2\,i^2}{r^2}$$

gilt. Für die in dem Hohlzylinder enthaltene magnetische Energie $\varDelta W$ haben wir also die Schachtelung

$$\frac{\mu}{4\,\pi}\,w^2\,i^2\,h\,\frac{r\,\varDelta r}{(r + \varDelta r)^2} < \varDelta W < \frac{\mu}{4\,\pi}\,w^2\,i^2\,h\,\frac{(r + \varDelta r)\,\varDelta r}{r^2}.$$

Wir sehen, daß die Spanne $\varDelta r$ in beiden Grenzen dieser Schachtelung so unangenehm auftritt, daß es nicht ohne weiteres möglich ist, diese Schachtelung als Rechtecksschachtelung für den Flächeninhalt einer Kurve zu deuten.

Über diese Schwierigkeit hilft uns aber der Fundamentalsatz hinweg. Wenn wir nämlich die Energie W, die der Zylinder mit dem Halbmesser r gegen den inneren Zylinder (Halbmesser r_1) abgrenzt, mit $W(r)$ bezeichnen, so besteht für die Sehnensteigung dieser Funktion die Schachtelung

$$\frac{\mu}{4\,\pi}\,w^2\,i^2\,h\,\frac{r}{(r + \varDelta r)^2} < \frac{\varDelta W}{\varDelta r} < \frac{\mu}{4\,\pi}\,w^2\,i^2\,h\,\frac{r + \varDelta r}{r^2}.$$

---

[1] Im elektrotechnischen Maßsystem wird die magnetische Feldstärke H in $\dfrac{\text{Amp}}{\text{cm}}$, die Induktion oder Flußdichte B in $\dfrac{\text{Volt sek}}{\text{cm}^2}$ gemessen, so daß die Permeabilität μ die Dimension $\dfrac{\text{Volt sek}}{\text{Amp cm}}$ besitzt. Natürlich ist dann μ für das Vakuum bzw. den Luftraum nicht $= 1$, sondern es hat den Wert:

$$\mu_0 = 4\,\pi\,10^{-9}\,\frac{\text{Volt sek}}{\text{Amp cm}},$$

was von der in der Physik üblichen Festsetzung abweicht. Bei der Benutzung von Tabellen ist darauf zu achten, daß der dort angegebene Wert der Permeabilität noch mit diesem μ_0 multipliziert werden muß, um das in unseren Formeln auftretende μ zu erhalten. Zum Teil wird auch in der Elektrotechnik, in Übereinstimmung mit der Physik, μ dimensionslos angenommen und für den leeren Raum $= 1$ gesetzt. Die Konstante μ_0 wird in diesem Falle mit Π bezeichnet und „Induktionskonstante" genannt, und an die Stelle von $B = \mu H$ muß die Gleichung $B = \Pi \mu H$ treten. Die Bezeichnungsweise ist in diesem Punkte noch nicht ganz einheitlich.

Lassen wir hier $\varDelta r \to 0$ gehen, so werden bei diesem Grenzübergang die linke und die rechte Grenze der Schachtelung einander gleich. Als Grenzwert der Sehnensteigungen ergibt sich die Tangentensteigung $W'(r)$,

$$W'(r) = \frac{\mu}{4\pi} w^2 i^2 h \frac{1}{r}.$$

Nach dem Fundamentalsatz schließen wir hieraus, daß $W(r)$ die Flächeninhaltskurve zu der Hyperbel

$$\eta = \frac{\mu}{4\pi} w^2 i^2 h \frac{1}{r}$$

ist. Wegen $W(r_1) = 0$ ist die in dem ganzen Ringe enthaltene magnetische Energie

$$W = W(r_2) = F_{r_1}^{r_2} = \frac{\mu}{4\pi} w^2 i^2 h \ln\left(\frac{r_2}{r_1}\right) \text{[Watt sek]}.$$

Diese magnetische Energie ist dem Quadrat der Stromstärke proportional. Unter Einführung der Induktivität[1] L der Ringspule ist der Ausdruck der magnetischen Energie aber

$$W = \tfrac{1}{2} L\, i^2,$$

und somit ergibt sich als Wert für die *Induktivität der Spule*

$$L = \frac{\mu}{2\pi} h \ln\left(\frac{r_2}{r_1}\right) w^2 \text{[Henry]},$$

wobei HENRY der in der Elektrotechnik übliche Name für das Produkt (Ohm $\cdot$ sec) ist.

§ 8. Die Umkehrung der Funktion ln x; Exponentialfunktion und Logarithmus.

Um weiteren Aufschluß über die Natur der Funktion $y = \ln x$ zu erhalten, wollen wir die Verknüpfung zwischen den Veränderlichen x und y jetzt in der Weise auffassen, daß y die unabhängige Veränderliche ist, der wir irgendwelche Werte erteilen können, während der zugehörige Wert von x erst durch den funktionalen Zusammenhang gegeben wird. Das läuft darauf hinaus, daß wir die durch $y = \ln x$ dargestellte Kurve gleichsam „von der anderen Seite", nämlich von der Ordinatenachse aus, ansehen. Der Gedanke der „Umkehrung" einer Funktion wird sich später noch oft als fruchtbar erweisen, wenn wir Funktionen untersuchen, die aus einer Flächeninhaltsbestimmung hervorgehen. Um nun auch bei dieser Betrachtung Anschluß an die übliche Darstellung zu gewinnen, bei der die unabhängige Veränderliche x, die abhängige y genannt wird, gehen wir aus von

$$x = \ln y$$

und beginnen in gewohnter Weise damit, daß wir das zugehörige Kurvenbild zeichnen. Wir sehen dann sofort, daß zu jedem beliebigen posi-

---

[1] In der physikalischen Literatur wird diese Größe als „Selbstinduktionskoeffizient" bezeichnet.

tiven oder negativen x ein positiver Wert von y gehört, der bei $x = 0$ gerade gleich 1 ist, von dort aus nach rechts immer rascher nach $+\infty$ ansteigt, nach links jedoch beständig gegen den Wert 0 hin abfällt, ohne diesen Wert selbst je zu erreichen. Wir wollen für diese Funktion das Symbol einführen:

$$(1) \qquad\qquad y = E(x).$$

Nach der Art, wie wir auf diese Funktion geführt worden sind, nennen wir sie die „*Umkehrfunktion*" zur ln-Funktion. Die Funktionen ln und E stehen einander in dem gleichen Sinne gegenüber wie die Prozesse des Potenzierens und des Wurzelziehens. Da die ln-Funktion eine monotone stetige Funktion ist, gilt dies in gleicher Weise auch für die Umkehrfunktion, wie es anschaulich unmittelbar einleuchtet und in § 5, 5 Satz 19 bewiesen wurde.

8, 1. Berechnung der Umkehrfunktion, Darstellung durch eine Reihe.

8, 11. Die Grenzwertdarstellung. Wir stellen uns jetzt die Aufgabe, die Umkehrfunktion $y = E(x)$ zahlenmäßig zu berechnen und werden dabei natürlich an die entsprechenden Überlegungen für die ln-Funktion anknüpfen.

Die in 6, 3 (10) gefundene Einschachtelung lautet, wenn wir, unserer jetzigen Bezeichnungsweise entsprechend, x durch y ersetzen:

$$n\left(\sqrt[n]{y} - 1\right) > \ln y > \frac{n\left(\sqrt[n]{y} - 1\right)}{\sqrt[n]{y}} \qquad (y > 1)$$

Aus dem ersten Teil dieser doppelten Ungleichung folgt zunächst:

$$\sqrt[n]{y} > 1 + \frac{1}{n}\ln y,$$

und wenn man dies mit n potenziert und zugleich y und $\ln y$ durch $E(x)$ und x ersetzt, ergibt sich:

$$(2a) \qquad\qquad E(x) > \left(1 + \frac{x}{n}\right)^n \qquad\qquad (x > 0)$$

Ganz ähnlich formen wir den zweiten Teil der obigen doppelten Ungleichung um:

$$\left(1 - \frac{1}{n}\ln y\right)\sqrt[n]{y} < 1,$$

so daß sich

$$(2b) \qquad\qquad E(x) < \frac{1}{\left(1 - \frac{x}{n}\right)^n} \qquad\qquad (x > 0)$$

ergibt. Wir haben also jetzt zwei Zahlenfolgen:

$$g_n = \left(1 + \frac{x}{n}\right)^n, \quad h_n = \frac{1}{\left(1 - \frac{x}{n}\right)^n}$$

und für jedes beliebige n muß gelten:

$$(2) \qquad g_n < E(x) < h_n.$$

Es fragt sich, ob wir damit wirklich eine Schachtelung für $E(x)$ bekommen haben, ob also die beiden Folgen g_n und h_n mit unbegrenzt wachsender Nummer n dem gemeinsamen Grenzwert $E(x)$ zustreben. Dies wird bewiesen sein, wenn gezeigt ist, daß $\lim\limits_{n\to\infty} \frac{g_n}{h_n} = 1$ ist[1]. Nun ist

$$1 - \frac{g_n}{h_n} = 1 - \left(1 - \frac{x^2}{n^2}\right)^n$$

und für diese wegen $g_n < h_n$ positive Zahl ergibt sich durch Ausrechnen nach dem binomischen Satz:

$$1 - \frac{g_n}{h_n} = \binom{n}{1}\frac{x^2}{n^2} - \binom{n}{2}\frac{x^4}{n^4} + - \cdots - (-1)^n \frac{x^{2n}}{n^{2n}}.$$

Wenn wir darin allen Gliedern das positive Vorzeichen geben und außerdem die Binomialzahlen $\binom{n}{k}$ noch durch die sicher zu großen Zahlen n^k ersetzen, erhalten wir offenbar in

$$\frac{x^2}{n} + \frac{x^4}{n^2} + \frac{x^6}{n^3} + \cdots + \frac{x^{2n}}{n^n} = \frac{x^2}{n}\left(1 + \frac{x^2}{n} + \frac{x^4}{n^2} + \cdots + \frac{x^{2n-2}}{n^{n-1}}\right)$$

einen Ausdruck, der bestimmt größer als $\left(1 - \frac{g_n}{h_n}\right)$ ist; indem wir hierauf die Summenformel der geometrischen Reihe anwenden, finden wir also die Abschätzung

$$0 < 1 - \frac{g_n}{h_n} < \frac{x^2}{n} \cdot \frac{1 - \left(\frac{x^2}{n}\right)^n}{1 - \frac{x^2}{n}}.$$

Hierin führen wir nun den Grenzübergang $n \to \infty$ durch; man sieht sofort, daß der erste Faktor den Grenzwert 0, der zweite den Grenzwert 1 besitzt, und damit ist:

$$\lim\limits_{n\to\infty} \frac{g_n}{h_n} = 1.$$

Das heißt aber, daß $\lim\limits_{n\to\infty} g_n = \lim\limits_{n\to\infty} h_n = E(x)$ ist. Wir haben also das Ergebnis:

---

[1] Wenn wir nur die Folgen g_n und h_n ins Auge fassen würden, müßten wir außerdem zeigen, daß die erste monoton nicht abnimmt, die zweite monoton nicht zunimmt. Da wir aber wissen, daß zwischen g_n und h_n immer ein und dieselbe feste Zahl $E(x)$ liegt (Definition durch Umkehrung der ln-Funktion), so können wir aus $\lim\limits_{n\to\infty} \frac{g_n}{h_n} = 1$ auf die Existenz von $\lim\limits_{n\to\infty} g_n$ und $\lim\limits_{n\to\infty} h_n$ und ihre Gleichheit mit $E(x)$ schließen.

Die Funktion $E(x)$ wird durch den Grenzwert gegeben[1]:

$$(3) \qquad E(x) = \lim_{n \to \infty} \left(1 + \frac{x}{n}\right)^n = \lim_{n \to \infty} \frac{1}{\left(1 - \frac{x}{n}\right)^n}.$$

Die Bedeutung des Grenzüberganges

$$\lim_{n \to \infty} \left(1 + \frac{x}{n}\right)^n$$

wird an Hand der folgenden Überlegung besonders anschaulich: Ein Kapital K vermehrt sich bei einem Zinsfuß $p = 100\,x\%$ im Laufe eines Jahres bei gewöhnlicher einfacher Verzinsung auf $K\,(1 + x)$. Schlägt man aber die Zinsen am Schluß eines jeden Monats zum Kapital, so multipliziert sich dieses in jedem Monat mit dem Faktor $\left(1 + \frac{x}{12}\right)$, im ganzen Jahre also mit $\left(1 + \frac{x}{12}\right)^{12}$, und diese Vermehrung ist sicher größer als bei einfacher Verzinsung, weil sich ja die während des Jahres auflaufenden Zinsen bereits wieder mit verzinsen. Würde das Hinzuschlagen der Zinsen zum Kapital in noch kürzeren regelmäßigen Zeitabständen erfolgen, so würde dadurch die Vermehrung weiter vergrößert. Der Faktor, mit dem sich das Kapital während eines Jahres multipliziert, ist dabei allgemein $\left(1 + \frac{x}{n}\right)^n$. Der Grenzübergang $n \to \infty$ bedeutet nun offenbar, daß die Zinsen in immer kürzeren Zeitabständen dem Kapital zugefügt und schließlich überhaupt laufend zu ihm gerechnet werden (stetige Verzinsung!). Diese Fragestellung hat JAKOB BERNOULLI (1654—1705) auf die Untersuchung dieses Grenzwertes geführt. Wir sehen, daß dieser Grenzwert in engem Zusammenhang mit dem Gesetz des natürlichen Wachstums steht. Auf diese Bedeutung unserer Funktion $E(x)$ werden wir weiter unten noch ausführlich eingehen.

8, 12. Die Potenzreihe. Wenn wir nun die Werte der Funktion (1) berechnen wollen, so erkennen wir zunächst, daß die Einschachtelung (2) für die praktische Berechnung wenig brauchbar ist, da sie sehr mühsame Rechnungen erfordert. Wir wollen das an einem Beispiel sehen und wählen dazu $x = 1$, d. h. wir suchen denjenigen Wert von x, für den

$$\ln y = 1$$

wird. Dieser Wert spielt, wie wir alsbald sehen werden, eine fundamentale Rolle, und man hat für ihn daher ein besonderes Zeichen, und zwar den Buchstaben e, eingeführt.

---

[1] Dies ist zunächst für $x > 0$ gezeigt, für $x < 0$ ist die Überlegung die gleiche.

Zur Berechnung der Zahl e haben wir nach (2) die Ungleichung

$$\left(1 + \frac{1}{n}\right)^n < e < \frac{1}{\left(1 - \frac{1}{n}\right)^n}$$

oder

$$\left(\frac{n+1}{n}\right)^n < e < \left(\frac{n}{n-1}\right)^n.$$

Lassen wir n die Reihe der ganzen Zahlen durchlaufen, so haben wir für $n = 1, 2, 3, 4, \ldots$

$$
\begin{aligned}
2 \quad\; &< e < \infty \\
2{,}25 \;\; &< e < 4 \\
2{,}370 &< e < 3{,}375 \\
2{,}441 &< e < 3{,}160
\end{aligned}
$$

$$\cdots \cdots \cdots \cdots$$

woran man sieht, daß die beiden Grenzen nur sehr langsam einander näherrücken.

Mit $n = 1000$ würde man

$$2{,}717 < e < 2{,}719$$

erhalten. Die Rechenarbeit wäre hier schon ungeheuer groß[1]. Trotzdem ist noch nicht einmal die dritte Dezimale nach dem Komma genau festgestellt.

So scheint es, als ob die Einschachtelung (2) für die praktische Rechnung der E-Funktion wenig brauchbar sei. Indessen läßt sich der Grenzprozeß leicht so umformen, daß die bei direkter Anwendung der Einschachtelung (2) erforderliche Rechenarbeit auf einen kleinen Bruchteil sinkt.

Wir gehen dazu von der Definition der E-Funktion durch den Grenzwert (3) aus, die Elemente der Folge

$$\left(1 + \frac{x}{1}\right)^1, \quad \left(1 + \frac{x}{2}\right)^2, \quad \left(1 + \frac{x}{3}\right)^3, \ldots,$$

als deren Grenzwert der Funktionswert $E(x)$ erscheint, sind Produkte. Aber die *Anzahl der Faktoren in einem Element ist gleich der Nummer n*, also von Element zu Element verschieden, so daß wir den Produktsatz der Grenzwertrechnung nicht anwenden dürfen. Darin gerade liegt es begründet, daß die Rechenarbeit bei der Bestimmung des Grenzwertes so außerordentlich groß wurde.

Wir wollen nun die Potenz nach dem binomischen Satz entwickeln, also

$$\left(1 + \frac{x}{n}\right)^n = 1 + \binom{n}{1}\frac{x}{n} + \binom{n}{2}\left(\frac{x}{n}\right)^2 + \binom{n}{3}\left(\frac{x}{n}\right)^3 + \cdots + \binom{n}{n}\left(\frac{x}{n}\right)^n$$

---

[1] Wir müssen uns natürlich vorstellen, daß keinerlei Rechenhilfsmittel wie Logarithmen bekannt sind, denn wir haben ja bisher nur die rationalen Funktionen betrachtet.

setzen. Dabei ist

$$\binom{n}{k}\frac{1}{n^k} = \frac{n(n-1)\ldots(n-k+1)}{k!\,n^k} = \frac{1}{k!}\left(1-\frac{1}{n}\right)\left(1-\frac{2}{n}\right)\ldots\left(1-\frac{k-1}{n}\right)$$

und somit wird

$$(4)\qquad \left(1+\frac{x}{n}\right)^n = 1 + \frac{1}{1!}x + \frac{1}{2!}x^2\left(1-\frac{1}{n}\right) + \frac{1}{3!}x^3\left(1-\frac{1}{n}\right)\left(1-\frac{2}{n}\right) +$$

$$+ \cdots + \frac{1}{(n-1)!}x^{n-1}\left(1-\frac{1}{n}\right)\left(1-\frac{2}{n}\right)\ldots\left(1-\frac{n-2}{n}\right) +$$

$$+ \frac{1}{n!}x^n\left(1-\frac{1}{n}\right)\left(1-\frac{2}{n}\right)\ldots\left(1-\frac{n-1}{n}\right).$$

Da die Anzahl der Summanden von der Nummer n abhängig ist, so ist leider auch der Summensatz der Grenzwertrechnung nicht anwendbar, und diese Umformung scheint zunächst keine wesentliche Vereinfachung gegenüber dem Grenzprozeß (3) herbeigeführt zu haben.

Gleichwohl läßt sich aber durch eine geeignete Überlegung die Anwendung des Summensatzes ermöglichen und damit der Grenzwert bestimmen. Wir zerlegen jedes Element der Folge (4) in eine Summe aus zwei Gliedern, die wir kurz *Hauptteil* und *Schwanz* nennen wollen. Das geschieht derart, daß wir eine positive ganze Zahl $r < n$ fest auswählen und in dem Hauptteil, den wir mit $H_n^{(r)}(x)$ bezeichnen wollen, alle Glieder der rechten Seite von (4) aufgenommen denken, die eine Potenz von x enthalten, deren Exponent kleiner oder gleich r ist. Alle anderen Glieder der rechten Seite von (4) fassen wir zu dem Schwanz $S_n^{(r)}(x)$ zusammen. Danach ist für alle $n > r$

$$(5\,\mathrm{a})\qquad H_n^{(r)}(x) = 1 + \frac{1}{1!}x + \frac{1}{2!}x^2\left(1-\frac{1}{n}\right) + \frac{1}{3!}x^3\left(1-\frac{1}{n}\right)\left(1-\frac{2}{n}\right) +$$

$$+ \cdots + \frac{1}{r!}x^r\left(1-\frac{1}{n}\right)\left(1-\frac{2}{n}\right)\ldots\left(1-\frac{r-1}{n}\right)$$

und

$$(5\,\mathrm{b})\qquad S_n^{(r)}(x) = \frac{1}{(r+1)!}x^{r+1}\left(1-\frac{1}{n}\right)\left(1-\frac{2}{n}\right)\ldots\left(1-\frac{r}{n}\right) +$$

$$+ \frac{1}{(r+2)!}x^{r+2}\left(1-\frac{1}{n}\right)\left(1-\frac{2}{n}\right)\ldots\left(1-\frac{r+1}{n}\right) +$$

$$+ \cdots + \frac{1}{n!}x^n\left(1-\frac{1}{n}\right)\left(1-\frac{2}{n}\right)\ldots\left(1-\frac{n-1}{n}\right).$$

(Für $n \leq r$ ist $H_n^{(r)}(x)$ gleich der rechten Seite von (4) und $S_n^{(r)} = 0$.) Wir haben also für jedes n die Zerlegung

$$(5)\qquad\qquad \left(1+\frac{x}{n}\right)^n = H_n^{(r)}(x) + S_n^{(r)}(x).$$

Betrachten wir nun für $n = 1, 2, 3, \ldots$ zunächst die Folge der Hauptteile $H_n^{(r)}(x)$, so stellt jedes Element der Folge, wenigstens sobald seine Nummer n größer als die feste ganze Zahl r ist, eine Summe vor, die unabhängig von der Nummer stets die gleiche Anzahl, nämlich $(r+1)$,

Summanden enthält. Da die Grenzwerte der Summanden für $n \to \infty$ existieren und leicht angebbar sind, so erkennt man, daß die Folge der Hauptteile einen Grenzwert besitzt, und zwar ergibt sich unter Anwendung der Grenzwertsätze (§ 5, 2)

$$(6a) \qquad \lim_{n \to \infty} H_n^{(r)}(x) = H_r(x) = 1 + \frac{x}{1!} + \frac{x^2}{2!} + \frac{x^3}{3!} + \cdots + \frac{x^r}{r!}.$$

Nun haben wir weiter die Aufgabe, den Grenzwert der Folge der Schwänze $S_n^{(r)}(x)$ zu bestimmen, und da möchte man glauben, daß unsere Aufgabe durch das Abtrennen des Hauptteils kaum gefördert sei. Denn die Bestimmung des Grenzwertes der Folge $S_n^{(r)}(x)$ für $n \to \infty$ erscheint von der gleichen Schwierigkeit wie die ursprüngliche Aufgabe. Wir werden aber sehen, daß wir die Berechnung dieses Grenzwertes vermeiden können. Es genügt, die Größe des Schwanzes für die Nummer n abzuschätzen. Die Veränderliche x kann sowohl positive wie negative Werte annehmen, die Faktoren, die sonst in den einzelnen Gliedern des Schwanzes auftreten, sind sämtlich positiv. Ersetzen wir daher auf der rechten Seite x durch $|x|$, so wird die rechte Seite bei positivem x gleich und bei negativem x größer als der absolute Betrag von $S_n^{(r)}(x)$. Wir haben also zunächst für alle x

$$\begin{aligned}
|S_n^{(r)}(x)| \leqq\ & \frac{|x|^{r+1}}{(r+1)!}\left(1 - \frac{1}{n}\right)\left(1 - \frac{2}{n}\right)\cdots\left(1 - \frac{r}{n}\right) + \\
& + \frac{|x|^{r+2}}{(r+2)!}\left(1 - \frac{1}{n}\right)\left(1 - \frac{2}{n}\right)\cdots\left(1 - \frac{r+1}{n}\right) + \\
& + \cdots + \frac{|x|^n}{n!}\left(1 - \frac{1}{n}\right)\left(1 - \frac{2}{n}\right)\left(1 - \frac{n-1}{n}\right)
\end{aligned}$$

Um die rechte Seite dieser Ungleichung auf eine einfachere Form zu bringen, ersetzen wir alle Klammern $\left(1 - \frac{1}{n}\right), \left(1 - \frac{2}{n}\right)\ldots$ durch 1, wodurch wir die rechte Seite vergrößern. Es gilt also erst recht die Ungleichung

$$|S_n^{(r)}(x)| < \frac{|x|^{r+1}}{(r+1)!} + \frac{|x|^{r+2}}{(r+2)!} + \cdots + \frac{|x|^n}{n!}.$$

Wir bezeichnen die rechte Seite dieser Ungleichung abkürzend mit $\sigma_n^{(r)}(x)$ und nennen die Folge

$$\sigma_1^{(r)}(x), \quad \sigma_2^{(r)}(x), \quad \ldots,$$

deren jedes Glied größer ist als das entsprechende Glied der Folge

$$|S_1^{(r)}(x)|, \quad |S_2^{(r)}(x)|, \quad \ldots,$$

eine zu dieser *majorante Folge:*

$$|S_n^{(r)}(x)| < \sigma_n^{(r)}(x).$$

Unser Ziel ist, eine majorante Folge zu gewinnen, deren Verhalten beim Grenzübergang $n \to \infty$ leicht zu überblicken ist. Wir erreichen das, wenn wir zu den $\sigma_n^{(r)}(x)$, die wir in der Form

$$\sigma_n^{(r)}(x) = \frac{|x|^{r+1}}{(r+1)!}\left(1 + \frac{|x|}{r+2} + \frac{|x|^2}{(r+2)(r+3)} + \cdots + \frac{|x|^{n-r-1}}{(r+2)(r+3)\ldots n}\right)$$

schreiben, von neuem eine majorante Folge bilden, die dadurch entsteht, daß wir die Faktoren im Nenner sämtlich gleich $(r+2)$ setzen. Damit haben wir die Folge

$$s_n^{(r)}(x) = \frac{|x|^{r+1}}{(r+1)!}\left(1 + \frac{|x|}{r+2} + \frac{|x|^2}{(r+2)^2} + \cdots + \frac{|x|^{n-r-1}}{(r+2)^{n-r-1}}\right),$$

und es gilt offenbar

$$\sigma_n^{(r)}(x) < s_n^{(r)}(x),$$

also erst recht

$$|S_n^{(r)}(x)| < s_n^{(r)}(x).$$

Die neue majorante Folge $s_n^{(r)}(x)$ ist eine geometrische Reihe mit dem Quotienten

$$q = \frac{|x|}{r+2},$$

und daher kann die Summe leicht gebildet werden. Wir erhalten (vgl. § 5, 1)

$$s_n^{(r)}(x) = \frac{|x|^{r+1}}{(r+1)!}\frac{1 - \left(\dfrac{|x|}{r+2}\right)^{n-r}}{1 - \dfrac{|x|}{r+2}},$$

so daß wir für den absoluten Betrag des Schwanzes mit der Nummer n die Abschätzung

$$|S_n^{(r)}(x)| < \frac{|x|^{r+1}}{(r+1)!}\frac{1 - \left(\dfrac{|x|}{r+2}\right)^{n-r}}{1 - \dfrac{|x|}{r+2}}.$$

gewonnen haben.

Die feste positive ganze Zahl r, die wir zu Anfang unserer Überlegung ausgewählt haben, denken wir uns nun so groß genommen, daß $r+2 > |x|$, also $\dfrac{|x|}{r+2} < 1$ ist. Dann ist offenbar

$$\lim_{n\to\infty}\left(\frac{|x|}{r+2}\right)^{n-r} = 0,$$

und daher folgt[1]

$$(6\text{b})\qquad |S_r(x)| = \lim_{n\to\infty}|S_n^{(r)}(x)| \leqq \frac{|x|^{r+1}}{(r+1)!}\frac{1}{1 - \dfrac{|x|}{r+2}}$$

Es ist wohl zu beachten, daß hier $\leqq$, nicht wie in der vorangegangenen Ungleichung $<$ geschrieben ist. Denn wenn wir zwei Folgen vergleichen,

---

[1] Daß $\lim\limits_{n\to\infty}|S_n^{(r)}(x)|$ überhaupt existiert, folgt aus (5) und der bereits bewiesenen Existenz von $\lim\limits_{n\to\infty}\left(1 + \dfrac{x}{n}\right)^n$ und $\lim\limits_{n\to\infty}H_n^{(r)}(x)$.

und die Elemente der einen Folge sind stets kleiner als die gleich-numerierten Elemente der anderen Folge, so folgt daraus keineswegs, daß auch der Grenzwert der ersten Folge kleiner als der Grenzwert der zweiten Folge ist. Der Unterschied gleichnumerierter Elemente beider Folgen kann ja mit wachsender Nummer immer kleiner werden, so daß die beiden Grenzwerte übereinstimmen.

Die Abschätzung (6b) zeigt nun, daß man es für jedes x durch geeignete Wahl der positiven Zahl r stets erreichen kann, daß

$$|S_r(x)| < \varepsilon$$

wird, unter ε eine (beliebig kleine) vorgegebene positive Zahl verstanden[1].

Nach der aus (5) folgenden Gleichung $E(x) = H_r(x) + S_r(x)$ ist damit $E(x)$ dargestellt als Grenzwert der ganzen rationalen Funktion $H_r(x)$

$$y = E(x) = \lim_{r \to \infty} H_r(x)$$
$$= \lim_{r \to \infty} \left(1 + \frac{x}{1!} + \frac{x^2}{2!} + \cdots + \frac{x^r}{r!}\right).$$

In dem früheren Sinn (vgl. § 6, 5) können wir statt dessen auch sagen, daß $E(x)$ durch die unendliche Reihe

$$E(x) = 1 + \frac{x}{1!} + \frac{x^2}{2!} + \frac{x^3}{3!} + \cdots$$

dargestellt wird. Vervollkommnet wird diese Darstellung aber, wie gesagt, immer erst durch die Hinzunahme der Abschätzung des Fehlers, den man macht, wenn man die Reihe mit einem bestimmten Glied, etwa dem Glied $\frac{x^r}{r!}$ abbricht. Für praktische Zwecke ist es daher im Grunde viel besser, statt der unendlichen Reihe oder des Grenzwertes zu schreiben:

$$(6) \qquad E(x) = 1 + \frac{x}{1!} + \frac{x^2}{2!} + \cdots + \frac{x^r}{r!} + S_r(x)$$

und die Abschätzungsformel

$$(6b) \qquad |S_r(x)| < \frac{|x|^{r+1}}{(r+1)!} \frac{1}{1 - \frac{|x|}{r+2}} \qquad (r + 2 > |x|)$$

---

[1] Die Fakultät $(r + 1)!$ kann durch geeignete Wahl von r sicher beliebig groß gegenüber der Potenz $|x|^{r+1}$ gemacht werden, so daß der erste Faktor beliebig herabgedrückt werden kann, während der zweite der 1 beliebig nahekommt. Genauer: Nach Wahl einer festen Nummer $N > |x|$ ist

$$\frac{|x|^{N+k}}{(N+k)!} = \frac{|x|^N}{N!} \frac{|x|^k}{(N+1)\ldots(N+k)} < \frac{|x|^N}{N!}\left(\frac{|x|}{N+1}\right)^k$$

und da $\frac{|x|}{N+1} < 1$ ist, wird $\lim_{k \to \infty} \frac{|x|^{N+k}}{(N+k)!} = 0$.

hinzuzufügen. In der Literatur bezeichnet man $H_r(x)$ als *Partialsumme der unendlichen Reihe* und $S_r(x)$ als *Restglied*. Die nicht gerade sehr glückliche Bezeichnung *Restglied* würde zweckmäßiger durch den Ausdruck *Verbesserungsfunktion* ersetzt. In der Tat handelt es sich doch darum, die transzendente Funktion $E(x)$ durch eine ganze rationale Näherungsfunktion r-ten Grades zu ersetzen und dabei für jeden Grad r der ganzen rationalen Funktion und jede Stelle x zu wissen, wie groß die Abweichung der Näherungsfunktion von der Funktion $E(x)$ ist. Bei den Vorzügen, die eine ganze rationale Funktion für die Zwecke des praktischen Rechnens besitzt, ist es verständlich, daß man immer versuchen wird, eine vorgelegte Funktion durch eine ganze rationale Funktion anzunähern und diese Annäherung so einzurichten, daß sie mit wachsendem Grad der Näherungsfunktion immer besser wird, so daß der Unterschied der vorgelegten Funktion und der Näherungsfunktion an der betrachteten Stelle x nach Null strebt, wenn der Grad der Näherungsfunktion gegen ∞ geht. So versteht man, weshalb diese Grenzwerte ganzer rationaler Funktionen, die sog. *unendlichen Potenzreihen*, eine große Rolle in der höheren Mathematik spielen. Man muß sich daher mit dem Sinn einer solchen unendlichen Reihe, wie er in (6) und (6b) anschaulich vor Augen gestellt ist, gründlich vertraut machen. Insbesondere muß man sich überzeugen, wie wichtig es ist, den Fehler genau abschätzen zu können, wenn man eine Partialsumme an die Stelle des Grenzwertes treten läßt. Man wird dabei zweckmäßig immer den Vergleich unserer Darstellung mit den unendlichen Dezimalbrüchen vor Augen haben. Auch da bricht man den unendlichen Dezimalbruch mit einer endlichen Stellenzahl ab, und hat den Vorteil, daß man sofort eine obere Schranke für die absolute Größe des Fehlers, den man dabei macht, kennt, weil er ja (absolut genommen) stets kleiner als eine Einheit der letzten mitgenommenen Dezimalen sein muß.

Die Näherungsfunktionen

$$H_r(x) = 1 + \frac{x}{1!} + \frac{x^2}{2!} + \cdots + \frac{x^r}{r!}$$

nähern die Funktion $E(x)$ für *alle* positiven und negativen Abszissenwerte x an, weil man zu jedem vorgegebenen x eine positive ganze Zahl R so bestimmen kann, daß für alle Nummern $r > R$ $|S_r(x)| < \varepsilon$ gilt, unter ε eine (beliebig kleine) vorgegebene positive Größe verstanden.

Während früher bei der Hyperbel und bei der ln-Funktion die Annäherung durch die ganzen rationalen Funktionen nur für ein beschränktes Intervall der Abszissenachse stattfand, haben wir hier eine Annäherung für alle Abszissenwerte. Solche Funktionen, die sich für alle x durch eine und dieselbe Folge ganzer rationaler Näherungsfunktionen annähern lassen, bilden die einfachste Klasse der transzendenten Funktionen. Man bezeichnet sie als *ganze transzendente Funktionen*[1].

Das Auftreten der Fakultäten im Nenner der einzelnen Glieder ist offenbar der Grund dafür, daß die Folge der ganzen rationalen Funktionen $H_r(x)$ *für jede Stelle x* die Funktion $E(x)$ mit wachsendem r immer besser annähert. Um das klarzumachen, denken wir für x einen großen Wert gewählt, etwa $x = 100$. Wir sehen, daß dann die Glieder in $H_r(x)$ zunächst sehr groß werden. Denn wir bilden jedes folgende Glied aus dem unmittelbar vorhergehenden, indem wir im Zähler mit 100 multiplizieren, während im Nenner nur mit einer zunächst kleinen Zahl multipliziert wird. Wir haben so

$$E(100) = 1 + \frac{10^2}{1} + \frac{10^4}{1 \cdot 2} + \frac{10^6}{1 \cdot 2 \cdot 3} + \frac{10^8}{1 \cdot 2 \cdot 3 \cdot 4} + \cdots,$$

und wir sehen, wie die einzelnen Summanden zunächst ungeheuer rasch wachsen. Beim 101. Glied aber multiplizieren sich Zähler und Nenner zugleich mit 100, und nun kommt die Wendung, der Zähler kann sich bei dem Übergang zu den folgenden Summanden immer nur mit 100 multiplizieren, während der Nenner die Faktoren 101, 102, 103, ... erhält. Die Glieder nehmen wieder ab und um so stärker, je weiter wir kommen. Das tausendste Glied ist nur $\frac{1}{10}$ des 999ten Gliedes usw. Man sieht es fast plastisch vor sich, wie die Fakultäten durch ihr unerschöpfliches Anwachsen die Potenzen des Zählers völlig abwürgen und jedes einzelne Glied

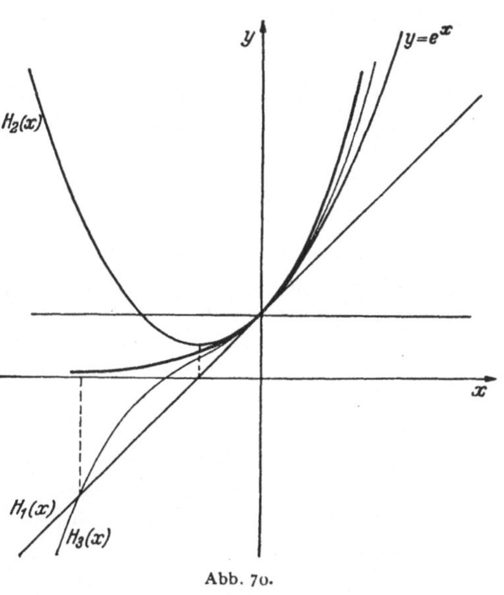

Abb. 70.

so klein machen, daß die Teilsummen $H_r(x)$ beschränkt bleiben.

Die Betrachtung der Näherungskurven (Abb. 70) macht anschaulich, daß es dem Wesen der als Näherungsfunktionen auftretenden ganzen rationalen Funktionen entspricht, die E-Kurve für positive Abszissenwerte anzunähern. Denn mit wachsendem Grad steigen die ganzen rationalen Funktionen immer schneller empor und verhalten sich also entsprechend der rasch emporsteigenden E-Kurve. Für negative Abszissenwerte dagegen widerspricht es im Grunde der Natur der ganzen rationalen Funktionen, die E-Kurve anzunähern, die die negative x-Achse als Asym-

---

[1] Der Sinn dieser Bezeichnungsweise wird erst im Gebiet komplexer Veränderlicher verständlich.

ptote besitzt. Denn auch hier streben ja die ganzen rationalen Funktionen mit wachsendem x nach $+\infty$ oder $-\infty$, je nachdem ihr Grad eine gerade oder ungerade Zahl ist. Wenn gleichwohl diese Näherungsfunktionen mit wachsender Nummer die E-Funktion immer besser annähern, so ist das so zu verstehen, daß jede einzelne die E-Kurve bis zu ihrem tiefsten Punkt, wenn sie gerader Ordnung, oder bis zu ihrem Wendepunkt, wenn sie ungerader Ordnung ist, annähert, dann aber ihrer Natur folgt und nach $(+\infty)$ bzw. $(-\infty)$ abbiegt. Weil aber die Lage des tiefsten Punktes bzw. des Wendepunktes sich mit wachsender Nummer immer mehr nach links hin verschiebt, so wird die E-Kurve im ganzen Gebiet der negativen x angenähert, obwohl die Näherungskurven dem innerlich widerstreben[1].

8, 13. Berechnung der Zahl e. Wir wollen die Bedeutung der Potenzreihendarstellung zunächst an dem früheren Beispiel der Berechnung der Zahl e überlegen. Wir haben

$$e = E(1) = H_r(1) + S_r(1).$$

Wenn wir nun e auf fünf Dezimalen genau berechnen wollen, so genügt es nach (6b), r so zu bestimmen, daß

$$|S_r(1)| < \frac{1}{(r+1)!}\,\frac{1}{1-\dfrac{1}{r+2}} < \frac{5}{10^6}$$

wird. Dazu braucht man nur $r = 9$ zu wählen. Somit ist der Wert von e im Rahmen der gewünschten Genauigkeit durch

$$H_9 = 1 + \frac{1}{1!} + \frac{1}{2!} + \frac{1}{3!} + \cdots + \frac{1}{9!}$$

gegeben. Wenn wir nun diese einzelnen Summanden ausrechnen, so müssen wir sie nach einer endlichen Anzahl von Dezimalen abbrechen und machen somit Abrundungsfehler, die eine Einheit der letzten mitgenommenen Dezimalen betragen können. Solche Fehler treten bei den ersten drei Summanden noch nicht auf, so daß wir die Abrundungsfehler bei 6 Gliedern zu berücksichtigen haben. Wir werden daher auf 7 Dezimalen rechnen müssen, wenn die Abrundungsfehler die fünfte Dezimale nicht beeinflussen sollen.

Auf fünf Dezimalen genau finden wir so

$$e = 2{,}71828.$$

Vergleichen wir den Aufwand der Rechenarbeit für die Gewinnung dieses Ergebnisses mit dem, der erforderlich war, um dies Ergebnis mit der Einschachtelung (S. 193) zu gewinnen, so sehen wir, welch ungeheurer Vorteil die vorgenommene Umformung für die Rechenarbeit mit sich gebracht hat.

---

[1] Vgl. das andersartige Verhalten der Näherungsparabeln der Hyperbel und der ln-Funktion (6, 51).

8, 2. Die Exponentialfunktion.

Mit Hilfe der ganzen rationalen Näherungsfunktionen können wir eine Tafel der Funktion

$$y = E(x)$$

leicht berechnen. Wir stellen uns aber die weitere Aufgabe, die Eigenschaften dieser Funktion zu erforschen, wie wir es bei der ln-Funktion getan haben. Dabei kommt es uns zustatten, daß wir die Eigenschaften der ln-Funktion bereits kennen. Schreiben wir

$$x = \ln y$$

und nehmen wir im Additionstheorem der ln-Funktion (vgl. § 6, 4)

$$\ln y_1 + \ln y_2 = \ln(y_1 y_2)$$

wieder rückwärts die Ersetzung

$$y_1 = E(x_1), \quad y_2 = E(x_2)$$

vor, so erhalten wir

$$x_1 + x_2 = \ln(E(x_1) \cdot E(x_2)).$$

Daraus folgt unmittelbar beim Übergang zur E-Funktion

$$E(x_1 + x_2) = E(x_1) \cdot E(x_2),$$

eine Beziehung, die man als das „Additionstheorem" der E-Funktion bezeichnet. Wir können daraus sofort wichtige Folgerungen ziehen. Wegen

$$\ln 1 = 0$$

haben wir zunächst

$$E(0) = 1$$

und schließen aus dem Additionstheorem

$$1 = E(x) E(-x).$$

Setzen wir in $x = \ln y$ für y die Zahl e, so wird, wie wir wissen, $x = 1$; es gilt also

$$1 = \ln e, \quad E(1) = e.$$

Um nun $E(2)$ zu erhalten, wenden wir das Additionstheorem an und schreiben

$$E(2) = E(1 + 1) = E(1) \cdot E(1) = e \cdot e = e^2$$

und haben dann weiter

$$E(3) = E(2 + 1) = E(2) \cdot E(1) = e^2 \cdot e = e^3$$
$$\cdot \quad \cdot \quad \cdot \quad \cdot \quad \cdot \quad \cdot \quad \cdot \quad \cdot \quad \cdot \quad \cdot \quad \cdot \quad \cdot \quad \cdot \quad \cdot \quad \cdot \quad \cdot$$

allgemein

$$E(n) = E((n - 1) + 1) = E(n - 1) E(1) = e^{n-1} \cdot e = e^n.$$

Es ist also allgemein für jedes positive ganzzahlige Argument n der Wert der E-Funktion gleich der Potenz der Zahl e mit dem Argument n als Exponenten.

Andererseits können wir auch schreiben

$$E(0) = E(n - n) = E(n + (- n)) = E(n) \cdot E(- n)$$

und somit ist

$$E(- n) = \frac{1}{E(n)},$$

$$E(- n) = e^{-n}.$$

Der obige Satz gilt also auch für negative ganzzahlige Argumente.

Es läßt sich leicht überlegen, daß der Satz auch für Argumente gelten muß, die Stammbrüche, d. h. Brüche mit dem Zähler 1, sind. Denn wir haben

$$E(1) = E\left(n \cdot \frac{1}{n}\right) = E\left(\underbrace{\frac{1}{n} + \frac{1}{n} + \cdots + \frac{1}{n}}_{n\text{-Summanden}}\right) = \left[E\left(\frac{1}{n}\right)\right]^n,$$

und somit ist

$$E\left(\frac{1}{n}\right) = \sqrt[n]{E(1)} = \sqrt[n]{e} = e^{\frac{1}{n}}.$$

Die Ausdehnung auf beliebige Brüche liegt unmittelbar auf der Hand. Denn es ist

$$E\left(\frac{p}{q}\right) = E\left(\underbrace{\frac{1}{q} + \frac{1}{q} + \cdots + \frac{1}{q}}_{p\text{-Summanden}}\right) = \left[E\left(\frac{1}{q}\right)\right]^p = \left(e^{\frac{1}{q}}\right)^p = e^{\frac{p}{q}}.$$

Zusammenfassend können wir sagen: Für alle *rationalen* Abszissen x gilt

$$E(x) = e^x,$$

d. h. der Zahlwert der E-Funktion für einen rationalen Wert der Abszisse x ist gleich der Potenz der Basis e mit dem Exponenten x.

Um die E-Funktion auch für irrationale Abszissen x zu untersuchen, beachten wir, daß jede irrationale Zahl durch einen unendlichen Dezimalbruch dargestellt werden kann:

$$x = a + \frac{\alpha_1}{10^1} + \frac{\alpha_2}{10^2} + \frac{\alpha_3}{10^3} + \cdots = \lim_{n \to \infty} x_n$$

mit

$$x_n = a + \frac{\alpha_1}{10^1} + \frac{\alpha_2}{10^2} + \cdots + \frac{\alpha_n}{10^n},$$

wobei a eine beliebige ganze Zahl und α_1, α_2, α_3, ... je eine ganze Zahl aus der Reihe 0, 1, 2, 3, ..., 9 sein kann. Nun ist x_n eine rationale Zahl, also

$$E(x_n) = e^{x_n}.$$

Andererseits ist die Funktion $E(x)$ eine *stetige Funktion*. Also gilt nach 5, 4 Satz 11:

$$E(x) = E(\lim_{n \to \infty} x_n) = \lim_{n \to \infty} E(x_n) = \lim_{n \to \infty} e^{x_n} .$$

Dieser Grenzwert ist aber nach der Festsetzung von S. 131 gleich e^x, und damit haben wir auch für irrationale Werte der unabhängigen Veränderlichen x:

$$E(x) = e^x .$$

Die Funktion $E(x)$ ist also ganz allgemein die Potenz mit der Basis e und dem Exponenten x und wird darum die *Exponentialfunktion* genannt.

Nachdem wir dieses einmal erkannt haben, erscheint die Fundamentalformel

$$E(x_1 + x_2) = E(x_1) \cdot E(x_2)$$

in der Form

$$e^{x_1 + x_2} = e^{x_1} \cdot e^{x_2}$$

als ganz selbstverständlich. Umgekehrt haben wir es im Grunde aus der Fundamentalformel erschlossen, daß die Funktion $E(x)$ mit e^x identisch ist.

Es ist natürlich eine grundlegende Erkenntnis, daß $E(x) = e^x$ ist. Indessen darf man sie nach einer Richtung nicht mißverstehen. Man darf nicht etwa meinen, sie für die numerische Berechnung der Funktionswerte heranziehen zu können, so daß man z. B. $E(2) = e^2$ so berechnen würde, daß man die Zahl e mit sich selbst multipliziert. Das würde bereits in diesem einfachsten Fall eine viel mühsamere Rechenarbeit ergeben, als die Berechnung nach der Reihenformel für

$$E(x) = e^x = 1 + \frac{x}{1!} + \frac{x^2}{2!} + \cdots$$

und wenn x gar ein Dezimalbruch wäre, müßten Wurzeln aus e gezogen werden und die Rechenarbeit würde ins Ungeheure steigen.

Theoretisch ist natürlich die Erkenntnis, daß

$$E(x) = e^x$$

ist, äußerst wichtig, denn da aus

$$y = E(x)$$

folgt, daß

$$x = \ln y$$

ist, so muß

$$x = \ln y = \overset{e}{\log} y$$

sein, d. h. die ln-Funktion ist die *Logarithmus-Funktion*, bezogen auf die Zahl e als Basis.

Die Logarithmen, bezogen auf die Basis e, nennt man *natürliche Logarithmen* im Gegensatz zu den beim Zahlenrechnen gebrauchten Briggsschen Logarithmen. (Die Bezeichnung ln ist die Abkürzung für: „Logarithmus naturalis".)

8, 3. Die Logarithmen und ihre Bedeutung für das Zahlenrechnen; der Rechenschieber.

Das Flächeninhaltsproblem der Hyperbel $y = \dfrac{1}{x}$ hat uns zu der Logarithmusfunktion geführt, die in der Elementarmathematik als eine zweite Umkehrung der Potenz eingeführt wird und für die Vereinfachung. des Zahlenrechnens große Bedeutung hat. In der Entwicklung des mathematischen Denkens sind beide Fragestellungen sehr früh miteinander verflochten worden. Wir wollen, um dies verständlich zu machen, einen Blick auf die geschichtliche Entwicklung des Rechnens mit Logarithmen werfen.

Das Zahlenrechnen ist dank der Geistesarbeit vieler Jahrhunderte heute zu einer Vollkommenheit in der Methode entwickelt, daß die theoretische Mathematik die Arbeit hieran als abgeschlossen betrachtet und sich heute verhältnismäßig wenig darum kümmert. Ist es doch so, daß heute der Abc-Schütze dank der wunderbaren Schmiegsamkeit des Zahlensystems Rechenaufgaben mühelos löst, die noch vor wenigen Jahrhunderten nur großen Rechenkünstlern gelungen wären. In früherer Zeit, noch bis vor 100 Jahren dagegen pflegten große Mathematiker auch das Zahlenrechnen eifrig, zumal in jenen Zeiten die Wissenschaft noch nicht so spezialisiert war und die Forscher außer im Gebiete der theoretischen Mathematik auch in dem ihrer Anwendung auf die Naturwissenschaft, wie Physik, Astronomie oder auch der Ingenieurwissenschaften, tätig waren, so daß sie mit umfangreichen Zahlenrechnungen vielfach zu tun hatten.

Die Multiplikationen und Divisionen sind beim Zahlenrechnen besonders mühsam und waren es um so mehr, je weniger die systematische Schreibweise der Zahlen, wie wir sie heute haben, ausgebildet war. So treffen wir schon früh die Tendenz an, die Multiplikationen auf Additionen zurückzuführen, und es ist heute fast selbstverständlich, daß sich hierzu der Potenzbegriff darbot. Bereits am Abschluß der großen Entwicklung der griechischen Mathematik, an deren Ende ihr größter Genius ARCHIMEDES steht (3. Jahrhundert v. Chr.), finden wir den Gedanken zum ersten Male auftauchen. Wie ARCHIMEDES es in der Sandrechnung klar ausspricht, daß der Potenzbegriff eine systematische Ausbildung des Zahlensystems und der Zahlenschreibweise ermöglicht, so hat er auch gezeigt, wie der Potenzbegriff die Zurückführung des Multiplizierens auf das Addieren ermöglicht. Nach ARCHIMEDES kam eine Zeit langsamen Verfalls der Wissenschaft bei den Griechen, und erst zwischen 1400 und 1500 beschäftigte man sich im Abendlande wieder mit mathematischen Fragen und der Weiterbildung des Zahlenrechnens auf mathematischer Grundlage.

Ein Gedanke, wie er bei ARCHIMEDES auftauchte, findet sich wieder bei MICHAEL STIFEL (1487—1567), einem Augustinermönch, der sich später auch seinem Ordensbruder LUTHER bei der Reformation anschloß. Ihm verdankt man viel für die Wiedererweckung des Zahlenrechnens und der Algebra, wenn er auch, da er Wissenschaftler war, nicht so berühmt geworden ist, wie die an sich unbedeutenderen Männer (ADAM RIESE usw.), die durch Abfassen populärer Lehrbücher für die Verbreitung der von den Wissenschaftlern wieder belebten Rechenkunst sorgten.

STIFEL schreibt einmal die Reihen der ganzen Zahlen hin

$$0, 1, 2, 3, 4, 5, \ldots$$

und dazu die Potenzen von 2, deren Exponenten diese ganzen Zahlen sind

$$1, 2, 4, 8, 16, 32, \ldots$$

Die erste bildet die einfachste arithmetische Folge, die andere eine einfache geometrische Folge. STIFEL fügt die Bemerkung hinzu, daß man über die Beziehungen dieser beiden Folgen ein ganzes Buch schreiben könne. Er hat sich also tief in diese Zusammenhänge hineingedacht. Aber zu einer unmittelbaren Auswirkung kamen diese Gedanken noch nicht gleich.

Vielmehr gebrauchte man um 1600, um Multiplikationen vielstelliger Zahlen auszuführen, wie sie in der Astronomie erforderlich waren, die trigonometrischen Formeln, die damals zum Allgemeingut geworden waren. In dem Kreis der Gelehrten um TYCHO DE BRAHE (1600) führte man die Multiplikation vielstelliger Zahlen unter Anwendung der Formel

$$\sin \alpha \cdot \sin \beta = \tfrac{1}{2}(\cos (\alpha - \beta) - \cos (\alpha + \beta))$$

auf Addition und Subtraktion zurück. Wir würden heute hinzufügen, daß noch mit einer geeigneten Potenz von 10 auf beiden Seiten zu multiplizieren sei. Diese Art zu rechnen wurde in ihrer Schule als die *prosthaphäretische Methode* bezeichnet, weil ja die Winkel $(\alpha + \beta)$ und $(\alpha - \beta)$ durch „*Zusammenfügen*" und durch „*Fortnehmen*" gebildet sind.

In dieser Zeit wurde andererseits der von MICHAEL STIFEL wieder aufgenommene Gedanke des ARCHIMEDES von JOBST BÜRGI (1552—1632) weitergebildet, der von der Uhrmacherkunst her zur Astronomie gekommen war und an der Sternwarte des Landgrafen WILHELM VON CASSEL einen Wirkungskreis gefunden hatte. Indessen wirkte BÜRGI nicht über seine unmittelbare Umgebung hinaus, und so brachte es in den Kreis der Gelehrten um TYCHO DE BRAHE einige Aufregung, als man die Nachricht erhielt, daß *quidam Scotus*, ein „gewisser Schotte" eine neue Methode zur Erleichterung des Zahlenrechnens ausgebildet habe. Dieser Schotte, LAIRD NAPIER, BARON VON MERCHISTON, spielte in den politischen Kämpfen der Zeit eine Rolle und beruhigte in seinen Mußestunden seine Seele mit mathematischen Studien. Er gilt allgemein als der Erfinder der Logarithmen, und sicher war er ein genialer Mensch, dem unabhängig von anderen der entscheidende Schritt glückte. Im Jahre 1614 veröffentlichte er seine Entdeckung in einer kleinen Schrift, die man gewöhnlich als „Kanon mirificus" zitiert. Der leitende Gedanke läßt sich in folgender Weise einfach wiedergeben. Den gewöhnlichen Zahlen, den *numeri naturales*, die wir mit x bezeichnen wollen, sollen Hilfszahlen, *numeri artificiales* — wir bezeichnen sie mit y — zugeordnet werden, und zwar wieder so, daß einer geometrischen Folge $x_0 = 1$, $x_1 = q$, $x_2 = q^2, \ldots, x_n = q^n, \ldots$ eine arithmetische Folge $y_0 = 0, y_1, y_2, \ldots, y_n, \ldots$ entspricht. Dies geschah — wenn wir den Ansatz geringfügig abändern — sowohl bei BÜRGI wie bei NAPIER in der Weise, daß der Zahl $x_n = q^n$ die Zahl

$$y_n = n\,|q-1|$$

zugeordnet wurde. Um mit diesem Ansatz zu einer hinreichend engmaschigen Tafel zu gelangen, mußte die Zahl q nahe bei 1 gewählt werden, und zwar setzte BÜRGI $q = 1 + \frac{1}{10^4}$, während NAPIER in dieser Richtung noch weiter ging und $q = 1 - \frac{1}{10^7}$ setzte[1]. Sucht man diejenige Zahl x_n auf, für die das zugehörige $y_n = 1$ ist, d. h. also die Basis[2] des Logarithmensystems, so erhält man für das Bürgische System den Wert $\left(1 + \frac{1}{10^4}\right)^{10^4}$, während sich als Basis der Napierschen Logarithmen $\left(1 - \frac{1}{10^7}\right)^{10^7}$ ergibt. Diese beiden Zahlen liegen außerordentlich nahe bei e bzw. $\frac{1}{e}$ (vgl. S. 193). Diese zunächst sicher merkwürdig erscheinende Tatsache erklärt sich natürlich aus der oben beschriebenen Art des Ansatzes, bei dessen Aufrechterhaltung ein Heranrücken der Zahl q an 1, wie es im Sinne einer Verfeinerung der Tafeln lag, die Basis des Systems der Zahl e bzw. $\frac{1}{e}$ immer näher bringen mußte.

Wenn man sich an die in 6,3 von uns durchgeführte Bestimmung des Flächeninhalts unter der Hyperbel $\eta = \frac{1}{x}$ erinnert, erkennt man, daß sich das oben angegebene y_n deuten läßt als Flächeninhalt der von 1 bis x_n reichenden, mit geometrischer Teilung konstruierten n-stufigen

---

[1] NAPIER hatte die Anwendung auf trigonometrische Aufgaben im Auge und wählte $q < 1$, damit sich für $x < 1$ ein positives v ergab. Er stellte eine Tafel für die Logarithmen der Sinusfunktion auf.

[2] BÜRGI und NAPIER selbst sprechen noch nicht von einer Basis.

oberen Treppe dieser Hyperbel, und man sieht, daß man dem tatsächlichen Hyperbelinhalt immer näher kommen muß, je mehr q an 1 heranrückt. Dieser Zusammenhang zwischen den Logarithmen und dem Flächeninhalt unter einer Hyperbel wurde in der Tat auch sehr bald erkannt, und zwar von GREGORIUS VON ST. VINCENTIUS (1584—1667), einem jüngeren Zeitgenossen NAPIERS. Nachdem sich diese Erkenntnis Bahn gebrochen hatte, gewann die Aufgabe der „Hyperbelquadratur" große Bedeutung, deren Lösung um 1650 NIKOLAUS MERCATOR gelang (vgl. 6, 5).

Die Logarithmen erregten ungeheures Aufsehen und ihre Kenntnis verbreitete sich noch zu NAPIERS Lebzeiten rasch. Schrieb doch kein Geringerer als KEPLER sogleich an NAPIER, daß seine Logarithmen notwendigerweise in das große Werk der Rudolphinischen Tafeln aufgenommen werden müßten, an denen KEPLER damals arbeitete. In England war es ein Lehrer der Rechenkunst HENRY BRIGGS (1556—1630), der die neue Erfindung begeistert aufnahm. Er war kein bedeutender Mathematiker, aber ein äußerst praktischer Mann. Als NAPIER seine erste Logarithmentafel veröffentlichte, war er Lehrer in London und wurde später Professor in Oxford. Der Eindruck, den die Erfindung der Logarithmen auf ihn machte, war so gewaltig, daß er NAPIER alsbald selbst aufsuchte und sich von ihm ganz in die neue Theorie einweihen ließ. Dabei erkannte er sogleich mit praktischem Blick, daß für das gewöhnliche Multiplizieren vielstelliger Zahlen das Zurückgehen auf den Sinus am besten ganz vermieden werde. Dann aber war die Wahl der Basis nicht mehr gleichgültig, wie für die Tafel der Logarithmen der Sinus, sondern als Basis mußte notwendig die Grundzahl 10 gewählt werden. Diese Logarithmen wurden dann später *Briggssche Logarithmen* genannt. Die *natürlichen* und die Briggsschen Logarithmen können leicht ineinander umgerechnet werden, denn setzt man

$$x = e^y = 10^z, \qquad (y = \ln x, \; z = \log^{10} x)$$

so folgt wegen $10 = e^{\ln 10}$ sofort $y = z \ln 10$. Wir erhalten also die Logarithmen mit der Grundzahl 10 aus den natürlichen Logarithmen, indem wir sie durch ln 10 dividieren:

$$\log x = \frac{\ln x}{\ln 10} .$$

Die Einführung der Zahl 10 als Basis der Briggsschen Logarithmen hat bekanntlich zur Folge, daß man nur noch die „Mantissen" zu tabulieren braucht, oder was auf dasselbe hinausläuft, daß es ausreichend ist, die Logarithmen der Zahlen zwischen $x = 1$ und $x = 10$ zu berechnen. Auch das Aufzeichnen der ganzen Kurve

$$y = \log x$$

erfordert danach nur, daß das Stück zwischen $x = 1$ und $x = 10$ sorgfältig gezeichnet wird. Mit Hilfe dieses Kurvenstücks entwirft man sich auf der y-Achse eine sog. *logarithmische Skala* in dem Intervall von $y = 0$ bis $y = 1$ (Abb. 71)[1].

Hat in diesem Intervall der Punkt mit der Abszisse x_0 die Ordinate y_0, so gehören zu den Abszissen $10^n x_0 (n = \pm 1, \pm 2, \ldots)$ die Ordinaten:

$$y_0 = \log x_0 + n \log 10 = \log x_0 + n.$$

Wenn man also zwischen $y = 0$ und $y = 1$ die Skala konstruiert hat, so kann man daraus sofort die Skala der log-Funktion für die ganze beiderseits unendlich lange y-Achse gewinnen.

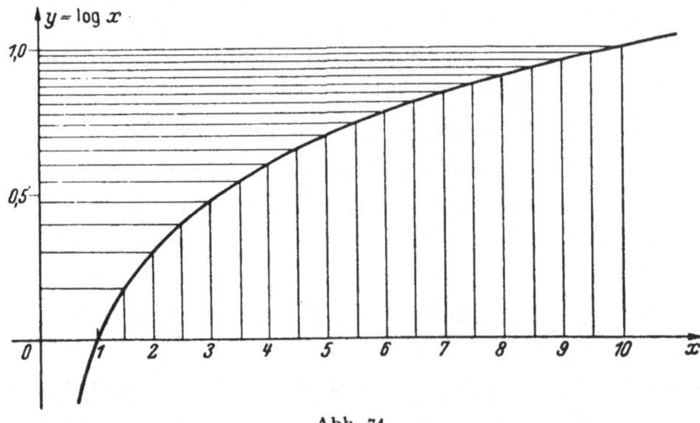

Abb. 71.

Die ganze Skala der log-Funktion auf der y-Achse besteht also aus kongruenten Teilskalen der Länge 1.

Es genügt offensichtlich, ein einzelnes dieser kongruenten Stücke herzustellen, um die ganze Skala anschaulich vor Augen zu haben.

Man findet diese Skalen der log-Funktion auf dem *Rechenschieber* angebracht. Auf der Grundeigenschaft der Logarithmen: $\log (x_1 \cdot x_2) = \log x_1 + \log x_2$ beruht die Möglichkeit, Multiplikationen und Divisionen in der bekannten Weise mit dem Rechenschieber auszuführen, indem man durch Verschieben der Zunge die Strecken der Skalen addiert bzw. subtrahiert.

Die gleichen logarithmischen Skalen, die man beim Rechenschieber verwendet, findet man beim sog. *Logarithmenpapier* wieder. Da hat man auf zwei rechtwinkligen Achsen die Logarithmen von x bzw. y aufgetragen, aber an die Punkte die wirklichen Werte von x und y angeschrieben. Wenn man nun eine Funktionsbeziehung der Gestalt

$$y = C x^n$$

hat, wo C und n zwei ganz beliebige Zahlen sein mögen, so kann man diese Beziehung logarithmieren und erhält

$$\log y = \log C + n \log x.$$

Verwendet man also $\eta = \log y$ und $\xi = \log x$ als Koordinaten, so wird die Funktionsbeziehung durch eine *gerade Linie* dargestellt, während man, wenn man y und x selbst als Koordinaten verwandt hätte, eine kompliziertere Kurve erhalten hätte.

---

[1] Der Grad der Unterteilung muß sich dabei sprungweise ändern, weil die Intervalle auf der y-Achse nach $y = 1$ hin kürzer werden.

Häufige Anwendung findet dies bei der folgenden Aufgabe aus der Wärmelehre.

Im Zylinder einer Wärmekraftmaschine ist die Beziehung zwischen Druck und Volumen des arbeitenden Gases im allgemeinen von der Gestalt

$$p\,v^n = C\,,$$

wo n ein geeigneter Exponent ist. Für isotherme Vorgänge, die wir in 6, 2 betrachtet haben, ist nach dem Boyle-Mariotteschen Gesetz $n = 1$. Für das Gegenstück, den sog. *adiabatischen* Vorgang, bei dem die Zylinderwandungen als nicht leitend aufgefaßt werden, so daß dem Gas weder Wärme zugeführt noch entzogen wird, ist der Exponent gleich dem Quotienten der spezifischen Wärmen, die das Gas bei konstant gehaltenem Druck bzw. Volumen besitzt. Dieser Quotient hat für die gewöhnlich verwendeten Gase den Wert

$$n = 1{,}4\,.$$

Der wirkliche Vorgang im Zylinder liegt zwischen isothermem und adiabatischem Verhalten, so daß n zwischen 1 und 1,4 liegen wird, falls überhaupt eine Beziehung der angegebenen Gestalt vorliegt. Man spricht dann von einer *polytropischen Zustandsänderung* und bezeichnet die Kurve $p v^n = C$ als *Polytrope*.

Hat man bei einem Versuch eine Anzahl zusammengehöriger Werte v und p gemessen, so braucht man nur, um zu prüfen, ob der Vorgang polytropisch ist, die entsprechenden Punkte auf Logarithmenpapier aufzutragen. Da

$$\log p + n \log v = \log C$$

folgt, so müssen diese Punkte für einen polytropischen Vorgang auf einer geraden Linie liegen, und das kann man leicht prüfen. Zugleich kann man in einfacher Weise den Zahlwert des Exponenten n bestimmen, denn $(-n)$ ist ja die Steigung dieser geraden Linie.

Wie wir im folgenden Abschnitt sehen werden, ergibt sich für viele Naturvorgänge eine Beschreibung mit Hilfe einer Formel der Gestalt

$$y = C\,e^{k\,x}\,.$$

Wenn wir diese Gleichung logarithmieren, so ergibt sich die Beziehung

$$\log y = \log C + k\,x \log e,$$

die linear in x und $\log y$ ist. Wenn wir daher auf der Abszissenachse die x selbst auftragen, auf der Ordinatenachse aber die Briggsschen Logarithmen von y, so wird diese Funktionsbeziehung durch eine *gerade Linie* dargestellt. Das ist offenbar besonders dann sehr bequem, wenn man die Funktion für verschiedene Zahlwerte von C und k zu zeichnen hat, oder wenn man C und k aus einer Reihe von Beobachtungen zusammengehöriger Wertepaare x, y zu ermitteln hat. Auch hier interessieren natürlich nicht die Werte von log y, sondern die von y selbst. Man muß also auf der Ordinatenachse eine logarithmische Skala anbringen, während man auf der x-Achse eine gewöhnliche, gleichmäßig geteilte (lineare) Skala verwendet.

8, 4. Die Steigung der Exponentialfunktion und das Gesetz des natürlichen Wachsens.

Wir wenden uns nun zur Bestimmung der Tangentensteigung der Exponentialfunktion, die wir etwas allgemeiner als bisher in der Form

$$(7) \qquad\qquad y = e^{k\,x}$$

schreiben. Wir gehen auch hierbei von der ln-Funktion aus, als deren Umkehrung wir die Exponentialfunktion gefunden haben. Da diese Überlegung nicht nur auf die Exponentialfunktion beschränkt ist, so führen wir sie allgemein durch.

8, 41. Die Umkehrregel der Steigungsbestimmung. Es sei $y = f(x)$ eine Funktion, für die sich ein Intervall $a \le x \le b$ abgrenzen läßt, in dem sie stetig ist und monoton verläuft. (Bei der ln-Funktion

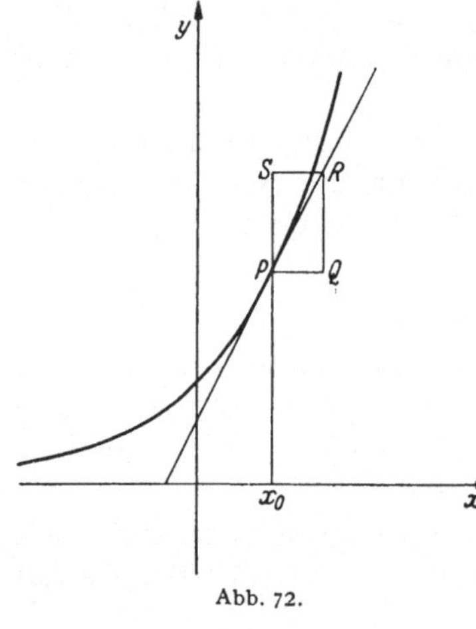

Abb. 72.

können als Intervallgrenzen zwei beliebige positive Zahlen dienen.) Damit ist gewährleistet, daß die Umkehrfunktion $x = \varphi(y)$ in dem von den Zahlen $f(a)$ und $f(b)$ begrenzten abgeschlossenen Intervall eindeutig und ebenfalls stetig und monoton ist (vgl. S. 140). Es sei ferner x_0 eine Stelle im Innern des Intervalls $\langle a\,b \rangle$, für die die Ableitung $f'(x_0)$ existiert und $\neq 0$ ist. Hierdurch ist also im Kurvenpunkt $P(x_0, y_0)$ die Tangente festgelegt, in Abb. 72 stellt sich $f'(x_0)$ als Quotient $\overline{QR} : \overline{PQ}$ dar. Nun ist es für die Anschauung unmittelbar klar, daß es für die Tangente einer Kurve keine Bedeutung

haben kann, ob in der analytischen Darstellung dieser Kurve x oder y die unabhängige Veränderliche ist; es muß also die Bildung der Ableitung der Umkehrfunktion sicher auf die gleiche Gerade als Tangente führen. Die Steigung dieser Geraden hat aber, wenn jetzt y als unabhängige Veränderliche angesehen wird, den Wert $\overline{SR} : \overline{PS} = \overline{PQ} : \overline{QR}$, und dieser Wert muß gleich $\varphi'(y_0)$ sein. Wir haben damit gefunden, daß $\varphi'(y_0) = \dfrac{1}{f'(x_0)}$ ist, und da x_0 willkürlich gewählt war, ist für jedes x aus dem Intervall $a < x < b$

$$\varphi'(y) = \frac{1}{f'(x)},$$

wobei die beiden Zahlwerte x und y natürlich durch $y = f(x)$ bzw., was dasselbe besagt, durch $x = \varphi(y)$ verknüpft sind. Unser Ergebnis, das wir in der Form

$$(8) \qquad (x')_y = \frac{1}{(y')_x}$$

schreiben können, heißt die *Umkehrregel* für die Steigungsbestimmung.

Streng genommen muß man die Berufung auf die Anschauung natürlich vermeiden; denn die Tangente wird ja im Grunde erst durch den Grenzübergang von der Sehnensteigung her definiert. Zur Bildung der Ableitung der Umkehrfunktion $x = \varphi(y)$ an der Stelle y_0 hat man den Grenzübergang

$$\lim_{\varDelta y \to 0} \frac{\varphi(y_0 + \varDelta y) - \varphi(y_0)}{\varDelta y} = \lim_{\varDelta y \to 0} \frac{\varDelta x}{\varDelta y}$$

durchzuführen, während die Ableitung $f'(x_0)$ ja durch den Grenzwert

$$\lim_{\varDelta x \to 0} \frac{\varDelta y}{\varDelta x}$$

definiert ist. Ein unmittelbarer Vergleich dieser beiden Grenzwerte ist natürlich nicht ohne weiteres möglich, da es sich ja um zwei verschieden definierte Grenzübergänge handelt. Wählen wir aber für den ersten Grenzübergang eine beliebige Nullfolge der $\varDelta y$, so wird jedem $\varDelta y$ dieser Folge durch

$$\varDelta x = \varphi(y_0 + \varDelta y) - \varphi(y_0)$$

ein $\varDelta x$ zugeordnet, und die so erhaltene Folge der $\varDelta x$ ist wegen der Stetigkeit von $\varphi(y)$ sicher eine Nullfolge. Da nun der zweite Grenzübergang nach Voraussetzung eindeutig die Zahl $f'(x_0)$ festlegt und somit von der speziellen Wahl der Nullfolge nicht abhängt, können wir das dortige $\varDelta x$ gerade die eben erhaltene Nullfolge durchlaufen lassen. Dann sind aber beide Grenzübergänge in gleicher Weise definiert und es kann der Quotientensatz zur Anwendung kommen, da ja $f'(x_0) \neq 0$ vorausgesetzt war. Auf diese Weise ist die Existenz des Grenzwertes $\varphi'(y_0)$ gesichert und das oben erhaltene Ergebnis (8) bestätigt.

8, 42. Das Gesetz des natürlichen Wachsens. Für unsere Funktion $y = e^{kx}$ folgt wegen $x = \frac{1}{k} \ln y$, $(x')_y = \frac{1}{ky}$

$$(7') \qquad y' = k\,y = k\,e^{kx}.$$

Der Fundamentalsatz aus 7, 2 ermöglicht es uns, im Anschluß daran auch den Flächeninhalt anzugeben. Die zu $y = e^{kx}$ gehörige Flächeninhaltsfunktion lautet nämlich:

$$(\text{Fl. } 7) \qquad F(x) = \frac{1}{k}\,e^{kx} + \text{Const},$$

wie man durch Bildung der Ableitung sofort bestätigt. Ist insbesondere die Zahl $k = 1$, so haben wir:

$$y = e^x, \quad y' = e^x, \quad F(x) = e^x + C.$$

Dieses Ergebnis ist sehr bemerkenswert; es sagt aus, daß die Funktion e^x mit ihrer eigenen ersten Ableitung identisch ist. Hat man allgemeiner

14*

$y = e^{kx}$, so besteht zwischen der Funktion und ihrer ersten Ableitung die Beziehung:

$$(9) \qquad\qquad y' = k\,y\,.$$

Dieser überaus wichtige Zusammenhang macht die Exponentialfunktion zu einem der bedeutendsten Hilfsmittel für die Beschreibung von Naturvorgängen; denn er stellt nichts anderes dar als das Gesetz eines natürlichen Wachstumsvorganges, bei dem die zeitliche Zunahme dem bereits vorhandenen Bestande proportional ist. Dies tritt uns in erster Linie in der organischen Natur entgegen, etwa bei dem natürlichen Anwachsen eines Waldbestandes. Da in einer bestimmten Zeit die bereits vorhandenen Zellen einen bestimmten Prozentsatz neuer Zellen bilden, muß das Anwachsen der Holzmenge in der Weise vor sich gehen, daß man ganz zwangsläufig auf die Gleichung

$$y' = k\,y$$

geführt wird. Wir haben gesehen, daß diese Gleichung durch die Funktion

$$y = a\,e^{kx}$$

gelöst wird, wobei a ein beliebiger konstanter Faktor ist, der die zu $x = 0$ gehörige Holzmenge angibt. Wir werden an späterer Stelle noch erkennen, daß hiermit auch bereits alle Möglichkeiten solcher Funktionen erschöpft sind, die diese Gleichung lösen.

Aus der Fülle der physikalischen und technischen Vorgänge, die nach dem „Gesetz des natürlichen Wachsens" verlaufen, seien einige charakteristische Beispiele angefügt.

Anwendung 15: Auskristallisieren eines Salzes aus einer Lösung. Die in der Zeiteinheit auskristallisierte Menge ist dem jeweiligen Bestand proportional. Es gilt also die Gleichung

$$-L\,q'(t) = \gamma\,q(t)\,,$$

wobei L das Volumen des Lösungsmittels, $q(t)$ die Konzentration [gr/cm^3] und γ eine Materialkonstante ist.

Für die Konzentration als Funktion der Zeit ergibt sich

$$q = q_0\,e^{-\frac{\gamma}{L}t}\,,$$

wenn q_0 die Konzentration zu Beginn ($t = 0$) des Auskristallisierens ist. Die Kurve, die den Vorgang darstellt, hat wegen des negativen Zeichens im Exponenten die positive Abszissenachse als Asymptote.

Anwendung 16: Bremsvorgang. Ein (kleiner) Körper bewege sich auf einer geraden Linie mit konstanter Geschwindigkeit v_0. Es werde dann eine Bremse in Tätigkeit gesetzt, die eine Kraft erzeugt, deren Größe in jedem Augenblick proportional der Geschwindigkeit des Körpers ist:

$$K = -\alpha\,v\,.$$

Das negative Zeichen ist genommen, weil bei positivem v die Kraft K als Bremskraft eine Verzögerung hervorruft. Das Newtonsche Bewegungsgesetz, nach dem die wirkende Kraft gleich dem Produkt aus Masse m und Beschleunigung b ist, liefert uns dann die Bewegungsgleichung

$$m\,b = -\alpha\,v\,.$$

Nun ist die Beschleunigung gleich der Ableitung der Geschwindigkeit nach der Zeit, die hier als unabhängige Veränderliche dient, also

$$b = v'\,,$$

und statt der Masse führt man in der Technik gern das Gewicht G des Körpers ein. Dabei ist bekanntlich

$$m = \frac{G}{g}\,,$$

unter g die Erdbeschleunigung verstanden. Die Bewegungsgleichung für den gebremsten Körper lautet also

$$\frac{G}{g}\,v'(t) = -\alpha\,v(t)\,,$$

oder

$$v'(t) = -k\,v(t)\,,\quad\text{mit}\quad k = \frac{\alpha\,g}{G}\,.$$

Die Lösung dieser Gleichung ist

$$v = c\,e^{-kt}\,,$$

und wenn der Bremsvorgang zu der Zeit $t = 0$ beginnt ($v = v_0$ für $t = 0$), muß die willkürliche Konstante c den Wert v_0 erhalten. Das Gesetz, nach dem die Geschwindigkeit abnimmt, ist also

$$v = v_0\,e^{-kt}\,.$$

Wollen wir den *Bremsweg* s als Funktion der Zeit t darstellen, so brauchen wir nur zu beachten, daß die Ableitung von s nach t gleich der Geschwindigkeit v

$$s'(t) = v$$

ist, daß also die Gleichung

$$s'(t) = v_0 e^{-kt}$$

gilt, und daß $s = 0$ für $t = 0$ ist. Es folgt

$$s(t) = -\frac{v_0}{k}\,e^{-kt} + C\,,$$

und die Konstante C ist aus der Gleichung

$$0 = -\frac{v_0}{k} + C$$

zu berechnen, so daß

$$s(t) = \frac{v_0}{k}\,(1 - e^{-kt})$$

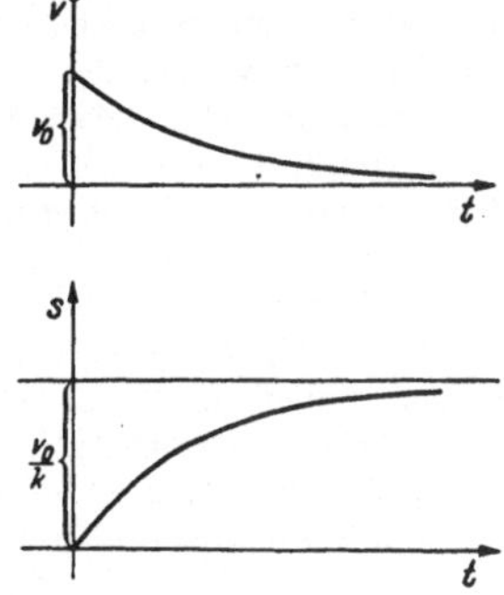

Abb. 73.

wird (Abb. 73). Obwohl also die Geschwindigkeit erst für $t \to \infty$ gegen Null geht, hat der Bremsweg eine *endliche* Länge:

$$l = \lim_{t \to \infty} s(t) = \frac{v_0}{k}\,.$$

Anwendung 17: Entladung eines Kondensators über einen Ohmschen Widerstand (Abb. 74). In einem Kondensator von der Kapazität C [Farad] sei eine elektrische Ladung q [Coulomb] aufgespeichert. Dann ist die Spannung am Kondensator

$$u = \frac{q}{C}\ \text{[Volt]}.$$

Diese Spannung treibt durch den Ohmschen Widerstand R [Ohm] einen Strom von der Stärke i [Ampere], wobei nach dem Ohmschen Gesetz

$$u = R\,i$$

ist. Gleichsetzen beider Spannungen ergibt

$$\frac{q}{R\,C} = i\,.$$

Andererseits ist aber die Stromstärke i gleich der Abnahme der Ladung q in der Zeit. Genauer gesagt: Die Stromstärke ist die negativ genommene Ableitung der Ladung nach der Zeit

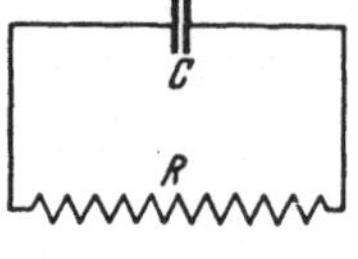

$$i(t) = -q'(t)\,.$$

Somit haben wir für die Ladung als Funktion der Zeit die Gleichung

$$q'(t) = -\frac{1}{R\,C}\,q\,.$$

Abb. 74.

Ihre Lösung ist, wenn der Widerstand im Augenblick $t = 0$ an den Kondensator gelegt wird,

$$q(t) = q_0 e^{-\frac{t}{RC}}\,.$$

Daraus folgt die Stromstärke

$$i(t) = -\,q'(t) = \frac{q_0}{R\,C}\,e^{-\frac{t}{RC}}\,.$$

Der Strom setzt also mit dem Anfangswert

$$i_0 = \frac{q_0}{R\,C}$$

ein und geht mit wachsender Zeit asymptotisch gegen Null. Man möchte erwarten, daß der Strom mit dem Werte $i_0 = 0$ einsetzen würde, und das Ergebnis als paradox empfinden. Man muß aber beachten, daß wir hier vorausgesetzt haben, der Stromkreis, über den sich der Kondensator entlädt, enthalte nur Ohmschen Widerstand und sei frei von Selbstinduktion. In Wirklichkeit wird stets eine, wenn auch außerordentlich kleine, Selbstinduktion vorhanden sein. Sie würde, wie wir hier noch nicht behandeln können, sich dahin auswirken, daß der Strom wirklich mit Null beginnt, aber sehr rasch zu dem Werte aufsteigt, den er nach unserer Formel haben muß, so daß schon für ganz kleine positive Werte von t die Formel eine gute analytische Darstellung für die bei sehr kleiner Selbstinduktion wirklich auftretende Stromstärke ist.

Geben wir unserer Endformel die Gestalt:

$$i(t) = \frac{q_0}{R\,C}\,e^{-\frac{t}{T}}\,,$$

indem wir also

$$T = R\,C$$

setzen, so hat die Größe T, die natürlich die Dimension einer Zeit hat, die Bedeutung derjenigen Zeit, nach der der Strom auf den e-ten Teil seines Anfangswertes gesunken ist. T wird in der Elektrotechnik die *Zeitkonstante* genannt.

Anwendung 18: Einschalten einer Gleichspannung in einen Stromkreis mit Widerstand und Induktivität. Ein Stromkreis, der aus einer Spannungsquelle mit der konstanten Gleichspannung U, einem Ohmschen Widerstand R und einer Induktivität L besteht, wird zur Zeit $t = 0$ geschlossen. Es ist der zeitliche Verlauf des Stromes zu untersuchen (Abb. 75).

Den Ansatz gewinnen wir auf Grund der folgenden Überlegung: Wenn der durch eine Spule fließende Strom seine Stärke ändert, so ändert sich damit auch der magnetische Induktionsfluß durch die Spule, und dadurch wird in der Spule eine Spannung induziert, die der Änderungsgeschwindigkeit der Stromstärke, also ihrer zeitlichen Ableitung, proportional und so gerichtet ist, daß sie der Stromänderung entgegenwirkt. Sie ist durch $-L\,i'(t)$ gegeben[1]. Außer der von unserer Spannungsquelle abgegebenen Spannung U wirkt auf den Strom noch diese Selbstinduktionsspannung ein, so daß der Strom nach dem Ohmschen Gesetz der Gleichung

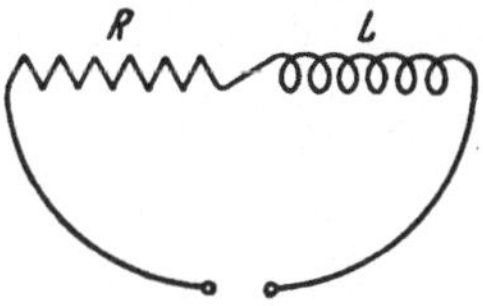

$$U - L\,i'(t) = R\,i(t)$$

genügen muß.

Abb. 75.

Diese Gleichung unterscheidet sich von der im vorigen Beispiel bereits gelösten Gleichung, abgesehen von z. T. anderen Buchstaben, nur durch das Hinzutreten einer Konstanten U. Diese Abweichung läßt sich nun leicht beseitigen, indem man an Stelle der Funktion $i\,(t)$ eine neue Unbekannte $\bar{i}\,(t)$ vermöge der Beziehung

$$\bar{i}(t) = i(t) - \frac{U}{R}$$

einführt; offenbar gilt

$$\bar{i}'(t) = i'(t),$$

und die Gleichung für $i\,(t)$ geht über in

$$L\,\bar{i}'(t) + R\,\bar{i}(t) = 0.$$

Auf Grund der Überlegungen im vorigen Beispiel können wir die Lösung $\bar{i}\,(t)$ sofort angeben:

$$\bar{i}(t) = A\,e^{-\frac{R}{L}t},$$

wo A eine zunächst unbestimmte Konstante ist. Für $i\,(t)$ erhalten wir damit als Lösung unserer ursprünglichen Gleichung den allgemeinen Ausdruck:

$$i(t) = \frac{U}{R} + A\,e^{-\frac{R}{L}t}$$

Die unbestimmte Konstante A wird durch die „Anfangsbedingung" festgelegt, daß im Augenblick $t = 0$, in dem der Stromkreis geschlossen wird, die Stromstärke gleich Null sein muß. Das ergibt:

$$A = -\frac{U}{R},$$

so daß die von uns gesuchte Funktion schließlich lautet:

$$i(t) = \frac{U}{R}\left(1 - e^{-\frac{R}{L}t}\right).$$

Damit haben wir den Einschaltvorgang beschrieben. Die Stromstärke steigt, vom

---

[1] Das ist die eigentliche Definition der Induktivität L, während die in Anwendung 14 (S. 189) zur Ermittelung von L verwandte Gleichung $W = \tfrac{1}{2}L\,i^2$ eine Folgerung hieraus darstellt, deren Ableitung jedoch erst an einer späteren Stelle durchgeführt werden kann (vgl. Anw. 20 S. 283ff.).

Wert 0 zur Zeit $t = 0$ beginnend, monoton an und nähert sich asymptotisch dem Grenzwert[1]

$$\lim_{t \to \infty} i(t) = \frac{U}{R}.$$

Man beachte, daß der Einschaltvorgang erst durch die Gleichung für $i(t)$ *in Verbindung mit der Anfangsbedingung* vollständig beschrieben wird. Die Gleichung für sich allein hat nämlich nicht bloß eine, sondern unendlich viele Lösungen, die Funktionen $i(t) = \dfrac{U}{R} + A\,e^{-\frac{R}{L}t}$ für beliebiges A. Die tatsächliche Lösung des Problems ist bloß eine spezielle unter ihnen.

Unter diesen Lösungen kommt übrigens auch die Konstante $\dfrac{U}{R}$ vor (für $A = 0$), die bei der oben vorgenommenen Vereinfachung der Gleichung für $i(t)$ durch Einführung von $\bar{i}(t)$ an Stelle von $i(t)$ eine Rolle spielte. Es wird sich später zeigen, daß wir uns ähnliche Vereinfachungen, die auf der Kenntnis einer speziellen Lösung der Gleichung beruhen, immer verschaffen können, wenn wir Gleichungen zu lösen haben, in denen eine Funktion und ihre Ableitungen linear auftreten.

Wenn wir, ähnlich wie am Schluß des vorigen Beispiels,

$$\bar{i}(t) = A\,e^{-\frac{t}{T}}$$

schreiben, so hat die Größe

$$T = \frac{L}{R}$$

eine Bedeutung, die der der Größe T im vorigen Beispiel völlig gleichgeartet ist. Man nennt daher T auch hier die „Zeitkonstante".

§ 9. Verallgemeinerte Hyperbeln.

9, 1. Die Funktionen $y = \dfrac{1}{x^n}$.

9, 11. $n = 2$ Newtonsches und Coulombsches Gesetz. Nachdem uns die Flächeninhaltsbestimmung unter der Funktion $\dfrac{1}{x}$ zu einem eingehenden Studium der ln-Funktion und ihrer Umkehrung, der Exponentialfunktion, veranlaßt hat, nehmen wir nunmehr den Leitgedanken dieses Kapitels, die Untersuchung gebrochener rationaler Funktionen, wieder auf und wenden uns der Funktion

$$(1) \qquad\qquad y = \frac{1}{x^2}$$

zu. Diese Funktion ist, ebenso wie die Funktion $\eta = \dfrac{1}{x}$ für jedes x mit

---

[1] Diese konstante Stromstärke wird praktisch natürlich schon nach einer endlichen Zeit erreicht; es stellt sich also bald nach dem Einschalten ein „Beharrungszustand" (stationärer Zustand) ein. Der Einschaltvorgang kann als Überlagerung dieses Beharrungszustandes mit dem Vorgang eines „freien Ausgleiches" aufgefaßt werden, womit man in der Elektrotechnik jeden Ausgleichs-, Entladungs- oder Abklingvorgang bezeichnet, der ohne „Zwang", also ohne von außen zugeführte Spannung abläuft.

Ausnahme des Wertes $x = 0$ definiert. Für $x > 0$ zeigen die Kurven beider Funktionen sehr ähnliches Verhalten: Sie haben beide positive Ordinaten, die mit wachsendem x beständig abnehmen, und für beide Kurven ist die x-Achse horizontale, die y-Achse vertikale Asymptote. Für $x = 1$ wird $y = \eta = 1$; rechts von dieser Stelle verläuft die Kurve $y = \dfrac{1}{x^2}$ unterhalb der Kurve $\eta = \dfrac{1}{x}$ und nähert sich der x-Achse wesentlich schneller als diese; links von der Stelle $x = 1$ hat die Funktion (1) die größeren Ordinaten, sie steigt rascher in die Höhe und schmiegt sich demgemäß der y-Achse nicht so eng an. Für $x < 0$ gewinnen wir den Funktionsverlauf durch Spiegelung an der y-Achse, denn die Funktion (1) ist eine *gerade Funktion*. Der zweite Kurvenast liegt also hier im zweiten Quadranten, während er bei der ungeraden Funktion $\eta = \dfrac{1}{x}$ im dritten Quadranten liegt.

Die Stelle $x = 0$ bezeichnet man wieder als „Pol" der Funktion (1), wobei man zur näheren Kennzeichnung von einem *Pol zweiter Ordnung* spricht und zum Unterschied davon den Pol der Funktion $\dfrac{1}{x}$ als einen Pol erster Ordnung bezeichnet. Die Funktion $\dfrac{1}{x^2}$ verhält sich in der Umgebung ihres Pols insofern anders als die Funktion $\dfrac{1}{x}$, als man dieses Verhalten bei der Funktion (1) durch

$$\lim_{x \to 0} y = + \infty \, ,$$

richtig beschreibt, gleichgültig, ob man sich der Stelle $x = 0$ von rechts oder von links her nähert. Ein Pol zweiter Ordnung ist also im Gegensatz zu einem Pol erster Ordnung nicht mit einem Vorzeichenwechsel verbunden.

Die Funktion (1) gewann große Bedeutung für die Physik, als NEWTON das *Gravitationsgesetz* entdeckte[1]. Denn nach diesem Gesetz wird die anziehende Kraft zwischen zwei Massenpunkten m_1 und m_2 durch die Formel

$$K = \varkappa \frac{m_1 m_2}{r^2}$$

dargestellt, wo r die Entfernung der beiden Massen und $\varkappa$ eine universelle Konstante (die Gravitationskonstante[2]) ist. Dieses Newtonsche Gravitationsgesetz wurde das Vorbild für COULOMB, der als Gesetz für die Kraft K, mit der sich zwei elektrisch geladene Körper anziehen oder abstoßen, die Formel

$$(2) \qquad\qquad K = \frac{e_1 e_2}{r^2}$$

---

[1] Sein für die Mechanik grundlegendes Werk „*Philosophiae naturalis principia mathematica*" erschien 1687.

[2] Ihr Zahlwert ist im physikalischen Maßsystem $6{,}67 \cdot 10^{-8} \dfrac{\text{cm}^3}{\text{g sec}^2}$.

aufstellte, unter e_1 und e_2 die beiden elektrischen Ladungen verstanden. Da man bei einer elektrischen Ladung die Art der Elektrizität durch das Vorzeichen (positive und negative Elektrizität) zu kennzeichnen pflegt und zwei mit gleichartiger Elektrizität geladene Körper sich abstoßen, hat nach (2) die Kraft K für eine Abstoßung (Vorzeichen von e_1 und e_2 gleich) das positive, für eine Anziehung (Vorzeichen von e_1 und e_2 verschieden) dagegen das negative Vorzeichen. Da eine Abstoßung auf eine Vergrößerung des Abstandes r hinarbeitet, scheint diese Festsetzung über das Vorzeichen der Kraft durchaus sinngemäß. Dann wird es aber der Einheitlichkeit halber zweckmäßig sein, der Kraft der Gravitation, die ja eine Anziehung vorstellt, das negative Vorzeichen zu geben und dementsprechend, da m_1, m_2 und $\varkappa$ positiv sind,

$$(3) \qquad K = -\varkappa \frac{m_1\, m_2}{r^2}$$

zu schreiben.

Der Abstand r der beiden Körper ist positiv zu denken, so daß für die Darstellung der Kraftgesetze (2) und (3) nur der eine Ast der Kurve $(r > 0)$ Bedeutung hat. Wir knüpfen an das Coulombsche Gesetz, also an die Formel (2) an, und wollen die eine elektrische Ladung — sie sei positiv und werde mit e_0 bezeichnet — in einem festen Punkt des Raumes, den wir als Anfangspunkt wählen, angebracht denken[1]. Ein mit der elektrischen Ladung e versehener kleiner Körper — wir wollen ihn als Probekörper bezeichnen — erfährt dann an jeder Stelle des Raumes von dem Konduktor eine Kraft, deren Größe nach dem Coulombschen Gesetz

$$(2\,a) \qquad K = \frac{e_0\, e}{r^2}$$

ist und die je nach dem Vorzeichen von e eine Abstoßung oder eine Anziehung vorstellt. Wir wollen im Augenblick e ebenfalls positiv nehmen, so daß es sich um eine Abstoßung handelt und betrachten die Bewegung längs einer Geraden, die durch den Mittelpunkt der Konduktorkugel hindurchgeht. Die Coulombsche Abstoßung leistet dann Arbeit, wenn sich der Probekörper von der Konduktorkugel entfernt, dagegen muß an ihm von äußeren Kräften Arbeit geleistet werden, wenn er sich auf die Konduktorkugel zu bewegen soll, da ja dazu die Coulombsche Abstoßung überwunden werden muß. Für physikalische Problemstellungen ist es wichtig, diese Arbeit zu bestimmen.

Zu ihrer Berechnung können wir in gleicher Weise vorgehen wie oben in 6, 2 bei der Berechnung der Arbeit des expandierenden Dampfes. Ist $P_1(r = r_1)$ der Anfangspunkt und $P_2(r = r_2)$ der Endpunkt der

---

[1] Wir können uns das durch eine geladene Konduktorkugel verwirklicht denken, denn außerhalb dieses Konduktors stimmt das elektrische Feld mit dem einer im Mittelpunkt dieser Kugel angebrachten Punktladung überein.

geradlinigen Bewegung, so tragen wir die beiden Punkte in das Schaubild ein, das uns die Kraft als Funktion von r darstellt, und teilen die Strecke $P_1 P_2$ in n gleiche Teile. Wir können dann zu der Kurve eine untere und eine obere Treppe konstruieren und erhalten die gesuchte Arbeit eingeschachtelt zwischen dem Flächeninhalt unter der unteren und der oberen Treppe. Durch den Grenzprozeß $n \to \infty$ erkennen wir dann in der üblichen Weise, daß die *gesuchte Arbeit*, die die Coulombsche Abstoßung an dem Körper leistet, wenn er von P_1 nach P_2 geführt wird, *gleich dem Flächeninhalt $F_{r_1}^{r_2}$ unter der Kurve* $K = \dfrac{e_0 e}{r^2}$ ist.

Es erscheint daher notwendig, den Flächeninhalt unter der Kurve (1) zu bestimmen. Das ist aber nicht schwierig, denn wir sahen auf S. 145, daß die gewöhnliche Hyperbel

$$\eta = \frac{C}{x}$$

die Steigung

$$\eta' = -\frac{C}{x^2}$$

besitzt. Wenn wir hier $C = -1$ setzen, so folgt, daß die Kurve

$$\eta = -\frac{1}{x}$$

die Steigung

$$\eta' = \frac{1}{x^2}$$

besitzt. Da aber nach dem Fundamentalsatz die Ausgangskurve die Flächeninhaltskurve der Steigungskurve ist, so folgt unmittelbar, daß zu der Kurve $y = \dfrac{1}{x^2}$ die Flächeninhaltsfunktion

$$\text{(Fl 1)} \qquad\qquad F(x) = -\frac{1}{x} + \text{Const}$$

gehört. Dabei können wir den Flächeninhalt von einer beliebigen Stelle aus zählen, je nach dem Zahlwert, den wir der willkürlichen Konstanten beilegen wollen. Nur dürfen wir nicht bei $x = 0$ beginnen, da ebenso wie die Funktion y auch die Flächeninhaltsfunktion $F(x)$ dort einen Pol besitzt. Zählen wir von der Stelle $x = +1$ aus, setzen wir also

$$F(1) = 0,$$

so wird die additive Konstante gleich 1, und wir erhalten

$$F(x) = F_1^x = 1 - \frac{1}{x}.$$

Natürlich gilt diese Formel nur für positive Werte von x. Denn negative x könnten von $x = +1$ aus nur so erreicht werden, daß man den singulären

Punkt $x = 0$ überschreitet, was gewiß nicht zulässig ist [vgl. Abb. 76, wo die Kurve (1) mit der Flächeninhaltskurve (Fl 1) gezeichnet ist]. Will man eine Formel haben, die für negative x den Flächeninhalt darstellt, so muß man auch die Anfangsstelle für die Flächeninhaltszählung im Gebiete der negativen x wählen.

Die Flächeninhaltskurve besitzt die horizontale Asymptote $F = 1$, da

$$\lim_{x \to \infty} F_1^x = 1$$

ist. *Der Flächeninhalt unter der Kurve* $y = \dfrac{1}{x^2}$ *strebt also gegen den endlichen Wert* 1, *wenn* x *gegen* $+ \infty$ *strebt.* Das erscheint zunächst paradox, denn man neigt unwillkürlich zu der Annahme, daß zu einem Bereich,

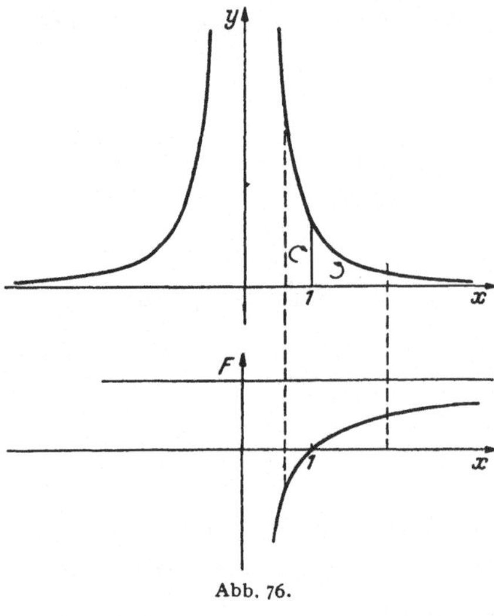

Abb. 76.

der sich ins Unendliche erstreckt, auch ein unendlich großer Flächeninhalt gehören müsse. Wenn wir aber überhaupt von dem Flächeninhalt eines Bereiches, der sich ins Unendliche erstreckt, sprechen wollen — und das erscheint für viele Zwecke notwendig —, so können wir den Flächeninhalt eines solchen Bereiches nur in der hier angegebenen Weise als Grenzwert definieren. Dann aber ergibt sich ein endlicher Wert für den Flächeninhalt. Die Kurve $y = \dfrac{1}{x^2}$ zeigt hierbei ein ganz anderes Verhalten als die gewöhnliche Hyperbel $y = \dfrac{1}{x}$. Denn wir sahen auf Seite 160,

daß der von $x = 1$ aus gezählte Flächeninhalt unter der gewöhnlichen Hyperbel nach ∞ strebt, wenn x gegen ∞ geht. Dieses verschiedene Verhalten wird offenbar bedingt durch die Art, wie die Kurven sich asymptotisch der x-Achse anschmiegen. Für die gewöhnliche Hyperbel $y = \dfrac{1}{x}$ ist das Anschmiegen noch nicht so stark, daß der Flächeninhalt für $x \to \infty$ einem endlichen Grenzwert zustreben kann. Bei der Kurve $y = \dfrac{1}{x^2}$ ist dagegen das Anschmiegen an die x-Achse genügend stark, um für den Grenzwert des Flächeninhalts bei dem Grenzprozeß $x \to \infty$ einen endlichen Wert zu liefern. Wenn wir den Grenzwert des Flächeninhalts

$$(4) \qquad \lim_{x \to \infty} F_1^x = F_1^{+\infty}$$

setzen, so können wir der Limesgleichung die Gestalt

$$F_1^\infty = 1$$

geben. Wir können dies benutzen, um den Anfangspunkt der Flächeninhaltszählung nach $x = \infty$ zu legen. Dann hat der Flächeninhalt, der die positive Abszisse x bestimmt, natürlich einen negativen Zahlwert, weil ja der durch die Richtung von ∞ nach x festgelegte Umlaufsinn des Flächenstücks mit dem Uhrzeigersinn übereinstimmt. In der Tat erhalten wir aus (Fl. 1), wenn wir mit Rücksicht auf

$$F(\infty) = 0$$

die additive Konstante gleich Null setzen

$$(5\,\text{a}) \qquad\qquad F_\infty^x = -\frac{1}{x}\,. \qquad\qquad (x > 0)$$

Abb. 77 stellt die Kurve der Funktion mit der Flächeninhaltskurve (5 a) dar.

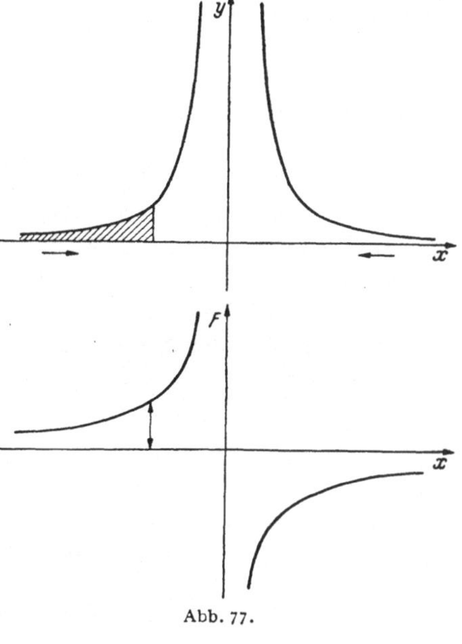

Abb. 77.

Wir können entsprechend auch im Gebiet der negativen x den Punkt $x = -\infty$ als Ausgangspunkt für die Flächeninhaltszählung wählen. Dann haben wir in (Fl 1) ebenfalls die additive Konstante gleich Null zu setzen, da ja

$$F(-\infty) = 0$$

werden muß, und erhalten für negative x ebenfalls

$$(5\,\text{b}) \qquad F_{-\infty}^x = -\frac{1}{x} \qquad (x < 0)$$

als Darstellung für den von $x = -\infty$ aus gewählten Flächeninhalt. Der Flächeninhalt wird für alle negativen Abszissen positiv, da der Umlaufsinn entgegengesetzt dem Uhrzeigersinn ist (vgl. Abb. 77).

Jetzt können wir nun unmittelbar die Arbeit bei der Bewegung des elektrischen Probekörpers im Kraftfeld des Konduktors berechnen, denn der diese Arbeit darstellende Flächeninhalt unter der Kurve (2a) ist

$$F(r) = -\frac{e_0 e}{r} + C,$$

also die Arbeit

$$A_{P_1}^{P_2} = F_{r_1}^{r_2} = e_0 e \left(\frac{1}{r_1} - \frac{1}{r_2} \right).$$

Sind e_0 und e gleichnamig (Abstoßung), so wird die Arbeit positiv, wenn $r_2 > r_1$ ist, d. h., wenn der Probekörper sich vom Konduktor entfernt, dagegen negativ für $r_1 > r_2$, d. h. wenn der Probekörper dem Konduktor näher kommt. Setzen wir insbesondere $r_1 = \infty$ und $r_2 = r$, so stellt

$$A(r) = -\frac{e_0\,e}{r}$$

die Arbeit dar, die die vom Konduktor ausgeübte Kraft leistet, wenn der Probekörper längs der Geraden aus dem Unendlichen bis in die Entfernung r an den Konduktor herangebracht wird. Diese Arbeit ist negativ, wenn e_0 und e gleichnamig sind, da bei der Bewegung gegen die Abstoßung dem Körper von außen Arbeit zugeführt werden muß. Die Größe der zugeführten Arbeit ist gleich der *potentiellen Energie*, die der Körper aufgenommen hat (und die er wieder abgeben könnte, wenn er sich der Abstoßung folgend wieder ins Unendliche zurückbewegen würde). Diese potentielle Energie wollen wir mit $\Phi(r)$ bezeichnen und haben danach für sie den Ausdruck

$$\Phi(r) = -A(r) = \frac{e_0\,e}{r}\,.$$

Den Quotienten

$$\frac{\Phi(r)}{e} = \varphi(r) = \frac{e_0}{r}$$

nennt man in der Elektrizitätslehre das elektrostatische *Potential*. Das Potential des Konduktors hat das gleiche Vorzeichen wie die Ladung e_0, die er trägt.

Das Potential $\varphi(r)$ ist bis auf das Vorzeichen der Flächeninhalt F_∞^r unter der Kurve der *elektrischen Feldstärke*

$$E = \frac{e_0}{r^2}\,.$$

Da allgemein Flächeninhaltsbestimmung und Steigungsbestimmung entgegengesetzte Operationen sind, so folgt daraus umgekehrt, daß *die negativ genommene Ableitung des Potentials gleich der vom Konduktor auf eine positive Einheitsladung ausgeübten Kraft ist*:

$$E = -\varphi'(r) = \frac{e_0}{r^2}\,.$$

Daß man die Feldstärke aus dem Potential einfach durch Bilden der Ableitung berechnen kann, ist eine sehr wichtige Bemerkung. In ihrer vollen Bedeutung werden wir sie allerdings erst später erkennen, wenn wir uns mit den Funktionen von mehreren Veränderlichen beschäftigen.

Zur Ermittlung der Tangentensteigung der Kurve $y = \frac{1}{x^2}$ gehen wir in der üblichen Weise von der Sehnensteigung aus, die hier

$$m_s = \frac{\dfrac{1}{(x+\Delta x)^2} - \dfrac{1}{x^2}}{\Delta x} = -\frac{2x+\Delta x}{x^2(x+\Delta x)^2} \qquad (\Delta x \neq 0)$$

ist, und benützen den allgemeinen Satz, daß sich die Tangentensteigung aus der Sehnensteigung durch den Grenzprozeß $\Delta x \to 0$ gewinnen läßt.

Da sich der Faktor Δx im Zähler und Nenner herausgehoben hat, ist der Grenzwert des Nenners der rechten Seite von Null verschieden, so daß wir den Quotientensatz der Grenzwertrechnung anwenden dürfen. Wir erhalten also

$$m_t = \lim_{\Delta x \to 0}\left(-\frac{2x+\Delta x}{x^2(x+\Delta x)^2}\right) = -\frac{1}{x^2}\,\frac{\lim\limits_{\Delta x \to 0}(2x+\Delta x)}{\lim\limits_{\Delta x \to 0}(x+\Delta x)^2} = -\frac{2}{x^3}.$$

Die Funktion (1) hat also die Ableitung

$$(1') \qquad\qquad\qquad y' = -\frac{2}{x^3}.$$

Für die Konstruktion der Tangente in einem gegebenen Punkt der Kurve ist es wichtig, daß man y' auf die Form

$$y' = -\frac{2}{x}\,y = -\frac{y}{\dfrac{x}{2}}$$

bringen kann, denn daraus ergibt sich die folgende einfache Konstruktion: Auf der Abszissenachse trägt man von dem Fußpunkt der Ordinate des Kurvenpunktes P aus, für positive x nach rechts hin, für negative x nach links hin, die *halbe Länge* der Abszisse x ab. Dann ist die Verbindungsgerade dieses Punktes mit P die Tangente der Kurve im Punkt P. Die gleiche Konstruktion gilt offenbar auch für die Kurve $y = \dfrac{c}{x^2}$ (vgl. die entsprechende Tangentenkonstruktion bei der Hyperbel S. 146).

9, 12. $n > 2$ Tangentensteigung und Flächeninhalt. Die Untersuchung des Steigungsbildes (1') der Kurve (1) nehmen wir zum Anlaß, gleich allgemein die Kurven

$$(6) \qquad\qquad\qquad y = \frac{1}{x^n}$$

zu betrachten, wenn n eine beliebige positive ganze Zahl ist. In dieser Gesamtheit sind die beiden bisher betrachteten Kurven $y = \dfrac{1}{x}$ und $y = \dfrac{1}{x^2}$ als die einfachsten Vertreter enthalten.

Man pflegt alle Kurven (6) als *Hyperbeln* zu bezeichnen, indem man den Begriff einer Hyperbel ähnlich wie den der Parabel verallgemeinert. Alle diese Kurven (6) haben für $x = 0$ eine Unendlichkeitsstelle, die man als *Pol n-ter Ordnung* bezeichnet. Wenn n eine gerade Zahl ist ($n = 2r$), so ist die Funktion eine gerade Funktion, sie hat die y-Achse als Symmetrieachse und alle Kurvenordinaten sind positiv. Alle diese Kurven, welches auch der Wert von r sein mag, gehen durch die beiden Punkte

$$x = 1,\, y = 1 \quad \text{und} \quad x = -1,\, y = 1$$

hindurch. Je größer r ist, um so steiler steigen sie zwischen $x = -1$ und $x = +1$ in die Höhe und um so rascher nähern sie sich außerhalb dieses Intervalls der x-Achse an. Das Grenzgebilde für $r \to \infty$ sind 2 Haken, bestehend aus den beiden Stücken der x-Achse außerhalb des Intervalls — 1 bis + 1 und den Stücken der beiden Geraden $x = 1$ und $x = -1$ oberhalb der x-Achse (Abb. 78a).

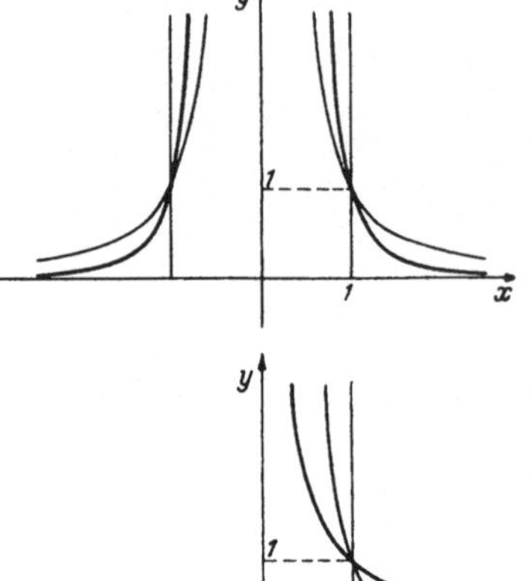

Wenn n eine ungerade Zahl ist $(n = 2r + 1)$, so ist die Funktion (6) eine ungerade Funktion, die Kurven liegen zentrisch symmetrisch zu dem Koordinatenanfangspunkt und laufen durch die beiden Punkte

$$x = 1, \; y = 1 \quad \text{und} \quad x = -1, \; y = -1$$

hindurch. Mit wachsendem r nähern sie sich zwei rechtwinkligen Haken (Abb. 78b).

Es gelingt leicht, die Tangentensteigung aller dieser Kurven zu berechnen. Für die Sehnensteigung erhalten wir nämlich

$$m_s = \frac{\dfrac{1}{(x + \Delta x)^n} - \dfrac{1}{x^n}}{\Delta x} = - \frac{(x + \Delta x)^n - x^n}{\Delta x \, x^n \, (x + \Delta x)^n},$$

und wenn wir die im Zähler stehende Potenz nach dem binomischen Lehrsatz entwickeln, so läßt sich der Faktor Δx herausheben, so daß

Abb. 78.

$$m_s = - \frac{\binom{n}{1} x^{n-1} + \binom{n}{2} x^{n-2} \Delta x + \binom{n}{3} x^{n-3} (\Delta x)^2 + \cdots + \binom{n}{n} (\Delta x)^{n-1}}{x^n (x + \Delta x)^n} \quad (\Delta x \neq 0)$$

wird. Um die Tangentensteigung zu erhalten, müssen wir den Grenzwert der Sehnensteigung für $\Delta x \to 0$ bilden und können, da der Grenzwert des Nenners von Null verschieden ist, den Quotientensatz der Grenzwertrechnung anwenden. Danach ergibt sich

$$(6') \qquad\qquad m_t = y' = - \frac{n}{x^{n+1}}.$$

Wir können diesem Ausdruck für die Tangentensteigung die Gestalt

$$y' = - \frac{\dfrac{1}{x^n}}{\dfrac{x}{n}} = - \frac{y}{\dfrac{x}{n}}$$

geben und finden daraus eine einfache Konstruktion für die Tangente der Kurve in einem Punkte P, die der für $n = 2$ angegebenen völlig entspricht (Abb. 79).

Unser Ergebnis, daß zu der Funktion

$$(6) \qquad\qquad y = \frac{1}{x^n} = x^{-n}$$

die Ableitung

$$(6')\qquad y' = -\frac{n}{x^{n+1}} = -n\,x^{-n-1}$$

gehört, ordnet sich der allgemeinen Regel für die Bildung der Ableitung einer Potenz unter, wie wir sie in 3, 13 gewonnen haben, wenn wir darin für die Exponenten jetzt auch negative ganze Zahlen zulassen.

Auf Grund des Fundamentalsatzes führen wir nun mühelos auch die Flächeninhaltsbestimmung durch. Denn da für $n > 1$ die Funktion

$$y = \frac{1}{x^{n-1}}$$

die Steigung

$$y' = -\frac{n-1}{x^n}$$

besitzt, so schließen wir nach Division durch $(1-n)$ aus dem Fundamentalsatz, daß umgekehrt zu der Funktion

$$y = \frac{1}{x^n}$$

die Flächeninhaltsfunktion

$$F(x) = -\frac{1}{n-1}\frac{1}{x^{n-1}} + \text{Const}$$

gehört, vorausgesetzt, daß $n > 1$ ist.

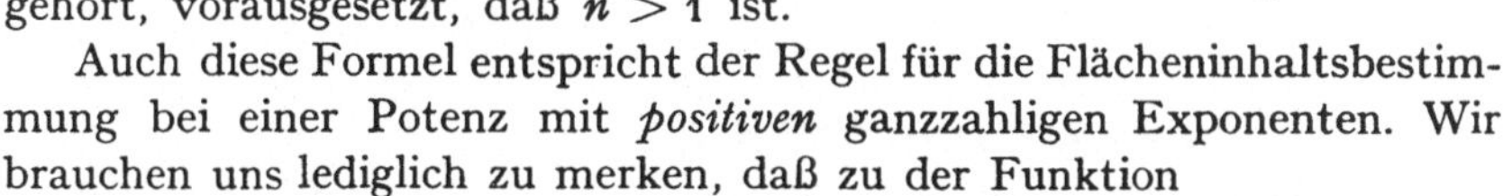

Abb. 79.

Auch diese Formel entspricht der Regel für die Flächeninhaltsbestimmung bei einer Potenz mit *positiven* ganzzahligen Exponenten. Wir brauchen uns lediglich zu merken, daß zu der Funktion

$$y = x^n,$$

wo n eine *positive* oder *negative* ganze Zahl (∓ -1) ist, die Flächeninhaltsfunktion

$$(Fl\ 6)\qquad F(x) = \frac{x^{n+1}}{n+1} + \text{Const}$$

gehört. Als einzige Ausnahme müssen wir uns einprägen, daß diese Formel nicht gültig ist für $n = -1$. In diesem Fall der gewöhnlichen Hyperbel $y = \dfrac{1}{x}$ führt die Flächeninhaltsbestimmung auf eine neue Funktion, den natürlichen Logarithmus. Im übrigen macht uns die Formel (Fl 6) selbst auf diese Ausnahme aufmerksam, da ja bei ihr für $n = -1$ die sinnlose Operation einer Division durch Null auftreten würde.

Eine naheliegende Verallgemeinerung des Ergebnisses ergibt sich, wenn wir die Funktion

$$y = \frac{1}{(x-a)^n}$$

untersuchen, deren Kurve durch Verschiebung der Kurve (6) um die Strecke a nach rechts entsteht. Wir erhalten

$$y' = -\frac{n}{(x-a)^{n+1}}, \qquad F(x) = -\frac{1}{n-1}\frac{1}{(x-a)^{n-1}} + \text{Const.}$$

9, 2. Überlagerung verallgemeinerter Hyperbeln; Grundgedanke der Zerlegung rationaler Funktionen in Teilbrüche.

Das Überlagerungsprinzip setzt uns instand, Steigung und Flächeninhalt auch für Funktionen zu bestimmen, die in der Form

$$(7) \qquad y = \frac{A_1}{(x-a_1)^{r_1}} + \frac{A_2}{(x-a_2)^{r_2}} + \cdots + \frac{A_n}{(x-a_n)^{r_n}}$$

gegeben sind mit beliebigen positiven ganzzahligen r_ν. Die hierdurch dargestellte Kurve besitzt vertikale Asymptoten an den Stellen a_1, a_2, $\ldots$, a_n, die nicht notwendig verschieden anzunehmen sind. Die zugehörige Tangentensteigung ist

$$(7') \qquad y' = -r_1\frac{A_1}{(x-a_1)^{r_1+1}} - r_2\frac{A_2}{(x-a_2)^{r_2+1}} - \cdots - r_n\frac{A_n}{(x-a_n)^{r_n+1}}$$

In dem Fall, daß alle Exponenten $r_i > 1$ sind, ergibt sich für den Flächeninhalt

$$\text{(Fl. 7)} \qquad F(x) = -\frac{1}{r_1-1}\frac{A_1}{(x-a_1)^{r_1-1}} - \frac{1}{r_2-1}\frac{A_2}{(x-a_2)^{r_2-1}} - \cdots -$$

$$-\frac{1}{r_n-1}\frac{A_n}{(x-a_n)^{r_n-1}} + C.$$

Für diejenigen Glieder, deren Exponent $r_\nu = 1$ ist, tritt natürlich in der Flächeninhaltsformel der Logarithmus auf. Auch hier muß man beachten, daß durch die Flächeninhaltsformel stets nur ein solcher Flächeninhalt dargestellt werden kann, der ganz zwischen zwei vertikalen benachbarten Asymptoten der Kurve liegt, so daß die Formel (Fl 7) für die verschiedenen Intervalle zwischen zwei benachbarten vertikalen Asymptoten jeweils spezialisiert werden muß.

Wenn wir in (7) die Teilbrüche zu einem einzigen Bruch zusammenfassen, so erscheint die Funktion als Quotient zweier ganzer rationaler Funktionen dargestellt. Dabei ist der Hauptnenner das Produkt der mit den jeweils höchsten Exponenten versehenen Teilnenner, die zu verschiedenen a_ν gehören. Multipliziert man aus und ordnet man Zähler und Nenner nach fallenden Potenzen von x, so erhält die rationale Funktion die Form:

$$(8) \qquad y = \frac{\alpha_m x^m + \alpha_{m-1} x^{m-1} + \cdots + \alpha_1 x + \alpha_0}{\beta_n x^n + \beta_{n-1} x^{n-1} + \cdots + \beta_1 x + \beta_0},$$

wobei der Grad m des Zählers offenbar kleiner wird als der Grad n des Nenners. Man bezeichnet eine rationale Funktion mit dieser Eigenschaft als „*echt gebrochen*" im Gegensatz zu den „*unecht gebrochenen*" rationalen Funktionen, bei denen $m \geq n$ ist. Bei diesen kann man die Division des Zählers durch den Nenner so lange ausführen, bis nach Abspaltung eines *ganzen rationalen Summanden* ein echt gebrochener Rest übrigbleibt. Es genügt also, wenn wir uns mit den echt gebrochenen rationalen Funktionen beschäftigen. Diese sind dadurch gekennzeichnet, daß

$$\lim_{x \to \pm \infty} y = 0$$

wird, daß also die x-Achse beiderseitig horizontale Asymptote der Kurve ist[1].

Die zusammengefaßte Darstellung (8), der man die Faktorenzerlegung des Nenners nicht mehr ansehen kann, bedeutet im Rahmen unserer Fragestellung nicht, wie der Anfänger zu glauben geneigt ist, eine Vereinfachung. Für die Frage der Flächeninhaltsbestimmung ist umgekehrt die Darstellung (7) geeigneter, da sie die Anwendung des Überlagerungsprinzips ermöglicht. Wir wollen daher versuchen, eine in der Form (8) vorgelegte gebrochene rationale Funktion in einfache Teilbrüche zu zerlegen und machen uns dabei zunächst den allgemeinen Gedankengang klar, nach dem wir vorzugehen haben.

Der erste Schritt zur Lösung dieser Aufgabe besteht in der Aufspaltung des Nenners der vorgegebenen rationalen Funktion in ganze rationale Faktoren. Wie wir auf S. 92 ausführten, gibt uns der Fundamentalsatz der Algebra die Gewähr, daß es immer möglich ist, eine beliebige ganze rationale Funktion in Potenzen linearer und quadratischer Faktoren aufzuspalten. Auch davon, wie man diese Faktoren im Einzelfall findet, haben wir damals gesprochen. Man betrachtet die durch die ganze rationale Funktion dargestellte Kurve und bestimmt zunächst ihre reellen Nullstellen (etwa nach dem Newtonschen Verfahren). Einer p-fachen Nullstelle an der Stelle $x = a$ entspricht ein Faktor $(x - a)^p$ der ganzen rationalen Funktion. Nach Abspaltung dieser Faktoren bleibt eine nirgends verschwindende ganze rationale Funktion übrig, deren Grad eine gerade Zahl ist. Diese Restfunktion läßt sich schließlich in quadratische Faktoren aufspalten.

Ist dies alles geschehen, so besteht der zweite Schritt in der Zerlegung in Teilbrüche. Auf die Möglichkeit dieser Zerlegung und ihre Durchführung im einzelnen werden wir später eingehen (13, 31). Jetzt kommt es uns nur auf die Typen der einfachsten Teilbrüche an. Die linearen Faktoren des Nenners gaben Anlaß zu Teilbrüchen, die Hyperbeln von dem in diesem Paragraphen behandelten Typus darstellen. Darüber hinaus treten, den unzerlegbaren quadratischen Faktoren des Nenners entsprechend, Teilbrüche hinzu, die sich von den bisher behandelten rationalen Funktionen dadurch wesentlich unterscheiden, daß sie keine

---

[1] Bei unecht gebrochenen Funktionen ist das „Verhalten im Unendlichen" durch die abzuspaltende ganze rationale Funktion bestimmt.

Pole besitzen. Wir werden also im Verfolg unseres systematischen Aufbaues der gebrochenen rationalen Funktion dazu geführt, rationale Funktionen mit unzerlegbarem quadratischem Nenner zu betrachten und ihre Flächeninhaltsfunktionen zu bestimmen. Dann haben wir in der Tat alle Bausteine beisammen, aus denen sich die Flächeninhaltsfunktionen der allgemeinsten rationalen Funktionen aufbauen lassen.

Die allgemeinste echt gebrochene rationale Funktion mit quadratischem Nenner hat die Form:

$$(9) \qquad y = \frac{B x + C}{x^2 + 2 b x + c}$$

und läßt sich in dem Fall, daß der Nenner unzerlegbar ist, d. h. keine reellen Nullstellen besitzt, in der Form

$$y = \frac{B x + C}{(x + b)^2 + (c - b^2)} \qquad\qquad (c - b^2) > 0$$

schreiben. Führen wir durch

$$\frac{x + b}{\sqrt{c - b^2}} = \xi$$

eine neue Veränderliche ein[1], so verwandelt sich (19) in

$$y = \frac{B^* \xi + C^*}{\xi^2 + 1}$$

mit neuen Konstanten B^*, C^*, und wir sehen, daß

$$(9a) \qquad y = \frac{1}{x^2 + 1} \quad \text{und} \quad y = \frac{x}{x^2 + 1}$$

die neuen Grundtypen sind, für die wir das Flächeninhaltsproblem lösen müssen, um hinsichtlich der allgemeinsten rationalen Funktionen Klarheit zu gewinnen.

Anwendung 19: Arbeit im Gravitationsfeld Erde—Mond. Auf der Verbindungslinie der Mittelpunkte von Erde und Mond wird jeder Körper sowohl von der Erde wie von dem Mond angezogen, gemäß dem Gesetz der Gravitation. Es sei M die Masse der Erde, m die Masse des Mondes und μ die Masse des angezogenen Körpers. Ferner sei R der Abstand Erde—Mond und $\varkappa$ die Gravitationskonstante. Dann ist die von der Erde ausgeübte Kraft, wenn der Körper den Abstand r vom Mittelpunkt der Erde besitzt,

$$K_1 = - \varkappa \frac{M \mu}{r^2},$$

wobei das negative Zeichen andeutet, daß die Kraft entgegengesetzt zu der Richtung wachsender r wirkt.

Die Kraft, mit der der Mond den Körper anzieht, ist entgegengesetzt gerichtet, sie muß also das positive Vorzeichen erhalten und ist daher

$$K_2 = + \varkappa \frac{m \mu}{(R - r)^2}.$$

---

[1] Ist x eine physikalische Größe, so wird durch die angegebene Substitution gleichzeitig erreicht, daß die neue Veränderliche ξ dimensionslos ist. Man erkennt das, wenn man beachtet, daß der Ausdruck (9) in x dimensionsmäßig sinnvoll sein muß (vgl. S. 175).

Für die Gesamtkraft, die der Körper erfährt, ergibt sich somit die Darstellung

$$K = - \varkappa \frac{M \mu}{r^2} + \varkappa \frac{m \mu}{(R - r)^2}.$$

Solange K negativ ist, überwiegt die Anziehung nach der Erde. Ist K positiv, so wird der Körper nach dem Mond gezogen. An der Stelle, an der $K = 0$ ist, heben sich beide Kräfte auf, so daß der Körper der Einwirkung der Schwere entzogen scheint. Für den Abstand r_0 dieses Punktes auf der Verbindungslinie findet man durch Auflösen der quadratischen Gleichung

$$M(R - r_0)^2 - m\, r_0 = 0,$$

da r_0 kleiner als R sein muß, den Wert

$$r_0 = \frac{R}{1 + \sqrt{\dfrac{m}{M}}}.$$

Das Massenverhältnis Mond : Erde ist $\frac{m}{M} = 0{,}0123$, so daß sich $r = \frac{R}{1{,}11} = 0{,}9\, R$ ergibt.

Die Kurve, die K als Funktion von r darstellt, finden wir durch Überlagerung der beiden Teilkurven, wobei wir uns auf das Intervall $0 < r < R$ beschränken können (Abb. 80). Sie hat vertikale Asymptoten an den Stellen $r = 0$ und $r = R$.

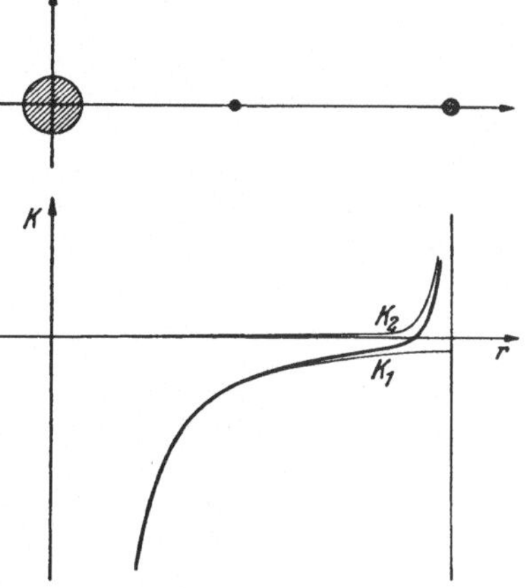

Abb. 80.

Es ist jetzt leicht möglich, die Arbeit zu berechnen, die bei einer Bewegung des Körpers auf der Verbindungsgeraden von der Gravitation geleistet wird oder gegen die Gravitation aufzuwenden ist, je nachdem sich der Körper im Sinn der Anziehung oder entgegengesetzt bewegt. Denn diese Arbeit ist, wie wir in 9, 11 sahen, gleich dem Flächeninhalt unter der Kraft-Weg-Kurve. Insbesondere ist es nicht ohne Reiz, die Arbeit auszurechnen, die erforderlich ist, um einen Körper gegen die Schwerkraft von der Oberfläche der Erde nach dem Mond zu bringen, da Vorschläge zu derartigen Experimenten nicht selten von phantastisch veranlagten Menschen gemacht werden.

Der Flächeninhalt unter der Kraft-Weg-Kurve ist nach (Fl 7)

$$F(r) = \varkappa \frac{M\mu}{r} + \varkappa \frac{m \mu}{R - r} + C.$$

Wollen wir die Arbeit von der Oberfläche der Erde aus rechnen, so muß, wenn wir mit a den Halbmesser der Erde bezeichnen,

$$F(a) = 0$$

sein. Danach bestimmt sich die Konstante C zu

$$C = - \varkappa \mu \left(\frac{M}{a} + \frac{m}{R - a} \right).$$

Wir erhalten also für die Arbeit *gegen* die Schwerkraft, die wir von der Oberfläche der Erde aus zählen, den Ausdruck

$$A(r) = - F_a^r = \varkappa \mu \left[\left(\frac{M}{a} - \frac{M}{r} \right) + \left(\frac{m}{R - a} - \frac{m}{R - r} \right) \right].$$

Die Kurve der Arbeit $A(r)$, die man durch Überlagerung der Teilkurven zeichnet, beginnt mit dem Wert $A(a) = 0$ und wächst mit wachsendem r bis zu der

Stelle $r_0 = 0,9\,R$, wo die Kraft den Wert Null besitzt. Hier erreicht sie ihren Größtwert. Bei weiter wachsendem r nehmen die Ordinaten langsam ab, sie würden schließlich negativ werden und für $r \to R$ gegen $(-\infty)$ streben. Indessen haben für die Aufgabe nur die Werte bis $r = R - b$ Bedeutung, wo b der Halbmesser des Mondes ist. Die Ordinate $A(R - b)$ hat natürlich noch einen großen positiven Wert, sie ist die Gesamtarbeit, die bei der Überführung des Körpers von der Erde auf den Mond erforderlich ist, und hat die Größe

$$A = A(R - b) = \varkappa\,\mu\left[\left(\frac{M}{a} - \frac{M}{R - b}\right) + \left(\frac{m}{R - a} - \frac{m}{b}\right)\right]$$

$$= \varkappa\,\mu\,[R - (a + b)]\left[\frac{M}{a(R - b)} - \frac{m}{b(R - a)}\right].$$

Da a, b und auch $(a + b)$ sehr klein gegen R sind, so erhalten wir eine sehr gute Näherung für diesen Wert, wenn wir $R - a$, $R - b$ und $R - (a + b)$ durch R ersetzen. Es ist danach mit guter Näherung

$$A \approx \varkappa\,\mu\left(\frac{M}{a} - \frac{m}{b}\right).$$

Der Gesamtbetrag der Arbeit ist die Differenz aus der Arbeit, die aufgewandt werden mußte, um den Körper von der Oberfläche der Erde bis zu der Stelle $r = r_0$ zu bringen, und der Arbeit, die zurückgewonnen wird, wenn sich der Körper von dieser Stelle bis zu der Oberfläche des Mondes bewegt.

§ 10. Der Flächeninhalt unter der Funktion $y = \dfrac{1}{x^2 + 1}$.

Die Kurve der Funktion

$$(1) \qquad\qquad y = \frac{1}{x^2 + 1}$$

hat überall positive Ordinaten, verläuft also ganz oberhalb der x-Achse. Sie besitzt bei $x = 0$ ihren Größtwert $y = 1$ und fällt von diesem Punkt aus symmetrisch zur y-Achse nach beiden Seiten hin ab, um sich mit wachsendem absolutem Betrag von x der x-Achse immer mehr zu nähern. Die x-Achse ist Asymptote der Kurve.

10, 1. Annäherung der Flächeninhaltsfunktion durch rationale Funktionen.

10, 11. Reihenentwicklung für $|x| < 1$. Auch hier stellen wir uns die Aufgabe, den Flächeninhalt F_0^x zu berechnen, der von der Kurve, den beiden Achsen und der zur Abszisse x gehörigen Ordinate begrenzt wird. Für die Berechnung dieses Flächeninhaltes könnten wir wie früher das Flächenstück durch Parallele zur Ordinatenachse in rechteckige Streifen zerschneiden, zu jedem Streifen das untere und obere Rechteck bilden und den Flächeninhalt zwischen die untere und die obere Rechteckssumme einschachteln. Der uns geläufige Grenzprozeß liefert dann den Flächeninhalt F_0^x. Indessen würde die Durchführung des Grenzüberganges ziemlich mühsam werden, da sich für die Summen der unteren und oberen Rechtecke keine einfachen geschlossenen Ausdrücke angeben lassen.

Viel bequemer kommen wir zum Ziel, wenn wir die Funktion in der gleichen Weise, wie wir es nach NIKOLAUS MERCATOR bei der Funktion $y = \frac{1}{x}$ taten, durch eine Folge ganzer rationaler Funktionen annähern. Wir werden um so mehr zu dieser Art der Behandlung geführt, als die Funktion (1) schon selbst eine Gestalt der Art hat, wie sie N. MERCATOR für die Hyperbel erst künstlich herstellen mußte. Wir führen in (1) die Division aus und erhalten zuerst

$$y = 1 - \frac{x^2}{1 + x^2}$$

und wenn wir einen Schritt weitergehen:

$$y = 1 - x^2 + \frac{x^4}{1 + x^2},$$

schließlich allgemein nach n Schritten:

$$(2) \quad y = 1 - x^2 + x^4 - x^6 + - \cdots + (-1)^n x^{2n} + (-1)^{n+1} \frac{x^{2n+2}}{1 + x^2}.$$

Alle diese Formeln haben das Gemeinsame, daß die Funktion (1) dargestellt wird als Überlagerung einer ganzen rationalen Funktion $2n$-ten Grades

$$(2a) \qquad G_{2n}(x) = 1 - x^2 + x^4 - + \cdots + (-1)^n x^{2n},$$
$$(n = 0, 1, 2 \ldots),$$

die wir als *Näherungsfunktion der Nummer* $2n$ bezeichnen wollen, und einer zugehörigen *Verbesserungsfunktion*

$$(2b) \quad V_{2n}(x) = (-1)^{n+1} \frac{x^{2n+2}}{1 + x^2}.$$

Der Zähler dieses Quotienten bewirkt, daß für alle x im Intervall $-1 < x < 1$ der Absolutbetrag der Verbesserungsfunktion mit wachsender Nummer immer kleiner wird, daß also

$$|V_{2n+2}(x)| < |V_{2n}(x)|$$

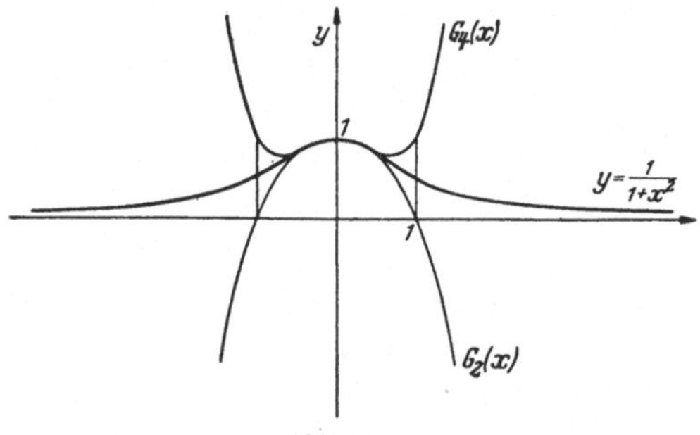

Abb. 81.

gilt. Der Verlauf der Näherungsparabeln ist in Abb. 81 ersichtlich und an Hand der Darstellungen (2a) und (2b) leicht zu bestätigen. Für jede Abszisse x im Intervall $-1 < x < 1$ können wir zu einer vorgegebenen

Genauigkeitsschranke ε eine Nummer N bestimmen, so daß

$$(3) \qquad \left| V_{2n}(x) \right| = \frac{x^{2n+2}}{1+x^2} < \varepsilon$$

wird für alle n, die der Bedingung $n > N$ genügen.

Halten wir jetzt n fest und lassen wir $|x|$ wachsen, so ist leicht zu sehen, daß dann auch $|V_{2n}(x)|$ wächst. In der Tat ist

$$\left| V_{2n}(x^*) \right| - \left| V_{2n}(x) \right| = \frac{x^{*\,2n+2} - x^{2n+2} + x^{*\,2}\,x^2(x^{*\,2n} - x^{2n})}{(1+x^{*\,2})(1+x^2)} > 0$$

für $|x^*| > |x|$. Haben wir für eine bestimmte (positive) Abszisse $x^*(x^* < 1)$ durch Wahl der Nummer n erreicht, daß $|V_{2n}(x^*)| < \varepsilon$ wird, so ist erst recht

$$\left| V_{2n}(x) \right| < \varepsilon$$

für alle x, deren absoluter Wert kleiner als $|x^*|$ ist. Es läßt sich also eine Nummer N dem ε so zuordnen, daß für das ganze *abgeschlossene Intervall*

$$- x^* \leqq x \leqq + x^*$$

die Ungleichung (3) erfüllt ist, sobald $n > N$ gewählt wird. Das bedeutet nach der auf S. 166 eingeführten Bezeichnungsweise: Die Näherungsfunktionen nähern die Funktion (1) in dem abgeschlossenen Intervall *gleichmäßig* an. In dem *offenen* Intervall

$$- 1 < x < + 1$$

ist dagegen die Annäherung *ungleichmäßig*. Man kann keine Nummer N angeben, so daß für alle x des offenen Intervalls die Ungleichung (3) für $n > N$ erfüllt wäre. Denn wenn man mit einer noch so großen ganzen Zahl N die Probe macht, so lassen sich immer Werte von x (nahe bei ± 1) angeben, für die $|V_{2n}(x)|$ größer als ε wird[1].

Wir können unser Ergebnis entsprechend der Bezeichnungsweise auf Seite 164 noch in dem Satze aussprechen: Die Funktion (1) kann in dem offenen Intervall $-1 < x < +1$ als Grenzwert einer ganzen rationalen Funktion dargestellt werden:

$$y = \lim_{n \to \infty} (1 - x^2 + x^4 - x^6 + - \cdots + (-1)^n x^{2n}),$$

oder, was dasselbe bedeutet, in dem offenen Intervall haben wir für die Funktion die Darstellung durch eine *unendliche Reihe*

$$y = 1 - x^2 + x^4 - x^6 + - \cdots.$$

Freilich muß man sich bei dieser Darstellung immer vor Augen halten, daß keine neue Erkenntnis gewonnen, sondern nur das obige Ergebnis in einer anderen Form ausgesprochen wird. Für den Anfänger ist diese Schreibweise sogar nicht ohne Gefahr, weil sein Blick dadurch von dem Wichtigsten der ganzen obigen Überlegung abgelenkt wird, daß wir nämlich angeben können, wie hoch der Grad der ganzen rationalen

---

[1] Natürlich ist in unserm Fall $\varepsilon < \dfrac{1}{2}$ zu nehmen.

Funktion sein muß, um eine vorgeschriebene Genauigkeit zu erreichen, bzw., anders ausgedrückt, wie viele Glieder der unendlichen Reihe man mitnehmen muß, um die verlangte Genauigkeit zu erzielen, während das durch die Formel (2) jedem unmittelbar vor Augen gestellt wird. Die Funktion (1) wird von den Näherungskurven $G_{2n}(x)$ nur in dem Intervall $-1 < x < 1$ angenähert, ähnlich wie wir es oben für die Hyperbel $y = \dfrac{1}{1+\xi}$ kennengelernt haben. Während aber bei der Hyperbel das Verhalten der Näherungskurven verständlich war, weil die Hyperbel bei $\xi = -1$ ihren Pol hat, und diese singuläre Stelle der Annäherung mit ganzen rationalen Funktionen Halt gebietet, mag es bei der von $-\infty$ bis $+\infty$ ganz regulär verlaufenden Kurve einigermaßen unverständlich erscheinen, daß die Annäherung bei $x = +1$ bzw. $x = -1$ aufhört. Ein tieferes Verständnis dieser Erscheinungen läßt sich in der Tat hier nicht gewinnen. Das wird erst möglich, wenn man zu der Theorie der Funktionen einer komplexen Veränderlichen übergeht.

Für das Intervall $-1 < x < +1$, in dem die Näherungskurven die Funktion (1) annähern, können wir nun mit ihrer Hilfe den Flächeninhalt F_0^x unter der Kurve in einfachster Weise ermitteln. Denn wenn wir nach (2) y als Überlagerung einer ganzen rationalen Funktion und der zugehörigen Verbesserungsfunktion darstellen können, so muß der Flächeninhalt F_0^x sich als Summe der Flächeninhalte unter den beiden überlagerten Kurven ausdrücken. Es ist also

$$(4) \qquad F_0^x = x - \frac{x^3}{3} + \frac{x^5}{5} - \frac{x^7}{7} + - \cdots + (-1)^n \frac{x^{2n+1}}{2n+1} + R_{2n+1}(x),$$

wobei $R_{2n+1}(x)$ der von Null bis x genommene Flächeninhalt unter der zur Verbesserungsfunktion (2b) gehörigen Kurve ist. Da nun aber für $|x| < 1$ die absoluten Werte der Ordinaten dieser Verbesserungskurve in dem ganzen Intervall von 0 bis x durch geeignet große Wahl von n beliebig klein gemacht werden können, so schließen wir, daß auch der zugehörige Flächeninhalt $R_{2n+1}(x)$ durch hinreichend große Wahl der Zahl n beliebig klein gemacht werden kann. Um diese Vermutung zu beweisen, brauchen wir den Flächeninhalt $R_{2n+1}(x)$ gar nicht exakt zu berechnen, sondern können seine Größe abschätzen. Offenbar ist $|R_{2n+1}(x)|$, wenn wir x als positiv voraussetzen, der Flächeninhalt unter der Kurve

$$|V_{2n}(x)| = \frac{x^{2n+2}}{1+x^2}.$$

Da aber $(1+x^2)$ größer als 1 ist, so ist dieser Flächeninhalt sicher *kleiner* als der entsprechende Flächeninhalt unter der Kurve

$$\eta = x^{2n+2},$$

den wir ohne weiteres angeben können. Wir erhalten somit die Abschätzung

$$(4a) \qquad |R_{2n+1}(x)| < \frac{|x|^{2n+3}}{2n+3}.$$

Man erkennt unmittelbar, daß aus Symmetriegründen diese Formel auch für negatives x in dem Intervall $-1 < x < +1$ gilt. Es läßt sich also für $|x| < 1$ zu jeder positiven Zahl ε stets eine Nummer N^* angeben, so daß

$$|R_{2n+1}(x)| < \varepsilon$$

wird für alle n, die der Bedingung $n > N^*$ genügen. Diese Behauptung gilt hier sogar noch für $x = \pm 1$ und verliert ihre Gültigkeit erst für $|x| > 1$. Damit haben wir F_0^x in dem geschlossenen Intervall $-1 \leqq x \leqq +1$ durch den Grenzwert einer ganzen rationalen Funktion für $n \to \infty$ dargestellt, und dies meint man, wenn man F_0^x als unendliche Reihe in der Form

$$F_0^x = x - \frac{x^3}{3} + \frac{x^5}{5} - \frac{x^7}{7} + - \cdots$$

schreibt.

Schließlich wollen wir noch einen Blick darauf werfen, daß die Folge der Näherungsfunktionen des Flächeninhalts, bzw. die entsprechende Reihe, den Flächeninhalt auch noch für die Grenzen $x = -1$ und $x = +1$ des Intervalles darstellen, während die Kurve von ihren Näherungsfunktionen an diesen Grenzen des Intervalles nicht mehr dargestellt wird. Offenbar hängt das davon ab, daß die gute Annäherung an die Kurve mit wachsender Nummer der Näherungsfunktion bis dicht an die Grenzen des Intervalls erzwungen wird und erst in der unmittelbaren Nähe der Grenzen die Abweichung von der absoluten Größe $\frac{1}{2}$ zwischen Kurve und Näherungsparabel erzeugt wird. Das hat auf den Flächeninhalt aber nur so geringen Einfluß, daß die Flächeninhaltsfunktion durch ihre Näherungskurve auch noch für die Grenzen $x = +1$ und $x = -1$ dargestellt wird.

10, 12. Reihenentwicklung für $|x| > 1$. Für Werte von x, deren absoluter Betrag größer als 1 ist, können wir auf dem angegebenen Wege den Flächeninhalt F_0^x unter der Kurve nicht mehr auffinden und müssen nach einem anderen Weg suchen. Es gelingt auch leicht, eine Folge von Näherungskurven anzugeben, die die Funktion (1) für $|x| > 1$ annähern. Sie sind freilich keine ganzen rationalen Funktionen mehr, aber in ihrer Eigenschaft uns ebenfalls wohl bekannt. Wenn wir nämlich im Divisor die Reihenfolge der beiden Summanden ändern und

$$1 : (x^2 + 1),$$

statt wie früher

$$1 : (1 + x^2),$$

nach dem elementaren Divisionsverfahren ausdividieren, so erhalten wir zuerst

$$y = \frac{1}{x^2} - \frac{\dfrac{1}{x^2}}{x^2 + 1},$$

darauf

$$y = \frac{1}{x^2} - \frac{1}{x^4} + \frac{\frac{1}{x^4}}{x^2 + 1},$$

also schließlich nach n Schritten:

$$(5) \qquad y = \frac{1}{x^2} - \frac{1}{x^4} + \frac{1}{x^6} - + \cdots + (-1)^{n-1}\frac{1}{x^{2n}} + (-1)^n\frac{\frac{1}{x^{2n}}}{x^2 + 1}.$$

Wir fassen dies auf als eine Erzeugung der Funktion (1) durch Überlagerung einer *Näherungsfunktion*

$$(5a) \qquad H_{2n}\left(\frac{1}{x}\right) = \frac{1}{x^2} - \frac{1}{x^4} + \frac{1}{x^6} - + \cdots + (-1)^{n-1}\frac{1}{x^{2n}}$$

und einer *Verbesserungsfunktion*

$$(5b) \qquad W_{2n}(x) = (-1)^n\frac{\frac{1}{x^{2n}}}{1 + x^2}$$

und betrachten zunächst die Beziehung der Folge der Näherungsfunktion, die jetzt *Überlagerungen allgemeiner Hyperbeln* sind, zu unserer Kurve. Für Werte von x, die absolut größer als 1 sind, nimmt offenbar die Größe der Verbesserung nach (5b) mit wachsender Nummer n ab, und es gilt

$$\lim_{n\to\infty} W_{2n}(x) = 0 \qquad (|x| > 1).$$

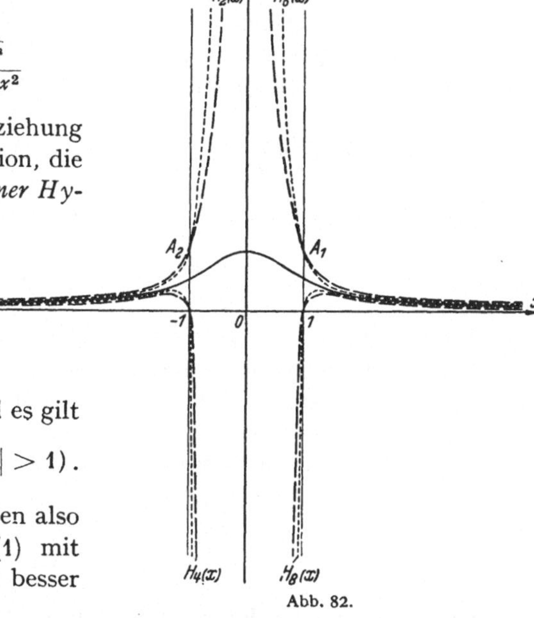

Abb. 82.

Die Näherungsfunktionen stellen also für $|x| > 1$ die Funktion (1) mit wachsender Nummer immer besser dar.

Der Verlauf der Näherungskurven ist leicht zu übersehen (Abb. 82.) Allgemein gilt, daß an jeder Stelle $|x| > 1$ die Näherungsfunktion $H_{2n+2}\left(\frac{1}{x}\right)$ weniger von der Kurve abweicht als die Näherungsfunktion $H_{2n}\left(\frac{1}{x}\right)$, weil die Verbesserung

$$|W_{2n+2}(x)| < |W_{2n}(x)|$$

wird, sobald $|x| > 1$ ist. Fassen wir eine feste Stelle x ($|x| > 1$) ins Auge, so können wir zu jeder (noch so kleinen) positiven Größe ε eine Nummer N so bestimmen, daß

$$|W_{2n}(x)| < \varepsilon$$

wird für alle Nummern $n > N$. Die zu ε gehörige Nummer N ist um so kleiner, je größer $|x|$ ist, und sie erhält große und größere Werte, wenn x näher bei $+1$ bzw. -1 gewählt wird. In dem offenen Intervall $|x| > 1$ um den unendlich fernen Punkt haben wir daher eine *ungleichmäßige Annäherung*, weil sich keine endliche Nummer N angeben läßt, so daß für alle x aus diesem Intervall die Ungleichung gleichzeitig für $n > N$ erfüllt ist. Bestimmen wir dagegen zu einem Wert x^*, dessen absoluter Betrag größer als 1 ist, die zugehörige Nummer N, so ist diese Nummer gewiß auch für alle x ausreichend, deren absolute Beträge größer als $|x^*|$ sind. Wir können also für den Bereich $|x| \geq |x^*|$, den wir als abgeschlossenes Intervall um den unendlich fernen Punkt auffassen, eine Nummer N angeben, so daß die Ungleichung für alle x des Intervalls erfüllt ist. In diesem Intervall haben wir also eine gleichmäßige Annäherung.

Unser Ergebnis können wir auch so ausdrücken: Für $|x| > 1$ läßt sich die Funktion (1) als Grenzwert darstellen gemäß

$$y = \lim_{n \to \infty} \left(\frac{1}{x^2} - \frac{1}{x^4} + \frac{1}{x^6} - + \cdots + (-1)^{n-1} \frac{1}{x^{2n}} \right),$$

oder was dasselbe bedeutet, als unendliche Reihe

$$y = \frac{1}{x^2} - \frac{1}{x^4} + \frac{1}{x^6} - + \cdots.$$

Wegen $|W_{2n}(x)| < \frac{1}{x^{2n+2}}$ ist der Fehler, den wir machen, wenn wir die Reihe mit einem bestimmten Gliede abbrechen, seinem absoluten Betrage nach kleiner als der absolute Betrag des ersten nicht mehr mitgenommenen Gliedes der Reihe.

In der gleichen Weise, wie wir oben vorgegangen sind, können wir nun die Überlagerung (5)

$$y = \frac{1}{x^2 + 1} = H_{2n}\left(\frac{1}{x}\right) + W_{2n}(x)$$

benutzen, um den Flächeninhalt unter der y-Kurve zu berechnen. Freilich können wir dann die Flächeninhaltszählung nicht mehr bei $x = 0$ beginnen, da für $x = 0$ $H_{2n}\left(\frac{1}{x}\right)$ und $W_{2n}(x)$ den Sinn verlieren. Wir beginnen die Flächeninhaltszählung an einer Stelle $x > 0$ und können als obere Grenze $x = \infty$ wählen, da unsere Kurve (1) ganz zwischen der x-Achse und der allgemeinen Hyperbel $y = \frac{1}{x^2}$ verläuft, für die der entsprechende Flächeninhalt einen endlichen Grenzwert besitzt. Da der von $x > 0$ bis ∞ gerechnete Flächeninhalt unter der Kurve $y = \frac{1}{x^p}$ $(p \geq 2)$ gleich $\frac{1}{p-1} \frac{1}{x^{p-1}}$ ist, so ergibt sich für den entsprechenden Flächeninhalt unter der Näherungsfunktion (5a) der Wert

$$\frac{1}{x} - \frac{1}{3}\frac{1}{x^3} + \frac{1}{5}\frac{1}{x^5} - + \cdots + (-1)^{n-1}\frac{1}{2n-1}\frac{1}{x^{2n-1}}.$$

Da ferner die Ordinaten der Verbesserungsfunktion (5b) (absolut genommen) überall kleiner als die der Funktion

$$\eta = \frac{1}{x^{2n+2}}$$

sind, so erhalten wir für den Flächeninhalt $R^*_{2n-1}(x)$ unter der Verbesserungfunktion $W_{2n}(x)$ die Abschätzung

$$(6a) \qquad\qquad |R^*_{2n-1}(x)| < \frac{1}{2n+1}\frac{1}{x^{2n+1}} \qquad\qquad (x > 0)$$

Danach wird

$$(6)\; F_x^\infty = \frac{1}{x} - \frac{1}{3}\frac{1}{x^3} + \frac{1}{5}\frac{1}{x^5} - + \cdots + (-1)^{n-1}\frac{1}{2n-1}\frac{1}{x^{2n-1}} + R^*_{2n-1}(x),$$

wobei für $R^*_{2n-1}(x)$ die Abschätzung (6a) gilt. Ist nun $x > 1$, so geht $R^*_{2n-1}(x)$ mit wachsender Nummer gegen Null. Auch für die Abszisse $x = 1$ selbst bleibt das noch richtig. Wir erhalten damit für $|x| \geqq 1$ die Darstellung

$$F_x^\infty = \lim_{n\to\infty}\left(\frac{1}{x} - \frac{1}{3}\frac{1}{x^3} + \frac{1}{5}\frac{1}{x^5} + - \cdots + (-1)^{n-1}\frac{1}{2n-1}\frac{1}{x^{2n-1}}\right)$$

oder, was genau dasselbe bedeutet, die unendliche Reihe:

$$F_x^\infty = \frac{1}{x} - \frac{1}{3}\frac{1}{x^3} + \frac{1}{5}\frac{1}{x^5} - \frac{1}{7}\frac{1}{x^7} + - \cdots. \qquad x \geqq 1$$

10, 13. Weitere Vereinfachungen. Wir stellen nun die beiden Formeln

$$(7a) \qquad\qquad F_0^x = x - \frac{1}{3}x^3 + \frac{1}{5}x^5 - \frac{1}{7}x^7 + - \cdots \qquad (0 \leqq x \leqq 1)$$

$$(7b) \qquad\qquad F_x^\infty = \frac{1}{x} - \frac{1}{3}\frac{1}{x^3} + \frac{1}{5}\frac{1}{x^5} - \frac{1}{7}\frac{1}{x^7} + - \cdots \qquad (x \geqq 1)$$

nebeneinander und erteilen in beiden x den für beide zulässigen Wert $x = 1$. Dann erhalten wir

$$(7c) \qquad\qquad F_0^1 = 1 - \frac{1}{3} + \frac{1}{5} - \frac{1}{7} + - \cdots = F_1^\infty$$

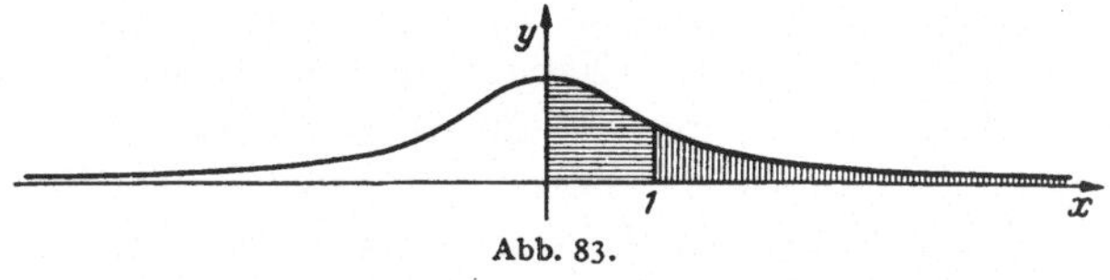

Abb. 83.

und haben damit die wichtige geometrische Tatsache festgestellt, daß *der unter der Kurve* (1) *gelegene Flächeninhalt* F_0^∞ *durch die zu der Abszisse* $x = 1$ *gehörige Ordinate halbiert wird* (Abb. 83).

Damit sind wir nun auch imstande, den Flächeninhalt F_0^x für ein x anzugeben, das größer als 1 ist. Denn wir können in diesem Fall

$$F_0^x = F_0^\infty - F_x^\infty \qquad\qquad (x > 1)$$

schreiben und haben somit

$$(8) \qquad\qquad F_0^x = 2F_0^1 - F_x^\infty, \qquad\qquad (x > 1)$$

worin sich nach unseren Überlegungen beide Summanden der rechten Seite ohne weiteres berechnen lassen.

Aus den Formeln (7a) und (7b) läßt sich aber noch viel mehr ablesen. Wählen wir nämlich einen positiven Wert von x — nennen wir ihn ξ —, der kleiner als 1 ist, dann ist

$$F_0^\xi = \xi - \frac{1}{3}\xi^3 + \frac{1}{5}\xi^5 - \frac{1}{7}\xi^7 + - \cdots \qquad (0 < \xi < 1)$$

Da der reziproke Wert $\dfrac{1}{\xi}$ größer als 1 ist, so bekommen wir aus (7b), wenn wir

$$x = \frac{1}{\xi}$$

setzen,

$$F_{\frac{1}{\xi}}^\infty = \xi - \frac{1}{3}\xi^3 + \frac{1}{5}\xi^5 - \frac{1}{7}\xi^7 + - \cdots, \qquad (0 < \xi < 1)$$

und haben das wichtige Ergebnis

$$(8a) \qquad\qquad F_0^x = F_{\frac{1}{x}}^\infty, \qquad\qquad (0 < x \leqq 1)$$

in dem die Gleichung (7c) für $x = 1$ als Sonderfall enthalten ist. Ist $x > 1$, so ersetzen wir in (8a) x durch $\dfrac{1}{x}$, das ja dann kleiner als 1 ist und haben

$$(8b) \qquad\qquad F_0^{\frac{1}{x}} = F_x^\infty. \qquad\qquad (x > 1)$$

Die Gleichung $F_0^x = 2F_0^1 - F_x^\infty$ läßt sich somit zu

$$(9) \qquad\qquad F_0^x = 2F_0^1 - F_0^{\frac{1}{x}} \qquad\qquad (x > 1)$$

vereinfachen.

Diese Formel liefert eine starke Verminderung der Rechenarbeit, wenn wir die Flächeninhaltsfunktion F_0^x zu der Kurve (1) mit einer bestimmten Genauigkeit in einer Tabelle darstellen wollen. Denn wir brauchen den Flächeninhalt nur für die Abszissen zwischen 0 und 1 zu berechnen, um ihn vermöge der Formel (9*) sofort auch für die Werte von $x > 1$ angeben zu können. Beispielsweise haben wir

$$F_0^2 = 2F_0^1 - F_0^{\frac{1}{2}}.$$

Bei der Berechnung dieser Flächeninhalte wird die Ermittlung von F_0^1 nach (7c) die größte Rechenarbeit verursachen.

Wir müssen daher versuchen, die analytische Natur der Flächeninhaltsfunktion zu erforschen, um von da aus eine Berechnung von F_0^1 zu ermöglichen, die weniger Rechenarbeit erfordert.

10, 2. Deutung der Flächeninhaltsfunktion am Kreis; die Funktion arc tg x.

Die Flächeninhaltsbestimmung bei unserer Kurve läßt sich in einen eigentümlichen Zusammenhang bringen mit der Flächeninhaltsbestimmung beim Kreis. Um den Zusammenhang möglichst unmittelbar einzusehen, wählen wir die Einheiten auf der x- und y-Achse gleich groß[1]. Dazu gehen wir von der gewöhnlichen Rechtecksschachtelung aus. Ein Streifen ΔF zwischen den Abszissen x und $(x + \Delta x)$ wird zwischen das zugehörige untere und obere Rechteck gemäß der Formel

$$(10a) \qquad \frac{\Delta x}{1 + (x + \Delta x)^2} < \Delta F < \frac{\Delta x}{1 + x^2}$$

eingeschachtelt. Wir können uns nun die Aufgabe stellen, die analytischen Ausdrücke für das obere und untere Rechteck aus der Strecke x und der Spanne Δx mit Zirkel und Lineal zu konstruieren, ohne auf die Kurve selbst zurückzugehen. Dazu schreiben wir die Ungleichung (10a) zweckmäßig in der Form

$$\frac{1}{\sqrt{1 + (x + \Delta x)^2}} \frac{\Delta x}{\sqrt{1 + (x + \Delta x)^2}} < \Delta F < \frac{1}{\sqrt{1 + x^2}} \frac{\Delta x}{\sqrt{1 + x^2}}.$$

Die Größe $\sqrt{1 + x^2}$ ergibt sich unmittelbar als Länge der Strecke HP, die den Punkt x der Abszissenachse mit dem höchsten Punkt der Kurve $x = 0$, $y = 1$ verbindet.

Um die verkürzte Differenz $\Delta g = \dfrac{\Delta x}{\sqrt{1 + x^2}}$ zu konstruieren, zeichnen wir den Einheitskreis um den Punkt H, der von den Strahlen HP und HP^* in den Punkten Q und Q^* geschnitten wird, und ziehen durch Q und Q^* Parallelen zur x-Achse (Abb. 84). Die Betrachtung ähnlicher Dreiecke liefert dann sofort die Proportionen

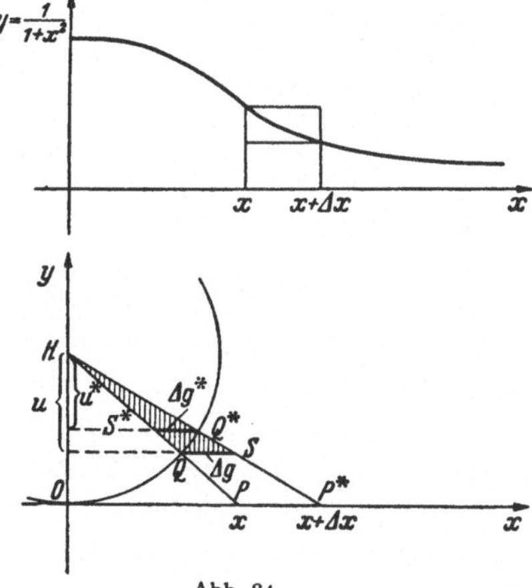

Abb. 84.

$$\Delta x : \sqrt{1 + x^2} = \Delta g : 1$$

$$\Delta x : \sqrt{1 + (x + \Delta x)^2} = \Delta g^* : 1.$$

Der doppelte Flächeninhalt des Dreiecks mit der Grundlinie Δg, bzw. Δg^*, und der Spitze H sind offenbar inhaltsgleich dem oberen bzw. dem

---

[1] Dies ist sinnvoll, da x und y reine Zahlen sind (vgl. S. 228).

unteren Rechteck unserer Einschachtelung (10a), denn die Höhen u und u^* der beiden Dreiecke bestimmen sich aus den Proportionen:

$$u:1 = 1: \sqrt{1 + x^2}$$
$$u^*:1 = 1: \sqrt{1 + (x + \varDelta x)^2}.$$

Wir erhalten also:

$$2\left(\tfrac{1}{2} u \varDelta g\right) = \frac{\varDelta x}{1 + x^2}, \quad 2\left(\tfrac{1}{2} u^* \varDelta g^*\right) = \frac{\varDelta x}{1 + (x + \varDelta x)^2}.$$

Bedenken wir nun, daß der *Kreissektor* $\varDelta S$, den die beiden Verbindungslinien HP und HP^* im Einheitskreis um H bestimmen, offenbar eingeschachtelt ist zwischen den Flächeninhalten der Dreiecke HQS und HS^*Q^*, die wir als zugehöriges *äußeres* und *inneres Dreieck* unterscheiden wollen, so gewinnen wir die Ungleichungen

$$(10\text{b}) \qquad \frac{\varDelta x}{1 + (x + \varDelta x)^2} < 2 \varDelta S < \frac{\varDelta x}{1 + x^2}.$$

Zu jedem einzelnen Streifen der Kurve zwischen den Abszissen x und $x + \varDelta x$ gehört ein Sektor des Einheitskreises, und die Formel (10b) zeigt, daß der doppelte Flächeninhalt dieses Sektors ebenso zwischen dem zum Streifen gehörigen unteren und oberen Rechteck eingeschachtelt wird, wie der Flächeninhalt $\varDelta F$ des Streifens selbst.

Grenzen wir nun durch Wahl eines Punktes P der x-Achse mit der Abszisse x einen bestimmten Flächeninhalt F_0^x unserer Kurve $y = \dfrac{1}{1 + x^2}$

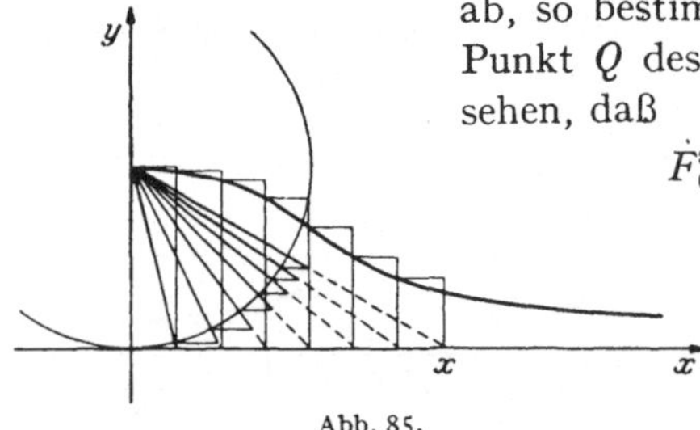

ab, so bestimmt die Verbindungslinie HP einen Punkt Q des Kreises, und es ist jetzt leicht zu sehen, daß

$$F_0^x = 2 \cdot \text{Kreissektor } HOQ$$

ist. Denn schachteln wir den Flächeninhalt F_0^x zwischen einer unteren und oberen Rechteckssumme ein, so ordnen wir, indem wir die Teilpunkte von OP durch Verbinden mit dem Punkte H auf den Kreisbogen OQ übertragen, der oberen Rechteckssumme eine äußere Dreieckssumme (Abb. 85) und der unteren Rechteckssumme eine innere Dreieckssumme zu. Der Kreissektor HOQ ist zwischen der äußeren und inneren Dreieckssumme in der gleichen Weise eingeschachtelt, wie der Flächeninhalt F_0^x zwischen der oberen und unteren Rechteckssumme. Da der Grenzübergang auf einen eindeutig bestimmten Zahlwert führt, so müssen beide Flächeninhalte einander gleich sein. Nun gehört aber zum Sektor ein Kreisbogen, und der Zahlwert des Bogens ist doppelt so groß wie der des Sektors. Der Bogen $w = \widehat{OQ}$ hat also den gleichen Zahlwert wie der Doppelsektor, d. h. wie der Flächeninhalt F selbst, so daß der Flächeninhalt F unter der Kurve $y = \dfrac{1}{1 + x^2}$ und der Bogen w des Einheitskreises übereinstimmen. Jeder Flächeninhalt F bestimmt einen Bogen w des Einheitskreises, und dieser Bogen $w = \overset{\frown}{OQ}$ wird durch die Strecke $OP = x$ auf der Tangente des Kreises in O gekennzeichnet. Man schreibt daher auch kurz

$$x = \operatorname{tg} w$$

und meint damit, daß x durch den Bogen des Einheitskreises von der Länge w als Tangente in der Weise bestimmt ist, wie es die Abb. 85 zeigt.

Hiernach erklärt sich der für die Flächeninhaltsfunktion gebräuchliche Name *Arcustangens*, in Zeichen:

$$(11) \qquad F_0^x = w = \operatorname{arc\,tg} x.$$

Das soll heißen: Der Zahlwert des Flächeninhalts F_0^x ist gleich dem Zahlwert des *Bogens* (arcus), dessen Tangente die Länge x besitzt. In dieser Schreibweise bedeutet danach arc den Nominativ von arcus, während tg als Genetiv von tangens aufzufassen ist. In England ist die Schreibweise

$$F_0^x = \operatorname{arc} (\operatorname{tg} = x)$$

üblich, die etwas deutlicher den Sachverhalt zum Ausdruck bringt, daß das zweite und dritte Zeichen auf der rechten Seite den Relativsatz: „dessen Tangente gleich x ist" vertreten. Die Schreibweise (11) darf den Anfänger nicht dazu verleiten, die Zeichen tg x in der Weise zu vereinigen, wie er es aus der elementaren Trigonometrie gewöhnt ist, und zu glauben, daß es sich hier um die Tangensfunktion der Veränderlichen x handelt, während es doch umgekehrt bedeuten soll, daß die Tangensfunktion den Wert x annimmt (tg $= x$).

Die Flächeninhaltsfunktion arc tg ist ebenso wie die ln-Funktion eine transzendente Funktion, die im Intervall $-1 \leqq x \leqq +1$ durch den Grenzwert einer ganzen rationalen Funktion, die Potenzreihe in x

$$(7\mathrm{a}^*) \qquad \operatorname{arc\,tg} x = x - \frac{1}{3} x^3 + \frac{1}{5} x^5 - \frac{1}{7} x^7 + - \cdots \quad |x| \leqq 1$$

dargestellt wird. Ihre Haupteigenschaften sind gegeben durch die Formel (9*), die jetzt

$$(9^*) \qquad \operatorname{arc\,tg} x = 2 \operatorname{arc\,tg} 1 - \operatorname{arc\,tg} \frac{1}{x}$$

lautet.

Für $x = 1$ ist der zugehörige Sektor ein halber Quadrant, so daß der zugehörige Bogen w des Einheitskreises die Länge $\dfrac{\pi}{4}$ besitzt und wir

$$F_0^1 = \operatorname{arc\,tg} 1 = \frac{\pi}{4}$$

erhalten. Damit verwandelt sich (9*) in

(9**)
$$\operatorname{arc\,tg} x = \frac{\pi}{2} - \operatorname{arc\,tg} \frac{1}{x}.$$

Aus (7a*) entnehmen wir für $x = 1$

(12)
$$\frac{\pi}{4} = 1 - \frac{1}{3} + \frac{1}{5} - \frac{1}{7} + - \cdots.$$

Als es LEIBNIZ etwa um 1685 gelang, die Zahl π statt durch den komplizierten (wenn auch numerisch rascher zum Ziel führenden) Grenzprozeß des ARCHIMEDES durch den Grenzprozeß (12) aufzufinden, der *nur rationale Zahlen* benützt, war damit eine bedeutsame Erkenntnis gewonnen. Die Reihe (12) wird als die *Leibnizsche Reihe für* π bezeichnet. Freilich ist die Reihe für die numerische Berechnung von $\frac{\pi}{2}$ sehr ungeeignet. Um sie durch eine bessere Darstellung zu ersetzen, ziehen wir einige elementargeometrische Eigenschaften des Kreises heran.

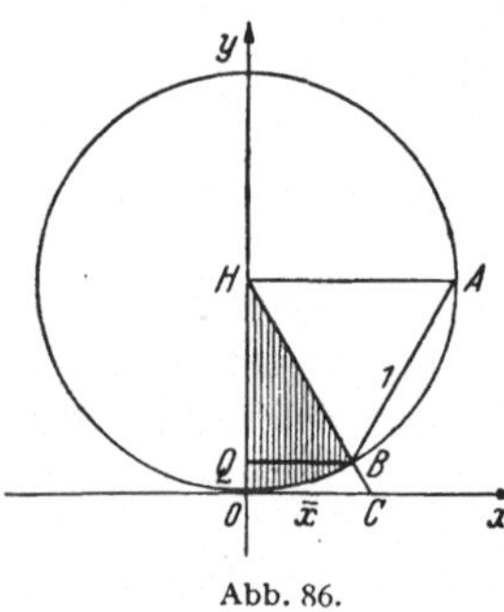

Abb. 86.

Tragen wir nämlich von A aus (Abb. 86) in dem Kreis den Halbmesser AB ab, so nehmen wir ein Sechstel des Kreisinhaltes fort, und der Sektor OHB hat den Flächeninhalt $\frac{\pi}{4} - \frac{\pi}{6} = \frac{\pi}{12}$. Das von B auf HO gefällte Lot QB ist danach gleich der halben Seite des eingeschriebenen Sechsecks, also $QB = \frac{1}{2}$, und wenn wir die Verlängerung von HB mit der x-Achse in C zum Schnitt bringen, so ergibt sich $OC = \bar{x}$ aus der Proportion

$$\bar{x} : \overline{QB} = \overline{HO} : \overline{HQ}$$

oder

$$\bar{x} : \tfrac{1}{2} = 1 : \tfrac{1}{2} \sqrt{3}.$$

Zu $\bar{x} = \dfrac{1}{\sqrt{3}}$ gehört also der Sektor vom Flächeninhalt $\dfrac{\pi}{12}$.

Wir haben also

$$\operatorname{arc\,tg} \frac{1}{\sqrt{3}} = \frac{\pi}{6}.$$

Setzen wir in der Reihenentwicklung (7a*) $x = \dfrac{1}{\sqrt{3}}$ ein, so finden wir

(12a) $\dfrac{\pi}{6} = \operatorname{arc\,tg} \dfrac{1}{\sqrt{3}} = \dfrac{1}{\sqrt{3}} \left(1 - \dfrac{1}{3}\,\dfrac{1}{3} + \dfrac{1}{5}\,\dfrac{1}{3^2} - \dfrac{1}{7}\,\dfrac{1}{3^3} + - \cdots \right).$

Brechen wir hier mit dem Glied $\pm \dfrac{1}{\sqrt{3}}\,\dfrac{1}{2n+1}\,\dfrac{1}{3^n}$ ab, so ist der Fehler absolut kleiner als das folgende Glied [vgl. (4a) S. 233], also

$$|R_n| < \frac{1}{\sqrt{3}}\frac{1}{2\,n+3}\frac{1}{3^{n+1}}\,.$$

Wollen wir $\operatorname{arc\,tg}\dfrac{1}{\sqrt{3}} = \dfrac{\pi}{6}$ auf fünf Dezimalen genau haben, so müssen wir n so groß wählen, daß

$$\frac{1}{\sqrt{3}}\frac{1}{2\,n+3}\frac{1}{3^{n+1}} < \frac{5}{10^6}$$

wird. Das ist sicher der Fall für $n = 8$. Wir brauchen also nur die ersten neun Glieder in der Klammer zu berücksichtigen und jedes von ihnen nur auf 7 Dezimalen zu berechnen. Damit ist auch $\operatorname{arc\,tg} 1 \left(= \dfrac{\pi}{4}\right)$ mühelos bestimmbar.

Es bleibt nun zu überlegen, wie man bei der Berechnung von $\operatorname{arc\,tg} x$ vorzugehen hat, wenn x nahe bei 1 liegt. Wir machen uns die Verhältnisse am Kreis klar (Abb. 87) und verbinden den Mittelpunkt H des Einheitskreises mit den Punkten A $(x = 1)$ und Q (Abszisse $x < 1$) der x-Achse, wobei die Verbindungslinie HA und HQ den Kreis in B bzw. R schneiden möge. Dann ist

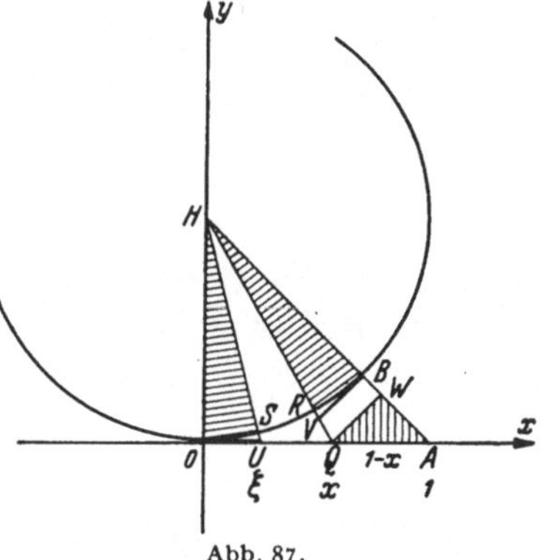

Abb. 87.

$$\frac{\pi}{4} - \operatorname{arc\,tg} x = 2\cdot \text{Sektor } BHR\,.$$

Den Flächeninhalt dieses Sektors (der schmal ist, wenn x nahe bei 1 liegt) können wir leicht berechnen, wenn wir ihn in die Lage SHO drehen. Bezeichnen wir den Tangentenabschnitt OU, der gleich BV sein muß, mit ξ, so wird

$$(13\,\text{a}) \qquad\qquad \operatorname{arc\,tg} \xi = \frac{\pi}{4} - \operatorname{arc\,tg} x\,.$$

Die Ermittlung von ξ gelingt leicht an Hand der Abb. 87. Wir fällen vom Punkte Q auf die Gerade HB das Lot mit dem Fußpunkt W und haben dann in QWA ein rechtwinklig gleichschenkliges Dreieck vor uns mit der Hypotenuse $(1 - x)$, dessen Katheten die Länge $\dfrac{1-x}{\sqrt{2}}$ besitzen. Da ferner AH gleich $\sqrt{2}$ ist, so finden wir die Proportion

$$\xi : \frac{1-x}{\sqrt{2}} = HB : HW = 1 : \left(\sqrt{2} - \frac{1-x}{\sqrt{2}}\right),$$

also

$$(13\,\text{b}) \qquad\qquad \xi = \frac{1-x}{1+x}\,.$$

16*

Aus (13a) und (13b) folgt

$$\operatorname{arc\,tg} x = \frac{\pi}{4} - \operatorname{arc\,tg}\left(\frac{1-x}{1+x}\right)*,$$

und diese Darstellung kürzt die Rechenarbeit wesentlich ab, wenn x nahe bei 1 liegt, da dann $\frac{1-x}{1+x}$ sehr klein ist und zur Berechnung von $\operatorname{arc\,tg}\frac{1-x}{1+x}$ nur wenige Glieder der arc tg-Reihe erforderlich sind.

Aus (13) gewinnen wir auch eine noch einfachere Berechnung von π, denn setzen wir $x = \frac{1}{2}$, so wird $\frac{1-x}{1+x} = \frac{1}{3}$, und es ergibt sich

(12b)
$$\frac{\pi}{4} = \operatorname{arc\,tg}\frac{1}{2} + \operatorname{arc\,tg}\frac{1}{3},$$

die von dem genialsten der zahlreichen großen Mathematiker des achtzehnten Jahrhunderts, LEONHARD EULER (1707—1783), angegeben wurde. Nun ist

$$\operatorname{arc\,tg}\frac{1}{2} = \frac{1}{2} - \frac{1}{3}\frac{1}{2^3} + \frac{1}{5}\frac{1}{2^5} - \frac{1}{7}\frac{1}{2^7} + - \cdots.$$

Wollen wir eine Genauigkeit von fünf Dezimalen erreichen, so muß der absolute Betrag des ersten nicht mehr mitgenommenen Gliedes der Reihe

$$\frac{1}{2n+3}\frac{1}{2^{2n+3}} < \frac{5}{10^6}$$

sein. Das ist für $n = 6$ gewiß erfüllt. Für alle $|x| < \frac{1}{2}$ ist die Anzahl der mitzunehmenden Glieder niemals größer als 7, und wir brauchen die einzelnen Glieder höchstens auf 7 Dezimalen zu rechnen. Für kleinere x sind natürlich weniger Glieder erforderlich.

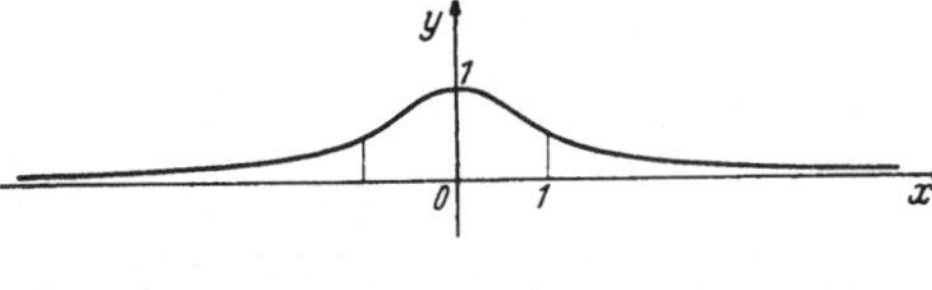

Die Berechnung der Funktionswerte arc tg x erfolgt so, daß man für $0 < x < 0{,}5$ die Reihe (7a*) nimmt, für $0{,}5 < x < 1$ mit der Umformung (13) arbeitet und schließlich für $x > 1$ die Formel (9**) heranzieht.

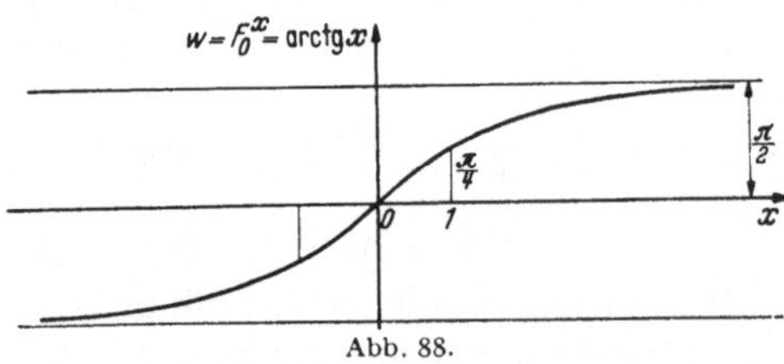

Abb. 88.

Da die Funktion arc tg x *ungerade* ist, so ist hiermit ihr Verlauf auch für negative x bestimmt.

Die Kurve geht für $x = 0$ durch Null, steigt für positive x an und erreicht für $x = 1$ den Wert $\frac{\pi}{4}$. Bei weiterem Wachsen von x nähert sie

---

* Diese Formel ist ein Sonderfall des sog. „Additionstheorems" des Arcustangens

$$\operatorname{arc\,tg} x_1 + \operatorname{arc\,tg} x_2 = \operatorname{arc\,tg}\frac{x_1+x_2}{1-x_1 x_2} \quad \left(\text{für } x_1 = x,\ x_2 = \frac{1-x}{1+x}\right).$$

Vgl. 17, 3.

sich asymptotisch der im Abstand $\frac{\pi}{2}$ zur x-Achse gezogenen parallelen Geraden (vgl. Abb. 88). Für negative x verläuft die Kurve entsprechend als ungerade Funktion. Wir können in jedem Punkt sogleich die Tangente zeichnen, denn deren Steigung ist ja nach dem Fundamentalsatz gleich der Ordinate der Ausgangskurve $y = \dfrac{1}{1 + x^2}$, sie nimmt von dem Wert 1 (bei $x = 0$) ab und nähert sich für $\mid x \mid \rightarrow \infty$ dem Wert Null, entsprechend dem Auftreten der beiden horizontalen Asymptoten im Abstand $\pm \dfrac{\pi}{2}$.

10, 3. Die Funktion $x = \operatorname{tg} w$.

Die Untersuchung der Flächeninhaltsfunktion $w = F_0^x = \operatorname{arc\,tg} x$ zu der Funktion $y = \dfrac{1}{1 + x^2}$ entsprach ganz der in § 6 durchgeführten Behandlung der Funktion $\ln x$ als Flächeninhaltsfunktion der gewöhnlichen Hyperbel $y = \dfrac{1}{x}$. Gerade so, wie wir dann in § 8 von der ln-Funktion zur Exponentialfunktion e^x übergingen, können wir hier die Flächeninhaltsfunktion *umkehren*, d. h. fragen, wie groß die Abszisse x ist, die zu einer vorgeschriebenen Größe w des Flächeninhaltes (also des Kreisbogens) gehört. Diese Funktion

$$(14) \qquad\qquad x = \operatorname{tg} w$$

ist aus der Trigonometrie wohlbekannt. Der einzige Unterschied besteht darin, daß das Argument (der Winkel) w im Elementarunterricht meist im „*Gradmaß*" gemessen wird, während wir hier mit dem „*Bogenmaß*" (Länge des Bogens des Einheitskreises) arbeiten[1].

Die Tangensfunktion ist eine *ungerade* Funktion. Weitere Eigenschaften erhalten wir leicht aus denen des Arcustangens. Aus (9**) gewinnen wir, wenn wir $x = \operatorname{tg} w$ einführen,

$$w = \frac{\pi}{2} - \operatorname{arc\,tg}\left(\frac{1}{\operatorname{tg} w}\right)$$

bzw.

$$\operatorname{tg}\left(\frac{\pi}{2} - w\right) = \frac{1}{\operatorname{tg} w},$$

wofür man in der elementaren Trigonometrie $\operatorname{ctg} w$ schreibt. Setzt man

$$w = v - \frac{\pi}{2},$$

so erhält man

$$\operatorname{tg}(\pi - v) = \frac{1}{\operatorname{tg}\left(v - \dfrac{\pi}{2}\right)} = - \frac{1}{\operatorname{tg}\left(\dfrac{\pi}{2} - v\right)} = - \operatorname{tg} v.$$

---

[1] Der Vollwinkel 360^0 hat, ins Bogenmaß übertragen, die Größe 2π, und allgemein gilt die Proportion

$$\alpha_{\text{Bogen}} : 2\pi = \alpha^0 : 360^0.$$

Freilich würde diese Formel zunächst keine unmittelbare Bedeutung besitzen, denn die Funktion $x = \operatorname{tg} w$ ist nur im Intervall $-\frac{\pi}{2} < w < +\frac{\pi}{2}$ definiert, dem nicht beide Werte $(\pi - v)$ und v angehören können. Man kann diese Formel aber benützen, um die Funktion $\operatorname{tg} w$ auch für andere Werte von w als die dieses Intervalles zu erklären. Dazu wird man in ihr zweckmäßig $(-v)$ durch w ersetzen und hat dann

$$(15) \qquad \operatorname{tg}(\pi + w) = \operatorname{tg} w.$$

Ist die Funktion $\operatorname{tg} w$ in dem Intervall $-\frac{\pi}{2} > w > \frac{\pi}{2}$ bekannt, so wird sie durch diese *Periodizitätsformel* auch in dem Intervall $\frac{\pi}{2} < w < \frac{3\pi}{2}$ erklärt, und zwar nimmt sie in diesem Intervall die gleichen Werte wie in dem Intervall $-\frac{\pi}{2} < w < \frac{\pi}{2}$ an. Lesen wir die Formel (15) von rechts nach links, so ermöglicht sie entsprechend die Erklärung der Funktion $\operatorname{tg} w$ in dem Intervall $-\frac{3\pi}{2} < w < -\frac{\pi}{2}$. Da ferner

$$\operatorname{tg}(2\pi + w) = \operatorname{tg}(\pi + w) = \operatorname{tg} w$$

ist, so sehen wir, daß wir die Funktion tg auch in dem Intervall $\frac{3\pi}{2} < w < \frac{5\pi}{2}$

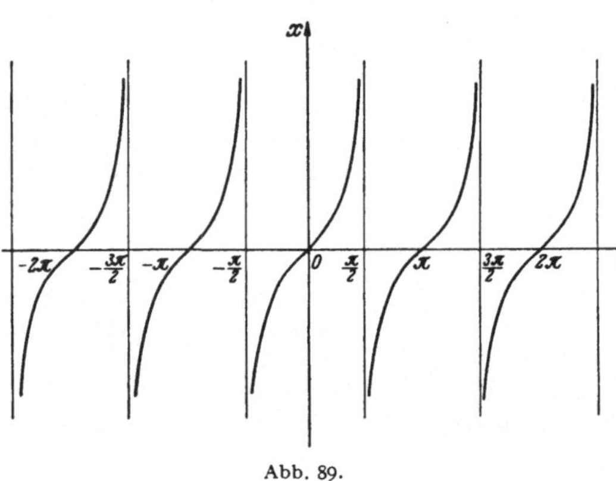

Abb. 89.

erklärt haben, und so fortschreitend läßt sie sich dann offenbar für alle Werte von $x = -\infty$ bis $+\infty$ erklären. Die Funktion ist, wie man sagt, *periodisch mit der Periode* π, d. h., teilen wir die w-Achse in Strecken der Länge π, so ist der Verlauf der Kurve, die die Funktion darstellt, in allen Streifen der gleiche (Abb. 89).

Dieser Gedanke, die Funktion $x = \operatorname{tg} w$ als eine periodische Funktion aufzufassen, ist durchaus im Einklang mit ihrer Deutung am Einheitskreis. Denn hier liegt es nahe, den Doppelsektor bzw. Bogen $\overset{\frown}{OP}$ des Kreises, der die unabhängige Veränderliche darstellt, nicht auf das Intervall von $-\frac{\pi}{2}$ bis $+\frac{\pi}{2}$, d. h. den unteren Halbkreis, zu beschränken (vgl. Abb. 90). Lassen wir aber w über $+\frac{\pi}{2}$ hinaus wachsen, so geht der Abschnitt der Tangente $\overline{OQ} = x$ von sehr großen positiven zu sehr großen negativen Werten über. Es nimmt also x für $\frac{\pi}{2} < w \leqq \pi$

die gleichen Werte an wie für $-\dfrac{\pi}{2} < w \leqq 0$. Entsprechendes gilt, wenn w über den Wert $\left(-\dfrac{\pi}{2}\right)$ von unten auf den oberen Halbkreis übertritt. Wenn wir in dieser Weise für w das Intervall $-\pi \leqq w \leqq +\pi$ eingeführt haben, so ist der ganze Kreisumfang ausgeschöpft. Aber es hindert uns nichts, den Kreis in der einen wie in der anderen Richtung ein zweites, ein drittes usw. Mal zu durchlaufen und so für w den Wertebereich von $-\infty$ bis $+\infty$ einzuführen. Dabei wiederholen sich natürlich die Werte der Tangensfunktion. Sie ist periodisch mit der Periode π.

Diese *Periodizität der Tangensfunktion* läßt nun umgekehrt die Funktion *Arcustangens als eine unendlich vieldeutige Funktion* erscheinen. Denn zu einem Punkte Q auf der Tangente gehören unendlich viele Werte des Kreisbogens, die sich um ganzzahlige (positive und negative) Vielfache von π unterscheiden. Die Kurve der Funktion, die diese Vieldeutigkeit zur Darstellung bringt, erhalten wir aus der Kurve der Tangensfunktion (Abb. 89), indem wir sie um die Mittellinie des ersten und dritten Quadranten umklappen. Von diesen unendlich vielen Kurvenzügen, die übereinanderliegen, pflegt man denjenigen, den wir oben als Flächeninhaltsfunktion F_0^x der Kurve $y = \dfrac{1}{1 + x^2}$ bestimmt haben, als den *Hauptwert* des Arcustangens zu bezeichnen.

Die Kurve der Umkehrfunktion $x = \mathrm{tg}\, w$ zeigt an den Stellen

$$w = \pm \frac{\pi}{2}, \quad \pm \frac{3\pi}{2}, \quad \pm \frac{5\pi}{2}, \; \ldots$$

das gleiche Verhalten wie die Hyperbel

$$y = \frac{1}{x}$$

an der Stelle $x = 0$. Wir werden daher sagen können, daß die Tangensfunktion an den angegebenen Stellen einfache Pole besitzt. Sie erscheint so als *transzendente Verallgemeinerung* der gebrochen rationalen Funktionen, bei denen Pole in *endlicher* Zahl auftreten.

Nun läßt sich, wie wir wissen, jede gebrochene rationale Funktion als Quotient zweier *ganzer rationaler Funktionen* darstellen, die keine Pole besitzen, sondern für endliche Werte der unabhängigen Veränderlichen nur Werte annehmen, die ebenfalls endlich sind. Die Pole einer gebrochenen Funktion entsprechen dabei den Nullstellen des Nenners. Ganz von selbst kommen wir so zu der Frage, ob sich nicht auch die Tangensfunktion als Quotient zweier Funktionen darstellen lasse, die beide für endliche Werte der unabhängigen Veränderlichen w nur endliche Werte annehmen, wobei die Pole von $\mathrm{tg}\, w$ durch die Nullstellen des Nenners erzeugt würden. Es ist sehr leicht, solche Funktionen anzugeben, wenn wir an die Deutung von $\mathrm{tg}\, w$ als Tangente des Einheitskreises denken (Abb. 90). Denn offenbar ist

$$\operatorname{tg} x = \overline{OQ} = \frac{\overline{OQ}}{\overline{HO}} = \frac{\overline{RP}}{\overline{HR}} = \frac{\overline{RP}}{\overline{SP}}.$$

Dabei ist $\overline{RP}$ die zu dem Bogen w gehörige *Länge der Halbsehne*, und diese Halbsehne hat für alle w zwischen $(-\infty)$ und $(+\infty)$ eine endliche Länge, da sie höchstens dem Kreishalbmesser 1 gleich werden kann. Die Strecke $\overline{SP}$ ist entsprechend die *Halbsehne*, die zu dem *komplementären Bogen*

$$\widehat{R'P} = \frac{\pi}{2} - w$$

gehört. Diese komplementäre Halbsehne $\overline{SP}$ wird gleich Null für $w = \pm\dfrac{\pi}{2},\ \pm\dfrac{3\pi}{2}$ und veranlaßt damit das Unendlichwerden der Funktion tg x.

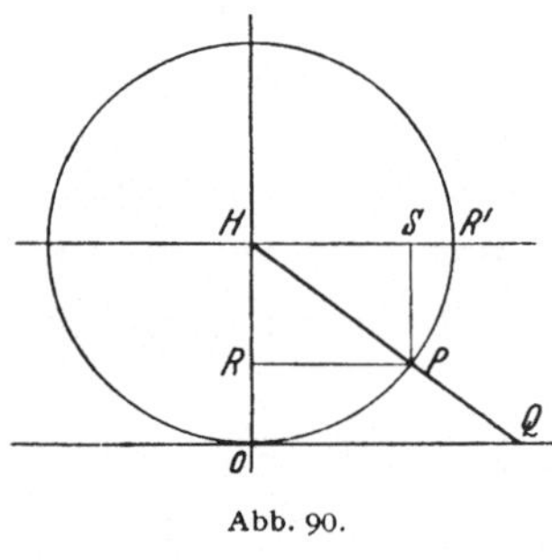

Abb. 90.

So würden wir die *Halbsehnenfunktion*[1] sin w einführen, aus der dann tg w gemäß

$$\operatorname{tg} w = \frac{\sin w}{\sin\left(\dfrac{\pi}{2} - w\right)}$$

abgeleitet werden kann, und hätten nun die Eigenschaften dieser Funktion zu erforschen. Wir gehen darauf erst an späterer Stelle ein und bemerken hier nur, daß sie sich ebenso wie oben die Exponentialfunktion für alle Werte der unabhängigen Veränderlichen durch ein und dieselbe unendliche Reihe darstellen läßt, daß sie also in der oben eingeführten Bezeichnungsweise eine *ganze transzendente Funktion* ist. Die transzendente Funktion tg w läßt sich danach als Quotient zweier *ganzer transzendenter Funktionen* darstellen und erscheint auch hierin als transzendente Verallgemeinerung der gebrochenen rationalen Funktionen.

Aus diesen Überlegungen, so knapp sie sind, wird man ersehen, daß unser Flächeninhaltsproblem der Funktion

$$y = \frac{1}{1 + x^2}$$

zu den *trigonometrischen Funktionen* geführt haben würde, wenn deren Theorie nicht bereits sehr früh in der Elementargeometrie entwickelt worden wäre. Freilich — cum grano salis verstanden — war es nur der Zufall, daß in der Entwicklung der Mathematik so frühzeitig praktische Aufgaben aus der sphärischen Astronomie und der Geodäsie zu lösen waren, der schon die griechischen Mathematiker die trigonometrischen Funktionen einführen ließ. Für den Aufbau der Theorie stand hier im

---

[1] Die merkwürdige Bezeichnung *Sinus* (= Busen) statt Sehne beruht auf einem eigenartigen Mißverständnis, auf das wir später zurückkommen.

Anschluß an die Aufgaben der sphärischen Astronomie die zu einem Kreisbogen gehörige Sehne im Vordergrunde des Interesses. So begannen sie mit den einfachsten der trigonometrischen Funktionen, mit dem Sinus, und stellten Sinustafeln her. Eine solche ist in dem großen astronomischen Werk des PTOLEMÄUS, dem sog. *Almagest*, überliefert[1], wo auch die Methode, die zu ihrer Berechnung diente, auseinandergesetzt wird. Dabei fußte man auf komplizierten elementargeometrischen Eigenschaften des Kreises, wie sie in dem sog. „Lehrsatz des PTOLEMÄUS" ausgesprochen wird, der sich noch in älteren Schulbüchern der Elementargeometrie findet. Die Tangensfunktion wurde erst eingeführt, als man häufig mit dem Quotienten aus der Sehne und der komplementären Sehne zu tun hatte, und gar der Arcustangens trat ganz zurück.

Entsprechend dieser historischen Entwicklung werden die trigonometrischen Funktionen schon verhältnismäßig früh im Schulunterricht eingeführt. Die Überlegungen in diesem Paragraphen zeigen, daß auch ein ganz anderer Zugang zu den trigonometrischen Funktionen möglich ist, nämlich durch das Flächeninhaltsproblem der Funktion $y = \dfrac{1}{1 + x^2}$. Hätte man diesen Weg beschritten, so würde man die Flächeninhaltsfunktion arc tg x gerade so wie den Logarithmus als *neue* Funktion haben einführen müssen, die durch das Flächeninhaltsproblem selbst definiert würde, und wäre dadurch zu einem Aufbau der Theorie der trigonometrischen Funktionen geführt, wie wir sie hier skizziert haben. Eine in dieser Weise entwickelte Theorie der trigonometrischen Funktionen ist in der gleichen Weise wie die oben gegebene Theorie des Logarithmus ein Vorbild dafür, wie wir vorzugehen hätten, um eine „unbekannte" Flächeninhaltsfunktion zu einer bekannten zu machen.

§ 11. Flächeninhaltsbestimmung für die Funktion $y = \dfrac{2\,x}{1 + x^2}$. Methode der Substitution. Differenz und Differential einer Funktion.

11, 1. Deutung der Rechteckssummen an der Substitutionskurve.

Nachdem der Flächeninhalt für die Funktion $y = \dfrac{1}{x^2 + 1}$ bestimmt ist, wenden wir uns entsprechend den Überlegungen am Schluß des § 9, 2 der Aufgabe zu, das Flächeninhaltsproblem für die Funktion

$$(1) \qquad\qquad y = \frac{2\,x}{1 + x^2}$$

---

[1] Sie ist aber schon lange vor PTOLEMÄUS, der um 150 *n. Chr.* lebte, entwickelt worden, da PTOLEMÄUS als Epigone in seinem Buche auf den Arbeiten früherer Forscher, namentlich des HIPPARCH (etwa 150 *v. Chr.*) fußt. Das Werk des PTOLEMÄUS wurde als „ἡ μεγίστη σύνταξις" bezeichnet, woraus kurz „ἡ μεγίστη" geworden ist. Indem man dann später in der islamischen Zeit den griechischen Artikel durch den arabischen ersetzte, entstand hieraus die Bezeichnung „Almagest".

zu lösen. Die zugehörige Kurve geht durch den Nullpunkt, steigt für $x > 0$ zunächst bis zu einem Größtwert (bei $x = 1$) an, um dann wieder abzunehmen und sich für $x \to \infty$ wegen

$$\lim_{x \to \infty} \frac{2x}{x^2 + 1} = 2 \lim_{x \to \infty} \frac{\frac{1}{x}}{1 + \frac{1}{x^2}} = 2 \frac{\lim_{x \to \infty} \frac{1}{x}}{1 + \lim_{x \to \infty} \frac{1}{x^2}} = 0$$

asymptotisch der Null zu nähern (Abb. 91a). Ferner ist $y(-x) = -y(x)$.

Um den Flächeninhalt unter dieser Kurve zwischen den festen Grenzen 0 und $a > 0$ zu berechnen, zeigen wir, daß der gesuchte Flächeninhalt einem anderen, uns bereits bekannten Flächeninhalt gleich ist. Die Methode, die uns diesen Nachweis ermöglicht, verwendet einen ganz anderen Leitgedanken als das eben bei der Funktion $y = \frac{1}{1 + x^2}$ angewandte Verfahren der Reihenentwicklung und ist ebenfalls für die Flächeninhaltsbestimmung von grundlegender Bedeutung.

Wir gehen von der besonderen Eigenschaft unserer Funktion aus, daß in dem Quotienten (1) der Zähler $(2x)$ gleich der Ableitung des Nenners $(1 + x^2)$ ist, wenn man beide als selbständige Funktionen von x auffaßt. Führen wir daher die Hilfsfunktion

$$(2) \qquad u(x) = x^2 + 1$$

ein, so läßt sich die Funktion (1) in der Form

$$(3) \qquad y = \frac{u'(x)}{u(x)}$$

schreiben.

Zur Bestimmung des Flächeninhaltes F_0^a unter der Kurve (1) teilen wir in gewohnter Weise das Intervall 0 bis a in n Teile, die wir alle gleich groß wählen können, so daß jeder die Breite

$$\Delta x = \frac{a}{n}$$

besitzt. Nach unserem bisherigen Verfahren müßten wir nun eine Rechteckssumme bilden, die zu dieser Intervallteilung gehört, z. B. die „linke Rechteckssumme" $\sum_{0}^{n-1} y_i \Delta x$, und ihren Grenzwert für $n \to \infty$ bestimmen. Da indessen die unmittelbare Berechnung des Grenzwertes dieser Summe ziemlich große Mühe machen würde, so wollen wir sie zu umgehen suchen. Dazu betrachten wir die Hilfsfunktion (2), die in einer (x, u)-Ebene eine Parabel darstellt, deren Scheitel im Punkt $x = 0$, $u = 1$ liegt, und deren Achse mit der u-Achse übereinstimmt (Abb. 91b). Wir grenzen auch hier auf der x-Achse das Intervall 0 bis a ab und teilen es in n gleiche Teile, markieren die zugehörigen Ordinaten der Parabel — ihre Länge im Teilpunkt $x_i = i \frac{a}{n}$ werde mit u_i bezeichnet — und konstruieren in diesen Kurvenpunkten auch die Tangenten an die Parabel (Steigungen u_i').

Nach (3) erhalten wir für die linke Rechteckssumme der Kurve (1) den Ausdruck

$$(4) \qquad \sum_0^{n-1} y_i\, \Delta x = \sum_0^{n-1} \frac{u_i'}{u_i} \Delta x \,.$$

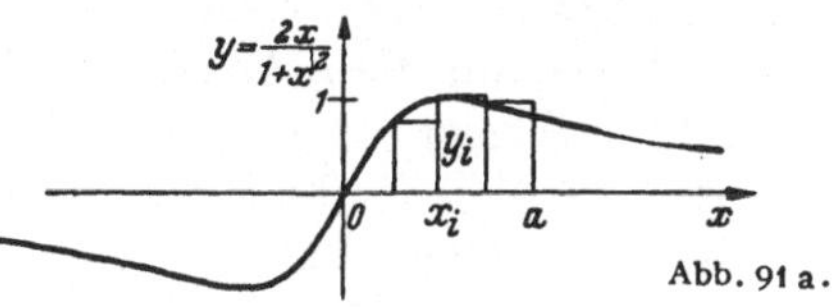

Abb. 91 a.

Die im Zähler auftretenden Produkte $u_i'\,\Delta x$ haben nun eine einfache geometrische Bedeutung an der Parabel (2). Da die Tangente im Punkt (x_i, u_i) der Parabel die Steigung u_i' besitzt, ist das Produkt $(u_i'\,\Delta x)$ die zu der Abszissenspanne Δx gehörige Ordinatenspanne dieser Tangente. Um die Summe (4) zu bilden, haben wir also in jedem Streifen die Ordinatenspanne der Tangente, die die Parabel im linken Randpunkt des Streifens berührt, durch die Ordinate der Parabel im linken Randpunkt zu dividieren. Die Bestimmung des Grenzwertes dieser Summe, die den Flächeninhalt liefert, ist eine kompliziert aussehende Aufgabe. Die Sachlage wäre sehr viel einfacher, wenn wir im Zähler der einzelnen Summanden statt der Ordinatenspanne der Parabeltangente die Ordinatenspanne der Parabel selbst

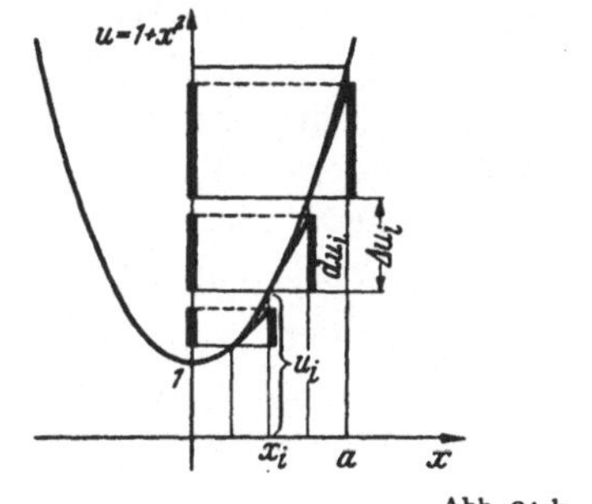

Abb. 91 b.

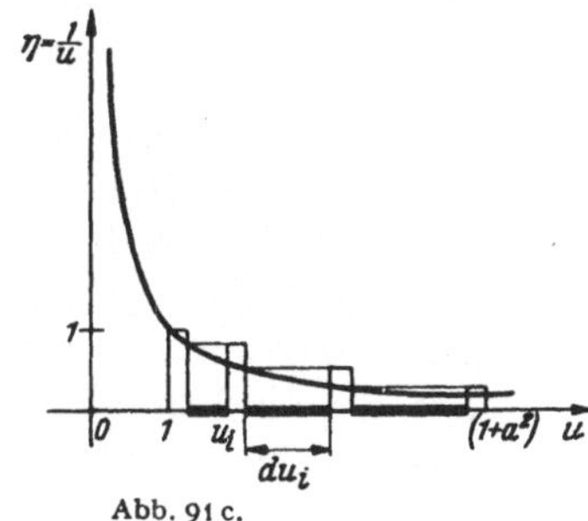

Abb. 91 c.

erhalten hätten. Wir hätten es dann mit der Summe

$$(5) \qquad \sum_0^{n-1} \frac{\Delta u_i}{u_i}$$

zu tun, wobei in bekannter Weise

$$(6) \qquad \Delta u_i = u_{i+1} - u_i$$

gesetzt ist. Der Grenzwert dieser Summe ist unschwer anzugeben, da sie sich in folgender Weise als eine linke Rechteckssumme deuten läßt. Wir zeichnen die Hyperbel

$$(7) \qquad \eta = \frac{1}{u}$$

und markieren auf der u-Achse das Intervall, das von den Punkten $u = 1$ und $u = \bar{u} = 1 + a^2$ begrenzt wird. Dies sind die beiden Werte von u, die als Ordinaten zu den Abszissen $x = 0$ und $x = a$ unserer Parabel (2) gehören. Das Intervall $0 \leq x \leq a$ der x-Achse hatten wir bei der Parabel in n gleiche Teile geteilt. Übertragen wir die Teilpunkte durch Parallele zur u-Achse auf die Parabel und dann durch Parallele zur x-Achse auf die u-Achse, so wird das Intervall $1 \leq u \leq \bar{u}$ ebenfalls in n-Teile zerlegt, aber diese Teile sind jetzt von ungleicher Länge. Wir übertragen diese Teilung des Intervalls $1 \leq u \leq \bar{u}$ von der Ordinatenachse der Parabel (2) auf die Abszissenachse der Hyperbel (7) (Abb. 91c), wo jetzt u die unabhängige Veränderliche ist. Dadurch entsteht eine Streifenteilung dieser Hyperbel, und die Summe (5) ist die zu dieser Teilung gehörige linke Rechteckssumme der Hyperbel. Wenn nun auch die Breite der einzelnen Streifen verschieden ist, so geht doch die Breite jedes Streifens für $n \to \infty$ nach Null, und diese Eigenschaft der Streifen reicht aus, um schließen zu können, daß der Grenzwert der Summe (5) gegen den Flächeninhalt $F_1^{\bar{u}}$ unter der Hyperbel geht, der von den beiden Parallelen $u = 1$ und $u = \bar{u} = 1 + a^2$ zur Ordinatenachse abgegrenzt wird. Wir wissen, daß dieser Flächeninhalt gleich $\ln \bar{u}$ ist und haben somit

$$(8) \qquad \lim_{n \to \infty} \left(\sum_{0}^{n-1} \frac{\Delta u_i}{u_i} \right) = \ln \bar{u} = \ln (a^2 + 1) .$$

Freilich haben wir nun nicht den Grenzwert der Summe (5), sondern den Grenzwert der Summe (4) zu bilden, aber wir werden zwischen beiden Grenzwerten eine Beziehung herstellen können. Beide unterscheiden sich dadurch, daß in der Summe (5) im Zähler des zu dem einzelnen Streifen gehörigen Summanden die Ordinatenspanne der Parabel (2) selbst auftritt, während an ihrer Stelle in der Summe (4) die Ordinatenspanne der Parabeltangente steht.

II, 2. Begriff des Differentials einer Funktion.

Die eben angestellte Überlegung zeigt uns, daß es wichtig ist, neben der Ordinatenspanne der Kurve auch die Ordinatenspanne ihrer Tangente zu betrachten. Man hat deshalb für diese Spannen besondere Bezeichnungen eingeführt. Wir denken uns eine beliebige Kurve

$$(9) \qquad y = f(x)$$

und konstruieren im Punkt mit der Abszisse x ihre Tangente, die die Steigung $f'(x)$ besitzt. Gehen wir nun von dem Punkt x aus auf der Abszissenachse um das beliebige Stück Δx vorwärts, so erhalten wir zwei Ordinatenspannen, nämlich die Ordinatenspanne der Kurve und die Ordinatenspanne der Tangente. Die Ordinatenspanne der Kurve $y = f(x)$ selbst bezeichnet man mit Δy, so daß also

$$(9a) \qquad \Delta y = f(x + \Delta x) - f(x)$$

ist, und nennt sie die *Ordinatendifferenz* oder kurz die *Differenz* der Funktion $f(x)$, die zu der Abszissenspanne Δx gehört. Diesen letzten Zusatz läßt man vielfach als selbstverständlich fort.

Für die Ordinatenspanne der Kurventangente schreibt man, um sie von der Ordinatenspanne der Kurve zu unterscheiden, dy — es ist also

(9b) $$dy = f'(x)\,\Delta x$$

— und nennt sie das *Differential* der Funktion $f(x)$ an der Stelle x, das zu der Abszissenspanne Δx gehört. Auch hier läßt man diesen letzten Zusatz als selbstverständlich fort. Indessen muß sich der·Anfänger stets vor Augen halten, daß sowohl die Differenz wie das Differential an einer Stelle x ganz verschiedene Werte besitzen können, je nach der Größe, die man für die beliebig wählbare Abszissenspanne Δx vorschreibt. Das Differential kann je nach der Gestalt der vorliegenden Kurve $y = f(x)$ kleiner oder größer als die Differenz sein (Abb. 92a und 92b).

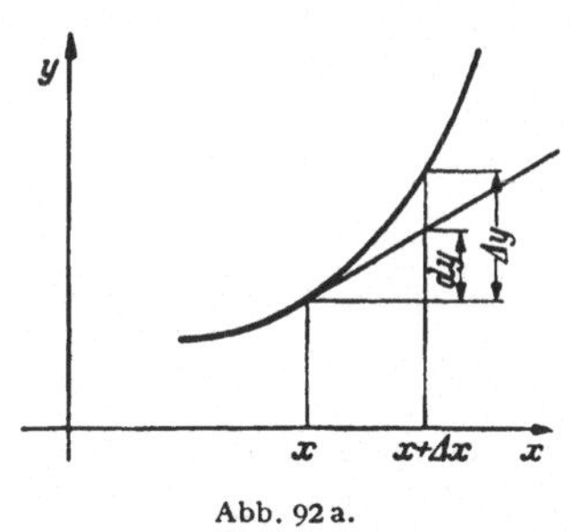

Abb. 92a.

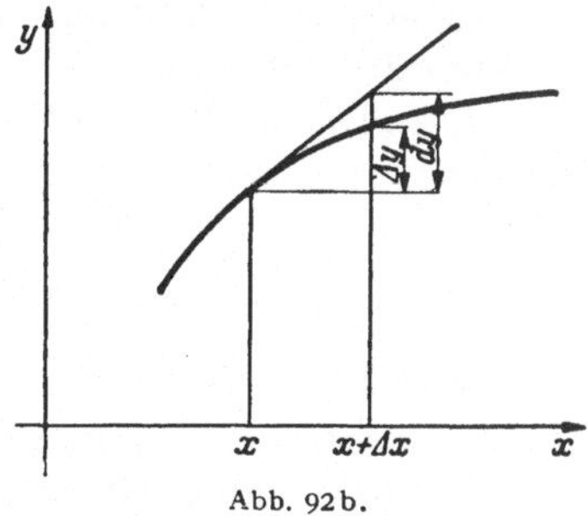

Abb. 92b.

In unserem Beispiel der Funktion (2) $u = x^2 + 1$ ist an der Stelle x bei gegebener Abszissenspanne Δx die Differenz

(2a) $$\Delta u = ((x + \Delta x)^2 + 1) - (x^2 + 1) = 2\,x\,\Delta x + (\Delta x)^2$$

und das Differential

(2b) $$du = u'(x)\,\Delta x = 2\,x\,\Delta x.$$

Der Unterschied

(2c) $$\Delta u - du = (\Delta x)^2$$

ist in diesem Sonderfall unabhängig von der Stelle x, an dem Differenz und Differential gebildet sind, und nur abhängig von der Größe der Abszissenspanne. Das ist im allgemeinen natürlich nicht der Fall. Für eine beliebige Funktion ist der Unterschied der Differenz und des Differentials sowohl von x wie von Δx abhängig.

11, 3. Abschätzung der „Lückensumme".

In der Rechtecksumme (4) unseres Beispiels, deren Grenzwert gleich dem gesuchten Flächeninhalt ist, können wir jetzt die zu den einzelnen Streifen der Parabel gehörigen *Differentiale* du_i eingeführt denken.

Dann erhalten wir für sie die Gestalt

$$(10) \qquad \sum_{0}^{n-1} y_i \, \Delta x = \sum_{0}^{n-1} \frac{d\,u_{i-1}}{u_{i-1}},$$

d. h. jeder Summand ist gleich dem Quotienten, der das *Differential* der Parabel, das wir mit der Streifenbreite Δx für die linke Grenze des Streifens zu bilden haben, als Zähler und die zugehörige Ordinate der Parabel als Nenner besitzt. Um auch diese Summe nun an der Hyperbel (7) zu deuten, bestimmen wir in jedem Teilpunkt das zur Abszissenspanne Δx gehörige Differential $d\,u_i$ der Parabel und projizieren es auf die Ordinatenachse (Abb. 91b). Bei dieser neuen Teilung der u-Achse, die wir unverändert in die Abb. 91c übertragen, schließen die Spannen $d\,u_i$ nicht mehr lückenlos aneinander, wie es bei den Spannen Δu_i der Fall war.

Unsere Summe besteht aus Rechtecken, deren Horizontalseiten die Differentiale $d\,u_i$ und deren Vertikalseiten die Ordinaten der Hyperbel an den linken Enden der Intervalle sind. Nach (2c) ist $d\,u_i = \Delta u_i - (\Delta x)^2$, so daß sich

$$(11) \qquad \sum_{0}^{n-1} \frac{d\,u_i}{u_i} = \sum_{0}^{n-1} \frac{\Delta u_i}{u_i} - (\Delta x)^2 \sum_{0}^{n-1} \frac{1}{u_i}$$

ergibt. Die rechte Seite ist gleich der Summe der aneinander schließenden linken Rechtecke der Hyperbel, vermindert um die Summe der den Lücken entsprechenden Rechtecke, die wir kurz „Lückensumme" nennen wollen.

Der gesuchte Flächeninhalt F_0^a unter der Kurve (1) ist gleich dem Grenzwert der auf der linken Seite von (11) stehenden Rechteckssumme. Wir führen daher den Grenzübergang für $n \to \infty$ aus und erhalten

$$(12) \qquad F_0^a = \lim_{n \to \infty} \sum_{0}^{n-1} \frac{d\,u_i}{u_i} = \lim_{n \to \infty} \sum_{0}^{n-1} \frac{\Delta u_i}{u_i} - \lim_{n \to \infty} \left[(\Delta x)^2 \sum_{0}^{n-1} \frac{1}{u_i} \right]$$

oder, da der Grenzwert des ersten Gliedes der rechten Seite den Flächeninhalt unter der Hyperbel darstellt:

$$(12a) \qquad F_0^a = \ln (1 + a^2) - \lim_{n \to \infty} \left[(\Delta x)^2 \sum_{0}^{n-1} \frac{1}{u_i} \right].$$

Um den Grenzwert des zweiten Gliedes auf der rechten Seite zu finden, beachten wir, daß diese Summe aus lauter positiven Summanden besteht und daher der Grenzwert der eckigen Klammer für $n \to \infty$ nicht negativ werden kann. Da alle Ordinaten der Hyperbel, abgesehen von $\eta_0 = 1$, kleiner als 1 sind, so gilt

$$\sum_{0}^{n-1} \frac{1}{u_i} < n,$$

und wegen $\Delta x = \dfrac{a}{n}$ folgt weiter

$$(\Delta x)^2 \sum_{0}^{n-1} \frac{1}{u_i} < \frac{a^2}{n},$$

so daß sich für den Grenzwert die Ungleichung

$$(13) \qquad \lim_{n \to \infty}\left[(\Delta x)^2 \sum_{0}^{n-1} \frac{1}{u_i}\right] \le \lim_{n \to \infty} \frac{a^2}{n} = 0$$

ergibt. Wir schreiben das Ergebnis in der Form

$$(13\,\text{a}) \qquad \lim_{n \to \infty} \sum_{0}^{n-1} \frac{\Delta u_i - d u_i}{u_i} = 0$$

und halten fest: In unserem Beispiel strebt *bei dem Grenzprozeß* $n \to \infty$ *die Lückensumme nach Null.*

Es ergibt sich also der gleiche Grenzwert, gleichviel ob in den einzelnen Gliedern der Summe im Zähler das Differential oder die Differenz der Funktion $u(x)$ steht. Damit haben wir unser eingangs gestelltes Flächeninhaltsproblem F_0^a für die Kurve

$$(1) \qquad y = \frac{2x}{1 + x^2}$$

gelöst. Der Flächeninhalt ist gleich dem Flächeninhalt unter der Hyperbel $\eta = \dfrac{1}{u}$ zwischen den Grenzen $u = 1$ und $u = 1 + a^2$. Es ist also

$$(\text{Fl. 1}) \qquad F_0^a = \ln(1 + a^2). \qquad a > 0$$

Diese Funktion ist, wenn wir statt a wieder x schreiben, eine *gerade Funktion* von x und liefert den Flächeninhalt unter der ungeraden Funktion (1) auch für negative Werte von x.

Die Kurve der Flächeninhaltsfunktion $Y = F_0^x = \ln(1 + x^2)$ geht mit horizontaler Tangente durch den Nullpunkt, sie wächst mit wachsendem absolutem Werte von x und wird sich für sehr große Werte von x nur wenig von $\ln x^2 = 2 \ln |x|$ unterscheiden. Sie wird also selbst unendlich, wenn auch nur sehr schwach, sobald x nach unendlich strebt.

11, 4. Methode der Substitution bei der Flächeninhaltsbestimmung.

Die im vorigen Abschnitt durchgeführten Überlegungen lassen sich leicht verallgemeinern und zu einer Methode ausbauen, die es in vielen Fällen ermöglicht, die Bestimmung eines unbekannten Flächeninhaltes auf bereits bekannte Flächeninhalte zurückzuführen. Man bezeichnet diese Methode, die auf der Einführung einer neuen unabhängigen Veränderlichen beruht, als die Methode der *Substitution*. Der Kerngedanke ist, eine Substitution

$$u = g(x)$$

zu finden, mit deren Hilfe die vorgegebene Funktion

$$y = f(x)$$

auf die Gestalt

(14)
$$f(x) = \varphi[g(x)] \cdot g'(x)$$

gebracht werden kann, unter $\varphi(u)$ eine in einem Intervall $\langle \alpha, \beta \rangle$ beschränkte Funktion verstanden, deren Flächeninhaltsfunktion bekannt ist. Diese Form ist nötig, damit die Rechteckssumme unter der Ausgangskurve sich im Schaubild der Substitutionsfunktion wieder als Summe von Rechtecken deuten läßt, deren Vertikalseiten die Ordinaten der Funktion $\varphi(u)$ und deren Horizontalseiten die Differentiale der neuen Veränderlichen u sind. In dem Beispiel des vorigen Abschnittes hatten wir

(14)
$$f(x) = \frac{2x}{1 + x^2},$$

und es wurde

$$u = g(x) = 1 + x^2$$

gesetzt. Dann war

$$\varphi(u) = \frac{1}{u}, \quad \text{also} \quad \varphi(g(x)) = \frac{1}{g(x)}$$

und

$$f(x) = \frac{g'(x)}{g(x)}.$$

Wir nehmen jetzt allgemein an, daß die Funktion $g(x)$ in dem betrachteten Intervall stetig und umkehrbar eindeutig ist und eine gleichfalls stetige erste Ableitung besitzt. Wird nun der Flächeninhalt unter der Kurve $y = f(x)$ zwischen den Grenzen $x = a$ und $x = b$ als Grenzwert der linken Rechteckssumme dargestellt

(15)
$$F_a^b = \lim_{n \to \infty} \sum_{1}^{n} f(x_{\varrho-1}) \, \Delta x,$$

wobei $x_\varrho = a + \varrho \, \Delta x \left(\Delta x = \frac{b-a}{n} \right)$ sein möge, so erhält er die Form

(15a)
$$F_a^b = \lim_{n \to \infty} \sum_{1}^{n} \varphi[g(x_{\varrho-1})] \, g'(x_{\varrho-1}) \, \Delta x.$$

Der (gleichmäßigen) Teilung des Intervalles $a \leq x \leq b$ entspricht eine (ungleichmäßige) Teilung des Intervalles der u-Achse zwischen

$$\alpha = g(a) \quad \text{und} \quad \beta = g(b)$$

in n Teile, wobei

$$\Delta u_{\varrho-1} = u_\varrho - u_{\varrho-1} = g(x_\varrho) - g(x_{\varrho-1})$$

durch die Hilfskurve $u = g(x)$ bestimmt ist. Neben die n Differenzen Δu_ϱ treten dann entsprechend n Differentiale

$$du_{\varrho-1} = g'(x_{\varrho-1}) \, \Delta x,$$

die größer oder kleiner als die zugehörigen Differenzen sein können.

Z. B. würde zur Bestimmung des Flächeninhaltes unter der Funktion

$$y = \frac{1}{x}\cdot \ln x$$

der Substitutionsansatz

$$u = \ln x, \qquad du = \frac{1}{x}\, \varDelta x$$

zu machen sein, und für die Rechteckssumme würde sich

$$(*) \qquad \sum_{1}^{n} y_{\varrho-1}\,\varDelta x = \sum_{1}^{n} u_{\varrho-1}\,d\,u_{\varrho-1}$$

ergeben. Da hier die Differentiale du jeweils größer sind als die mit gleicher Abszissenspanne gebildeten Differenzen, so würden die Projektionen der du auf die u-Achse sich überdecken (Abb. 93). Die Summe

$$\sum_{1}^{n} u_{\varrho-1}(d\,u_{\varrho-1} - \varDelta\,u_{\varrho-1}),$$

die den Unterschied der Summe (*) von einer gewöhnlichen Rechteckssumme

$$\sum_{1}^{n} u_{\varrho-1}\,\varDelta u_{\varrho-1}$$

der Substitutionskurve darstellt, würde also nicht als „Lückensumme", sondern als „Überdeckungssumme" zu bezeichnen sein. Schließlich könnten bei ein und derselben Substitution beide Fälle eintreten, wenn nämlich die Substitutionskurve sowohl nach oben wie nach unten hohle Teile besitzt. Das mathematische Problem, das in der Abschätzung dieser Summe beim Grenzübergang besteht, bleibt aber immer das gleiche, und wir können es, ohne auf die Anschauung Bezug zu nehmen, allgemein lösen.

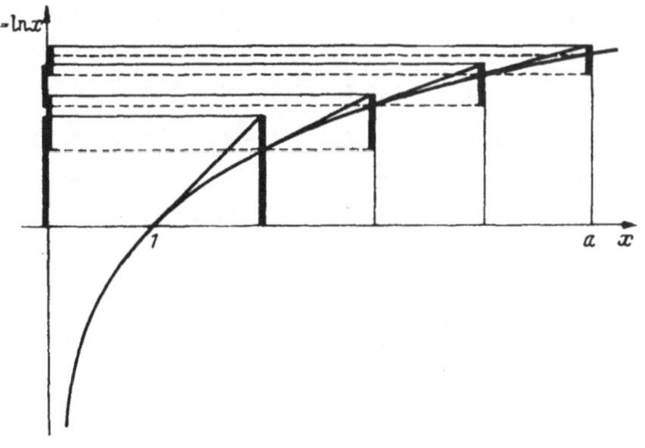

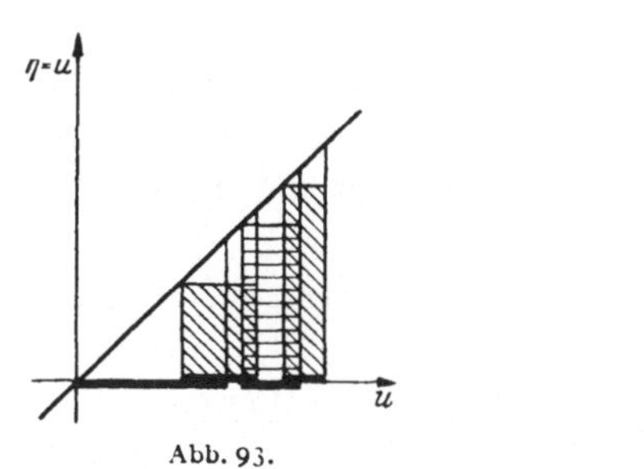

Abb. 93.

Bei Einführung dieser Differentiale in (15a) ergibt sich der Flächeninhalt F_a^b als der Grenzwert

$$(15\,\mathrm{b}) \qquad F_a^b = \lim_{n\to\infty} \sum_{1}^{n} \varphi(u_{\varrho-1})\,du_{\varrho-1}.$$

Andererseits ist der Flächeninhalt $\varPhi_\alpha^\beta$ unter der Kurve

$$\eta = \varphi(u)$$

als Grenzwert der gewöhnlichen Rechteckssummen durch

$$(16) \qquad \Phi_a^\beta = \lim_{n \to \infty} \sum_{1}^{n} {}_\varrho \, \varphi(u_{\varrho-1}) \, \Delta u_{\varrho-1}$$

gegeben, und wir erhalten daher:

$$(17) \qquad F_a^b - \Phi_a^\beta = \lim_{n \to \infty} \sum_{1}^{n} {}_\varrho \, \varphi(u_{\varrho-1}) \, (d u_{\varrho-1} - \Delta u_{\varrho-1}).$$

Wenn wir zeigen können, daß dieser Grenzwert gleich Null ist, so ist der gesuchte Flächeninhalt F_a^b gleich dem Flächeninhalt Φ_a^β, den wir nach Voraussetzung berechnen können. Nun ist für jeden Streifen nach dem Mittelwertsatz (vgl. 7, 3):

$$\Delta u_{\varrho-1} = g(x_\varrho) - g(x_{\varrho-1}) = g'(\xi_{\varrho-1}) \Delta x,$$

wobei $\xi_{\varrho-1}$ eine dem ϱ-ten Streifen angehörende Abszisse ist, für die also $x_{\varrho-1} \leqq \xi_{\varrho-1} \leqq x_\varrho$ gilt, deren genauer Wert für uns jedoch unwichtig ist. Damit bekommen wir:

$$d u_{\varrho-1} - \Delta u_{\varrho-1} = [g'(x_{\varrho-1}) - g'(\xi_{\varrho-1})] \, \Delta x.$$

Da nun die Funktion $g'(x)$ in dem Intervall $a \leqq x \leqq b$ als stetig vorausgesetzt ist, können wir immer durch eine genügend feine Teilung, d. h. hinreichend großes n, die Schwankung dieser Funktion in jedem Streifen unter eine beliebig kleine positive Zahl ε herunterdrücken (vgl. § 5, 5, Satz 16). Dann ist für jedes ϱ:

$$(17a) \qquad | \, g'(x_{\varrho-1}) - g'(\xi_{\varrho-1}) \, | < \varepsilon$$

und daher:

$$| \, d u_{\varrho-1} - \Delta u_{\varrho-1} \, | < \varepsilon \, \Delta x.$$

Wenn man beachtet, daß der absolute Betrag einer Summe nie größer ist als die Summe der absoluten Beträge der Summanden, so gewinnt man hieraus für die in (17) rechts stehende Summe die Abschätzung:

$$\left| \, \sum_{1}^{n} {}_\varrho \, \varphi(u_{\varrho-1}) \, (d u_{\varrho-1} - \Delta u_{\varrho-1}) \, \right| < \sum_{1}^{n} {}_\varrho \, | \, \varphi(u_{\varrho-1}) \, | \, \varepsilon \, \Delta x.$$

Da wir die Funktion $\varphi(u)$ im Intervall $\langle \alpha, \beta \rangle$ als *beschränkt* voraussetzten, so gibt es eine positive Zahl M, die an keiner Stelle des Intervalls von $| \, \varphi(u) \, |$ überschritten wird. Damit können wir unsere Abschätzung noch vereinfachen, indem wir sämtliche $| \, \varphi(u_{\varrho-1}) \, |$ auf der rechten Seite der letzten Ungleichung durch die Zahl M ersetzen. Dann entsteht, wenn man noch

$$n \, \Delta x = b - a$$

einsetzt:

$$\left| \, \sum_{1}^{n} {}_\varrho \, \varphi(u_{\varrho-1}) \, (d u_{\varrho-1} - \Delta u_{\varrho-1}) \, \right| < M \, (b - a) \, \varepsilon.$$

Da diese Ungleichung lediglich eine Folge der Ungleichung (17a) ist, läßt sie sich wie jene für jedes noch so kleine positive ε durch Hinzubestimmen eines hinreichend großen n stets erfüllen. Das heißt aber, daß ihre linke Seite den Grenzwert Null hat, und damit ist nach (17):

$$(17\,\mathrm{b}) \qquad F_a^b = \Phi_a^\beta.$$

Ein einfacher Sonderfall dieser Flächeninhaltsbestimmung durch Substitution ist übrigens die oben durchgeführte Berechnung des Flächeninhalts unter den allgemeinen Hyperbeln

$$y = \frac{1}{(x-a)^n}.$$

Denn wenn wir oben diese Hyperbeln mit der durch Parallelverschiebung entstehenden Hyperbel

$$y = \frac{1}{u^n}$$

verglichen, so machten wir die einfache Substitution

$$u = x - a.$$

Da aber hier $u'(x) = 1$ ist, so wird einfach $du = \varDelta u = \varDelta x$, und die mit du gebildeten Rechtecke sind identisch mit den Rechtecken, die mit $\varDelta u$ gebildet sind, so daß die Übereinstimmung der Flächeninhalte unter den beiden Kurven unmittelbar deutlich ist.

11, 5. Beispiel einer Differentialgleichung, die durch Trennung der Veränderlichen zu lösen ist.

Die Erkenntnis, daß die mit den Differentialen du einer Hilfsfunktion $u = g(x)$ gebildete Rechteckssumme der Kurve

$$\eta = \varphi(u)$$

beim Grenzübergang ebenso den Flächeninhalt unter der Kurve liefert wie eine Rechteckssumme, die mit den Längen der aneinander stoßenden Teilintervalle $\varDelta u$ gebildet ist, hat grundlegende Bedeutung und ermöglicht die Lösung vieler neuen Aufgaben. Wir wollen das zunächst an einem Beispiel zeigen und knüpfen dazu an die Anwendung 13 (S. 186) an, die wir etwas abändern.

Das Grundwasser stehe im durchlässigen Erdreich über einer undurchlässigen Schicht. Ein Brunnen vom Halbmesser r_0 gehe bis auf die undurchlässige Schicht hinab. Die in der Sekunde entnommene Wassermenge sei $Q\,[\mathrm{m^3/sec}]$. Sie wird im Beharrungszustand durch Zuströmen aus dem Grundwasser wieder gedeckt, so daß der Wasserstand im Brunnen dauernd gleich h sei. Es soll die Höhe z des Grundwassers in der Umgebung des Brunnens als Funktion des Abstandes r von der Brunnenachse bestimmt werden[1].

Wenn wir um die Achse des Bohrloches einen Zylinder mit dem Halbmesser r konstruieren (Abb. 94), so hat das Stück des Mantels, das vom Grundwasser durchsetzt wird, die Höhe z, und die Fläche des Mantels ist gleich $2\pi rz$. Da durch jeden dieser Zylindermantel im Beharrungszustand die Wassermenge $Q\,[\mathrm{m^3/sec}]$ hindurchströmen muß, so strömt durch die Flächeneinheit im Durchschnitt die Wassermenge

$$\frac{Q}{2\pi rz}\ [\mathrm{m/sec}]$$

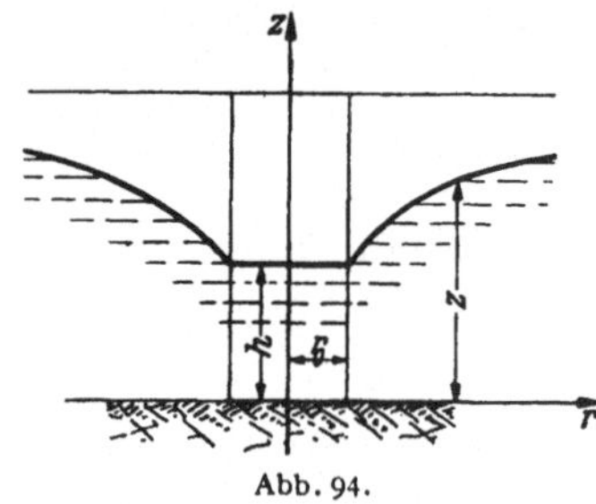

Abb. 94.

in der Sekunde hindurch. Die Hydraulik macht die Annahme, daß diese Menge der Steigung der Druckhöhenkurve, also hier der Wasserstandshöhe, proportional ist. Diese Steigung ist nicht nur am Grunde, sondern auch an jeder Horizontalebene einer beliebigen Höhe a über dem Grunde durch $z'(r)$ gegeben, da sich die Wasserstandskurve bei diesem Übergang von der Grundebene zu einer beliebigen Horizontalebene nur um die additive Konstante a ändert. Daher erhalten wir zur Bestimmung der Funktion $z(r)$ die Gleichung

$$(18) \qquad\qquad k\,z'(r) = \frac{Q}{2\pi rz}.$$

Wenn wir nun, wie wir einmal einen Augenblick voraussetzen wollen, die gesuchte Funktion $z = z(r)$ bereits gefunden und ihre Steigung $z'(r)$ bestimmt hätten, so könnten wir zu jeder Abszissenspanne Δr das Differential

$$dz = z'(r)\,\Delta r$$

bilden. Führen wir es in die Gleichung (18) ein, so erhält sie die Gestalt

$$(18\mathrm{a}) \qquad\qquad 2z\,dz = \frac{Q}{\pi k}\frac{\Delta r}{r}.$$

Man pflegt eine solche Gleichung eine *Differentialgleichung* zu nennen. Dieser Name ist aus der Schreibweise unmittelbar verständlich. Um die Gleichung (18a) zu deuten, zeichnen wir in einem (z,η)-System die Gerade

$$\eta = 2z$$

und in einem (r,ξ)-System die Hyperbel

$$\xi = \frac{Q}{\pi k}\frac{1}{r}.$$

---

[1] Diese Druckhöhe kann unmittelbar als Maß für den Druck genommen werden, da der Druck am Grund der Wasserstandshöhe proportional ist. Für den folgenden Ansatz vgl. FORCHHEIMER, Hydraulik (1914) S. 434

Wäre die gesuchte Funktion $z(r)$ bekannt, so würde sie jedem Punkt der r-Achse einen Punkt auf der z-Achse zuordnen (Abb. 95). Damit gewinnen wir zugleich eine anschauliche Deutung der Gleichung (18a). Denn wählen wir eine *willkürliche* Abszissenspanne Δr, so können wir die rechte Seite der Gleichung (18a) auffassen als ein mit Δr gebildetes linkes Rechteck der Hyperbel.

Andererseits können wir, sobald die Funktion $z(r)$ bekannt ist, das zu Δr gehörige Differential

$$d z = z'(r)\,\Delta r$$

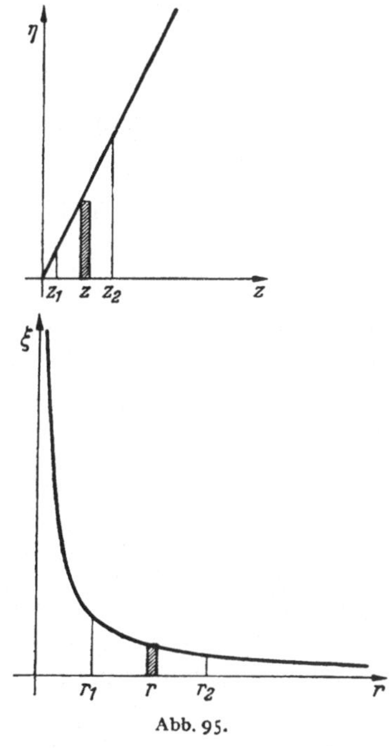

bilden. Tragen wir das vom Punkt z aus auf der z-Achse ab, so ist durch die Ordinate der Geraden in z als Vertikalseite und dz als Horizontalseite ebenfalls ein Rechteck bestimmt, und der Flächeninhalt dieses Rechtecks ist nichts anderes als die linke Seite der Gleichung (18a). Die Gleichung (18a) sagt also aus, daß die beiden Rechtecke unter der Hyperbel und der Geraden flächengleich sind.

Wenn wir daher auf der r-Achse ein Intervall $r_1 \leqq r \leqq r_2$ abgrenzen, denen durch die Funktion $z(r)$ ein Intervall $z_1 \leqq z \leqq z_2$ auf der z-Achse zugeordnet wird, so muß der Flächeninhalt unter der Hyperbel, der von den beiden Vertikalen $r = r_1$ und $r = r_2$ abgegrenzt wird, gleich dem Flächeninhalt unter der Geraden zwischen den Vertikalen $z = z_1$ und $z = z_2$ sein. Denn teilen wir das Inter-

Abb. 95.

vall $r_1 \leqq r \leqq r_2$ in n (z. B. untereinander gleiche) Teile, so entspricht dem durch die Funktion $z = z(r)$ eine Teilung des Intervalls $z_1 \leqq z \leqq z_2$. Den (linken) Rechtecken der Hyperbel sind nun freilich die (linken) Rechtecke der Geraden flächengleich, deren horizontale Seiten die Differentiale sind, so daß sie sich nicht unmittelbar nebeneinander legen, wie es die Rechtecke tun würden, deren horizontale Seiten die Differenzen Δz wären. Aber der Grenzwert einer solchen Rechteckssumme für $n \to \infty$ ist gleichwohl, wie wir gesehen haben, der Flächeninhalt unter der Geraden. Da nun für jedes n die beiden Rechteckssummen gleich sind, so folgt, daß auch ihre Grenzwerte übereinstimmen. Die Flächeninhalte $F_{r_1}^{r_2}$ unter der Hyperbel und $\Phi_{z_1}^{z_2}$ unter der Geraden sind gleich, und die Funktion

$$z = z(r)$$

vermittelt die Substitution, durch die der Flächeninhalt unter der Hyperbel auf den Flächeninhalt unter der Geraden zurückgeführt wird.

Vermöge dieser Eigenschaft ist nun aber umgekehrt die Funktion $z = z(r)$, die wir ja in Wirklichkeit erst bestimmen sollen, unmittelbar zu ermitteln. Denn da wir wissen, daß dem Punkt $r = r_0$ (d. h. die Brunnenwandung) der r-Achse der Punkt $z = h$ (Wasserstandshöhe im Brunnen) der z-Achse zugehört, so finden wir zu jedem r das zugehörige z, indem wir den Flächeninhalt $F_{r_0}^r$ unter der Hyperbel berechnen und dann einen gleichgroßen Flächeninhalt Φ_h^z unter der Geraden abgrenzen. Da nun der Flächeninhalt unter der Hyperbel

$$F_{r_0}^r = \frac{Q}{\pi k} \ln \frac{r}{r_0}$$

und der Flächeninhalt unter der Geraden

$$\Phi_h^z = z^2 - h^2$$

ist, so erhalten wir durch Gleichsetzen der beiden Flächeninhalte

$$(19a) \qquad z^2 - h^2 = \frac{Q}{\pi k} \ln \frac{r}{r_0},$$

eine Beziehung, die uns z als Funktion von r liefert und die Gleichung des Grundwasserspiegels in der Umgebung des Brunnens vorstellt[1].

Bei der Herstellung dieser Lösung (19a) der Differentialgleichung (18a) haben wir davon Gebrauch gemacht, daß in der Aufgabe festgesetzt wurde, es solle dem Werte $r = r_0$ der Wert $z = h$ zugehören Erst dadurch ist die Lösung eindeutig bestimmt worden. An sich hat eine solche Differentialgleichung unendlich viele Lösungen. Denn man kann beliebig zwei Werte $r = r_0$ und $z = z_0$ einander zuordnen, von denen aus die Flächeninhalte $F_{r_0}^r$ unter der Hyperbel und $\Phi_{z_0}^z$ unter der Geraden gezählt werden sollen. Stets muß die Funktion $z(r)$, die man durch Gleichsetzen der Flächeninhalte

$$F_{r_0}^r = \Phi_{z_0}^z$$

erhält, eine Lösung der Differentialgleichung (18a) sein, gleichgültig, welche Werte r_0 und z_0 erhalten.

Bei unserer Aufgabe haben wir bisher r als unabhängige, z als abhängige Veränderliche aufgefaßt. An sich erscheinen die beiden Veränderlichen r und z ganz gleichberechtigt, so daß wir statt r auch z als unabhängige Veränderliche hätten wählen können. Als Lösung der Aufgabe haben wir dann r als Funktion von z

$$r = r(z)$$

zu bestimmen, und diese Funktion muß offenbar die Umkehrfunktion zu $z = z(r)$ sein. Daher ist die Ableitung dieser Funktion $r'(z)$ mit der

---

[1] Auch für diese Formel gelten natürlich die auf S. 187 ausgesprochenen Einschränkungen. Denn für $r \to \infty$ strebt auch nach Formel (19a) z nach ∞, während sich doch als Grenzwert die ursprüngliche Höhe des Grundwasserspiegels vor Herstellung des Bohrloches ergeben müßte.

Ableitung $z'(r)$ der Funktion $z(r)$ nach der Umkehrregel der Steigungsberechnung durch

$$r'(z) = \frac{1}{z'(r)}$$

verknüpft (vgl. 8, 41). Der ursprüngliche Ansatz (18) für unsere Aufgabe erhält dadurch bei der jetzigen Auffassung die Gestalt

$$r'(z) = \frac{2\pi k}{Q} rz.$$

Zu einer beliebigen Spanne $\varDelta z$ der unabhängigen Veränderlichen z gehört eine Differenz $\varDelta r$ und ein Differential

$$dr = r'(z)\,\varDelta z$$

der abhängigen Veränderlichen r. Wenn wir dieses Differential in die letzte Gleichung einführen, so geht sie in

$$\text{(18b)} \qquad \frac{Q}{\pi k}\frac{dr}{r} = 2z\,\varDelta z$$

über. Diese Form unterscheidet sich von (18a) nur dadurch, daß jetzt z die unabhängige, r die abhängige Veränderliche ist und dementsprechend die Differenz $\varDelta z$, dagegen das Differential dr auftritt. In ganz derselben Weise wie vorher gewinnen wir eine geometrische Deutung der Differentialgleichung an Hand der beiden Hilfskurven, deren Rollen jetzt vertauscht sind. Wir können die frühere Überlegung genau wiederholen, nur liegen jetzt die Rechtecke unter der Geraden glatt nebeneinander, während die Rechtecke unter der Hyperbel, da die Horizontalseiten die Differentiale dr sind, übereinander greifen oder Lücken zwischen sich lassen. Da das aber für den Grenzwert unwesentlich ist, haben wir auch hier, um r als Funktion von z zu finden, den Flächeninhalt unter der Geraden zwischen z_0 und z abzugrenzen und r so zu bestimmen, daß der von r_0 aus gezählte Flächeninhalt unter der Hyperbel ihm gleich wird. Dies führt wieder auf die Formel (19a).

Die Gleichberechtigung der beiden Formen

$$\text{(18a)} \qquad 2z\,dz = \frac{Q}{\pi k}\frac{\varDelta r}{r},$$

$$\text{(18b)} \qquad \frac{Q}{\pi k}\frac{dr}{r} = 2z\,\varDelta z$$

der Differentialgleichung, die wir jetzt festgestellt haben, legt den Gedanken nahe, diese Äquivalenz auch durch gleiche Schreibweise zum Ausdruck zu bringen. Man muß dann allerdings auf die Möglichkeit verzichten, bereits an der Schreibweise zu erkennen, welche der beiden Veränderlichen als unabhängige und welche als abhängige angesehen werden soll. Zur Begründung der neuen Schreibweise müssen wir kurz auf den Begriff des Differentials zurückkommen.

Nach der Definition des Differentials hat es zunächst *keinen* Sinn, vom Differential der unabhängigen Veränderlichen zu sprechen, denn bei der Erklärung des Differentials einer Veränderlichen wurde vorausgesetzt, daß es sich um die *abhängige Veränderliche einer Funktion*, etwa

$$u = g(x)$$

handele. Das Differential war erklärt als Produkt der Ableitung der Funktion an einer Stelle x und einer willkürlichen Spanne der unabhängigen Veränderlichen

$$du = g'(x)\,\Delta x.$$

Man kann höchstens in dem Sinn ein *Differential der unabhängigen Veränderlichen* einführen, daß man die Funktion zu

$$u = x$$

spezialisiert. Wegen $u'(x) = 1$ hätten wir für das Differential dieser Funktion

$$du = \Delta x,$$

und da $u = x$ ist, so könnten wir schließlich statt du auch dx schreiben und würden

$$dx = \Delta x$$

erhalten. Wenn man also in diesem Sinn von dem Differential dx der unabhängigen Veränderlichen sprechen will, so muß man das Differential einfach gleich der Spanne Δx setzen. *Für die unabhängige Veränderliche sind Differential und Differenz identisch*, während für die abhängige Veränderliche einer Funktionsbeziehung (abgesehen von trivialen Sonderfällen) Differenz und Differential stets verschieden sind. So trivial diese Festsetzung begrifflich erscheint, von so grundlegender Bedeutung ist sie für die formale Ausbildung der Rechenmethode (des sog. Kalküls) geworden. Wir gehen darauf im nächsten Paragraphen ausführlich ein und bemerken hier nur noch, daß bei dieser Einführung des Differentials der unabhängigen Veränderlichen die beiden Formen (18a) und (18b) der Differentialgleichung unseres hydraulischen Problems unmittelbar identisch werden:

$$(18\mathrm{c}) \qquad\qquad 2z\,dz = \frac{Q}{\pi k}\frac{dr}{r}.$$

Es steht uns frei, in (18c) eine der beiden Veränderlichen r oder z als unabhängige Veränderliche auszuwählen und die Gleichung dementsprechend im Sinne von Gleichung (18a) oder von Gleichung (18b) aufzufassen.

Drittes Kapitel.

Ausbau der Differential- und Integralrechnung.

§ 12. Die Bedeutung der Differentialschreibweise für die Ausbildung des Kalküls.

12, 1. Die Steigung als Differentialquotient.

Die Einführung der *Differentiale* der abhängigen und unabhängigen Veränderlichen einer Funktionsbeziehung

$$(1) \qquad y = f(x)$$

ermöglicht uns, für die Ableitung der Funktion eine Schreibweise einzuführen, die für die formale Durchführung der Rechenoperation außerordentlich vorteilhaft ist. Nach seiner Definition ist das Differential dy der abhängigen Veränderlichen

$$(2) \qquad dy = f'(x)\, dx.$$

Daher kann die Tangentensteigung $f'(x)$ als *Quotient der beiden Differentiale dy und dx*:

$$(2\,\mathrm{a}) \qquad f'(x) = \frac{dy}{dx}$$

dargestellt werden. Vom Standpunkt einer rein begrifflichen Betrachtung erscheint diese Schreibweise einigermaßen bedeutungslos. Denn sie ist ja eine reine Tautologie. Nach wie vor muß die Tangentensteigung der Kurve als Grenzwert der Sehnensteigung bestimmt werden. Erst wenn man die Ableitung $f'(x)$ kennt, ist das Differential dy durch die Formel (2) bestimmt, die ja geradezu die Definition für das Differential dy ist. Da dy nach dieser Definition dem Produkt aus $f'(x)$ und der *willkürlich gewählten* Abszissenspanne dx gleich ist, ergibt sich natürlich $f'(x)$, wenn wir dy durch dx dividieren.

Im Zusammenhang mit der Schreibweise der Ableitungen als *Differentialquotienten* hat sich für den Prozeß ihrer Bildung der Ausdruck *„Differentiation"* *(Differenzieren)* eingebürgert. Dieser Prozeß vollzieht sich natürlich nicht, wie die Schreibweise vermuten lassen könnte, in der Art, daß man zunächst die Differentiale und dann aus ihnen den Quotienten bildet, sondern man hat nach wie vor von der Sehnensteigung auszugehen und dann den Grenzübergang $\varDelta x \to 0$ auszuführen. $\frac{dy}{dx}$ ist nur ein neues Symbol für die Differentiation der Größe y „nach x", und es wird aus diesem Grunde zumeist auch gar nicht als Quotient gelesen, sondern in der Form: „dy nach dx". Man schreibt sogar statt $\frac{df(x)}{dx}$ häufig $\frac{d}{dx} f(x)$, eine Schreibart, in der klar zum Ausdruck kommt, daß $\frac{d}{dx}$ kein Quotient, sondern lediglich das Symbol für die Differentiation nach x ist.

Die Einführung der Differentialsymbolik ist von großer Bedeutung gewesen, denn sie hat es ermöglicht, dem formalen Rechnen mit den Ableitungen eine Geschmeidigkeit zu geben, die ihre Brauchbarkeit für die Anwendungen wesentlich erhöht hat. Mit ihrer Hilfe gelingt es nämlich, eine Menge begrifflicher Überlegungen im formalen Rechnen wiederzugeben und damit bei ihrer Anwendung die immer wiederholte Ausführung der begrifflichen Überlegung zu ersparen.

12, 2. Die Umkehrregel.

Ein erstes, sehr einprägsames Beispiel hierfür erhalten wir, wenn wir die *Umkehrregel der Steigungsbestimmung* (8, 41) mit Hilfe der neuen Bezeichnungsweise aussprechen. Denken wir in der durch (1) gegebenen Funktionsbeziehung y als unabhängige und x als abhängige Veränderliche aufgefaßt und schreiben sie entsprechend

$$x = \varphi(y),$$

so ist jetzt dy als Differential der unabhängigen Veränderlichen eine beliebig wählbare Größe. Aus der Steigung $\varphi'(y)$ der Funktion $\varphi(y)$ erhalten wir dann für das zugehörige dx nach der Definition des Differentials der abhängigen Veränderlichen den Ausdruck

$$dx = \varphi'(y)\,dy,$$

so daß sich die Ableitung von $\varphi(y)$ wieder als Quotient zweier Differentiale

$$\varphi'(y) = \frac{dx}{dy}$$

schreibt. Nach der Umkehrregel besteht zwischen den Steigungen beider Funktionen ie $y = f(x)$ und $x = \varphi(y)$ die Beziehung

$$\varphi'(y) = \frac{1}{f'(x)}.$$

Wenn wir daher die Ableitungen durch die beiden Differentialquotienten ersetzen, so erhalten wir

$$(3) \qquad \frac{dx}{dy} = \frac{1}{\dfrac{dy}{dx}}.$$

Diese Formel erscheint nach außen hin als Selbstverständlichkeit, und ihren begrifflichen Inhalt erkennt man erst, wenn man bedenkt, daß dy und dx auf beiden Seiten dieser Gleichung verschiedene Bedeutungen haben. Rechts ist dx frei wählbar, und aus ihm bestimmt sich nach (2) das abhängige Differential dy, das wir, um diese Bedeutung klar hervorzuheben, einmal $dy(x)$ nennen wollen. Links ist umgekehrt

$d\,y$ das unabhängige Differential, aus dem sich das abhängige Differential

$$d x\,(y) = x'\,(y)\,d y$$

berechnet. Mit diesen ausführlichen Bezeichnungen haben wir

$$(3\,\text{a}) \qquad \frac{d\,x\,(y)}{d\,y} = \frac{1}{\dfrac{d\,y\,(x)}{d\,x}}$$

und hierin kommt der eigentliche Sinn der Beziehung klar zum Ausdruck.

Der Wert der Formel (3) für die Anwendungen besteht darin, daß sie die Umkehrregel als Ergebnis formalen Rechnens erscheinen läßt. Wer sich die Schreibweise der Ableitung als Quotient der Differentiale zu eigen gemacht hat, wird rein formal den reziproken Wert des Quotienten hinschreiben, sobald er durch Übergang zu der Umkehrfunktion die Rolle der unabhängigen und abhängigen Veränderlichen vertauscht, ohne daß er es nötig hat, auf den begrifflichen Gehalt der Umkehrregel zurückzugehen. Damit tritt für die Durchführung komplizierter Aufgaben eine große Erleichterung der geistigen Arbeit ein, denn hat man einen Teil der begrifflichen Überlegung als formales Rechnen ausgeschieden, so kann man sich leichter auf die übrigen Teile der Aufgabe konzentrieren.

12, 3. Die Kettenregel.

Noch bedeutsamer tritt diese Formalisierung begrifflicher Überlegungen vermöge der neuen Schreibweise hervor, wenn wir uns der Herleitung der wichtigsten allgemeinen Regel für die Bestimmung der Steigung oder, wie wir jetzt sagen können, für die *Bildung des Differentialquotienten* zuwenden. Um von einem einfachen Beispiel auszugehen, wollen wir die sog. *Glockenkurve*

$$(4) \qquad y = e^{-x^2}$$

betrachten, die in vielen Gebieten der Anwendungen eine wichtige Rolle spielt[1]. Die Kurve ist symmetrisch zur y-Achse und hat überall positive Ordinaten. Sie nimmt ihren Größtwert $y = 1$ an der Stelle $x = 0$ an und fällt nach beiden Seiten hin asymptotisch zur x-Achse ab (Abb. 96a). Für ein genaues Aufzeichnen der Kurve werden wir die Tafel der Exponentialfunktion heranziehen. Dann muß man zunächst zu der einzelnen Abszisse x den Exponenten

$$(4\,\text{a}) \qquad u = -x^2$$

---

[1] In der Elektrotechnik tritt sie auf bei der Kabeltelegraphie. Sie beherrscht die Theorie der Wärmeleitung und ist von ganz anderem Gesichtspunkt aus für die Theorie der Beobachtungsfehler und ihrer Ausgleichung von grundlegender Bedeutung.

bestimmen und kann dann zu dem Exponenten u die Ordinate y aus der Tafel der Exponentialfunktion

(4b)
$$y = e^u$$

entnehmen. Die Funktion (4) erscheint hiernach ersetzt durch eine zweigliedrige Kette von Funktionen.

Zur Bestimmung der Steigung der Ausgangskurve an der Stelle x

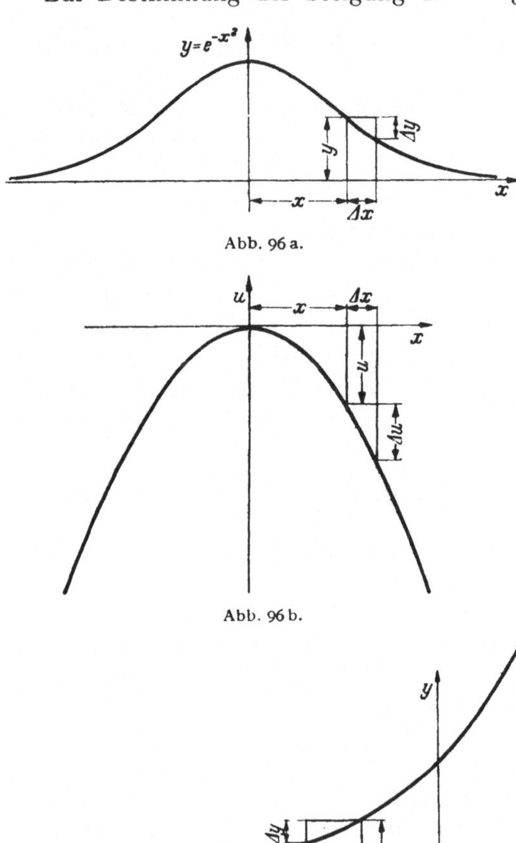

Abb. 96 a.

Abb. 96 b.

Abb. 96 c.

gehen wir in gewohnter Weise von der Steigung einer Sehne aus, deren zweiter Schnittpunkt mit der Kurve durch eine Abszissenspanne Δx festgelegt wird, und bestimmen daraus die Steigung der Tangente, indem wir den Grenzprozeß $\Delta x \to 0$ durchführen. Für die Sehnensteigung m_s erhalten wir direkt

(5)
$$m_s = \frac{e^{-(x + \Delta x)^2} - e^{-x^2}}{\Delta x}$$
$$= \frac{\Delta y}{\Delta x} \qquad (\Delta x > 0)$$

Wir können aber auch die zu Δx gehörige Ordinatenspanne Δy (Abb. 96a) durch die Kette der Abb. 96b und 96c bestimmen. Wir müssen dazu in Abb. 96b die Abszissenspanne Δx eintragen, die zugehörige Ordinatenspanne Δu dieser Abbildung ablesen und schließlich Δu in Abb. 96c als Abszissenspanne abtragen. Dann erhalten wir als zugehörige Ordinatenspanne dieser Abbildung die gesuchte Größe Δy. Wenn wir nun Zähler und Nenner des Differenzenquotienten in (5) mit der Größe $\Delta u \neq 0$ erweitern, die in Abb. 96b Ordinatenspanne, in Abb. 96c Abszissenspanne ist, so können wir schreiben:

(6)
$$m_s = \frac{\Delta y}{\Delta x} = \frac{\Delta y}{\Delta u} \frac{\Delta u}{\Delta x}.$$

Hierin ist $\frac{\Delta y}{\Delta u} = (m_s)_1$ die zur Abszissenspanne Δu gehörige Sehnensteigung der Exponentialfunktion (4b) und $\frac{\Delta u}{\Delta x} = (m_s)_2$ die zu der Abszissenspanne Δx gehörige Sehnensteigung der Parabel (4a). Wir sehen also, daß

$$(6a) \qquad\qquad m_s = (m_s)_1\,(m_s)_2$$

ist, vorausgesetzt, daß wir die Abszissenspanne in Abb. 96c gleich der zu Δx gehörigen Ordinatenspanne in Abb. 96b wählen. Dies ist für die Gültigkeit der Gleichung (6a) unbedingt notwendig. Die Sehnensteigung der Kurve (4) ist somit gleich dem Produkt der Sehnensteigungen der beiden Kurven (4a) und (4b) der Kette, wenn beide Sehnen in der angegebenen Weise bestimmt werden.

Wenn wir nun, um die Tangentensteigung der Kurve (4) zu erhalten, den Grenzübergang $\Delta x \to 0$ machen, so führen wir ihn zweckmäßig an der Formel (6) durch.

Für die Ableitung

$$(7) \qquad\qquad y' = m_t = \lim_{\Delta x \to 0} m_s = \lim_{\Delta x \to 0} \frac{\Delta y}{\Delta x}$$

erhalten wir dann nach dem Satz über den Grenzwert eines Produktes

$$y' = \lim_{\Delta x \to 0}\left(\frac{\Delta y}{\Delta u}\right) \lim_{\Delta x \to 0}\left(\frac{\Delta u}{\Delta x}\right).$$

Um anzudeuten, daß bei der Bildung der Ableitung y' die Veränderliche x *als unabhängige Veränderliche* gedient hat, können wir den Index x an y' setzen und besser

$$(7a) \qquad\qquad (y')_x = \lim_{\Delta x \to 0}\left(\frac{\Delta y}{\Delta u}\right) \lim_{\Delta x \to 0}\left(\frac{\Delta u}{\Delta x}\right)$$

schreiben.

Der zweite Grenzwert auf der rechten Seite dieser Formel läßt sich sogleich angeben. Denn da $\frac{\Delta u}{\Delta x} = (m_s)_2$ die Sehnensteigung der Parabel $u = -x^2$ ist, so ist der Grenzwert

$$\lim_{\Delta x \to 0}\left(\frac{\Delta u}{\Delta x}\right) = \lim_{\Delta x \to 0}(m_s)_2 = (u')_x$$

die Steigung dieser Parabel.

Der Grenzwert des ersten Faktors würde sich sehr leicht bestimmen lassen, wenn er nicht für $\Delta x \to 0$, sondern für $\Delta u \to 0$ durchzuführen wäre. Dann bedeutete

$$\lim_{\Delta u \to 0} \frac{\Delta y}{\Delta u} = (y')_u$$

die Tangentensteigung der Kurve (4b) $y = e^u$. Nun sind aber die Spannen Δx und Δu durch

$$\Delta u = -(x + \Delta x)^2 + x^2 = -(2x + \Delta x)\,\Delta x$$

so einfach miteinander verknüpft, daß mit Δx auch Δu eine zulässige Nullfolge durchläuft[1] und bei dem ersten Faktor in (7a) $\Delta x \to 0$ durch $\Delta u \to 0$ ersetzt werden kann. Es ergibt sich also

$$(7\mathrm{b}) \qquad\qquad (y')_x = (y')_u\,(u')_x,$$

d. h. die Tangentensteigung der Funktion $y = e^{-x^2}$ ist das Produkt der Tangentensteigungen der beiden Funktionen $y = e^u$ und $u = -x^2$, die die Kette bilden:

$$(y')_x = e^u\,(-2x) = -2x\,e^{-x^2}.$$

Bevor wir daran gehen, dieses Ergebnis zu verallgemeinern, müssen wir uns noch darüber klarwerden, daß die soeben ausgeführte Rechnung nicht immer möglich ist. Wenn sich nämlich durch Vorgabe eines bestimmten $\Delta x \neq 0$ das zugehörige Δu gerade zu Null ergibt, ist das Erweitern des Bruches mit Δu eine sinnlose Operation. In unserem Falle, wo $u = -x^2$ war, liegt darin keine große Gefahr; denn wenn bei festem x die Spanne Δx eine Nullfolge durchläuft, kann höchstens für einen einzigen Wert Δx dieser Sonderfall eintreten, und das läßt sich natürlich ohne weiteres umgehen. Wenn wir nun aber zur Gewinnung eines allgemeingültigen Ergebnisses mit ganz beliebigen Funktionen arbeiten, die wir im einzelnen gar nicht kennen, fehlt uns die Übersicht über das Eintreten dieses Sonderfalles, und es wäre durchaus möglich, daß er bei einer Nullfolge der Δx unendlich oft eintritt. Unsere am Beispiel durchgeführte Überlegung, die sich sonst ohne weiteres auf allgemeine Untersuchungen übertragen ließe, wird in solchen Ausnahmefällen versagen, und man müßte diese getrennt behandeln. Um solche lästigen Fallunterscheidungen zu vermeiden, gehen wir einen etwas anderen Weg.

Es seien zwei Funktionen $u = h(x)$ und $y = g(u)$ gegeben, so daß

$$y = f(x) = g\big[h(x)\big]$$

wird. Wir befinden uns an einer Stelle x_0, der die Funktion $h(x)$ den Wert $h(x_0) = u_0$ zuordnet. Wir müssen voraussetzen, daß die Ableitungen $h'(x_0)$ und $g'(u_0)$ existieren. Das hat folgende Bedeutung: schreibt man

$$\frac{\Delta u}{\Delta x} = h'(x_0) + \eta_1(\Delta x),$$

so ist wegen

$$\lim_{\Delta x \to 0} \frac{\Delta u}{\Delta x} = h'(x_0)$$

sicher

$$\lim_{\Delta x \to 0} \eta_1(\Delta x) = 0.$$

---

[1] Worauf bei der Bildung der Nullfolge zu achten ist, wird im Anschluß an dieses Beispiel auseinandergesetzt werden.

Wäre $\eta_1(\varDelta x)$ eine bekannte Funktion, so erhielte man zu jedem $\varDelta x$ das zugehörige $\varDelta u$ in der Form

$$\varDelta u = [h'(x_0) + \eta_1(\varDelta x)]\,\varDelta x.$$

Der Zusammenhang zwischen $\varDelta u$ und $\varDelta y$ läßt sich natürlich auf eine ganz entsprechende Form bringen:

$$\varDelta y = [g'(u_0) + \eta_2(\varDelta u)]\,\varDelta u,$$

und es wäre wieder

$$\lim_{\varDelta u \to 0} \eta_2(\varDelta u) = 0.$$

Wenn nun $\varDelta x$ gegen Null strebt, gilt das gleiche wegen der Stetigkeit der Funktion $h(x)$ an der Stelle x_0 auch von $\varDelta u$, so daß wir die letzte Gleichung auch durch

$$\lim_{\varDelta x \to 0} \eta_2(\varDelta u) = 0$$

ersetzen können. Durch Einsetzen des Ausdruckes für $\varDelta u$ in die Gleichung für $\varDelta y$ folgt:

$$\varDelta y = [g'(u_0) + \eta_2(\varDelta u)]\,[h'(x_0) + \eta_1(\varDelta x)]\,\varDelta x$$

oder auch wegen $\varDelta x \neq 0$

$$\frac{\varDelta y}{\varDelta x} = [g'(u_0) + \eta_2(\varDelta u)]\,[h'(x_0) + \eta_1(\varDelta x)].$$

Für $\varDelta x \to 0$ liefert dann der Produktsatz der Grenzwertrechnung:

$$\lim_{\varDelta x \to 0} \frac{\varDelta y}{\varDelta x} = \lim_{\varDelta x \to 0} \frac{f(x_0 + \varDelta x) - f(x_0)}{\varDelta x} = f'(x_0) = g'(u_0)\,h'(x_0).$$

Dabei war die Stelle x_0 völlig willkürlich angenommen. Wir haben also damit folgenden allgemeinen Satz:

Ist y durch die beiden Funktionen $y = g(u)$ und $u = h(x)$ mittelbar als Funktion von x gegeben,

$$(8) \qquad\qquad y = f(x) = g\,[h(x)],$$

also durch eine (wenn auch nur zweigliedrige) Funktionenkette, so gilt für die Ableitung dieser Funktion:

$$(9) \qquad\qquad f'(x) = g'(u)\,h'(x),$$

sofern die Ableitungen $g'(u)$ und $h'(x)$ existieren. Die Ableitung der Funktion $y = f(x)$ ist gleich dem Produkt der Ableitungen der beiden Funktionen

$$y = g(u), \quad u = h(x),$$

mit deren Hilfe die Funktion $y = f(x)$ erzeugt wird, indem man sie wie Glieder einer Kette aneinanderreiht. Man nennt diese Regel für die Bildung der Ableitung die *Kettenregel* der Differentialrechnung. Mit ihrer Hilfe kann man die Differentiation einer Funktion von komplizierterem Bau immer auf die Differentiation einfacherer Funktionen zurückführen.

Ersetzen wir in der Kettenregel die Ableitungen durch die Quotienten der Differentiale, so lautet sie

$$(9a) \qquad \frac{dy}{dx} = \frac{dy}{du}\,\frac{du}{dx}.$$

Nach außen hin erweckt diese Beziehung den Eindruck, als sei ihre rechte Seite aus der linken einfach durch Erweitern mit du entstanden. Indessen muß man sich hier wieder vor Augen halten, daß die Differentiale verschiedene Bedeutung haben, je nachdem, ob sie im Zähler oder im Nenner stehen. Man müßte genauer schreiben:

$$(9b) \qquad \frac{dy(x)}{dx} = \frac{dy(u)}{du}\,\frac{du(x)}{dx}\;.$$

In dieser Gleichung können dx und du willkürlich gewählt werden. Ihren begrifflichen Inhalt erkennt man besonders klar, wenn man dem unabhängigen Differential du gerade denjenigen Wert erteilt, der sich aus dem gegebenen dx für das abhängige Differential $du(x)$ ergeben hat. Dann besagt die obige Gleichung nämlich, daß die beiden im Grunde doch völlig verschieden definierten abhängigen Differentiale $dy(x)$ und $dy(u)$ übereinstimmen. Dieser eigentliche begriffliche Kern wird in der Schreibweise (9a) natürlich verwischt.

Hat man sich den begrifflichen Inhalt der Kettenregel einmal überlegt, so wird man sich diesen Inhalt gern mit Hilfe der Formel (9a) einprägen, die ja wegen ihrer Analogie zu einer algebraischen Identität leicht als vereinfachendes Hilfsmittel in das Blickfeld tritt, sobald die unmittelbare Differentiation nach x Schwierigkeiten bereitet. Die Schreibweise (9a) führt dann fast von selbst dazu, die beiden Differentialquotienten der rechten Seite durch zwei selbständige, unabhängig voneinander zu vollziehende Grenzprozesse zu bilden.

Beispiele: 1. Wir wissen, daß die Funktion

$$(10) \qquad y = \ln(1 + x^2)$$

die Ableitung

$$(10') \qquad y' = \frac{2x}{1 + x^2}$$

besitzt, weil wir ja oben $\ln(1 + x^2)$ als die Flächeninhaltsfunktion zu der Funktion (10') bestimmt haben. Wir brauchen uns aber keineswegs die Zuordnung (10) und (10') als eine Regel für die Steigungsbestimmung einzuprägen. Wenn wir die Ableitung der Funktion (10) bestimmen wollen, werden wir vielmehr die Funktionsbeziehung (10) durch die zweigliedrige Kette

$$y = \ln u, \quad u = 1 + x^2$$

ersetzen und haben dann in der Tat

$$\frac{dy}{dx} = \frac{dy}{du}\,\frac{du}{dx} = \frac{1}{u}\,2x = \frac{2x}{1 + x^2}.$$

2. Um den Differentialquotienten von

$$y = (a\,x + b)^n$$

zu bilden, schreibt man

$$y = u^n, \quad u = a\,x + b$$

und erhält:

$$\frac{d\,y}{d\,x} = n\,u^{n-1}\,a = n\,a(a\,x + b)^{n-1}$$

3. Ebenso ergibt sich die früher (S. 211) direkt gebildete Ableitung von

$$y = e^{k\,x}$$

über die Kette

$$y = e^u, \quad u = k\,x$$

$$\frac{d\,y}{d\,x} = e^u\,k = k\,e^{k\,x}.$$

4. Für die Funktion

$$y = \frac{1}{1 + x^2},$$

deren Flächeninhalt wir in § 10 bestimmt haben, finden wir über die Kette

$$y = \frac{1}{u}, \quad u = 1 + x^2$$

die Ableitung

$$\frac{d\,y}{d\,x} = -\frac{1}{u^2}\,2\,x = -\frac{2\,x}{(1 + x^2)^2}.$$

In dieser Weise wird man auch ganz von selbst dazu kommen, eine zweigliedrige Kette, wenn die Differentiation der beiden Funktionen, die die Kette bilden, noch Schwierigkeiten machen sollte, durch eine Kette von mehr als zwei Gliedern zu ersetzen. An die Stelle der Funktion $y = y(x)$ tritt dann die dreigliedrige Kette

$$y = y(u), \quad u = u(v), \quad v = v(x),$$

und für die Ableitung erhalten wir

$$\frac{d\,y}{d\,x} = \frac{d\,y}{d\,u}\,\frac{d\,u}{d\,v}\,\frac{d\,v}{d\,x},$$

wobei die drei Ableitungen der rechten Seite unabhängig voneinander nach den Differentiationsregeln zu bilden sind. Es liegt auf der Hand, daß es keine Schwierigkeiten macht, die Gliederzahl der Kette weiter zu erhöhen und so auf Funktionen immer einfacherer Gestalt zu kommen, deren Ableitungen unmittelbar den Grundformeln zu entnehmen sind.

5. Als Beispiel nehmen wir etwa die Funktion

$$y = [\ln(a^2 + x^2)]^3$$

und erhalten über die Kette

$$y = u^3, \quad u = \ln v, \quad v = a^2 + x^2$$

die Ableitung

$$\frac{dy}{dx} = 3\,u^2\,\frac{1}{v}\,2\,x = \frac{6\,x}{a^2 + x^2}\,[\ln(d^2 + x^2)]^2.$$

12, 4. Der Flächeninhalt als Integral.

Die Zweckmäßigkeit der Differentialschreibweise, die wir schon bei der Bildung der Ableitung erkannten, wird weiter hervortreten, wenn wir zur Flächeninhaltsbestimmung übergehen. Haben wir den Flächeninhalt unter der Kurve

$$y = f(x)$$

zwischen den Grenzen $x = a$ und $x = b$ zu bestimmen, so stellen wir eine Streifenteilung her und bilden eine Rechteckssumme. Da x die unabhängige Veränderliche ist, so können wir die Breite Δx eines Streifens auch mit dx bezeichnen und haben dann für den Inhalt etwa des linken Rechtecks eines einzelnen Streifens die Darstellung

$$f(x)\,dx,$$

wo x die Abszisse des linken Endes des Streifens ist. Es ist dann der Flächeninhalt

$$(11) \qquad F_a^b = \lim_{n \to \infty} \sum_1^n f(x_\nu)\,dx_\nu.$$

Als Symbol für die Vollziehung eines solchen Grenzprozesses hat nun LEIBNIZ ein einfacheres Zeichen eingeführt als das etwas schwerfällige große Sigma mit dem Limes-Zeichen davor. Er gibt die Summenbildung statt durch das große griechische Sigma durch ein großes lateinisches S wieder und drückt den Grenzprozeß einfach dadurch aus, daß er diesem S eine stilisierte Form $\int$ gibt. Die Indizes zur Numerierung der einzelnen Reihensummanden werden fortgelassen, dagegen die Grenzen des Flächeninhalts an das Zeichen angeschrieben. Die Formel (11) schreibt sich dann

$$(11\,\mathrm{a}) \qquad F_a^b \qquad \int_a^b f(x)\,dx,$$

der begriffliche Inhalt aber ist ganz derselbe geblieben, der er in (11) war. Es soll das Intervall zwischen $x = a$ und $x = b$ nach vorgeschriebenem Gesetz in n Teile geteilt, dann eine Rechteckssumme gebildet und der Grenzwert der Summe für $n \to \infty$ bestimmt werden[1].

LEIBNIZ bezeichnet diesen Prozeß als *Integration* und nennt das Zeichen entsprechend das *Integralzeichen*. Der Ausdruck

$$\int_a^b f(x)\,dx$$

---

[1] Es sei daran erinnert, daß wir die Existenz dieses Grenzwertes, den wir jetzt als Integral bezeichnen, in 5, 6 für jede im Intervall $a \leqq x \leqq b$ stetige Funktion $f(x)$ bewiesen haben.

wird das *bestimmte Integral der Funktion $f(x)$ zwischen den Grenzen a und b* genannt. Die Funktion $f(x)$ heißt der *Integrand* des Integrals.

Offensichtlich hängt der Wert des bestimmten Integrals einer Funktion $f(x)$ von den beiden *Grenzen a* und b ab. Aus der Definition des Integrals als Flächeninhalt bzw. Grenzwert einer Rechteckssumme folgt sofort:

$$\int_a^b f(x)\,dx = -\int_b^a f(x)\,dx.$$

In der Tat bewirkt die Vertauschung der Grenzen des Integrals, daß der Durchlaufungssinn der zugehörigen Strecke der x-Achse und damit auch der Umlaufsinn des Flächenstücks sich umkehrt.

Schalten wir in dem Intervall $\langle a, b \rangle$ einen Punkt c ein, so ist der zu dem Intervall $\langle a, b \rangle$ gehörige Flächeninhalt offenbar gleich der Summe der Flächeninhalte, die zu den Intervallen $\langle a, c \rangle$ und $\langle c, b \rangle$ gehören, also

$$\int_a^c f(x)\,dx + \int_c^b f(x)\,dx = \int_a^b f(x)\,dx.$$

Man überzeugt sich leicht, daß diese Beziehung auch erhalten bleibt, wenn c nicht im Innern, sondern außerhalb des Intervalls $\langle a, b \rangle$ liegt. Auch ist es für die Gültigkeit dieser Beziehung gleichgültig, ob die *untere Grenze a* kleiner als die *obere Grenze* ist oder umgekehrt. Das Integral hat den Wert Null, wenn beide Grenzen übereinstimmen.

Halten wir die untere Grenze, d. h. den Ausgangspunkt der Flächeninhaltszählung fest, so wird das Integral eine Funktion der oberen Grenze allein. Wir bezeichnen die obere Grenze dann zweckmäßig mit x und erhalten in

$$F_a^x = \int_a^x f(x)\,dx$$

den Flächeninhalt unter der Kurve $y = f(x)$ als Funktion von x dargestellt. Diese Schreibweise hat noch den einen Nachteil, daß auf der rechten Seite der Gleichung x in doppelter Bedeutung auftritt: Einerseits ist x die obere Grenze des Integrals, andererseits die *Integrationsveränderliche*, die zwischen der unteren Grenze a und der oberen Grenze x variiert. Um die Möglichkeit eines Mißverständnisses auszuschließen, ist es zweckmäßig, die Integrationsveränderliche mit einem anderen Buchstaben zu bezeichnen und

$$F_a^x = \int_a^x f(u)\,du$$

zu schreiben. Man muß sich vor Augen halten, daß dieses Integral bei festgehaltener unterer Grenze *nur eine Funktion der oberen Grenze x* ist. Die Rolle der Integrationsveränderlichen, deren Bezeichnung völlig gleichgültig ist, ist der eines Summationsindex vergleichbar, der ja ebenfalls auf den Wert der Summe gar keinen Einfluß besitzt.

Beispielsweise schreibt man für die Summe der ganzen Zahlen von 1
bis n bekanntlich $\sum\limits_{i=1}^{n} i = \dfrac{n(n+1)}{2}$, und man könnte dafür ebensogut
$\sum\limits_{k=1}^{n} k = \dfrac{n(n+1)}{2}$ schreiben. Der Wert der Summe hängt nur von dem
letzten Wert des Index (das ist in diesem Falle n), nicht aber von dem
„*laufenden Index*" ab, den man mit i oder k oder mit einem anderen
Buchstaben bezeichnen könnte.

In vielen Fällen ist es nicht notwendig, die Anfangsstelle der Flächeninhaltszählung, also die untere Integrationsgrenze, von vornherein festzulegen. Man gelangt dann zu der nur bis auf eine additive Konstante
bestimmten Flächeninhaltsfunktion, für die wir

$$F(x) = \int\limits^{x} f(u)\, du$$

schreiben müßten. Man verwendet dafür das Symbol

(12) $$F(x) = \int f(x)\, dx.$$

Dieses sogenannte *unbestimmte Integral* wäre, genau genommen, in der Form

$$F(x) = \int\limits_{a}^{x} f(u)\, du + C$$

zu schreiben, wobei C eine willkürliche Konstante darstellt.

Das in unseren früheren Überlegungen (2, 14) eingehend behandelte
Überlagerungsprinzip für die Flächeninhalte drückt sich in der neuen
Schreibweise als *Summenregel der Integralrechnung* aus:

$$\int [f(x) + g(x)]\, dx = \int f(x)\, dx + \int g(x)\, dx,$$

und der Satz, daß bei einer Maßstabsänderung der Kurvenordinaten
(Multiplikation mit einem konstanten Faktor) sich der Flächeninhalt
mit dem gleichen Faktor multipliziert, lautet als weitere Grundregel
der Integralrechnung: Ein konstanter Faktor im Integranden darf vor
das Integralzeichen gezogen werden, es gilt also:

$$\int a\, f(x)\, dx = a \int f(x)\, dx.$$

Unsere bisher ausgeführten Flächeninhaltsbestimmungen erhalten
als *Grundformeln der Integralrechnung* die Gestalt

$$\int x^{n}\, dx = \frac{x^{n+1}}{n+1} + \text{Const}, \quad \begin{array}{l} (n = \text{positive oder negative ganze Zahl,} \\ \text{ausgenommen } n = -1) \end{array} \quad (\S\,3 \text{ und } \S\,9)$$

$$\int \frac{1}{x}\, dx = \int \frac{dx}{x} = \ln|x| + \text{Const}^{*}, \qquad\qquad (\S\,6)$$

$$\int e^{x}\, dx = e^{x} + \text{Const}, \qquad\qquad (\S\,8)$$

$$\int \frac{1}{1+x^{2}}\, dx = \int \frac{dx}{1+x^{2}} = \text{arc tg } x + \text{Const}. \qquad\qquad (\S\,10)$$

Für $n = 0$ ergibt die erste Formel $\int 1\, dx = \int dx = x + \text{Const}$.

---

* Bei der Berechnung dieses Integrals in 6, 6 S. 176 hatten wir gesehen, daß
das Integrationsintervall den Punkt $x = 0$ nicht enthalten darf.

12, 5. Der Fundamentalsatz der Integral- und Differentialrechnung.

Die in § 7 festgestellte Reziprozität zwischen Flächeninhalts- und Steigungsbestimmung läßt sich mit Hilfe der neuen Schreibweise folgendermaßen darstellen: Ist $f(x)$ eine im Intervall $\langle a, x \rangle$ stetige Funktion mit der Flächeninhaltsfunktion

$$(13\,\text{a}) \qquad F(x) = \int_a^x f(\xi)\, d\xi,$$

so besitzt diese Flächeninhaltsfunktion die Steigung

$$(13\,\text{b}) \qquad \frac{dF}{dx} = f(x).$$

Hat umgekehrt eine Funktion $F(x)$ die stetige Ableitung (13 b), so läßt sie sich in der Form (13 a) darstellen. Man kann diesen Sachverhalt auch in einer einzigen Gleichung ausdrücken, indem man entweder

$$(13) \qquad F(x) = \int_a^x \frac{dF}{d\xi}\, d\xi$$

oder

$$(13^*) \qquad f(x) = \frac{d}{dx} \int_a^x f(\xi)\, d\xi$$

schreibt. Die erste Gleichung sagt aus, daß die Integration eines Differentialquotienten wieder auf die Ausgangsfunktion zurückführt. Die zweite Gleichung sagt aus, daß der Differentialquotient eines bestimmten Integrals nach seiner oberen Grenze den an der oberen Grenze gebildeten Wert des Integranden ergibt. Mit unbestimmten Integralen geschrieben lauten diese Formeln:

$$F(x) + C = \int \frac{dF}{dx}\, dx,$$

$$f(x) = \frac{d}{dx} \int f(x)\, dx.$$

Diesen grundlegenden Zusammenhang bezeichnet man als *Fundamentalsatz der Integral- und Differentialrechnung.*

12, 6. Die Substitutionsmethode.

Wir haben schon in § 11 gesehen, daß die Einführung einer neuen Veränderlichen eine Integrationsaufgabe beträchtlich vereinfachen kann. Durch die inzwischen gewonnene Kettenregel der Differentialrechnung und den Fundamentalsatz eröffnet sich dazu ein neuer Zugang. Ist nämlich in dem unbestimmten Integral

$$\Phi(u) = \int \varphi(u)\, du$$

die Veränderliche u wieder eine Funktion einer anderen Veränderlichen x:

$$u = g(x)$$

mit stetiger erster Ableitung, so ist damit auch Φ mittelbar eine Funktion von x:

$$\Phi[g(x)] = F(x).$$

Die Ableitung dieser Funktion ist (sofern sie existiert) auf Grund der Kettenregel gegeben durch:

$$F'(x) = \Phi'(u)\, g'(x),$$

und darin ergibt sich für den ersten Faktor rechts nach dem Fundamentalsatz:

$$\Phi'(u) = \varphi(u),$$

so daß wir haben:

$$F'(x) = \varphi[g(x)]\, g'(x).$$

Das führt aber nach dem Fundamentalsatz zu

$$F(x) = \int \varphi[g(x)]\, g'(x)\, dx,$$

also:

(14a)
$$\int \varphi[g(x)]\, g'(x)\, dx = \int \varphi(u)\, du.$$

In diese Gleichung sind für x und u natürlich zusammengehörige Werte einzusetzen. Sie gibt die Möglichkeit, ein Integral, das in der Veränderlichen x eine komplizierte Gestalt hat, unter Umständen in ein einfacheres Integral in u zu verwandeln. Es kommt jedoch auch vor, daß die Anwendung dieser Beziehung in umgekehrter Richtung eine Vereinfachung bringt. Bleiben wir bei dem ersten Fall, so ist noch zu bemerken, daß nach Ausführung der Integration in u wieder für u der Ausdruck $g(x)$ einzusetzen ist, um das gesuchte unbestimmte Integral in x als Funktion von x zu erhalten.

Dieses nachträgliche Zurückrechnen auf x erübrigt sich bei der Auswertung bestimmter Integrale, wenn man die Integrationsgrenzen mit auf die neue Veränderliche transformiert, also beachtet, daß zu den x-Werten a und b die u-Werte $\alpha = g(a)$ und $\beta = g(b)$ gehören, so daß man zu schreiben hat:

(14)
$$\int_a^b \varphi[g(x)]\, g'(x)\, dx = \int_{g(a)}^{g(b)} \varphi(u)\, du = \int_a^\beta \varphi(u)\, du,$$

ein Ergebnis, das wir in 11, 4 schon unmittelbar abgeleitet haben.

An dieser Stelle tritt nun die Kraft der Leibnizschen Schreibweise deutlich in Erscheinung. Schreibt man nämlich in (14a) die Ableitung als Differentialquotienten, so erhält diese Beziehung die besonders einprägsame Gestalt

$$\int \varphi(u)\, \frac{du}{dx}\, dx = \int \varphi(u)\, du,$$

die ihrer äußeren Erscheinung nach als eine Selbstverständlichkeit anmuten könnte, die dies aber ebensowenig ist wie die Kettenregel, ein Sachverhalt, den die Überlegungen von 11, 4 unmittelbar vor Augen führen. Für das formale Rechnen ist aber die überaus einfache Gestalt dieser Beziehung von größter Bedeutung; denn man braucht sich dafür nur zu merken, daß beim Übergang von einer Integrationsveränderlichen x zu einer anderen Veränderlichen u auch das Differential dx durch du auszudrücken ist:

$$d x = \frac{d u}{\dfrac{d u}{d x}} = \frac{d u}{g'(x)}.$$

Auf diese Weise können wir z. B. das Integral

$$\int (a x + b)^n \, d x$$

jetzt sehr einfach behandeln, indem wir

$$a x + b = u$$

setzen, so daß sich der Integrand in die einfache Potenz u^n verwandelt. Zugleich ist wegen

$$\frac{d u}{d x} = a$$

für dx der Wert

$$d x = \frac{d u}{a}$$

einzusetzen, und es wird

$$\int (a x + b)^n \, d x = \frac{1}{a} \int u^n \, d u = \frac{1}{a} \frac{u^{n+1}}{n + 1} + C = \frac{1}{a} \frac{(a x + b)^{n+1}}{n + 1} + C.$$

Wenn wir hieran den Wert der Substitutionsmethode deutlich gesehen haben, dürfen wir ihre Reichweite andererseits doch nicht überschätzen. Denn soll eine Substitution $u = g(x)$ zu einer Vereinfachung führen, so muß sich der ursprüngliche Integrand $f(x)$ ja in der Form $\varphi[g(x)]g'(x)$ schreiben lassen, damit das Differential du an Stelle von dx erscheint, und es muß die Funktion φ eine einfachere Funktion sein als $f(x)$. Will man den umgekehrten Weg gehen und mit einer Substitution $x = h(u)$ zum Ziele kommen, so geht das Integral $\int f(x) \, d x$ in $\int f[h(u)]h'(u) \, d u$ über, und es muß daher das Produkt $f[h(u)]h'(u)$ eine einfachere Funktion sein als die Funktion $f(x)$. Für beide Fälle läßt sich das auch so ausdrücken: Es genügt nicht, daß bei der Einführung einer neuen Veränderlichen u an Stelle von x die Funktion $f(x)$ in eine einfachere Funktion von u übergeht — solche Substitutionen ließen sich ohne Mühe in großer Zahl angeben, und die einfachste wäre, $f(x)$ selbst gleich u zu setzen, — sondern es muß das Produkt $f(x) \, d x$ in einen einfacheren Ausdruck $\varphi(u) \, d u$ übergehen. Man muß dabei also zwei verschiedene, einander häufig widersprechende Forderungen zugleich erfüllen, und das macht die Aufsuchung einer geeigneten Substitution in hohem Maße zu einer Sache der persönlichen Geschicklichkeit, stellt im allgemeinen sogar die Anwendbarkeit der Substitution überhaupt in Frage. Auf alle Fälle können für die Anwendung der Substitution auf die Auswertung von Integralen keine allgemeinen Regeln gegeben werden, man muß vielmehr die Besonderheiten der einzelnen Aufgabe berücksichtigen. Wenn zwei sehr ähnlich aussehende Integrale vorliegen, kann für das eine die Substitution zum Ziele führen, für das andere völlig versagen. Wir wollen zwei Beispiele betrachten, die dies ins Licht setzen.

Dazu nehmen wir die auf S. 267 behandelte *Glockenkurve*

$$y = e^{-x^2}$$

wieder heran und fragen nach der Flächeninhaltsfunktion

$$F(x) = \int e^{-x^2} dx,$$

die als Gauss *sches Fehlerintegral* bezeichnet wird. Da man das Integral der Exponentialfunktion

$$\int e^x dx = e^x + \text{Const}$$

kennt, so könnte man auf den Gedanken kommen, die Substitution

$$u = x^2$$

zu versuchen, durch die e^{-x^2} in e^{-u} übergeht. Da aber

$$du = 2x\,dx$$

ist, so würde

$$e^{-x^2} dx = e^{-u} \frac{du}{2x} = \frac{1}{2} e^{-u} \frac{du}{\sqrt{u}}$$

und

$$\int e^{-x^2} dx = \frac{1}{2} \int \frac{e^{-u}}{\sqrt{u}} du.$$

Das so erhaltene Integral ist aber keineswegs einfacher als das ursprüngliche, so daß die Substitution keinen Vorteil gebracht hat. Als Gegenstück betrachten wir die Funktion $y = xe^{-x^2}$ und stellen uns die Aufgabe, das Integral

$$\int x e^{-x^2} dx$$

zu berechnen. Hier führt die Substitution $u = x^2$ zum Ziel, es wird

$$\int x e^{-x^2} dx = \tfrac{1}{2} \int e^{-u} du$$

und da

$$\int e^{-u} du = -e^{-u} + \text{Const}$$

ist, so folgt

$$\int x e^{-x^2} dx = -\tfrac{1}{2} e^{-x^2} + \text{Const}.$$

Wird die untere Grenze nach Null gelegt, so ergibt sich

$$(15) \qquad \int_0^x \xi\, e^{-\xi^2}\, d\xi = \tfrac{1}{2}\left(1 - e^{-x^2}\right).$$

Die rechte Seite von (15) liefert für den Grenzprozeß $x \to \infty$ den Grenzwert $\tfrac{1}{2}$. Es hat also einen Sinn, von dem bis ins Unendliche sich erstreckenden Flächeninhalt F_0^∞ unter der Kurve $y = x e^{-x^2}$ zu sprechen, und zwar ist

$$(15\,\mathrm{a}) \qquad F_0^\infty = \int_0^\infty e^{-\xi^2}\, \xi\, d\xi = \tfrac{1}{2}.$$

Daraus können wir aber sogleich schließen, daß es auch einen Sinn hat, für die Glockenkurve $y = e^{-x^2}$ den Flächeninhalt von 0 bis ∞ zu berechnen. Denn für $x > 1$ ist e^{-x^2} stets positiv und kleiner als $x e^{-x^2}$. Da also die Glockenkurve für $x > 1$ zwischen der x-Achse und der Kurve $y = x e^{-x^2}$ verläuft, so muß auch

$$\int_0^\infty e^{-x^2} dx$$

einen endlichen Wert besitzen. Das gleiche gilt dann, da der Integrand eine gerade Funktion ist, von dem Integral

$$F = \int_{-\infty}^{+\infty} e^{-x^2}\, dx = 2 \int_0^\infty e^{-x^2}\, dx.$$

Vom unbestimmten Integral her würde die Berechnung dieses bestimmten Integrals, das von großer Wichtigkeit für die Anwendungen ist, erhebliche Schwierigkeiten bereiten. Mittels eines Kunstgriffes gelingt es jedoch leicht, seinen Wert anzugeben.

Wir lassen die Glockenkurve (Abb. 97a) um die Ordinatenachse rotieren, so daß eine Drehfläche entsteht. Sie bestimmt mit der Ebene, die durch Rotation der Abszissenachse erzeugt wird, einen Drehkörper, den wir den *Glockenkörper* nennen wollen.

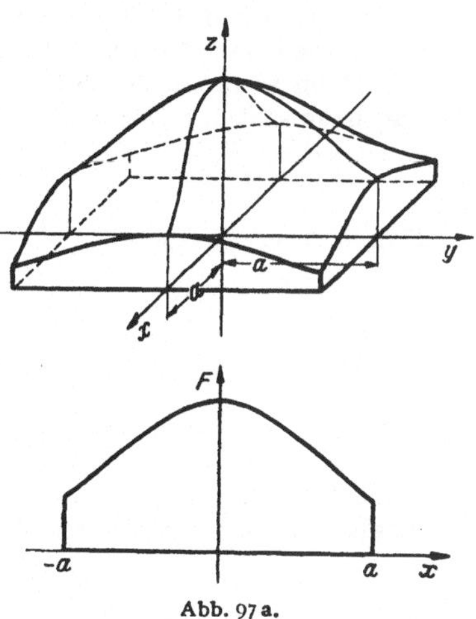

Abb. 97 a.

Der Rauminhalt dieses Glockenkörpers steht in sehr einfacher Beziehung zu dem Flächeninhalt unter der Glockenkurve. Die Darstellung wird symmetrischer, wenn wir die Bezeichnung der Koordinaten ein wenig abändern. Denken wir die durch Rotation der Abszissenachse entstandene Grundebene als (x, y)-Ebene eingeführt und die Ordinatenachse als z-Achse bezeichnet, so erhalten wir für jeden Punkt der (x, y)-Ebene als zugehörige z-Koordinate der Drehfläche

$$z = e^{-r^2},$$

wo r der Abstand des Punktes von der Drehachse, also

$$r^2 = x^2 + y^2$$

ist. In der (x, y)-Ebene wollen wir uns nun ein Quadrat abgrenzen mit der Seitenlänge $2a$, so daß $x = a$, $x = -a$ bzw. $y = a$, $y = -a$ die Gleichungen seiner vier Seiten sind, und suchen den Rauminhalt desjenigen Teils des Glockenkörpers zu bestimmen, der über diesem Quadrat steht (Abb. 97a). Wir legen nun an irgend einer Stelle x eine zur x-Achse senkrechte Ebene und betrachten die Schnittfigur dieser Ebene mit der Drehfläche

$$z = e^{-r^2} = e^{-x^2}\, e^{-y^2}\,.$$

Da in der Schnittebene x konstant ist, so ist auch e^{-x^2} ein konstanter Faktor. Die Schnittkurve in einer Ebene $x = \text{Const}$ entsteht also aus der Schnittkurve der Ebene $x = 0$, indem man ihre Ordinaten im Verhältnis

$$e^{-x^2} : 1$$

verkleinert. Bezeichnen wir daher die Fläche des Querschnitts, den die Ebene $x = 0$ aus dem über dem Quadrat stehenden Teil des Glockenkörpers ausschneidet, mit

$$F_{-a}^{+a}(0) = \int\limits_{-a}^{+a} e^{-y^2}\, dy\,,$$

so ist der entsprechende Flächeninhalt für eine beliebige Ebene $x = \text{Const}$

$$F_{-a}^{+a}(x) = e^{-x^2}\, F_{-a}^{+a}(0)\,.$$

Da wir somit den Flächeninhalt aller dieser Querschnitte kennen, ist es leicht, den Rauminhalt des über dem Quadrat stehenden Teiles des Glockenkörpers anzugeben. Denn wenn wir den Flächeninhalt der Querschnitte als Funktion von x auftragen, so gibt der Flächeninhalt dieser Figur uns den Rauminhalt an. Es ist also

$$V(a) = F_{-a}^{+a}(0) \int\limits_{-a}^{+a} e^{-x^2}\, dx\,.$$

Nun ist aber wieder

$$\int\limits_{-a}^{+a} e^{-x^2}\, dx = F_{-a}^{+a}(0)\,,$$

und somit haben wir

$$V(a) = F_{-a}^{+a}(0)\, F_{-a}^{+a}(0)\,.$$

Das heißt, der Rauminhalt des Anteils des Glockenkörpers, der über dem Quadrat steht, ist gleich dem Quadrat des Flächeninhaltes, den eine Mittelebene ausschneidet. Lassen wir nun a gegen ∞ gehen, so geht die linke Seite in den Rauminhalt V des ganzen Glockenkörpers über, der sich nach allen Richtungen ins Unendliche erstreckt. Die rechte Seite wird andererseits gleich dem Quadrat des Flächeninhaltes F, den die ganze Glockenkurve mit ihrer Abszissenachse bestimmt. Da dieser Flächeninhalt endlich bleibt, so bleibt auch der Rauminhalt endlich, und wir haben die Beziehung

$$V = F^2\,.$$

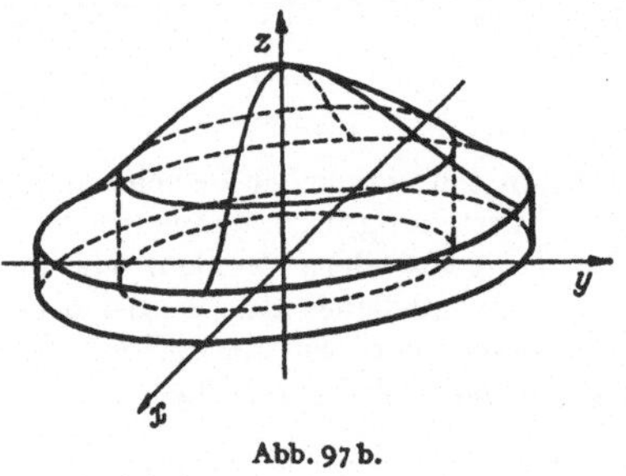

Abb. 97 b.

Der Rauminhalt des Glockenkörpers ist gleich dem Quadrat des Flächeninhaltes einer seiner Achsenschnitte.

Damit ist gezeigt, daß die Berechnung des gesuchten Integrals äquivalent ist mit der Bestimmung des Rauminhaltes des Glockenkörpers. Können wir diesen Rauminhalt V bestimmen, so erhalten wir das gesuchte Integral

$$(16a) \qquad F = \int\limits_{-\infty}^{+\infty} e^{-x^2}\, dx = \sqrt{V}\,.$$

Für die Berechnung des Glockenkörpers können wir nun seine Eigenschaft als Drehkörper heranziehen (Abb. 97 b). Wir legen in der (x, y)-Ebene zwei Kreise mit den Halbmessern r und $(r + \Delta r)$ um den Anfangspunkt. Sie sind die Grundkreise zweier Zylindermäntel, die einen Hohlzylinder begrenzen. Für den Rauminhalt ΔV dieses Hohlzylinders hätten wir die Einschachtelung

$$e^{-(r+\Delta r)^2}\,\Delta G < \Delta V < e^{-r^2}\,\Delta G,$$

worin ΔG der Flächeninhalt des Ringes der (x, y)-Ebene ist, den die beiden Kreise begrenzen:

$$\Delta G = (r + \Delta r)^2\,\pi - r^2\,\pi.$$

Setzt man dies ein, so ergibt sich nach Division durch Δr

$$\pi(2\,r + \Delta r)\,e^{-(r+\Delta r)^2} < \frac{\Delta V}{\Delta r} < \pi(2\,r + \Delta r)\,e^{-r^2}$$

und nach Vollzug des Grenzüberganges $\Delta r \to 0$

$$\frac{dV}{dr} = 2\,\pi\,e^{-r^2},$$

so daß der Inhalt des ganzen Glockenkörpers nach (15a)

$$(16\mathrm{b}) \qquad V = 2\,\pi\int\limits_0^\infty e^{-r^2}\,r\,dr = \pi$$

wird. Setzen wir schließlich diesen Wert in (16a) ein, so erhalten wir für den Flächeninhalt unter der Glockenkurve

$$(16) \qquad F = 2\int\limits_0^\infty e^{-x^2}\,dx = \sqrt{\pi}\,.$$

Wir wollen unseren Blick noch einmal kurz auf die Darstellung

$$F(x) + C = \int \frac{dF}{dx}\,dx$$

des Fundamentalsatzes richten. Wenn man darin gewissermaßen F als neue Integrationsveränderliche einführt, geht die Formel über in

$$F + C = \int dF.$$

Die Bedeutung dieser Schreibweise liegt in dem hier zum Ausdruck kommenden freien Arbeiten mit den Differentialen, bei dem man unabhängige und abhängige Veränderliche nicht mehr zu unterscheiden braucht. Durch diese Möglichkeit wird sogar die Anwendung des Fundamentalsatzes in seiner ersten Fassung (13) zu einer formalen Rechnung, bei der man nach (13b) zunächst

$$dF = f(x)\,dx$$

schreibt und dann auf beiden Seiten Integralzeichen davor setzt:

$$\int dF = \int f(x)\,dx.$$

Dann liefert die Ausführung der Integration auf der linken Seite

$$F + C = \int f(x)\,dx\,.$$

Anwendung 20: Kinetische Energie einer geradlinig bewegten Masse. Ein längs einer Geraden beweglicher Körper der Masse m, der sich im Augenblick $t = 0$ in Ruhe befinden möge, gerät unter der Einwirkung einer Kraft in Bewegung. Nach Ablauf einer Zeit t_1, während deren sich die Bewegungsrichtung nicht umgekehrt haben soll, sei die Wegstrecke s_1 zurückgelegt, und die Geschwindigkeit habe den Wert v_1. Wir fragen nach der Arbeit, die während der Zeit t_1 an dem bewegten Körper geleistet worden ist.

Von der Anfangslage des Körpers aus messen wir in seiner Bewegungsrichtung den Weg s, und wir wollen Kräfte und Geschwindigkeiten positiv zählen, wenn sie die Richtung wachsender s haben. Die wirkende Kraft K kann sich natürlich im Laufe der Bewegung ändern, und wir sehen sie daher als Funktion von s an. Über diese Funktion $K(s)$, deren Verlauf im einzelnen auf unser Ergebnis keinen Einfluß haben wird, wollen wir zunächst voraussetzen, daß sie im Intervall $0 \leqq s \leqq s_1$ stetig ist. Man erkennt dann, daß die gesuchte Arbeit A gleich dem Flächeninhalt unter der Kurve $K(s)$ sein muß, also

$$A_1 = \int\limits_0^{s_1} K(s)\, ds.$$

Nun ist s eine Funktion der Zeit t, und wir können somit auch die Kraft als Funktion der Zeit darstellen:

$$K[s(t)] = \overline{K}(t).$$

Um in das Integral an Stelle von s die Größe t als Integrationsveränderliche einzuführen, haben wir außerdem nur noch für ds den Wert

$$ds = \frac{ds}{dt}\, dt = s'(t)\, dt = v(t)\, dt \qquad (v(t) = \text{Geschwindigkeit})$$

einzuführen, so daß wir nunmehr haben:

$$A_1 = \int\limits_0^{t_1} \overline{K}(t)\, v(t)\, dt.$$

Nach dem Grundgesetz der Dynamik muß nun weiter die wirkende Kraft in jedem Augenblick dem Produkt aus der trägen Masse m und der Beschleunigung gleich sein, also

$$\overline{K}(t) = m\, v'(t) = m\, \frac{dv}{dt},$$

und damit gelangen wir zu

$$A_1 = \int\limits_0^{t_1} m\, v\, \frac{dv}{dt}\, dt.$$

Hierin läßt sich aber sofort durch formales Kürzen der Differentiale dt die Größe v als neue Integrationsveränderliche einführen, und man hat in

$$A_1 = \int\limits_0^{v_1} m\, v\, dv$$

einen Ausdruck für die Arbeit, in den bemerkenswerterweise der Verlauf der Funktion $v(t)$ überhaupt nicht mehr eingeht. Die Auswertung des Integrals liefert

$$A_1 = \tfrac{1}{2}\, m\, v_1^2.$$

Wir können die über die Funktion $K(s)$ gemachten Voraussetzungen jetzt auch weniger speziell annehmen und statt der Stetigkeit im ganzen Intervall $0 \leqq s \leqq s_1$ in diesem Intervall Beschränktheit und stückweise Stetigkeit verlangen, also in diesem Intervall Sprungstellen in endlicher Zahl zulassen. (Dann ist lediglich das Integrationsintervall zu unterteilen.) Ferner läßt sich unsere Überlegung auch sofort auf hin und her gehende Bewegungen übertragen, indem man die Zeitskala geeignet unterteilt und dadurch die Bewegung aus einsinnigen Bewegungen zusammensetzt.

Das wichtige Ergebnis lautet: Um einen Körper der Masse m in geradliniger Bewegung aus dem Ruhezustand bis zur Geschwindigkeit v zu beschleunigen, ist die Arbeit

$$T = \tfrac{1}{2}\, m\, v^2$$

zu leisten. Diese Arbeit wird natürlich wieder frei, wenn der Körper wieder bis zum Ruhezustand gebremst wird. Eine Masse m, die sich mit der Geschwindigkeit v bewegt, hat also in sich eine *Energie* $\tfrac{1}{2}\, mv^2$, die man die „Bewegungsenergie" oder „kinetische Energie" (leider auch „lebendige Kraft") nennt. Der gefundene Zusammenhang ist, wie wir hier noch nicht zeigen können, nicht auf geradlinige Bewegungen beschränkt, sondern hat allgemeine Gültigkeit[1].

12, 7. Trennung der Veränderlichen.

Schreiben wir das in § 8 behandelte „Gesetz des natürlichen Wachsens" mit Differentialen:

$$\frac{dy}{dx} = k\,y,$$

so läßt es sich in die Form

$$\frac{dy}{y} = k\,dx$$

umsetzen, in der die *Veränderlichen getrennt* sind[2]. In dieser *Differentialgleichung* brauchen wir zwischen unabhängiger und abhängiger Veränderlicher nicht mehr zu unterscheiden, wir gewinnen die Funktionsbeziehung zwischen y und x unmittelbar durch Integration. Es ergibt sich

$$\ln y = k\,x + C,$$

und daraus folgt

$$y = e^{k\,x + C}$$

oder, wenn wir $e^C = K$ setzen,

$$y = K\,e^{kx}.$$

Aus dieser *Lösungsschar* wird eine einzelne Lösung dadurch ausgesondert, daß man der Konstanten K einen bestimmten Wert erteilt. Bei vorliegenden Anwendungsaufgaben ist meist ein bestimmter „Punkt" gegeben, durch den die Lösungskurve hindurchgehen muß, d. h. zu einer Abszisse x_0 ist eine Ordinate y_0 vorgeschrieben. Dann ergibt sich die Konstante K aus der Gleichung

$$y_0 = K\,e^{k\,x_0},$$

und man erhält

$$y = y_0\,e^{k\,(x - x_0)}$$

(vgl. Anwendung 15—18, S. 212 ff.).

---

[1] Die hier angewandte Methode kann auch dazu dienen, aus der in Anwendung 18 (S. 215) gegebenen Definition der Induktivität L die in Anwendung 14 (S. 189) benutzte Formel für die magnetische Energie herzuleiten.

[2] Den begrifflichen Inhalt dieser formalen Umschreibung haben wir bereits in 11, 5 klargemacht.

Man sieht, wie man vermöge der neuen Schreibweise die Lösung der Gleichung

$$y' = k\,y$$

unmittelbar mit Hilfe formalen Rechnens und der Anwendung der Grundformeln der Integration findet. Diese Methode der „Trennung der Veränderlichen" werde noch an einigen weiteren Beispielen erläutert.

Anwendung 21: Meteor im Gravitationsfeld der Erde. Wir betrachten die Bewegung einer Masse m, die von einer ruhenden Masse M nach dem Gravitationsgesetz angezogen wird und sich geradlinig auf sie zubewegt. Es soll die Geschwindigkeit v der Masse m als Funktion ihres Abstandes r von der ruhenden Masse bestimmt werden.

Nach dem Bewegungsgesetz ist das Produkt aus der Masse und der Beschleunigung gleich der wirkenden Kraft. Ist nun v die Geschwindigkeit, die wir zunächst als Funktion der Zeit t auffassen wollen, so ist die Beschleunigung gleich ihrer Ableitung

$$b = v'(t) = \frac{dv}{dt},$$

und die Bewegungsgleichung lautet zunächst

$$m\,\frac{dv}{dt} = -\varkappa\,\frac{m\,M}{r^2},$$

wo $\varkappa$ die Gravitationskonstante ist oder, da sich m heraushebt,

$$\frac{dv}{dt} = -\varkappa\,M\,\frac{1}{r^2}.$$

In dieser Form entspricht die Differentialgleichung noch nicht der gestellten Aufgabe, denn in ihr ist die Geschwindigkeit v als Funktion der Zeit t aufgefaßt. Da es uns auf ihre Abhängigkeit von r ankommt, fassen wir v durch Vermittlung von r als Funktion von t auf und schreiben $v\,[r(t)]$ statt $v(t)$. Dann ist nach der Kettenregel der Differentialrechnung die Ableitung nach t:

$$\frac{dv}{dt} = \frac{dv}{dr}\frac{dr}{dt} = \frac{dv}{dr}\,v,$$

denn $\dfrac{dr}{dt}$ ist offenbar die Geschwindigkeit v. Mit diesem Ausdruck für die Beschleunigung erhält die Bewegungsgleichung die Gestalt

$$v\,\frac{dv}{dr} = -\varkappa\,M\frac{1}{r^2}$$

oder, wenn wir die Veränderlichen trennen,

$$v\,dv = -\varkappa\,M\,\frac{dr}{r^2}.$$

Das ist die Differentialgleichung, die Geschwindigkeit v und Abstand r verknüpft. Aus ihr erhalten wir, wenn wir integrieren,

$$\frac{1}{2}\,v^2 = \varkappa\,M\,\frac{1}{r} + C.$$

Um die willkürliche Konstante festzulegen, müssen wir für einen Wert von r die Geschwindigkeit v vorschreiben. Wir wollen annehmen, die Masse m befinde sich bei Beginn der Bewegung im Ruhezustand $(v = 0)$ in so großer Entfernung von der im Anfangspunkt ruhenden Masse M, daß wir keinen großen Fehler begehen, wenn wir für diese Anfangslage $r = \infty$ setzen. Offenbar erhalten wir dann für C den Wert Null und haben zwischen v und r die Beziehung

$$v = \sqrt{\frac{2\,\varkappa\,M}{r}}.$$

Diese Gleichung wenden wir auf die Bewegung eines Meteors im Gravitationsfeld der Erde an. Ohne die Konstanten $\varkappa$ und M zu kennen, können wir ihr Produkt aus uns wohlbekannten Größen berechnen, denn an der Oberfläche der Erde, deren Radius wir R_e nennen, hat die Beschleunigung den Betrag

$$\frac{\varkappa\,M}{R_e^2} = g,$$

so daß sich

$$v = \sqrt{\frac{2\,g\,R_r^2}{r}}$$

ergibt. An der Oberfläche der Erde hätte also die Geschwindigkeit den Wert

$$v_e = \sqrt{2\,g\,R_e}$$

und mit $g = 981$ cm/sec^2, $R_e = 6{,}37 \cdot 10^8$ cm folgt

$$v_e = 11{,}2\,\frac{\text{km}}{\text{sec}}.$$

Diese Größenordnung der Geschwindigkeit macht es verständlich, daß die Meteore in der Lufthülle durch die Reibung so stark erhitzt werden, daß sie in Weißglut geraten und verbrennen bzw. schmelzen oder verdampfen.

Anwendung 22: Barometrische Höhenformel. Wir wollen untersuchen, wie sich in ruhender Luft der Luftdruck p mit der Höhe x über dem Erdboden ändert, wenn die Temperatur eine vorgegebene Funktion von x ist. Die Dichte der Luft werde mit $\varrho(x)$ bezeichnet.

Wir betrachten nun eine Luftsäule von konstantem Querschnitt F [cm^2] und denken sie mit zwei horizontalen Ebenen geschnitten in den Höhen x und $(x + dx)$, wobei dx als Differential der unabhängigen Veränderlichen völlig willkürlich wählbar ist ($dx = \varDelta x$). Für das Gewicht $\varDelta G$ des betrachteten Stücks der Luftsäule, dessen Rauminhalt $\varDelta V = F\,dx$ ist, würden wir nun, da ϱ sicher mit wachsendem x abnehmen muß, nach unserer früheren Betrachtungsweise die Einschachtelung

$$F\,g\,\varrho(x + dx)\,dx < \varDelta G < F\,g\,\varrho(x)\,dx \qquad \left(g = 9{,}81\,\frac{\text{m}}{\text{sec}^2}\right)$$

erhalten. Nach Division durch dx und Vollzug des Grenzüberganges $dx \to 0$ ergibt sich

$$(*) \qquad\qquad G'(x) = \frac{dG}{dx} = F\,g\,\varrho(x),$$

wobei $G(x)$ das Gewicht der gesamten Luftsäule vom Erdboden bis zur Höhe x ist.

Nun ist der Druck in der Höhe x gleich dem Gesamtgewicht der darüber stehenden Luftsäule, dividiert durch den Querschnitt F. Bezeichnen wir den Druck an der Erdoberfläche mit p_0, so ist offenbar

$$p_0 - p(x) = \frac{G(x)}{F},$$

und daraus folgt durch Differentiation nach x

$$G'(x) = -F\,p'(x).$$

Setzen wir dies in die Gleichung (*) ein, so hebt sich F heraus und wir erhalten

$$p'(x) = \frac{dp}{dx} = -g\,\varrho(x).$$

Nun beachten wir, daß das Gewicht G einer Luftmenge mit dem Volumen v und der Massendichte ϱ durch die Gleichung

$$G = g\,\varrho\,v$$

verknüpft ist. Dürfen wir ferner die Luft als *ideales Gas* auffassen, so gilt als *Zustandsgleichung* das sogenannte Boyle-Mariotte-Gay-Lussacsche Gesetz:

$$p\,v = \frac{G}{g}\,R\,T,$$

die für das Einheitsvolumen übergeht in

$$p = \varrho\,R\,T.$$

Mit

$$\varrho = \frac{p}{R\,T}$$

lautet die Differentialgleichung

$$\frac{dp}{p} = -g\,\frac{dx}{R\,T(x)}.$$

Wir erhalten durch ihre Integration

$$\ln\frac{p}{p_0} = -\frac{g}{R}\int_0^x \frac{d\xi}{T(\xi)}.$$

Das auf der rechten Seite stehende Integral können wir erst auswerten, wenn uns T als Funktion von x bekannt ist. Wir machen darüber einige Annahmen. Die einfachste wäre die, daß wir T als konstant voraussetzen:

$$T(x) = T_0.$$

Dann erhalten wir für den Luftdruck das Gesetz

$$\ln\left(\frac{p}{p_0}\right) = -\frac{g\,x}{R\,T_0} \qquad \text{bzw.} \qquad p = p_0\,e^{-\frac{g\,x}{R\,T_0}}.$$

Bei konstant bleibender Temperatur nimmt also der Luftdruck nach dem Gesetz der Exponentialfunktion mit der Höhe ab.

Besser als diese einfachste Annahme ist es indessen, die Temperatur T als eine Funktion von x anzusetzen, die linear mit x abnimmt:

$$T = T_0\,(1 - \alpha\,x).$$

Dann erhält das Luftdruckgesetz die Form

$$\ln\frac{p}{p_0} = -\frac{g}{R\,T_0}\int_0^x \frac{d\xi}{1-\alpha\xi} = \frac{g}{\alpha R\,T_0}\int_0^x \frac{d\xi}{\xi - \frac{1}{\alpha}}$$

und die Auswertung ergibt

$$\ln\frac{p}{p_0} = \frac{g}{\alpha R\,T_0}\ln\left(\frac{x-\frac{1}{\alpha}}{-\frac{1}{\alpha}}\right) = \frac{g}{\alpha R\,T_0}\ln(1-\alpha\,x),$$

so daß schließlich

$$p = p_0 \, (1 - \alpha \, x)^{\overline{\alpha \, R \, T_0}}$$

folgt[1].

Die in diesen Beispielen sich bietende Möglichkeit, die Lösung explizit herzustellen, darf uns nicht übersehen lassen, daß an sich der Übergang von einer Differentialgleichung

$$g(y) \, dy = f(x) \, dx,$$

in der die Veränderlichen getrennt sind, zu der zugehörigen Beziehung

$$\int g(y) \, dy = \int f(x) \, dx + \text{Const}$$

zwischen Integralen, die Lösung der Differentialgleichung noch nicht in expliziter Form liefert, sondern zunächst nur aussagt, daß diese Lösung durch Bestimmung der Grenzwerte von zwei Summen gefunden werden kann. In allen behandelten Beispielen konnten wir nur deshalb die explizite Lösung sofort anschreiben, weil wir das Ergebnis der Grenzprozesse auf Grund unserer bisherigen Ergebnisse, die wir als elementare Integrationsformeln festgelegt haben, sofort überschauten.

§ 13. Differentiationsregeln und Integrationsmethoden.

13, 1. Grundregeln der Differentialrechnung.

Die Bildung des Differentialquotienten vorgelegter Funktionen wird außerordentlich vereinfacht, wenn man einige Differentiationsregeln beachtet, deren einfachste wir uns bereits bei den Steigungsbestimmungen am Anfang des Buches klargemacht haben. Wir sahen in 2, 22: Hat eine Funktion $u(x)$ die Ableitung $\dfrac{du}{dx}$ und ist c eine Konstante, so besitzt die Funktion $y = c\,u(x)$ die Ableitung

$$(1) \qquad \frac{dy}{dx} = \frac{d(c\,u)}{dx} = c\,\frac{du}{dx},$$

d. h. die Multiplikation mit einem konstanten Faktor kann mit dem Differentiationsprozeß vertauscht werden.

Gehen wir von zwei Funktionen $u(x)$, $v(x)$ aus, deren Ableitungen wir kennen, so hat die Aufstellung des Überlagerungssatzes für die Steigungen in 2, 22 gezeigt, daß wir dann auch die Ableitungen der Summe und Differenz bilden können und daß diese die Werte

$$(2) \qquad \left.\begin{aligned} \frac{d(u+v)}{dx} &= \frac{du}{dx} + \frac{dv}{dx} \\[2mm] \frac{d(u-v)}{dx} &= \frac{du}{dx} - \frac{dv}{dx} \end{aligned}\right\} \quad (\textit{Summenregel})$$

besitzen.

---

[1] Durch den Grenzprozeß $\alpha \to 0$ erhält man hieraus natürlich die Formel für konstante Temperatur.

Von Wichtigkeit erscheint es, zu fragen, ob man auch für das Produkt zweier solcher Funktionen $y = u(x)\,v(x)$ eine ähnlich einfache Regel aufstellen kann. Gehen wir wieder von der Definition der Ableitung durch den Grenzprozeß

$$y' = \lim_{\Delta x \to 0} \frac{y(x + \Delta x) - y(x)}{\Delta x}$$

aus, so haben wir die Ordinatenspanne:

$$y(x + \Delta x) - y(x) = u(x + \Delta x)\,v(x + \Delta x) - u(x)\,v(x).$$

Es erleichtert die Durchführung des Grenzprozesses, wenn wir hier das Produkt $u(x + \Delta x)\,v(x)$ einmal subtrahieren und dann wieder addieren. Damit erhalten wir nämlich

$$y(x + \Delta x) - y(x)$$
$$= u(x + \Delta x)\,[v(x + \Delta x) - v(x)] + v(x)\,[u(x + \Delta x) - u(x)]$$

und somit für die Sehnensteigung die Darstellung

$$m_s = \frac{y(x + \Delta x) - y(x)}{\Delta x}$$
$$= u(x + \Delta x)\,\frac{v(x + \Delta x) - v(x)}{\Delta x} + v(x)\,\frac{u(x + \Delta x) - u(x)}{\Delta x}.$$

Der Grenzübergang $\Delta x \to 0$ ist hier sehr einfach durchzuführen. Es ergibt sich

$$\frac{dy}{dx} = \lim_{\Delta x \to 0} u(x + \Delta x) \lim_{\Delta x \to 0} \frac{v(x + \Delta x) - v(x)}{\Delta x} +$$
$$+ v(x) \lim_{\Delta x \to 0} \frac{u(x + \Delta x) - u(x)}{\Delta x}$$

so daß, da die Differentialquotienten von $u(x)$ und $v(x)$ nach Voraussetzung existieren,

$$(3) \qquad \frac{dy}{dx} = \frac{d(u\,v)}{dx} = u\,\frac{dv}{dx} + v\,\frac{du}{dx}$$

wird. Das ist die *Produktregel der Differentialrechnung.*

Um auch für den Quotienten $y = \dfrac{u(x)}{v(x)}$ zu einer Differentiationsregel zu gelangen, bilden wir die Sehnensteigung

$$m_s = \frac{y(x + \Delta x) - y(x)}{\Delta x} = \frac{1}{\Delta x}\left[\frac{u(x + \Delta x)}{v(x + \Delta x)} - \frac{u(x)}{v(x)}\right]$$
$$= \frac{v(x)\,u(x + \Delta x) - u(x)\,v(x + \Delta x)}{v(x + \Delta x)\,v(x)\,\Delta x}.$$

Wenn wir hier im Zähler $v(x)\,u(x)$ addieren und wieder subtrahieren, so können wir die Sehnensteigung in der Form

$$m_s = \frac{v(x)\,\dfrac{u(x + \Delta x) - u(x)}{\Delta x} - u(x)\,\dfrac{v(x + \Delta x) - v(x)}{\Delta x}}{v(x + \Delta x)\,v(x)}$$

schreiben. In dieser Formel läßt sich nun offenbar der Grenzübergang $\Delta x \to 0$ leicht vollziehen. Unter der Voraussetzung, daß $v(x)$ an der betrachteten Stelle nicht verschwindet, können wir den Quotientensatz der Grenzwertrechnung anwenden und erhalten $y' = \dfrac{dy}{dx}$ als Quotienten der Grenzwerte von Zähler und Nenner. Der Grenzwert des Zählers ist

$$v(x)\frac{du}{dx} - u(x)\frac{dv}{dx},$$

während der Grenzwert des Nenners wegen der Stetigkeit von $v(x)$ gleich $v^2(x)$ ist. Die Formel

$$(4) \qquad \frac{dy}{dx} = \frac{d\left(\dfrac{u}{v}\right)}{dx} = \frac{v\dfrac{du}{dx} - u\dfrac{dv}{dx}}{v^2}$$

wird als *Quotientenregel der Differentialrechnung* bezeichnet.

Die hier zusammengestellten Differentiationsregeln bilden zusammen mit der Kettenregel (12, 3) die *Grundregeln für die Differentiation*. Sie zeigen, daß die Ableitung einer Funktion, die man irgendwie aus Funktionen mit bekannter Ableitung aufgebaut hat, sich stets wieder aus der gleichen Funktion und ihren Ableitungen in einfacher Weise zusammensetzt.

Zur Einübung dieser Regeln bestimme man die Maxima, Minima und Wendepunkte der Kurve $y = \dfrac{2x}{1 + x^2}$. Man findet:

$$\frac{dy}{dx} = y' = 2\,\frac{1 - x^2}{(1 + x^2)^2}, \qquad \frac{dy'}{dx} = y'' = -4x\,\frac{3 - x^2}{(1 + x^2)^3}.$$

Ferner bestätige man:

$$\frac{d}{dx}\left(x\,e^{-x^2}\right) = (1 - 2x^2)\,e^{-x^2}; \qquad \frac{d}{dx}\left(\frac{1}{x}\ln x\right) = \frac{1}{x^2}(1 - \ln x),$$

$$\frac{d}{dx}\,\text{arc tg}\,\frac{x - a}{x + a} = \frac{a}{x^2 + a^2}.$$

Man kann der Produkt- und Quotientenregel eine besonders einprägsame und für viele Anwendungen zweckmäßige Gestalt geben, in der beide Regeln völlig gleichartig erscheinen. Multiplizieren wir (3) mit dx und dividieren durch $y = u(x)\,v(x)$, wobei wir $y(x) \neq 0$ voraussetzen müssen, so erhalten wir

$$(3^*) \qquad \frac{dy}{y} = \frac{du}{u} + \frac{dv}{v}$$

und in entsprechender Weise an allen Stellen, an denen $y = \dfrac{u(x)}{v(x)}$ nicht verschwindet,

$$(4^*) \qquad \frac{dy}{y} = \frac{du}{u} - \frac{dv}{v}.$$

Hierbei sind dy, du und dv abhängige Differentiale, die durch die gleiche Abszissenspanne dx bestimmt sind. Man nennt dies auch *logarithmische*

Differentiation der Funktion $y(x)$, denn man kann die Gleichung (3*)
bzw. (4*) erhalten, wenn man die Ausgangsformel $y = uv$ bzw. $y = \dfrac{u}{v}$
erst logarithmiert und dann differenziert, wobei allerdings $u(x) > 0$
und $v(x) > 0$ vorausgesetzt werden muß. Die logarithmische Differentiation ist vor allem dann zweckmäßig, wenn die Funktion $y(x)$ ein Produkt aus mehr als zwei Faktoren ist:

$$y(x) = f_1(x)\, f_2(x) \cdots f_n(x)\,,$$

denn man findet durch mehrfache Anwendung von (3*) das übersichtliche Ergebnis

$$\frac{y'}{y} = \frac{f_1'}{f_1} + \frac{f_2'}{f_2} + \cdots + \frac{f_n'}{f_n}\,.$$

13, 2. Produktintegration.

Es liegt der Versuch nahe, die Differentiationsregeln vermöge des
Fundamentalsatzes auf die Integralrechnung zu übertragen. Bei den
beiden ersten Regeln, die sich in (1) und (2) ausdrücken, führt das auf
den schon in 12, 4 unmittelbar aus der Definition des Integrals geschlossenen Satz über die Multiplikation mit einem konstanten Faktor (Maßstabsänderung) und die Summenregel der Integralrechnung (Überlagerung der Flächeninhalte, 2, 14).

In gleicher Weise versuchen wir, die Produktregel der Differentiation in eine entsprechende Regel für die Integration umzusetzen. Schreiben wir sie in der Form

$$u\, v' = \frac{d\,(u v)}{d x} - v\, u'$$

und setzen wir voraus, daß die Ableitungen $u'(x)$ und $v'(x)$ in dem Intervall $a \leq x \leq b$ existieren und stetig sind, so können wir diese Gleichung zwischen den Grenzen a und b integrieren und erhalten

$$\int\limits_a^b u(x)\, v'(x)\, d x = \int\limits_a^b \frac{d\,(u v)}{d x}\, d x - \int\limits_a^b v(x)\, u'(x)\, d x$$

und weiter, da sich das zweite Integral nach dem Fundamentalsatz auswerten läßt,

$$(5) \qquad \int\limits_a^b u(x)\, v'(x)\, d x = u(x)\, v(x)\,\Big|_a^b - \int\limits_a^b v(x)\, u'(x)\, d x\,.$$

Diese Formel wird als *Formel der Produktintegration* bezeichnet. Sie
führt vermöge der Produktformel der Differentiation das Integral

$$\int u(x)\, v'(x)\, d x$$

in das Integral

$$\int v(x)\, u'(x)\, d x\,.$$

über. Ist das zweite dieser beiden Integrale einfacher auszuwerten als das erste, so bringt die Anwendung der Formel eine Erleichterung der Integrationsaufgabe mit sich, wie das die folgenden Beispiele zeigen werden. In der Literatur wird diese Methode häufig als *partielle Integration* oder „Integration nach Teilen" (per partes) bezeichnet. Führt man die Differentiale

$$v'(x)\,dx = dv, \quad u'(x)\,dx = du$$

ein, so erhält (5) die Gestalt

$$(5^*) \qquad \int u\,dv = uv - \int v\,du,$$

in der sie sich besonders leicht einprägt. Es ist aber zur Vermeidung von Mißverständnissen zu beachten, daß u und v nicht zwei voneinander unabhängige Größen, sondern beide Funktionen von x sind.

Beispiele:

1. Wir behandeln zunächst das Integral

$$\int x \ln x\,dx.$$

Würde man $u(x) = x$, $v'(x) = \ln x$ setzen, so hätte man zur Bestimmung von $v(x)$ die Funktion $\ln x$ zu integrieren. Einfacher kommen wir zum Ziel, wenn wir

$$u(x) = \ln x, \quad v'(x) = x$$

setzen. Dann wird

$$u'(x) = \frac{1}{x}, \quad v(x) = \frac{x^2}{2},$$

und die Formel (5) liefert

$$\int x \ln x\,dx = \frac{x^2}{2}\ln x - \int \frac{x^2}{2}\frac{1}{x}\,dx$$

und weiter

$$(6) \qquad \int x \ln x\,dx = \tfrac{1}{4}\,x^2\,(2\ln x - 1) + \text{Const}.$$

2. Die Methode der Produktintegration führt auch in Fällen zum Ziel, in denen der Integrand nicht unmittelbar als Produkt erscheint. Beispielsweise können wir das Integral

$$\int \ln x\,dx$$

auswerten, indem wir

$$u = \ln x, \quad dv = dx$$

setzen. Dann wird

$$du = \frac{1}{x}\,dx, \quad v = x,$$

und wir erhalten

$$(7) \qquad \int \ln x\,dx = x\ln x - \int x\,\frac{1}{x}\,dx = x\,(\ln x - 1) + \text{Const}.$$

3. In der gleichen Weise bestimmt sich der Flächeninhalt unter der Kurve

$$y = \operatorname{arc tg} x.$$

Hier setzt man

$$u = \operatorname{arc\,tg} x\,; \quad dv = dx,$$

$$du = \frac{1}{1 + x^2}\,dx, \quad v = x,$$

so daß

$$\int \operatorname{arc\,tg} x\,dx = x \operatorname{arc\,tg} x - \int \frac{x}{1 + x^2}\,dx$$

wird. Da, wie wir früher (S. 255) sahen,

$$\int \frac{x}{1 + x^2}\,dx = \frac{1}{2}\ln(1 + x^2) + \text{Const}$$

wird, so folgt

$$(8) \qquad \int \operatorname{arc\,tg} x\,dx = x \operatorname{arc\,tg} x - \tfrac{1}{2}\ln(1 + x^2) + \text{Const}.$$

4. Als weiteres Beispiel betrachten wir das Integral

$$\int x^n e^{-x}\,dx,$$

wo n eine positive ganze Zahl ist. Setzen wir hier

$$u = x^n, \quad dv = e^{-x}\,dx,$$

$$du = n\,x^{n-1}\,dx, \quad v = -e^{-x},$$

so wird

$$(9) \qquad \int x^n e^{-x}\,dx = -x^n e^{-x} + n\int x^{n-1} e^{-x}\,dx.$$

Damit haben wir das Integral auf ein einfacheres zurückgeführt, weil in dem Integral auf der rechten Seite der Exponent von x um eine Einheit erniedrigt ist. Man bezeichnet eine solche Formel als *Rekursionsformel.* (Hätten wir $u = e^{-x}$, $dv = x^n\,dx$ gesetzt, so hätte sich wegen $v = \dfrac{x^{n+1}}{n+1}$ der Exponent um eine Einheit erhöht.) Durch nochmalige Anwendung der Formel ergibt sich

$$\int x^{n-1} e^{-x}\,dx = -x^{n-1} e^{-x} + (n + 1)\int x^{n-2} e^{-x}\,dx$$

und daher

$$\int x^n e^{-x}\,dx = -x^n e^{-x} - n\,x^{n-1} e^{-x} + n(n + 1)\int x^{n-2} e^{-x}\,dx.$$

Fährt man in dieser Weise fort, so gelangt man schließlich zu

$$\int x^0 e^{-x}\,dx = \int e^{-x}\,dx = -e^{-x}$$

und erhält die Endformel

$$(10) \quad \int x^n e^{-x}\,dx = -\left[x^n + n\,x^{n-1} + n(n - 1)\,x^{n-2} + \cdots + \right.$$

$$\left. + n(n - 1)(n - 2)\cdots 3\cdot 2\,x + n(n - 1)(n - 2)\cdots 3\cdot 2\cdot 1\right]e^{-x} + C$$

$$= -\left[n! + \sum_{r=1}^{n} \frac{n!}{r!}\,x^r\right]e^{-x} + C.$$

Wir fragen uns, ob man dieses Integral ins Unendliche erstrecken kann. Da die Anzahl $(n + 1)$ der Summanden nicht von x abhängt, können wir bei dem erforderlichen Grenzübergang $x \to \infty$ den Summensatz der Grenzwertrechnung anwenden. Es bleiben dann die Grenzwerte

$$\lim_{x \to \infty} (x^r e^{-x}) \quad (r = 0, 1, 2, \ldots, n)$$

zu berechnen. Während nun für $r = 0$ unmittelbar ersichtlich ist, daß der Grenzwert gleich Null ist, können wir das für $r \neq 0$ nicht unmittelbar erkennen, weil das Nullwerden des Faktors e^{-x} durch das Unendlichwerden von x^r kompensiert werden könnte. Wir müssen daher eine genauere Untersuchung durchführen und gehen dazu von der Tatsache aus, daß in der Reihe

$$e^x = 1 + \frac{x}{1!} + \frac{x^2}{2!} + \cdots + \frac{x^k}{k!} + \cdots,$$

die für jedes beliebige x die Funktion e^x darstellt, für $x > 0$ jedes einzelne Glied positiv ist. Es gilt also für alle $x > 0$ und für jede natürliche Zahl k die Ungleichung

$$e^x > \frac{x^k}{k!},$$

aus der durch Übergang zu den reziproken Werten

$$e^{-x} < \frac{k!}{x^k}$$

wird. Hieraus entsteht durch Multiplikation mit x^r:

$$x^r e^{-x} < \frac{k!}{x^{k-r}}.$$

Sobald man nun die willkürliche natürliche Zahl k größer als r wählt, hat die rechte Seite für $x \to \infty$ den Grenzwert 0, und damit muß für die linke Seite, die ja ebenfalls stets positiv ist, gelten:

$$(11) \qquad \lim_{x \to \infty} (x^r e^{-x}) = 0.$$

Man pflegt das in der Form auszudrücken: die Funktion e^{-x} strebt stärker gegen Null, als jede noch so hohe Potenz x^r gegen ∞ strebt.

Damit können wir nun das Integral tatsächlich bis ins Unendliche erstrecken, denn das unbestimmte Integral (10) hat für $x \to \infty$ den Grenzwert C. Da es zugleich für $x = 0$ den Wert $(-n! + C)$ annimmt, haben wir das Ergebnis:

$$(12) \qquad \int_0^\infty x^n e^{-x}\, dx = n!.$$

Man kann in dieser Beziehung auch eine neue Definition des Symbols $n!$ sehen und hat dann die Möglichkeit, diesem Symbol auch für nicht ganzzahliges n einen Sinn beizulegen, was für manche Zwecke vorteilhaft ist (*Gammafunktion*).

In der Theorie der Ausgleichung der Beobachtungsfehler bei Messungen hat man neben dem Integral der Glockenkurve

$$\int\limits_0^x e^{-\xi^2}\, d\xi$$

Integrale der Gestalt

$$\int\limits_0^x \xi^n e^{-\xi^2}\, d\xi$$

zu berechnen, wo n eine ganze Zahl größer als 1 ist. In diesem Fall setzen wir zweckmäßig

$$u = \xi^{n-1}, \quad dv = \xi\, e^{-\xi^2}\, d\xi.$$

Dann ist

$$du = (n-1)\, \xi^{n-2}\, d\xi, \quad v = -\tfrac{1}{2}\, e^{-\xi^2} \quad \text{(S. 280)},$$

so daß die Produktintegration

$$\int\limits_0^x \xi^n e^{-\xi^2}\, d\xi = -\frac{1}{2}\, x^{n-1} e^{-x^2} + \frac{n-1}{2} \int\limits_0^x \xi^{n-2} e^{-\xi^2}\, d\xi$$

liefert. Das ist eine Rekursionsformel, mit deren Hilfe wir den Exponenten der Potenz ξ^n unter dem Integralzeichen schrittweise um je zwei Einheiten vermindern können. Offenbar kommen wir so entweder, wenn n eine ungerade Zahl ist, auf das Integral

$$\int\limits_0^x \xi\, e^{-\xi^2}\, d\xi = -\tfrac{1}{2}\, e^{-x^2}$$

zurück oder, wenn n eine gerade Zahl ist, auf das Integral

$$\int\limits_0^x e^{-\xi^2}\, d\xi,$$

das eigentliche *Gaußsche* Fehlerintegral.

Erstreckt man das Integral bis $+\infty$, so folgt die Rekursionsformel

$$\int\limits_0^\infty \xi^n e^{-\xi^2}\, d\xi = \frac{n-1}{2} \int\limits_0^\infty \xi^{n-2} e^{-\xi^2}\, d\xi,$$

da das ausintegrierte Glied $x^{n-1}e^{-x^2}$ natürlich noch sehr viel stärker dem Grenzwert Null zustrebt als das oben betrachtete Glied $x^{n-1}e^{-x}$. Ist n eine gerade Zahl $n = 2\nu$, so ergibt die wiederholte Anwendung dieser Formel schließlich (vgl. S. 283)

$$(13) \qquad \int\limits_0^\infty \xi^{2\nu} e^{-\xi^2}\, d\xi = \frac{2\nu-1}{2}\, \frac{2\nu-3}{2} \cdots \frac{3}{2}\, \frac{1}{2}\, \frac{\sqrt{\pi}}{2}.$$

Wir kommen hier noch einmal auf das Gaußsche Fehlerintegral

$$\Phi(x) = \int\limits_0^x e^{-\xi^2}\, d\xi$$

zurück, von dem wir ja bisher nur festgestellt haben, daß es für $x \to \infty$ dem Grenzwert $\tfrac{1}{2}\sqrt{\pi}$ zustrebt. Da es nicht gelingt, dieses Integral durch eine Substitution auf ein bereits bekanntes zurückzuführen, wird man die Kurve des Integranden durch ihre Schmiegparabeln ersetzen, um auf diesem Wege den zu einem vorgeschriebenen Wert x gehörigen Integralwert $\Phi(x)$ mit der verlangten Genauigkeit zu berechnen. Bei der Durchführung ergibt sich jedoch für größere Werte von x ein sehr erheblicher Rechenaufwand, und es liegt daher der Versuch nahe, ähnlich wie in § 10 bei der Funktion arc tg x eine nach Potenzen von $\frac{1}{x}$ fortschreitende Entwicklung herzustellen, die für große Werte von x besser zur Darstellung der Funktion geeignet ist. Dazu setzen wir

$$\int_0^x e^{-\xi^2} d\xi = \int_0^\infty e^{-\xi^2} d\xi - \int_x^\infty e^{-\xi^2} d\xi = \tfrac{1}{2}\sqrt{\pi} - \int_x^\infty e^{-\xi^2} d\xi$$

und schreiben für das Integral auf der rechten Seite

$$\int_x^\infty e^{-\xi^2} d\xi = \int_x^\infty \frac{1}{2\,\xi}\, 2\,\xi\, e^{-\xi^2}\, d\xi\,.$$

Durch **Produktintegration** mit dem Ansatz

$$u = \frac{1}{2\,\xi} \qquad\qquad dv = 2\,\xi\, e^{-\xi^2} d\xi$$

$$du = -\frac{1}{2\,\xi^2}\, d\xi \qquad\qquad v = -\, e^{-\xi^2}$$

erhalten wir

$$\int_x^\infty e^{-\xi^2} d\xi = -\frac{1}{2\,\xi}\, e^{-\xi^2} \Big|_x^\infty - \frac{1}{2} \int_x^\infty \frac{e^{-\xi^2}}{\xi^2}\, d\xi$$

oder

$$\int_x^\infty e^{-\xi^2} d\xi = \frac{1}{2}\, \frac{e^{-x^2}}{x} - \frac{1}{2} \int_x^\infty \frac{e^{-\xi^2}}{\xi^2}\, d\xi\,.$$

Offenbar ist, sofern die untere Grenze $x > 1$ ist, der Integrand in dem rechts stehenden Integral im ganzen Integrationsintervall kleiner als in dem links stehenden Integral. Ganz von selbst bietet sich damit der Gedanke, den Prozeß zu wiederholen, indem man

$$u = \frac{1}{2\,\xi^3} \qquad\qquad dv = 2\,\xi\, e^{-\xi^2} d\xi$$

$$du = -\frac{3}{2}\, \frac{1}{\xi^4}\, d\xi \qquad\qquad v = -\, e^{-\xi^2}$$

setzt und

$$\int_x^\infty \frac{e^{-\xi^2}}{\xi^2}\, d\xi = \frac{1}{2\,x^3}\, e^{-x^2} - \frac{3}{2} \int_x^\infty \frac{e^{-\xi^2}}{\xi^4}\, d\xi$$

bildet. Durch Einsetzen dieses Ausdrucks in die obere Formel ergibt sich dann

$$\int_x^\infty e^{-\xi^2} d\xi = \frac{1}{2\,x}\, e^{-x^2} \left(1 - \frac{1}{2}\, \frac{1}{x^2}\right) + \frac{1}{2}\, \frac{3}{2} \int_x^\infty \frac{e^{-\xi^2}}{\xi^4}\, d\xi\,.$$

Damit haben wir das Bildungsgesetz erkannt. Wir können allgemein schreiben

$$\int_x^\infty e^{-\xi^2} d\xi = \frac{1}{2\,x}\, e^{-x^2} \left(1 - \frac{1}{2}\, \frac{1}{x^2} + \frac{1}{2}\, \frac{3}{2}\, \frac{1}{x^4} - + \cdots + (-1)^n\, \frac{1}{2}\, \frac{3}{2}\, \frac{5}{2} \cdots \frac{2\,n-1}{2}\, \frac{1}{x^{2\,n}}\right) +$$

$$+ (-1)^{n+1}\, \frac{1}{2}\, \frac{3}{2}\, \frac{5}{2} \cdots \frac{2\,n+1}{2} \int_x^\infty \frac{e^{-\xi^2}}{\xi^{2n+2}}\, d\xi\,.$$

Wir fassen das auf wie in früheren analogen Fällen als eine Darstellung des Integrals als Summe aus einer Hilfsfunktion

$$\text{(14a)} \quad H_n(x) = \frac{1}{2\,x}\, e^{-x^2} \left(1 - \frac{1}{2}\, \frac{1}{x^2} + \frac{1\cdot 3}{2\cdot 2}\, \frac{1}{x^4} - + \cdots + (-1)^n\, \frac{1\cdot 3\cdot 5 \,,\,, (2\,n-1)}{2^n}\, \frac{1}{x^{2n}} \right)$$

und einer Verbesserungsfunktion

$$\text{(14b)} \qquad R_n(x) = (-1)^{n+1}\, \frac{1}{2}\, \frac{3}{2}\, \frac{5}{2} \cdots \frac{2\,n+1}{2} \int\limits_{x}^{\infty} \frac{e^{-\xi^2}}{\xi^{2n+2}}\, d\xi$$

und schreiben entsprechend

$$\text{(14)} \qquad \int\limits_{x}^{\infty} e^{-\xi^2}\, d\xi = H_n(x) + R_n(x)\,.$$

Eine eingehende Untersuchung zeigt nun, daß der Absolutbetrag $\big|\,R_n(x)\,\big|$ der Verbesserungsfunktion mit steigender Nummer n zunächst abnimmt, von einer bestimmten Nummer an, die von der Stelle x abhängig ist, jedoch wieder anwächst. Im Gegensatz zu allen bisher behandelten Fällen ist es also mit dieser Darstellung nicht möglich, den Funktionswert mit jeder gewünschten Genauigkeit zu berechnen, sondern die erreichbare Genauigkeit ist beschränkt. Die angegebene Entwicklung kann infolgedessen so lange für die Berechnung einer Tabelle dieser Funktion verwandt werden, wie die erforderliche Genauigkeit die Grenze des Erreichbaren nicht übersteigt.

Die Beispiele haben uns deutlich gemacht, daß die Produktintegration für die Integralrechnung nicht dieselbe Rolle spielt wie die Produktregel in der Differentialrechnung. Die Produktintegration ist keine Regel, die es immer möglich macht, ein Produkt zu integrieren, wenn die Integrale der einzelnen Faktoren bekannt sind. Es handelt sich vielmehr bei der Produktintegration um eine *Methode*, die man zwar in geeigneten Fällen mit Erfolg anwenden kann, die aber keineswegs immer zum Ziel führt.

13, 3. Integration der gebrochenen rationalen Funktionen, Partialbruchzerlegung.

Würden wir schließlich versuchen, die *Quotientenregel* der Differentialrechnung vermöge des Fundamentalsatzes für den Ausbau der Integralrechnung nutzbar zu machen, so würden wir erkennen, daß dies infolge ihres verwickelten Aufbaus nicht gelingt. Es zeigt sich hierbei besonders deutlich, daß die Verhältnisse grundsätzlich anders liegen als bei der Differentialrechnung, denn während sich dort die Ableitung eines Quotienten rational aus Zähler- und Nennerfunktion und ihren Ableitungen aufbaute, so tritt hier, wie wir gesehen haben, schon das Integral von $\frac{1}{x}$ und ebenso das Integral von $\frac{1}{1+x^2}$ aus dem Kreis der rationalen Funktionen hinaus und führt auf Funktionen eines ganz anderen Typus, auf die transzendenten Funktionen $y = \ln x$ bzw. $y = \operatorname{arc\,tg} x$.

Wir müssen daher nach einer anderen Zerlegung einer solchen Funktion in einfachere Bestandteile suchen, bei der sich die Integrale der Teilfunktionen unmittelbar zu dem Integral der Gesamtfunktion zusammensetzen lassen. Dafür besteht aber offenbar nur dann Aussicht, wenn diese Teilfunktionen additiv miteinander verknüpft sind. Das führt uns zu dem schon in 9, 2 kurz erläuterten Gedanken der Zerlegung in *Teilbrüche* (*Partialbrüche*) zurück und veranlaßt uns, diese Methode hier eingehender zu behandeln.

13, 31. Grundsätzliches Vorgehen. Sollte in der vorgelegten · Funktion der Zähler von höherem Grad sein als der Nenner, so kann man (vgl. auch 9, 2) durch Division eine ganze rationale Funktion abspalten und behält eine „*echt gebrochene*" Restfunktion zurück, deren Zähler also von niedrigerem Grad ist als der Nenner. Wir können daher jetzt die Ausgangsfunktion von vornherein als echt gebrochen voraussetzen und schreiben sie in der Form:

$$f(x) = \frac{Z(x)}{N(x)} \cdot$$

Der erste Schritt zur Teilbruchzerlegung besteht nun, wie auch schon in 9, 2 ausgeführt wurde, in der Aufspaltung der Nennerfunktion in ihre (linearen und quadratischen) Elementarfaktoren, durch die der Nenner die Gestalt

$$(15) \quad N(x) = (x-a_1)^{l_1}(x-a_2)^{l_2}\ldots(x^2+2b_1x+c_1)^{m_1}(x^2+2b_2x+c_2)^{m_2}\ldots$$

erhält. Ist das geschehen, so folgt als zweiter Schritt die eigentliche Zerlegung, für die die folgenden allgemeinen Gesichtspunkte gelten: Zu jedem Faktor $(x-a)^l$ des Nenners gehört ein Ausdruck der Form

$$(16) \qquad \frac{A_1}{x-a} + \frac{A_2}{(x-a)^2} + \cdots + \frac{A_l}{(x-a)^l},$$

zu jedem Faktor $(x^2+2bx+c)^m$ des Nenners gehört ein Ausdruck der Art

$$(17) \qquad \frac{B_1x+C_1}{x^2+2bx+c} + \frac{B_2x+C_2}{(x^2+2bx+c)^2} + \cdots + \frac{B_mx+C_m}{(x^2+2bx+c)^m},$$

und die vorgelegte Funktion ist die Summe aller dieser Teilbrüche. Hinsichtlich der Linearfaktoren handelt es sich hierbei um den schon in 9, 2 besprochenen Aufbau einer gebrochenen rationalen Funktion durch Überlagerung allgemeiner Hyperbeln, bei dem jeder Ausdruck der angegebenen Art einem Pol $x = a$ der vorgelegten Funktion zugehört.

Wir wollen uns klar machen, daß die Teilbruchzerlegung in der Tat die angegebene Form haben muß und daß sie unter allen Umständen möglich ist. Es sei $x = a$ eine l-fache Nullstelle des Nenners, so daß dieser sich in der Form $N(x) = (x-a)^l g(x)$ schreiben läßt, worin $g(x)$ ein Polynom bedeutet, das den Faktor $(x-a)$ nicht mehr enthält, so daß sicher $g(a) \neq 0$ ist. Ferner dürfen wir voraussetzen, daß der Zähler $Z(x)$ bei $x = a$ keine Nullstelle hat; denn wäre das der Fall, so könnte man eine solche gemeinsame Nullstelle von Zähler und Nenner durch Kürzen des Bruches beseitigen. Dann ist die Stelle $x = a$ ein Pol l-ter Ordnung für die Funktion

$$\frac{Z(x)}{N(x)} = \frac{Z(x)}{(x-a)^l g(x)}.$$

Daher spalten wir von ihr einen Teilbruch $\dfrac{A_l}{(x-a)^l}$ ab, indem wir schreiben:

$$\frac{Z(x)}{(x-a)^l g(x)} = \frac{A_l}{(x-a)^l} + \frac{Z(x) - A_l g(x)}{(x-a)^l g(x)}.$$

Da der Grad des Polynoms $g(x)$ kleiner ist als der des ganzen Nenners $N(x)$, ist die Restfunktion wiederum echt gebrochen. In ihr ist es nun immer möglich, die noch nicht festgelegte Konstante A_l so zu bestimmen, daß der Zähler für $x = a$ verschwindet; denn man hat nur

$$A_l = \frac{Z(a)}{g(a)}$$

zu wählen, und diese Zahl läßt sich wegen $g(a) \neq 0$ unter allen Umständen angeben und fällt wegen $Z(a) = 0$ von Null verschieden aus. Hat man A_l aber so bestimmt, so kann man den Bruch durch $(x-a)$ mindestens einmal kürzen und hat damit erreicht, daß die Restfunktion den Linearfaktor $(x-a)$ in einer niedrigeren Potenz enthält als die ursprüngliche Funktion. Den eben ausgeführten Abspaltungsprozeß können wir darauf wiederholen, so daß in der neuen Restfunktion die Potenz des Faktors $(x-a)$ im Nenner abermals erniedrigt wird, und wenn wir in dieser Weise fortfahren, behalten wir zuletzt $g(x)$ allein im Nenner zurück. Der Faktor $(x-a)^l$ des Nenners in der ursprünglichen Funktion gibt also tatsächlich zu einer Folge von Teilbrüchen Anlaß, wie sie oben angegeben wurde (unter den Koeffizienten $A_{l-1}, A_{l-2}, \ldots, A_1$ kann auch die Zahl Null vorkommen). Um die quadratischen Faktoren in der gleichen Weise behandeln zu können, müßten wir den Bereich der reellen Zahlen verlassen und die komplexen Zahlen heranziehen, durch deren Einführung die im Reellen nicht zerlegbaren quadratischen Faktoren auch in Linearfaktoren gespalten werden können. Da wir im Rahmen dieses Buches die komplexen Zahlen aber erst an einer späteren Stelle besprechen wollen, beschränken wir uns hier auf diese Andeutung.

Hiernach bleibt noch die Aufgabe, die oben mit A_k, B_k, C_k $(k = 1, 2, \ldots)$ bezeichneten Koeffizienten zu bestimmen. (Ist n der Grad des Nenners der vorgelegten Funktion, so ist die Gesamtzahl dieser Koeffizienten ebenfalls n, wie man sich leicht überlegt.) Ein Weg, der hierbei immer zum Ziel führt, ist der folgende: Man schreibt die Funktion in der zerlegten Form mit unbestimmten Koeffizienten A_k, B_k, C_k auf, wobei zu jedem Pol eine Entwicklung (16) und zu jedem quadratischen Faktor eine Entwicklung (17) gehört, und bringt sie anschließend auf den Hauptnenner $N(x)$, wobei man den Zähler nach Potenzen von x ordnet. Die Koeffizienten des Zählerpolynoms sind dann aus den unbestimmten Größen A_k, B_k, C_k zusammengesetzt, müssen aber doch andererseits mit den entsprechenden Koeffizienten der vorgelegten Funktion übereinstimmen. Damit ergibt sich ein System linearer Gleichungen, aus denen man die unbestimmten Koeffizienten berechnen kann. (Da bei dieser Rechnung der Zähler den Grad $n-1$ bekommt, hat man für die n unbekannten Größen in der Tat genau n Gleichungen.) In vielen Fällen kommt man wesentlich schneller ans Ziel, als es nach diesen Ausführungen scheinen mag; die praktische Durchführung der Zerlegung erläutern wir an Beispielen.

13, 32. Beispiele für die Durchführung der Teilbruchzerlegung. Als erstes Beispiel betrachten wir eine rationale Funktion mit zerlegbarem quadratischem Nenner, für die die Zerlegung in der Form

$$\frac{p\,x+q}{(x-x_1)(x-x_2)} = \frac{A_1}{x-x_1} + \frac{A_2}{x-x_2}$$

anzusetzen ist. Bringen wir die rechte Seite auf den Hauptnenner, so müssen wegen der Gleichheit der Nenner auch die Zähler übereinstimmen, und zwar *für alle Werte von* x. Man bringt dies dadurch zum Ausdruck, daß man schreibt:

$$p\,x+q \equiv A_1(x-x_2) + A_2(x-x_1)$$

oder geordnet:

$$p\,x+q \equiv (A_1+A_2)\,x - (A_1 x_2 + A_2 x_1)\,.$$

Damit diese Gleichung für jedes x erfüllt ist, müssen offenbar die Beziehungen

$$A_1 + A_2 = p$$
$$A_1 x_2 + A_2 x_1 = -q$$

gelten, aus denen man sofort

$$A_1 = \frac{p\,x_1+q}{x_1-x_2}\,, \qquad A_2 = \frac{p\,x_2+q}{x_2-x_1}$$

berechnet. Damit ist die Zerlegung in Teilbrüche für diesen einfachsten Fall geleistet. Die Berechnung der Konstanten A_1 und A_2 aus der Identität gestaltet sich noch etwas einfacher, wenn man bedenkt, daß die beiden Seiten der Identität lineare Funktionen (Geraden) sind, bei denen aus der Übereinstimmung an zwei Stellen bereits die identische Übereinstimmung folgt. Die rechte Seite der Identität legt es nahe, die Übereinstimmung gerade an den Stellen x_1 und x_2 zu erzwingen. Dann erhält man die Gleichungen:

$$p\,x_1+q = A_1(x_1-x_2)$$
$$p\,x_2+q = A_2(x_2-x_1),$$

die dadurch ausgezeichnet sind, daß in jeder nur ein unbekannter Koeffizient auftritt.

Zahlenbeispiele:

$$\frac{1}{x^2-1} = \frac{1}{2}\,\frac{1}{x-1} - \frac{1}{2}\,\frac{1}{x+1}\,,$$
$$\frac{x+13}{(x-5)(x+1)} = \frac{3}{x-5} - \frac{2}{x+1}$$

Wir geben weitere vier Beispiele an, die sämtlichen Möglichkeiten entsprechen, die im Fall eines Nenners vom dritten Grade eintreten können.

1. Drei einfache Nullstellen. Wir betrachten die Funktion

$$y = \frac{x^2 - 3x + 3}{x^3 - 4x^2 - 7x + 10} = \frac{x^2 - 3x + 3}{(x + 2)(x - 1)(x - 5)}.$$

Der Teilbruchansatz

$$y = \frac{A_1}{x + 2} + \frac{A_2}{x - 1} + \frac{A_3}{x - 5}$$

führt auf die Identität

$$x^2 - 3x + 3 \equiv A_1(x - 1)(x - 5) + A_2(x - 5)(x + 2) + A_3(x + 2)(x - 1),$$

aus der sich[1] durch Einsetzen von $x = -2$, $x = 1$, $x = 5$ der Reihe nach ergibt:

$$13 = 21 A_1, \quad 1 = -12 A_2, \quad 13 = 28 A_3,$$

so daß die Funktion durch die Teilbruchdarstellung

$$y = \frac{13}{21(x + 2)} - \frac{1}{12(x - 1)} + \frac{13}{28(x - 5)}$$

ersetzt werden kann.

2. Eine einfache und eine doppelte Nullstelle. Für die Funktion

$$y = \frac{x^2 - 5x + 2}{(x - 2)^2(x - 5)}$$

haben wir den Ansatz

$$y = \frac{A_1}{(x - 2)^2} + \frac{A_2}{x - 2} + \frac{A_3}{x - 5}$$

zu machen und müssen A_1, A_2, A_3 aus der Identität

$$x^2 - 5x + 2 \equiv A_1(x - 5) + A_2(x - 2)(x - 5) + A_3(x - 2)^2$$

bestimmen. Für $x = 5$ finden wir $A_3 = 2/9$. Durch Einsetzen von $x = 2$ kann natürlich nur der erste Koeffizient, nämlich $A_1 = 4/3$ ermittelt werden. Um A_2 zu finden, setzen wir etwa $x = 0$ und finden mit den berechneten Werten von A_1, A_3 schließlich $A_2 = 7/9$, so daß wir für die rationale Funktion die Darstellung erhalten:

$$y = \frac{4}{3(x - 2)^2} + \frac{7}{9(x - 2)} + \frac{2}{9(x - 5)}.$$

3. Eine dreifache Nullstelle. In der Funktion

$$y = \frac{3x^2 - 17x + 21}{(x - 2)^3}$$

ordnen wir den Zähler nach Potenzen von $(x - 2)$ und bilden zur Bestimmung der Koeffizienten das Hornersche Schema (3, 34):

$$
\begin{array}{r|rrr}
 & 3 & -17 & 21 \\
x = 2 & & 6 & -22 \\
\hline
 & 3 & -11 & \boxed{-1} \\
 & & 6 & \\
\hline
 & & -5 &
\end{array}
$$

---

[1] Die beiden Seiten der Identität stellen Parabeln zweiten Grades dar, die ganz zur Deckung kommen, wenn sie in drei Punkten übereinstimmen.

Wir erhalten die Darstellung

$$3\,x^2 - 17\,x + 21 \equiv -1 - 5\,(x-2) + 3\,(x-2)^2$$

und können die Funktion durch die Teilbruchzerlegung

$$y = -\frac{1}{(x-2)^3} - \frac{5}{(x-2)^2} + \frac{3}{x-2}$$

ersetzen.

4. Eine einfache Nullstelle (ein unzerlegbarer quadratischer Faktor). Für die Funktion

$$y = \frac{15\,x^2 + 66\,x + 21}{(x-1)\,(x^2 + 4\,x + 29)}$$

haben wir die Teilbruchzerlegung

$$y = \frac{A}{x-1} + \frac{B\,x + C}{x^2 + 4\,x + 29}$$

und erhalten die Konstanten A, B, C aus der Identität

$$15\,x^2 + 66\,x + 21 \equiv A\,(x^2 + 4\,x + 29) + (B\,x + C)\,(x-1).$$

Setzen wir $x = 1$, so ergibt sich $A = 3$.

Führen wir diesen Wert in die Identität ein und bringen das erste Glied von rechts auf die linke Seite, so erhalten wir

$$12\,x^2 + 54\,x - 66 \equiv (B\,x + C)\,(x-1).$$

Hier ist die linke Seite in der Tat durch $(x-1)$ teilbar. Es folgt

$$12\,x + 66 \equiv B\,x + C.$$

so daß die Teilbruchzerlegung die Gestalt

$$y = \frac{3}{x-1} + \frac{12\,x + 66}{x^2 + 4\,x + 29}$$

besitzt.

13, 33. Integration der Teilbrüche. Die bei der Zerlegung entstandenen Teilbrüche sind von zwei verschiedenen Typen, nämlich

$$1. \quad \frac{A}{(x-a)^p},$$

$$2. \quad \frac{B\,x + C}{(x^2 + 2\,b\,x + c)^r}$$

mit $c - b^2 > 0$ (wegen der Unzerlegbarkeit).

Die Funktionen des ersten Typus sind sofort zu integrieren; denn es ist

$$(18a) \quad \text{a) für } p > 1: \int \frac{A}{(x-a)^p}\,dx = -\frac{1}{p-1}\,\frac{A}{(x-a)^{p-1}} + \text{Const},$$

$$(18b) \quad \text{b) für } p = 1: \int \frac{A}{x-a}\,dx = A \ln|x-a| + \text{Const}.$$

Die Funktionen des zweiten Typus werden wir zunächst noch aufspalten, indem wir schreiben:

$$(19) \quad \frac{B\,x + B\,b + C - B\,b}{(x^2 + 2\,b\,x + c)^r} = \frac{B}{2}\,\frac{2\,(x+b)}{(x^2 + 2\,b\,x + c)^r} + \frac{C - B\,b}{(x^2 + 2\,b\,x + c)^r}.$$

Hiervon ist der erste Summand wieder leicht zu integrieren, denn mit der Substitution

$$x^2 + 2bx + c = w,$$
$$2(x + b)\,dx = dw$$

geht das zu berechnende Integral (von dem konstanten Faktor abgesehen) in

$$\int \frac{dw}{w^r}$$

über, und das Ergebnis lautet:

(19a)   a) für $r > 1$: $\displaystyle\int \frac{2(x + b)\,dx}{(x^2 + 2bx + c)^r} = -\frac{1}{r-1}\frac{1}{(x^2 + 2bx + c)^{r-1}},$

(19b)   b) für $r = 1$: $\displaystyle\int \frac{2(x + b)\,dx}{x^2 + 2bx + c} = \ln(x^2 + 2bx + c)$

(die Absolutstriche können hier fehlen, da der quadratische Ausdruck ja keine Nullstellen hat und daher ohnehin ständig positiv ist).

Damit bleiben nur noch die durch das zweite Glied in (19) gekennzeichneten Ausdrücke zu integrieren, also die Funktionen

$$\frac{P}{(x^2 + 2bx + c)^r}.$$

Führt man

$$x + b = t$$

als neue Veränderliche ein und bezeichnet man die positive Größe $c - b^2$ mit α^2, so lautet das auszuwertende Integral, wenn wir von dem unwesentlichen konstanten Faktor wieder absehen:

$$\int \frac{dt}{(t^2 + \alpha^2)^r}.$$

Für $r = 1$ ist dies ein bekanntes Integral, denn mit der Substitution $t = \alpha\tau$, $dt = \alpha\,d\tau$ erhält man

$$\int \frac{dt}{t^2 + \alpha^2} = \frac{1}{\alpha}\int \frac{d\tau}{\tau^2 + 1} = \frac{1}{\alpha}\,\text{arc tg}\,\tau + \text{Const} = \frac{1}{\alpha}\,\text{arc tg}\,\frac{t}{\alpha} + \text{Const}.$$

Es ist also nur noch der Fall $r > 1$ zu behandeln. Wir schreiben

$$\int \frac{dt}{(t^2 + \alpha^2)^r} = \frac{1}{\alpha^2}\int \frac{t^2 + \alpha^2 - t^2}{(t^2 + \alpha^2)^r}\,dt = \frac{1}{\alpha^2}\int \frac{dt}{(t^2 + \alpha^2)^{r-1}} - \frac{1}{\alpha^2}\int \frac{t^2\,dt}{(t^2 + \alpha^2)^r}$$

und wenden auf das Integral

$$\int \frac{t^2}{(t^2 + \alpha^2)^r}\,dt$$

Produktintegration an, indem wir

$$u = t, \quad dv = \frac{t\,dt}{(t^2 + \alpha^2)^r}$$

setzen, dann ist $du = dt$ und

$$v = \int \frac{t\,dt}{(t^2 + \alpha^2)^r} = \frac{1}{2} \int \frac{dz}{z^r} = -\frac{1}{2} \frac{1}{r-1} \frac{1}{z^{r-1}} = -\frac{1}{2} \frac{1}{r-1} \frac{1}{(t^2 + \alpha^2)^{r-1}},$$

und wir erhalten

$$\int \frac{t^2}{(t^2 + \alpha^2)^r}\,dt = -\frac{1}{2(r-1)} \frac{t}{(t^2 + \alpha^2)^{r-1}} + \frac{1}{2(r-1)} \int \frac{dt}{(t^2 + \alpha^2)^{r-1}}.$$

Setzen wir das in die obige Formel ein, so ergibt sich

$$\int \frac{dt}{(t^2 + \alpha^2)^r} = \frac{1}{\alpha^2} \left(\frac{1}{2r-2} \frac{t}{(t^2 + \alpha^2)^{r-1}} + \frac{2r-3}{2r-2} \int \frac{dt}{(t^2 + \alpha^2)^{r-1}} \right).$$

Das ist eine Rekursionsformel, die das vorgelegte Integral auf ein einfacheres zurückführt, nämlich auf ein solches, in dem der Exponent im Nenner um eine Einheit vermindert ist. Durch $(r-1)$-malige Anwendung dieser Formel kommt man also auf das bekannte Integral

$$\int \frac{dt}{t^2 + \alpha^2} = \frac{1}{\alpha} \operatorname{arc\ tg} \frac{t}{\alpha}$$

zurück.

Machen wir die Transformation $x + b = t$ wieder rückgängig, so wird

$$(19c) \quad \int \frac{dx}{(x^2 + 2bx + c)^r}$$

$$= \frac{1}{c - b^2} \left(\frac{1}{2r-2} \frac{x+b}{(x^2 + 2bx + c)^{r-1}} + \frac{2r-3}{2r-2} \int \frac{dx}{(x^2 + 2bx + c)^{r-1}} \right).$$

Wir sind damit jetzt in der Lage, jede beliebige rationale Funktion zu integrieren, und es hat sich das überraschende Ergebnis gezeigt, daß wir zwar über den Bereich der rationalen Funktionen hinauskommen, daß aber die Funktionen Logarithmus und Arcustangens die einzigen neuen (transzendenten) Funktionen sind.

Beispiel: Man berechne

$$J = \int \frac{2x^3 - x^2 + 13x + 34}{(x^2 - 2x + 10)^2}\,dx.$$

Teilbruchzerlegung:

$$\frac{2x^3 - x^2 + 13x + 34}{(x^2 - 2x + 10)^2} = \frac{B_1 x + C_1}{x^2 - 2x + 10} + \frac{B_2 x + C_2}{(x^2 - 2x + 10)^2}.$$

Koeffizientenvergleich ergibt: $B_1 = 2$, $C_1 = 3$, $B_2 = -1$, $C_2 = 4$

$$J = \int \frac{2x^3 - x^2 + 13x + 34}{(x^2 - 2x + 10)^2}\,dx = \int \frac{2x + 3}{x^2 - 2x + 10}\,dx + \int \frac{-x + 4}{(x^2 - 2x + 10)^2}\,dx.$$

Aufspaltung des 2. Integrals nach (19):

$$J^* = \int \frac{-x + 4}{(x^2 - 2x + 10)^2}\,dx = \frac{1}{2} \int \frac{-2(x-1) + 6}{(x^2 - 2x + 10)^2}\,dx$$

$$= \frac{1}{2} \frac{1}{x^2 - 2x + 10} + 3 \int \frac{dx}{(x^2 - 2x + 10)^2}.$$

Anwendung der Rekursionsformel (19c):

$$J^* = \frac{1}{2}\,\frac{1}{x^2 - 2x + 10} + \frac{1}{3}\left\{\frac{1}{2}\,\frac{x-1}{x^2-2x+10} + \frac{1}{2}\int\frac{dx}{x^2-2x+10}\right\}$$

$$= \frac{1}{6}\left\{\frac{x+2}{x^2-2x+10} + \int\frac{dx}{x^2-2x+10}\right\}.$$

Einsetzen in die Ausgangsformel:

$$J = \frac{1}{6}\,\frac{x+2}{x^2-2x+10} + \frac{1}{6}\int\frac{12x+19}{x^2-2x+10}\,dx.$$

Aufspaltung des Integrals nach (19):

$$J = \frac{1}{6}\,\frac{x+2}{x^2-2x+10} + \frac{1}{6}\int\frac{12(x-1)+31}{x^2-2x+10}\,dx$$

$$= \frac{1}{6}\,\frac{x+2}{x^2-2x+10} + \ln(x^2 - 2x + 10) + \frac{31}{18}\arctan\frac{x-1}{3} + \text{Const}.$$

Man bestätige die Richtigkeit des Ergebnisses, indem man die Ableitung bildet und ihre Übereinstimmung mit dem Integranden nachweist.

Anwendung 23: Bestimmung der Staukurve in einem Gerinne von rechteckigem Querschnitt. Zur Einleitung betrachten wir die ungehinderte freie Strömung des Wassers in einem Gerinne von beliebigem Querschnitt der Größe F. Dabei ist die freie Oberfläche des Wassers eine Ebene, die mit der Horizontalebene den gleichen Winkel α einschließt wie die Erzeugenden der (als Zylinderfläche angenommenen) Wandung. In der Hydraulik wird gezeigt, daß unter dem Einfluß der *Turbulenz* in einem Querschnitt die Geschwindigkeit des strömenden Wassers nahezu die gleiche konstante Größe v besitzt, so daß die in der Zeiteinheit geförderte Wassermenge Q durch

$$Q = F v$$

gegeben wird. Die gleichförmige Strömung des Wassers im Gerinne kommt so zustande, daß die *Schwerkraft*, die das Wasser im Gerinne heruntertreibt, und die *Reibungskraft*, die an der Wandung des Gerinnes auftritt und die Bewegung des Wassers zu hindern sucht, im Gleichgewicht sind. Grenzen wir uns durch zwei Querschnitte, die im Abstande l senkrecht zu den Erzeugenden der Wandung gelegt sind[1], eine bestimmte Wassermenge ab, so ist deren Gewicht

$$G = \gamma F l,$$

wenn wir das spezifische Gewicht des Wassers mit γ bezeichnen[2], und die Schwere erzeugt in Richtung der Bewegung die Kraft

$$K = G \sin\alpha = \gamma F l \sin\alpha \approx \gamma F l \alpha.$$

Für die Reibungskraft R macht die Hydraulik die Annahme

$$R = \frac{\gamma}{2g}\,\zeta\,v^2\,U l,$$

wobei v die Geschwindigkeit, U die Länge des benetzten Umfangs und ζ (dimensionslos) die empirisch für das Gerinne zu bestimmende *Reibungszahl* ist.

---

[1] Es macht, da der Winkel α sehr klein ist, kaum einen Unterschied, ob wir die Querschnitte vertikal oder senkrecht zu den zylindrischen Erzeugenden legen.

[2] Wenngleich die Maßzahl von γ gleich 1 ist, behalten wir doch diesen Faktor bei, um über die physikalischen Dimensionen aller auftretenden Größen im Bilde zu sein.

Im Falle der freien ungehinderten Strömung im Gerinne müssen sich die beiden Kräfte K und R, die in entgegengesetzter Richtung wirken, gegenseitig aufheben, so daß für die Strömung

$$\gamma F l \left(\alpha - \zeta \frac{1}{g}\, \frac{U}{2F}\, v^2\right) = 0$$

gilt.

Nun denken wir uns in das Gerinne ein Wehr zum Aufstauen des Wassers eingebaut. Dann wird der Wasserspiegel nicht mehr eine Ebene sein, sondern eine zylindrische Fläche mit horizontalen Erzeugenden, deren Grundkurve die *Spiegelkurve* oder *Staukurve* ist. Diese zu berechnen, führen wir ein (x, y)-System ein, dessen x-Achse eine der Erzeugenden der Wandung des Gerinnes ist, während die y-Achse auf ihr senkrecht steht (Abb. 98). Ist nun

$$y = y(x)$$

die Gleichung der Spiegelkurve, so ist ihre Steigung $\dfrac{dy}{dx}$ gleich dem Tangens des Winkels, den die Kurventangente mit der x-Achse bildet und, da auch dieser Winkel sehr klein ist, näherungsweise gleich dem Winkel selbst. Andererseits schließt die x-Achse den Winkel α mit der Horizontalen ein, also ist

$$\alpha - \frac{dy}{dx}$$

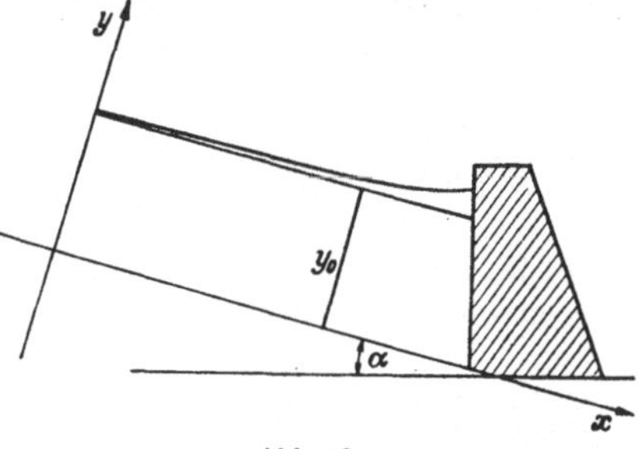

Abb. 98.

der Winkel der Spiegelkurve mit der Horizontalen, das sogenannte *Spiegelgefälle*. Nun wiederholen wir genau die Betrachtung, die wir eben für die ungehinderte Strömung des Wassers angestellt haben. Wir grenzen in der Umgebung der Stelle x eine Wassermenge zwischen zwei benachbarten, im Abstand $\varDelta l$ parallelen Querschnitten ab, deren Gewicht also $\gamma F \varDelta l$ ist. Dann überträgt sich auch auf diese gestaute Strömung das Ergebnis der ungehinderten Strömung, daß die von der Schwere erzeugte Kraft in Richtung der Spiegeltangente gleich dem Produkt aus dem Gewicht und dem Spiegelgefälle ist,

$$\gamma F \varDelta l \left(\alpha - \frac{dy}{dx}\right).$$

Ebenso übernimmt man für die Reibung an der Wandung den Ausdruck:

$$\zeta \frac{\gamma}{2g}\, v^2\, U\, \varDelta l\,.$$

Die Differenz der beiden Kräfte

$$(*) \qquad \gamma F \varDelta l \left\{\left(\alpha - \frac{dy}{dx}\right) - \zeta \frac{1}{g}\, \frac{U}{2F}\, v^2\right\}$$

ist hier aber nicht Null, wie bei der ungehinderten Strömung, ihre Differenz erzeugt vielmehr die Beschleunigung (bzw. Verzögerung), die das Wasser bei seiner Bewegung erfährt, wenn es in der Richtung auf das Hindernis zu fortschreitet.

Um nun die Beschleunigung zu finden, gehen wir am besten von der Energiegleichung aus. Danach muß die Arbeit der Kraft (*) bei einer Verschiebung $\varDelta x$ gleich der zugehörigen Änderung der Bewegungsenergie dieser Masse

$$\frac{1}{2}\, \frac{\gamma F \varDelta l}{g}\, v^2$$

sein. Wir haben damit, wenn wir gleich durch das Gewicht $(\gamma F \varDelta l)$ kürzen, die Gleichung

$$\left(\alpha - \frac{dy}{dx} - \zeta \, \frac{1}{g} \, \frac{U}{2F} \, v^2\right)\varDelta x = \varDelta \left(\frac{v^2}{2g}\right)$$

oder, wenn wir den Grenzübergang $\varDelta x \to 0$ machen und $v = \dfrac{Q}{F}$ einsetzen[1],

$$\alpha - \frac{dy}{dx} - \zeta \, \frac{1}{g} \, \frac{U}{2F} \, \frac{Q^2}{F^2} = \frac{Q}{2g} \, \frac{d}{dx}\left(\frac{1}{F^2}\right) = - \frac{Q^2}{g} \, \frac{1}{F^3} \, \frac{dF}{dx} \, ,$$

eine Gleichung, die die Ableitung der gesuchten Staukurve mit dem Querschnitt des Gerinnes verknüpft.

Jetzt nehmen wir an, der *Querschnitt des Gerinnes* sei ein *Rechteck* der Breite b, und zwar sei die Breite b groß gegen die Wassertiefe y, so daß der benetzte Umfang

$$U = b + 2\,y \approx b$$

wird. Der Flächeninhalt des Querschnittes ist

$$F = b\,y \, .$$

Die Grundgleichung vereinfacht sich zu

$$\alpha - \frac{dy}{dx} - \zeta \, \frac{1}{2g} \, \frac{Q^2}{b^2} \, \frac{1}{y^3} = - \frac{Q^2}{b^2\,g} \, \frac{1}{y^3} \, \frac{dy}{dx}$$

oder

$$\frac{dy}{dx}\left(1 - \frac{Q^2}{b^2\,g} \, \frac{1}{y^3}\right) = \alpha - \zeta \, \frac{1}{2g} \, \frac{Q^2}{b^2} \, \frac{1}{y^3} \, .$$

Dies ist die Differentialgleichung der Spiegelkurve für das rechteckige Gerinne mit geringer Tiefe. Zur Abkürzung setzen wir noch

$$\frac{Q^2}{b^2\,g} = \lambda^3 \, , \qquad \frac{1}{\alpha} \, \zeta \, \frac{1}{2g} \, \frac{Q^2}{b^2} = y_0^3 \, ,$$

wobei y_0 offenbar die Wassertiefe für ein freies Abströmen des Wassers ist, wie man erkennt, wenn man $\dfrac{dy}{dx} = 0$ einführt. Dann führt die Trennung der Veränderlichen zu der Beziehung

$$\alpha \, dx = \frac{y^3 - \lambda^3}{y^3 - y_0^3}\,dy = \left(1 + \frac{y_0^3 - \lambda^3}{y^3 - y_0^3}\right)dy \, ,$$

aus der

$$\alpha \, x + \mathrm{Const} = y + (y_0^3 - \lambda^3)\int \frac{dy}{y^3 - y_0^3}$$

folgt. Zur Auswertung des Integrals setzen wir

$$\frac{y}{y_0} = \eta \, , \qquad \int \frac{dy}{y^3 - y_0^3} = \frac{1}{y_0^2}\int \frac{d\eta}{\eta^3 - 1}$$

und gelangen über die Teilbruchzerlegung

$$\frac{1}{\eta^3 - 1} = \frac{1}{(\eta - 1)\,(\eta^2 + \eta + 1)} = \frac{1}{3}\left(\frac{1}{\eta - 1} - \frac{\eta + 2}{\eta^2 + \eta + 1}\right)$$

zu dem Ergebnis

$$\int \frac{d\eta}{\eta^3 - 1} = \frac{1}{3}\ln|\eta - 1| - \frac{1}{6}\ln(\eta^2 + \eta + 1) - \frac{1}{\sqrt{3}}\,\mathrm{arc\,tg}\left(\frac{2\,\eta + 1}{\sqrt{3}}\right)$$

$$= - \frac{1}{6}\ln\left[\frac{\eta^2 + \eta + 1}{(\eta - 1)^2}\right] - \frac{1}{\sqrt{3}}\,\mathrm{arc.\,tg}\,\frac{2\,\eta + 1}{\sqrt{3}} + \mathrm{Const} \, .$$

---

[1] Q hängt nicht von x ab, denn da das Wasser unzusammendrückbar ist, geht durch jeden Querschnitt die gleiche Wassermenge.

Dieses Integral, genommen zwischen den Grenzen η und ∞, ist von dem um die Entwicklung der Hydraulik sehr verdienten französischen Techniker J. BRESSE (1850) aufgestellt worden und führt nach ihm die Bezeichnung „*Bressesche Funktion*":

$$f(\eta) = \int\limits_{\eta}^{\infty} \frac{d\eta}{\eta^3 - 1} .$$

Die Gleichung der Staukurve ist also

$$\alpha\, x + \text{Const} = y - \frac{y_0^3 - \lambda^3}{y_0^2}\, f\left(\frac{y}{y_0}\right) .$$

Die Konstante wird schließlich dadurch bestimmt, daß für ein vorgegebenes x (der Ort des Wehrs) die Wassertiefe y vorgeschrieben ist,

$$x = a , \qquad y = h .$$

Dann lautet die Gleichung

$$\alpha\, (x - a) = (y - h) - \frac{y_0^3 - \lambda^3}{y_0^2}\left[f\left(\frac{y}{y_0}\right) - f\left(\frac{h}{y_0}\right) \right] .$$

Darin ist y_0 die Wassertiefe bei hinreichender Entfernung vom Wehr $\left(\lim\limits_{x \to -\infty} y = y_0 \right)$, die Staukurve hat also die Parallele $y = y_0$ zur Gerinnsohle als Asymptote. Würde man sie über das Wehr hinaus fortsetzen, so sieht man, daß für $x \to +\infty$ die Tiefe y nach $(+\infty)$ geht, und man erkennt dann, daß für $x \to +\infty$

$$\frac{dy}{dx} \to \alpha$$

gilt. Wir erhalten also eine zweite Asymptote, und zwar ist sie, da sie mit der Sohle des Gerinnes den Winkel α bildet, *horizontal*. Für die wirkliche Staukurve hat man es mit einem Stück dieser Kurve zu tun.

13, 4. Grundsätzliche Bemerkungen über Differentiation und Integration.

Von den beiden Prozessen des Differenzierens und Integrierens haben wir in den beiden ersten Kapiteln immer die Integration (Flächeninhaltsbestimmung) als den begrifflich einfacheren an die Spitze gestellt. Wir bemerkten bereits, daß eine stetige Funktion stets ein Integral besitzt, daß jedoch die Stetigkeit keine ausreichende Voraussetzung für die Differenzierbarkeit darstellt[1]. Es ist in diesem Zusammenhang notwendig, noch einmal auf die große Allgemeinheit des Funktionsbegriffes hinzuweisen und zu betonen, daß beispielsweise auch eine von einem schreibenden Meßinstrument gezeichnete Kurve unter diesen Begriff fällt. In all diesen Fällen, in denen die Funktionsbeziehung nicht in Form einer Gleichung vorliegt, tritt die einfachere Natur des Integralbegriffes besonders klar in die Erscheinung. Der Flächeninhalt unter einem Kurvenzug existiert unter allen Umständen, und zu seiner Ermittlung kann man sich des in 7, 4 besprochenen Integraphen bedienen. Kleine Ungenauigkeiten im Kurvenverlauf, wie sie beim Aufzeichnen unver-

---

[1] Vgl. 5, 6 S. 140ff. bzw. 5, 4 S. 136.

meidlich sind, haben dabei nur einen sehr geringen Einfluß auf das Ergebnis. Beim Differenzieren dagegen würde jede kleine Unebenheit in der gezeichneten Kurve im Steigungsbild eine starke Schwankung bewirken, und die Anforderungen an die Zeichengenauigkeit sind daher beim Differenzieren sehr viel höhere als beim Integrieren. Wir können zusammenfassend sagen: Die Integration ist ein summierender, glättender Prozeß, die Differentiation hängt dagegen von den Eigenschaften einer Funktion im kleinen ab.

Anders freilich fällt der Vergleich aus, wenn man nicht an den begrifflichen Kern beider Prozesse, sondern an ihre formal-rechnerische Durchführung denkt. Wenn wir uns mit Funktionen beschäftigen, die in Form von Gleichungen gegeben sind — und diese Funktionen stehen natürlich im Mittelpunkt unseres Interesses —, so können wir die Differentiation nach festen Regeln ausführen, deren rein formale Anwendung immer zum Ziel führt. Dabei zeigt sich, und wir werden das auch weiterhin immer bestätigt finden, daß die Differentiation einer irgendwie zusammengesetzten Funktion niemals auf eine Funktion komplizierteren Grundcharakters führt (die Ableitung einer rationalen Funktion z. B. ist stets wieder rational). Dagegen konnten wir für die Integration längst nicht in dem gleichen Ausmaß Regeln aufstellen, sondern es ließen sich nur gewisse Methoden aufzeigen, ein gegebenes Integral auf andere, möglicherweise einfachere oder bekannte, zurückzuführen. Gewiß konnten wir auf solche Weise eine Reihe von Integralen durch „bekannte“ Funktionen (vgl. die Ausführungen in 7, 5) ausdrücken; dies ist jedoch grundsätzlich als Ausnahme anzusehen, während man in der Regel ein Integral geradezu als Definition einer neuen Funktion anzusehen hat, deren Eigenschaften an Hand der vorliegenden Integrationsaufgabe zu studieren sind, wie wir es bei den Funktionen ln x und arc tg x durchgeführt haben. Aus diesem Grunde kann, wenn man das Augenmerk in erster Linie auf die Ausbildung des formalen Rechnens richtet, die Differentiation als der einfachere der beiden Prozesse erscheinen. Dies ist der Grund dafür, daß häufig die Differentialrechnung vorangestellt und erst dann die Integration als Umkehrung der Differentiation eingeführt wird, ein Aufbau, der nicht der historischen Entwicklung entspricht, der aber bis in die jüngste Zeit in der Lehrbuchliteratur üblich war. Erst in den letzten Jahrzehnten hat sich, unter dem Einfluß von F. Klein (1849—1925) die Auffassung stärker durchgesetzt, daß im mathematischen Unterricht das Begriffliche den Vorrang einzunehmen hat. Dann ist es aber zweckmäßig, den Integralbegriff voranzustellen. Auf solche Weise werden auch am besten die Denkmittel entwickelt, die für die Beschreibung und Beherrschung von Naturvorgängen wesentlich sind; das werden die den verschiedensten Gebieten der Physik entnommenen Anwendungsbeispiele dem Leser vor Augen geführt haben.

Es ist nun noch eine Bemerkung über die Auswertung von Integralen zu machen, die sich nicht durch „bekannte“ Funktionen ausdrücken lassen. Ein eingehendes Studium der Eigenschaften einer durch ein solches Integral definierten Funktion wird man nur dann vornehmen, wenn dieses Integral häufiger auftritt oder wenn seine Beherrschung vom systematischen Standpunkt aus notwendig erscheint. Handelt es sich hingegen nur um die Lösung einer einzelnen Aufgabe, bei der ein bestimmtes Integral mit vorgeschriebener Genauigkeit zu berechnen ist, so wird man entweder einen Integraphen verwenden, oder, wenn die damit erreichbare Genauigkeit nicht ausreicht, numerische Auswertungsmethoden heranziehen. Über diese sei im folgenden kurz einiges ausgeführt.

13, 5. Numerische Integration.

13, 51. Fehlerabschätzung bei Interpolation durch ganze rationale Funktionen.
Für die numerische Berechnung eines bestimmten Integrals geht man von dem Grundsatz aus, den Integranden durch Näherungsfunktionen von einfacherem Typus zu ersetzen und damit Näherungsformeln zu entwickeln. Es ist dann unerläßlich, diese Formeln durch Fehlerabschätzungen zu ergänzen, um stets über die Genauigkeit der Rechnung im Bilde zu sein. Als Näherungsfunktionen kommen in erster Linie ganze rationale Funktionen in Frage, die wir in der Weise festlegen können, daß ihre Ordinaten für eine Anzahl von Abszissenwerten mit den Ordinaten der vorgelegten Funktion übereinstimmen.

$f(x)$ sei eine im Intervall $a \leqq x \leqq b$ definierte stetige Funktion, und unter $\varphi_p(x)$ werde diejenige ganze rationale Funktion p-ten Grades verstanden, deren Werte an den $p + 1$ *Interpolationsstellen* ξ_0, ξ_1, ξ_2, . . ., ξ_p mit den Werten der Funktion $f(x)$ an diesen Stellen übereinstimmen[1]:

$$\varphi_p(\xi_\nu) = f(\xi_\nu) \quad (a \leqq \xi_\nu \leqq b, \ \nu = 0, 1, \ldots, p).$$

Für die Abweichung

$$R_p(x) = f(x) - \varphi_p(x),$$

deren Größe wir bestimmen wollen, setzen wir dementsprechend an:

$$R_p(x) = \varrho(x)(x - \xi_0)(x - \xi_1) \ldots (x - \xi_p).$$

Im folgenden setzen wir nun über die Funktion $f(x)$ noch voraus, daß sie im Intervall $a \leqq x \leqq b$ stetige Ableitungen bis einschl. zur $(p + 1)$-ten besitzt. Dann gelingt nämlich die Abschätzung des Faktors $\varrho(x)$ leicht durch folgenden Kunstgriff: Für eine beliebige, im folgenden festzuhaltende Zahl x^* aus dem Intervall $\langle a, b \rangle$, die lediglich mit keiner der Zahlen ξ_ν zusammenfallen soll, denken wir uns das zugehörige $\varrho(x^*)$ bestimmt und bilden darauf die Hilfsfunktion

$$H(x) = R_p(x) - \varrho(x^*)(x - \xi_0)(x - \xi_1) \ldots (x - \xi_p) \quad (\varrho(x^*) \text{ ist eine Konstante}).$$

Diese Funktion hat die Zahlen ξ_0, ξ_1, ξ_2, . . . ξ_p und außerdem x^* zu Nullstellen, sie verschwindet also im Intervall $a \leqq x \leqq b$ an mindestens $p + 2$ verschiedenen Stellen. Nun folgt aus dem in 7, 3 abgeleiteten Mittelwertsatz der Differentialrechnung der Steigungsbestimmung, daß zwischen zwei Nullstellen einer Funktion, die eine stetige erste Ableitung besitzt[2], stets mindestens eine Nullstelle dieser ersten

---

[1] Hinsichtlich der Festlegung dieser Funktion vgl. 3, 44 und 4, 12.

[2] Diese Folgerung aus dem Mittelwertsatz, die, wie der Mittelwertsatz selbst, für die Anschauung unmittelbar einleuchtend erscheint, ist als Satz von ROLLE bekannt.

Ableitung liegt. Daraus folgern wir, daß im Intervall $a \leq x \leq b$ $H'(x)$ mindestens $(p + 1)$-mal, $H''(x)$ mindestens p-mal, ... und schließlich $H^{(p+1)}(x)$ mindestens einmal verschwindet. Da nun $\varphi_p^{(p+1)}(x) = 0$ ist, ergibt sich

$$H^{(p+1)}(x) = f^{(p+1)}(x) - (p + 1)!\, \varrho(x^*) .$$

und dieser Ausdruck muß, wie wir soeben erkannt haben, an einer dem abgeschlossenen Intervall $\langle a, b \rangle$ angehörenden Stelle $\bar{x}$ verschwinden, so daß

$$\varrho(x^*) = \frac{f^{(p+1)}(\bar{x})}{(p + 1)!}$$

wird. Da nun x^* im Intervall $\langle a, b \rangle$ willkürlich angenommen war, können wir hieraus schließen, daß für alle x des Intervalls $a \leq x \leq b$ die Ungleichung

$$|\varrho(x)| \leq \frac{M^{(p+1)}}{(p + 1)!}$$

gilt, wenn unter $M^{(p+1)}$ eine obere Schranke für $|f^{(p+1)}(x)|$ $(a \leq x \leq b)$ verstanden wird. Damit haben wir folgende Fehlerabschätzung:

$$|R_p(x)| \leq \frac{M^{(p+1)}}{(p + 1)!}\, |(x - \xi_0)(x - \xi_1)(x - \xi_2) \cdots (x - \xi_p)| .$$

Wir haben bei der Ableitung dieser Formel stillschweigend vorausgesetzt, daß die $p + 1$ Interpolationsstellen ξ_ν sämtlich voneinander verschieden seien. Es muß daher noch bemerkt werden, daß auch mehrere dieser Stellen zusammenfallen können. Wenn die Interpolationsstelle ξ_l auf eine andere Interpolationsstelle ξ_k rückt und schließlich in der Grenze mit ξ_k zusammenfällt, so ist das Ergebnis, daß für $x = \xi_k$ nicht nur die Ordinaten, sondern auch die Steigungen von $f(x)$ und $\varphi_p(x)$ übereinstimmen, so daß die Abweichungsfunktion $R_p(x)$ und ebenso auch die Hilfsfunktion $H(x)$ dort eine doppelt zu zählende Nullstelle besitzt (vgl. 3, 41). Dann sind zwar für $H(x)$ nur $p + 1$ voneinander verschiedene Nullstellen gesichert, und der Mittelwertsatz garantiert dementsprechend für $H'(x)$ nur p Nullstellen, zu ihnen tritt jedoch noch die Stelle ξ_k, an der $H'(x)$ ebenfalls verschwinden muß, und damit bleibt die obige Überlegung auch auf diesen Fall anwendbar. Wir könnten in ähnlicher Weise noch zeigen, daß die gewonnene Abschätzungsformel ihre Gültigkeit behält, wenn mehr als zwei Interpolationsstellen zusammenfallen.

13, 52. Die einfachsten Formeln zur numerischen Integration. Um das bestimmte Integral $\int_a^b f(x)\,dx$ zu berechnen, dessen Integrand $f(x)$ eine im Intervall $a \leq x \leq b$ stetige Funktion sei, teilen wir dieses Intervall zunächst in n Teilintervalle der Länge $h = \dfrac{b - a}{n}$. Die Teilpunkte nennen wir der bequemeren Schreibweise wegen

$$a = x_0,\; a + h = x_1,\; \ldots,\; a + \nu h = x_\nu,\; \ldots,\; b - h = x_{n-1},\; b = x_n .$$

Für diese Zahlen werden die Funktionswerte $f(x_0)$, $f(x_1)$, ..., $f(x_n)$ berechnet (*Wertetabelle*).

a) Die Rechtecksregel. Als nächstliegenden und ersten Näherungswert für den Flächeninhalt unter der Kurve $y = f(x)$ nehmen wir die mit der soeben hergestellten Teilung konstruierte linke Rechteckssumme, wir schreiben dementsprechend die folgende Näherungsformel an:

$$(20) \qquad \int\limits_a^b f(x)\,dx \approx h\,[f(x_0) + f(x_1) + \cdots + f(x_{n-1})]\,.$$

Um über die Genauigkeit Aufschluß zu erhalten, bedenken wir, daß hier in jedem Teilintervall, das von x_ν bis $x_{\nu+1}$ reicht, die Kurve $y = f(x)$ durch die horizontale Gerade $\eta = f(x_\nu)$ ersetzt ist, die im Sinn des vorigen Abschnitts eine Näherungsfunktion nullter Ordnung darstellt. Für die Ordinatendifferenz beider Kurven gilt daher[1], sofern die Ableitung $f'(x)$ im Intervall $a \leqq x \leqq b$ existiert und ihr Absolutwert die Zahl $M^{(1)}$ nicht übersteigt:

$$|\,R_0(x)\,| \leqq M^{(1)}\,(x - x_\nu)$$

Durch Integration zwischen den Grenzen x_ν und $x_{\nu+1}$ findet man, daß der bei Anwendung der Näherungsformel (20) auf ein einzelnes Teilintervall entfallende Fehler v_ν der Ungleichung

$$|\,v_\nu\,| \leqq \tfrac{1}{2}\,M^{(1)}\,h^2$$

genügt, und damit erhalten wir für den Gesamtfehler V die Abschätzung

$$(20^*) \qquad |\,V\,| \leqq \tfrac{1}{2}\,M^{(1)}\,h^2\,n = \tfrac{1}{2}\,M^{(1)}\,(b - a)\,h\,.$$

b) **Die Trapezregel.** Um die Annäherung zu verbessern, denken wir uns jeden der durch die Wertetabelle festliegenden Kurvenpunkte mit dem folgenden durch eine Sehne verbunden und ersetzen den Flächeninhalt jedes einzelnen Streifens durch den Inhalt des von dieser Sehne begrenzten Trapezes, also durch $\dfrac{h}{2}[f(x_\nu) + f(x_{\nu+1})]$. Läßt man hierin ν die Werte $0, 1, \ldots, n - 1$ annehmen und summiert, so gelangt man zur Näherungsformel

$$(21) \qquad \int\limits_a^b f(x)\,dx \approx h\,[\tfrac{1}{2}\,f(a) + f(x_1) + f(x_2) + \cdots + f(x_{n-1}) + \tfrac{1}{2}\,f(b)]\,.$$

Wenn im Intervall $a \leqq x \leqq b$ neben der ersten auch noch die zweite Ableitung des Integranden stetig ist und $M^{(2)}$ eine obere Schranke für ihren Absolutwert bedeutet, so gilt für die Ordinatendifferenz von Kurve und Sehne im Teilintervall

$$x_\nu \leqq x \leqq x_{\nu+1}$$

nach 13, 51:

$$|\,R_1(x)\,| \leqq \tfrac{1}{2}\,M^{(2)}\,|\,(x - x_\nu)\,(x - x_{\nu+1})\,|\ \ (x_\nu \leqq x \leqq x_{\nu+1})\,.$$

Integriert man dies von x_ν bis $x_{\nu+1}$, so erhält man für den Fehler v_ν, der bei Anwendung von (21) auf das einzelne Teilintervall entfällt:

$$|\,v_\nu\,| \leqq \tfrac{1}{12}\,M^{(2)}\,h^3$$

und für den Gesamtfehler V gewinnen wir daraus die Abschätzung:

$$(21^*) \qquad |\,V\,| \leqq \tfrac{1}{12}\,M^{(2)}\,(b - a)\,h^2\,.$$

c) **Die Simpsonsche Regel.** Eine noch wesentlich bessere Annäherung wird erreicht, wenn man die Kurve $y = f(x)$ durch Bögen von

---

[1] Dies kann man auch ohne Berufung auf 13, 51 unmittelbar aus dem Mittelwertsatz (7, 3) folgern.

Parabeln zweiten Grades ersetzt, die jeweils für drei Abszissenwerte diese Kurve schneiden (vgl. Abb. 99). Wir müssen jetzt für n eine gerade Zahl nehmen: $n = 2m$. Eine Parabel zweiten Grades, die an den Stellen $x_{\nu-1}$, x_ν und $x_{\nu+1}$ die Kurve $y = f(x)$ schneidet, ist nach der Newtonschen Interpolationsformel (4, 12)[1] durch die Gleichung

$$\eta = f(x_{\nu-1}) + \frac{\Delta^1 f(x_{\nu-1})}{h}(x - x_{\nu-1}) + \frac{1}{2}\frac{\Delta^2 f(x_{\nu-1})}{h^2}(x - x_{\nu-1})(x - x_\nu)$$

gegeben, die wir auch in die Form

$$\eta = f(x_\nu) + \frac{\Delta^1 f(x_{\nu-1})}{h}(x - x_\nu) + \frac{1}{2}\frac{\Delta^2 f(x_{\nu-1})}{h^2}(x - x_\nu)(x - x_\nu + h)$$

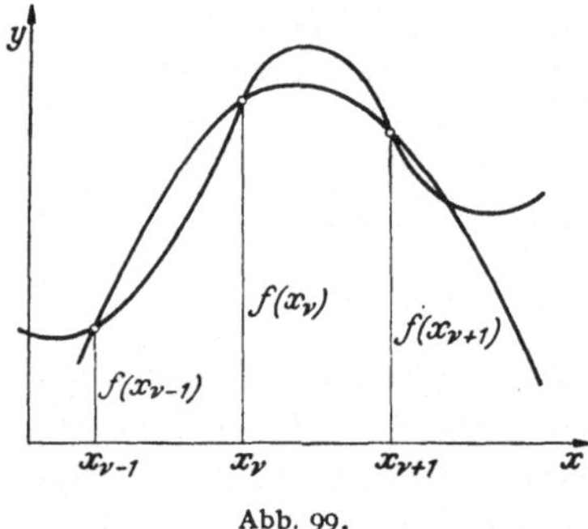

Abb. 99.

bringen können. Da diese Kurve im doppelten Teilintervall

$$x_{\nu-1} \leqq x \leqq x_{\nu+1}$$

die Funktionskurve ersetzen soll, haben wir nun das Integral $\int_{x_{\nu-1}}^{x_{\nu+1}} \eta\, dx$ auszuwerten. Mit der Substitution

(22a) $\qquad x - x_\nu = h\,u, \qquad dx = h\,du$

nimmt dies die Gestalt an:

$$\int_{x_{\nu-1}}^{x_{\nu+1}} \eta\, dx = 2h f(x_\nu) + h\,\Delta^1 f(x_{\nu-1})\int_{-1}^{1} u\,du + \frac{h}{2}\,\Delta^2 f(x_{\nu-1})\int_{-1}^{1} u\,(u+1)\,du$$

$$= 2h f(x_\nu) + \frac{h}{2}\,\Delta^2 f(x_{\nu-1})\,\frac{2}{3}$$

$$= \frac{h}{3}\,[f(x_{\nu-1}) + 4 f(x_\nu) + f(x_{\nu+1})]. \qquad\qquad \text{[vgl. S. 105, (3)]}$$

Diese Näherungswerte für die Flächeninhalte der Doppelstreifen sind nun zu addieren, indem man ν die Zahlenfolge $1, 3, \ldots, 2m - 1$ durchlaufen läßt und summiert. Dann entsteht die als „*Simpsonsche Regel*" bekannte Näherungsformel:

$$(22) \qquad \int_a^b f(x)\,dx \approx \frac{h}{3}\,[f(a) + 4 f(x_1) + 2 f(x_2) + 4 f(x_3) + 2 f(x_4) +$$

$$+ \cdots + 2 f(x_{2m-2}) + 4 f(x_{2m-1}) + f(b)].$$

Bezüglich des Fehlers wird man zunächst vermuten, er sei der dritten Potenz von h proportional und enthalte als Faktor die obere Schranke für den Absolutwert der dritten Ableitung des Integranden. Es wird sich jedoch sogleich zeigen, daß die Verhältnisse günstiger liegen. Man bedenke zunächst, daß sich an dem Wert des von $x_{\nu-1}$ bis $x_{\nu+1}$ erstreckten Näherungsintegrals nichts ändert, wenn man von der Parabel zweiten Grades zu einer Parabel dritten Grades übergeht, indem man

---

[1] Man könnte auch von der Lagrangeschen Interpolationsformel (3, 44) ausgehen — und dies ist in allgemeineren Fällen in der Tat zweckmäßig — aber hier kommen wir mit der Newtonschen Interpolationsformel schneller zum Ziel.

ein Glied der Form $c(x - x_{\nu-1})(x - x_\nu)(x - x_{\nu+1})$ hinzufügt. Die Integration dieses Zusatzgliedes liefert nämlich mit (22a)

$$c\,h^4 \int\limits_{-1}^{1} (u + 1)\, u\, (u - 1)\, d\,u = 0 \qquad \text{(Integrand ungerade Funktion).}$$

Wir können also den Fehler so abschätzen, als hätten wir von vornherein unter Mitberücksichtigung dieses Zusatzgliedes eine Näherungskurve dritten Grades verwendet. Wir können dabei sogar noch über den Faktor c frei verfügen und denken uns diesen so bestimmt, daß die Näherungskurve dritten Grades an der Stelle x_ν außer der gleichen Ordinate auch noch die gleiche Steigung besitzt wie die Funktion $f(x)$. Dann ist die Parabel dritten Grades eine Interpolationskurve, für die die Zahlen $x_{\nu-1}$ und $x_{\nu+1}$ einfache Interpolationsstellen sind, während x_ν im Sinne der Schlußbemerkung von 13, 51 doppelt zu zählen ist. Dann gilt für die Abweichungsfunktion $R_3(x)$ die Abschätzung

$$|R_3(x)| \leqq \frac{M^{(4)}}{4!} \, |(x - x_{\nu-1})(x - x_\nu)^2(x - x_{\nu+1})| \quad . \quad (x_{\nu-1} \leqq x \leqq x_{\nu+1}),$$

sofern der Integrand $f(x)$ eine stetige vierte Ableitung besitzt, für deren absoluten Betrag $M^{(4)}$ eine obere Schranke ist. Durch Integration ergibt sich mit der Substitution (22a).

$$\int\limits_{x_{\nu-1}}^{x_{\nu+1}} |R_3(x)|\, d\,x \leqq \frac{M^{(4)}}{4!}\, h^5 \int\limits_{-1}^{1} |(u + 1)\, u^2\, (u - 1)|\, d\,u =$$

$$= \frac{M^{(4)}}{4!}\, h^5 \int\limits_{-1}^{1} u^2\, (1 - u^2)\, d\,u = \frac{M^{(4)}}{90}\, h^5 \,,$$

und durch Multiplikation mit der Anzahl m der Doppelstreifen erhält man wegen $m\,h = \dfrac{b - a}{2}$ folgende Fehlerabschätzung zur Simpsonschen Regel:

$$(22^*) \qquad\qquad |V| \leqq \frac{M^{(4)}}{180}\, (b - a)\, h^4 \,.$$

Mit jeder der drei abgeleiteten Formeln kann natürlich die Genauigkeit beliebig weit getrieben werden, wenn die Streifenbreite h hinreichend klein genommen wird. Die Hauptrechenarbeit ist dabei nicht die Bildung der Summen, sondern die Aufstellung der Wertetabelle. Es ist klar, daß man, soweit das überhaupt möglich ist, immer die Simpsonsche Regel bevorzugen wird, weil die Zahl n der Teilintervalle, die zur Erreichung einer vorgeschriebenen Genauigkeit erforderlich ist, bei ihr im allgemeinen am kleinsten ausfallen wird. Es sei noch bemerkt, daß die angegebenen Fehlerabschätzungen unter Umständen ihren Sinn verlieren können, wenn der Integrand nicht analytisch, sondern empirisch gegeben ist und wenn infolgedessen die Funktionswerte $f(x_\nu)$ selbst nur mit beschränkter Genauigkeit bekannt sind. Schließlich sei noch betont, daß wir uns hier auf die Angabe der einfachsten Methoden beschränken mußten und daß man unter Heranziehung höherer Methoden noch zu sehr viel günstigeren Formeln gelangen kann. Ein Eingehen darauf ist jedoch im Rahmen dieser Vorlesung nicht möglich.

§ 14. Die Taylorsche Formel.

14, 1. Die Schmiegparabeln und die Darstellung der höheren Ableitungen als Quotienten von Differentialen.

Wir wollen im folgenden auch die höheren Ableitungen in der von LEIBNIZ eingeführten Differentialschreibweise darstellen. Von der betrachteten Funktion

$$(1) \qquad y = f(x)$$

setzen wir voraus, daß sie in einem vorgegebenen abgeschlossenen Intervall stetige Ableitungen bis zur $(n + 1)$-ten Ordnung besitzt. Die meisten Funktionen, mit denen man es für gewöhnlich zu tun hat, lassen sich beliebig oft differenzieren, so daß für n jede natürliche Zahl genommen werden kann.

14, 11. Die Folge der Schmiegparabeln. Wir knüpfen an die Überlegung an, die uns von der ersten Ableitung $y' = f'(x)$ zu dem ersten Differential dy hinführte. Wir konstruierten dazu an der betrachteten Stelle x_0 die Tangente, also diejenige Gerade, die für $x = x_0$ die gleiche Ordinate besitzt wie die Kurve $f(x)$ und deren konstante erste Ableitung mit der Ableitung $f'(x_0)$ übereinstimmt:

$$(2) \qquad \eta_1 = f(x_0) + f'(x_0)(x - x_0).$$

Wir gehen nun einen Schritt weiter und wollen eine Parabel zweiten Grades

$$\eta_2 = a\,x^2 + b\,x + c$$

so bestimmen, daß für $x = x_0$ nicht nur Funktionswert und erste Ableitung, sondern auch die zweite Ableitung mit den entsprechenden Größen der Funktion $f(x)$ übereinstimmen. Das wird erreicht, wenn wir setzen:

$$(3) \qquad \eta_2 = f(x_0) + \frac{f'(x_0)}{1!}(x - x_0) + \frac{f''(x_0)}{2!}(x - x_0)^2.$$

Diese Parabel berührt dann nicht nur die Kurve $f(x)$ an der Stelle x_0, wie es schon die Tangente tut, sondern ihre Steigung ändert sich dort auch in gleicher Stärke wie die der Kurve $f(x)$, so daß beide Kurven gleich stark gekrümmt sind. Daher schmiegt sich die Parabel (3) der Funktionskurve in der Umgebung der Stelle $x = x_0$ an, wir nennen sie eine *„Schmiegparabel"*. Wir brauchen natürlich hierbei nicht stehen zu bleiben, sondern wir können zu Parabeln höheren Grades aufsteigen und entsprechend immer mehr Ableitungen an der Entwicklungsstelle x_0 mit den Ableitungen der Funktion $f(x)$ zur Übereinstimmung bringen. Wir wählen also allgemein in einer Parabel n-ten Grades

$$\eta_n = G_n(x) = a_0 + a_1 x + a_2 x^2 + \cdots + a_n x^n$$

die darin auftretenden $(n + 1)$ Konstanten so, daß sie an der betrachteten Stelle x_0 die gleiche Ordinate sowie die gleiche erste, zweite, . . . ,

n-te Ableitung wie die gegebene Kurve (1) besitzt. Die so eindeutig bestimmte Folge von Parabeln bezeichnen wir als die Folge der *Schmiegparabeln* der Kurve (1) an der Stelle $x = x_0$. Dabei stellt die *Tangente die Schmiegparabel erster Ordnung* vor[1].

Wenn wir nun von einer Parabel n-ten Grades an einer Stelle $x = x_0$ die Ordinate $G(x_0)$ und die Ableitungen bis zur Ordnung n

$$G_n'(x_0), \; G_n''(x_0), \; \ldots, \; G_n^{(n)}(x_0)$$

kennen, so läßt sich, wie wir in 3, 3 sahen, die Gleichung der Parabel in der Gestalt

$$G_n(x) = G_n(x_0) + \frac{G_n'(x_0)}{1!}(x - x_0) + \frac{G_n''(x_0)}{2!}(x - x_0)^2 + \cdots + \frac{G_n^{(n)}(x_0)}{n!}(x - x_0)^n$$

schreiben. Soll nun die Parabel Schmiegparabel n-ter Ordnung der Funktion $y = f(x)$ an der Stelle $x = x_0$ sein, so muß für diese Stelle, wie wir eben festgesetzt haben,

$$(4\mathrm{a}) \qquad G_n(x_0) = f(x_0), \quad G_n^{(k)}(x_0) = f_n^{(k)}(x_0) \qquad k = 1, 2, \ldots, n$$

gelten. Somit ist die Gleichung der *Schmiegparabel n-ter Ordnung der Kurve $y = f(x)$ für die Stelle $x = x_0$*

$$(4) \qquad \eta_n = f(x_0) + \frac{f'(x_0)}{1!}(x - x_0) + \frac{f''(x_0)}{2!}(x - x_0)^2 + \cdots +$$
$$+ \frac{f^{(n)}(x_0)}{n!}(x - x_0)^n \,.$$

Lassen wir n die Folge der ganzen Zahlen $n = 1, 2, 3, \ldots$ durchlaufen, so erhalten wir die ganze Folge der Schmiegparabeln der verschiedenen Ordnungen, deren erste ($n = 1$) die *Tangente* (2) der Kurve $y = f(x)$ an der Stelle $x = x_0$ ist.

Wir bestätigen zunächst, daß die früher aufgestellten Näherungsfunktionen in unserem jetzigen Sinn Schmiegparabeln sind.

a) Bei der Funktion

$$y = \frac{1}{x}$$

hatten wir nach MERCATOR die Näherungsfunktionen in der Umgebung der Stelle $x = 1$ entwickelt und

$$G_n(x) = 1 - (x - 1) + (x - 1)^2 - + \cdots + (-1)^n (x - 1)^n$$

gefunden (vgl. 6, 51). Wegen

$$f(x) = \frac{1}{x}, \; f'(x) = -\frac{1}{x^2}, \; f''(x) = +\frac{1 \cdot 2}{x^3}, \ldots, \; f^{(n)}(x) = (-1)^n \frac{n!}{x^{n+1}},$$

also

$$f(1) = 1, \quad f^{(k)}(1) = (-1)^k k! \qquad (k = 1, 2, \ldots)$$

---

[1] Im Sinne der Bemerkungen am Schluß von 13, 51 sei darauf hingewiesen, daß man die Schmiegparabel auch durch Zusammenrücken der $n + 1$ Interpolationsstellen einer interpolierenden Parabel n-ten Grades entstanden denken kann.

bestätigt man sofort, daß die Schmiegparabel n-ter Ordnung

$$f(1) + \frac{f'(1)}{1!}(x-1) + \frac{f''(1)}{2!}(x-1)^2 + \cdots + \frac{f^{(n)}(1)}{n!}(x-1)^n$$

mit der Näherungsfunktion $G_n(x)$ übereinstimmt.

b) Da wir die Näherungsparabeln für die Funktion

$$y = \ln x$$

hieraus durch Integration in der Form

$$H_n(x) = \frac{x-1}{1} - \frac{(x-1)^2}{2} + \frac{(x-1)^3}{3} - + \cdots + (-1)^{n+1}\frac{(x-1)^n}{n}$$

gewonnen hatten, so überzeugt man sich leicht, daß auch diese Schmiegparabeln sind, d. h. daß auch bei ihnen an der Entwicklungsstelle $x = 1$ die Ableitungen bis zur n-ten Ordnung mit denen der Funktion $\ln x$ übereinstimmen[1].

c) Das gleiche gilt (vgl. 10, 11) für die Näherungsfunktionen

$$G_{2n}(x) = 1 - x^2 + x^4 - + \cdots + (-1)^n x^{2n}$$

der Funktion

$$y = \frac{1}{1 + x^2}$$

sowie für die Näherungsfunktionen

$$H_{2n+1}(x) = \frac{x}{1} - \frac{x^3}{3} + \frac{x^5}{5} - + \cdots + (-1)^n \frac{x^{2n+1}}{2n+1}$$

der durch Integration gewonnenen Funktion

$$y = \operatorname{arc\,tg} x.$$

(Man bilde die Ableitungen an der Stelle $x = 0$.)

d) Schließlich überzeugen wir uns noch davon, daß auch die in 8, 12 gegebene Darstellung der Exponentialfunktion

$$y = e^x$$

mit Hilfe der Näherungsparabeln

$$H_n(x) = 1 + \frac{x}{1!} + \frac{x^2}{2!} + \cdots + \frac{x^n}{n!}$$

sich wegen $y^{(k)}(0) = 1$ in den neuen Rahmen einordnet.

14, 12. Die höheren Diffentialquotienten. Bei der Erklärung des ersten Differentials einer Funktion machten wir davon Gebrauch, daß bei einer geraden Linie die Ordinatenspanne oder, in der Sprechweise der Differenzenrechnung (§ 4), die erste Differenz $\Delta^1 y$ der Abszissenspanne Δx proportional ist:

$$\eta = a x + b, \quad \Delta \eta = a \Delta x,$$

---

[1] Zur einfacheren Sprechweise pflegt man den Funktionswert selbst als Ableitung der Ordnung Null zu zählen.

und zwar ist der *Proportionalitätsfaktor* gleich der Steigung, d. h. *gleich der* (konstanten) *ersten Ableitung* der Geraden

$$\Delta \eta = \eta' \Delta x \, .$$

Diese Eigenschaft der Geraden haben wir nun in § 4 verallgemeinern können, als wir die *höheren Differenzen* $\Delta^2 f(x)$, $\Delta^3 f(x)$, ... einer Funktion einführten. Wir sahen in 4, 22, daß die mit einer beliebigen Abszissenspanne Δx gebildete *n-te Differenz einer Parabel n-ten Grades*

$$(5) \qquad \eta = G_n(x) = a_0 + a_1 x + \cdots + a_n x^n$$

der n-ten Potenz der Abszissenspanne proportional ist, und zwar gilt[1]

$$(5a) \qquad \Delta^n \eta = n! \, a_n \, (\Delta x)_\cdot^n \, .$$

Der Proportionalitätsfaktor ist gleich der n-ten Ableitung der Parabel n-ten Grades, so daß

$$(5b) \qquad \Delta^n \eta = \eta^{(n)} \, (\Delta x)^n$$

wird. So erscheint die Beziehung $\Delta^1 G_1 = G_1' \Delta x$ als erstes Element der Folge der Beziehungen (5b), die für die Parabeln ersten, zweiten, dritten, ..., allgemein n-ten Grades gültig ist. Für die *Schmiegparabeln* (4) nimmt die Beziehung (5,a) offensichtlich die Gestalt

$$(5c) \qquad \Delta^n \eta_n = f^{(n)}(x_0) \, (\Delta x)^n$$

an, d. h. für die *Schmiegparabel n-ter Ordnung* der Funktion $y = f(x)$ an der Stelle $x = x_0$ *ist die n-te Differenz gleich der n-ten Potenz der Abszissenspanne Δx multipliziert mit der n-ten Ableitung* der Funktion $f(x)$ an der betrachteten Stelle.

Diese n-te Differenz der Schmiegparabel n-ter Ordnung soll nun das n-te Differential der Funktion $y = f(x)$ genannt und mit

$$d^n y$$

bezeichnet werden, so daß hiernach

$$(6) \qquad d^n y = f^{(n)}(x) \, (\Delta x)^n$$

ist. Für $n = 1$ kommt diese Definition auf die Definition des bisher allein betrachteten ersten Differentials

$$dy = f'(x) \, \Delta x$$

zurück, das wir in 11, 2 neben die erste Differenz der Funktion

$$\Delta y = f(x + \Delta x) - f(x)$$

gestellt haben. Für $n = 2$ tritt ebenso neben die zweite Differenz

$$\Delta^2 y = \Delta f(x + \Delta x) - \Delta f(x) = f(x + 2\Delta x) - 2f(x + \Delta x) + f(x)$$

das zweite Differential

$$d^2 y = f''(x) \, (\Delta x)^2 \, ,$$

das die entsprechend gebildete zweite Differenz der Schmiegparabel zweiter Ordnung ist.

---

[1] Beim Ausrechnen sind nur die höchsten Potenzen zu beachten.

Für die unabhängige Veränderliche x gibt es natürlich nur das erste Differential

$$\Delta x = dx,$$

das zweite und alle höheren Differentiale der unabhängigen Veränderlichen sind identisch Null, wie sich aus der Erklärung der zweiten Differenz für die Funktion $y = x$ ergibt.

Schreiben wir in (6) für die Spanne Δx der unabhängigen Veränderlichen jetzt noch dx, so erhält diese Beziehung die Gestalt

$$(6a) \qquad d^n y = f^{(n)}(x)\,(dx)^n .$$

die mit (6) vollkommen gleichbedeutend ist. Gemäß dieser Darstellung haben wir dann

$$(6b) \qquad f^{(n)}(x) = \frac{d^n y}{d x^n},$$

d. h. *die n-te Ableitung einer Funktion $y = f(x)$ läßt sich schreiben als Quotient des n-ten Differentials der abhängigen Veränderlichen und der n-ten Potenz des Differentials dx der unabhängigen Veränderlichen.* Somit haben wir für die aufeinanderfolgenden Ableitungen der Funktion $y = f(x)$ die Darstellung als Differentialquotienten

$$\frac{d^2 y}{d x^2},\ \frac{d^3 y}{d x^3},\ \ldots\ldots,\ \frac{d^n y}{d x^n},\ \ldots,$$

wobei das Differential im Zähler die mit dx gebildete höchste (von Null verschiedene) Differenz der Schmiegparabel zweiter, dritter, . . ., n-ter Ordnung ist und im Nenner die entsprechende *Potenz* des Differentials $dx = \Delta x$ der unabhängigen Veränderlichen steht. Man spricht in diesem Sinne statt von der zweiten Ableitung vom *zweiten, dritten,* . . ., *n-ten Differentialquotienten* der Funktion. Diese Schreibweise ist von LEIBNIZ angegeben und hat sich eingebürgert, wenngleich sie für die höheren Ableitungen nicht die gleiche Umsetzung der begrifflichen Überlegungen in formales Rechnen mit sich bringt, wie wir es oben für die erste Ableitung kennengelernt haben.

Wenn man z. B. die zweite Ableitung einer Funktion $y = f(x)$ mit Hilfe der Kette

$$(7) \qquad y = g(u), \quad u = h(x)$$

bestimmen will, so könnte man auf Grund der formalen Schreibweise (6b) erwarten, daß man $\frac{d^2 y}{d x^2}$ erhält, wenn man das Produkt

$$\frac{d^2 y}{d u^2}\frac{d u^2}{d x^2} = \frac{d^2 y}{d u^2}\left(\frac{d u}{d x}\right)^2$$

bildet. Indessen wäre das falsch, wenigstens wenn man den Quotienten $\frac{d^2 y}{d u^2}$ als die zweite Ableitung von y nach u, d. h. als die zweite Ableitung

$g''(u)$ auffassen wollte. Denn da die zweite Ableitung durch Differentiation der ersten Ableitung

$$f'(x) = g'(u)\,h'(x)$$

entsteht, so ist

$$f''(x) = \frac{d}{dx}\left[g'(u)\,h'(x)\right] = \frac{dg'(u)}{dx}\,h'(x) + g'(u)\,h''(x)\,,$$

und da nach der Kettenregel

$$\frac{dg'(u)}{dx} = \frac{dg'(u)}{du}\,\frac{du}{dx} = g''(u)\,h'(x)$$

ist, so folgt weiter

$$(8) \qquad f''(x) = g''(u)\,[h'(x)]^2 + g'(u)\,h''(x)\,.$$

Wollen wir statt der Ableitungen die Differentialquotienten schreiben, so geht sie in

$$(8\,\mathrm{a}) \qquad \frac{d^2 f(x)}{dx^2} = \frac{d^2 g(u)}{du^2}\left[\frac{dh(x)}{dx}\right]^2 + \frac{dg(u)}{du}\,\frac{d^2 h(x)}{dx^2}$$

über. Vielfach schreibt man dies, da $y = f(x) = g(u)$ ist, kurz

$$(8\,\mathrm{b}) \qquad \frac{d^2 y}{dx^2} = \frac{d^2 y}{du^2}\left(\frac{du}{dx}\right)^2 + \frac{dy}{du}\,\frac{d^2 u}{dx^2}\,.$$

Indessen sollte man die Formel eigentlich in der Gestalt

$$(8\,\mathrm{c}) \qquad \frac{d^2 y(x)}{dx^2} = \frac{d^2 y(u)}{du^2}\left(\frac{du}{dx}\right)^2 + \frac{dy}{du}\,\frac{d^2 u}{dx^2}$$

schreiben. Denn dann würde man klar erkennen, daß das zweite Differential auf der linken Seite $d^2 y(x)$ und das zweite Differential auf der rechten Seite $d^2 y(u)$ ganz verschiedene Größen sind, was in der Schreibweise (8b) leicht übersehen werden kann. Nach der Definition ist $d^2 y(x)$ die zweite Differenz der Schmiegparabel der Kurve $y = f(x)$, gebildet mit der Spanne $\Delta x = dx$ der unabhängigen Veränderlichen x, während $d^2 y(u)$ die zweite Differenz der Schmiegparabel der Kurve $y = g(u)$ bedeutet, die auch mit einer ganz anderen Abszissenspanne $\Delta u = du$ gebildet ist[1].

14, 2. Die Taylorsche Entwicklung.

Die in 14, 11 durchgeführte Konstruktion der Schmiegparabeln, die auf schrittweiser Übereinstimmung der Ableitungen der vorgelegten Funktion mit denen der ganzen rationalen Näherungsfunktionen an der

---

[1] Würde man die Umrechnung des zweiten Differentialquotienten $\dfrac{d^2 y}{dx^2}$ auf die neue Veränderliche u lediglich durch Erweitern mit $(du)^2$ zu vollziehen suchen, so ergäbe sich zwar die richtige Beziehung

$$\frac{d^2 y(x)}{dx^2} = \frac{d^2 y(x)}{du^2}\left(\frac{du}{dx}\right)^2,$$

aber hierin ist der erste Faktor *nicht* die zweite Ableitung der Funktion $y = g(u)$.

Entwicklungsstelle beruht, läßt erwarten, daß in einer gewissen Umgebung der Entwicklungsstelle die Annäherung sich mit wachsender Nummer verbessert. Dieses Verhalten haben wir an den Beispielen immer festgestellt, in denen wir die Größe des Fehlers

$$(9) \qquad R_n(x) = f(x) - G_n(x)$$

in seiner Abhängigkeit von der Stelle x und der Nummer n leicht überblicken konnten. Eine solche Genauigkeitsdiskussion müssen wir nun auch im allgemeinen Fall durchführen, um die Annäherung der vorgelegten Funktion durch Schmiegparabeln für die Berechnung der Funktionswerte ausnützen zu können und sie zu einem brauchbaren Hilfsmittel der Integralrechnung auszubauen.

14, 21. Die Integraldarstellung des Restgliedes. Zur Gewinnung einer geschlossenen Darstellung des Restgliedes (9) gehen wir aus von der horizontalen Geraden durch den Kurvenpunkt

$$G_0(x) = f(x_0),$$

die wir als Schmiegparabel nullter Ordnung ansehen. Für die weitere Entwicklung ist es vorteilhaft, in

$$f(x) = f(x_0) + R_0(x)$$

die Verbesserungsfunktion als bestimmtes Integral

$$R_0(x) = \int\limits_{x_0}^{x} f'(\xi)\, d\xi$$

zu schreiben. Dann können wir aus der Darstellung

$$f(x) = f(x_0) + \int\limits_{x_0}^{x} f'(\xi)\, d\xi$$

durch fortgesetzte Produktintegration die Folge der Schmiegparabeln schrittweise gewinnen, wobei jedesmal das zurückbleibende Integral die Verbesserungsfunktion darstellt. Setzen wir zunächst

$$u = f'(\xi), \quad dv = d\xi,$$

so wird

$$du = f''(\xi)\, d\xi$$

und

$$v = \xi + \text{Const}.$$

Hier wählen wir nun die Integrationskonstante so, daß $v(\xi)$ an der oberen Grenze x des Integrals verschwindet[1], setzen sie also gleich $(-x)$ und haben dann

$$v = \xi - x.$$

---

[1] Man muß beachten, daß für die Ausführung der Integration nach ξ die obere Grenze x als eine *feste* Konstante aufzufassen ist.

Die Formel der Produktintegration liefert damit für das Integral die Darstellung

$$\int_{x_0}^{x} f'(\xi)\,d\xi = f'(\xi)\,(\xi - x)\,\Big|_{x_0}^{x} - \int_{x_0}^{x} (\xi - x)\,f''(\xi)\,d\xi$$

$$= - f'(x_0)\,(x_0 - x) - \int_{x_0}^{x} (\xi - x)\,f''(\xi)\,d\xi ,$$

so daß wir

$$f(x) = f(x_0) + \frac{f'(x_0)}{1!}\,(x - x_0) - \int_{x_0}^{x} \frac{\xi - x}{1!}\,f''(\xi)\,d\xi = G_1(x) + R_1(x)$$

erhalten. Das Integral formen wir erneut durch Produktintegration um und setzen

$$u = f''(\xi), \qquad dv = \frac{\xi - x}{1!}\,d\xi .$$

Es folgt

$$du = f'''(\xi)\,d\xi, \quad v = \frac{(\xi - x)^2}{2!} ,$$

wobei wir bei der Funktion v die Integrationskonstante wieder so gewählt haben, daß v an der oberen Grenze x des Integrals verschwindet. Damit wird

$$f(x) = f(x_0) + \frac{f'(x_0)}{1!}\,(x - x_0) + \frac{f''(x_0)}{2!}\,(x - x_0)^2 + \int_{x_0}^{x} \frac{(\xi - x)^2}{2!}\,f'''(\xi)\,d\xi$$

$$= G_2(x) + R_2(x) .$$

Man vermutet hiernach, daß allgemein in

$$f(x) = G_k(x) + R_k(x)$$

die Verbesserungsfunktion

$$R_k(x) = (-1)^k \int_{x_0}^{x} \frac{(\xi - x)^k}{k!}\,f^{(k+1)}(\xi)\,d\xi$$

sein wird und beweist die Richtigkeit durch den Schluß von k auf $(k + 1)$. Ist die Formel für ein bestimmtes k richtig, so läßt sich in der Tat unmittelbar zeigen, daß sie auch für $(k + 1)$ richtig sein muß. Denn wenn man in dem Integral Produktintegration mit

$$u = f^{(k+1)}(\xi), \qquad dv = \frac{(\xi - x)^k}{k!}\,d\xi$$

$$du = f^{(k+2)}(\xi)\,d\xi, \quad v = \frac{(\xi - x)^{k+1}}{(k + 1)!}$$

ausführt, so folgt

$$f(x) = G_k(x) + \frac{f^{(k+1)}(x_0)}{(k + 1)!}\,(x - x_0)^{k+1} + (-1)^{k+1} \int_{x_0}^{x} \frac{(\xi - x)^{k+1}}{(k + 1)!}\,f^{(k+2)}(\xi)\,d\xi .$$

also

$$f(x) = G_{k+1}(x) + (-1)^{k+1} \int_{x_0}^{x} \frac{(\xi - x)^{k+1}}{(k+1)!} f^{(k+2)}(\xi)\, d\xi.$$

Gilt daher die Darstellung für irgend eine Nummer k, so gilt sie auch für $(k+1)$, und da ihre Richtigkeit für $k = 1, 2$ nachgewiesen wurde, so gilt sie allgemein für $k \leqq n$, wenn die Existenz und Stetigkeit der $(n+1)$-ten Ableitung gesichert ist.

Wir haben also für die vorgelegte Funktion $y = f(x)$ die Darstellung

$$(9) \qquad\qquad f(x) = G_n(x) + R_n(x),$$

worin $G_n(x)$ die *Schmiegparabel n-ter Ordnung* an der Stelle x_0

$$(4) \quad G_n(x) = f(x_0) + \frac{f'(x_0)}{1!}(x-x_0) + \frac{f''(x_0)}{2!}(x-x_0)^2 + \cdots + \frac{f^{(n)}(x_0)}{n!}(x-x_0)^n$$

ist, und die Verbesserungsfunktion (das sogenannte *Restglied*) durch ein bestimmtes Integral

$$(10) \qquad\qquad R_n(x) = \int_{x_0}^{x} \frac{(x-\xi)^n}{n!} f^{(n+1)}(\xi)\, d\xi$$

ausgedrückt erscheint[1]. Man pflegt die Darstellung (9) in der Literatur als die *Taylorsche Formel* zu bezeichnen[2].

14, 22. Abschätzung des Restgliedes. Zwei einfache Sätze über Integrale geben uns die Möglichkeit, die Integraldarstellung (10) des Restgliedes in eine handlichere Form umzusetzen.

Wir denken uns die durch das Integral

$$\int_{a}^{b} h(x)\, dx$$

dargestellte Fläche unter der Kurve $\eta = h(x)$ in ein inhaltsgleiches Rechteck mit der Horizontalseite $(b-a)$ verwandelt. Ist die Funktion $h(x)$ im Intervall $a \leqq x \leqq b$ *stetig*, so muß an mindestens einer Stelle $\bar{x}$ des Intervalls die Kurvenordinate $h(\bar{x})$ der Vertikalseite η dieses Rechtecks gleich sein. Dieser schon in 7, 3 abgeleitete *Mittelwertssatz der Integralrechnung* drückt sich in der Formel

$$\int_{a}^{b} h(x)\, dx = h(\bar{x})(b-a)$$

aus. Diese Formel liefert uns unmittelbar eine erste vereinfachte Darstellung des Restgliedes. In dem Intervall von der Entwicklungsstelle x_0 bis zu der betrachteten Stelle x gibt es nach dieser Mittelwertsformel

---

[1] Hierin ist $(-1)^n(\xi - x)^n$ durch $(x - \xi)^n$ ersetzt.

[2] BROOK TAYLOR (1685—1731). — Den Sonderfall der Formel, den man erhält, wenn man $x_0 = 0$ wählt, benannte man früher nach dem schottischen Mathematiker C. MACLAURIN, doch diese Bezeichnung sollte endlich aufgegeben werden, denn es erscheint durchaus unzweckmäßig, für einen Sonderfall einer Formel einen besonderen Namen einzuführen.

mindestens eine Abszisse $\bar{x}$, für die

$$R_n(x) = \int\limits_{x_0}^{x} \frac{(x - \xi)^n}{n!}\, f^{(n+1)}(\xi)\, d\xi = \frac{f^{(n+1)}(\bar{x})}{n!}\,(x - \bar{x})^n\,(x - x_0)$$

gilt. Um auszudrücken, daß $\bar{x}$ zwischen x_0 und x liegen muß, pflegt man

$$\bar{x} = x_0 + \vartheta \cdot (x - x_0), \qquad x - \bar{x} = (1 - \vartheta)(x - x_0)$$

zu schreiben, wobei ϑ eine bestimmte Zahl zwischen 0 und 1 ist, auf deren genauen Wert es im einzelnen nicht ankommt. Wir erhalten also

$$(10a) \qquad R_n(x) = \frac{(x - x_0)^{n+1}}{n!}\,(1 - \vartheta)^n\, f^{(n+1)}\big(x_0 + \vartheta \cdot (x - x_0)\big).$$

Diese Darstellung des Restgliedes pflegt man nach CAUCHY (1789—1857) zu benennen.

Sie läßt erkennen, wie die Abweichung $R_n(x) = f(x) - G_n(x)$ einerseits von der Entfernung $(x - x_0)$, andererseits von dem Grad n der Schmiegparabel abhängt. Zur Abschätzung der Abweichung ist sie natürlich nicht unmittelbar zu verwenden, da ja der zu x gehörige Wert von ϑ unbekannt ist. Man muß daher so verfahren, daß man denjenigen Wert von ϑ bzw. von $\bar{x}$ heraussucht, für den die rechte Seite in (10a) den größtmöglichen Wert annimmt. Da dann sicher $\lfloor R_n(x) \rfloor$ unterhalb des so bestimmten Größtwertes der rechten Seite bleibt, hat man eine obere Schranke für den Fehler.

Neben diese einfache Abschätzung des $R_n(x)$ darstellenden Integrals empfiehlt es sich, noch eine andere zu stellen, die für manche Zwecke geeigneter ist. Bei dieser geht man davon aus, daß der Integrand in dem Integral für $R_n(x)$ ein Produkt zweier Funktionen $f^{(n+1)}(\xi)$ und $(x - \xi)^n$ ist, deren eine, nämlich $(x - \xi)^n$ im ganzen Integrationsbereich von $\xi = x_0$ bis $\xi = x$ das gleiche Vorzeichen besitzt.

Um für die Abschätzung eine geeignete Formel zu gewinnen, denken wir uns ein Integral gegeben, dessen Integrand ein Produkt zweier stetiger Funktionen ist:

$$\int\limits_{a}^{b} g(x)\, h(x)\, dx,$$

deren eine, etwa $h(x)$, im ganzen Integrationsintervall nicht negativ sei:

$$h(x) \geqq 0. \qquad\qquad (a \leqq x \leqq b)$$

Sei m der kleinste und M der größte Wert, den $g(x)$ im Intervall $a \leqq x \leqq b$ annimmt, so gilt

$$m\, h(x) \leqq g(x)\, h(x) \leqq M\, h(x)$$

für jede Stelle des Intervalls. Daraus folgt sofort

$$m \int\limits_{a}^{b} h(x)\, dx \leqq \int\limits_{a}^{b} g(x)\, h(x)\, dx \leqq M \int\limits_{a}^{b} g\, h(x)\, dx.$$

Es gibt daher eine Zahl μ zwischen m und M, für die die Gleichung

$$\int\limits_a^b g(x)\,h(x)\,dx = \mu \int\limits_a^b h(x)\,dx$$

gilt. Da nun aber nach Voraussetzung $g(x)$ eine stetige Funktion ist, so nimmt sie im Integrationsbereich alle Werte zwischen ihrem Kleinstwert m und ihrem Größtwert M wirklich an. Es gibt also mindestens eine Abszisse $\bar{x}$ im Intervall, für die

$$\mu = g(\bar{x})$$

ist. Mit dieser Abszisse $\bar{x}$ erhalten wir schließlich die Formel

$$\int\limits_a^b g(x)\,h(x)\,dx = g(\bar{x})\int\limits_a^b h(x)\,dx\,,$$

die eine naheliegende *Erweiterung des Mittelwertsatzes der Integralrechnung* darstellt.

Mit Hilfe dieser Mittelwertsformel gewinnen wir nun leicht eine neue Darstellung für das Restglied (10), denn da $(x - \xi)^n$ im Integrationsintervall sein Vorzeichen nicht ändert, so können wir in (10)

$$h(\xi) = (x - \xi)^n, \quad g(\xi) = \frac{1}{n!}f^{(n+1)}(\xi)$$

setzen und erhalten dann

$$R_n(x) = \frac{f^{(n+1)}(\bar{x})}{n!}\int\limits_{x_0}^x (x - \xi)^n\,d\xi\,.$$

Durch Auswertung des Integrals ergibt sich

$$(10\text{b})\quad R_n(x) = \frac{f^{(n+1)}(\bar{x})}{(n+1)!}(x - x_0)^{n+1} = \frac{(x - x_0)^{n+1}}{(n+1)!}f^{(n+1)}(x_0 + \vartheta^*(x - x_0))\,,$$

worin ϑ^* eine bestimmte, nicht näher bekannte Zahl zwischen 0 und 1 ist. Diese Darstellung des Restgliedes stammt von L. J. LAGRANGE (1736—1813)[1].

An Hand dieser beiden Darstellungen für das Restglied ist im Einzelfall zu prüfen, ob für ein gegebenes x der absolute Betrag des Restgliedes mit wachsender Nummer n nach Null strebt. Ist dies für alle x einer Umgebung der Entwicklungsstelle x_0 der Fall, so sagen wir, daß sich die Funktion in dieser Umgebung in eine *Taylorsche Reihe* entwickeln läßt und bringen dies durch die Schreibweise

$$f(x) = f(x_0) + \frac{f'(x_0)}{1!}(x - x_0) + \frac{f''(x_0)}{2!}(x - x_0)^2 + \cdots$$

zum Ausdruck. Die oben gegebenen Darstellungen des Restgliedes geben uns die Möglichkeit, in jedem Einzelfall abzuschätzen, wie viele Glieder

---

[1] Natürlich läßt sich diese Restdarstellung auch durch die Überlegungen aus 13, 51 gewinnen (vgl. Fußnote 1 S. 317).

der Reihe nötig sind, um eine vorgeschriebene Genauigkeit zu erreichen. In der Praxis wendet man für die Genauigkeitsabschätzung oft ein vereinfachtes Verfahren an. Ersetzt man in der Lagrangeschen Restformel die mittlere Abszisse $\bar{x}$ durch die Abszisse x_0 der Entwicklungsstelle, so erhält man nach (10b)

$$\frac{f^{(n+1)}(x_0)}{(n+1)!}\,(x - x_0)^{n+1}\,,$$

und dies ist in der Taylorschen Reihe das erste nicht mehr mitgenommene Glied. Wenn sich die $(n+1)$-te Ableitung $f^{(n+1)}(x)$ in der Umgebung der Entwicklungsstelle x_0 nicht allzu stark ändert, so wird $f^{(n+1)}(\bar{x})$ von $f^{(n+1)}(x_0)$ nicht sehr verschieden sein, und der Ausdruck gibt wenigstens näherungsweise die Größe des Fehlers wieder, den man macht, wenn man $f(x)$ durch $G_n(x)$ ersetzt. Man sagt dann, daß man einen Fehler der Größenordnung $(x - x_0)^{n+1}$ macht, wenn man die Reihe mit dem Glied n-ter Ordnung abbricht. Nur wenn in der Taylorschen Reihe die Glieder abwechselnd positives und negatives Vorzeichen haben — man spricht in diesem Falle von einer *alternierenden Reihe* — und die Folge der absoluten Beträge der Reihenglieder monoton nach Null strebt, stellt das erste nicht mehr mitgenommene Glied wirklich eine obere Schranke für den Fehler dar. Um das zu erkennen, schreiben wir das $(n+1)$-te Glied der Reihe als Differenz $G_{n+1}(x) - G_n(x)$ und beachten, daß das folgende Glied $G_{n+2}(x) - G_{n+1}(x)$ entgegengesetztes Vorzeichen und kleineren absoluten Betrag hat. Daher liegt der Wert $G_{n+2}(x)$ zwischen $G_n(x)$ und $G_{n+1}(x)$. Ebenso muß der Wert $G_{n+3}(x)$ zwischen $G_{n+1}(x)$ und $G_{n+2}(x)$ liegen usw. Daher fallen alle Näherungswerte $G_{n+\nu}(x)$ $(\nu = 2, 3, \ldots)$ zwischen $G_n(x)$ und $G_{n+1}(x)$, und das gleiche gilt für den Grenzwert. Daraus folgt

$$|\,f(x) - G_n(x)\,| = |\,R_n(x)\,| \leqq |\,G_{n+1}(x) - G_n(x)\,|\,,$$

d. h. bei einer alternierenden Taylorschen Reihe entscheidet in der Tat das erste nicht mehr mitgenommene Glied über die Größe des Fehlers, den man durch „Abbrechen der Reihe" macht, sobald die Absolutbeträge der Glieder monoton nach Null streben.

Besondere Bedeutung besitzen diejenigen Fälle, in denen man eine Taylorsche Entwicklung nach dem linearen Gliede abbricht und dadurch an die Stelle eines komplizierten Funktionszusammenhanges einen einfachen linearen Zusammenhang treten läßt (Ersatz der Funktionskurve durch ihre Tangente). Schreibt man $x - x_0 = \Delta x$ und $f(x) - f(x_0) = \Delta y$, so ergibt sich:

$$\Delta y = f'(x_0)\,\Delta x + R_1(x)$$

und nach der Lagrangeschen Restformel:

$$\Delta y = f'(x_0)\,\Delta x + \frac{1}{2!}f''(x_0 + \vartheta\,\Delta x)\,(\Delta x)^2\,,$$

oder auch:

$$\Delta y = f'(x_0)\,\Delta x\left(1 + \frac{f''(x_0 + \vartheta\,\Delta x)}{2\,f'(x_0)}\,\Delta x\right) = d\,y\left(1 + \frac{f''(x_0 + \vartheta\,\Delta x)}{2\,f'(x_0)}\,\Delta x\right).$$

Wenn die zweite Ableitung $f''(x)$ im Intervall zwischen x_0 und $x_0 + \Delta x$ beschränkt und $f'(x_0) \neq 0$ ist, strebt die Klammer mit $\Delta x \to 0$ der Grenze 1 zu. Die Differenz Δy stimmt also mit dem Differential $d\,y$ bis auf Glieder höherer Ordnung überein, d. h. bis auf Glieder, die in Δx von höherer als der ersten Potenz sind. Der „relative" (prozentuale) Fehler, den man macht, wenn man Δy durch $d\,y$ ersetzt, kann unter jede beliebige positive Schranke heruntergedrückt werden, wenn man Δx hinreichend klein vorgibt. Um diese Tatsache zum Ausdruck zu bringen, sprach man früher vielfach von „unendlich kleinen Größen", und der Wechsel von den Bezeichnungen Δx und Δy zu $d\,x$ und $d\,y$ wurde dabei als ein Symbol für den Übergang zu solchen unendlich kleinen Größen angesehen. Betrachtungen „im unendlich kleinen" (infinitesimale Betrachtungen), wie sie auch heute noch hie und da angewandt werden, um gewisse Ergebnisse möglichst rasch aufzufinden, haben in sich keine Beweiskraft, sondern bedürfen in jedem Falle erst einer Rechtfertigung. Die Sprechweise von unendlich kleinen Größen beansprucht heute im Grunde nur noch historisches Interesse, da sie in der Entstehungszeit der Differential- und Integralrechnung eine große Rolle gespielt hat. Nur so genialen Mathematikern wie Leibniz, Newton, den Bernoulli, Euler und Lagrange war es möglich, mit den damals noch nicht sicher begründeten Begriffen so zu arbeiten, daß sie zu richtigen Ergebnissen gelangten, und es sind zu jener Zeit in der Tat auch gelegentlich falsche Schlüsse gezogen worden. Es entsprang daher einer inneren Notwendigkeit, daß im 19. Jahrhundert eine kritische Strömung einsetzte, die nachträglich eine sichere begriffliche Grundlage für das schuf, was in genialer Intuition gewonnen war. Cauchy und Weierstrass sind die Hauptvertreter dieser Richtung. In der von ihnen geschaffenen strengen Begründung hat der Ausdruck „unendlich klein", der keinen klaren Begriff wiedergibt, natürlich keinen Platz mehr.

Viertes Kapitel.

Die einfachsten irrationalen Funktionen und ihre Integrale.

§ 15. Potenz mit beliebigem Exponenten $(y = x^\alpha)$.

Wir haben uns bisher mit den rationalen Funktionen und ihren Integralen beschäftigt und sind dabei so weit gekommen, daß wir diese Funktionenklasse vollständig beherrschen. Wir wenden uns nun den sogenannten *irrationalen Funktionen* zu, deren einfachste die Potenzen

$y = x^\alpha$ sind, deren Exponenten nun nicht mehr ganze Zahlen sind, sondern beliebige Brüche oder auch irrationale Zahlen sein können (über die Bildung von Potenzen mit irrationalen Exponenten vgl. S. 130).

15, 1. Der allgemeine Funktionsverlauf, Differentiation und Integration.

Ein einfaches Beispiel für das Auftreten einer derartigen Funktion entnehmen wir der Hydraulik. Wir betrachten die Überströmung eines Wehres, dessen Krone in der Tiefe h unter dem Wasserspiegel liegt. Unter der vereinfachenden Voraussetzung, daß keine Störungen durch die Reibung eintreten, hat die Geschwindigkeit der Wasserteilchen in der Ebene des Wehrs in der Tiefe x unter dem Wasserspiegel den Wert

$$v = \sqrt{2gx} \qquad\qquad \left(g = 9{,}81\,\frac{\mathrm{m}}{\mathrm{sec}^2}\right).$$

Ferner sei angenommen, das Wasser ströme bis zum Erreichen der Wehrebene horizontal. Es sei noch die Breite b des Wehres gegeben, und wir fragen nach der in der Zeiteinheit überströmenden Wassermenge. Wir denken uns in der Wehrebene zwei horizontale Geraden in den Tiefen x und $x + \Delta x$ unter dem Wasserspiegel gezogen, die einen Horizontalstreifen der Höhe Δx abgrenzen. Innerhalb dieses Streifens liegt die Strömungsgeschwindigkeit zwischen den Grenzen $\sqrt{2gx}$ und $\sqrt{2g(x + \Delta x)}$. Da man nun die in der Zeiteinheit durch eine Fläche tretende Wassermenge durch Multiplikation dieser Fläche mit der zu ihr senkrechten Strömungsgeschwindigkeit erhält, ergibt sich für den Durchfluß durch diesen Streifen die Einschachtelung

$$\sqrt{2gx}\, b\, \Delta x < \Delta Q < \sqrt{2g\,(x + \Delta x)}\, b\, \Delta x.$$

Daraus entnehmen wir aber, daß das Differential dQ der Wassermenge $Q(x)$, die zwischen dem Spiegel und der Tiefe x durchströmt,

$$dQ = \sqrt{2gx}\, b\, \Delta x = \sqrt{2gx}\, b\, dx$$

ist und erhalten daraus $Q(x)$ selbst durch Integration. Ist h die Tiefe der Krone des Wehrs unter dem Wasserspiegel, so ist die Wassermenge Q, die in der Zeiteinheit über das Wehr strömt,

$$Q = \sqrt{2g}\, b \int_0^h \sqrt{x}\, dx.$$

Es ist also wichtig, dieses Integral auszuwerten, d. h. den Flächeninhalt zu der Funktion

$$(1) \qquad\qquad y = \sqrt{x}$$

zu bestimmen. Um uns zunächst durch Zeichnung ein Bild von dem Verlauf dieser Funktion zu machen, bedenken wir, daß die Umkehrfunktion

$$x = y^2$$

die uns wohlbekannte Parabel zweiten Grades ist. Die irrationale Funktion (1) geht also in eine rationale über, wenn wir sie von der anderen Achse aus betrachten (Abb. 100). Als unterscheidendes Merkmal der Funktion (1) gegenüber den rationalen Funktionen tritt hervor, daß die *Funktion nicht mehr eindeutig* ist. Für positive Abszissen ($x > 0$) gehören zu jedem Wert der unabhängigen Veränderlichen x zwei Werte der Funktion y, die sich nur im Vorzeichen unterscheiden. Man pflegt entsprechend die Funktion (1) als *zweiwertig* zu bezeichnen und nennt die beiden spiegelbildlich zur x-Achse gelegenen Kurvenzüge *Zweige* der mehrdeutigen Funktion. Für $x = 0$ werden die Ordinaten der beiden Zweige gleich, die beiden Zweige hängen hier zusammen. Daher pflegt man den Nullpunkt als *Verzweigungspunkt* zu bezeichnen. Für negative Abszissen ($x > 0$) gibt es keine reellen Ordinaten, so daß die Kurve ganz in der rechten Halbebene ($x > 0$) verläuft. Auch das ist anders als bei den rationalen Funktionen, wo sich für jede Abszisse (abgesehen von den Nullstellen des Nenners) auch ein reeller Funktionswert berechnen ließ.

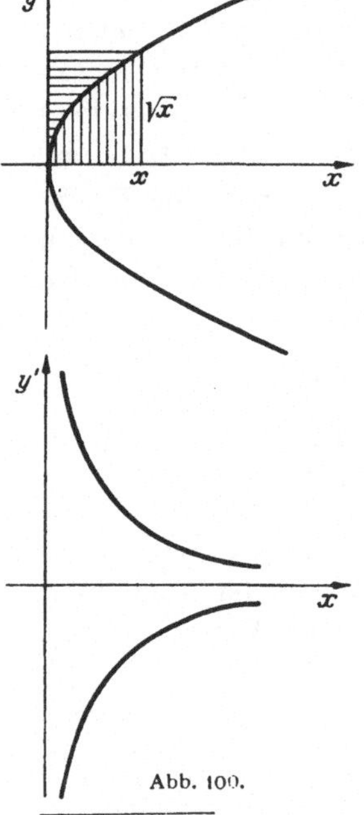

Das *Flächeninhaltsproblem* für die Funktion (1) bietet nun, nachdem wir in dieser Kurve die Parabel wiedererkannt haben, keinerlei Schwierigkeiten. Denn der gesuchte Flächeninhalt F_0^x unter unserer Kurve ist offenbar gleich dem Rechteck aus der Abszisse x und der Ordinate $y = \sqrt{x}$ als Seiten, vermindert um den von uns früher berechneten Flächeninhalt unter der Parabel $x = y^2$. Dieser Flächeninhalt ist

$$\int_0^{\sqrt{x}} y^2 \, dy,$$

so daß wir

$$F_0^x = x\sqrt{x} - \int_0^{\sqrt{x}} y^2 \, dy$$

oder

$$F_0^x = x\sqrt{x} - \left[\frac{y^3}{3}\right]_0^{\sqrt{x}} = \frac{2}{3}x\sqrt{x}$$

erhalten[1].

---

[1] Es ist dabei zu beachten, daß $\int_0^{\sqrt{x}} y^2 dy$ positiv ist, obwohl der Flächeninhalt im Sinn des Uhrzeigers umlaufen wird. Denn da jetzt y die Abszisse und x die Ordinate ist, so erscheint die Funktion in einem Koordinatensystem $\leftarrow\!\!\!\!\xleftarrow{\text{Ordinate}}_{\text{Abszisse}}$ dargestellt, das durch Spiegelung an der Ordinatenachse aus

Diese Formel prägt sich leicht ein, denn schreiben wir statt der Wurzel eine Potenz mit gebrochenem Exponenten $(\sqrt{x} = x^{\frac{1}{2}})$, so lautet sie

$$(\text{Fl } 1) \qquad F_0^x = \int\limits_0^x x^{\frac{1}{2}}\,dx = \frac{2}{3}\,x^{\frac{3}{2}} = \frac{x^{\frac{3}{2}}}{\dfrac{3}{2}}.$$

Vergleichen wir sie mit der Integralformel

$$\int x^n\,dx = \frac{x^{n+1}}{n+1} + \text{Const},$$

die wir oben für alle *ganzzahligen* n $(n \neq -1)$ abgeleitet haben, so sehen wir, daß sie sich dieser unterordnet, wenn wir $n = \frac{1}{2}$ nehmen. Wir brauchen uns also nur einzuprägen, daß die letzte Formel auch für $n = \frac{1}{2}$ gültig bleibt.

Als Anwendung können wir nun die *Wassermenge* Q [m³/sec] berechnen, die in der Zeiteinheit über das Wehr fließt. Nach (S. 329) haben wir nämlich jetzt

$$Q = \sqrt{2g}\,b \left[\frac{x^{\frac{3}{2}}}{\dfrac{3}{2}}\right]_0^h = \frac{2}{3}\,\sqrt{2gh}\,b\,h.$$

Die Wassermenge ist also ebenso groß, wie sie sein würde, wenn die Geschwindigkeit über dem ganzen Querschnitt bh konstant wäre, und zwar $\frac{2}{3}$ der Geschwindigkeit an der Krone des Wehrs.

Ebenso wie der Flächeninhalt läßt sich auch die *Steigung* der Kurve $y = \sqrt{x}$ leicht ermitteln, wenn wir von der Umkehrfunktion

$$x = y^2$$

ausgehen, deren Steigung

$$\frac{dx}{dy} = 2y$$

ist. Nach der Umkehrregel (12, 2) finden wir

$$(1') \qquad \frac{dy}{dx} = \frac{1}{2y} = \frac{1}{2\sqrt{x}} = \frac{1}{2}\,x^{-\frac{1}{2}}$$

und erkennen, daß wiederum die zunächst nur für ganzzahlige Exponenten n bewiesene Regel

$$y = x^n, \qquad \frac{dy}{dx} = n\,x^{n-1}$$

---

dem gewöhnlichen Koordinatensystem ↑ Ordinate → Abszisse hervorgegangen ist. Bei dieser Spiegelung aber kehrt sich der Umlaufsinn um. Denkt man das Auge unter die Zeichenebene gebracht, so ist bei diesem Anblick „von unten" der Umlaufsinn dem Uhrzeigersinn entgegengesetzt, also positiv.

auch für $n = \frac{1}{2}$ gültig bleibt. An Hand des Steigungsbildes (Abb. 100) sieht man, daß die Steigung nach $+\infty$ oder nach $-\infty$ strebt, je nachdem man in den Verzweigungspunkt der Kurve (Nullpunkt) auf dem oberen Zweig oder auf dem unteren Zweig hineingeht, die Steigung strebt nach Null, wenn x gegen ∞ geht. Die positive x-Achse ist entsprechend Asymptote für die beiden Zweige des Steigungsbildes.

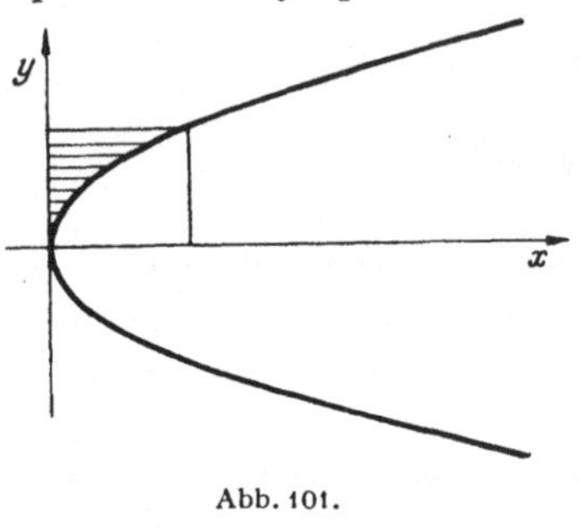

Abb. 101.

Genau so wie für die Quadratwurzel

$$y = \sqrt{x} = x^{\frac{1}{2}}$$

lassen sich Flächeninhalt und Steigung auch für die allgemeineren Funktionen

$$y = x^{\frac{1}{q}} \qquad (q = \text{positive ganze Zahl})$$

bestimmen. Die Umkehrfunktionen

$$x = y^q$$

sind die uns wohlbekannten „verallgemeinerten Parabeln", deren Verlauf wir früher eingehend untersucht haben, unter besonderer Hervorhebung des Unterschiedes für gerade und ungerade Exponenten. Ist hiernach q eine gerade Zahl, so ist die Funktion für positive x zweiwertig, während zu negativem x kein reelles y gehört. Der Nullpunkt ist ein Verzweigungspunkt, in dem die beiden Zweige zusammenhängen (Abb. 101). Ist dagegen q eine ungerade Zahl, so ist die Funktion eindeutig und hat auch für negative x reelle Werte (Abb. 102).

Von der Funktion $y = x^{\frac{1}{q}}$ könnte man leicht übergehen zu $y = x^{\frac{p}{q}}$

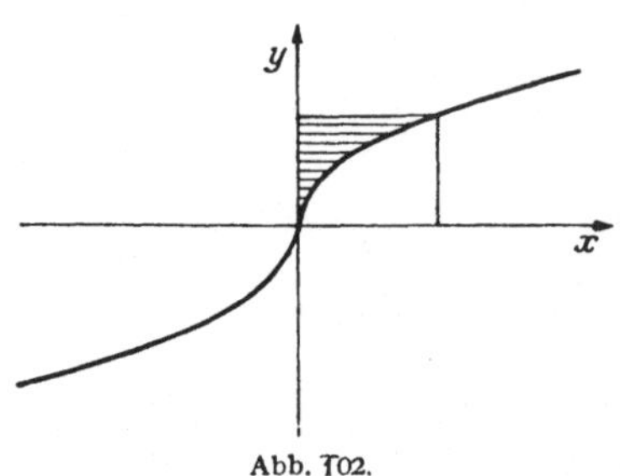

Abb. 102.

(p, q ganze Zahlen) und für diese Funktionen Flächeninhalt und Steigung ermitteln. Durch einen Grenzübergang im Exponenten (S. 130) könnte man schließlich zu beliebigen Exponenten α gelangen und für $y = x^\alpha$ die entsprechenden Aufgaben lösen. Wir sind jedoch in der Lage, auf einem wesentlich kürzeren Wege gleich das allgemeine Ergebnis zu gewinnen. Wir beginnen mit der Steigungsbestimmung und bedenken, daß wir statt x auch $e^{\ln x}$ schreiben können, so daß unsere Funktion die Gestalt

$$(2) \qquad y = x^\alpha = e^{\alpha \ln x}$$

annimmt[1]. Mit

$$y = e^u, \quad u = \alpha \ln x$$

---

[1] Wie wir schon bei der Funktion $y = x^{\frac{1}{q}}$ sahen, ist die Funktion im Falle eines rationalen Exponenten unter Umständen mehrdeutig. Wir beschränken uns

ergibt sich durch Anwendung der Kettenregel

$$\frac{dy}{dx} = \frac{dy}{du}\frac{du}{dx} = e^u \frac{\alpha}{x} = \frac{\alpha}{x} e^{\alpha \ln x} = \frac{\alpha}{x} x^\alpha.$$

Das Ergebnis

$$(2') \qquad\qquad \frac{dy}{dx} = \alpha x^{\alpha-1}$$

zeigt, daß die zunächst nur für ganzzahlige Exponenten abgeleitete *Potenzregel* für beliebige (rationale oder irrationale) Exponenten gültig bleibt.

In gleicher Weise überträgt sich die Integrationsformel von ganzzahligen auf beliebige Exponenten. Schreiben wir

$$y = x^\alpha = \frac{1}{\alpha+1}(\alpha+1)x^\alpha,$$

so ist der Zähler nach dem vorigen die Ableitung von $x^{\alpha+1}$, und wir schließen daraus nach dem Fundamentalsatz, daß

$$(Fl\ 2) \qquad\qquad \int x^\alpha\, dx = \frac{x^{\alpha+1}}{\alpha+1} + \text{Const}$$

ist. Wie wir schon früher bemerkten, versagt diese Formel für $\alpha = -1$, und wir sehen jetzt, daß diese Ausnahme die einzige ist.

In diesem Zusammenhang wollen wir noch die Frage behandeln, unter welchen Bedingungen es möglich ist, den Flächeninhalt unter der Kurve x^α ins Unendliche zu erstrecken. An sich enthält die Definition des bestimmten Integrals die Voraussetzung eines endlichen Integrationsintervalles, und wenn wir als obere Grenze das Symbol ∞ verwenden wollen, ist dem erst durch die Grenzwertdefiniton

$$\int_{x_0}^{\infty} x^\alpha\, dx = \lim_{\omega \to \infty} \int_{x_0}^{\omega} x^\alpha\, dx$$

ein Sinn beizulegen, wie das ja in ähnlichen Fällen schon früher geschehen ist (vgl. S. 220, 281, 295). Die Existenz dieses Grenzwertes muß also untersucht werden. Es ist

$$\int_{x_0}^{\omega} x^\alpha\, dx = \frac{1}{\alpha+1}(\omega^{\alpha+1} - x_0^{\alpha+1}),$$

und man erkennt, daß für $\alpha < -1$ der Grenzwert

$$\lim_{\omega \to \infty} \frac{\omega^{\alpha+1}}{\alpha+1} = 0$$

ist, während er für $\alpha \geq -1$ nicht existiert.

---

bei diesen Funktionen grundsätzlich auf den Zweig, der positiven Werten der unabhängigen Veränderlichen x positive Funktionswerte y zuordnet. In der Schreibweise (2) wird dieser Festsetzung Rechnung getragen, da ja die Funktion $\ln x$ bei unserer Beschränkung auf die reellen Zahlen eindeutig ist und die Exponentialfunktion nur positive Werte annimmt.

In ganz ähnlicher Weise müssen wir hinsichtlich der Integrationsgrenze $x = 0$ verfahren, falls α negativ ist; denn ein bestimmtes Integral im eigentlichen Sinn läßt sich nur berechnen, wenn der Integrand im ganzen Integrationsintervall mit Einschluß der Grenzen beschränkt ist. Für die Fälle $\alpha = -1, -2, \ldots$ haben wir auch bereits gesehen, daß sich der Flächeninhalt nicht bis zur Stelle $x = 0$ erstrecken läßt; aber das schließt ja nicht aus, daß für andere Zahlwerte von α, für die der Integrand mit $x \to 0$ nicht so rasch anwächst, sich ein Flächeninhalt bis zur Stelle $x = 0$ angeben lassen könnte. Wir werden daher dem für $\alpha < 0$ noch nicht definierten Ausdruck

$$\int_0^{x_0} x^\alpha \, dx,$$

ganz ähnlich wie vorhin, die Bedeutung

$$\lim_{\varepsilon \to 0} \int_\varepsilon^{x_0} x^\alpha \, dx = \lim_{\varepsilon \to 0} \frac{x_0^{\alpha+1} - \varepsilon^{\alpha+1}}{\alpha + 1}$$

zuschreiben und die Existenz dieses Grenzwertes nachprüfen. Nun ist

$$\lim_{\varepsilon \to 0} \frac{\varepsilon^{\alpha+1}}{\alpha + 1} = 0,$$

sobald $\alpha + 1$ positiv, also $\alpha > -1$ ist, während für $\alpha \leqq -1$ kein Grenzwert existiert.

Unsere Ergebnisse fassen wir nun zusammen: Ist der Exponent $\alpha < -1$, so kann man das Integral über die Funktion x^α zwar bis ∞, nicht aber bis 0 erstrecken; ist $\alpha > -1$, so läßt sich im Gegensatz dazu das Integrationsintervall wohl bis 0, nicht aber bis ∞ ausdehnen. Der Grenzfall $\alpha = -1$, der auf die ln-Funktion führt, nimmt eine Sonderstellung ein, weil für dieses Integral weder 0 noch ∞ eine mögliche Integrationsgrenze ist (vgl. auch S. 160).

Integrale der beiden soeben besprochenen Arten, die keine *eigentlichen Integrale* im Sinn der Definition darstellen, sondern erst durch zusätzliche Grenzprozesse erklärt werden müssen, werden *uneigentliche Integrale* genannt.

Anwendung 24: Arbeit eines idealen Gases bei adiabatischer Zustandsänderung. Besondere Bedeutung haben diese Funktionen für die Thermodynamik, die die theoretische Grundlage für die Konstruktion von Wärme-Kraft-Maschinen darstellt. Es handelt sich dort stets darum, die Änderungen der Zustandsgrößen (Druck p und Volumen V) eines Gases (oder Dampfes) zu verfolgen. In Abschnitt 6, 2 haben wir schon die „isothermen" Zustandsänderungen behandelt, die bei konstanter Temperatur ablaufen. Von ähnlicher Wichtigkeit sind diejenigen Zustandsänderungen, die ohne Wärmegewinn oder -verlust vor sich gehen, und die man „*adiabatisch*" nennt. Während die isothermen Vorgänge durch die Gleichung

$$p V = \text{Const}$$

beschrieben wurden, lautet die entsprechende Gleichung für die adiabatischen Vorgänge:

$$p V^\varkappa = \text{Const},$$

worin $\varkappa$ eine Konstante darstellt, die für die meisten Gase den Zahlwert

$$\varkappa = 1{,}40 \ldots$$

besitzt (sie ist der Quotient aus den spezifischen Wärmen des Gases bei konstantem Druck und bei konstantem Volumen)[1]. Die hierdurch dargestellten Kurven der Vp-Ebene haben sowohl die positive p-, als auch die positive V-Achse zu Asymptoten. Die Zeichnung dieser Kurven kann man sich durch die Konstruktion ihrer Tangenten erleichtern, die grundsätzlich in der auf S. 225 für die Funktionen $\dfrac{1}{x^n}$ angegebenen Weise vorgenommen werden kann, wobei nur die ganze Zahl n durch die Zahl $\varkappa$ zu ersetzen ist.

Wir wollen nun die Arbeit berechnen, die ein Gas leistet, das sich von einem Volumen V_1 adiabatisch auf ein Volumen V_2 ausdehnt. Das Differential dieser Arbeit ist (vgl. S. 148)

$$dA = a p\, dV.$$

Hierbei wird in der Technik die Arbeit in Kilokalorien (kcal), der Druck in technischen Atmosphären $\left(1 \text{ at} = 1\,\dfrac{\text{kg}}{\text{cm}^2}\right)$ und das Volumen in cm³ gemessen, und es ist

$$a = \frac{1}{427}\,\frac{\text{kcal}}{\text{mkg}} = \frac{1}{4{,}27 \cdot 10^4}\,\frac{\text{kcal}}{\text{cm kg}}$$

das *mechanische Wärmeäquivalent*. Nun ist der funktionale Zusammenhang zwischen p und V durch

$$p V^\varkappa = p_1 V_1^\varkappa$$

gegeben, und damit haben wir für die Arbeit das Integral

$$A = \int\limits_{V_1}^{V_2} p\, dV = \int\limits_{V_1}^{V_2} \frac{p_1 V_1^\varkappa}{V^\varkappa}\, dV = p_1 V_1^\varkappa \left[\frac{V^{1-\varkappa}}{1-\varkappa}\right]_{V_1}^{V_2} = \frac{p_1 V_1}{\varkappa - 1}\left[1 - \left(\frac{V_1}{V_2}\right)^{\varkappa - 1}\right]$$

15, 2. Der erweiterte binomische Satz.

Wir erhalten eine einfache Verallgemeinerung der Funktion $y = x^\alpha$, wenn wir die Grundzahl x durch eine lineare Funktion von x ersetzen, so daß die Potenz eines *Binoms*

$$y = (a x + b)^\alpha$$

entsteht. Mit Hilfe der Substitution

$$u = a x + b, \quad du = a\, dx$$

ergibt sich auch für diese Funktion in einfachster Weise sowohl die

---

[1] Die Ableitung dieser Beziehung aus den thermodynamischen Grundgesetzen können wir erst im zweiten Bande mit den Funktionen von mehreren Veränderlichen durchführen. Wir werden dann mit Hilfe von Kurvenintegralen die thermodynamischen Vorgänge genau verfolgen können.

Ableitung nach der Kettenregel

$$\frac{dy}{dx} = \alpha \, (a\,x + b)^{\alpha-1}\, a \,,$$

wie auch das Integral

$$\int y\, dx = \int (a\,x + b)^{\alpha}\, dx = \int u^{\alpha}\,\frac{du}{a} = \frac{1}{a}\,\frac{u^{\alpha+1}}{\alpha+1} + C = \frac{1}{a}\,\frac{(a\,x+b)^{\alpha+1}}{\alpha+1} + C\,.$$

Von besonderer Wichtigkeit ist hier die Taylorsche Entwicklung, d. h. die Aufstellung der Folge der Schmiegparabeln. Schreiben wir

$$y = b^{\alpha}\left(1 + \frac{a}{b}\,x\right)^{\alpha}$$

und setzen dann abkürzend

$$\frac{a}{b}\,x = \xi\,,$$

so wird

$$y = b^{\alpha}\,(1 + \xi)^{\alpha}\,.$$

Wir können daher unsere allgemeinen Überlegungen an der Funktion

(3)
$$y = (1 + x)^{\alpha}$$

durchführen.

In dem Sonderfalle, daß α *eine positive ganze Zahl* s ist, ist diese Funktion selbst eine *ganze rationale Funktion vom Grad* s. Der *elementare binomische Satz*, den wir in 3, 32 abgeleitet haben, zeigt, wie eine solche ganze rationale Funktion nach Potenzen von x geordnet werden kann.

$$y = (1 + x)^{s} = 1 + \binom{s}{1} x + \binom{s}{2} x^{2} + \cdots + \binom{s}{s-1} x^{s-1} + \binom{s}{s} x^{s},$$

wobei die *Binomialzahlen* $\binom{s}{k}$ durch

$$\binom{s}{k} = \frac{s\,(s-1)\ldots(s-k+1)}{1 \cdot 2 \ldots k} = \frac{s!}{(s-k)!\,k!}$$

erklärt sind und die Symmetrieeigenschaft $\binom{s}{s-k} = \binom{s}{k}$ besteht.

Dieser spezielle binomische Satz ist nichts anderes als die Taylor-Entwicklung der Funktion $(1 + x)^{s}$ an der Stelle $x = 0$ (vgl. die in 3, 32 gegebene Ableitung). Wenn auch diese Auffassung für gewöhnlich zurücktritt, weil die Folge der Schmiegparabeln mit der Ordnung s abbricht, so liegt doch gerade in dieser Auffassung der entscheidende Gesichtspunkt für die Verallgemeinerung auf nicht ganzzahlige Exponenten α. Die Bildung der Ableitungen von

$$f(x) = (1 + x)^{\alpha}$$

ergibt

$$f^{(k)}(x) = \alpha\,(\alpha-1)\,\ldots\,(\alpha-k+1)\,(1+x)^{\alpha-k}, \quad (k = 1, 2, \ldots)$$

und wir erhalten an der Entwicklungsstelle $x = 0$

$$f(0) = 1,\ f'(0) = \alpha,\ f''(0) = \alpha\,(\alpha-1),\ldots, f^{(n)}(0) = \alpha\,(\alpha-1)\,\ldots\,(\alpha-n+1).$$

Danach hat die Gleichung der Schmiegparabel n-ter Ordnung die Gestalt

$$(3) \quad G_n(x) = 1 + \frac{\alpha}{1!} x + \frac{\alpha(\alpha-1)}{2!} x^2 + \cdots + \frac{\alpha(\alpha-1)\cdots(\alpha-n+1)}{n!} x^n.$$

Es empfiehlt sich, die abgekürzte Schreibweise der Binomialzahlen beizubehalten und

$$\frac{\alpha(\alpha-1)(\alpha-2)\cdots(\alpha-k+1)}{k!} = \binom{\alpha}{k}$$

zu schreiben[1]. Diese Folge der Binomialzahlen

$$\binom{\alpha}{1}, \quad \binom{\alpha}{2}, \quad \binom{\alpha}{3}, \cdots$$

bricht nicht ab, wenn α keine positive ganze Zahl ist, da dann im Zähler niemals der Faktor Null vorkommt.

Wir wenden unsere Näherungsformel

$$(4) \qquad G_n(x) = 1 + \binom{\alpha}{1} x + \binom{\alpha}{2} x^2 + \cdots + \binom{\alpha}{n} x^n$$

auf zwei häufig vorkommende Sonderfälle an. Die Funktion

$$y = \sqrt{1+x} = (1+x)^{\frac{1}{2}}$$

besitzt die Folge der Schmiegparabeln

$$G_n(x) = 1 + \frac{1}{2} x - \frac{1}{2\cdot 4} x^2 + \frac{1\cdot 3}{2\cdot 4\cdot 6} x^3 - \frac{1\cdot 3\cdot 5}{2\cdot 4\cdot 6\cdot 8} x^4 + \cdots +$$
$$+ (-1)^{n-1} \frac{1\cdot 3\cdot 5\cdots(2n-3)}{2\cdot 4\cdot 6\cdot 8\cdots 2n} x^n \qquad (n = 1, 2, \ldots),$$

und die Funktion

$$y = \frac{1}{\sqrt{1+x}} = (1+x)^{-\frac{1}{2}}$$

besitzt die Folge der Schmiegparabeln

$$G_n(x) = 1 - \frac{1}{2} x + \frac{1\cdot 3}{2\cdot 4} x^2 - \frac{1\cdot 3\cdot 5}{2\cdot 4\cdot 6} x^3 + \frac{1\cdot 3\cdot 5\cdot 7}{2\cdot 4\cdot 6\cdot 8} x^4 - + \cdots$$
$$+ (-1)^n \frac{1\cdot 3\cdot 5\cdots(2n-1)}{2\cdot 4\cdot 6\cdots 2n} x^n \qquad (n = 1, 2, \ldots).$$

Zeichnet man einige dieser Schmiegparabeln, so sieht man, daß sie die Ausgangskurve nur in dem Intervall $-1 < x < +1$ der unabhängigen Veränderlichen annähern und daß sie sich mit wachsender Nummer immer schärfer von der Kurve abwenden, sobald man nach links oder rechts hin die Grenzen dieses Intervalls überschreitet.

Anwendung 25. Der Ersatz einer Quadratwurzel durch eine Funktion ersten oder zweiten Grades wird sehr häufig bei Aufgaben der technischen Praxis angewandt. Wir entnehmen ein ganz einfaches Beispiel der Geodäsie. Will man bei

---

[1] k ist natürlich eine positive ganze Zahl.

Längenmessungen in geneigtem Gelände die Meßlatte auf den Boden auflegen, gleichwohl aber den Horizontalabstand der beiden Enden der Meßlatte bestimmen, so muß man den Höhenunterschied h der beiden Endpunkte beobachten. Ist die Länge der Meßlatte gleich l, so hat man als Horizontalabstand

$$a = \sqrt{l^2 - h^2} = l\sqrt{1 - \left(\frac{h}{l}\right)^2}\,.$$

Wenn hier h sehr klein gegen l ist, so können wir im Rahmen der Meßgenauigkeit die Quadratwurzel durch die Schmiegparabel erster Ordnung ersetzen und finden so

$$a \approx l\left(1 - \frac{1}{2}\left(\frac{h}{l}\right)^2\right).$$

Bezeichnen wir, wie üblich, die an l anzubringende Verbesserung mit Δl, schreiben wir also $a = l - \Delta l$, so ist die Verbesserung

$$\Delta l \approx \frac{1}{2}\frac{h^2}{l}\,.$$

Um die Annäherung durch Schmiegparabeln zu einem brauchbaren Rechenverfahren auszubauen, ist es nötig, für ein bestimmtes x die Güte der Annäherung genauer zu untersuchen. Die Hilfsmittel wurden dazu in 14, 2 bereitgestellt. Wir knüpfen an die von CAUCHY gegebene Darstellung des Restgliedes (10a) (S. 325) an, die für $x_0 = 0$ die Form

$$R_n(x) = \frac{x^{n+1}}{n!}(1 - \vartheta)^n f^{(n+1)}(\vartheta x) \qquad (0 < \vartheta < 1)$$

hat. Mit $f(x) = (1 + x)^\alpha$ ergibt sich[1]

$$(4a) \qquad R_n(x) = \frac{x^{n+1}}{n!}(1 - \vartheta)^n \alpha(\alpha - 1)\ldots(\alpha - n)(1 + \vartheta x)^{\alpha - n - 1}$$
$$(0 < \vartheta < 1)\,.$$

Zuerst wollen wir feststellen, für welche Werte von x die Folge der Restglieder den Grenzwert Null hat, d. h. für welche Werte von x die Funktion $(1 + x)^\alpha$ durch die unendliche Reihe

$$1 + \binom{\alpha}{1}x + \binom{\alpha}{2}x^2 + \cdots$$

dargestellt wird. Für $x > 1$ kann das sicher nicht der Fall sein; denn man sieht unmittelbar, daß der Quotient aus zwei aufeinanderfolgenden Gliedern der Reihe:

$$\frac{\alpha - n}{n + 1}x$$

mit unbegrenzt wachsender Nummer der Grenze $- x$ zustrebt, so daß für $x > 1$ die absoluten Beträge der Reihenglieder von einer gewissen Nummer an ständig zunehmen und ein Annähern der Funktion nicht mehr möglich ist. Wir beschränken uns daher weiterhin auf x-Werte, die der Ungleichung

$$-1 < x < +1$$

---

[1] Die einfacher erscheinende Lagrangesche Form des Restgliedes würde in diesem Fall nur für $x > 0$ brauchbar sein.

genügen. Das Restglied zerlegen wir nun in folgender Weise in drei Faktoren:

$$(4\,\mathrm{b}) \qquad R_n(x) = \left(\frac{1-\vartheta}{1+\vartheta x}\right)^n (1+\vartheta x)^{\alpha-1} p_n,$$

wobei wir abkürzend

$$p_n = \frac{\alpha(\alpha-1)(\alpha-2)\ldots(\alpha-n)}{n!}\, x^{n+1}$$

gesetzt haben. Im ersten Faktor ist wegen $0 < \vartheta < 1$ und $x > -1$ der (positive) Zähler sicher kleiner als der Nenner, so daß für jedes n dieser Faktor zwischen 0 und 1 liegt. Der zweite Faktor, der nur insofern von n abhängig ist, als die Zahl ϑ sich mit der Nummer n ändert, liegt sicher zwischen 1 und $(1+x)^{\alpha-1}$. Die größere dieser beiden Zahlen ist somit eine Schranke S, unterhalb deren der (positive) zweite Faktor für alle n liegt. Daher haben wir

$$|R_n(x)| < S\,|p_n|.$$

Zu der Folge der p_n beachten wir, daß das $(n+1)$-te Element dieser Folge aus dem n-ten durch Multiplikation mit dem Faktor

$$\frac{p_{n+1}}{p_n} = \frac{\alpha-(n+1)}{n+1}\,x = \left(\frac{\alpha}{n+1} - 1\right)x$$

hervorgeht und daß die Folge dieser Faktoren offenbar den Grenzwert $-x$ besitzt, der ja nach Voraussetzung seinem absoluten Betrage nach kleiner als 1 ist. Geben wir uns nun eine Zahl q vor, die größer ist als $|x|$, jedoch kleiner als 1, so können wir daher sicher eine Nummer N so dazu bestimmen, daß

$$\left|\frac{p_{n+1}}{p_n}\right| < q$$

ist, sobald nur $n \geqq N$ gewählt wird. Daher ist

$$|p_{n+1}| < |p_n|\,q,$$
$$|p_{n+2}| < |p_{n+1}|\,q < |p_n|\,q^2,$$
$$\cdots \cdots \cdots \cdots \cdots$$

und allgemein

$$|p_{n+m}| < |p_n|\,q^m.$$

Mit $m \to \infty$ geht nun wegen $q < 1$ die rechte Seite gegen den Grenzwert Null, und um so mehr muß das daher für die linke Seite gelten. Die Folge der dritten Faktoren von $(4\,\mathrm{b})$ hat also den Grenzwert Null, und damit haben wir erkannt, daß für jedes x $(-1 < x < 1)$

$$\lim_{n \to \infty} R_n(x) = 0$$

ist, so daß im Innern dieses Intervalls die durch die Schmiegparabeln erreichbare Genauigkeit unbegrenzt ist.

Wir brauchen nun noch Abschätzungen für $R_n(x)$, mit deren Hilfe wir die für die Berechnung der Funktionswerte notwendige Genauigkeitsbestimmung leicht ausführen können. Hierzu gehen wir von der

Darstellung (4b) des Restgliedes aus und ersetzen den zweiten Faktor, der nach unseren obigen Überlegungen kleiner als 1 ist, durch die Zahl 1, so daß wir

$$(4\,\mathrm{c}) \qquad |\,R_n(x)\,| < (1 + \vartheta x)^{\alpha-1}\,(n+1)\left|\binom{\alpha}{n+1}\right|\,|\,x\,|^{n+1}$$

haben. Um zu handlichen Ausdrücken zu gelangen, müssen wir hierin den ersten Faktor noch durch einen einfacheren Ausdruck ersetzen, der die unbestimmte Größe ϑ nicht enthält. Hierbei sind allerdings einige Fallunterscheidungen nicht zu vermeiden. Ist $\alpha > 1$, so ist der Exponent positiv und daher für $x > 0$

$$(1 + \vartheta x)^{\alpha-1} < 2^{\alpha-1},$$

für $x < 0$ aber

$$(1 + \vartheta x)^{\alpha-1} < 1.$$

Wenn $\alpha < 1$, der Exponent also negativ ist, ist umgekehrt für $x > 0$

$$(1 + \vartheta x)^{\alpha-1} < 1,$$

dagegen für $x < 0$,

$$(1 + \vartheta x)^{\alpha-1} < 2^{\alpha-1}.$$

Unsere Abschätzung lautet daher:

$$(4\,\mathrm{d}) \qquad |\,R_n(x)\,| < \gamma\,(n+1)\left|\binom{\alpha}{n+1}\right|\,|\,x\,|^{n+1},$$

und dabei gilt für die Konstante γ:

	$x < 0$	$x > 0$
$\alpha > 1$	$\gamma = 1$	$\gamma = 2^{\alpha-1}$
$\alpha < 1$	$\gamma = 2^{\alpha-1}$	$\gamma = 1$

In vielen Fällen läßt sich diese Abschätzung mühelos noch verfeinern. Vor allem beachte man, daß die binomische Reihe für positives x alternierend wird, sobald n die Zahl α übersteigt (bei negativem α alterniert sie von vornherein). Sobald dann die absoluten Beträge der Reihenglieder abnehmen, ist also die einfache Abschätzung durch das erste nicht mitgenommene Reihenglied möglich, die natürlich günstiger als die oben angegebene ist, weil der Faktor $(n+1)$ fortfällt.

Auch für negatives x läßt sich die Restgliedabschätzung noch verfeinern, sofern $\alpha > -1$ ist. Wir gehen dazu aber nicht von der allgemeinen Restglieddarstellung aus, sondern von der unendlichen Reihe, von der wir ja bereits bewiesen haben, daß sie für $|\,x\,| < 1$ die Funktion $(1 + x)^{\alpha}$ darstellt. In dieser Reihe entsteht das $(k+1)$-te Glied aus dem k-ten durch Multiplikation mit

$$\frac{\alpha - k}{k + 1}\,x = \frac{k - \alpha}{k + 1}\,|\,x\,|,$$

dieser Faktor ist wegen $\alpha > -1$ absolut genommen kleiner als $|\,x\,|$, sobald $k > \dfrac{\alpha - 1}{2}$ wird. Vergleichen wir also die Reihe

$$R_n(x) = \binom{\alpha}{n+1} x^{n+1} + \binom{\alpha}{n+2} x^{n+2} + \cdots$$

$$= \binom{\alpha}{n+1} x^{n+1} \left(1 + \frac{\alpha - n - 1}{n+2} x + \cdots \right)$$

mit der geometrischen Reihe

$$\binom{\alpha}{n+1} x^{n+1} (1 + |x| + |x|^2 + \cdots),$$

so sehen wir, daß beide Reihen gleiche Anfangsglieder haben, daß jedoch alle folgenden Glieder der geometrischen Reihe in der Klammer die entsprechenden Glieder der Reihe für $R_n(x)$ absolut genommen übertreffen, sobald $n + 1 > \dfrac{\alpha - 1}{2}$ wird. Daher können wir $R_n(x)$ durch die Summe der geometrischen Reihe abschätzen und erhalten somit für $-1 < x \leqq 0$ und $\alpha > -1$ die Abschätzung

$$(4\,\mathrm{e}) \qquad |R_n(x)| < \left| \binom{\alpha}{n+1} x^{n+1} \right| \frac{1}{1 - |x|} = \left| \binom{\alpha}{n+1} \right| \frac{|x|^{n+1}}{1+x}$$

$$\left(n > \frac{\alpha - 3}{2} \right),$$

die natürlich sehr viel feiner ist als (4d), sofern x nicht nahe bei -1 liegt.

15, 3. Integration irrationaler Funktionen durch Substitution.

Nachdem wir die allgemeine Potenz x^α differenziert haben, sind wir auf Grund der Differentiationsregeln in der Lage, die Ableitungen aller Funktionen zu bilden, die aus den bisher behandelten Funktionen durch rationale Rechenoperationen und Bildung beliebiger Potenzen aufgebaut sind. Z. B. ergibt die Differentiation der Funktion $y = e^{\operatorname{arc\,tg} \sqrt{\frac{x-1}{x+1}}}$

$$y = e^u, \quad u = \operatorname{arc\,tg} v, \quad v = \sqrt{w}, \quad w = \frac{x-1}{x+1},$$

$$\frac{dy}{dx} = \frac{dy}{du} \frac{du}{dv} \frac{dv}{dw} \frac{dw}{dx} = e^u \frac{1}{1+v^2} \frac{1}{2\sqrt{w}} \frac{2}{(x+1)^2} = \frac{1}{2x\sqrt{x^2-1}} e^{\operatorname{arc\,tg} \sqrt{\frac{x-1}{x+1}}}.$$

Der entsprechende Versuch, Integrale solcher Funktionen durch Anwendung der Substitutionsmethode auf bekannte Integrale zurückzuführen, scheitert natürlich im allgemeinen an der dieser Methode eigentümlichen Schwierigkeit, daß die zunächst scheinbar gelungene Vereinfachung des Integranden bei der Umrechnung des Differentials wieder zerstört wird. Schon die Integration der Funktion $(1 + x^2)^\alpha$, die doch nur wenig komplizierter erscheint als die im vorigen Abschnitt behandelte Funktion $(1 + x)^\alpha$, gelingt in dieser Weise bei beliebigem α nicht, wie sich der Leser unmittelbar überzeugen kann. Immerhin gibt es aber gewisse Typen von Integralen, die sich durch Substitution auswerten lassen.

Führt man in dem Integral

$$\int \sqrt[n]{\frac{a\,x + b}{c\,x + d}}\, dx$$

den Integranden selbst als neue Veränderliche ein,

$$\sqrt[n]{\frac{a\,x + b}{c\,x + d}} = u,$$

so wird

$$x = \frac{d \cdot u^n - b}{a - c \cdot u^n}.$$

und

$$dx = \frac{(a\,d - b\,c)\,n\,u^{n-1}}{(a - c\,u^n)^2}\, du,$$

so daß sich das obige Integral in

$$n\,(a\,d - b\,c) \int \frac{u^n}{(a - c\,u^n)^2}\, du$$

verwandelt. Dies ist ein rationales Integral, das sich durch Partialbruchzerlegung auswerten läßt, wobei die Rechnung allerdings recht umfangreich werden kann. Daß wir hier zum Ziel gelangen, hat seinen Grund darin, daß sich x als rationale Funktion von u ergibt und damit auch bei der Umrechnung des Differentials nur ein in u rationaler Faktor hinzukommt.

Anwendung 26. Wir greifen zurück auf die früher (Anwendung 21, S. 286) behandelte Aufgabe, den Ablauf der geradlinigen Bewegung eines Körpers gegen die ruhend gedachte Erde zu bestimmen. Die Geschwindigkeit v der Bewegung ist mit der Entfernung r vom Erdmittelpunkt durch die Gleichung

$$\frac{1}{2}\,v^2 = \frac{\varkappa\,M}{r} + C$$

verknüpft. Wir wollen jetzt voraussetzen, der bewegte Körper sei zu Beginn der Bewegung in der Entfernung a vom Erdmittelpunkt in Ruhe ($v = 0$). Dann wird $C = -\dfrac{\varkappa\,M}{a}$ und daher (vgl. S. 286/87)

$$\frac{1}{2}\,v^2 = \varkappa\,M\left(\frac{1}{r} - \frac{1}{a}\right) = g\,R_e^2\left(\frac{1}{r} - \frac{1}{a}\right)$$

und weiter

$$\frac{dr}{dt} = \pm\,R_e\,\sqrt{\frac{2\,g}{a}}\,\sqrt{\frac{a - r}{r}}.$$

Hier ist, da r mit wachsendem t abnimmt, das negative Zeichen zu wählen. Die Trennung der Veränderlichen liefert die Differentialgleichung

$$R_e\,\sqrt{\frac{2\,g}{a}}\,dt = -\sqrt{\frac{r}{a - r}}\,dr,$$

woraus durch Integration

$$R_e\,\sqrt{\frac{2\,g}{a}}\,t = -\int_a^r \sqrt{\frac{r}{a - r}}\,dr$$

hervorgeht, wenn die Bewegung zu der Zeit $t = 0$ beginnt[1]. In dem Integral ist der Radikand eine gebrochene lineare Funktion der unabhängigen Veränderlichen r. Wir machen daher die Substitution

$$\sqrt{\frac{r}{a - r}} = u$$

und haben

$$r = \frac{a u^2}{1 + u^2}, \quad dr = \frac{2 a u}{(1 + u^2)^2} du.$$

Damit ergibt sich

$$\int \sqrt{\frac{r}{a - r}} \, dr = 2 a \int \frac{u^2}{(1 + u^2)^2} \, du.$$

An Stelle der Methode der Partialbruchzerlegung wenden wir Produktintegration an, durch die wir rascher zum Ziel kommen. Es wird

$$\int \frac{u^2}{(1 + u^2)^2} \, du = \frac{1}{2} \int u \, \frac{2 u \, du}{(1 + u^2)^2} = - \frac{1}{2} \int u \, d \left(\frac{1}{1 + u^2} \right)$$

$$= - \frac{1}{2} \left(\frac{u}{1 + u^2} - \int \frac{du}{1 + u^2} \right) = \frac{1}{2} \left(\arctan u - \frac{u}{1 + u^2} \right).$$

Also erhalten wir

$$\int \sqrt{\frac{r}{a - r}} \, dr = a \arctan \sqrt{\frac{r}{a - r}} - \sqrt{r (a - r)} + \text{Const}$$

und folglich stellt die Beziehung

$$R_e \sqrt{\frac{2 g}{a}} \, t = \sqrt{r (a - r)} - a \arctan \sqrt{\frac{r}{a - r}} + a \frac{\pi}{2}$$

den zeitlichen Ablauf der Bewegung dar.

Diese Methode bleibt natürlich auch dann anwendbar, wenn im Integranden die Wurzel irgendwie rational mit x verknüpft ist. Besonders interessant und auf den ersten Blick überraschend ist in diesem Zusammenhang, daß sich auch Integrale der Form

$$\int \sqrt{(a x + b)(c x + d)} \, dx$$

in dieser Weise behandeln lassen. Man braucht nämlich dafür nur

$$\int \sqrt{\frac{a x + b}{c x + d}} \, (c x + d) \, dx$$

zu schreiben, um zu erkennen, daß die Einführung der neuen Wurzel als Veränderliche u das Integral rational macht. Das ergibt

$$c x + d = \frac{a d - b c}{a - c u^2}, \quad dx = (a d - b c) \frac{2 u}{(a - c u^2)^2} du,$$

---

[1] Dieses Integral ist bez. der unteren Grenze ein uneigentliches Integral, da der Integrand für $r = a$ unendlich wird (vgl. die Erklärung auf S. 334). Da $(a - r)$ in der Potenz $- \frac{1}{2}$ auftritt und der hinzutretende Faktor $\sqrt{r}$ in der Umgebung der Stelle $r = a$ stetig ist, so bietet es keine Schwierigkeit, das Integral in entsprechender Weise, wie auf S. 334 ausgeführt wurde, durch einen Grenzübergang zu erklären.

und damit haben wir

$$\int \sqrt{\frac{a\,x+b}{c\,x+d}}\,(c\,x+d)\,dx = 2\,(a\,d-b\,c)^2 \int \frac{u^2}{(a-c\,u^2)^3}\,du.$$

Damit allerdings sind die Integrale, die sich auf rationale zurückführen lassen, auch bereits im wesentlichen erschöpft. Schon wenn der Integrand eine Quadratwurzel aus einem Polynom dritten oder vierten Grades ist, ist eine solche Zurückführung auf bekannte Integrale im allgemeinen nicht mehr möglich, und man wird auf völlig neue Funktionen (die sog. *elliptischen Funktionen*) geführt, deren Behandlung über den Rahmen dieser Vorlesung hinausgeht.

§ 16. Die Funktion $\sqrt{\alpha\,x^2 + 2\,\beta\,x + \gamma}$ und ihr Integral; die Funktionen arc sin x und Ar Sin x.

Besondere Bedeutung besitzen die Funktionen, die aus x und $\sqrt{\alpha\,x^2 + 2\,\beta\,x + \gamma}$ rational aufgebaut sind. Die Differentiation bietet keine Schwierigkeit, und die Integration ließe sich grundsätzlich mittels einer rationalen Substitution durchführen, die im Fall reeller Nullstellen des Radikanden in 15, 3 behandelt wurde. Im Hinblick auf die Bedeutung dieser Integrale ist es jedoch zweckmäßig, bei ihrer Behandlung unmittelbar an ihre Deutung als Flächeninhalte anzuknüpfen.

16, 1. Die drei Grundtypen.

Das Integral

$$\int \sqrt{\alpha\,x^2 + 2\,\beta\,x + \gamma}\,dx$$

bringen wir auf eine übersichtlichere Form, indem wir

$$Q(x) = \alpha\,x^2 + 2\,\beta\,x + \gamma = \frac{1}{\alpha}\,(\alpha\,x+\beta)^2 + \frac{\alpha\,\gamma - \beta^2}{\alpha}$$

schreiben. Offenbar erhalten wir verschiedene Grundtypen, je nachdem, ob die *Diskriminante* $\alpha\,\gamma - \beta^2$ positiv oder negativ ist. Ist sie gleich Null, so steht unter dem Wurzelzeichen ein vollständiges Quadrat[1], und der Integrand ist von vornherein rational in x. Im Fall $\alpha\,\gamma - \beta^2 < 0$ verwandelt sich der quadratische Ausdruck $Q(x)$ durch die Substitution

$$\xi = \frac{\alpha\,x + \beta}{\sqrt{\beta^2 - \alpha\,\gamma}}$$

in

$$Q_1(\xi) = \frac{\beta^2 - \alpha\,\gamma}{\alpha}\,(\xi^2 - 1),$$

---

[1] Wir müssen uns in diesem Fall auf $\alpha > 0$ beschränken, da sonst der Radikand beständig negativ wird.

im Fall $\alpha\gamma - \beta^2 > 0$ durch die Substitution

$$\xi = \frac{\alpha x + \beta}{\sqrt{\alpha\gamma - \beta^2}}$$

in

$$Q_2(\xi) = \frac{\alpha\gamma - \beta^2}{\alpha}(\xi^2 + 1).$$

Beim Ausziehen der Quadratwurzel muß in beiden Fällen weiter unterschieden werden, ob α positiv oder negativ ist.

Diskriminante	Substitution	Radikand	Radikand pos. für
I. $\alpha\gamma - \beta^2 < 0, \alpha < 0,$	$\xi = \dfrac{\alpha x + \beta}{\sqrt{\beta^2 - \alpha\gamma}},$	$Q_1(\xi) = \dfrac{\beta^2 - \alpha\gamma}{-\alpha}(1 - \xi^2),$	$\lvert\xi\rvert \leqq 1$
II. $\alpha\gamma - \beta^2 < 0, \alpha > 0,$	$\xi = \dfrac{\alpha x + \beta}{\sqrt{\beta^2 - \alpha\gamma}},$	$Q_1(\xi) = \dfrac{\beta^2 - \alpha\gamma}{\alpha}(\xi^2 - 1),$	$\lvert\xi\rvert \geqq 1$
III. $\alpha\gamma - \beta^2 > 0, \alpha > 0,$	$\xi = \dfrac{\alpha x + \beta}{\sqrt{\alpha\gamma - \beta^2}},$	$Q_2(\xi) = \dfrac{\alpha\gamma - \beta^2}{\alpha}(\xi^2 + 1)$	ξ beliebig
IV. $\alpha\gamma - \beta^2 > 0, \alpha < 0,$		$Q_2(\xi)$ beständig negativ	

Da wir immer im Reellen bleiben, kommen für uns nur positive Radikanden in Frage, so daß Fall 4 ausscheiden muß, und da bei der Umrechnung der Differentiale auf die Veränderlichen ξ nur konstante Faktoren hinzutreten, so kommt das Ausgangsintegral je nach den Werten der Koeffizienten α, β, γ immer auf eines der drei Integrale

$$\text{I. } \int \sqrt{1 - \xi^2}\, d\xi, \qquad \text{II. } \int \sqrt{\xi^2 - 1}\, d\xi, \qquad \text{III. } \int \sqrt{\xi^2 + 1}\, d\xi$$

zurück, wobei von den konstanten Faktoren abgesehen ist. Mit diesen drei Integralen haben wir uns im folgenden zu beschäftigen.

16, 2. Integration von Kreis und Hyperbel.

Die beiden ersten Integrale können wir von $\xi = 0$ aus rechnen. Dann stellt

$$F_0^x = \int_0^x \sqrt{1 - \xi^2}\, d\xi$$

das schraffierte Segment des Einheitskreises

$$\xi^2 + \eta^2 = 1$$

dar (Abb. 103) und

$$F_0^x = \int_0^x \sqrt{1 + \xi^2}\, d\xi$$

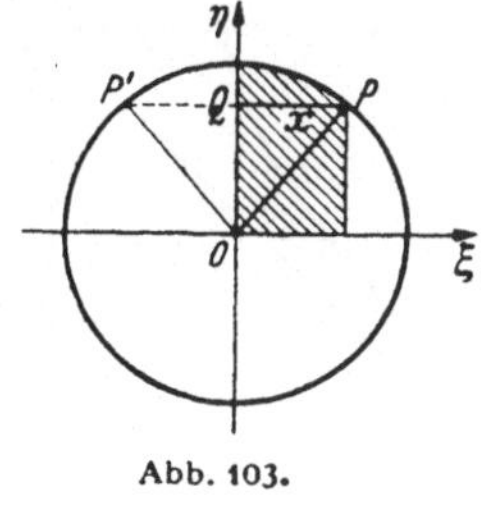

Abb. 103.

das Segment unter der Hyperbel

$$\eta^2 - \xi^2 = 1,$$

die wir auch kurz als *Einheitshyperbel* bezeichnen wollen (Abb. 104).

Da wir uns zur Erforschung dieser Integrale geometrischer Beziehungen bedienen werden, halten wir, abweichend von unserem sonstigen Brauch im folgenden an der Wahl gleicher Einheiten auf den Achsen fest. Wir werden z. B. Eigenschaften des Kreises ausnutzen, die ihn vor einer Ellipse auszeichnen.

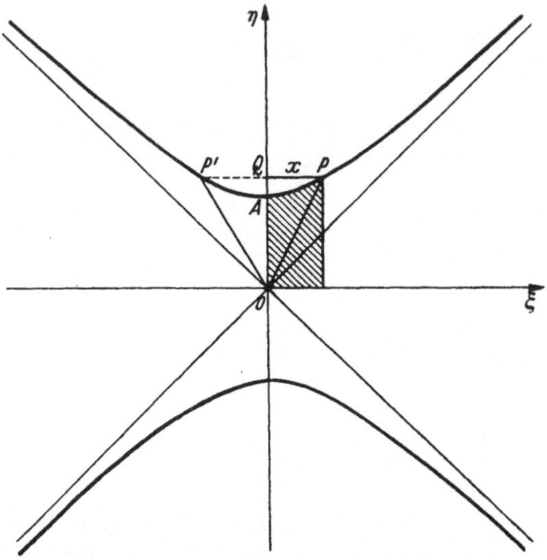

Für das zweite der oben eingeführten Integrale muß die untere Grenze $\geqq 1$ gewählt werden, da die Hyperbel

$$\xi^2 - \eta^2 = 1$$

zwischen $\xi = -1$ und $\xi = +1$ keine reellen Punkte besitzt. Hier ist

$$F_1^x = \int\limits_1^x \sqrt{\xi^2 - 1}\, d\xi$$

gleich dem schraffierten Segment der Hyperbel in

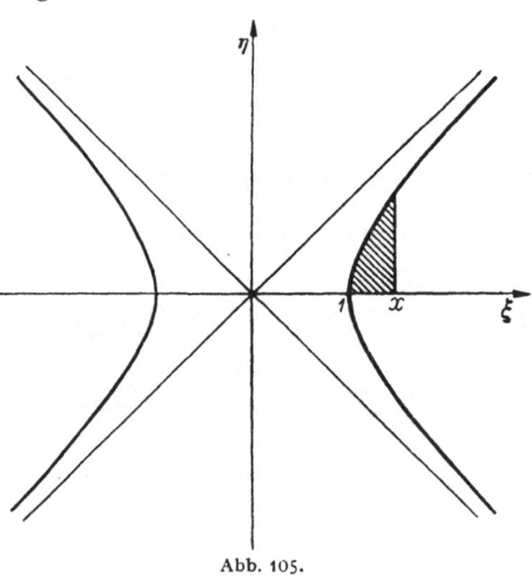

Abb. 104.

Abb. 105. Wir stellen dieses Integral vorläufig zurück; seine Bestimmung ergibt sich mühelos, wenn wir das vorige Integral näher betrachtet haben.

Die Drehsymmetrie des Kreises legt es nahe, bei der Flächeninhaltsbestimmung statt vom Segment vom Sektor auszugehen, und dies erweist sich auch bei der Hyperbel als zweckmäßig. *Segment F_0^x und Sektor S_0^x* sind bei beiden Kurven durch die Beziehung

$$F_0^x - S_0^x = \Delta\, O P Q = \tfrac{1}{2} x y$$

verknüpft. Um den Sektor als Funktion von x auszudrücken, bilden wir zunächst $\dfrac{d S_0^x}{d x}$ und erhalten für den Kreis mit $y = \sqrt{1 - x^2}$:

Abb. 105.

$$\frac{d}{d x} S_0^x = \frac{d}{d x} F_0^x - \frac{1}{2}\frac{d}{d x}(x\sqrt{1 - x^2})$$

$$= \sqrt{1 - x^2} - \frac{1}{2}\frac{d}{d x}(x\sqrt{1 - x^2}) = \frac{1}{2}\frac{1}{\sqrt{1 - x^2}}$$

und für die Hyperbel mit $y = \sqrt{1 + x^2}$:

$$\frac{d}{dx} S_0^x = \frac{d}{dx} F_0^x - \frac{1}{2} \frac{d}{dx} (x \sqrt{1 + x^2})$$

$$= \sqrt{1 + x^2} - \frac{1}{2} \frac{d}{dx} (x \sqrt{1 + x^2}) = \frac{1}{2} \frac{1}{\sqrt{1 + x^2}} \cdot \cdot$$

Daraus finden wir die Flächeninhalte der Sektoren:

$$\text{Kreissektor} \qquad S_0^x = \frac{1}{2} \int_0^x \frac{1}{\sqrt{1 - \xi^2}} \, d\xi$$

und

$$\text{Hyperbelsektor} \quad S_0^x = \frac{1}{2} \int_0^x \frac{1}{\sqrt{1 + \xi^2}} \, d\xi .$$

Jedes dieser Integrale ist also gleich dem Flächeninhalt des Doppelsektors $P'OP$, der zur Halbsehne x gehört.

Beim Kreis ist, wie aus der Elementargeometrie bekannt, der Flächeninhalt des Sektors mit der Länge s des zugehörigen *Kreisbogens* durch die Beziehung

$$\text{Sektor} = \frac{r\,s}{2}$$

verknüpft, und also hat hier beim *Einheitskreis* der Flächeninhalt des Sektors $P'OP$ den gleichen Zahlwert wie die Länge des *Bogens* $\overset{\frown}{A\,P}$, der zu der Halbsehne x gehört. Daher hat man sich gewöhnt zu sagen, u sei der *Bogen* (lateinisch: *arcus*), der zu der *Halbsehne x* gehört, und bezeichnet im Fall des Kreises das Integral als eine *Arcus-Funktion*. Bei der Hyperbel gibt es eine so einfache Beziehung zur Bogenlänge nicht, so daß man hier die Bezeichnung *Area-Funktion* (*area* = Flächeninhalt) verwendet. Zwei an sich ganz gleichartige Dinge werden aus diesem Grunde ganz verschieden bezeichnet. Man muß sich hüten, sich durch die verschiedene Benennung verleiten zu lassen, über die innere Zusammengehörigkeit beider Funktionen hinwegzusehen.

Die Halbsehne x wird eigentümlicherweise mit dem lateinischen Worte: „*sinus*" bezeichnet[1]. Man unterscheidet dementsprechend *sinus*

---

[1] Die Bezeichnung der *Sehne* mit *sinus*, das ja im Lateinischen *Busen* bedeutet, beruht auf einem eigentümlichen Mißverständnis.

Die griechischen Astronomen schufen für die Zwecke der sphärischen Astronomie eine Sehnentafel, indem sie zu jedem Winkel φ die Länge s der Sehne berechneten, die zu ihm gehört, wenn man ihn als Umfangswinkel in den Einheitskreis einträgt. Von den Griechen übernahmen sie die *Inder* und diese vervollkommneten das Rechnen mit der Tafel, indem sie den Umfangswinkel durch den halben Mittelpunktswinkel ersetzten, und dementsprechend auch die Sehne halbier-

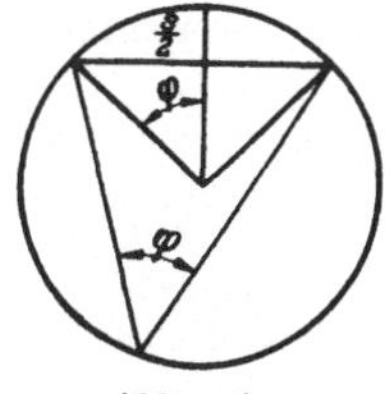

Abb. 106.

cyclicus = Halbsehne des Kreises, und *sinus hyperbolicus* = Halbsehne der Hyperbel. Meist läßt man beim Kreise den Zusatz cyclicus weg, spricht kurz vom Sinus, während man bei der Hyperbel zur Unterscheidung den Zusatz „*hyperbolicus*" beibehalten muß. In der Schrift drückt man den Unterschied dadurch aus, daß man den Kreissinus mit Antiquabuchstaben schreibt, also *sinus* oder abgekürzt sin, während man für den Hyperbelsinus Frakturbuchstaben verwendet, also Sinus oder abgekürzt Sin schreibt. Der Flächeninhalt des Doppelsektors ist dann beim Kreise der *arcus*, der zum *sinus x* gehört. Man schreibt dementsprechend in ähnlicher Weise, wie wir es in 10, 2 getan haben,

$$S_0^x = \int_0^x \frac{d\xi}{\sqrt{1-\xi^2}} = \text{arc sin } x \, .$$

Bei der Hyperbel ist der Doppelsektor die area, die zum hyperbolischen Sinus gehört. Man schreibt das, indem man auch für area die Frakturbuchstaben verwendet, und somit haben wir dann

$$S_0^x = \int_0^x \frac{d\xi}{\sqrt{1+\xi^2}} = \text{Ar Sin } x \, ,$$

wobei die Zeichen im Sinne unserer früheren Ausführungen den Satz wiedergeben: die area, deren Sinus gleich x ist, oder abgekürzt Ar (Sin = x)[1].

Mit dieser Namengebung für die Flächeninhaltsfunktionen ist natürlich über die wirkliche Berechnung noch nichts gesagt.

Setzen wir aber voraus, daß wir aus der Elementargeometrie eine gewöhnliche Sinus-Tafel kennen, so ist der Wert des ersten Integrals für jeden Wert von x sofort anzugeben. Da indessen in der Elementargeometrie die Sinus-Tafel nicht berechnet zu werden pflegt, wollen wir hier fürs erste die Kenntnis einer Sinus-Tafel nicht voraussetzen, zumal für das Integral des Hyperbelsektors eine analoge Tafel nicht zur Verfügung steht. Wir wollen vielmehr die Berechnung der Integrale auf direktem Wege in Angriff nehmen.

---

ten (Abb. 106). Diese neue indische Halbsehnentafel lernten dann die Völker des islamischen Kulturkreises kennen, die sich der arabischen Sprache und Schrift bedienten. Man übernahm das Sanskritwort für Halbsehne als Fremdwort ins Arabische, schrieb es aber natürlich mit arabischen Buchstaben. Die Handschriften in semitischen Sprachen enthalten nur die Schriftzeichen der Konsonanten, und die Konsonanten des indischen Fremdwortes waren zufällig die gleichen wie die des arabischen Wortes für „Busen". Als dann vom 12. Jahrhundert ab die Völker des europäischen Abendlandes die Schriften der arabischen Mathematiker kennenlernten und sie ins Lateinische übertrugen, wurde das aus dem Indischen stammende Fremdwort als wirkliches arabisches Wort angesehen und kurzerhand mit sinus übersetzt, so daß damit die Halbsehne eine Bezeichnung ohne jeden Sinn erhielt, die ihr bis heute geblieben ist.

[1] Beide Funktionen sind auf Grund dieser Definitionen nach 7, 3 stetig.

16, 3. Berechnung der Funktionen arc sin x und $\mathfrak{Ar}\,\mathfrak{Sin}\,x$.

16, 31. Annäherung durch Schmiegparabeln. Zur Gewinnung der Schmiegparabeln der Funktion arc sin x bilden wir zunächst die Schmiegparabeln von

$$\frac{1}{\sqrt{1-x^2}} = (1-x^2)^{-\frac{1}{2}}.$$

Da dies eine gerade Funktion ist, können bei ihrer Entwicklung an der Stelle $x = 0$ nur gerade Potenzen von x auftreten, so daß jede Schmiegparabel ungerader Ordnung $2\nu + 1$ mit der vorangehenden Schmiegparabel der geraden Ordnung 2ν zusammenfällt. Die Herleitung der Schmiegparabeln kann dabei in der Weise vorgenommen werden, daß man den obigen Ausdruck als Funktion von x^2 ansieht und nach dem binomischen Satz nach Potenzen von x^2 entwickelt, wodurch entsteht:

$$\frac{1}{\sqrt{1-x^2}} = 1 + \frac{1}{2}x^2 + \frac{1\cdot 3}{2\cdot 4}x^4 + \cdots + \frac{1\cdot 3 \cdots (2n-1)}{2\cdot 4 \cdots 2n}x^{2n} + R_n(x^2).$$

Die Schmiegparabeln nähern sämtlich die Funktion von unten an, $R_n(x^2)$ ist beständig positiv. Wir gehen nun durch Integration zur Arcussinusfunktion über:

$$(1) \qquad \text{arc sin } x = \frac{x}{1} + \frac{1}{2}\frac{x^3}{3} + \frac{1\cdot 3}{2\cdot 4}\frac{x^5}{5} + \cdots + \frac{1\cdot 3 \cdots (2n-1)}{2\cdot 4 \cdots 2n}\frac{x^{2n+1}}{2n+1} + $$
$$+ V_{2n+1}(x),$$

mit

$$V_{2n+1}(x) = \int_0^x R_n(\xi^2)\,d\xi.$$

Um uns über die Größe des Restes $V_{2n+1}(x)$ klarzuwerden, knüpfen wir an die auf S. 341 gegebene Abschätzungsformel (4e) an, in der wir nur x durch $-\xi^2$ ersetzen müssen, so daß wir zu der doppelten Ungleichung kommen:

$$0 \leqq R_n(\xi^2) \leqq \frac{1\cdot 3 \cdots (2n+1)}{2\cdot 4 \cdots (2n+2)}\frac{\xi^{2n+2}}{1-\xi^2},$$

wobei die Gleichheitszeichen nur für $\xi = 0$ gelten. Um nachher ein einfacheres Integral zu bekommen, vergröbern wir diese Abschätzung, indem wir im Nenner ξ durch x ersetzen, und haben damit für alle ξ im abgeschlossenen Intervall $0 \leqq \xi \leqq x$:

$$0 \leqq R_n(\xi^2) \leqq \frac{1\cdot 3 \cdots (2n+1)}{2\cdot 4 \cdots (2n+2)}\frac{\xi^{2n+2}}{1-x^2}.$$

Daraus aber können wir sofort für $0 < |x| < 1$ schließen:

$$\left|\int_0^x R_n(\xi^2)\,d\xi\right| \leqq \frac{1\cdot 3 \cdots (2n+1)}{2\cdot 4 \cdots (2n+2)}\frac{1}{1-x^2}\left|\int_0^x \xi^{2n+2}\,d\xi\right|,$$

also:

$$(1\,\text{a}) \qquad |V_{2n+1}(x)| \leqq \frac{1\cdot 3 \cdots (2n+1)}{2\cdot 4 \cdots (2n+2)}\frac{|x|^{2n+3}}{2n+3}\frac{1}{1-x^2}.$$

Durchläuft n die Folge aller natürlichen Zahlen, so bleibt der Zahlfaktor $\dfrac{1 \cdot 3 \ldots (2n+1)}{2 \cdot 4 \ldots (2n+2)}$ beschränkt, nämlich sicher kleiner als $\dfrac{1}{2}$, und damit gilt für $x < 1$ sicher

$$\lim_{n \to \infty} V_{2n+1}(x) = 0.$$

Es läßt sich mit den Schmiegparabeln also jede beliebige Genauigkeit erreichen, die Funktion wird für alle $|x| < 1$ durch die unendliche Reihe

$$(1\,\mathrm{b}) \qquad \arcsin x = \frac{x}{1} + \frac{1}{2} \frac{x^3}{3} + \frac{1 \cdot 3}{2 \cdot 4} \frac{x^5}{5} + \frac{1 \cdot 3 \cdot 5}{2 \cdot 4 \cdot 6} \frac{x^7}{7} + \cdots$$

dargestellt (Abb. 107).

Es sei noch erwähnt, daß diese Entwicklung auch für die Grenzen $x = \pm 1$ gültig bleibt. Die Zahl der Glieder, die mitgenommen werden müssen, um eine vorgeschriebene Genauigkeit zu erreichen, wächst jedoch stark, wenn wir uns diesen Grenzen nähern, und zur Berechnung

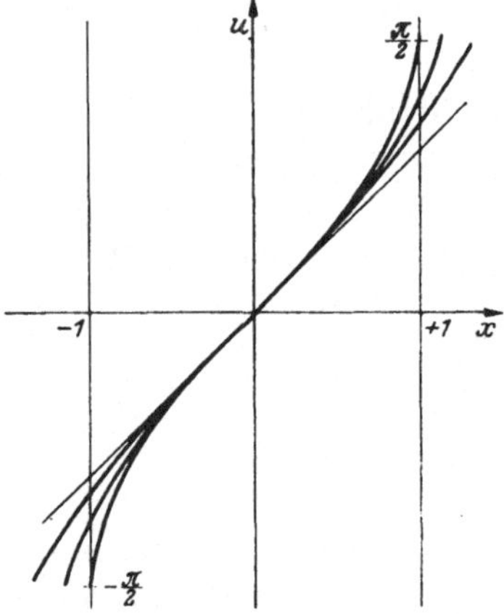

Abb. 107.

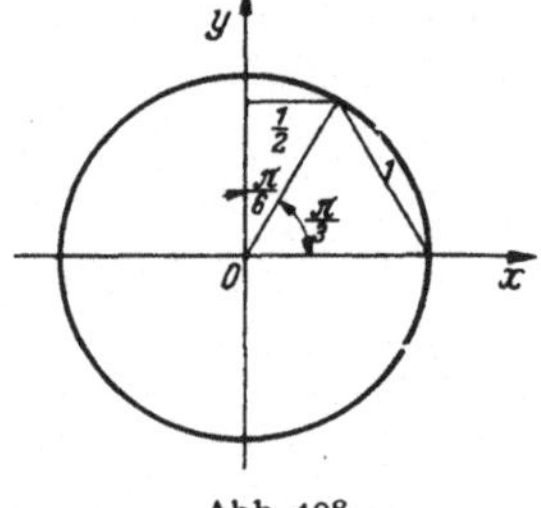

Abb. 108.

von $\arcsin 1 = \dfrac{\pi}{2}$ ist die Reihe praktisch unbrauchbar. Beachten wir aber, daß zur Halbsehne $x = \dfrac{1}{2}$ der Bogen $\dfrac{\pi}{6}$ gehört (Abb. 108), so gewinnen wir in

$$(1\,\mathrm{c}) \qquad \frac{\pi}{6} = \frac{1}{1 \cdot 2} + \frac{1}{2} \frac{1}{3 \cdot 2^3} + \frac{1 \cdot 3}{2 \cdot 4} \frac{1}{5 \cdot 2^5} + \cdots$$

eine Reihe, die ohne allzu großen Rechenaufwand den Wert von π auf einige Dezimalen genau liefert. Um eine Genauigkeit von fünf Stellen zu erzielen, sind, wie man an Hand unserer Restabschätzung (1a) bestätigt, sieben Glieder erforderlich.

Die Funktion $u = \arcsin x$ ist eine ungerade Funktion. Bei der Zeichnung der Kurve beachte man, daß die Ableitung

$$\frac{du}{dx} = \frac{1}{\sqrt{1 - x^2}}$$

im Intervall $0 \leqq x < 1$, vom Wert 1 anfangend, monoton gegen ∞ hin ansteigt. Die Funktion selbst nimmt im gleichen Intervall beständig von 0 bis $\dfrac{\pi}{2}$ zu. Für $x = 1$ besitzt die Kurve eine vertikale Tangente.

Hat man arc sin $1 = \dfrac{\pi}{2}$ gefunden, so kann man sich bei der Berechnung von arc sin x auf den Wertebereich von $x = 0$ bis $x = \dfrac{1}{\sqrt{2}}$ beschränken. Denn offenbar gilt auf dem Kreise

$$\text{arc sin } x = \frac{\pi}{2} - \text{arc sin } y,$$

also, wenn wir $y = \sqrt{1 - x^2}$ einsetzen,

$$\text{arc sin } x = \frac{\pi}{2} - \text{arc sin } \sqrt{1 - x^2}.$$

Für $x = \dfrac{1}{\sqrt{2}}$ erhalten wir den Funktionswert auf 5 Dezimalen genau, wenn wir 13 Glieder der Reihe mitnehmen, so daß die ganze Rechenarbeit in erträglichen Grenzen bleibt.

Um auch die Funktion $\mathfrak{Ar}\,\mathfrak{Sin}\,x$ durch Schmiegparabeln anzunähern, gehen wir entsprechend von der Funktion

$$\frac{1}{\sqrt{1 + x^2}} = (1 + x^2)^{-\frac{1}{2}}$$

aus und entwickeln sie nach dem binomischen Satz:

$$\frac{1}{\sqrt{1 + x^2}} = 1 - \frac{1}{2} x^2 + \frac{1 \cdot 3}{2 \cdot 4} x^4 - + \cdots + (-1)^n \frac{1 \cdot 3 \ldots (2n - 1)}{2 \cdot 4 \ldots 2n} x^{2n} + + R_n^*(x^2).$$

Durch Integration folgt

$$(2) \qquad \mathfrak{Ar}\,\mathfrak{Sin}\,x = \frac{x}{1} - \frac{1}{2}\frac{x^3}{3} + \frac{1 \cdot 3}{2 \cdot 4}\frac{x^5}{5} - + \cdots + (-1)^n \frac{1 \cdot 3 \ldots (2n - 1)}{2 \cdot 4 \ldots 2n}\frac{x^{2n+1}}{2n+1} + + V_{2n+1}^*(x)$$

mit

$$V_{2n+1}(x) = \int_0^x R_n^*(\xi^2)\, d\xi$$

Da die Glieder der Entwicklung des Binoms abwechselnde Vorzeichen haben, so können wir unter der Voraussetzung $|\,x\,| < 1$ den Rest durch

$$|\,R_n^*(\xi^2)\,| \leqq \frac{1 \cdot 3 \ldots (2n + 1)}{2 \cdot 4 \ldots (2n + 2)} |\,\xi\,|^{2n+2}$$

abschätzen, weil der absolute Betrag des Fehlers kleiner ist als der absolute Betrag des ersten nicht mehr mitgenommenen Gliedes (vgl. S. 327). Hieraus gewinnen wir wegen

$$|\,V_{2n+1}^*(x)\,| = \left|\int_0^x R_n^*(\xi^2)\, d\xi\right| \leqq \left|\int_0^x |\,R_n^*(\xi^2)\,|\, d\xi\right|$$

die Abschätzung

$$(2\,\mathrm{a}) \qquad |\,V^{*}_{2n+1}(x)\,| \leqq \frac{1 \cdot 3 \ldots (2n+1)}{2 \cdot 4 \ldots (2n+2)}\frac{|x|^{2n+3}}{2n+3}\,.$$

In der gleichen Weise wie bei der Funktion arc sin x erkennen wir, daß durch Wahl einer hinreichend großen Zahl n dieser Wert unter jede beliebige positive Schranke herabgedrückt werden kann und gewinnen damit für alle $|\,x\,| < 1$ die Darstellung

$$(2\,\mathrm{b}) \qquad \mathfrak{Ar}\,\mathfrak{Sin}\,x = \frac{x}{1} - \frac{1}{2}\frac{x^3}{3} + \frac{1 \cdot 3}{2 \cdot 4}\frac{x^5}{5} - + \cdots,$$

die übrigens auch an den Grenzen noch gültig bleibt.

Wenn man hiernach die Funktion $u = \mathfrak{Ar}\,\mathfrak{Sin}\,x$ berechnen wollte, so würde nur für solche Werte von x, deren absoluter Betrag nicht wesentlich größer als $\tfrac{1}{2}$ ist, die Rechenarbeit in erträglichen Grenzen bleiben, wie man aus der Abschätzung (2a) des Restgliedes $V^{*}_{2n+1}(x)$ entnehmen kann. Dazu kommt, daß die Reihe für solche Werte von x, deren absoluter Betrag größer als 1 ist, die Funktion $\mathfrak{Ar}\,\mathfrak{Sin}\,x$ überhaupt nicht mehr darstellt. Wenn wir also die Funktion in ihrem ganzen Verlauf von $x = -\infty$ bis $x = +\infty$ darstellen, so müssen wir eine andere Methode für die Berechnung der Funktionswerte anzugeben suchen. Dies ist leicht möglich, wenn wir uns daran erinnern, daß wir schon früher (§ 6) den Flächeninhalt unter der Hyperbel, deren Asymptoten aufeinander senkrecht stehen, berechnet haben. Die Herstellung dieses Zusammenhanges wird sich auch für die Auswertung der Integrale als wichtig erweisen.

16, 32. Zurückführung auf die Funktionen ln x und arc tg x. Bei der früheren Darstellung der Hyperbel waren ihre Asymptoten als Koordinatenachsen gewählt. Wir führen sie jetzt wieder als X- und Y-Achse ein und stellen sie als neues Koordinatensystem dem xy-System gegenüber. Der Zusammenhang zwischen beiden wird durch die Gleichungen

$$y + x = X\sqrt{2}\,, \quad y - x = Y\sqrt{2}\,,$$

die man unmittelbar der Abb. 109 entnimmt, gegeben.

Es folgt

$$y^2 - x^2 = 2\,XY\,,$$

und somit wird die Gleichung der Einheitshyperbel in den Koordinaten X, Y:

$$X \cdot Y = \tfrac{1}{2}\,.$$

Der Scheitel $A\,(x_A = 0,\ y_A = 1)$ der Hyperbel hat insbesondere die neuen Koordinaten

$$X_A = \frac{1}{\sqrt{2}}\,, \quad Y_A = \frac{1}{\sqrt{2}}\,.$$

Der Abb. 109 entnehmen wir nun unmittelbar, daß der Sektor AOP gleich ist dem Flächeninhalt des oben von der Hyperbel begrenzten Gebietes $QRPA$, vermehrt um das Dreieck AOQ und vermindert um das Dreieck POR. Beide Dreiecke sind inhaltsgleich, wo auch immer der Punkt P auf der Hyperbel liegen mag, denn auf Grund der Hyperbelgleichung wird

$$\Delta\,AOQ = \frac{X_A \cdot Y_A}{2} = \frac{1}{4}\,,$$

und

$$\Delta\,POR = \frac{XY}{2} = \frac{1}{4}\,.$$

Also gilt

$$\tfrac{1}{2}\,\mathfrak{Ar}\,\mathfrak{Sin}\,x = \text{Sektor } AOP = \text{Flächeninhalt } QRPA\,.$$

Nach unseren früheren Ergebnissen wird der Flächeninhalt unter der Hyperbel

$$Y = \frac{1}{2}\,\frac{1}{X}$$

durch

$$F_{X_0}^{X} = \tfrac{1}{2}\,(\ln X - \ln X_0)$$

gegeben, und somit wird

$$\mathfrak{Ar}\,\mathfrak{Sin}\,x = \ln X - \ln X_A\,.$$

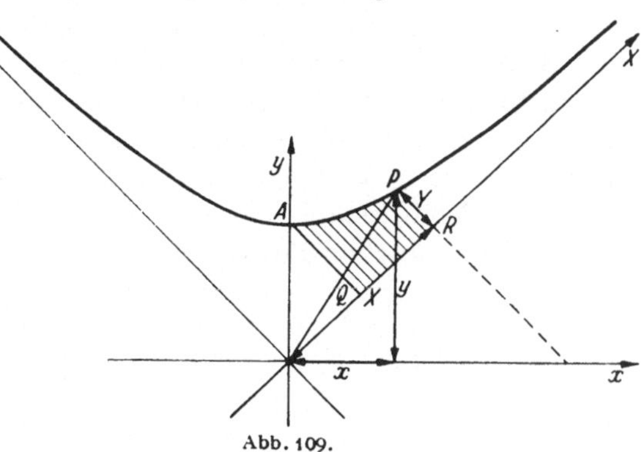

Abb. 109.

Kehren wir jetzt wieder zum (x, y)-System zurück, so erhalten wir

$$\mathfrak{Ar}\,\mathfrak{Sin}\,x = \ln \frac{x + y}{\sqrt{2}} - \ln \frac{1}{\sqrt{2}}$$
$$= \ln (x + y)$$

oder schließlich

$$(3)\qquad\qquad \mathfrak{Ar}\,\mathfrak{Sin}\,x = \ln (x + \sqrt{1 + x^2})\,.$$

Die Funktion $\mathfrak{Ar}\,\mathfrak{Sin}\,x$ läßt sich also auf die ln-Funktion zurückführen. Danach ist es ohne besondere Mühe möglich, aus einer Tafel der Funktion $\ln x$ eine Tafel der neuen Funktion $\mathfrak{Ar}\,\mathfrak{Sin}\,x$ für alle x zu berechnen, so daß wir die Reihenentwicklung (2b) an sich gar nicht brauchen. Immerhin ist es für manche Zwecke wichtig, diese Darstellung zu kennen, denn man kann oft bedeutende Vereinfachungen erzielen, wenn man die Funktion $\mathfrak{Ar}\,\mathfrak{Sin}\,x$ für kleine x durch eine Schmiegparabel mit niedriger Nummer ersetzen darf. An dieser Darstellung bestätigen wir, daß die Funktion $u = \mathfrak{Ar}\,\mathfrak{Sin}\,x$ eine ungerade Funktion[1] ist. Da die

---

[1] In der Tat ist

$$\ln(-x + \sqrt{1 + (-x)^2}) = \ln(\sqrt{1 + x^2} - x) = \ln\left(\frac{(\sqrt{1 + x^2} - x)(\sqrt{1 + x^2} + x)}{x + \sqrt{1 + x^2}}\right)$$
$$= \ln\left(\frac{1}{x + \sqrt{1 + x^2}}\right) = -\ln(x + \sqrt{1 + x^2})\,.$$

Steigung überall positiv ist, so wächst u mit wachsendem x, wobei aber die Steigung abnimmt. Für sehr große positive Werte von x ist angenähert

$$\ln\left(x + \sqrt{1 + x^2}\right) = \ln x \left(1 + \sqrt{1 + \frac{1}{x^2}}\right) \approx \ln 2x = \ln x + \ln 2,$$

so daß die Kurve asymptotisch wie die Kurve $\ln x$ verläuft, wenn diese um das Stück $\ln 2$ nach oben geschoben ist.

In ähnlicher Weise wie wir die Funktion $\mathfrak{Ar}\,\mathfrak{Sin}\,x$ durch die ln-Funktion ausgedrückt haben, können wir die Funktion $\mathrm{arc\,sin}\,x$ auf den Arcustangens zurückführen. Allerdings kommt dieser Frage hier für die Darstellung der Funktion keine so wesentliche Bedeutung zu, wie bei $\mathfrak{Ar}\,\mathfrak{Sin}\,x$, da wir ja die Werte der Funktion $\mathrm{arc\,sin}\,x$ für alle in Betracht kommenden x mit Hilfe der Reihenentwicklung ohne Mühe gewinnen können. Wir erinnern uns daran, daß die in § 10 eingeführte Funktion $\mathrm{arc\,tg}\,x$ angibt, wie groß der verdoppelte Sektor bzw. der Bogen des Einheitskreises ist, der zu einer gegebenen *Tangente* x gehört. Ziehen wir daher im Punkte A an den Kreis die Tangente und bringen

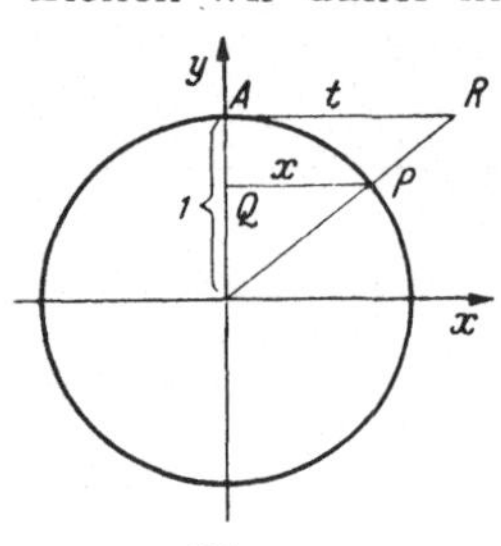

Abb. 110.

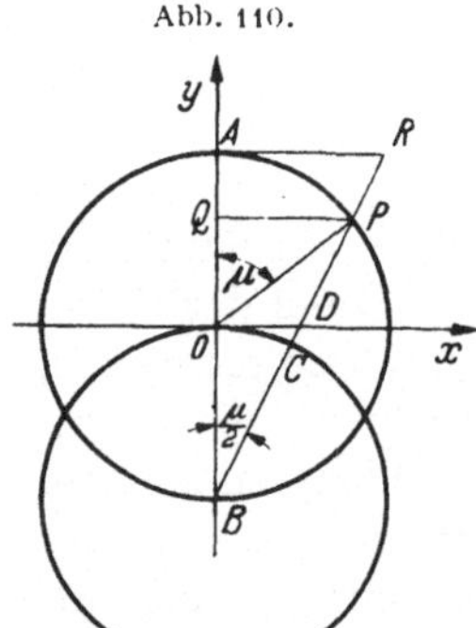

Abb. 111.

sie mit OP in R zum Schnitt, wobei die Länge von $A\,R$ mit t bezeichnet werden möge, so ist

$$\mathrm{arc\,sin}\,x = \mathrm{arc\,tg}\,t .$$

Aus der Abb. 110 liest man unmittelbar die Proportion

$$t : x = 1 : y$$

ab, so daß

$$(4a) \qquad \mathrm{arc\,sin}\,x = \mathrm{arc\,tg}\,\frac{x}{y} = \mathrm{arc\,tg}\,\frac{x}{\sqrt{1 - x^2}}$$

wird. Haben wir daher nach der früheren Vorschrift eine Tafel der Arcustangensfunktion berechnet, so können wir mit ihrer Hilfe auch für die Funktion $\mathrm{arc\,sin}\,x$ eine Tafel anlegen.

Die Beziehung (4a) läßt sich übrigens noch durch eine andere ersetzen, die auf den ersten Blick verwickelter erscheint, aber für die anschließenden Bemerkungen wichtig ist. Wenn wir den Punkt P mit dem tiefsten Punkt B des Kreises verbinden und um B durch O den Kreis schlagen, dessen Halbmesser ebenfalls gleich 1 ist, so ist offenbar der Bogen $A\,P$ doppelt so groß wie der Bogen $O\,C$ (Abb. 111). Also wird

$$\mathrm{arc}\,(\mathrm{tg} = A\,R) = 2\,\mathrm{arc}\,(\mathrm{tg} = O\,D),$$

und da

$$O\,D : O\,B = Q\,P : Q\,B$$

oder

$$OD = x : (y + 1) = x : (1 + \sqrt{1 - x^2})$$

ist, so folgt

$$\text{arc tg} \frac{x}{\sqrt{1 - x^2}} = 2\,\text{arc tg}\left(\frac{x}{1 + \sqrt{1 - x^2}}\right).$$

Somit haben wir nach (4a)

$$(4\,\mathrm{b}) \qquad \text{arc sin}\,x = 2\,\text{arc tg}\left(\frac{x}{1 + \sqrt{1 - x^2}}\right).$$

16, 33. Der innere Grund für die Rationalisierbarkeit der Integrale.
Die Zurückführung der Funktionen $\mathfrak{Ar}\,\mathfrak{Sin}\,x$ und arc sin x auf die
Funktionen Logarithmus und Arcustangens bedeutet, daß die in diesem Paragraphen behandelten Integrale sich „rationalisieren", d. h.
sich in rationale Integrale verwandeln lassen. Diese Tatsache, auf die
wir schon in 15, 3 aufmerksam wurden, könnte im Fall des Kreises überraschen, da wir die Kreisgleichung nicht wie die Hyperbelgleichung durch
eine Koordinatentransformation auf eine rationale Form bringen können.

Den inneren Grund dafür kann man aber leicht erkennen. Betrachten wir nämlich, um mit der Hyperbel $y^2 - x^2 = 1$ zu beginnen, die
Schar der geraden Linien

$$(5) \qquad\qquad y = -x + \mu,$$

die zu einer Asymptote der Hyperbel parallel sind, und bringen wir sie
mit der Hyperbel zum Schnitt, so gibt es für jede Gerade *einen und nur
einen Schnittpunkt*, der für positives μ auf dem oberen, für negatives μ auf dem unteren Ast liegt
(Abb. 112). Die Abszisse x des Schnittpunktes bestimmt sich aus der
Gleichung

$$(\mu - x)^2 - x^2 = 1$$

oder $\qquad \mu^2 - 2\,\mu\,x = 1,$

die in x *linear* ist, zu

$$(5\,\mathrm{a}) \qquad x = \frac{\mu^2 - 1}{2\,\mu},$$

und die zugehörige Ordinate ist

$$(5\,\mathrm{b}) \qquad y = \frac{\mu^2 + 1}{2\,\mu}.$$

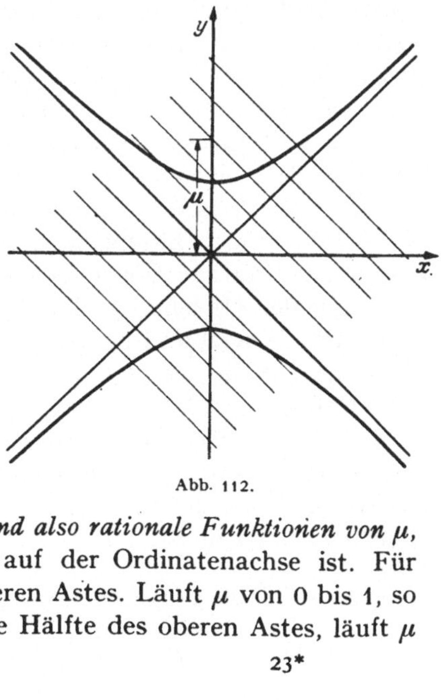

Abb. 112.

Die Koordinaten des Schnittpunktes sind also rationale Funktionen von μ,
wobei μ der Abschnitt der Geraden auf der Ordinatenachse ist. Für
$\mu = 1$ haben wir den Scheitel des oberen Astes. Läuft μ von 0 bis 1, so
durchläuft der Schnittpunkt die linke Hälfte des oberen Astes, läuft μ

von 1 bis ∞, so durchläuft er die rechte Hälfte. Da x und y *rationale* Funktionen von μ sind, wird auch das Integral, das den doppelten Flächeninhalt des Sektors darstellt, das *Integral einer rationalen Funktion*, wenn wir die Größe μ als Integrationsveränderliche einführen, indem wir die Beziehung (5a) als Definitionsgleichung einer Substitution deuten. Es wird dann

$$dx = \frac{\mu^2 + 1}{2\,\mu^2}\,d\mu$$

und somit

$$\int \frac{dx}{\sqrt{1 + x^2}} = \int \frac{dx}{y} = \int \frac{d\mu}{\mu} \quad \text{oder} \quad \mathfrak{Ar}\,\mathfrak{Sin}\,x = \ln u + C\,.$$

Da zu $x = 0$, $y = 1$ der Wert $\mu = 1$ gehört, so ist $C = 0$, also

$$\int_0^x \frac{dx}{\sqrt{1 + x^2}} = \int_0^x \frac{dx}{y} = \int_1^\mu \frac{d\mu}{\mu} = \ln \mu$$

und wir haben

$$\mathfrak{Ar}\,\mathfrak{Sin}\,x = \ln (x + y) = \ln (x + \sqrt{1 + x^2})\,.$$

Wir sehen, die Überführung des Integrals für den verdoppelten Hyperbelsektor in das Integral einer rationalen Funktion wird dadurch erreicht, daß sich die Koordinaten x und y des einzelnen Punktes der Hyperbel als *rationale Funktionen einer Hilfsveränderlichen* μ ausdrücken. Wodurch ist das bedingt? Wenn wir die Hyperbel mit einer Geraden zum Schnitt bringen, wie wir es hier tun, müssen sich zwei Schnittpunkte ergeben, und eine Gleichung für die Abszissen der Schnittpunkte muß zunächst quadratisch sein. Hier aber vereinfacht sich die quadratische Gleichung unmittelbar zu einer *linearen* Gleichung (5a), indem x^2 herausfällt: Nur dadurch wird x rational in μ. Diese Vereinfachung tritt deshalb ein, weil alle Geraden als Parallele zu einer Asymptoten die Hyperbel in dem einen ihrer beiden „unendlich fernen Punkte" treffen. Von der quadratischen Gleichung kennen wir also bereits für jedes μ die eine der beiden Lösungen. Daher läßt sich durch Abtrennen dieser Lösung der Grad der Gleichung um eine Einheit erniedrigen, und zwar mit rationalen Mitteln[1], so daß eine lineare Gleichung entsteht. Hier, wo die eine Wurzel im Unendlichen liegt, kommt das dadurch zum Ausdruck, daß x^2 aus der quadratischen Gleichung sich unmittelbar heraushebt. Daß wir gerade die Schar der Parallelgeraden zu einer Asymptoten gewählt haben, ist zwar bequem, aber nicht unbedingt erforderlich. Wesentlich ist nur, daß alle Geraden durch ein und denselben Punkt der Hyperbel hindurchgehen, damit die eine Wurzel der quadratischen Gleichung bekannt ist.

---

[1] Für eine endliche Wurzel x_1 wäre durch den Wurzelfaktor $(x - x_1)$ zu dividieren, wie wir das in 3, 41 dargelegt haben.

Es ist hiernach klar, daß sich die ganze Betrachtung auf den Kreis $x^2 + y^2 = 1$ übertragen läßt. Wir müssen den Kreis mit einem Geradenbüschel schneiden, dessen Mittelpunkt auf dem Kreise liegt. Dann werden sich die Koordinaten x und y als rationale Funktionen der Hilfsgröße ausdrücken, die die einzelne Gerade im Büschel festlegt. Zweckmäßig wählen wir als Mittelpunkt des Büschels den tiefsten Punkt des Kreises $(x = 0,\ y = -1)$, so daß

$$(6) \qquad y = \frac{1}{\mu}\,x - 1$$

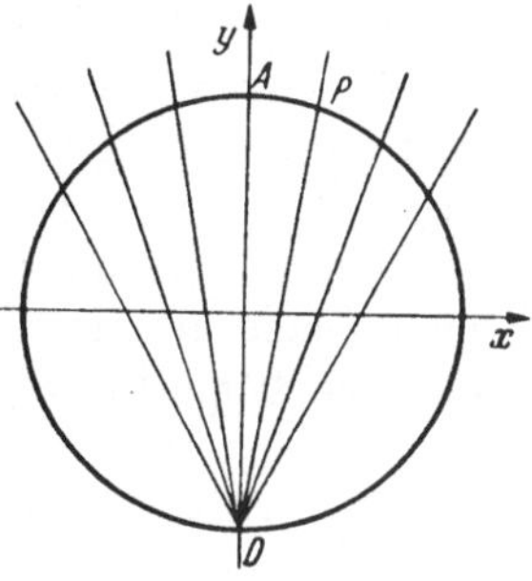

Abb. 113.

die Gleichung der einzelnen Geraden des Büschels ist, deren jede den Kreis außer in dem Büschelmittelpunkt D noch in einem und nur einem Punkte P schneidet (Abb. 113)[1]. Durchläuft μ die positiven Werte von 0 bis $+\infty$, so durchläuft der Punkt P den rechten Halbkreis $(x > 0)$ von A bis D. Zu den negativen Werten von μ gehört entsprechend der linke Halbkreis $(x < 0)$.

Zur Bestimmung der Schnittpunkte der Geraden (6) mit dem Kreis ergibt sich zunächst die quadratische Gleichung

$$x^2 + \left(\frac{x}{\mu} - 1\right)^2 = 1\,,$$

die sich aber zu einer linearen Gleichung vereinfacht, da wir die eine Wurzel $x = 0$ ja bereits kennen. In der Tat läßt sich der Faktor x ausklammern:

$$x\left[x\left(1 + \frac{1}{\mu^2}\right) - \frac{2}{\mu}\right] = 0,$$

und durch Nullsetzen des zweiten Faktors ergibt sich die Abszisse

$$(6a) \qquad x = \frac{2\mu}{1 + \mu^2}$$

des Schnittpunktes P. Die zugehörige Ordinate ist

$$(6b) \qquad y = \frac{1 - \mu^2}{1 + \mu^2}.$$

Beide Koordinaten des Schnittpunktes P sind also auch hier *rationale Funktionen der Hilfsgröße μ.* Das hat zur Folge, daß das Integral, das den Flächeninhalt des Kreissektors mißt, in das Integral einer rationalen Funktion übergeht, wenn wir die Gleichung (6a) als Definition einer Substitution auffassen, die die Integrationsveränderliche x durch die neue Integrationsveränderliche μ ersetzt. Da

$$dx = 2\,\frac{1 - \mu^2}{(1 + \mu^2)^2}\,d\mu$$

---

[1] Mit Rücksicht auf spätere Formeln ist die Steigung mit $\dfrac{1}{\mu}$ bezeichnet.

ist, so ergibt sich

$$\int \frac{dx}{\sqrt{1-x^2}} = \int \frac{dx}{y} = 2 \int \frac{d\mu}{1+\mu^2} \quad \text{oder} \quad \arcsin x = 2\arctan \mu + C\,.$$

Da zum Punkt $x = 0$, $y = 1$ der Wert $\mu = 0$ gehört, wird

$$\arcsin x = 2\arctan \frac{x}{y+1} = 2\arctan\left(\frac{x}{1+\sqrt{1-x^2}}\right),$$

wie es nach (4b) sein sollte.

Die Flächeninhaltsbestimmung für die Funktion $\sqrt{\alpha x^2 + 2\beta x + \gamma}$ läßt sich hiernach stets auf die Bestimmung der Flächeninhalte rationaler Funktionen zurückführen[1]. Rein theoretisch betrachtet, brauchte man daher die neuen Funktionen arc sin x und $\mathfrak{Ar\,Sin}\,x$ gar nicht einzuführen. Man tut es nur, wie schon am Anfang dieses Paragraphen bemerkt wurde, aus Gründen der Zweckmäßigkeit.

16, 4. Auswertung einfacher irrationaler Integrale.

16, 41. **Grundintegrale.** Nachdem wir nunmehr die beiden Integrale

$$(7\text{a}) \qquad \int_0^x \frac{d\xi}{\sqrt{1-\xi^2}} = \arcsin x\,,$$

$$(7\text{b}) \qquad \int_0^x \frac{d\xi}{\sqrt{\xi^2+1}} = \mathfrak{Ar\,Sin}\,x$$

kennen, sind wir in der Lage, die am Schluß von 16, 1 als Grundtypen angegebenen drei Integrale auszuwerten. Für das erste und dritte ergibt sich unmittelbar durch Übergang von den Sektoren zu den Segmenten (vgl. S. 346)

$$(8\text{a}) \qquad \int_0^x \sqrt{1-\xi^2}\,d\xi = \tfrac{1}{2}x\sqrt{1-x^2} + \tfrac{1}{2}\arcsin x\,,$$

$$(8\text{b}) \qquad \int_0^x \sqrt{\xi^2+1}\,d\xi = \tfrac{1}{2}x\sqrt{x^2+1} + \tfrac{1}{2}\mathfrak{Ar\,Sin}\,x\,.$$

---

[1] Von diesem Standpunkt muß allerdings die Bezeichnung arc tg x für die Flächeninhaltsfunktion zu $y = \dfrac{1}{1+x^2}$ als sehr unzweckmäßig erscheinen. Es würde für die systematische Auffassung vorzuziehen sein, für diesen Flächeninhalt ein Funktionssymbol einzuführen, das nicht an den Kreis (d. h. an die irrationale Funktion) erinnert. Denn nur dann wird der Gedanke deutlich hervortreten, daß die Zurückführung der Integration einer irrationalen Funktion (Kreis) auf die einer rationalen vom systematischen Standpunkt aus als Fortschritt erscheint. Wir haben oben ausgeführt, daß die Bezeichnung arc tg x für den Flächeninhalt unter der Kurve $y = \dfrac{1}{1+x^2}$ sich historisch erklärt, weil eben die Theorie der trigonometrischen Funktionen unabhängig von der Aufgabe der Flächeninhaltsbestimmung entstanden ist und fertig vorlag, als man die Integralrechnung auszubilden begann.

Das zweite der Integrale können wir an der gleichen Hyperbel deuten wie das dritte, wenn wir η als Integrationsveränderliche und entsprechend y als obere Grenze ansehen. Dann stellt

$$\int_1^y \sqrt{\eta^2 - 1}\, d\eta = \int_1^y \xi\, d\eta$$

den in Abb. 114 schraffierten Flächeninhalt dar. Aus dieser Abbildung liest man zugleich ab:

$$\int_1^y \sqrt{\eta^2 - 1}\, d\eta + \int_0^x \sqrt{\xi^2 + 1}\, d\xi = x\, y\,.$$

woraus nach (8b) hervorgeht:

$$\int_1^y \sqrt{\eta^2 - 1}\, d\eta = \tfrac{1}{2} x y - \tfrac{1}{2}\,\mathfrak{Ar}\,\mathfrak{Sin}\, x$$

$$= \tfrac{1}{2} y \sqrt{y^2 - 1} - \tfrac{1}{2}\,\mathfrak{Ar}\,\mathfrak{Sin}\,\sqrt{y^2 - 1}\,.$$

Wir führen hierin wieder die Buchstaben ξ und x an Stelle von η und y ein und erhalten damit:

$$(8c) \qquad \int_1^x \sqrt{\xi^2 - 1}\, d\xi$$

$$= \tfrac{1}{2} x \sqrt{x^2 - 1} - \tfrac{1}{2}\,\mathfrak{Ar}\,\mathfrak{Sin}\,\sqrt{x^2 - 1}\,.$$

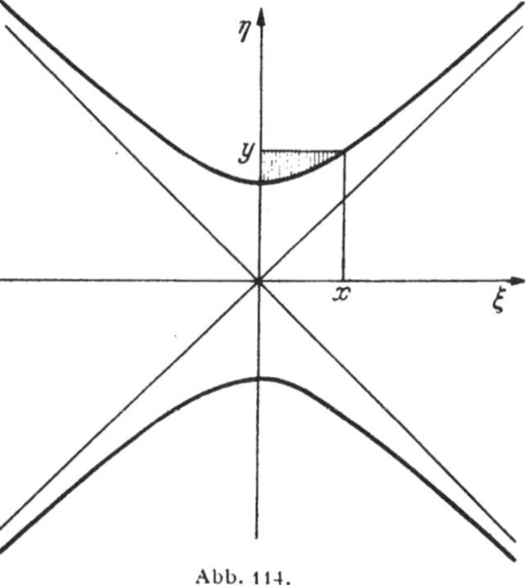

Abb. 114.

Wenn man den hier auftretenden Ausdruck $\mathfrak{Ar}\,\mathfrak{Sin}\,\sqrt{x^2 - 1}$ differenziert, ergibt sich

$$\frac{d}{dx}\,\mathfrak{Ar}\,\mathfrak{Sin}\,\sqrt{x^2 - 1} = \frac{1}{\sqrt{1 + (x^2 - 1)}\,\sqrt{x^2 - 1}}\cdot\frac{x}{} = \frac{1}{\sqrt{x^2 - 1}}\,,$$

und damit erhalten wir die (7a) und (7b) völlig entsprechende Formel:

$$(7c) \qquad \int_1^x \frac{d\xi}{\sqrt{\xi^2 - 1}} = \mathfrak{Ar}\,\mathfrak{Sin}\,\sqrt{x^2 - 1}\ {}^*$$

[Die Stelle $\xi = 1$ ist hier eine Unendlichkeitsstelle des Integranden, so daß an sich ein uneigentliches Integral vorliegt (vgl. S. 334); dieses existiert, da der Integrand in der Größenordnung $(\xi - 1)^{-\frac{1}{2}}$ gegen ∞ strebt (vgl. ebenfalls S. 334)]. Wir haben damit die Integration der drei Grundtypen ausgeführt, und zwar in (8a), (8b) und (8c); gleichzeitig haben wir auch erkannt, daß die Integrale (7a)—(7c), die diesen völlig entsprechen, jedoch die Quadratwurzel im Nenner haben, auf übersichtlichere Ausdrücke führen. Daher werden allgemein die Integrale (7a), (7b), (7c) als *Grundintegrale* angesehen.

16, 42. Weitere Integrale. Hiernach können wir nun grundsätzlich alle Integrale behandeln, deren Integranden rationale Funktionen von x und

---

* Hierfür werden wir in 17, 23 S. 378 die Bezeichnung $\mathfrak{Ar}\,\mathfrak{Cos}\,x$ einführen.

einer Quadratwurzel aus einem quadratischen Ausdruck in x sind. Der erste Schritt ist dabei der, diese Quadratwurzel mit Hilfe der in 16, 1 gegebenen Substitutionen auf eine der drei Normalformen $\sqrt{1 - x^2}$, $\sqrt{x^2 + 1}$, $\sqrt{x^2 - 1}$ zu bringen. Da es nun, wie in 16, 33 gezeigt wurde, immer gelingt, sowohl x als auch die Wurzel rational in einer neuen Veränderlichen μ auszudrücken, können solche Integrale stets auf rationale Integrale zurückgeführt werden. Man setzt

a) im Falle $\sqrt{1 - x^2}$:

$$x = \frac{2\mu}{1 + \mu^2}, \qquad dx = \frac{2(1 - \mu^2)}{(1 + \mu^2)^2}\, d\mu, \qquad \sqrt{1 - x^2} = \frac{1 - \mu^2}{1 + \mu^2},$$

b) im Falle $\sqrt{x^2 + 1}$:

$$x = \frac{\mu^2 - 1}{2\mu}, \qquad dx = \frac{\mu^2 + 1}{2\mu^2}\, d\mu, \qquad \sqrt{x^2 + 1} = \frac{\mu^2 + 1}{2\mu},$$

c) im Falle $\sqrt{x^2 - 1}$:

$$x = \frac{\mu^2 + 1}{2\mu}, \qquad dx = \frac{\mu^2 - 1}{2\mu^2}\, d\mu, \qquad \sqrt{x^2 - 1} = \frac{\mu^2 - 1}{2\mu}.$$

[Der Fall c) geht aus b) hervor, wenn x und die Quadratwurzel die Rollen vertauschen.]

Diese Rationalisierung der Integrale stellt einen immer gangbaren Weg zu ihrer Auswertung dar, sie ist jedoch keineswegs in allen Fällen der kürzeste. Wir besprechen aus diesem Grunde noch ein anderes Auswertungsverfahren, dessen Leitgedanke der ist, ein vorgelegtes Integral in einfachere Teilintegrale aufzuspalten, die sich auf die Grundintegrale von 16, 41 oder auf andere einfache Integrale zurückführen lassen. Der Radikand der Quadratwurzel sei ein beliebiger quadratischer Ausdruck

$$(9) \qquad Q(x) = \alpha x^2 + 2\beta x + \gamma,$$

und der Integrand baue sich aus x und $\sqrt{Q(x)}$ irgendwie rational auf. Man kann diesen Integranden dann stets in solcher Weise identisch umformen, daß, unter Umständen nach Abspaltung eines rationalen Integrals, ein Integral der Form

$$\int \frac{Z(x)}{N(x)} \frac{dx}{\sqrt{Q(x)}}$$

zurückbleibt, unter $Z(x)$ und $N(x)$ Polynome verstanden. Dieses Integral zerspalten wir nun, indem wir die rationale Funktion $\dfrac{Z(x)}{N(x)}$ in Teilbrüche zerlegen.

1. Ist $\dfrac{Z(x)}{N(x)}$ unecht gebrochen, so liefert die Zerlegung zunächst ein Polynom, und dieses kann auf Grund von 3, 33 nach Potenzen von $\left(x + \dfrac{\beta}{\alpha}\right)$ oder, was auf das gleiche herauskommt, nach Potenzen von

$(\alpha x + \beta)$ geordnet werden. Man kommt auf diese Weise zu Integralen der Form

$$\int \frac{(\alpha x + \beta)^p}{\sqrt{Q(x)}}\, dx \, .$$

Im Falle $p = 1$ ergibt die Substitution

$$Q(x) = u \, , \quad (\alpha x + \beta)\, dx = \tfrac{1}{2}\, du$$

das Integral $\tfrac{1}{2}\int u^{-\frac{1}{2}}\, du$, und wir erhalten damit:

$$(10) \qquad \int \frac{\alpha x + \beta}{\sqrt{Q(x)}}\, dx = \sqrt{Q(x)} + \text{Const.}$$

Ist $p > 1$, so kann man Produktintegration anwenden, indem man

$$(\alpha x + \beta)^{p-1} = u \, , \quad \frac{\alpha x + \beta}{\sqrt{Q(x)}}\, dx = dv$$

setzt. Man kommt dann nach einer kleinen Rechnung, die der Leser mühelos selbst ausführen kann, zu der Rekursionsformel

$$(10a) \qquad \int \frac{(\alpha x + \beta)^p}{\sqrt{Q(x)}}\, dx = \frac{1}{p}\, (\alpha x + \beta)^{p-1}\, \sqrt{Q(x)} + $$
$$+ \frac{p-1}{p}\, (\alpha \gamma - \beta^2) \int \frac{(\alpha x + \beta)^{p-2}}{\sqrt{Q(x)}}\, dx \, ,$$

mit deren Hilfe man den Exponenten p schrittweise um je zwei Einheiten erniedrigen kann, bis man bei geradem p schließlich auf das Integral $\int \frac{dx}{\sqrt{Q(x)}}$ zurückkommt, das sich nach 16, 1 in eins der drei Grundintegrale (7a—c) verwandeln läßt.

Im Fall einer *ungeraden Zahl* $p = 2k + 1$ kommen wir einfacher zum Ziel mit der Substitution

$$(10b) \qquad \sqrt{Q(x)} = y \, , \quad \frac{\alpha x + \beta}{\sqrt{Q(x)}}\, dx = dy \, ,$$

die wegen

$$(\alpha x + \beta)^2 = \alpha\, Q(x) - (\alpha \gamma - \beta^2)$$

das Integral rationalisiert:

$$\int \frac{(\alpha x + \beta)^{2k+1}}{\sqrt{Q(x)}}\, dx = \int (\alpha y^2 + \beta^2 - \alpha \gamma)^k\, dy \, .$$

2. Die von den Linearfaktoren der Nennerfunktion $N(x)$ herrührenden Teilbrüche ergeben Integrale der Form

$$\int \frac{dx}{(x - a)^l\, \sqrt{Q(x)}} \, .$$

Substituieren wir hierin

$$x - a = \frac{1}{z} \, , \quad dx = - \frac{dz}{z^2} \, ,$$

so geht zugleich $Q(x)$ in einen Ausdruck der Gestalt

$$Q(x) = \frac{1}{z^2}(\alpha^* z^2 + 2\beta^* z + \gamma^*)$$

über, und das Integral verwandelt sich in

$$-\int \frac{z^{l-1}}{\sqrt{\alpha^* z^2 + 2\beta^* z + \gamma^*}}\, dz$$

und wir gelangen somit zu den unter 1. behandelten Integralen zurück.

3. Schließlich liefern die von den quadratischen Elementarfaktoren von $N(x)$ herrührenden Teilbrüche Integrale der Gestalt

$$\int \frac{B x + C}{(x^2 + 2 b x + c)^m} \frac{dx}{\sqrt{Q(x)}}.$$

Für diese nicht sehr häufig auftretenden Integrale läßt sich zwar auch ein besonderes Auswertungsverfahren angeben, jedoch bringt es dem früheren Rationalisierungsverfahren gegenüber keine Rechenvorteile. Eine gesonderte Behandlung empfiehlt sich lediglich in dem Ausnahmefall, daß sich der quadratische Nenner von dem Radikanden nur um einen konstanten Faktor unterscheidet, daß also

$$b = \frac{\beta}{\alpha}, \quad c = \frac{\gamma}{\alpha}$$

ist. Dann liegt, von einem konstanten Faktor abgesehen, das Integral

$$\int \frac{B x + C}{(\sqrt{Q(x)})^{2m+1}}\, dx$$

vor, das wir folgendermaßen zerlegen:

$$\int \frac{B x + C}{(\sqrt{Q(x)})^{2m+1}}\, dx = \frac{B}{\alpha} \int \frac{\alpha x + \beta}{(\sqrt{Q(x)})^{2m+1}}\, dx + \frac{\alpha C - \beta B}{\alpha} \int \frac{dx}{(\sqrt{Q(x)})^{2m+1}}.$$

Das erste Integral geht mit der Substitution (10b) in $\int \frac{dy}{y^{2m}}$ über. Für den zweiten Summanden merken wir zunächst im Fall $m = 1$ die Formel an:

$$(11\,\text{a}) \qquad \int \frac{dx}{(\sqrt{Q(x)})^3} = \frac{1}{\alpha\gamma - \beta^2} \frac{\alpha x + \beta}{\sqrt{Q(x)}} + \text{Const},$$

deren Richtigkeit man leicht durch Differenzieren bestätigt. Ist $m > 1$, so schreiben wir

$$\int \frac{dx}{(\sqrt{Q(x)})^{2m+1}} = \int \frac{1}{(Q(x))^{m-1}} \frac{dx}{(\sqrt{Q(x)})^3},$$

und mit der Substitution

$$(11\,\text{b}) \qquad \frac{\alpha x + \beta}{\sqrt{Q(x)}} = t, \qquad \frac{dx}{(\sqrt{Q(x)})^3} = \frac{1}{\alpha\gamma - \beta^2}\, dt,$$

bei der sich weiter

$$Q(x) = \frac{\alpha\gamma - \beta^2}{\alpha - t^2}$$

ergibt, erhalten wir

$$(11) \qquad \int \frac{dx}{(\sqrt{Q(x)})^{2m+1}} = \frac{1}{(\alpha\gamma - \beta^2)^m} \int (\alpha - t^2)^{m-1}\, dt \,.$$

Abschließend sei bemerkt, daß neben den hier behandelten Auswertungsmethoden noch eine weitere Möglichkeit darin besteht, durch Substitution die im nächsten Paragraphen zu behandelnden Kreis- oder Hyperbelfunktionen einzuführen. Das ist in vielen Fällen zweckmäßig, und wir werden in 17, 4 noch darauf zurückkommen.

Anwendung 27: Rauminhalt eines Ringkörpers. Ein Kreis vom Radius a rotiere um eine Gerade, die in seiner Ebene verläuft und von seinem Mittelpunkt den Abstand $c > a$ hat. Dadurch entsteht ein *Ringkörper mit kreisförmigem Achsenschnitt* (Torus).

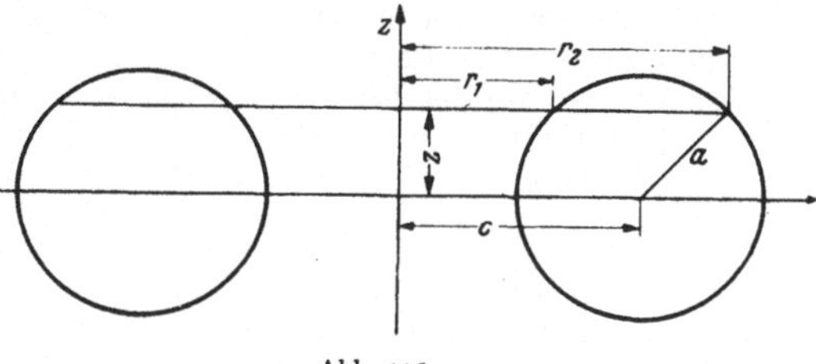

Abb. 115.

Wählen wir die Drehachse als z-Achse und die r-Achse dazu senkrecht durch den Mittelpunkt des Kreises, so haben wir

$$(r - c)^2 + z^2 = a^2$$

als Gleichung des Kreises (Abb. 115). Eine zur z-Achse senkrechte Ebene schneidet aus dem Ringkörper, solange ihre Höhe z kleiner als a ist, einen *Kreisring* heraus, dessen innerer bzw. äußerer Halbmesser r_1 bzw. r_2 sich aus der Kreisgleichung zu

$$r_1 = c - \sqrt{a^2 - z^2}, \quad r_2 = c + \sqrt{a^2 - z^2}$$

ergeben. Der Flächeninhalt des Kreisringes ist somit

$$F(z) = (r_2^2 - r_1^2)\,\pi = 4\,c\,\pi\,\sqrt{a^2 - z^2}\,.$$

Wir fragen nach dem Rauminhalt $V(z_0)$ des Ringkörpers zwischen der Symmetrieebene $z = 0$ und einer Ebene $z = z_0$. Das Differential dieser Funktion $V(z)$ ist offenbar

$$dV = F(z)\,dz = 4\,c\,\pi\,\sqrt{a^2 - z^2}\,dz\,,$$

so daß

$$V(z_0) = 4\,c\,\pi \int_0^{z_0} \sqrt{a^2 - z^2}\,dz$$

ist. Mit

$$\frac{z}{a} = \xi\,, \quad dz = a\,d\xi$$

wird

$$V(z_0) = 4\,a^2 c\,\pi \int_0^{\frac{z_0}{a}} \sqrt{1 - \xi^2}\,d\xi$$

und nach (8a) erhalten wir

$$V(z_0) = 2\,a^2 c\,\pi \left(\frac{z_0}{a}\sqrt{1 - \frac{z_0^2}{a^2}} + \arcsin\frac{z_0}{a} \right).$$

Für den vollständigen Ringkörper ergibt sich also $V = 2\,V(a) = 2\,a^2 c\,\pi^2$.

Anwendung 28: Potentialfeld eines senkrecht stehenden geraden Sta-
bes. Ein gerader Stab von der Länge l steht in der Höhe h (unteres Ende) senkrecht
zur eben gedachten Erdoberfläche. Die Stabachse wählen wir als z-Achse. Die lineare
Dichte der Ladung sei gleich q (Gesamtladung gleich $q \cdot l$), wobei als Einheit der Elektrizitätsmenge zunächst die *elektrostatische Einheit* $\left(\dfrac{1}{3 \cdot 10^9}\text{ Coulomb}\right)$ benützt werden
möge. Wir wollen das Potential Φ berechnen, das der geladene Stab in einem be·
liebigen Raumpunkt P erzeugt. Das Potential an der Oberfläche der Erde wird
gleich Null gesetzt. Da offenbar das Potential achsensymmetrisch um die z-Achse
verteilt ist, bezeichnen wir den Abstand des Punktes P von der z-Achse mit r und
suchen das Potential Φ als Funktion von r und z zu bestimmen. Die Schwierigkeit
der Aufgabe liegt darin, daß die Ladung des Stabes eine bestimmte Ladungsver-
teilung an der Oberfläche der Erde erzeugt (Influenz) und diese erst aus der Bedingung, daß auf der Erde überall das Potential gleich Null ist

$$\Phi(r, 0) = 0,$$

bestimmt werden müßte. Nun kann man aber diese Schwierigkeit, wie W. Thomson
(Lord Kelvin) gezeigt hat, durch einen einfachen Kunstgriff vermeiden. Wir spie-
geln den Stab an der Ebene, die die Erdoberfläche vertritt und denken uns das
Spiegelbild mit einer gleichverteilten elektrischen Ladung, aber von entgegen-
gesetztem Vorzeichen $(- q)$ versehen. Man sieht leicht ein, daß bei dieser Anordnung keine Arbeit geleistet wird, wenn man einen geladenen Probekörper in der
Symmetrieebene verschiebt, daß also in der Ebene $z = 0$ in der Tat das Potential
konstant ist und gleich Null gesetzt werden kann, da es auf eine additive Konstante
nicht ankommt (Abb. 116).

Nun können wir das Potential $\Phi(r, z)$ leicht berechnen. Denken wir auf dem
oberen Stabe zwischen den Höhen $z = \xi$ und $z = \xi + d\xi$ ein Element abgegrenzt,
so ist dessen Ladung $dQ = q\,d\xi$. Daher erzeugt das Element in einem Punkt P,
der von ihm den Abstand $\varrho = \sqrt{r^2 + (z - \xi)^2}$ hat, den Beitrag

$$\frac{q\,d\xi}{\sqrt{r^2 + (z - \xi)^2}}$$

zum Potential. Auf Grund des Überlagerungsprinzips ist das von dem oberen Stab erzeugte Potential

$$\Phi_1(r, z) = \int\limits_{h}^{h+l} \frac{q\,d\xi}{\sqrt{r^2 + (z - \xi)^2}}.$$

Da das von dem unteren Stab erzeugte Potential
entsprechend aufgebaut ist, so ergibt sich für das
Gesamtpotential der Anordnung der Ausdruck

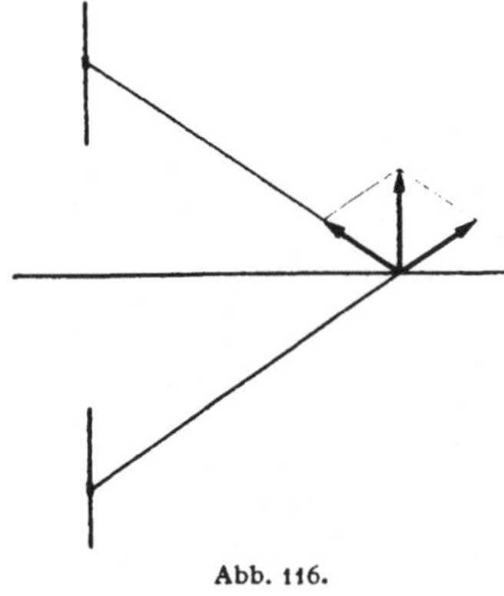

Abb. 116.

$$\Phi(r, z) = q \left\{ \int\limits_{h}^{h+l} \frac{d\xi}{\sqrt{r^2 + (z - \xi)^2}} - \int\limits_{-h-l}^{-h} \frac{d\xi}{\sqrt{r^2 + (z - \xi)^2}} \right\}.$$

Mit der Substitution

$$\frac{z - \xi}{r} = u, \qquad -\frac{1}{r}\,d\xi = du$$

folgt

$$\int \frac{d\xi}{\sqrt{r^2 + (z - \xi)^2}} = \int \frac{du}{\sqrt{1 + u^2}} = -\operatorname{\mathfrak{Ar}\,\mathfrak{Sin}} u + \text{Const} = -\operatorname{\mathfrak{Ar}\,\mathfrak{Sin}} \frac{z - \xi}{r} + \text{Const}.$$

Somit erhalten wir für das Potential die Darstellung

$$\Phi(r, z) = -q\left\{\mathfrak{Ar}\,\mathfrak{Sin}\,\frac{z-\xi}{r}\Big|_h^{h+l} - \mathfrak{Ar}\,\mathfrak{Sin}\,\frac{z-\xi}{r}\Big|_{-h-l}^{-h}\right\}$$

oder

$$\Phi(r,z) = q\left\{\left(\mathfrak{Ar}\,\mathfrak{Sin}\,\frac{z-h}{r} + \mathfrak{Ar}\,\mathfrak{Sin}\,\frac{z+h}{r}\right) - \left(\mathfrak{Ar}\,\mathfrak{Sin}\,\frac{z-(h+l)}{r} + \mathfrak{Ar}\,\mathfrak{Sin}\,\frac{z+(h+l)}{r}\right)\right\}.$$

An der Formel bestätigen wir sofort, daß für $z = 0$

$$\Phi(r, 0) = 0$$

ist für alle r.

Setzen wir

$$\Phi(r, z) = \text{Const},$$

so erhalten wir die Potentialflächen des elektrischen Feldes; sie sind Drehflächen mit der z-Achse als Drehachse, und diese Gleichung stellt in der (r, z)-Ebene die Meridiankurve der einzelnen Drehfläche vor.

Anwendung 29: Schwerpunkt eines Ellipsensegmentes. Von der Ellipse

$$\frac{x^2}{a^2} + \frac{y^2}{b^2} = 1$$

schneidet die Gerade

$$x = c \quad (|c| < a)$$

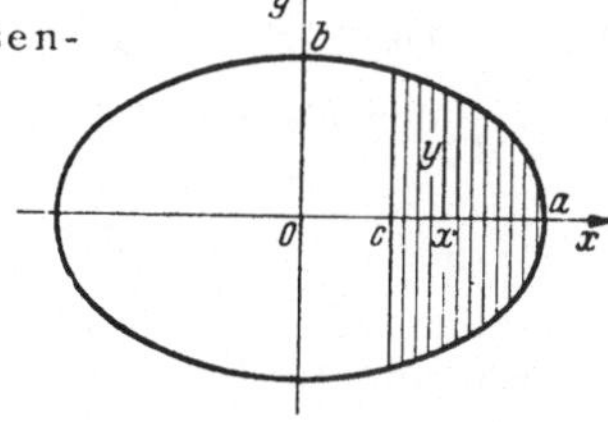

Abb. 117.

das in Abb. 117 schraffierte Segment ab. Unter der Voraussetzung eines konstanten Gewichtes pro Flächeneinheit (γ) ist der Schwerpunkt dieses Flächenstücks zu berechnen.

Dieser Schwerpunkt liegt selbstverständlich auf der x-Achse, wie unmittelbar aus den Symmetrieverhältnissen hervorgeht. Zur Berechnung seiner Abszisse x_s gehen wir von dem durch die Schwerkraft hervorgerufenen Moment aus, das wir auf den Nullpunkt beziehen. Da man sich die gesamte Schwerkraft im Schwerpunkt angreifend denken kann, ergibt sich für das Moment die erste Darstellung

$$M = x_s\,F\gamma = x_s\,2\gamma\int_c^a v\,dx = x_s\,2\,\frac{b}{a}\,\gamma\int_c^a \sqrt{a^2-x^2}\,dx.$$

Das gleiche Moment erhalten wir auch, wenn wir die von den einzelnen Flächenstreifen herrührenden Beiträge addieren, so daß sich die zweite Darstellung

$$M = \gamma\int_c^a x\cdot 2\,y\,dx = 2\,\frac{b}{a}\,\gamma\int_c^a x\,\sqrt{a^2-x^2}\,dx$$

ergibt. Aus diesen beiden Gleichungen gewinnen wir sofort für x_s die Formel

$$x_s = \frac{\displaystyle\int_c^a x\,\sqrt{a^2-x^2}\,dx}{\displaystyle\int_c^a \sqrt{a^2-x^2}\,dx}$$

Das im Nenner stehende Integral bringen wir durch die Substitution

$$x = au, \quad dx = a\,du$$

in die Gestalt

$$a^2 \int_{\frac{c}{a}} \sqrt{1 - u^2}\, d u,$$

und damit können wir es unmittelbar nach (8a) auswerten:

$$\int_{\frac{c}{a}}^{1} \sqrt{1 - u^2}\, d u = \left[\frac{1}{2}\, u \sqrt{1 - u^2} + \frac{1}{2}\, \text{arc sin } u \right]_{\frac{c}{a}}^{1}$$

$$= \frac{1}{2} \left(-\frac{c}{a} \sqrt{1 - \frac{c^2}{a^2}} + \frac{\pi}{2} - \text{arc sin } \frac{c}{a} \right).$$

Damit ergibt sich

$$\int_{c}^{a} \sqrt{a^2 - x^2}\, d x = \frac{a^2}{2} \left(\frac{\pi}{2} - \text{arc sin } \frac{c}{a} \right) - \frac{1}{2} \cdot c \sqrt{a^2 - c^2}.$$

Wir können als Nebenergebnis anmerken, daß man hieraus durch Multiplikation mit $2\,\dfrac{b}{a}$ den Flächeninhalt des Ellipsensegmentes erhält, daß dieser also durch

$$F = a b \left(\frac{\pi}{2} - \text{arc sin } \frac{c}{a} \right) - \frac{b c}{a} \sqrt{a^2 - c^2}$$

gegeben ist, eine Formel, die uns für $c = 0$ den halben Ellipseninhalt sofort mit $\frac{1}{2}\, a b \pi$ angibt. Zur Berechnung von x_s ist nun noch das im Zähler stehende Integral auszuwerten. In ihm substituieren wir

$$a^2 - x^2 = w, \quad x\, d x = -\tfrac{1}{2}\, d w,$$

so daß sich ergibt:

$$\int_{c}^{a} x \sqrt{a^2 - x^2}\, d x = -\frac{1}{2} \int_{a^2-c^2}^{0} \sqrt{w}\, d w = \frac{1}{2} \int_{0}^{a^2-c^2} w^{\frac{1}{2}}\, d w = \frac{1}{3} \sqrt{(a^2 - c^2)^3}.$$

Damit haben wir das Ergebnis

$$x_s = \frac{2}{3}\, \frac{\sqrt{(a^2 - c^2)^3}}{a^2 \left(\dfrac{\pi}{2} - \text{arc sin } \dfrac{c}{a} \right) - c \sqrt{a^2 - c^2}}.$$

Im Sonderfall der Halbellipse ($c = 0$) bestimmt sich die Schwerpunktsabszisse daraus zu

$$x_s = \frac{4\, a}{3\, \pi}.$$

§ 17. Kreisfunktionen und Hyperbelfunktionen.

17, 1. Die Kreisfunktionen.

17, 11. Vieldeutigkeit von arc sin x; Periodizität von sin u und cos u. Bei der Beschreibung des Zusammenhangs zwischen der Halbsehne x und dem Bogen u des Einheitskreises, den die Funktion $u = \text{arc sin } x$ vermittelt, haben wir jedem Wert der Halbsehne x ($0 \leq x \leq 1$) einen Bogen u aus dem Intervall $0 \leq u \leq \dfrac{\pi}{2}$ zugeordnet. Beim Durchlaufen der arc sin-Linie von $x = 0$ bis $x = 1$ wandert der entsprechende

Punkt des Einheitskreises von seiner Anfangslage ($x = 0$, $y = 1$) durch den ersten Quadranten bis zur Stelle ($x = 1$, $y = 0$) (Abb. 121, S. 372)[1]. Einen vollständigen Einblick in die Verhältnisse gewinnen wir jedoch erst dann, wenn wir die bisherige Beschränkung aufgeben und unseren Punkt über die Endlage hinaus weiterlaufen lassen. Dabei stellt sich nun heraus, daß die Eindeutigkeit der Funktion arc sin x verloren geht; denn während beim Durchlaufen des vierten Quadranten (im Drehsinn des Uhrzeigers) der Bogen u weiter anwächst, nimmt x wieder von 1 bis 0 ab, so daß sich damit bereits jedem Werte x zwischen 0 und 1 zwei Werte von u zuordnen. Diese beiden Bögen ergänzen sich zu π (Supplementwinkel). Im dritten und zweiten Quadranten nimmt x negative Werte an, und zwar laufen die Werte zunächst von 0 bis -1, dann wieder nach 0 zurück. Damit ist der Einheitskreis vollständig umlaufen und der Bogen u auf 2π angewachsen. Wir können den Einheitskreis auch ein zweites Mal umlaufen. Dann muß sich offenbar alles wiederholen, mit dem einzigen Unterschied, daß das jetzt entstehende Kurvenstück um 2π nach oben verschoben ist. Da sich dies ohne Ende fortsetzen läßt, entsteht eine nicht abbrechende Folge übereinanderliegender gleichartiger Kurvenstücke. die sich im übrigen ohne Sprung oder Knick aneinanderfügen. Bei rückwärtiger Durchlaufung des Einheitskreises erhalten wir eine vollkommen gleichartige Fortsetzung der Kurve, die unterhalb der x-Achse liegt und ebenfalls nicht abbricht. Dabei erweist sich die Funktion $u = $ arc sin x offenbar als ungerade Funktion und ähnlich wie die Funktion arc tg x (10, 3) als *unendlich vieldeutig;* denn ist u ein zur Halbsehne x gehöriger Bogen, so gehört zur gleichen Halbsehne zunächst auch der Bogen $\pi - u$, dann aber auch alle Bögen $u + 2\pi k$ und $\pi - u + 2\pi k$ mit beliebiger ganzer Zahl k.

Diese Vieldeutigkeit ist der Grund dafür, daß man es im allgemeinen vorzieht, den Zusammenhang zwischen u und x in der umgekehrten Richtung zu betrachten, also u als unabhängige und x als abhängige Veränderliche anzusehen. Dann hat man nämlich in

$$(1) \qquad\qquad x = \sin u$$

eine stetige Funktion, die jedem Wert des Bogens u genau einen Wert der Halbsehne x zuordnet[2]. *Die Vieldeutigkeit der Funktion $u = $ arc sin x hat die Periodizität der Funktion $x = \sin u$ zur Folge* (Periodenlänge 2π). Für jedes u gilt:

$$(1a) \qquad\qquad \sin(u + 2\pi) = \sin u.$$

Unsere obigen Überlegungen zeigen ferner, daß stets

$$(1b) \qquad\qquad \sin(\pi - u) = \sin u$$

---

[1] Die vom üblichen Brauch abweichende Winkelzählung ergibt sich aus der horizontalen Lage der x-Achse ($u = $ arc sin x).

[2] Aus der Monotonie und Stetigkeit jedes Zweiges der Funktion $u = $ arc sin x folgt nach 5, 5 Satz 19 die Stetigkeit von sin u.

ist, und weiter ist klar, daß die Sinusfunktion eine ungerade Funktion ist:

(1 c) $$\sin(-u) = -\sin u.$$

In diesen drei Beziehungen kommen die wesentlichsten Eigenschaften dieser Funktion zum Ausdruck. Aus ihnen folgt noch

(1 d) $$\sin(u + \pi) = \sin(u - \pi) = -\sin(\pi - u) = -\sin u.$$

Die Sinuskurve ist eine Wellenlinie, bei der jede einzelne Welle in sich symmetrisch ist und die unter der u-Achse verlaufenden Bögen mit den über ihr liegenden kongruent sind. Die Nullstellen dieser Funktion sind

$$u = 0, \pm \pi, \pm 2\pi, \ldots, \pm k\pi, \ldots$$

Die Kurve verläuft vollständig zwischen den Geraden $x = 1$ und $x = -1$, wobei sie den Größtwert 1 an den Stellen

$$u = \begin{cases} \frac{\pi}{2}, \ 5\frac{\pi}{2}, \ 9\frac{\pi}{2}, \ \ldots \\ -3\frac{\pi}{2}, \ -7\frac{\pi}{2}, \ \ldots, \end{cases}$$

den Kleinstwert -1 an den Stellen

$$u = \begin{cases} -\frac{\pi}{2}, \ -5\frac{\pi}{2}, \ -9\frac{\pi}{2}, \ \ldots \\ 3\frac{\pi}{2}, \ 7\frac{\pi}{2}, \ \ldots \end{cases}$$

annimmt. An allen diesen Stellen ist natürlich die Kurventangente horizontal.

Nach (1 a) ist klar, daß man den Verlauf der Sinusfunktion nur im Intervall $0 \leqq u < 2\pi$ berechnet zu haben braucht, um ihn in seiner Gesamtheit zu überblicken. Nach (1 d) kann man sich aber bereits auf die Bestimmung der Funktionswerte für das Intervall $0 \leqq u < \pi$ beschränken, und nach (1 b) kommt man sogar mit dem Intervall $0 \leqq u < \frac{\pi}{2}$ aus. Für dieses Intervall sind daher die gebräuchlichen Sinustafeln berechnet. Das Aufstellen einer solchen Tafel wird noch durch eine Beziehung vereinfacht, die wir auf Grund des pythagoräischen Lehrsatzes sofort aus Abb. 121 ablesen, wenn wir beachten, daß x die Halbsehne des Bogens u und y die Halbsehne des Bogens $\frac{\pi}{2} - u$ ist. Da nämlich der Punkt (x, y) auf dem Einheitskreise liegt, ist $x^2 + y^2 = 1$, also

$$\sin^2 u + \sin^2\left(\frac{\pi}{2} - u\right) = 1.$$

Danach können wir die Funktionswerte zwischen $u = \frac{\pi}{4}$ und $u = \frac{\pi}{2}$ aus denen zwischen $u = 0$ und $u = \frac{\pi}{4}$ berechnen:

(1 e) $$\sin\left(\frac{\pi}{2} - u\right) = \sqrt{1 - \sin^2 u},$$

wobei hier für die Quadratwurzel das positive Zeichen zu nehmen ist.

Den Bogen $\frac{\pi}{2} - u$, der den Bogen u zu einem Viertelkreis ergänzt, nennt man den zu u *komplementären Bogen*. Für den Sinus des komplementären Bogens sagt man kurz *Kosinus* (das bedeutet: complementi sinus) und schreibt

(2) $$\sin\left(\frac{\pi}{2} - u\right) = \cos u .$$

Wegen

$$\sin\left(\frac{\pi}{2} - u\right) = \sin\left[\pi - \left(\frac{\pi}{2} - u\right)\right] = \sin\left(u + \frac{\pi}{2}\right)$$

haben wir

$$\cos u = \sin\left(u + \frac{\pi}{2}\right)$$

und sehen, daß die Kosinus-Kurve entsteht, wenn man die Sinus-Kurve um $\frac{\pi}{2}$ nach links verschiebt (Abb. 118). Der Kreiskosinus $\cos u$ ist also wie der Kreissinus periodisch mit der Periode 2π:

(2a) $$\cos (u + 2\pi) = \cos u ,$$

und aus (1b), (1c) folgen die entsprechenden Beziehungen

(2b) $$\cos (\pi - u) = -\cos u$$

(Symmetrie bez. der Nulldurchgänge),

(2c) $$\cos (-u) = \cos u$$

(Symmetrie bez. der Scheitelordinate).

Die letzte Beziehung bringt zum Ausdruck, daß $\cos u$ eine *gerade Funktion* ist. Die Funktionswerte von $\sin u$ und $\cos u$ sind für gleiche Abszissen u nach (1e) durch die Beziehung

(3) $$\sin^2 u + \cos^2 u = 1$$

verknüpft.

17, 12. Differentiation und Reihenentwicklung. Bei der Bildung der Ableitung der Funktion $x = \sin u$ können wir uns wegen der Periodizität auf eine volle Welle der Länge 2π beschränken. Wir betrachten zunächst das Intervall $0 \leqq u \leqq \frac{\pi}{2}$, in dem die Umkehrfunktion

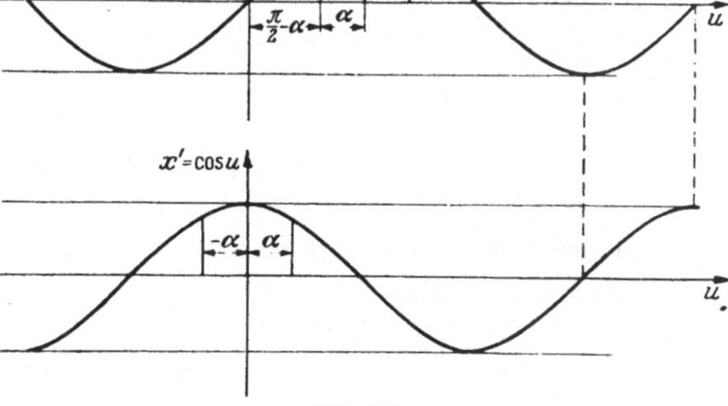

Abb. 118.

$u = \text{arc sin } x$ eindeutig ist. Nach der Definition von

$$u = \text{arc sin } x$$

ist

$$\frac{du}{dx} = \frac{1}{\sqrt{1 - x^2}},$$

wobei der Quadratwurzel das positive Zeichen zu geben ist. Somit haben wir für den Kreissinus nach der Umkehrregel (12, 2) die Ableitung

(1')
$$\frac{d}{du} \sin u = \sqrt{1 - \sin^2 u} = \cos u.$$

Daß diese zunächst für das Intervall $0 \leqq u \leqq \frac{\pi}{2}$ abgeleitete Beziehung allgemein gültig ist, ergibt sich unmittelbar aus den Symmetriebeziehungen. Zunächst folgt aus der Symmetrie der Sinuslinie bzw. der Scheitelordinate $u = \frac{\pi}{2}$, daß die Kurve in zwei zu ihr symmetrischen Punkten entgegengesetzt gleiche Steigung hat. Damit erweitert sich der Gültigkeitsbereich der Beziehung (1') wegen (2b) auf das Intervall $0 \leqq u \leqq \pi$. Für das Intervall $-\pi \leqq u < 0$ beachten wir, daß die Ableitung einer ungeraden Funktion eine gerade Funktion sein muß und haben damit die Formel in vollem Umfang als richtig erkannt.

Als Nebenergebnis merken wir an

$$\left(\frac{d \sin \alpha}{d \alpha}\right)_{\alpha=0} = \lim_{\alpha \to 0} \frac{\sin \alpha - \sin 0}{\alpha - 0} = \lim_{\alpha \to 0} \frac{\sin \alpha}{\alpha} = 1.$$

Diesen außerordentlich wichtigen Grenzwert kann man auf Grund einer anschaulichen Überlegung auch nach dem Einschachtelungsverfahren leicht ermitteln. Da der Flächeninhalt des Sektors vom Öffnungswinkel α offenbar größer ist als das rechtwinklige Dreieck mit den Katheten $\sin \alpha$ und $\cos \alpha$ und kleiner als das rechtwinklige Dreieck mit

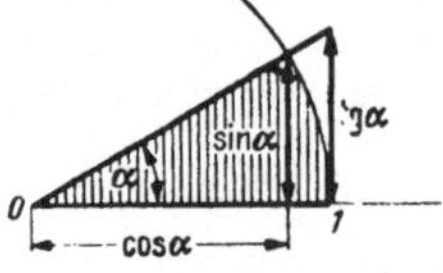

Abb. 119.

den Katheten $\text{tg } \alpha$ und 1 (vgl. Abb. 119), so gilt

$$\sin \alpha \cos \alpha < \alpha < \text{tg } \alpha,$$

also für jeden Winkel $\alpha > 0$

$$\cos \alpha < \frac{\alpha}{\sin \alpha} < \frac{1}{\cos \alpha}.$$

Hieraus folgt wegen der Stetigkeit der Cosinus-Funktion die obige Limesgleichung.

In der Abb. 118 ist die *Kosinuslinie als Steigungsbild* unter die Sinuslinie gezeichnet. Der Vergleich beider Kurven zeigt, daß die Sinuslinie an ihren Nullstellen die größte bzw. kleinste Steigung besitzt, so daß in diesen Punkten die zweite Ableitung gleich Null sein muß, und die *Nullstellen* also *Wendepunkte* der Sinuslinie sind. Die *Wendetangenten* haben die Steigung $(+1)$ bzw. (-1).

Wollen wir nun die *Ableitung des Kreiskosinus* bilden, so gehen wir am einfachsten von der Beziehung (2) aus. Denn dann ergibt sich mit

Hilfe der Kettenregel unmittelbar

$$(2') \qquad \frac{d \cos u}{d u} = \cos\left(\frac{\pi}{2} - u\right) \cdot (-1) = -\sin u .$$

Damit sind wir in der Lage, für den Kreissinus wie für den Kreiskosinus die Ableitungen beliebig hoher Ordnung zu bilden. Wir haben

$$f(u) = \sin u , \qquad\qquad f'(u) = \cos u ,$$
$$f''(u) = -\sin u , \qquad\qquad f'''(u) = -\cos u$$

und entnehmen dieser Zusammenstellung zunächst die Beziehungen

$$\frac{d^2 \sin u}{d u^2} = -\sin u , \qquad \frac{d^2 \cos u}{d u^2} = -\cos u ,$$

die die Grundlage für die mathematische Behandlung der Schwingungslehre bilden. Wir sehen weiter, daß bei beiden Funktionen die 4. Ableitung auf die Ausgangsfunktion zurückführt, so daß *die Ableitungen des Kreissinus wie des Kreiskosinus sich im Viertakt wiederholen:*

$$f^{(4\nu)}(u) = f(u) , \quad f^{(4\nu+1)}(u) = f'(u) \quad \text{usw.} \quad (\nu = 1, 2, \ldots)$$

Darauf gestützt, können wir nun die Aufgabe, eine Tafel der Funktion $x = \sin u$ für den Wertebereich $0 \leq u \leq \frac{\pi}{2}$ zu berechnen, leicht mittels der Taylorschen Formel erledigen. Wir bilden die Folge der *Schmiegparabeln des Kreissinus* für die Entwicklungsstelle $u = 0$.

Für die Funktion $f(u) = \sin u$ verschwinden an der Stelle $u = 0$ die Funktion selbst und ihre sämtlichen Ableitungen gerader Ordnung, und für die Ableitungen ungerader Ordnung erhält man

$$f'(0) = 1 , \quad f'''(0) = -1 , \quad f^{(5)}(0) = 1 , \ldots$$

Für $g(u) = \cos u$ sind bei $u = 0$ nur die Ableitungen gerader Ordnung von Null verschieden, und zwar wird:

$$g(0) = 1 , \quad g''(0) = -1 , \quad g^{(4)}(0) = 1 , \ldots$$

Damit ergeben sich unmittelbar die beiden Darstellungen:

$$(4a) \quad \sin u = \frac{u}{1!} - \frac{u^3}{3!} + \frac{u^5}{5!} - + \cdots + (-1)^{n-1} \frac{u^{2n-1}}{(2n-1)!} + R_{2n}(u) \; *,$$

$$(5a) \quad \cos u = 1 - \frac{u^2}{2!} + \frac{u^4}{4!} - + \cdots + (-1)^n \frac{u^{2n}}{(2n)!} + R_{2n+1}^*(u) .$$

Auf Grund der Lagrangeschen Restformel (vgl. 14, 22) gilt dabei:

$$(4b) \qquad R_{2n}(u) = (-1)^n \cos \vartheta u \, \frac{u^{2n+1}}{(2n+1)!} , \qquad\qquad 0 < \vartheta < 1$$

$$(5b) \qquad R_{2n+1}^*(u) = (-1)^{n+1} \cos \vartheta^* u \frac{u^{2n+2}}{(2n+2)!} , \qquad\qquad 0 < \vartheta^* < 1$$

---

* Die hingeschriebene Schmiegparabel der Ordnung $2n - 1$ deckt sich mit der folgenden (der Ordnung $2n$), so daß das Restglied die Nummer $2n$ erhält.

Daraus ist zu erkennen, daß in beiden Fällen für jedes beliebige u die Folge der Restglieder dem Grenzwert Null zustrebt, so daß die Funktionen sin u und cos u für jedes endliche u durch die unendlichen Reihen

$$(4) \qquad \sin u = \frac{u}{1!} - \frac{u^3}{3!} + \frac{u^5}{5!} - + \cdots,$$

$$(5) \qquad \cos u = 1 - \frac{u^2}{2!} + \frac{u^4}{4!} - + \cdots$$

dargestellt werden. Diese Funktionen sind also in der auf S. 199 eingeführten Bezeichnungsweise *ganze transzendente Funktionen* wie die Exponential-

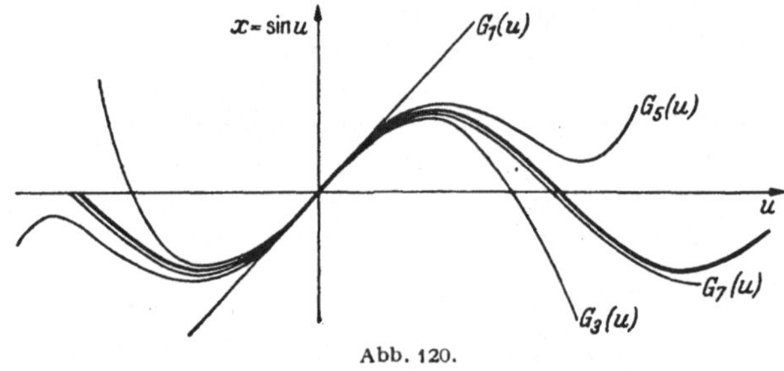

Abb. 120.

funktion. Das Restglied ist dabei absolut genommen höchstens gleich dem Absolutbetrag des ersten nicht mehr mitgenommenen Reihengliedes. Dies geht aus den obigen Darstellungen hervor und kann auch aus dem Alternieren der Reihen gefolgert werden. An Hand der Abb. 120 sieht man, wie die Schmiegparabeln bemüht sind, die Wellen der Sinuslinie nachzubilden.

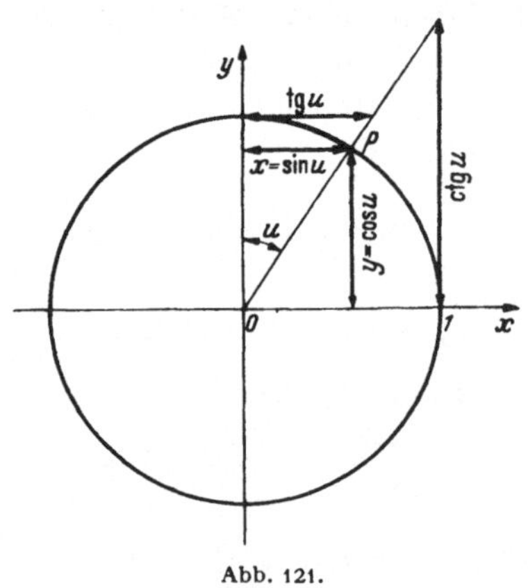

Abb. 121.

17, 13. tg u und ctg u. Wir erinnern uns, daß wir in 10, 3 bereits die Funktion tg u eingeführt hatten und darunter die Länge der zum Bogen u des Einheitskreises gehörigen Tangente verstanden (Abb. 121). Man liest aus dieser Figur sofort die Beziehung

$$(6) \qquad \operatorname{tg} u = \frac{\sin u}{\cos u}$$

ab, die wir jetzt als Definitionsgleichung der Tangensfunktion ansehen können. Ihr entnehmen wir sofort die Haupteigenschaften der Tangensfunktion: Sie verschwindet an den Nullstellen des Zählers, also für $u = 0, \pm\pi, \pm2\pi, \ldots$, und die Stellen $u = \pm\frac{\pi}{2}, \pm3\frac{\pi}{2}, \ldots$, an denen der Nenner gleich Null wird, sind einfache Pole dieser Funktion. Im übrigen hat die Tangensfunktion die Periode π:

$$(6a) \qquad \operatorname{tg}(u + \pi) = \operatorname{tg} u$$

und ist eine ungerade Funktion:

$$(6b) \qquad \operatorname{tg}(-u) = -\operatorname{tg} u.$$

Man führt nun noch die Kotangensfunktion (complementi tangens) ein, die man durch

$$\operatorname{ctg} u = \operatorname{tg}\left(\frac{\pi}{2} - u\right)$$

definiert und für die danach gilt:

$$(7) \qquad \operatorname{ctg} u = \frac{\cos u}{\sin u} = \frac{1}{\operatorname{tg} u}.$$

Diese Funktion hat ihre Nullstellen bei $u = \pm\frac{\pi}{2}$, $\pm 3\frac{\pi}{2}$, ... und ihre Pole bei $u = 0$, $\pm\pi$, $\pm 2\pi$, ... und ist selbstverständlich ebenso wie die Tangensfunktion eine ungerade periodische Funktion mit der Periode π (Abb. 122).

Die Quotientenregel der Differentialrechnung (S. 291) setzt uns instand, die Ableitungen von $\operatorname{tg} u$ und $\operatorname{ctg} u$ zu bilden. Es ist:

$$\frac{d}{du}\operatorname{tg} u = \frac{\cos u \cos u - \sin u\,(-\sin u)}{\cos^2 u}$$

und damit nach (3):

$$(6') \qquad \frac{d}{du}\operatorname{tg} u = \frac{1}{\cos^2 u}$$
$$= 1 + \operatorname{tg}^2 u.$$

In gleicher Weise erhält man:

$$(7') \qquad \frac{d}{du}\operatorname{ctg} u = \frac{-1}{\sin^2 u}$$
$$= -(1 + \operatorname{ctg}^2 u).$$

17, 14. Die arcus-Funktionen (zyklometrische Funktionen). Die Funktionen arc sin x und arc tg x, auf die wir bei der Lösung von Inte-

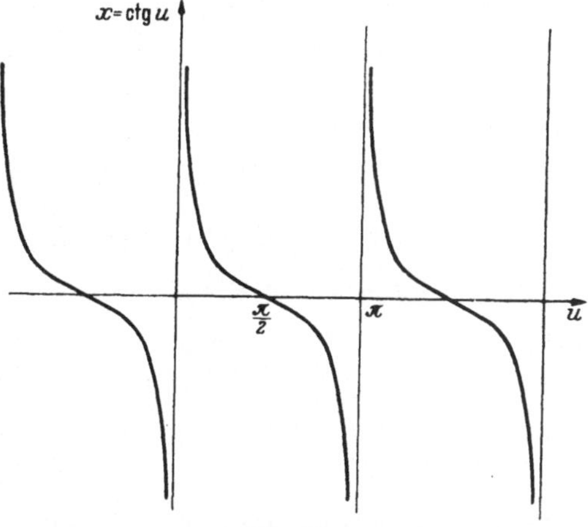

Abb. 122.

grationsaufgaben unmittelbar gestoßen waren, werden für gewöhnlich als Umkehrungen der Funktionen sin u und tg u eingeführt. Ihnen stellt man dann noch die Funktionen arc cos x und arc ctg x an die Seite, die ganz entsprechend erklärt sind. Zwischen ihnen bestehen nach Definition die einfachen Beziehungen

$$(8) \qquad \operatorname{arc\,cos} x = \frac{\pi}{2} - \operatorname{arc\,sin} x,$$

$$(9) \qquad \operatorname{arc\,ctg} x = \frac{\pi}{2} - \operatorname{arc\,tg} x,$$

so daß wir in arc cos x und arc ctg x keine neuen Funktionen zu sehen haben. Es sei noch angemerkt:

$$\text{(8a)} \qquad \text{arc} \cos x = \text{arc} \sin \sqrt{1 - x^2},$$

$$\text{(9a)} \qquad \text{arc} \operatorname{ctg} x = \text{arc} \operatorname{tg} \frac{1}{x}.$$

Die Differentiationsregeln für die arcus-Funktionen ergeben sich unmittelbar aus ihren Definitionen:

$$\frac{d}{dx} \text{arc} \sin x = \frac{1}{\sqrt{1 - x^2}}, \qquad \frac{d}{dx} \text{arc} \cos x = \frac{-1}{\sqrt{1 - x^2}},$$

$$\frac{d}{dx} \text{arc} \operatorname{tg} x = \frac{1}{1 + x^2}, \qquad \frac{d}{dx} \text{arc} \operatorname{ctg} x = \frac{-1}{1 + x^2}.$$

Es lassen sich auch die Integrale dieser Funktionen leicht angeben; denn für $\int \text{arc} \sin x \, dx$ erhält man durch Produktintegration mit

$$u = \text{arc} \sin x, \qquad dv = dx,$$

$$du = \frac{dx}{\sqrt{1 - x^2}}, \qquad v = x$$

sofort:

$$\int \text{arc} \sin x \, dx = x \, \text{arc} \sin x - \int \frac{x \, dx}{\sqrt{1 - x^2}} = x \, \text{arc} \sin x + \sqrt{1 - x^2} + \text{Const}$$

und entsprechend gewinnt man:

$$\int \text{arc} \operatorname{tg} x \, dx = x \, \text{arc} \operatorname{tg} x - \tfrac{1}{2} \ln (1 + x^2) + \text{Const}.$$

17, 2. Die Hyperbelfunktionen.

17, 21. $\mathfrak{Sin}\, u$ und $\mathfrak{Cof}\, u$. In der gleichen Weise wie die Funktion $u = \text{arc} \sin x$ können wir auch die Funktion

$$u = \mathfrak{Ar}\, \mathfrak{Sin}\, x$$

umkehren. Wir haben dann die Funktion

$$x = \mathfrak{Sin}\, u,$$

die uns zu einem vorgegebenen Doppelsektor u der Hyperbel

$$y^2 - x^2 = 1$$

die Halbsehne x liefert und darum, wie wir schon in 16, 2 erwähnten, *Hyperbelsinus* (sinus hyperbolicus) genannt wird (Abb. 124).

Wir knüpfen an die Darstellung

$$u = \mathfrak{Ar}\, \mathfrak{Sin}\, x = \ln (x + \sqrt{1 + x^2})$$

an, die uns die Möglichkeit gibt, die Umkehrfunktion $x(u)$ auf die Exponentialfunktion zurückzuführen. Wir bilden

$$e^u = x + \sqrt{1 + x^2}, \qquad (e^u - x)^2 = 1 + x^2$$

und finden hieraus

$$\text{(10)} \qquad x = \mathfrak{Sin}\, u = \frac{e^u - e^{-u}}{2}.$$

Der Funktion $x = \mathfrak{Sin}\, u$ stellen wir entsprechend wie beim Kreis

$$y = \mathfrak{Cof}\, u \quad \text{(Hyperbel-Cosinus)}$$

an die Seite, die dem Doppelsektor u die (positiv zu nehmende) Ordinate y zuordnet (Abb. 124)[1]. Aus der Hyperbelgleichung folgt dann

$$(11) \qquad \mathfrak{Cof}^2 u - \mathfrak{Sin}^2 u = 1.$$

Der Zusammenhang mit der Exponentialfunktion wird hiernach durch

$$(12) \qquad \mathfrak{Cof}\, u = \sqrt{1 + \mathfrak{Sin}^2 u} = \frac{1}{2}\sqrt{4 + (e^u - e^{-u})^2} = \frac{e^u + e^{-u}}{2}$$

gegeben.

Diesen Darstellungen entnimmt man sofort, daß $\mathfrak{Sin}\, u$ eine ungerade, $\mathfrak{Cof}\, u$ eine gerade Funktion ist:

$$\mathfrak{Sin}\,(-u) = -\,\mathfrak{Sin}\, u \qquad \mathfrak{Cof}\,(-u) = \mathfrak{Cof}\, u.$$

Man kann Tafeln des Hyperbel-Sinus und des Hyperbel-Cosinus in einfachster Weise erhalten, wenn man eine Tafel der Exponentialfunktion zur Verfügung hat. Ebenso kann man die Kurven der Hyperbelfunktionen leicht aus denen der Exponentialfunktion erhalten. Wegen $\lim\limits_{u \to \infty} e^{-u} = 0$ unterscheiden sich beide Kurven für die Hyperbelfunktionen für große positive Werte von u wenig von der Funktion $\frac{1}{2}e^u$ (Abb. 123). Durch Differentiation erhalten wir aus (10) und (12)

$$\frac{d}{du}\,\mathfrak{Sin}\, u = \mathfrak{Cof}\, u, \qquad \frac{d}{du}\,\mathfrak{Cof}\, u = \mathfrak{Sin}\, u,$$

aus denen sich wegen

$$\mathfrak{Sin}\, 0 = 0 \qquad \mathfrak{Cof}\, 0 = 1$$

die Entwicklungen

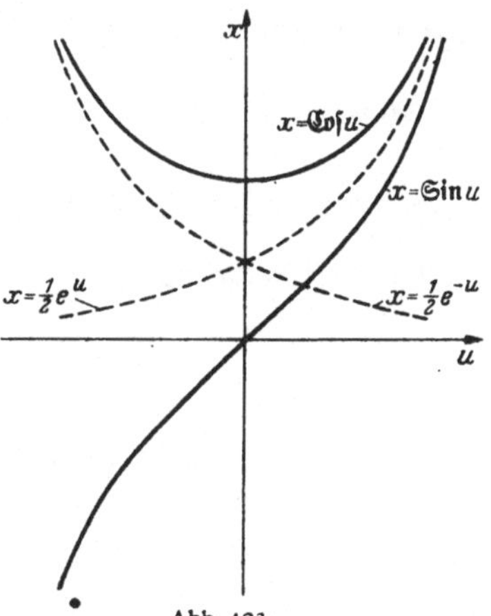

Abb. 123.

$$(13\,\text{a}) \qquad \mathfrak{Sin}\, u = \frac{u}{1!} + \frac{u^3}{3!} + \frac{u^5}{5!} + \cdots + \frac{u^{2n-1}}{(2n-1)!} + \mathfrak{Cof}\, \vartheta\, u\,\frac{u^{2n+1}}{(2n+1)!}$$

$$(14\,\text{a}) \qquad \mathfrak{Cof}\, u = 1 + \frac{u^2}{2!} + \frac{u^4}{4!} + \cdots + \frac{u^{2n}}{(2n)!} + \mathfrak{Cof}\, \vartheta^*\, u\,\frac{u^{2n+2}}{(2n+2)!}$$

ergeben mit $0 < \vartheta < 1$, $0 < \vartheta^* < 1$ (vgl. S. 371 unten). Beseitigt man zur Abschätzung der Restglieder die nicht bekannten Größen ϑ, ϑ^* dadurch, daß man $\mathfrak{Cof}\, \vartheta u$ und $\mathfrak{Cof}\, \vartheta^* u$ durch den sicher größeren

---

[1] Wollte man der eigentlichen Bedeutung „complementi sinus" entsprechend y als Halbsehne eines komplementären Doppelsektors deuten, so würde dieser — abweichend von den Verhältnissen beim Kreise — in keiner einfachen Beziehung zum Doppelsektor u stehen.

Wert $\mathfrak{Cof}\,u$ ersetzt, so erkennt man, daß beide Restgliedfolgen den Grenzwert Null besitzen und die Funktionen $\mathfrak{Sin}\,u$ und $\mathfrak{Cof}\,u$ für jedes endliche u durch die unendlichen Reihen

$$(13) \qquad \mathfrak{Sin}\,u = \frac{u}{1!} + \frac{u^3}{3!} + \frac{u^5}{5!} + \cdots,$$

$$(14) \qquad \mathfrak{Cof}\,u = 1 + \frac{u^2}{2!} + \frac{u^4}{4!} + \cdots$$

dargestellt werden. Die soeben besprochene Restgliedabschätzung ist für eine Genauigkeitsbestimmung deshalb nicht besonders gut geeignet, weil der zu berechnende Wert $\mathfrak{Cof}\,u$ selbst darin vorkommt. Daher knüpfen wir zu diesem Zweck besser an die Restabschätzung für die Exponentialfunktion (S. 196) an. Aus

$$e^u = 1 + \frac{u}{1!} + \frac{u^2}{2!} + \frac{u^3}{3!} + \cdots + \frac{u^{2n}}{(2n)!} + S_{2n}(u)$$

und

$$e^{-u} = 1 - \frac{u}{1!} + \frac{u^2}{2!} - \frac{u^3}{3!} + - \cdots + \frac{u^{2n}}{(2n)!} + S_{2n}(-u)$$

folgt nach (10) und (12)

$$\mathfrak{Sin}\,u = \frac{u}{1!} + \frac{u^3}{3!} + \cdots + \frac{u^{2n-1}}{(2n-1)!} + \frac{1}{2}\left[S_{2n}(u) - S_{2n}(-u)\right],$$

$$\mathfrak{Cof}\,u = 1 + \frac{u^2}{2!} + \frac{u^4}{4!} + \cdots + \frac{u^{2n}}{(2n)!} + \frac{1}{2}\left[S_{2n}(u) + S_{2n}(-u)\right].$$

Auf S. 196 haben wir gesehen, daß für $S_{2n}(u)$ die Abschätzung

$$|S_{2n}(u)| \leqq \frac{|u|^{2n+1}}{(2n+1)!} \frac{1}{1 - \dfrac{|u|}{2n+2}}.$$

gilt, und die gleiche Abschätzung gilt natürlich auch für $S_{2n}(-u)$. Daher gibt die rechte Seite der letzten Ungleichung eine Schätzung sowohl für die Abweichung des $\mathfrak{Sin}\,u$ von seiner Schmiegparabel der Ordnung $2n-1$ wie für die Abweichung des $\mathfrak{Cof}\,u$ von seiner Schmiegparabel der Ordnung $2n$.

17, 22. $\mathfrak{Tg}\,u$ und $\mathfrak{Ctg}\,u$. In völliger Analogie zu den Kreisfunktionen führen wir auch hier zwei weitere Funktionen ein:

$$(15) \qquad \mathfrak{Tg}\,u = \frac{\mathfrak{Sin}\,u}{\mathfrak{Cof}\,u} = \frac{e^u - e^{-u}}{e^u + e^{-u}} = \frac{1 - e^{-2u}}{1 + e^{-2u}},$$

$$(16) \qquad \mathfrak{Ctg}\,u = \frac{\mathfrak{Cof}\,u}{\mathfrak{Sin}\,u} = \frac{e^u + e^{-u}}{e^u - e^{-u}} = \frac{1 + e^{-2u}}{1 - e^{-2u}},$$

die man als *Hyperbeltangens* bzw. *Hyperbelkotangens* (tangens hyperbolica und cotangens hyperbolica) bezeichnet. Der Hyperbeltangens ist dabei die Länge der zum Doppelsektor u gehörigen Hyperbeltangente (Abb. 124). Die Figur zeigt, daß zum Unterschied vom Kreise die Länge der Tangente stets kleiner ist als die der Halbsehne; auch eine geometrische Deutung des Kotangens ist der Figur zu entnehmen. Beide Funktionen sind ungerade. Für jedes beliebige endliche u gilt

$$|\mathfrak{T}\mathfrak{g}\, u| < 1,$$
$$|\mathfrak{C}\mathfrak{t}\mathfrak{g}\, u| > 1.$$

Für $u = 0$ hat $\mathfrak{T}\mathfrak{g}\, u$ eine einfache Nullstelle, $\mathfrak{C}\mathfrak{t}\mathfrak{g}\, u$ jedoch einen einfachen Pol (Abb. 125, 126). Ferner ist

$$\lim_{u \to +\infty} \mathfrak{T}\mathfrak{g}\, u$$
$$= \lim_{u \to +\infty} \mathfrak{C}\mathfrak{t}\mathfrak{g}\, u = 1$$

eine Eigenschaft, die aus den obigen Definitionsgleichungen sofort abzulesen und auch an Abb. 124 leicht zu erkennen ist.

Die Ableitungen dieser Funktionen werden

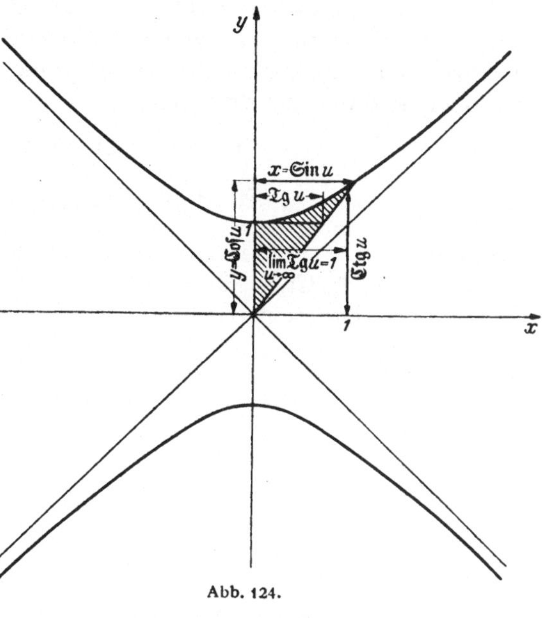

Abb. 124.

wieder nach der Quotientenregel gebildet. Es ergibt sich:

$$(15')\qquad \frac{d}{du}\,\mathfrak{T}\mathfrak{g}\, u = \frac{1}{\mathfrak{C}\mathfrak{o}\mathfrak{f}^2\, u} = 1 - \mathfrak{T}\mathfrak{g}^2\, u,$$

$$(16')\qquad \frac{d}{du}\,\mathfrak{C}\mathfrak{t}\mathfrak{g}\, u = -\,\frac{1}{\mathfrak{S}\mathfrak{i}\mathfrak{n}^2\, u} = 1 - \mathfrak{C}\mathfrak{t}\mathfrak{g}^2\, u.$$

17, 23. Die Area-Funktionen. Neben die Funktion $\mathfrak{Ar}\,\mathfrak{Sin}\, x$ stellen wir, genau wie bei den Kreisfunktionen, die drei weiteren Umkehrfunk-

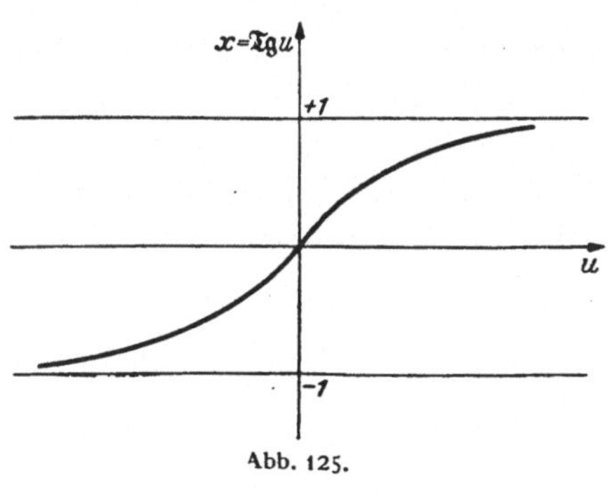

Abb. 125.

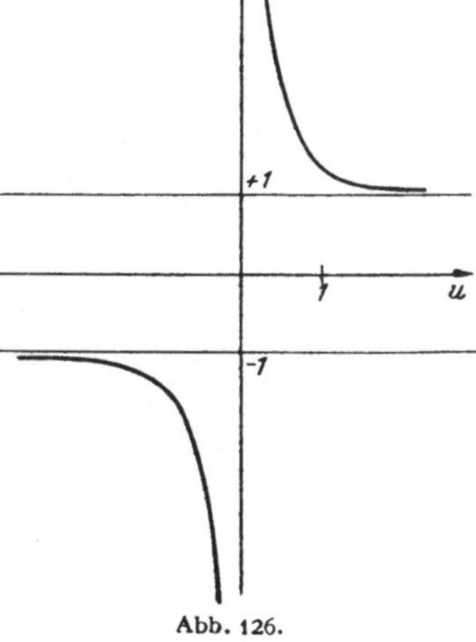

Abb. 126.

tionen $\mathfrak{Ar}\,\mathfrak{Cof}\,x$, $\mathfrak{Ar}\,\mathfrak{Tg}\,x$, $\mathfrak{Ar}\,\mathfrak{Ctg}\,x$. Die Gleichungen (8) und (9) für Kreisfunktionen finden sich hier nicht wieder (vgl. die Fußnote auf S. 375), so daß den Funktionen $\mathfrak{Ar}\,\mathfrak{Cof}\,x$ und $\mathfrak{Ar}\,\mathfrak{Ctg}\,x$ eine selbständigere Bedeutung zukommt als den entsprechenden Funktionen arc cos x und arc ctg x. Die Verknüpfung dieser Funktionen untereinander ist durch die Beziehungen

$$\mathfrak{Ar}\,\mathfrak{Cof}\,x = \mathfrak{Ar}\,\mathfrak{Sin}\,\sqrt{x^2-1},$$

$$\mathfrak{Ar}\,\mathfrak{Ctg}\,x = \mathfrak{Ar}\,\mathfrak{Tg}\,\frac{1}{x}$$

beschrieben. Die Funktion $\mathfrak{Ar}\,\mathfrak{Cof}\,x$ ist definiert für $x \geqq 1$, $\mathfrak{Ar}\,\mathfrak{Tg}\,x$ für $|x| < 1$, $\mathfrak{Ar}\,\mathfrak{Ctg}\,x$ für $|x| > 1$.

Von den Differentiationsformeln

$$\frac{d}{dx}\mathfrak{Ar}\,\mathfrak{Sin}\,x = \frac{1}{\sqrt{1+x^2}},$$

$$\frac{d}{dx}\mathfrak{Ar}\,\mathfrak{Cof}\,x = \frac{1}{\sqrt{x^2-1}},$$

$$\frac{d}{dx}\mathfrak{Ar}\,\mathfrak{Tg}\,x = \frac{1}{1-x^2} \qquad (|x| < 1),$$

$$\frac{d}{dx}\mathfrak{Ar}\,\mathfrak{Ctg}\,x = \frac{1}{1-x^2} \qquad (|x| > 1)$$

ist uns die erste bereits bekannt, die übrigen gewinnt man leicht auf Grund der Umkehrregel. Die zweite dieser Formeln liefert in Verbindung mit $\mathfrak{Ar}\,\mathfrak{Cof}\,1 = 0$:

$$\int_1^x \frac{d\xi}{\sqrt{\xi^2-1}} = \mathfrak{Ar}\,\mathfrak{Cof}\,x \qquad \text{(vgl. 16,4, S. 359).}$$

Aus der dritten und vierten der obigen Formeln folgt weiter:

$$\int_0^x \frac{d\xi}{1-\xi^2} = \mathfrak{Ar}\,\mathfrak{Tg}\,x, \qquad (|x| < 1),$$

$$\int_\infty^x \frac{d\xi}{1-\xi^2} = \mathfrak{Ar}\,\mathfrak{Ctg}\,x. \qquad (|x| > 1).$$

Diese beiden Integralformeln besitzen keine selbständige Bedeutung, sondern sind nur angeführt, um die Analogie zur Integraldefinition von arc tg x zu zeigen. Man kann das Integral unmittelbar durch Partialbruchzerlegung auswerten und erhält:

$$(17) \qquad \mathfrak{Ar}\,\mathfrak{Tg}\,x = \frac{1}{2}\ln\frac{1+x}{1-x}, \qquad (|x| < 1),$$

$$(18) \qquad \mathfrak{Ar}\,\mathfrak{Ctg}\,x = \frac{1}{2}\ln\frac{x+1}{x-1}. \qquad (|x| > 1).$$

Damit erscheinen alle Area-Funktionen auf den Logarithmus zurückgeführt; denn in 16, 32 hatten wir ja schon die Beziehungen

$$(19) \qquad \mathfrak{Ar\,Sin}\, x = \ln\left(x + \sqrt{1 + x^2}\right),$$

und daraus folgt, wenn x und $\sqrt{x^2 + 1}$ die Rollen vertauschen

$$(20) \qquad \mathfrak{Ar\,Cof}\, x = \ln\left(x + \sqrt{x^2 - 1}\right)$$

gefunden.

17, 3. Die Additionstheoreme der Kreis- und Hyperbelfunktionen.

Wir merken hier zunächst die aus dem Schulunterricht bereits bekannten Additionsformeln[1]

$$\sin\cdot(\alpha \pm \beta) = \sin\alpha\,\cos\beta \pm \cos\alpha\,\sin\beta,$$
$$\cos(\alpha \pm \beta) = \cos\alpha\,\cos\beta \mp \sin\alpha\,\sin\beta$$

an. Setzt man in den ersten beiden Formeln $\beta = \alpha$, so erhält man

$$\sin 2\alpha = 2\sin\alpha\,\cos\alpha,$$
$$\cos 2\alpha = \cos^2\alpha - \sin^2\alpha = 2\cos^2\alpha - 1 = 1 - 2\sin^2\alpha.$$

Die letzte dieser Formeln braucht man häufig auch in der Gestalt

$$\cos^2\alpha = \tfrac{1}{2}(1 + \cos 2\alpha)$$

oder

$$\sin^2\alpha = \tfrac{1}{2}(1 - \cos 2\alpha).$$

Die Additionstheoreme der Tangens- und Kotangensfunktion sind
ebenfalls leicht zu gewinnen; denn es ist

$$\mathrm{tg}\,(\alpha + \beta) = \frac{\sin(\alpha + \beta)}{\cos(\alpha + \beta)} = \frac{\sin\alpha\,\cos\beta + \cos\alpha\,\sin\beta}{\cos\alpha\,\cos\beta - \sin\alpha\,\sin\beta},$$

also

$$\mathrm{tg}\,(\alpha \pm \beta) = \frac{\mathrm{tg}\,\alpha \pm \mathrm{tg}\,\beta}{1 \mp \mathrm{tg}\,\alpha\,\mathrm{tg}\,\beta} \quad \text{und} \quad \mathrm{ctg}\,(\alpha \pm \beta) = \frac{\mathrm{ctg}\,\alpha\,\mathrm{ctg}\,\beta \mp 1}{\mathrm{ctg}\,\beta \pm \mathrm{ctg}\,\alpha}.$$

Daraus leitet man wieder unmittelbar ab:

$$\mathrm{tg}\,2\alpha = \frac{2\,\mathrm{tg}\,\alpha}{1 - \mathrm{tg}^2\alpha}, \qquad \mathrm{ctg}\,2\alpha = \frac{\mathrm{ctg}^2\alpha - 1}{2\,\mathrm{ctg}\,\alpha}.$$

Nach der Zusammenstellung dieser an sich bekannten Ergebnisse
stehen wir nunmehr vor der Aufgabe, entsprechende Formeln auch für
die Hyperbelfunktionen aufzustellen. Wir könnten dazu an der Hyperbel
$y^2 - x^2 = 1$ geometrische Überlegungen durchführen, ähnlich denen,
die zu den Additionstheoremen der Kreisfunktionen führten. Indessen
kommen wir rascher zum Ziel, wenn wir von der Zurückführung der
Hyperbelfunktionen auf die Exponentialfunktion Gebrauch machen,

---

[1] Dabei gehören einerseits die oberen, andererseits die unteren Vorzeichen zusammen.

die ja ein sehr einfaches Additionstheorem besitzt. Man bestätigt die Richtigkeit der Formeln

$$\mathfrak{Sin}\,(\alpha \pm \beta) = \mathfrak{Sin}\,\alpha\;\mathfrak{Cof}\,\beta \pm \mathfrak{Cof}\,\alpha\;\mathfrak{Sin}\,\beta\,,$$

$$\mathfrak{Cof}\,(\alpha \pm \beta) = \mathfrak{Cof}\,\alpha\;\mathfrak{Cof}\,\beta \pm \mathfrak{Sin}\,\alpha\;\mathfrak{Sin}\,\beta$$

sofort, indem man auf den rechten Seiten die Hyperbelfunktionen durch die Exponentialfunktion ausdrückt. Aus diesen beiden Formeln lassen sich wiederum alle andern ableiten:

$$\mathfrak{Sin}\,2\alpha = 2\,\mathfrak{Sin}\,\alpha\;\mathfrak{Cof}\,\alpha\,,$$

$$\mathfrak{Cof}\,2\alpha = \mathfrak{Cof}^2\alpha + \mathfrak{Sin}^2\alpha = 2\,\mathfrak{Cof}^2\alpha - 1 = 1 + 2\,\mathfrak{Sin}^2\alpha$$

und weiter

$$\mathfrak{Tg}\,(\alpha \pm \beta) = \frac{\mathfrak{Tg}\,\alpha \pm \mathfrak{Tg}\,\beta}{1 \pm \mathfrak{Tg}\,\alpha\;\mathfrak{Tg}\,\beta}\,,$$

$$\mathfrak{Ctg}\,(\alpha \pm \beta) = \frac{\mathfrak{Ctg}\,\alpha\;\mathfrak{Ctg}\,\beta \pm 1}{\mathfrak{Ctg}\,\beta \pm \mathfrak{Ctg}\,\alpha}\,.$$

In der völligen Gleichartigkeit des Aufbaus der Additionstheoreme kommt eine sehr enge innere Verwandtschaft zwischen Kreis- und Hyperbelfunktionen zum Ausdruck. Daß sich diese Zusammenhänge nicht unmittelbar zeigen, hat seinen Grund in unserer Beschränkung auf den Bereich der reellen Zahlen. Wenn wir im zweiten Band die komplexen Zahlen eingeführt haben, werden wir erkennen, daß auch die Kreisfunktionen mit der Exponentialfunktion verknüpft sind, und dann werden Kreis- und Hyperbelfunktionen so gleichartig erscheinen, daß die Verwendung verschiedener Funktionssymbole beinahe überflüssig wird.

17, 4. Integrale mit Kreis- und Hyperbelfunktionen.

17, 41. Grundintegrale. Die in 17, 1 und 17, 2 gewonnenen Differentiationsformeln kehren wir jetzt um und erhalten auf diese Weise die folgenden Grundformeln der Integration:

$$\int \sin u\,du = -\cos u + C\,, \qquad \int \mathfrak{Sin}\,u\,du = \mathfrak{Cof}\,u + C\,,$$

$$\int \cos u\,du = \sin u + C\,, \qquad \int \mathfrak{Cof}\,u\,du = \mathfrak{Sin}\,u + C\,,$$

$$\int \frac{du}{\cos^2 u} = \operatorname{tg} u + C\,, \qquad \int \frac{du}{\mathfrak{Cof}^2 u} = \mathfrak{Tg}\,u + C\,,$$

$$\int \frac{du}{\sin^2 u} = -\operatorname{ctg} u + C\,, \qquad \int \frac{du}{\mathfrak{Sin}^2 u} = -\mathfrak{Ctg}\,u + C\,.$$

Wir fügen noch die Integrale der Tangens- und Kotangens-Funktionen an, die man leicht durch Substitution auswerten kann. So berechnet man $\int \operatorname{tg} u\,du$ mit der Substitution $v = \cos u$, $dv = -\sin u\,du$:

$$\int \operatorname{tg} u\,du = -\int \frac{dv}{v}\,,$$

und bei den übrigen Integralen geht man entsprechend vor. Es ergibt sich:

$$\int \operatorname{tg} u\, du = -\ln|\cos u| + C, \quad \int \mathfrak{Tg}\, u\, du = \ln \mathfrak{Cof}\, u + C,$$

$$\int \operatorname{ctg} u\, du = \ln|\sin u| + C, \quad \int \mathfrak{Ctg}\, u\, du = \ln|\mathfrak{Sin}\, u| + C.$$

Ist das Argument mit einer Konstanten multipliziert, so erhält man durch die Substitution $au = v$, $du = \dfrac{1}{a}\, dv$

$$\int \cos a u\, du = \frac{1}{a} \sin a u + C \quad \text{usw.}$$

Anwendung 30. Senkrechter Wurf mit Berücksichtigung des Luftwiderstandes. Ein Körper der Masse m werde im Augenblick $t = 0$ mit der Anfangsgeschwindigkeit v_0 senkrecht nach unten geschleudert. Außer der Schwerkraft wirkt auf ihn noch die Bremskraft des Luftwiderstandes, die in jedem Augenblick der Geschwindigkeit entgegengerichtet ist und für deren Größe man näherungsweise setzen kann

$$K_b = - R v^2. \qquad (R = \text{Const} > 0)$$

Dann lautet die Bewegungsgleichung:

$$m\, \frac{dv}{dt} = m g - R v^2 \qquad \left(g = 9{,}81\, \frac{\text{m}}{\text{sec}^2}\right),$$

oder mit der Bezeichnung $R = m\gamma$:

$$\frac{dv}{dt} = g - \gamma v^2.$$

Durch Trennung der Veränderlichen (vgl. 12, 7) und Integration[1] findet man:

$$t = \int_{v_0}^{v} \frac{dv}{g - \gamma v^2} = \frac{1}{\gamma} \int_{v_0}^{v} \frac{dv}{\dfrac{g}{\gamma} - v^2},$$

da zum Zeitpunkt $t = 0$ die Anfangsgeschwindigkeit $v = v_0$ gehört. Setzen wir:

$$v = \sqrt{\frac{g}{\gamma}}\, u, \quad dv = \sqrt{\frac{g}{\gamma}}\, du,$$

so folgt:

$$t = \frac{1}{\sqrt{\gamma g}} \int_{\sqrt{\frac{\gamma}{g}}\, v_0}^{u} \frac{du}{1 - u^2}.$$

Für die Auswertung des Integrals ist zu unterscheiden, ob die untere Grenze größer oder kleiner als 1 ist, ob also $v_0 < \sqrt{\dfrac{g}{\gamma}}$ oder $v_0 > \sqrt{\dfrac{g}{\gamma}}$ ist. Im ersten Fall ergibt sich (vgl. S. 378):

$$t = \frac{1}{\sqrt{\gamma g}} \left[\mathfrak{ArTg}\, \frac{v}{\sqrt{\dfrac{g}{\gamma}}} - \mathfrak{ArTg}\, \frac{v_0}{\sqrt{\dfrac{g}{\gamma}}} \right]. \qquad \left(v_0 < \sqrt{\frac{g}{\gamma}}\right).$$

---

[1] Die gleiche Bezeichnung von Integrationsveränderlicher und oberer Grenze kann hier nicht zu Mißverständnissen führen.

im zweiten Fall:

$$t = \frac{1}{\sqrt{\gamma g}} \left[\mathfrak{Ar}\mathfrak{Ctg}\,\frac{v}{\sqrt{\dfrac{g}{\gamma}}} - \mathfrak{Ar}\mathfrak{Ctg}\,\frac{v_0}{\sqrt{\dfrac{g}{\gamma}}} \right] \qquad \left(v_0 > \sqrt{\frac{g}{\gamma}} \right).$$

Da hierin t als unabhängige Veränderliche zu behandeln ist, ergibt sich die Aufgabe, diese transzendenten Gleichungen nach v aufzulösen. Dies gelingt leicht auf Grund der Additionstheoreme von 17, 3, die, auf die Umkehrfunktionen übertragen, lauten:

$$\mathfrak{Ar}\,\mathfrak{Tg}\,x - \mathfrak{Ar}\,\mathfrak{Tg}\,y = \mathfrak{Ar}\,\mathfrak{Tg}\left(\frac{x-y}{1-xy} \right),$$

$$\mathfrak{Ar}\,\mathfrak{Ctg}\,x - \mathfrak{Ar}\,\mathfrak{Ctg}\,y = \mathfrak{Ar}\,\mathfrak{Ctg}\left(\frac{1-xy}{x-y} \right).$$

Das Ergebnis der Auflösung ist dann:

$$v = \sqrt{\frac{g}{\gamma}}\,\frac{v_0 + \sqrt{\dfrac{g}{\gamma}}\,\mathfrak{Tg}\,(\sqrt{\gamma g}\,t)}{\sqrt{\dfrac{g}{\gamma}} + v_0\,\mathfrak{Tg}\,(\sqrt{\gamma g}\,t)} \qquad \left(v_0 < \sqrt{\frac{g}{\gamma}} \right),$$

$$v = \sqrt{\frac{g}{\gamma}}\,\frac{\sqrt{\dfrac{g}{\gamma}} + v_0\,\mathfrak{Ctg}\,(\sqrt{\gamma g}\,t)}{v_0 + \sqrt{\dfrac{g}{\gamma}}\,\mathfrak{Ctg}\,(\sqrt{\gamma g}\,t)} \qquad \left(v_0 > \sqrt{\frac{g}{\gamma}} \right).$$

Für $t \to \infty$ ergibt sich in beiden Fällen die Grenzgeschwindigkeit $v_{gr} = \sqrt{\dfrac{g}{\gamma}}$, wobei die Annäherung an diesen Grenzwert im ersten Fall von unten, im zweiten Fall von oben erfolgt.

Ist insbesondere die Anfangsgeschwindigkeit $v_0 = 0$, so erhalten wir die Geschwindigkeit

$$v = \sqrt{\frac{g}{\gamma}}\,\mathfrak{Tg}\,(\sqrt{\gamma g}\,t).$$

Wenn wir daraus den Ort des bewegten Körpers als Funktion der Zeit bestimmen wollen, so haben wir, da $v = \dfrac{ds}{dt}$ ist, die Differentialgleichung

$$ds = \sqrt{\frac{g}{\gamma}}\,\mathfrak{Tg}\,(\sqrt{\gamma g}\,t)\,dt$$

zu integrieren und finden:

$$s = \sqrt{\frac{g}{\gamma}} \int \mathfrak{Tg}\,(\sqrt{\gamma g}\,t)\,dt = \frac{1}{\gamma}\ln \mathfrak{Cof}\,(\sqrt{\gamma g}\,t).$$

17, 42. Integrale rationaler Funktionen von sin u und cos u bzw. $\mathfrak{Sin}\,u$ und $\mathfrak{Cof}\,u$. Für Integrale, deren Integrand eine beliebige rationale Funktion von sin u und cos u oder von $\mathfrak{Sin}\,u$ und $\mathfrak{Cof}\,u$ ist, läßt sich ein stets zum Ziel führendes Verfahren der Auswertung angeben. Diese Integrale hängen nämlich aufs engste mit den in 16, 4 behandelten Integralen zusammen, deren Integrand ein rationaler Ausdruck in x und einer Quadratwurzel aus einem Polynom zweiten Grades ist, das sich in eine der drei Normalformen von 16, 1 bringen läßt. Man erkennt diesen Zusammenhang sofort, wenn man beispielsweise in ein Integral der Gestalt

$$\int R\,(\sin u,\; \cos u)\,du$$

(R ist das Symbol für einen rationalen Ausdruck)

die Größe

$$\sin u = x$$

als neue Veränderliche einführt, wobei noch

$$\cos u = \sqrt{1 - x^2}$$

und

$$du = \frac{dx}{\cos u} = \frac{dx}{\sqrt{1 - x^2}}$$

zu beachten ist. Es entsteht dann ein Integral der Form

$$\int R^*(x,\; \sqrt{1 - x^2})\,dx,$$

unter R^* wieder einen rationalen Ausdruck verstanden. Ein derartiges Integral aber läßt sich nach S. 360 durch die Substitution

$$x = \frac{2\,\mu}{1 + \mu^2}\,, \qquad \sqrt{1 - x^2} = \frac{1 - \mu^2}{1 + \mu^2}$$

rationalisieren. Für den unmittelbaren Übergang von der Veränderlichen u zur Veränderlichen μ ist es wichtig, daß sich μ als Tangens des Winkels $\frac{u}{2}$ ergibt; denn es ist

$$\sin u = 2 \sin \frac{u}{2} \cos \frac{u}{2} = 2\,\mathrm{tg}\,\frac{u}{2} \cos^2 \frac{u}{2} = 2\,\frac{\mathrm{tg}\,\dfrac{u}{2}}{1 + \mathrm{tg}^2 \dfrac{u}{2}}\,,$$

$$\cos u = 2 \cos^2 \frac{u}{2} - 1 = \frac{2}{1 + \mathrm{tg}^2 \dfrac{u}{2}} - 1 = \frac{1 - \mathrm{tg}^2 \dfrac{u}{2}}{1 + \mathrm{tg}^2 \dfrac{u}{2}}\,.$$

Das Ergebnis ist also: Ein Integral, dessen Integrand eine rationale Funktion von $\sin u$ und $\cos u$ ist, kann man stets in ein rationales Integral verwandeln, indem man

$$\mathrm{tg}\,\frac{u}{2} = \mu$$

als neue Veränderliche einführt, wobei

$$\sin u = \frac{2\,\mu}{1 + \mu^2}\,, \qquad \cos u = \frac{1 - \mu^2}{1 + \mu^2}\,, \qquad du = \frac{2\,d\mu}{1 + \mu^2}$$

zu setzen ist. (Die letzte Gleichung folgt aus $u = 2\,\mathrm{arc\,tg}\,\mu$.)

Wenn an Stelle der Kreisfunktionen Hyperbelfunktionen vorliegen, könnte man in der entsprechenden Weise vorgehen und

$$\mathfrak{Tg}\,\frac{u}{2} = t$$

setzen, wodurch

$$\mathfrak{Sin}\, u = \frac{2\,t}{1-t^2}\,, \qquad \mathfrak{Cof}\, u = \frac{1+t^2}{1-t^2}\,, \qquad du = \frac{2\,dt}{1-t^2}$$

würde. Indessen kommt man hier mit der Substitution

$$\mathfrak{Sin}\, u + \mathfrak{Cof}\, u = e^u = \mu$$

$$\mathfrak{Sin}\, u = \frac{\mu^2-1}{2\,\mu}\,, \qquad \mathfrak{Cof}\, u = \frac{\mu^2+1}{2\,\mu}\,, \qquad du = \frac{d\mu}{\mu}$$

schneller zum Ziel, die übrigens, wie der Leser sofort erkennen wird, mit den auf S. 360 ausgeführten Substitutionen b) bzw. c) identisch ist. Man kann hier völlig auf die Hyperbelfunktionen verzichten, wenn man den Integranden von vornherein als rationale Funktion der Größe e^u ansieht. Man hat dann ein Integral

$$\int R\,(e^u)\,du\,,$$

das mit der Substitution

$$u = \ln \mu\,, \qquad du = \frac{d\mu}{\mu}$$

in ein rationales Integral

$$\int R^*(\mu)\,d\mu$$

übergeht.

17, 43. Einige trigonometrische Integrale. Das eben beschriebene Integrationsverfahren ist zwar, wie schon gesagt, immer anwendbar, für eine Reihe besonderer Fälle ist die Lösung jedoch auf einem wesentlich kürzeren Wege möglich. Die Vereinfachung kann entweder dadurch eintreten, daß die Rationalisierung leichter durchführbar ist, oder dadurch, daß man das vorgelegte Integral auf eines der Grundintegrale von 17, 41 zurückführen kann. Die wichtigsten Beispiele solcher besonderen Fälle seien hier zusammengestellt.

$$\underline{1.\ \int \sin^2 u\,du\,, \quad \int \cos^2 u\,du\,.}$$

Hier kommt man am raschesten durch Einführung des doppelten Arguments zum Ziel, denn nach S. 379 ist

$$\int \sin^2 u\,du = \frac{1}{2}\int (1-\cos 2u)\,du = \frac{u}{2} - \frac{1}{4}\sin 2u = \frac{u}{2} - \frac{1}{2}\sin u \cos u\,,$$

$$\int \cos^2 u\,du = \frac{1}{2}\int (1+\cos 2u)\,du = \frac{u}{2} + \frac{1}{4}\sin 2u = \frac{u}{2} + \frac{1}{2}\sin u \cos u\,{}^{*}.$$

Anwendung 31: Effektivwert eines Wechselstromes. Als Maß für die Stärke eines Wechselstromes der Form

$$i\,(t) = i\,\sin\left(\frac{2\,\pi}{T}\,t\right)$$

---

* Der Kürze halber lassen wir im folgenden die willkürliche Integrationskonstante fort.

führt man in der Elektrotechnik den „Effektivwert" I ein und versteht darunter die Stärke eines Gleichstromes, der im Mittel die gleiche Leistung abgibt wie der Wechselstrom, sofern beide Ströme den gleichen Ohmschen Widerstand durchfließen.

Das Differential der im Ohmschen Widerstand R in Wärme umgesetzten Arbeit ist durch

$$dA = i^2(t)\, R\, dt$$

gegeben, und daher stellt sich die Arbeit während einer vollen Periode durch

$$A_T = \int_0^T i^2(t)\, R\, dt = i^2 R \int_0^T \sin^2\left(\frac{2\pi}{T}\, t\right) dt$$

dar. Setzen wir darin

$$\frac{2\pi}{T}\, t = u, \quad dt = \frac{T}{2\pi}\, du,$$

so geht dies in

$$A_T = i^2 R \frac{T}{2\pi} \int_0^{2\pi} \sin^2 u\, du = i^2 R \frac{T}{2\pi}\left[\frac{u}{2} - \frac{1}{4}\sin 2u\right]_0^{2\pi} = \frac{1}{2}\, i^2 RT$$

über, und als mittlere Leistung erhält man

$$N = \frac{A_T}{T} = \frac{1}{2}\, i^2 R.$$

Ein Gleichstrom, der, den gleichen Ohmschen Widerstand R durchfließend, die Leistung N hervorbringt, besitzt die Stärke

$$I = \frac{i}{\sqrt{2}}.$$

Dieser Ausdruck stellt daher den Effektivwert des Wechselstromes dar.

2. $\int \sin^{2n+1} u\, du, \quad \int \cos^{2n+1} u\, du.$

Diese Integrale lassen sich besonders leicht rationalisieren:

$$\int \sin^{2n+1} u\, du = \int (1 - \cos^2 u)^n \sin u\, du$$

wird durch die Substitution

$$\cos u = z, \quad \sin u\, du = -dz$$

in das rationale Integral

$$-\int (1 - z^2)^n\, dz = -\int \sum_{k=0}^n (-1)^k \binom{n}{k} z^{2k}\, dz = \sum_{k=0}^n (-1)^{k+1} \binom{n}{k} \frac{z^{2k+1}}{2k+1}$$

verwandelt. Bei $\int \cos^{2n+1} u\, du$ geht man ganz entsprechend vor.

3. $\int \sin^{2n} u\, du, \quad \int \cos^{2n} u\, du.$

Hier können wir eine Rekursionsformel gewinnen, die das vorliegende Integral auf ein gleichartiges zurückführt, bei dem aber die Zahl n

um eine Einheit niedriger ist. Man kommt zu dieser Formel durch Produktintegration:

$$\int \sin^{2n} u \, du$$
$$= \int \sin^{2n-1} u \, \sin u \, du$$
$$= - \sin^{2n-1} u \cos u + (2n-1) \int \sin^{2n-2} u \cos^2 u \, du$$
$$= - \sin^{2n-1} u \cos u + (2n-1) \int \sin^{2n-2} u \, du - (2n-1) \int \sin^{2n} u \, du \, .$$

Das letzte Glied auf der rechten Seite ist wieder das Ausgangsintegral. Bringt man es auf die linke Seite, so folgt

$$\int \sin^{2n} u \, du = - \frac{\cos u \, \sin^{2n-1} u}{2n} + \frac{2n-1}{2n} \int \sin^{2n-2} u \, du \, .$$

Auf dem gleichen Wege findet man

$$\int \cos^{2n} u \, du = \frac{\sin u \, \cos^{2n-1} u}{2n} + \frac{2n-1}{2n} \int \cos^{2n-2} u \, du \, .$$

Durch wiederholte Anwendung dieser Formeln kann man den Exponenten schrittweise um je zwei Einheiten erniedrigen und schließlich bis Null abbauen.

Wir merken noch an, daß wir hiermit auch die Integrale der Form

$$\int \sin^p u \cos^q u \, du$$

behandeln können. Sind beide Exponenten gerade, so ersetzt man etwa $\sin^2 u$ durch $1 - \cos^2 u$ und kommt damit auf die eben besprochenen Integrale zurück. Ist dagegen mindestens ein Exponent ungerade, etwa $q = 2n + 1$, so setzt man $\sin u = z$, wodurch das Integral sich in

$$\int z^p (1 - z^2)^n \, dz$$

verwandelt.

$$4. \ \int \frac{du}{\sin u} \, , \quad \int \frac{du}{\cos u} \, .$$

Das Integral

$$\int \frac{du}{\sin u} = \int \frac{\sin u \, du}{1 - \cos^2 u}$$

geht durch die Substitution

$$\cos u = z \, , \quad \sin u \, du = - dz$$

in das Integral

$$- \int \frac{dz}{1 - z^2}$$

über, das wegen $|z| < 1$ das Ergebnis $- \frac{1}{2} \ln \frac{1+z}{1-z}$ liefert (vgl. S. 378). Damit haben wir

$$\int \frac{du}{\sin u} = \frac{1}{2} \ln \frac{1 - \cos u}{1 + \cos u} = \frac{1}{2} \ln \frac{2 \sin^2 \frac{u}{2}}{2 \cos^2 \frac{u}{2}} = \ln \left| \operatorname{tg} \frac{u}{2} \right| \, ,$$

ein Ergebnis, das man auch mit der Substitution $\operatorname{tg}\dfrac{u}{2}=\mu$ mühelos gewinnen kann. In gleicher Weise ergibt sich

$$\int\frac{du}{\cos u}=\frac{1}{2}\ln\frac{1+\sin u}{1-\sin u}=\frac{1}{2}\ln\frac{1-\cos\left(u+\dfrac{\pi}{2}\right)}{1+\cos\left(u+\dfrac{\pi}{2}\right)}=\ln\left|\operatorname{tg}\left(\frac{u}{2}+\frac{\pi}{4}\right)\right|.$$

$$5.\ \int\frac{du}{a^2\cos^2 u+b^2\sin^2 u}\,.$$

Wir schreiben das Integral in der Form

$$\int\frac{du}{a^2\cos^2 u+b^2\sin^2 u}=\int\frac{1}{a^2+b^2\operatorname{tg}^2 u}\frac{du}{\cos^2 u}$$

und substituieren

$$\frac{b}{a}\operatorname{tg} u=z,\qquad \frac{b}{a}\frac{du}{\cos^2 u}=dz,$$

so daß wir

$$\int\frac{du}{a^2\cos^2 u+b^2\sin^2 u}=\frac{1}{ab}\int\frac{dz}{1+z^2}=\frac{1}{ab}\operatorname{arc\,tg}\left(\frac{b}{a}\operatorname{tg} u\right)$$

erhalten.

$$6.\ \int\sin mu\,\sin nu\,du,\quad \int\cos mu\,\cos nu\,du,\quad \int\sin mu\,\cos nu\,du$$
$$(m\ \text{und}\ n\ \text{natürliche Zahlen}).$$

Wir nehmen den Fall $m=n$ vorweg:

$$\left.\begin{array}{l}\displaystyle\int\sin^2 nu\,du=\frac{u}{2}-\frac{\sin 2nu}{4n}\\[2ex]\displaystyle\int\cos^2 nu\,du=\frac{u}{2}+\frac{\sin 2nu}{4n}\end{array}\right\}\ (\text{vgl. Beispiel 1}),$$

$$\int\sin nu\,\cos nu\,du=\frac{1}{2}\int\sin 2nu\,du=-\frac{\cos 2nu}{4n}\,.$$

Sind m und n voneinander verschieden, so formen wir die Produkte mit Hilfe der Additionstheoreme (17, 3) in Summen um:

$$\sin mu\,\sin nu=\tfrac{1}{2}\left[\cos(m-n)u-\cos(m+n)u\right],$$
$$\cos mu\,\cos nu=\tfrac{1}{2}\left[\cos(m+n)u+\cos(m-n)u\right],$$
$$\sin mu\,\cos nu=\tfrac{1}{2}\left[\sin(m+n)u+\sin(m-n)u\right]$$

und erhalten:

$$\int\sin mu\,\sin nu\,du=\frac{\sin(m-n)u}{2(m-n)}-\frac{\sin(m+n)u}{2(m+n)}\qquad m\neq n$$

$$\int\cos mu\,\cos nu\,du=\frac{\sin(m-n)u}{2(m-n)}+\frac{\sin(m+n)u}{2(m+n)}\qquad m\neq n$$

$$\int\sin mu\,\cos nu\,du=-\frac{\cos(m-n)u}{2(m-n)}-\frac{\cos(m+n)u}{2(m+n)}\,.\qquad m\neq n$$

Abschließend sei bemerkt, daß Integrale, die sich aus Hyperbelfunktionen aufbauen, nach den entsprechenden Methoden behandelt werden können; auf eine Aufzählung im einzelnen wollen wir jedoch verzichten.

Eine kurze Bemerkung ist schließlich noch über die Integrale mit einer Quadratwurzel aus einem Ausdruck zweiten Grades zu machen, deren grundsätzliche Behandlung in 16, 4 besprochen wurde. Da sich die dort gegebene allgemeine Integrationsmethode mit der in 17, 42 besprochenen deckt, können die in diesem Abschnitt behandelten Vereinfachungen sich auch für jene Integrale auswirken. Man bringt sie daher vielfach durch Substitution in die Form von Integralen mit Kreis- oder Hyperbelfunktionen, damit die Möglichkeit einer solchen Erleichterung gegebenenfalls ausgenutzt werden kann.

Anwendung 32: Trägheitsmoment des Ringkörpers. Von dem in Abb. 115 (S. 363) dargestellten Ringkörper, dessen Oberfläche die Gleichung

$$z = \pm \sqrt{a^2 - (r - c)^2} \qquad\qquad (c \geqq a)$$

besitzt, ist das Trägheitsmoment in bezug auf die Drehachse (z-Achse) zu bestimmen (das spezifische Gewicht sei konstant $= \gamma$). Wir denken uns den Ringkörper mit zwei Kreiszylindermänteln geschnitten, deren gemeinsame Achse die z-Achse ist und deren Radien r und $r + \Delta r (\Delta r > 0)$ sind. Unterwerfen wir r zunächst der Bedingung $c - a \leqq r < r + \Delta r \leqq c$, so ergibt sich für den von den beiden Zylindermänteln begrenzten Ring die folgende Eingrenzung seines Volumens ΔV:

$$[(r + \Delta r)^2 - r^2]\pi \cdot 2 \sqrt{a^2 - (r - c)^2} < \Delta V < [(r + \Delta r)^2 - r^2]\pi \cdot 2 \sqrt{a^2 - (r + \Delta r - c)^2} \, .$$

Den Beitrag ΔI dieses Ringes zum Trägheitsmoment können wir zugleich folgendermaßen einschachteln:

$$\frac{\gamma}{g} r^2 \Delta V < \Delta I < \frac{\gamma}{g} (r + \Delta r)^2 \Delta V \; * .$$

Kombiniert man diese beiden Schachtelungen und vollzieht nach Division durch Δr den Grenzübergang $\Delta r \to 0$, so ergibt sich:

$$I'(r) = 4\pi \frac{\gamma}{g} r^3 \sqrt{a^2 - (r - c)^2} \, ,$$

wenn unter $I(r)$ das Trägheitsmoment desjenigen Teils des Ringkörpers verstanden wird, der in das Innere des Zylinders vom Radius r fällt. Wir haben dabei bisher $r < c$ vorausgesetzt. Für die außerdem noch in Frage kommenden Werte von r zwischen c und $c + a$ ergibt sich zwar eine andere Schachtelung, weil sich bei ΔV die Grenzen vertauschen, nach dem Grenzübergang ist jedoch das Ergebnis das gleiche, und daher ist die letzte Gleichung für alle in Frage kommenden Werte von r erfüllt. Daraus aber folgt

$$I = \int_{c-a}^{c+a} I'(r) \, dr = 4\pi \frac{\gamma}{g} \int_{c-a}^{c+a} r^3 \sqrt{a^2 - (r - c)^2} \, dr \, ,$$

---

* Im technischen Maßsystem, in dem das kg die Einheit der Kraft ist, hat die Masseneinheit noch keinen besonderen Namen erhalten und wird als $\frac{\mathrm{kg}}{g} \left(g = 9{,}81 \, \frac{\mathrm{m}}{\mathrm{sek}^2} \right)$ geschrieben.

und dieses Integral formen wir durch Einführung von $x = r - c$ als neuer Integrationsveränderlichen in

$$I = 4\pi\, \frac{\gamma}{g} \int\limits_{-a}^{a} (c+x)^3 \sqrt{a^2 - x^2}\, dx = 4\pi\, \frac{\gamma}{g} \left[c^3 \int\limits_{-a}^{a} \sqrt{a^2 - x^2}\, dx \right.$$

$$\left. + 3\,c^2 \int\limits_{-a}^{a} x\, \sqrt{a^2 - x^2}\, dx + 3\,c \int\limits_{-a}^{a} x^2\, \sqrt{a^2 - x^2}\, dx + \int\limits_{-a}^{a} x^3\, \sqrt{a^2 - x^2}\, dx \right]$$

um. Die Integranden des zweiten und vierten Integrals sind ungerade Funktionen von x, und daher muß die Integration von $-a$ bis a den Wert Null liefern. Daher bleibt nur übrig:

$$I = 4\pi\, \frac{\gamma}{g} \left(c^3 \int\limits_{-a}^{a} \sqrt{a^2 - x^2}\, dx + 3\,c \int\limits_{-a}^{a} x^2\, \sqrt{a^2 - x^2}\, dx \right).$$

Das erste Integral hat den Wert $\tfrac{1}{2}\, a^2\pi$, und damit haben wir

$$I = 2\,\pi^2\, \frac{\gamma}{g}\, a^2\, c^3 + 12\,\pi\, \frac{\gamma}{g}\, c \int\limits_{-a}^{a} x^2\, \sqrt{a^2 - x^2}\, dx\,.$$

Mit der Substitution
$$x = a \sin u\,, \quad dx = a \cos u\, du\,, \quad \sqrt{a^2 - x^2} = a \cos u$$
verwandelt sich dies in

$$I = 2\,\pi^2\, \frac{\gamma}{g}\, a^2\, c^3 + 12\,\pi\, \frac{\gamma}{g}\, c\, a^4 \int\limits_{-\frac{\pi}{2}}^{\frac{\pi}{2}} \sin^2 u \cos^2 u\, du\,.$$

Nun ist $\sin^2 u \cos^2 u = \tfrac{1}{4} \sin^2 2u$, und daher geht das auszuwertende Integral mit der Substitution $2u = v$ in $\tfrac{1}{8} \int\limits_{-\pi}^{\pi} \sin^2 v\, dv$ über und hat somit den Wert $\dfrac{\pi}{8}$. Damit lautet unser Ergebnis:

$$I = 2\,\pi^2\, \frac{\gamma}{g} \left(c^3\, a^2 + \frac{3}{4}\, c\, a^4 \right).$$

Führen wir das Gesamtgewicht des Ringes
$$G = \gamma V = \gamma \cdot 2\pi^2\, a^2\, c \qquad \text{(vgl. S. 363)}$$
ein, so schreibt sich das Ergebnis in der Gestalt
$$I = \frac{G}{g} \left(c^2 + \frac{3}{4}\, a^2 \right).$$

17, 44. Weitere Integrale. Wir behandeln nun noch einige Integrale, in denen die Kreisfunktionen in Verbindung mit anderen Funktionen auftreten. Die einfachsten derartigen Integrale sind $\int u \cos cu\, du$ und $\int u \sin cu\, du$. Man wertet sie nach dem Verfahren der Produktintegration aus:

$$\int u \sin cu\, du = -\frac{u}{c} \cos cu + \frac{1}{c^2} \sin cu\,,$$

$$\int u \cos cu\, du = \frac{u}{c} \sin cu + \frac{1}{c^2} \cos cu\,.$$

Hierauf lassen sich auch alle Integrale der Form $\int u^n \sin u\, du$ und $\int u^n \cos u\, du$ zurückführen, indem (nach der Methode der Produkt-integration) der Exponent um je eine Einheit abgebaut wird:

$$\int u^n \sin u\, du = -u^n \cos u + n \int u^{n-1} \cos u\, du,$$

$$\int u^n \cos u\, du = u^n \sin u - n \int u^{n-1} \sin u\, du.$$

Schließlich interessiert noch der Fall, daß die Kreisfunktionen mit der Exponentialfunktion verknüpft sind. Man erhält

$$\int e^{au} \cos bu\, du = \frac{1}{b}\, e^{au} \sin bu - \frac{a}{b} \int e^{au} \sin bu\, du,$$

woraus durch abermalige Produktintegration

$$\int e^{au} \cos bu\, du = \frac{1}{b}\, e^{au} \sin bu + \frac{a}{b^2}\, e^{au} \cos bu - \frac{a^2}{b^2} \int e^{au} \cos bu\, du$$

entsteht, ein Ausdruck, in dem rechts das auszuwertende Integral selbst wieder auftritt. Bringt man es auf die linke Seite, so folgt

$$\int e^{au} \cos bu\, du = \frac{a \cos bu + b \sin bu}{a^2 + b^2}\, e^{au}.$$

Man findet in gleicher Weise auch

$$\int e^{au} \sin bu\, du = \frac{a \sin bu - b \cos bu}{a^2 + b^2}\, e^{au}.$$

17, 5. Die Differentialgleichung $y'' + k\,y = 0$.

In 17, 12 stellten wir fest, daß beim Kreissinus und beim Kreis-kosinus die 2. Ableitung jeweils gleich dem negativen Funktionswert ist. Wir können dies auch so aussprechen: die beiden Funktionen $y = \sin x$ und $y = \cos x$ sind Lösungen der Differentialgleichung

$$\frac{d^2 y}{d x^2} + y = 0.$$

Der Gestalt der Differentialgleichung entnehmen wir sofort, daß auch $y_1 = A \sin x$ und $y_2 = B \cos x$ Lösungen sind, unter A und B beliebige Konstanten verstanden. Weiter sehen wir, daß wir durch Überlagerung dieser beiden Lösungen wieder eine Lösung erhalten. In der Tat befriedigt auch

$$y = y_1 + y_2 = A \cos x + B \sin x$$

die Differentialgleichung. In dieser Lösung treten *zwei willkürliche Konstanten* auf. Wir werden später sehen, daß wir damit die *allgemeine Lösung* gefunden haben, d. h., daß jede Lösung der Differentialgleichung durch geeignete Wahl der Konstanten gewonnen werden kann. Auch wenn wir die Differentialgleichung dadurch ein wenig verallgemeinern, daß wir y mit einem *positiven* Faktor $\varkappa^2$ multiplizieren, ihr also die Gestalt

$$\frac{d^2 y}{d x^2} + \varkappa^2 y = 0$$

geben, können wir leicht Lösungen angeben. Denn eine Lösung dieser Gleichung ist jede Funktion, die sich mit $(-\varkappa^2)$ multipliziert, wenn man sie zweimal differenziert. Wie die Kettenregel der Differentiation erkennen läßt, sind $\cos(\varkappa x)$ und $\sin(\varkappa x)$ solche Funktionen, und daher ist

$$y = A\cos(\varkappa x) + B\sin(\varkappa x)$$

eine Lösung mit zwei willkürlichen Konstanten. (Allgemeine Lösung.)

Ganz entsprechend hat die Differentialgleichung

$$\frac{d^2 y}{d x^2} - \varkappa^2 y = 0$$

die beiden Funktionen $\mathfrak{Cof}(\varkappa x)$ und $\mathfrak{Sin}(\varkappa x)$ zu Lösungen, aus denen man durch Überlagerung die Lösung

$$y = A\,\mathfrak{Cof}(\varkappa x) + B\,\mathfrak{Sin}(\varkappa x)$$

mit zwei willkürlichen Konstanten A, B aufbauen kann.

Mit Hilfe dieser Ergebnisse wollen wir zwei Aufgaben aus der Festigkeitslehre behandeln, bei denen Kreis- und Hyperbelfunktionen einander gegenübertreten.

Anwendung 33: Elastische Linie eines geraden Stabes (exzentrischer Druck). Ein gerader Stab von der Länge l sei in der Gleichgewichtslage vertikal. An seinem unteren Ende ($x = 0$) sei er *eingespannt*, an seinem oberen Ende ($x = l$) wirke eine Last P exzentrisch als Druck. Dabei sei die Entfernung des Angriffspunktes von der Stabachse gleich p. Infolge der Belastung biegt sich der Stab durch, so daß er nicht mehr mit der x-Achse zusammenfällt. Man soll die Gestalt der elastischen Linie $y = y(x)$ ermitteln.

Die Ordinate $y(x)$ der elastischen Linie ist für einen Querschnitt in der Höhe x gleich der horizontalen Entfernung des zu x gehörigen Punktes der Stabachse von der x-Achse (der Vertikalen durch die Einspannstelle). Insbesondere sei y_l die Auslenkung des oberen Stabendes ($x = l$)[1]. Da danach die horizontale Entfernung der Wirkungslinie der Kraft von der x-Achse gleich $(p + y_l)$ ist, so ist in der Höhe x der Abstand der Stabachse von der Wirkungslinie der Last gleich $(p + y_l - y)$ (Abb. 127). Daher hat das *Biegemoment* in diesem Querschnitt die Größe

$$M(x) = P \cdot (p + y_l - y).$$

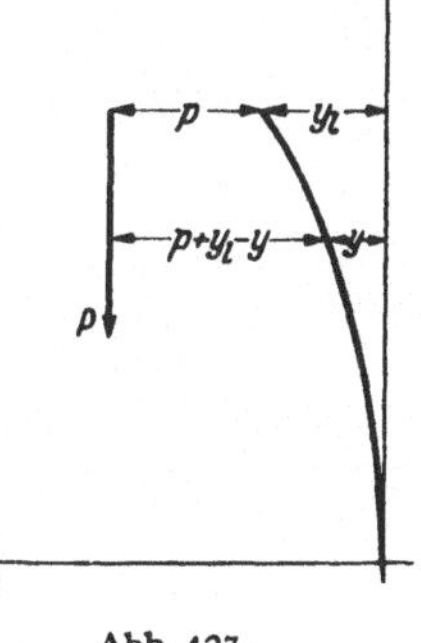

Abb. 127.

Andererseits ergibt sich als eine Folge des Hookeschen Gesetzes, daß bei elastischer Verformung eines Balkens das Biegemoment der zweiten Ableitung der Biegelinie proportional ist, es gilt

$$EJ\frac{d^2 y}{d x^2} = M(x),$$

wobei E der Elastizitätsmodul und J das axiale Trägheitsmoment des Balkenquerschnitts ist. Daher erhalten wir zur Bestimmung der elastischen Linie die Differentialgleichung

$$EJ\frac{d^2 y}{d x^2} = P \cdot (p + y_l - y).$$

---

[1] Wir beschränken uns hier auf kleine Auslenkungen, so daß wir für die Länge der Projektion des gebogenen Stabes auf die x-Achse wieder l setzen dürfen und die in der Figur mit p bezeichnete Strecke horizontal annehmen können.

Um ihre Lösungen aufzusuchen, empfiehlt es sich, zunächst

$$p + y_l - y = \eta$$

zu setzen. Dann ist, da p und y_l konstant sind,

$$-\frac{d^2 y}{d x^2} = \frac{d^2 \eta}{d x^2},$$

und die Differentialgleichung geht in

$$\frac{d^2 \eta}{d x^2} + \varkappa^2 \eta = 0 \qquad\qquad \left(\varkappa^2 = \frac{P}{EJ}\right)$$

über. Ihre Lösung ist

$$\eta = A \cos \varkappa x + B \sin \varkappa x,$$

und somit erhalten wir als Gleichung der elastischen Linie

$$y(x) = y_l + p - (A \cos \varkappa x + B \sin \varkappa x).$$

Hierin treten vorläufig drei unbekannte Größen auf, nämlich die Auslenkung y_l des oberen Stabendes und die beiden willkürlichen Konstanten A und B. Zu ihrer Bestimmung haben wir die Bedingungen, daß der Stab am unteren Ende eingespannt sein soll, die zu den beiden Gleichungen

$$y(0) = 0, \qquad \left(\frac{d y}{d x}\right)_{x=0} = 0$$

führt, und weiter wissen wir, daß am oberen Stabende ($x = l$) die Auslenkung y gleich y_l sein muß. Daraus folgt

$$p = A \cos \varkappa l + B \sin \varkappa l,$$

während die erste Randbedingung bei $x = 0$ zu $A = y_l + p$ und die zweite zu $B = 0$ führt. Danach erhalten wir

$$y_l = p \left(\frac{1}{\cos \varkappa l} - 1\right),$$

so daß schließlich die Gleichung der elastischen Linie die Gestalt

$$y(x) = \frac{p}{\cos \varkappa l}(1 - \cos \varkappa x) = \frac{p}{\cos\left(\sqrt{\frac{P}{EJ}}\, l\right)} \left[1 - \cos\left(\sqrt{\frac{P}{EJ}}\, x\right)\right]$$

erhält und die in Abb. 127 dargestellte Kurve liefert.

Anwendung 34: Elastische Linie eines geraden Stabes (exzentrischer Zug). Nun wollen wir für den gleichen Stab die elastische Linie bestimmen, wenn ein *exzentrischer Zug* statt des exzentrischen Druckes als Belastung auftritt. Wir legen dazu zweckmäßig das Koordinatensystem so, daß für das obere Ende $x = 0$ wird. Hier soll der Stab eingespannt sein:

$$y(0) = 0, \qquad \left(\frac{d y}{d x}\right)_{x=0} = 0.$$

An dem unteren Ende ($x = l$) wirkt die Last P, deren Angriffspunkt von der Stabachse um das Stück p entfernt ist. Der Stab biegt sich unter der Last durch, wobei die Auslenkung des unteren Endes wieder mit y_l bezeichnet werde. Dann hat an der Stelle x der Punkt der Stabachse den Abstand $(p - y_l + y)$ von der Wirkungslinie der Kraft, so daß das Biegemoment im Querschnitt x

$$M(x) = (p - y_l + y) P$$

ist (Abb. 128). Setzen wir diesen Wert in die allgemeine Gleichung der elastischen

Linie ein, so ergibt sich für die *elastische Linie des exzentrisch gezogenen Stabes* die Differentialgleichung

$$E J \frac{d^2 y}{d x^2} = (p - y_l + y)\, P.$$

Setzen wir hierin

$$\eta = p - y_l + y,$$

so erhalten wir

$$\frac{d^2 \eta}{d x^2} - \varkappa^2 \eta = 0. \qquad \left(\varkappa^2 = \frac{P}{EJ}\right)$$

Ihre Lösung ist

$$\eta = A \operatorname{\mathfrak{Cos}} \varkappa\, x + B \operatorname{\mathfrak{Sin}} \varkappa\, x,$$

und somit lautet die Gleichung der elastischen Linie

$$y(x) = y_l - p + A \operatorname{\mathfrak{Cos}} \varkappa\, x + B \operatorname{\mathfrak{Sin}} \varkappa\, x.$$

Die beiden Einspannbedingungen führen zu den Gleichungen

$$A = p - y_l, \quad B = 0,$$

und da für $x = l$ die Auslenkung $y(l) = y_l$ sein muß, tritt als dritte Gleichung

$$A \operatorname{\mathfrak{Cos}} \varkappa\, l = p$$

hinzu, so daß

$$y_l = p\left(1 - \frac{1}{\operatorname{\mathfrak{Cos}} \varkappa\, l}\right)$$

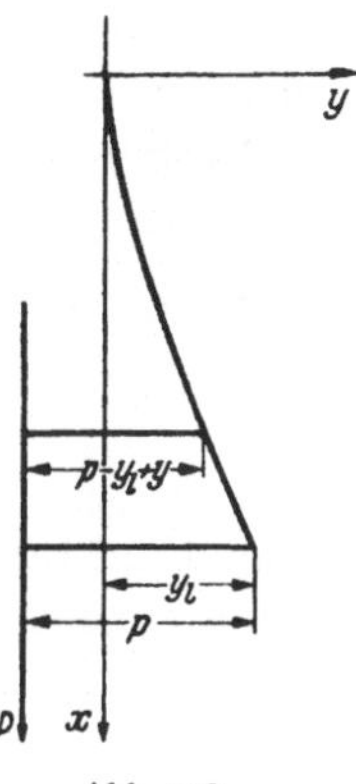

Abb. 128.

wird und sich als Gleichung der elastischen Linie

$$y(x) = \frac{p}{\operatorname{\mathfrak{Cos}} \varkappa\, l}\,(\operatorname{\mathfrak{Cos}} \varkappa\, x - 1) = \frac{p}{\operatorname{\mathfrak{Cos}}\left(\sqrt{\dfrac{P}{EJ}}\,l\right)}\left[\operatorname{\mathfrak{Cos}}\left(\sqrt{\dfrac{P}{EJ}}\,x\right) - 1\right]$$

ergibt. Die zugehörige Kurve sieht man in Abb. 128.

Die *elastische Linie* eines Stabes wird sonach für *exzentrischen Druck* durch *Kreisfunktionen*, für *exzentrischen Zug* durch *Hyperbelfunktionen* dargestellt.

Fünftes Kapitel.

Die Fourierschen Reihen.

§ 18. Mathematische Darstellung der harmonischen Schwingungen.

18, 1. Frequenz, Amplitude und Phase.

Für die Naturbeherrschung, die die Technik zu verwirklichen sucht, spielen die periodischen Vorgänge eine besonders wichtige Rolle. Denn um die Naturkräfte zum Wirken im Dienste des Menschen zu bringen, wird es in der Regel am zweckmäßigsten sein, sie zu zwingen, in einer Maschine einen periodisch sich wiederholenden Vorgang auszuführen. Daher ist es notwendig, die mathematischen Hilfsmittel zur Beherrschung periodischer Vorgänge für Naturforschung und Technik zu entwickeln. Wir stellen uns 'die Aufgabe, die *überall endlichen periodischen*

Funktionen einer Veränderlichen zu untersuchen, der wir im Hinblick auf die Anwendungen die Bedeutung der Zeit beilegen.

Die Grundlage für diese Untersuchung bildet die Funktion $\sin x$. Sie stellt den am leichtesten übersehbaren Fall einer einfachen Schwingung dar, mit dem wir uns im folgenden zunächst beschäftigen. Man kann diese Schwingung durch Projektion einer gleichförmigen Kreisbewegung auf einen Durchmesser des Kreises entstanden denken.

Die erste Angabe, die man zur Kennzeichnung einer Schwingung zu machen hat, ist die *Schwingungsdauer T*, d. h. die Dauer einer vollen Schwingung, nach der sich der Vorgang zum erstenmal wiederholt. Wenn wir von der Funktion $\sin x$ ausgehen, die die Periode 2π besitzt, so müssen wir offenbar $x = \dfrac{2\pi}{T}\, t$ setzen, um in

$$\sin \frac{2\pi}{T}\, t$$

eine Funktion mit vorgeschriebener Schwingungsdauer T zu bekommen. Hinsichtlich des Kurvenbildes bedeutet diese Einführung der neuen Veränderlichen nur eine Maßstabsänderung. Statt der Schwingungsdauer T pflegt man meist die Schwingungszahl pro Sekunde (*Frequenz*)

$$f = \frac{1}{T} \quad [\text{sec}^{-1}] \; *$$

anzugeben. Um die Formeln übersichtlicher schreiben zu können, führt man ferner

$$2\pi f = \frac{2\pi}{T} = \omega$$

als *Kreisfrequenz* (oder „zeitliches Winkelmaß") ein und arbeitet in der Schwingungslehre mit der Grundfunktion $\sin \omega t$. Erinnern wir uns an die eingangs erwähnte Erzeugung einer Schwingung durch Projektion einer gleichförmigen Kreisbewegung, so können wir ω als Winkelgeschwindigkeit dieser Kreisbewegung deuten.

Eine weitere Größe, die die reine Schwingung kennzeichnet, ist ihre *Amplitude* (Scheitelwert), der für die Funktion $\sin \omega t$ gleich 1 ist. Durch Multiplikation mit einer Konstanten erhält man eine Schwingung $c \sin \omega t$ von beliebigem Scheitelwert c.

Schließlich ist es noch nötig, eine Verschiebung der Schwingungskurve in Richtung der Zeitachse in Betracht zu ziehen, denn wir müssen uns von der Besonderheit frei machen, daß die Zeitzählung gerade im Augenblick eines Null-Durchganges beginnt. Wir schreiben

$$y = c \sin [\omega (t - t_0)]$$

---

* Hierfür wird, besonders in der Elektrotechnik, 1 Hertz [Hz] und 1000 Hz = 1 kHz geschrieben.

oder mit $\gamma = -\omega\, t_0$:

$$(1) \qquad\qquad y = c \sin (\omega\, t + \gamma)\,.$$

Man pflegt das Argument des Sinus als *Phase*[1], die Größe γ als *Phasen-konstante* (Null-Phase) zu bezeichnen (Abb. 129). Hat die Phasenkon-

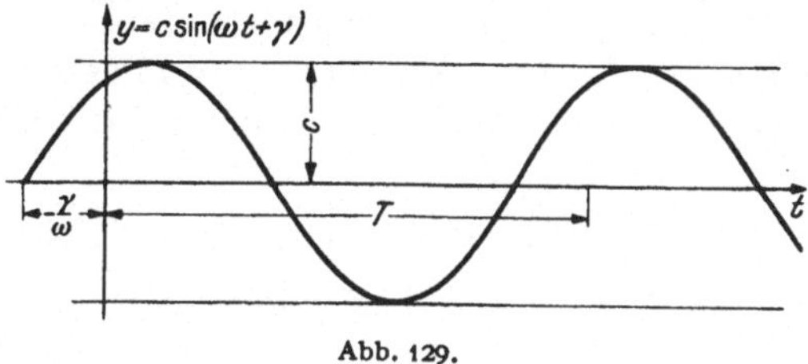

Abb. 129.

stante insbesondere den Wert $\gamma = \dfrac{\pi}{2}$, so ist

$$y = c \cos \omega\, t \quad \text{(Kosinus-Schwingung)}.$$

Schwingungen der Form (1) nennt man *rein harmonische* Schwingungen.

18,2. Überlagerung harmonischer Schwingungen gleicher Frequenz.

Jede harmonische Schwingung mit der Phasenkonstanten γ läßt sich, da nach dem Additionstheorem des Kreissinus

$$y = c \sin (\omega\, t + \gamma) = c \sin \gamma \cos \omega\, t + c \cos \gamma \sin \omega\, t$$

ist, als Überlagerung einer Sinus- und einer Kosinusschwingung der gleichen Frequenz mit geeigneten Amplituden erzeugen. Umgekehrt erhält man durch Überlagerung einer Sinusschwingung und einer Kosinusschwingung von gleicher Frequenz eine harmonische Schwingung dieser Frequenz mit bestimmter Phasenkonstante. Die Konstanten c und γ bestimmen sich aus den beiden Gleichungen

$$a = c \sin \gamma, \quad b = c \cos \gamma,$$

so daß also

$$c = \left| \sqrt{a^2 + b^2} \right|,$$

$$\sin \gamma = \frac{a}{\left| \sqrt{a^2 + b^2} \right|}, \quad \cos \gamma = \frac{b}{\left| \sqrt{a^2 + b^2} \right|}$$

wird. Man schreibt für die Phasenkonstante vielfach auch

$$\operatorname{tg} \gamma = \frac{a}{b}, \quad \gamma = \operatorname{arc\,tg} \frac{a}{b}\,.$$

Indessen ist dies weniger zu empfehlen, da sich hieraus stets *zwei* zwischen 0 und 2π gelegene Werte von γ ergeben, die sich genau um π unterscheiden. Die Vorzeichen des Sinus und des Kosinus bestimmen dagegen völlig eindeutig den Quadranten, in dem γ liegt. Das Er-

---

[1] Vgl. die Bezeichnung „Mondphase".

gebnis besagt, daß durch Überlagerung zweier harmonischer Schwingungen gleicher Frequenz, die den Phasenunterschied $\frac{\pi}{2}$ besitzen, wieder eine harmonische Schwingung derselben Frequenz entsteht. Das ist aber keineswegs durch den Phasenunterschied $\frac{\pi}{2}$ der beiden überlagerten Schwingungen bedingt. Vielmehr liefert auch die Überlagerung zweier Sinusschwingungen *gleicher Frequenz*, wenn ihre Phasenkonstanten ganz beliebig sind, stets wieder eine Sinusschwingung derselben Frequenz. In der Tat ist

$$a \sin(\omega t + \alpha) + b \sin(\omega t + \beta) = (a \cos\alpha + b \cos\beta) \sin\omega t +$$
$$+ (a \sin\alpha + b \sin\beta) \cos\omega t$$

und somit

$$(2) \qquad a \sin(\omega t + \alpha) + b (\sin\omega t + \beta) = c \sin(\omega t + \gamma),$$

wobei c und γ aus den Gleichungen

$$a \cos\alpha + b \cos\beta = c \cos\gamma,$$
$$a \sin\alpha + b \sin\beta = c \sin\gamma$$

berechnet werden. Offenbar ergibt sich

$$(2a) \qquad c^2 = a^2 + b^2 + 2ab \cos(\alpha - \beta)$$

und

$$(2b) \qquad \begin{cases} \sin\gamma = \dfrac{a \sin\alpha + b \sin\beta}{c}, \\[2mm] \cos\gamma = \dfrac{a \cos\alpha + b \cos\beta}{c}. \end{cases}$$

Der Scheitelwert c und die Phasenkonstante γ der resultierenden harmonischen Schwingung lassen sich aus den Scheitelwerten a, b und den Phasenkonstanten α, β der beiden gegebenen harmonischen Schwingungen am einfachsten graphisch ermitteln. Trägt man nämlich in einem Punkt O einer Geraden an diese die Winkel α und β an und grenzt auf den freien Schenkeln dieser Winkel die Strecken $\overline{OA} = a$ und $\overline{OB} = b$ ab (Abb. 130),

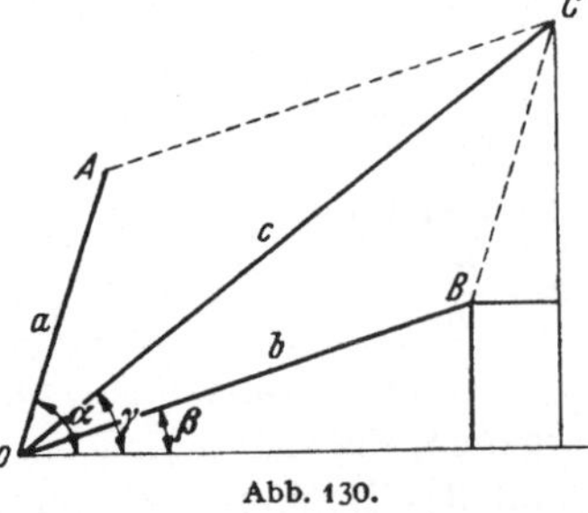

Abb. 130.

so braucht man nur den aufgespannten Haken AOB zum Parallelogramm $AOBC$ zu ergänzen. Dann hat die Diagonale $\overline{OC}$ dieses Parallelogramms die Länge c, und der Winkel von OC mit der Ausgangsgeraden ist gleich γ. In der Tat ist ja $\sphericalangle AOB = \alpha - \beta$ und somit

$$OBC = \pi - (\alpha - \beta).$$

Daher ist nach dem Kosinussatz der elementaren Trigonometrie

$$\overline{OC} = \sqrt{a^2 + b^2 + 2ab \cos(\alpha - \beta)}.$$

Andererseits ist

$$\overline{OC}\cos\gamma = a\cos\alpha + b\cos\beta,$$

$$\overline{OC}\sin\gamma = a\sin\alpha + b\sin\beta,$$

also in der Tat der Winkel von $\overline{OC}$ mit der Ausgangsgeraden gleich γ.

Diese Konstruktion ist der Ausgangspunkt für eine Darstellung der harmonischen Schwingungen, die zuerst in der Wechselstromtechnik systematisch ausgebildet wurde und von da aus allmählich in andere Gebiete der Schwingungslehre Eingang gefunden hat. Es handelt sich um die Darstellung der Schwingungsvorgänge mittels „umlaufender Vektoren", die wir erst im 2. Band entwickeln werden, da man dazu die komplexe Schreibweise benötigt.

18, 3. Überlagerung harmonischer Schwingungen verschiedener Frequenzen; Schwebungen, Modulation.

Während die Überlagerung zweier harmonischer Schwingungen gleicher Frequenz zu einem sehr einfachen Ergebnis führte, liegen die Dinge im allgemeinen sehr viel verwickelter, wenn sich zwei Schwingungen verschiedener Frequenzen überlagern. Eine solche Überlagerung führt nur dann wieder auf eine periodische Funktion, wenn die Frequenzen, also auch die Perioden der Teilschwingungen in einem rationalen Verhältnis stehen, wenn also

$$\frac{\omega_1}{\omega_2} = \frac{f_1}{f_2} = \frac{n_1}{n_2} \quad (n_1 \text{ und } n_2 \text{ ganze Zahlen})$$

ist, oder, anders ausgedrückt, wenn sich zwei ganze Zahlen n_1 und n_2 so angeben lassen, daß $n_1 T_1 = n_2 T_2$ ist. Die Größe $n_1 T_1 = n_2 T_2 = T$ ist dann eine Periode der durch Überlagerung entstandenen Funktion, und zwar ist sie die kleinste, wenn n_1 und n_2 keinen gemeinsamen Teiler enthalten. Bei irrationalem Frequenzverhältnis ist die durch Überlagerung entstandene Funktion nicht mehr periodisch; da sich jedoch eine irrationale Zahl mit jeder beliebigen Genauigkeit durch eine rationale Zahl $\frac{n_1}{n_2}$ annähern läßt, wird innerhalb gewisser Toleranzgrenzen doch eine Periodizität vorliegen, die sogar bis zu beliebiger Genauigkeit gesteigert werden kann, wenn man die Genauigkeit des Näherungsbruches für das irrationale Frequenzverhältnis hinreichend erhöht. Man nennt solche Funktionen *fastperiodische* Funktionen. Über den Verlauf der entstehenden Kurven, die sich ja in jedem Einzelfall mühelos zeichnen lassen, kann man unter den bisherigen allgemeinen Voraussetzungen keine Aussagen machen.

Ein gewisser Überblick ist aber in dem praktisch besonders wichtigen Fall leicht zu gewinnen, daß die Frequenzen der zur Überlagerung kommenden Schwingungen sich nur wenig unterscheiden, daß also ihre Differenz klein gegen diese Frequenzen selbst ist. Dann läßt sich der ganze Vorgang nämlich so ansehen, als überlagerten sich zwei Schwingungen gleicher Frequenz, deren Phasenunterschied sich langsam mit der Zeit ändert, und zwar nach einer linearen Funktion. Sind beide Schwingungen im Augenblick $t = 0$ „in Phase", so wächst der Phasenunterschied proportional der Zeit nach dem Gesetz

$$\varphi = (\omega_1 - \omega_2)\, t$$

an (unter ω_1 soll die größere der beiden Frequenzen verstanden werden). Die Amplitude der resultierenden Schwingung, die in der Nähe von $t = 0$ zunächst große Werte besitzt, da sich die gleichphasigen Teilschwingungen addieren, nimmt mit wachsendem Phasenunterschied dann ab, bis der Phasenunterschied den Wert π erreicht hat. Von da an wachsen die Amplituden wieder, um nach der Zeit

$$T_s = \frac{2\,\pi}{\omega_1 - \omega_2},$$

nach der der Phasenunterschied auf 2π angewachsen ist, wieder ihren anfänglichen Größtwert zu erreichen. Bei der Überlagerung ist also ein Schwingungsvorgang entstanden, dessen Amplitude sich periodisch mit der Frequenz $f_1 - f_2$ ändert (Abb. 131). Diese Erscheinung der „*Schwebungen*" beobachtet man am einfachsten bei zwei fast gleichgestimmten Schallerregern, wo sie als periodische Intensitätsschwankungen deutlich hörbar werden. Beim Stimmen von Musikinstrumenten wird von dieser Erscheinung oft Gebrauch gemacht. Von großer Wichtigkeit ist sie in der Hochfrequenztechnik.

Um rechnerisch einen Einblick in diesen Vorgang zu gewinnen, werden wir den Ausdruck

$$a_1 \sin \omega_1 t + a_2 \sin \omega_2 t$$

zunächst nach den Additionstheoremen umformen:

$$a_1 \sin \omega_1 t + a_2 \sin \omega_2 t = (a_1 + a_2) \cos \frac{\omega_1 - \omega_2}{2} t \, \sin \frac{\omega_1 + \omega_2}{2} t +$$

$$+ (a_1 - a_2) \sin \frac{\omega_1 - \omega_2}{2} t \, \cos \frac{\omega_1 + \omega_2}{2} t .$$

Hierin setzen wir[1]

$$(a_1 + a_2) \cos \frac{\omega_1 - \omega_2}{2} t = a(t) \cos \varphi(t) ,$$

$$(a_1 - a_2) \sin \frac{\omega_1 - \omega_2}{2} t = a(t) \sin \varphi(t) ,$$

---

[1] Diese nicht ganz zwangsläufig erscheinende Aufspaltung gewinnt ihre Berechtigung dadurch, daß die Funktion $a(t)$, die als verallgemeinerte Amplitude angesehen wird, die einzige periodische Funktion mit der Periode $\dfrac{2\,\pi}{\omega_1 - \omega_2}$ ist, deren Kurve in jedem Fall die Einhüllende der Schwingungskurve ist. Die Verwendung des Begriffes der verallgemeinerten Amplitude ist nur dann physikalisch sinnvoll, wenn die Differenz $\omega_1 - \omega_2$ klein gegen die Kreisfrequenzen ω_1 und ω_2 selbst ist.

so daß

$$a_1 \sin \omega_1 t + a_2 \sin \omega_2 t = a(t) \sin \left(\frac{\omega_1 + \omega_2}{2} t + \varphi(t) \right)$$

wird. Für die Amplitude $a(t)$ gewinnt man durch Quadrieren und Addieren bei Beachtung der Beziehung

$$\cos^2 \alpha - \sin^2 \alpha = \cos 2\alpha$$

den Ausdruck

$$a(t) = \left| \sqrt{a_1^2 + a_2^2 + 2\,a_1\,a_2 \cos(\omega_1 - \omega_2)\,t} \right|.$$

Die Größe $\varphi(t)$ könnte man aus

$$\operatorname{tg} \varphi(t) = \frac{a_1 - a_2}{a_1 + a_2} \operatorname{tg} \frac{\omega_1 - \omega_2}{2} t$$

berechnen, jedoch ist meist der Ablauf des Schwingungsvorganges im einzelnen unwichtig, und es kommt im wesentlichen nur auf die Amplitude an[1]. Diese zeigt nun in der Tat das bereits erwartete Verhalten, und

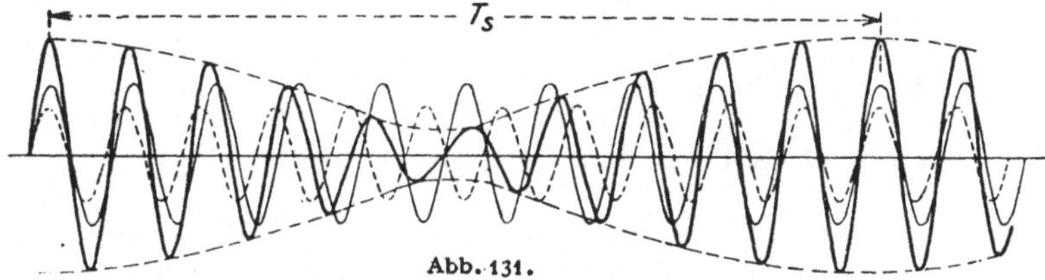

Abb. 131.

wir erkennen dabei, daß $a(t)$ zwischen dem Größtwert $a_1 + a_2$ und dem Kleinstwert $a_1 - a_2$ schwankt, ein Ergebnis, das wir auch unserer obigen Betrachtung unmittelbar entnehmen können. Es sei hier ausdrücklich bemerkt, daß die Funktion, nach der sich die Amplitude zeitlich ändert, keine harmonische Schwingung ist (Abb. 131).

Von ähnlicher Wichtigkeit wie die Schwebungen sind die sog. „*modulierten Schwingungen*". In der elektrischen Nachrichtentechnik wird als Träger einer Übermittlung im allgemeinen, wenn es sich nicht gerade um die einfachste Form der gewöhnlichen Telegraphie oder Telephonie handelt, eine Schwingung hoher Frequenz verwendet, der das zu übermittelnde Zeichen irgendwie aufgeprägt (aufmoduliert) werden muß. Die einfachste Möglichkeit einer solchen Modulation besteht darin, das Zeichen auf die Schwingungsamplitude einwirken zu lassen. Sehen wir von dem Fall der Telegraphie ab, in dem die Signale durch Ein- und Ausschalten der Schwingung gegeben werden können, so haben wir als erste Möglichkeit die anzusehen, daß das zu übermittelnde Zeichen selbst wieder eine harmonische Schwingung, etwa ein Ton ist. Es sei die Kreisfrequenz ω des Zeichens klein gegenüber der Kreisfrequenz Ω der Träger-

---

[1] Es sei bemerkt, daß es nicht sinnvoll wäre, $\varphi(t)$ als Verallgemeinerung der Phasenkonstante zu bezeichnen.

schwingung. Es liegt dann eine Schwingung der Form

$$y = a \cos \Omega t$$

vor, deren Amplitude wiederum nach dem Gesetz einer harmonischen Schwingung um einen Mittelwert a_0 schwankt:

$$a = a_0 + c \cos \omega t,$$

so daß

$$y = (a_0 + c \cos \omega t) \cos \Omega t$$

wird. Die Trägeramplitude a_0 muß dabei selbstverständlich größer sein als die Modulationsamplitude c, ihr Quotient $\frac{c}{a_0}$ wird *Modulationsgrad* genannt und gewöhnlich in % angegeben. Es ist nun wichtig, daß man eine solche modulierte Schwingung auch als Überlagerung dreier rein harmonischer Schwingungen ansehen kann. Das erkennt man an Hand der Umformung

$$\cos \Omega t \cos \omega t = \frac{1}{2} \left[\cos (\Omega + \omega) t + \cos (\Omega - \omega) t \right],$$

die für y die Darstellung

$$y = a_0 \cos \Omega t + \frac{c}{2} \left[\cos (\Omega + \omega) t + \cos (\Omega - \omega) t \right]$$

liefert. Die modulierte Schwingung erscheint also als eine Überlagerung der Trägerschwingung mit zwei „Seitenschwingungen" (Seitenbändern), deren Kreisfrequenzen $\Omega + \omega$ und $\Omega - \omega$ sind. Diese Tatsache ist insofern von großer praktischer Bedeutung, als aus ihr klar wird, daß bei der drahtlosen Telephonie bzw. beim Rundfunk jeder Sender nicht eine einzelne Frequenz, sondern ein gewisses *Frequenzband* ausstrahlt.

Neben der soeben behandelten „Amplitudenmodulation" gewinnt in der Technik neuerdings eine andere Art der Modulation an Bedeutung, die darin besteht, daß bei einer Schwingung das Argument des Sinus Abweichungen von seiner linearen Zeitabhängigkeit erfährt. Man spricht dabei von „Frequenzmodulation" oder „Phasenmodulation"[1]. Auch bei dieser Modulationsart läßt sich der entstehende Vorgang in rein harmonische Schwingungen zerlegen, die Zerlegung ist jedoch nicht so einfach wie bei der Amplitudenmodulation.

18, 4. Grundton und Obertöne.

Ein besonders bedeutsamer Fall der Überlagerung harmonischer Schwingungen liegt vor, wenn die Frequenzen der zu überlagernden Schwingungen ganzzahlige Vielfache einer *Grundfrequenz* sind. Mit diesem Fall beschäftigen wir uns im folgenden ausschließlich und be-

---

[1] Der Unterschied zwischen beiden liegt nicht im Wesen der Modulation selbst, sondern lediglich in ihrem Grad und in der Art ihrer technischen Ausnutzung.

trachten also Funktionen der Gestalt

$$(3) \quad y = c_1 \sin(\omega t + \gamma_1) + c_2 \sin(2\omega t + \gamma_2) + \cdots + c_n \sin(n\omega t + \gamma_n).$$

Für alle Teilschwingungen, aus denen y durch Überlagerung zusammengesetzt ist, ist $T = \dfrac{2\pi}{\omega}$ eine Periode. Sie ist allerdings nur für die erste Teilschwingung die kleinste Periode, während für die ν-te Teilschwingung $(\nu > 1)$ $T_\nu = \dfrac{T}{\nu} = \dfrac{2\pi}{\nu\omega}$ die kleinste Periode ist, die man auch *primitive Periode* nennt. Die Funktion (3) stellt danach immer einen periodischen Vorgang mit der Periode T dar, dessen „Profil" man durch geeignete Wahl der Konstanten mannigfache Formen geben kann.

Schwingungsvorgänge dieser Form hat man zunächst in der Akustik angetroffen. Die Tonempfindungen werden bekanntlich durch Bewegungsvorgänge ausgelöst, die sich vom Schallerreger durch die Luft zum Ohre hin fortpflanzen. Der deutsche Physiker H. v. HELMHOLTZ[1] hat entdeckt, daß das menschliche Ohr einen Schall dann als *Klang* empfindet, wenn der zugrunde liegende Bewegungsvorgang periodisch ist, andernfalls nur als Geräusch. Es zeigt sich dabei, daß die empfundene Tonhöhenskala der Frequenzskala (im logarithmischen Maßstab) entspricht. Ist insbesondere die Bewegung des tönenden Körpers eine harmonische Schwingung, so bezeichnet man den zugehörigen Klang als einen *reinen Ton* (Sinuston), und es ist eine Grundtatsache der Akustik, daß sich jeder beliebige Klang als ein gleichzeitiges Erklingen einer Anzahl reiner Töne darstellt. Ein Klang in diesem Sinn liegt nicht nur dann vor, wenn etwa auf einem Klavier mehrere Tasten angeschlagen werden, sondern auch beim Anschlagen einer einzelnen Taste. Wenn das Ohr in diesem Fall auch nur einen einzelnen Ton von bestimmter Höhe wahrnimmt, so ist dies doch kein reiner Ton, denn neben den *Grundton* treten noch die *Obertöne*, deren Frequenzen die ganzzahligen Vielfachen der Grundfrequenz sind[2].

Die Schwingungsform hängt von den Intensitäten und Phasenkonstanten der Teilschwingungen ab. Für die Klangempfindung ist die ge-

---

[1] 1821—1894. Vgl. H. v. HELMHOLTZ: Die Lehre von den Tonempfindungen (Braunschweig 1863).

[2] Die Folge der Obertöne wird, musikalisch gesprochen, durch die Oktave, die zweite Quinte, die zweite Oktave, die dritte große Terz, die dritte Quinte usw. zum Grundton gebildet, denen bzw. die doppelte, dreifache, vierfache, fünffache, sechsfache ... Frequenz des Grundtones entspricht. Zur Vereinfachung der Zählung wird heute, abweichend von der früheren Numerierung der Obertöne, der Grundton als 1. Tealton des Klanges bezeichnet und darin die Folge der Obertöne als 2., 3., ... Teilton angeschlossen.

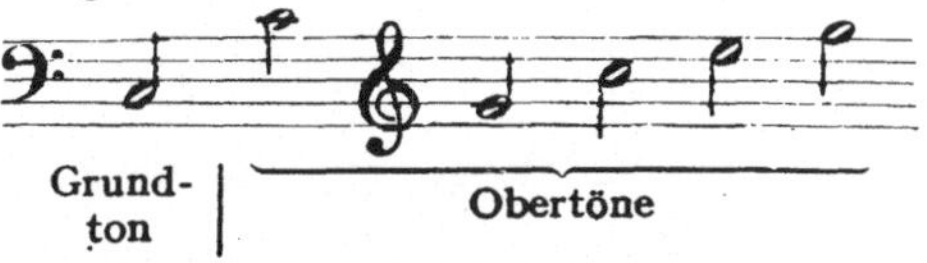

Grund-
ton | Obertöne

genseitige Phasenlage der Teiltöne bedeutungslos, die Klangfarbe wird allein durch die Intensitäten bestimmt[1].

Da jeder periodische Bewegungsvorgang, dessen Frequenz im Hörbarkeitsbereich liegt, eine Klangempfindung auslöst und sich andererseits jeder Klang in reine Töne zerlegen läßt, erhebt sich die Frage, ob und in welcher Weise jede beliebige periodische Funktion als eine Überlagerung harmonischer Schwingungen dargestellt werden kann. Dabei wird man nicht mit endlich vielen solcher Schwingungen auskommen können, sondern im Sinne der Grenzwertrechnung eine Folge unendlich vieler harmonischer Schwingungen zur Überlagerung heranziehen.

§ 19. Entwicklung einer periodischen Funktion in eine trigonometrische Reihe.

Während wir uns in 18, 4 klargemacht haben, wie man aus harmonischen Schwingungen durch Überlagerung neue Schwingungen gewinnen kann, wenden wir uns jetzt der entgegengesetzten Aufgabe zu, daß wir einen Schwingungsvorgang gegeben denken und ihn in harmonische Schwingungen aufzulösen suchen (harmonische Analyse). Wir werden versuchen, ein vorgelegtes „Schwingungsprofil" durch eine Funktion der Form

$$\varphi_n(t) = c_0 + c_1 \sin(\omega t + \gamma_1) + c_2 \sin(2\omega t + \gamma_2) + \cdots + \\ + c_n \sin(n\omega t + \gamma_n)$$

anzunähern, indem wir die $2n+1$ Konstanten $c_0, c_1, \ldots, c_n, \gamma_1, \gamma_2, \ldots, \gamma_n$ geeignet bestimmen. Wir vermuten, daß die Genauigkeit sich unbegrenzt steigern läßt, wenn wir die Zahl n hinreichend groß wählen, so daß für alle t des Periodenbereiches $0 \le t < T$ die Grenzwertgleichung

$$f(t) = \lim_{n \to \infty} \varphi_n(t)$$

gelten wird.

Es ist die Frage, ob man Einschränkungen für die periodischen Funktionen machen muß, wenn eine solche Darstellung gelingen soll, und welche das sind. Zunächst wird man versucht sein, zu glauben, daß wenigstens *Stetigkeit* der Funktion verlangt werden müsse, da die harmonischen Schwingungen selbst stetig sind. Nun hat man aber in Naturforschung und Technik mit periodischen Funktionen zu tun, die im Perioden-Intervall an einzelnen Stellen in der Weise unstetig werden, daß sie endliche Sprünge ausführen. Das einfachste Beispiel einer solchen Funktion hat man in

$$f(t) = \begin{cases} +C & 0 < t < \dfrac{T}{2} \\ -C & \dfrac{T}{2} < t < T \end{cases}$$

---

[1] Darüber hinaus sind für die Klangempfindung die Anklingvorgänge noch von entscheidender Bedeutung.

vor sich, die z. B. eine in regelmäßigen Zeitabständen kommutierte Gleichspannung vorstellt. Es wird sich zeigen, daß auch solche Funktionen in der angegebenen Weise durch Überlagerung harmonischer Schwingungen dargestellt werden können. Der Grund für diese zunächst überraschende Tatsache liegt darin, daß in der Folge der Näherungsfunktionen zwar noch jede einzelne stetig ist, daß sie jedoch mit wachsender Nummer die Unstetigkeiten mehr und mehr nachzubilden suchen, so daß das Grenzgebilde eine unstetige Funktion sein kann.

19, 1. Bestimmung der Koeffizienten der Näherungspolynome.

Der einfacheren Schreibweise wegen reduzieren wir für die folgenden Überlegungen die Periode T der vorgelegten periodischen Funktion durch die Substitution $x = \omega t$ auf die Periode 2π und gehen von einem im Intervall[1] $-\pi \leqq x < \pi$ gegebenen Profil $f(x)$ aus, das wir durch

$$f(x + 2k\pi) = f(x) \qquad (k = \pm 1, \pm 2, \ldots)$$

periodisch fortgesetzt denken. Dabei setzen wir voraus, daß $f(x)$ im Periodenintervall bis auf endlich viele Sprungstellen stetig ist und im Periodenintervall nur endlich viele Größt- und Kleinstwerte besitzt. An den Sprungstellen von $f(x)$ existiert natürlich kein Funktionswert. Man kann hier nur von den Grenzwerten der Funktion reden, die man erhält, wenn man x von rechts oder links her auf die Sprungstelle $x = x_0$ rücken läßt. Wir wollen diese beiden Grenzwerte mit $f(x_0 + 0)$ und $f(x_0 - 0)$ bezeichnen.

Die Näherungsfunktionen $\varphi_n(x)$ der gegebenen Funktion $f(x)$ setzen wir in der Form

$$\varphi_n(x) = c_0 + c_1 \sin(x + \gamma_1) + c_2 \sin(2x + \gamma_2) + \cdots + c_n \sin(nx + \gamma_n)$$

an. Unsere erste Aufgabe ist dann, die $(2n + 1)$ Konstanten $c_0, c_1, \ldots, c_n, \gamma_1, \ldots, \gamma_n$ geeignet auszuwählen. Dabei wird man als Ziel vor Augen haben müssen, daß die vorgelegte Funktion $f(x)$ *im ganzen Intervall* der Länge 2π angenähert werden soll, daß also die Abweichungsfunktion

$$R_n(x) = f(x) - \varphi_n(x)$$

über das ganze Intervall hin so klein gemacht werden soll, wie es irgend geht. Das ist zunächst freilich sehr unbestimmt ausgedrückt und besagt nicht viel mehr, als daß die Genauigkeit der Annäherung nicht an einzelnen Stellen des Intervalls besonders hoch getrieben werden soll, wenn dafür an anderen Stellen eine stärkere Abweichung in Kauf genommen werden müßte. Unsere erste Aufgabe ist es dementsprechend, genauer zu präzisieren, was wir unter einer solchen, das ganze Intervall betreffenden guten Annäherung zu verstehen haben. Man könnte

---

[1] Wir könnten statt dessen auch das Intervall $0 \leqq x < 2\pi$ oder ein beliebiges anderes Intervall der Länge 2π verwenden.

daran denken, den Mittelwert der Abweichungsfunktion $R_n(x)$ für das Periodenintervall

$$\frac{1}{2\pi} \int\limits_{-\pi}^{+\pi} R_n(x)\,dx$$

durch geeignete Wahl der Konstanten so klein als möglich zu machen. Indessen sieht man sofort ein, daß das kein brauchbares Maß für die Güte der Annäherung sein kann. Dieses Integral kann ja sehr klein werden, auch wenn die Abweichung der Funktionen $f(x)$ und $\varphi_n(x)$ für Teilbereiche des Intervalls sehr groß ist, denn die auf einzelne Teilbereiche entfallenden Beiträge zum Integral könnten verschiedenes Vorzeichen besitzen und sich gegenseitig aufheben. Um diese Möglichkeit auszuschließen, muß man offenbar dafür sorgen, daß alle Beiträge zum Integral das gleiche Vorzeichen besitzen. Am einfachsten erreicht man das, wenn man statt des Integrals über $R_n(x)$ das Integral über $(R_n(x))^2$ als Maß für die Abweichung einführt. Danach kann man die Forderung aufstellen, es sollen die Konstanten in $\varphi_n(x)$ so bestimmt werden, daß das über die Periodenlänge genommene Integral

$$\int\limits_{-\pi}^{+\pi} (R_n(x))^2\,dx = \int\limits_{-\pi}^{+\pi} (f(x) - \varphi_n(x))^2\,dx$$

so klein wie möglich wird. Diese Forderung ist in der sogenannten *Ausgleichsrechnung* als die Methode vom *Kleinstwert der Fehlerquadrate* oder, wie man kurz zu sagen pflegt, *Methode der kleinsten Quadrate* wohlbekannt. Zu ihr kommt man in der Ausgleichsrechnung, wenn man das übliche Verfahren der elementaren Meßtechnik, zur Bestimmung des Wertes einer wiederholt gemessenen Größe das arithmetische Mittel der Meßergebnisse zu bilden, in naturgemäßer Weise verallgemeinert.

Bezeichnen wir den Wert des Integrals mit V_n, so erhalten wir zunächst

$$V_n = \int\limits_{-\pi}^{+\pi} f^2\,dx - 2\int\limits_{-\pi}^{+\pi} f\,\varphi_n\,dx + \int\limits_{-\pi}^{+\pi} \varphi_n^2\,dx\,.$$

Um die beiden letzten Integrale umzuformen, geben wir dem Ansatz für die Näherungsfunktion $\varphi_n(x)$ die Gestalt

$$(1) \qquad \varphi_n(x) = \frac{a_0}{2} + \sum_{1}^{n}{}' \,(a_\nu \cos \nu x + b_\nu \sin \nu x)\,,$$

indem wir

$$c_0 = \frac{a_0}{2}\,, \quad c_\nu \sin \gamma_\nu = a_\nu\,, \quad c_\nu \cos \gamma_\nu = b_\nu$$

setzen. Es treten dann alle $(2n+1)$ Konstanten in $\varphi(x)$ gleichberechtigt auf, und ihre Bestimmung wird übersichtlich. Wir erhalten zunächst, indem wir die Quadrate der Glieder von $\varphi_n(x)$ in die erste Zeile nehmen und die doppelten Produkte der Glieder folgen lassen:

$$(\varphi_n(x))^2 = \frac{a_0^2}{4} + a_0 \sum_1^n a_\nu \cos \nu x + a_0 \sum_1^n b_\nu \sin \nu x$$

$$+ \sum_1^n \sum_1^n a_\lambda a_\mu \cos \lambda x \cos \mu x + \sum_1^n \sum_1^n b_\lambda b_\mu \sin \lambda x \sin \mu x +$$

$$+ \sum_1^n \sum_1^n a_\sigma b_\tau \cos \sigma x \sin \tau x .$$

Dabei müssen in den Doppelsummen die Summationsbuchstaben λ, μ bzw. σ, τ unabhängig voneinander alle Werte annehmen.

Wenn wir nun das Integral

$$\int_{-\pi}^{+\pi} (\varphi_n(x))^2 \, dx$$

bilden, so sehen wir alsbald, daß die ersten beiden einfachen Summen keine Beiträge zum Integral liefern. Denn offenbar ist für alle ν

$$\int_{-\pi}^{+\pi} \cos \nu x \, dx = 0, \qquad \int_{-\pi}^{+\pi} \sin \nu x \, dx = 0,$$

da die einzelnen Integrale über ν Perioden der Funktionen Sinus und Kosinus erstreckt sind, und das Integral über die einzelne Periode einer harmonischen Schwingung gleich Null ist.

Bei der Auswertung der Integrale

$$\int_{-\pi}^{+\pi} \cos \lambda x \cos \mu x \, dx . \qquad \int_{-\pi}^{+\pi} \sin \lambda x \sin \mu x \, dx , \qquad \int_{-\pi}^{+\pi} \cos \sigma x \sin \tau x \, dx$$

ersetzen wir in den Integranden die Produkte der trigonometrischen Funktionen auf Grund der Additionstheoreme für Kosinus und Sinus durch Summen, wie wir es in 17, 43 (S. 387) ausgeführt haben. Den dortigen Ergebnissen entnehmen wir, daß die Integration von $-\pi$ bis $+\pi$ bei dem dritten Integral für jedes Indexpaar σ, τ den Wert Null liefert, da die Integrale über ganzzahlige Vielfache der Periode des Integranden erstreckt sind. Das gleiche gilt auch für die beiden ersten Integrale, sofern $\lambda \neq \mu$ ist.

Für $\lambda = \mu$ ergibt sich

$$\int\limits_{-\pi}^{+\pi} \cos^2 \mu\, x\, dx = \pi, \qquad \int\limits_{-\pi}^{+\pi} \sin^2 \mu\, x\, dx = \pi, \quad (\mu = 1, 2, \ldots)$$

so daß

$$\int\limits_{-\pi}^{+\pi} (\varphi_n(x))^2\, dx = \pi \left(\frac{a_0^2}{2} + \sum_1^n{}' a_\nu^2 + \sum_1^n{}' b_\nu^2 \right)$$

folgt. Andererseits ist

$$\int\limits_{-\pi}^{+\pi} f(x)\, \varphi_n(x)\, dx = \frac{a_0}{2} \int\limits_{-\pi}^{+\pi} f(x)\, dx + \sum_1^n{}' a_\nu \int\limits_{-\pi}^{+\pi} f(x) \cos \nu x\, dx + \sum_1^n{}' b_\nu \int\limits_{-\pi}^{+\pi} f(x) \sin \nu x\, dx,$$

so daß wir schließlich für V_n die Darstellung

$$V_n = \int\limits_{-\pi}^{+\pi} (R_n(x))^2\, dx = \int\limits_{-\pi}^{+\pi} (f(x))^2\, dx -$$

$$- \left[a_0 \int\limits_{-\pi}^{+\pi} f(x)\, dx + 2 \sum_1^n{}' a_\nu \int\limits_{-\pi}^{+\pi} f(x) \cos \nu x\, dx + 2 \sum_1^n{}' b_\nu \int\limits_{-\pi}^{+\pi} f(x) \sin \nu x\, dx \right] +$$

$$+ \pi \left(\frac{a_0^2}{2} + \sum_1^n{}' a_\nu^2 + \sum_1^n{}' b_\nu^2 \right)$$

erhalten. Der Wert des Ausdruckes V_n hängt ab von der Wahl der $(2n + 1)$ Konstanten $a_0, a_1, a_2, \ldots, a_n, b_1, b_2, \ldots, b_n$. Wir wollen, um dies auszudeuten, $V_n(a_0, a_1, \ldots, a_n, b_1, \ldots, b_n)$ schreiben. Die Abhängigkeit von diesen Konstanten ist im übrigen eine sehr einfache. V_n stellt sich dar als eine Summe von Gliedern, deren *jedes nur von einer einzigen der $(2n + 1)$ Konstanten abhängt*:

$$V_n(a_0, a_1, \ldots, a_n, b_1, \ldots, b_n) = \int\limits_{-\pi}^{+\pi} f^2(x)\, dx + \tfrac{1}{2} \left[\pi a_0^2 - 2 a_0 \int\limits_{-\pi}^{+\pi} f\, dx \right] +$$

$$+ \left[\pi a_1^2 - 2 a_1 \int\limits_{-\pi}^{+\pi} f(x) (\cos x\, dx) \right] + \cdots + \left[\pi a_n^2 - 2 a_n \int\limits_{-\pi}^{+\pi} f(x) \cos n x\, dx \right] +$$

$$+ \left[\pi b_1^2 - 2 b_1 \int\limits_{-\pi}^{+\pi} f(x) \sin x\, dx \right] + \cdots + \left[\pi b_n^2 - 2 b_n \int\limits_{-\pi}^{+\pi} f(x) \sin n x\, dx \right].$$

Hierin sollen die Konstanten $a_0, a_1, \ldots, a_n, b_1, \ldots, b_n$ so bestimmt werden, daß V_n den kleinstmöglichen Wert annimmt. Das können wir offenbar einfach in der Weise erreichen, daß wir *für jeden einzelnen der Summanden den Kleinstwert* aufsuchen. Setzen wir etwa die erste Klammer gleich η_0, also

$$\eta_0 = \pi a_0^2 - 2 a_0 \int\limits_{-\pi}^{+\pi} f(x)\, dx,$$

so können wir a_0 als die unabhängige und η_0 als die abhängige Veränderliche ansehen. Tragen wir zu jedem Wert von a_0 den zugehörigen Wert von η_0 als Ordinate auf, so erhalten wir offenbar eine Parabel zweiten Grades, die nach oben offen ist. Der Kleinstwert von η_0 entspricht dem Scheitel dieser Parabel, den wir aus der Bedingung

$$\frac{d\eta_0}{da_0} = 0$$

erhalten. Wir finden so für a_0 den Wert

$$(2\,\mathrm{a}) \qquad a_0 = \frac{1}{\pi} \int\limits_{-\pi}^{+\pi} f(x)\,dx\,.$$

Ganz entsprechend nimmt

$$\eta_\nu = \pi\,a_\nu^2 - 2\,a_\nu \int\limits_{-\pi}^{+\pi} f(x)\cos\nu x\,dx \quad \text{bzw.} \quad \xi_\nu = \pi\,b_\nu^2 - 2\,b_\nu \int\limits_{-\pi}^{+\pi} f(x)\sin\nu x\,dx$$

den kleinsten Wert an, wenn

$$\frac{d\eta_\nu}{da_\nu} = 0 \quad \text{bzw.} \quad \frac{d\xi_\nu}{db_\nu} = 0$$

ist, und daraus ergibt sich

$$(2\,\mathrm{b}) \qquad a_\nu = \frac{1}{\pi} \int\limits_{-\pi}^{+\pi} f(x)\cos\nu x\,dx\,, \quad b_\nu = \frac{1}{\pi} \int\limits_{-\pi}^{+\pi} f(x)\sin\nu x\,dx\,.$$

Die Näherungsfunktion

$$\varphi_n(x) = \frac{a_0}{2} + a_1\cos x + \cdots + a_n\cos n x + b_1\sin x + \cdots + b_n\sin n x$$

gibt also die in unserem Sinn bestmögliche Annäherung an die vorgegebene Funktion $f(x)$, wenn wir ihren $(2n+1)$ Koeffizienten die Werte (2a), (2b) *geben.*

Daß sich diese Koeffizienten durch bestimmte Integrale über den ganzen Bereich der Periode der vorgelegten Funktion $f(x)$ darstellen, erscheint durchaus verständlich, denn da die Annäherung an $f(x)$ für das ganze Intervall die bestmögliche sein soll, müssen auch alle Werte der Funktion $f(x)$ in diesem Intervall zum Aufbau der Koeffizienten herangezogen werden. Dagegen überrascht es auf den ersten Blick, daß die Werte der einzelnen Koeffizienten a_0, a_ν, b_ν gar nicht von der Zahl n, der Nummer unserer Näherungsfunktion $\varphi_n(x)$, abhängen. Wenn wir von der Näherungsfunktion $\varphi_n(x)$ zu $\varphi_{n+1}(x)$ übergehen wollen, so brauchen wir *nicht alle* $(2n+3)$ Koeffizienten zu bestimmen, sondern können die $(2n+1)$ Koeffizienten:

$$a_0,\, a_1,\, \ldots,\, a_n,\, b_1,\, \ldots,\, b_n$$

aus $\varphi_n(x)$ übernehmen und haben nur die *zwei* neuen Koeffizienten

$$a_{n+1} = \frac{1}{\pi} \int\limits_{-\pi}^{+\pi} f(x) \cos(n+1)\,x\,dx\,,$$

$$b_{n+1} = \frac{1}{\pi} \int\limits_{-\pi}^{+\pi} f(x) \sin(n+1)\,x\,dx$$

hinzuzufügen. Es geht also die Näherungsfunktion $\varphi_{n+1}(x)$ aus der Näherungsfunktion $\varphi_n(x)$ hervor, indem an dieser nur eine Verbesserung angebracht wird:

$$\varphi_{n+1}(x) = \varphi_n(x) + a_{n+1} \cos(n+1)\,x + b_{n+1} \sin(n+1)\,x\,.$$

Die Folge der Näherungsfunktionen

$$\varphi_0(x),\ \varphi_1(x),\ \varphi_2(x),\ \ldots$$

zeigt in dieser Beziehung den gleichen Charakter wie die Folge der ganzen rationalen Näherungspolynome $G_n(x)$ beim Taylorschen Satz. Auch da erhielten wir $G_{n+1}(x)$ aus $G_n(x)$ durch Hinzufügen eines Korrekturgliedes.

Unser Ziel ist, Aussagen über die Güte der Annäherung zu machen, d. h. den Fehler $R_n(x)$ in Abhängigkeit von der Stelle x und der Nummer n zu untersuchen. Die Hauptfrage ist dabei, ob sich durch hinreichend große Wahl der Nummer n jeder Genauigkeitsgrad der Annäherung erreichen läßt. Wir werden darauf in 19, 4 ausführlich zurückkommen. Hier überzeugen wir uns zunächst davon, daß die Koeffizienten a_n und b_n mit wachsender Nummer nach Null streben, daß also

$$\lim_{n\to\infty} a_n = \lim_{n\to\infty} \frac{1}{\pi} \int\limits_{-\pi}^{+\pi} f(x) \cos nx\,dx = 0\,,$$

$$\lim_{n\to\infty} b_n = \lim_{n\to\infty} \frac{1}{\pi} \int\limits_{-\pi}^{+\pi} f(x) \sin nx\,dx = 0$$

wird. Denn für ein bestimmtes n wird, wenn wir für die Koeffizienten $a_0, a_1, \ldots, a_n, b_1, \ldots, b_n$ die Werte (2a, 2b) einführen,

$$V_n = \int\limits_{-\pi}^{+\pi} (R_n(x))^2\,dx$$

$$= \int\limits_{-\pi}^{+\pi} (f(x))^2\,dx - \pi\left(\frac{a_0^2}{2} + (a_1^2 + b_1^2) + \cdots + (a_n^2 + b_n^2)\right).$$

Da der Integrand $(R_n(x))^2$ im ganzen Intervall positiv ist, so ist

$$V_n = \int\limits_{-\pi}^{+\pi} (R_n(x))^2\,dx \geqq 0\,,$$

und es folgt

$$\frac{a_0^2}{2} + a_1^2 + b_1^2 + \cdots + a_n^2 + b_n^2 \leqq \frac{1}{\pi} \int\limits^{+\pi} (f(x))^2\, dx\,.$$

Die rechte Seite dieser Ungleichung ist von der Nummer n unabhängig und stellt eine obere Schranke dar, die von den Elementen der Folge

$$\frac{a_0^2}{2} + (a_1^2 + b_1^2) + (a_2^2 + b_2^2) + \cdots + (a_n^2 + b_n^2) \quad (n = 1, 2, 3, \ldots)$$

nicht überschritten wird[1]. Andererseits entsteht jedes Element aus dem vorhergehenden durch Hinzufügen einer positiven Größe. Die Folge ist also *monoton* und *beschränkt* und muß daher nach Satz 5 aus 5,3 einen Grenzwert besitzen. Dies ist aber nur möglich, wenn die absoluten Werte von a_n und b_n mit unbegrenzt wachsendem n beliebig klein werden.

Man hat für die Koeffizienten a_n, b_n der Näherungsfunktion $\varphi_n(x)$ in neuerer Zeit den Namen *Fourierkoeffizienten* geprägt. Freilich ist dieser Name historisch nicht ganz berechtigt, denn schon bei EULER (1707—1783) wird die Annäherung einer Funktion $f(x)$ durch eine Näherungsfunktion der Gestalt $\varphi_n(x)$ betrachtet, deren Koeffizienten durch die Integrale (2) bestimmt sind. Von 1775 an sind dann diese Annäherungen im Besitz der Mathematiker gewesen und vielfach in Sonderfällen angewandt worden. Dem französischen Mathematiker J. B. FOURIER (1768—1830), nach dem man dann den Namen *Fouriersche Näherungen* bildete, der sich eingebürgert hat, gebührt das Verdienst, daß er von 1810 an als erster die große Allgemeinheit dieser Näherungen hervorgehoben hat, indem er aussprach, daß beliebige periodische Funktionen, die sogar Unstetigkeitsstellen besitzen dürfen, sich durch solche Ausdrücke $\varphi_n(x)$ annähern lassen.

19, 2. Berechnung der Fourierkoeffizienten einiger einfacher Profile.

Wir wollen nun für eine Reihe periodischer Funktionen, deren Profile eine einfache analytische Darstellung zulassen, die Fourierkoeffizienten berechnen. Dabei ist es zweckmäßig, auf die Symmetrieeigenschaften des Profils zu achten und von vornherein festzustellen, ob ein Teil der Fourierkoeffizienten verschwindet.

Ist $f(x)$ eine ungerade Funktion, gilt also

$$f(-x) = -f(x)\,,$$

so ist natürlich

$$a_0 = \frac{1}{\pi} \int\limits_{-\pi}^{\pi} f(x)\, dx = \frac{1}{\pi} \left(\int\limits_{-\pi}^{0} f(x)\, dx + \int\limits_{0}^{\pi} f(x)\, dx \right) = 0\,.$$

---

[1] Diesen Sachverhalt bezeichnet man als „Besselsche Ungleichung".

Die gleiche Zerlegung der Integrale der anderen Koeffizienten gibt mit Rücksicht darauf, daß $f(x) \cos \nu x$ eine ungerade, $f(x) \sin \nu x$ eine gerade Funktion von x ist,

$$a_\nu = \frac{1}{\pi} \int\limits_{-\pi}^{\pi} f(x) \cos \nu x \, dx = 0, \quad b_\nu = \frac{2}{\pi} \int\limits_{0}^{\pi} f(x) \sin \nu x \, dx,$$

d. h.: *die Fourier-Entwicklung einer ungeraden Funktion enthält nur Sinus-Glieder.*

Ist $f(x)$ dagegen eine gerade Funktion, so wird

$$a_0 = \frac{2}{\pi} \int\limits_{0}^{\pi} f(x) \, dx,$$

und da $f(x) \cos \nu x$ eine gerade, $f(x) \sin \nu x$ eine ungerade Funktion von x ist, weiter

$$a_\nu = \frac{2}{\pi} \int\limits_{0}^{\pi} f(x) \cos \nu x \, dx, \quad b_\nu = \frac{1}{\pi} \int\limits_{-\pi}^{\pi} f(x) \sin \nu x \, dx = 0.$$

Die Fourier-Entwicklung einer geraden Funktion enthält nur Kosinus-Glieder.

1. *Rechtecksprofil.* Dieses Profil (Abb. 132) stellt keine stetige, sondern nach Art der Treppenkurven eine stückweise konstante Funktion dar, die wir durch die Gleichungen

$$f(x) = \begin{cases} -h & -\pi < x < 0 \\ +h & 0 < x < \pi \end{cases}$$

darstellen können. Um die Definition vollständig zu machen, werde für

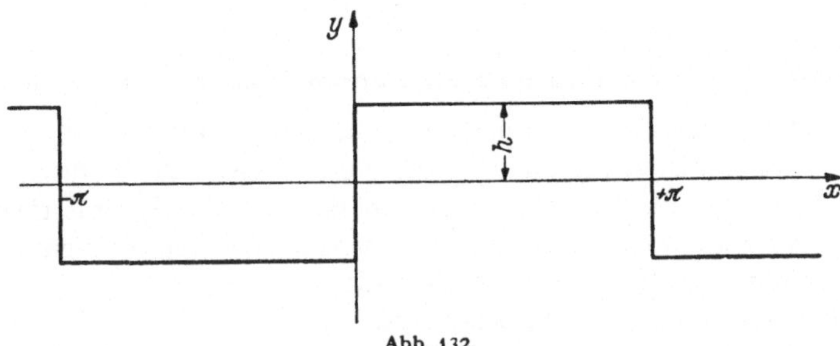

Abb. 132.

$x = 0$ der Funktionswert $f(0) = 0$ angenommen. Als ungerade Funktion besitzt sie die Fourierkoeffizienten

$$a_\nu = 0, \quad b_\nu = \frac{2h}{\pi} \int\limits_{0}^{\pi} \sin \nu x \, dx = -\frac{2h}{\pi} \frac{\cos \nu x}{\nu} \Big|_{0}^{\pi} = \frac{2h}{\pi}\left(\frac{1}{\nu} - \frac{\cos \nu \pi}{\nu}\right).$$

Ist ν eine gerade Zahl ($= 2\varrho$), so wird $\cos 2\varrho\,\pi = 1$ und danach $b_{2\varrho} = 0$; ist dagegen ν eine ungerade Zahl ($= 2\varrho + 1$), so ergibt sich wegen $\cos(2\varrho + 1)\pi = -1$:

$$b_{2\varrho+1} = \frac{4\,h}{\pi}\,\frac{1}{2\varrho+1} \qquad\qquad (\varrho = 0, 1, 2, \ldots)$$

Wir erhalten die Folge der trigonometrischen Näherungspolynome

$$\varphi_{2n+1}(x) = \frac{4\,h}{\pi}\left(\frac{\sin x}{1} + \frac{\sin 3x}{3} + \frac{\sin 5x}{5} + \cdots + \frac{\sin(2n+1)x}{2n+1}\right)$$

$$(n = 0, 1, 2, \ldots).$$

An der Unstetigkeitsstelle $x = 0$ verschwinden alle Näherungspolynome.

Die Tatsache, daß alle Sinus-Glieder, deren Argument ein geradzahliges Vielfaches von x ist, fortfallen, hätte man von vornherein einsehen können. Sie liegt in der weiteren Symmetrieeigenschaft

$$f(\pi - x) = f(x) \qquad \left(\textit{Symmetrie bez. der Mittellinie } x = \frac{\pi}{2}\right)$$

begründet. Da nämlich, wovon man sich am Kurvenbild leicht überzeugt, nur die Sinusschwingungen $\sin(2\varrho + 1)x$ die gleiche Symmetrie besitzen (für die Sinusschwingungen $\sin 2\varrho x$ gilt demgegenüber $f(\pi - x) = -f(x)$), so kommen sie für die Annäherung allein in Frage.

Man sieht an den Abb. 133a, b, c anschaulich, wie die Näherungsfunktionen mit wachsendem n immer genauer das Profil darzustellen suchen. Die Fourierkoeffizienten gehen mit wachsender Nummer, wie es sein muß, nach Null, und zwar wie die Elemente der Folge

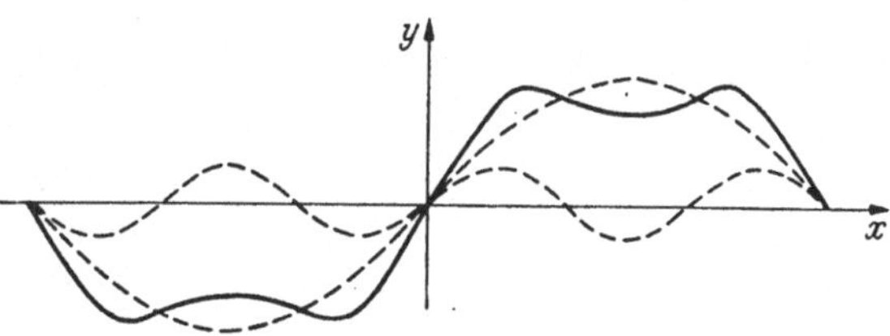

Abb. 133a.

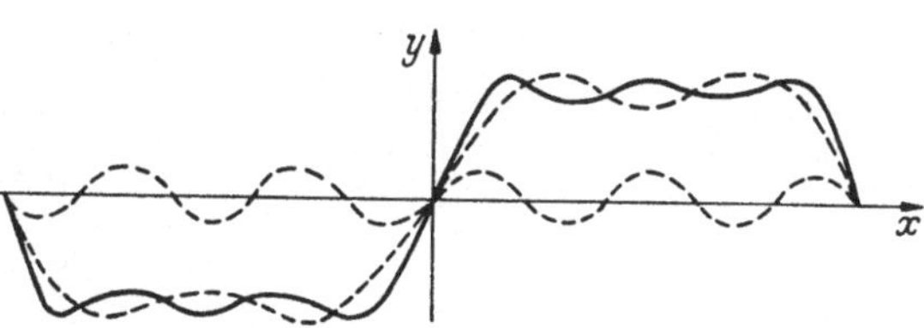

Abb. 133b.

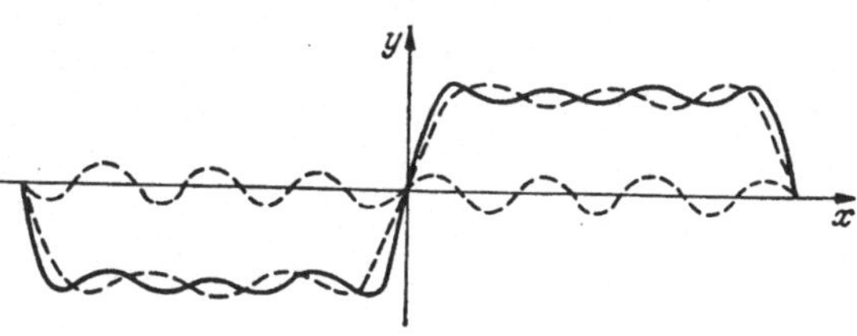

Abb. 133c.

$$\frac{1}{2\varrho+1} \qquad\qquad (\varrho = 0, 1, 2, \ldots).$$

In der Tat hat man

$$(2\varrho + 1)\,b_{2\varrho+1} = \frac{4\,h}{\pi} = \text{Const}.$$

Bei genauer Zeichnung tritt hier noch eine besondere Erscheinung auf. In unmittelbarer Nähe der Sprungstellen ist die Näherung weniger gut als auf den horizontalen Strecken. Mit wachsender Nummer der Näherungsfunktion werden die horizontalen Stücke immer genauer dargestellt, an den Sprungstellen selbst aber schießt die Funktion ein Stück über die Horizontale hinaus. Nach ihrem Entdecker, dem amerikanischen Physiker GIBBS, bezeichnet man diese Eigentümlichkeit der unstetigen Funktion als *Gibbssche Erscheinung.* Wir wollen nicht näher darauf eingehen und bemerken nur noch, daß die Annäherung der horizontalen Stücke des Profils offenbar so zustande kommt, daß die Näherungsfunktionen in Wellen, die immer niedriger werden, um die horizontalen Stücke als Mittellage hin und her schwanken. Da nun die Wellen zugleich mit der Abnahme ihres Ausschlags auch eine immer kleinere Periode erhalten, so werden die Zacken mit wachsender Nummer immer steiler. Wenn daher auch die Ordinaten des Profils und der Näherungskurven sich immer weniger unterscheiden, *so weicht doch die Steigung der Näherungskurve von der des Profils stark ab,* und zwar immer stärker mit wachsender Nummer. *Es werden also hier nur die Ordinaten, nicht aber die Steigungen angenähert.*

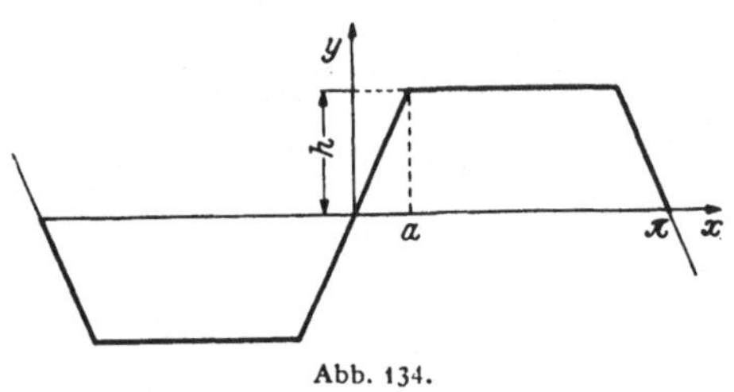

Abb. 134.

2. *Trapezprofil.* Ein anderes für die Elektrotechnik sehr wichtiges Profil dieses Typs zeigt die Abb. 134. Es ist das *Trapezprofil,* das für $0 \leqq x \leqq \pi$ durch die Gleichungen

$$f(x) = \begin{cases} \dfrac{h}{a}\, x & 0 \leqq x \leqq a \\[2mm] h & a \leqq x \leqq \pi - a \\[2mm] \dfrac{h}{a}\,(\pi - x) & \pi - a \leqq x \leqq \pi \end{cases}$$

beschrieben und für negative x als ungerade Funktion fortgesetzt werde. Da es die gleiche Symmetrie wie das eben behandelte Rechtecksprofil aufweist ($f(\pi - x) = f(x)$), so können wir die Näherungsfunktion von vornherein in der Form

$$\varphi_{2n+1}(x) = b_1 \sin x + b_3 \sin 3x + \cdots + b_{2n+1} \sin (2n+1)x$$

ansetzen und erhalten für die Koeffizienten

$$b_{2\varrho+1} = \frac{4}{\pi} \int_0^{\frac{\pi}{2}} f(x) \sin (2\varrho + 1)\, x\, dx$$

$$= \frac{4}{\pi} \left\{ \frac{h}{a} \int_0^a x \sin (2\varrho + 1)\, x\, dx + h \int_a^{\frac{\pi}{2}} \sin (2\varrho + 1)\, x\, dx \right\}.$$

Wird das erste Integral durch Produktintegration ausgewertet (vgl. 17, 44), so folgt

$$b_{2\varrho+1} = \frac{4\,h}{\pi\,a}\,\frac{\sin(2\varrho+1)\,a}{(2\varrho+1)^2}\,. \qquad (\varrho = 0, 1, 2, \ldots)$$

Die Folge der Näherungsfunktionen für unser Profil ist somit

$$\varphi_{2n+1}(x) = \frac{4}{\pi}\,\frac{h}{a}\left\{\frac{\sin a}{1^2}\sin x + \frac{\sin 3a}{3^2}\sin 3x + \cdots + \frac{\sin(2n+1)a}{(2n+1)^2}\sin(2n+1)x\right\}.$$

$$(n = 0, 1, 2, \ldots)$$

Die Fourierkoeffizienten gehen hier mit wachsender Nummer wie die Elemente der Folge $\dfrac{1}{(2\varrho+1)^2}$ $(\varrho = 0, 1, 2, \ldots)$ nach Null. In der Tat ist

$$b_{2\varrho+1}(2\varrho+1)^2 = \frac{4}{\pi}\,\frac{h}{a}\sin(2\varrho+1)\,a\,,$$

ein Ausdruck, der für jedes (noch so große) ϱ endlich bleibt.

Wir merken den Unterschied an: Beim *Rechtecksprofil* ist die Funktion unstetig und weist endliche Sprünge auf; ihre Fourierkoeffizienten gehen mit wachsender Nummer wie die Elemente der Folge $\dfrac{1}{n}$ nach Null. Beim *Trapezprofil* ($f(x)$ stetig) gehen die Fourierkoeffizienten mit wachsender Nummer wie die Elemente der Folge $\dfrac{1}{n^2}$, also stärker nach Null. Dementsprechend ist die Näherung bei gleicher Nummer wesentlich besser als beim Rechtecksprofil.

Anwendung 35: Unterdrückung der dritten Teilschwingung in Stromerzeugern. In dem Trapezprofil kann man leicht die 3. Teilschwingung zum Verschwinden bringen, man braucht dazu nur die Größe a so zu wählen, daß $\sin 3a = 0$ wird, also $a = \dfrac{\pi}{3}$ zu setzen. Der Leser überzeuge sich ohne Rechnung, allein durch Betrachtung der Symmetrieverhältnisse davon, daß unter der Annahme $a = \dfrac{\pi}{3}$ alle Koeffizienten b_ν, deren Nummer durch 3 teilbar ist, verschwinden. Die erste Näherungsfunktion, die reine harmonische Welle

$$\varphi_1(x) = \frac{6\sqrt{3}}{\pi^2}\,h\sin x\,, \qquad (\approx 1{,}05\,h\sin x)$$

nähert dann das Trapezprofil sehr gut an, da neben diese Grundschwingung als nächste Oberwelle erst die fünfte Teilschwingung tritt, deren Koeffizient

$$b_5 = \frac{12}{\pi^2}\,h\,\frac{\sin\dfrac{5\pi}{3}}{25} = -\frac{6\sqrt{3}}{25\,\pi^2}\,h \qquad (\approx -0{,}04\,h)$$

ist. Man kann daher auch umgekehrt das *Trapezprofil als gute Näherung für eine reine harmonische Welle* ansehen. Hiervon macht man beispielsweise in den elektrischen Stromerzeugern Gebrauch. Um der erzeugten Wechselspannung in Näherung die Gestalt einer harmonischen Schwingung zu geben, richtet man die elektrischen Maschinen so ein, daß längs der Oberfläche des Ankers von einem Polpaar die Kraftliniendichte als Funktion des Ortes durch ein Trapezprofil der angegebenen Gestalt dargestellt wird, bei dem die horizontale Strecke gleich $\tfrac{1}{3}$ der Halbperiode ist.

3. *Symmetrisches Dreiecksprofil.* Als Sonderfall erhalten wir aus dem Trapezprofil für $a = \dfrac{\pi}{2}$ ein Dreiecksprofil, das durch

$$f(x) = \begin{cases} \dfrac{2h}{\pi}\,x & 0 \leqq x \leqq \dfrac{\pi}{2} \\[2mm] \dfrac{2h}{\pi}\,(\pi - x) & \dfrac{\pi}{2} \leqq x \leqq \pi \end{cases}$$

dargestellt wird. Wir erhalten

$$\varphi_{2n+1}(x) = \frac{8h}{\pi^2}\left(\sin x - \frac{\sin 3x}{9} + \frac{\sin 5x}{25} + \cdots + (-1)^n \frac{\sin (2n+1)x}{(2n+1)^2}\right).$$

$$(n = 0, 1, 2, \ldots)$$

Durch eine Koordinatenverschiebung $\xi = x + \dfrac{\pi}{2}$, $\eta = y + h$ kommt

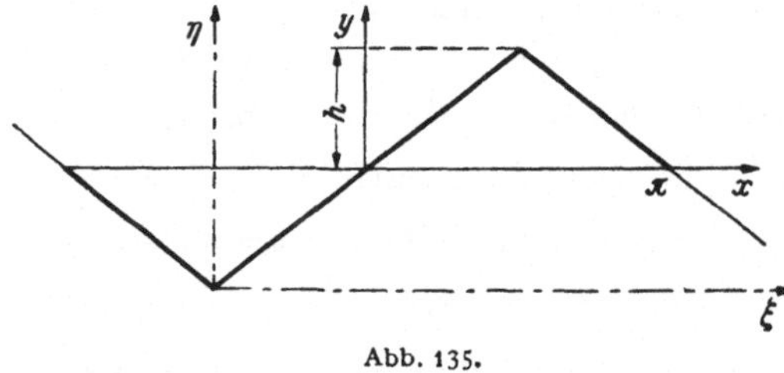

dieses Profil in eine andere Lage, so daß es als gerade Funktion erscheint. Man kann die Funktion dann kurz in der Form

$$\eta = \frac{2h}{\pi}\,|\xi| \qquad (|\xi| \leqq \pi)$$

Abb. 135.

schreiben (Abb. 135). Durch Umrechnung von $\varphi_{2n+1}(x)$ ergibt sich

$$\psi_{2n+1}(\xi) = h - \frac{8h}{\pi^2}\left(\frac{\cos \xi}{1} + \frac{\cos 3\xi}{9} + \frac{\cos 5\xi}{25} + \cdots + \frac{\cos (2n+1)\xi}{(2n+1)^2}\right),$$

$$(n = 0, 1, 2, \ldots)$$

ein Ergebnis, das der Leser auch unmittelbar ableiten möge.

4. *Intermittierende Sinusschwingung.* Dieses Profil entsteht in der Elektrotechnik als Stromform bei einem ideal arbeitenden Einweg-Gleichrichter. Die rechte Hälfte des Profils (Abb. 136) wird durch die

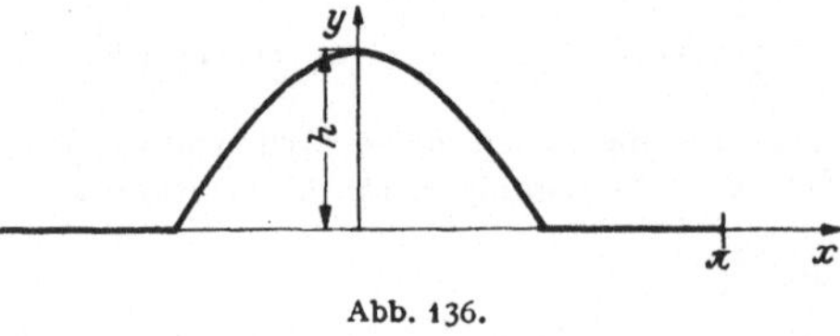

Gleichungen

$$f(x) = h\cos x \quad 0 \leqq x \leqq \frac{\pi}{2}$$

$$f(x) = 0 \qquad \frac{\pi}{2} \leqq x \leqq \pi$$

dargestellt. Die Funktion ist gerade, und wir haben dementsprechend

Abb. 136.

$$b_\nu = 0, \quad a_\nu = \frac{2h}{\pi}\int_0^{\frac{\pi}{2}} \cos x \cos \nu x\,dx = \frac{h}{\pi}\int_0^{\frac{\pi}{2}} [\cos (\nu + 1)x + \cos (\nu - 1)x]\,dx$$

$$= \frac{h}{\pi}\left[\frac{\sin (\nu + 1)\dfrac{\pi}{2}}{\nu + 1} + \frac{\sin (\nu - 1)\dfrac{\pi}{2}}{\nu - 1}\right]\nu > 1.$$

Dieser Ausdruck verschwindet, wenn ν eine ungerade Zahl ist, und wird für $\nu = 2\varrho$ $(\varrho = 0, 1, 2, \ldots)$

$$a_{2\varrho} = \frac{h}{\pi}(-1)^{\varrho}\left[\frac{1}{2\varrho+1} - \frac{1}{2\varrho-1}\right] = \frac{2h}{\pi}\frac{(-1)^{\varrho+1}}{(2\varrho-1)(2\varrho+1)},$$

so daß wir nach (1), S. 404 die Näherungspolynome

$$\varphi_{2n}(x) = \frac{h}{\pi} + \frac{h}{2}\cos x$$
$$+ \frac{2h}{\pi}\left(\frac{\cos 2x}{1\cdot 3} - \frac{\cos 4x}{3\cdot 5} + \frac{\cos 6x}{5\cdot 7} - + \cdots + (-1)^{n+1}\frac{\cos 2nx}{(2n+1)(2n-1)}\right)$$
$$(n = 1, 2, \ldots)$$

erhalten.

5. *Kommutierte Sinusschwingung.* Dieses Profil, das als Kurvenform des aus einem Doppelweg-Gleichrichter austretenden Stromes entsteht, wird durch

$$f(x) = h\,|\sin x\,|$$

dargestellt (Abb. 137) und

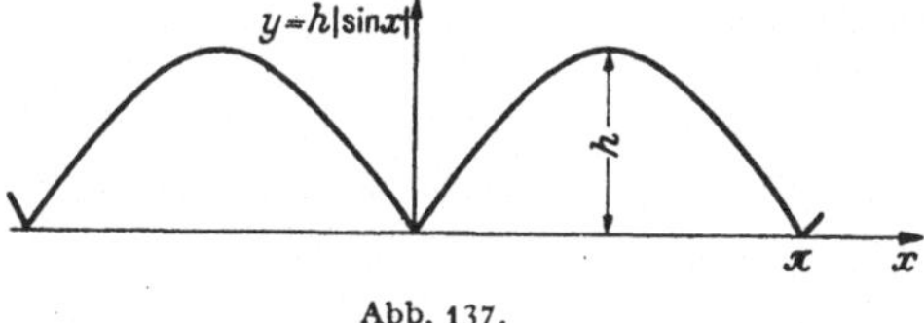

Abb. 137.

hat statt der Periode 2π die Periode π (Frequenzverdoppelung). Wir setzen daher $2x = \xi$ und erhalten für das Profil

$$f(x) = g(\xi) = h\sin\left|\frac{\xi}{2}\right|$$

die Koeffizienten

$$b_\nu = 0, \quad a_\nu = \frac{2h}{\pi}\int_0^\pi \sin\frac{\xi}{2}\cos\nu\xi\,d\xi = -\frac{h}{\pi}\left(\frac{\cos\frac{2\nu+1}{2}\xi}{\frac{2\nu+1}{2}} - \frac{\cos\frac{2\nu-1}{2}\xi}{\frac{2\nu-1}{2}}\right)\Bigg|_0^\pi$$

$$= -\frac{4h}{\pi}\frac{1}{(2\nu-1)(2\nu+1)} \qquad\qquad (\nu = 0, 1, 2, \ldots)$$

und damit die Näherungspolynome:

$$\varphi_n = \frac{2h}{\pi} - \frac{4h}{\pi}\left(\frac{\cos\xi}{1\cdot 3} + \frac{\cos 2\xi}{3\cdot 5} + \frac{\cos 3\xi}{5\cdot 7} + \cdots + \frac{\cos n\xi}{(2n-1)(2n+1)}\right)$$
$$= \frac{2h}{\pi} - \frac{4h}{\pi}\left(\frac{\cos 2x}{1\cdot 3} + \frac{\cos 4x}{3\cdot 5} + \frac{\cos 6x}{5\cdot 7} + \cdots + \frac{\cos 2nx}{(2n-1)(2n+1)}\right).$$

19., 3. **Numerische Bestimmung der Fourierkoeffizienten für ein vorgelegtes Profil mit der Methode der Fensterschablonen.**

Die bestimmten Integrale, durch die die Fourierkoeffizienten dargestellt werden, lassen sich nur in ganz wenigen Fällen mit Hilfe der elementaren Funktionen auswerten. In der Praxis ist nun obendrein das Profil der periodischen Funktion gar nicht analytisch gegeben wie in den behandelten Beispielen, sondern durch ein Registrierinstrument aufgezeichnet, in der Wechselstromtechnik z. B. durch den Oszillographen. Dann muß man die Integrale der Fourierkoeffizienten a_0, a_ν, b_ν

durch instrumentelle, numerische oder graphische Methoden auswerten. Wir wollen im folgenden ein numerisches Verfahren zur Bestimmung der Fourierkoeffizienten besprechen, das sich als besonders brauchbar erwiesen und weiteste Verbreitung gefunden hat. Bei der Entwicklung dieses Verfahrens geht man davon aus, daß die Integrale, die die Koeffizienten darstellen, sich näherungsweise durch endliche Summen ersetzen lassen. Es handelt sich dann vor allem darum, die Auswertung dieser Summen in übersichtlicher Weise und mit dem geringst möglichen Rechenaufwand durchzuführen. Die Aufgabe wird sehr einfach, wenn die vorgelegte Funktion $y = f(x)$ in ihrem Periodizitätsbereich $0 \leq x < 2\pi$ überall positiv ist. Ist sie nicht von selbst überall positiv, so werden wir zweckmäßig zu ihr eine so große Konstante addieren, daß die Summe überall positiv ausfällt. Hierdurch erfährt nur das konstante Anfangsglied eine Änderung, die sich am Schluß durch Subtraktion der Konstanten wieder rückgängig machen läßt. Um die Integrale durch endliche Summen zu ersetzen, wird der Bereich der Periode für alle Fourierkoeffizienten in eine feste Anzahl von unter sich gleichen Intervallen geteilt, und zwar erweist es sich als zweckmäßig, 24 Teilintervalle zu wählen. Die Teilpunkte haben die Abszissen

$$x_\varrho = \varrho \, \frac{\pi}{12}. \qquad\qquad (\varrho = 1, 2, 3, \ldots, 24)$$

An die Stelle der Integrale für die Koeffizienten treten danach die endlichen Summen

$$\alpha_\nu = \frac{1}{12} \sum_1^{24} f(x_\varrho) \cos\left(\nu\varrho\,\frac{\pi}{12}\right), \qquad \beta_\nu = \frac{1}{12} \sum_1^{24} f(x_\varrho) \sin\left(\nu\varrho\,\frac{\pi}{12}\right). \quad (\nu = 0, 1, \ldots)$$

Man wird im ersten Augenblick sehr im Zweifel sein, ob diese endlichen Summen brauchbare Näherungswerte für die Integrale liefern, denn beim Ersatz des Integrals durch eine Rechteckssumme muß eigentlich vorausgesetzt werden, daß sich der Integrand im Bereich zwischen zwei Teilpunkten nur wenig ändert, und diese Eigenschaft haben die vorliegenden Integranden $f(x) \cos \nu x$ bzw. $f(x) \sin \nu x$ nicht, da sie in dem Periodenbereich ν-mal auf- und abschwingen. Es zeigt sich aber, daß die Summen für die Fourierkoeffizienten bis zur Nummer 10 ausgezeichnete Näherungswerte liefern. Wir können uns diese Tatsache plausibel machen, wenn wir den Übergang vom Integral zur Summe statt in die Lösung in die Aufgabe selbst verlegen und die Aufgabe stellen: Es sollen die Koeffizienten α_ν, β_ν in der Näherungsfunktion

$$\psi_n(x) = \frac{\alpha_0}{2} + (\alpha_1 \cos x + \beta_1 \sin x) + (\alpha_2 \cos 2x + \beta_2 \sin 2x) + \cdots +$$
$$+ (\alpha_n \cos nx + \beta_n \sin nx)$$

so bestimmt werden, daß die Näherungskurve bestmöglich an den 24 Profilpunkten $\left(x_\varrho = \varrho\,\frac{\pi}{12},\ y_\varrho = f(x_\varrho)\right)$ vorbeiläuft. Dabei soll die bestmögliche Annäherung wieder in dem Sinn verstanden sein, daß die Quadratsumme der Abweichungen

$$V_n = \sum_1^{24} [f(x_\varrho) - \psi_n(x_\varrho)]^2$$

ein Minimum wird. Die Überlegungen und auch die Rechnungen verlaufen für die Summen genau so wie für die Integrale. Man kommt zu dem bemerkenswerten Ergebnis, daß sich als Koeffizienten α_ν, β_ν gerade die obigen Summen ergeben. Wenn wir somit die Fourierkoeffizienten durch die Summen ersetzen, so erhalten wir eine Näherungsfunktion, die an den 24 gleichmäßig über die Periode verteilten Punkten bestmöglich vorbeigeht. Dadurch wird verständlich, daß diese Näherungsfunktion mit der früher bestimmten Näherungsfunktion sehr nahe zusammenfällt und daß die Summen gute Näherungswerte für die Fourierkoeffizienten a_ν, b_ν ergeben.

Es bleibt uns nur noch übrig, diese Summen zu berechnen. Da kommt es uns nun zustatten, daß wir die Anzahl der Teilintervalle der Periode gleich 24 gewählt haben. Dem Bogen $\frac{\pi}{12}$ entspricht der Winkel 15^0, und bei der Berechnung der Sinus und Kosinus der Vielfachen dieses Winkels können wir uns, wie man unmittelbar am Einheitskreis sieht, auf die Zahlwerte

$$\sin 15^0,\ \sin 30^0,\ \sin 45^0,\ \sin 60^0,\ \sin 75^0,\ \sin 90^0 = 1$$

beschränken, nur muß für jeden einzelnen Faktor überlegt werden, mit welchem dieser 6 Werte er absolut genommen übereinstimmt und welches Vorzeichen er hat. Da nach Voraussetzung alle $f(x_\varrho)$ positiv sind, so haben die Summanden das Vorzeichen des betr. Kosinus oder Sinus.

Auf diese Überlegungen gestützt, hat man nun folgendes einfache Rechenverfahren entwickelt.

Man multipliziert alle 24 Werte $f(x_\varrho)$ der Reihe nach erst mit $\sin 15^0$, dann mit $\sin 30^0$, $\sin 45^0$, $\sin 60^0$ und $\sin 75^0$, hat also $5 \cdot 24 = 120$ Multiplikationen auszuführen. Das ist keine große Arbeit, da man ja jedesmal die 24 Werte mit dem gleichen Faktor zu multiplizieren hat. Die Ergebnisse trägt man in ein vorgedrucktes Schema ein, in das man auch noch $f(x_\varrho) \sin 90^0 = f(x_\varrho)$ aufzunehmen pflegt. Es sind also 6 Spalten und 24 Zeilen, insgesamt also 144 Zellen erforderlich:

$f(x_\varrho)$	$f(x_\varrho) \times$ $\times \sin 15^0$	$f(x_\varrho) \times$ $\times \sin 30^0$	$f(x_\varrho) \times$ $\times \sin 45^0$	$f(x_\varrho) \times$ $\times \sin 60^0$	$f(x_\varrho) \times$ $\times \sin 75^0$	$f(x_\varrho) \times$ $\times \sin 90^0$
$f(x_1)$						
$f(x_2)$						
$\cdots$	$\cdots$	$\cdots$	$\cdots$	$\cdots$	$\cdots$	$\cdots$
$f(x_{24})$						

Durch Summation der vorderen oder der letzten Spalte erhält man zunächst α_0 Wenn wir dann die Summen in α_ν bzw. β_ν aufsuchen wollen, so wissen wir, daß die absoluten Werte der Summanden unter den 144 Zahlwerten unserer Tabelle enthalten sind. Man muß sich nur überlegen, welche von ihnen in die gesuchte Summe eingehen und welches Vorzeichen ihnen dabei beizulegen ist. Die Stellung dieser Glieder in dem Schema der Tabelle für einen bestimmten Koeffizienten ist stets die gleiche, sie ist unabhängig von der zu analysierenden Funktion $f(x)$. Da die $f(x_\varrho)$ weiter sämtlich positiv sind, ist auch das Vorzeichen, mit dem sie in die Summe eingehen, stets das gleiche. Man kann sich daher ein für allemal anmerken, welche Zellen des Schemas die Summanden der Summe eines bestimmten Koeffizienten enthalten, und welches Vorzeichen der einzelnen Zelle für diesen Summanden beizulegen ist. Weiß man das, so kann man die einzelnen Summanden mit dem richtigen Vorzeichen dem Schema entnehmen und die Summe berechnen. Damit das auch von nicht mathematisch ausgebildeten Rechenhilfskräften ausgeführt werden kann, hat man das gleiche Zellenschema wie oben auf Blättern aus durchsichtigem Papier angebracht und für jeden der Koeffizienten α_ν, β_ν ein Blatt so hergerichtet, daß die Zellen, die nicht zu der Summe beitragen, durch Schwarzfärbung undurchsichtig gemacht sind, während die Zellen, die beitragen, durchsichtig sind. Dabei ist noch durch Färbung unterschieden, ob der Beitrag dieser Zelle positiv oder negativ in die Summe eingeht[1].

Will man nun einen bestimmten Koeffizienten berechnen, so legt man das zugehörige durchsichtige Blatt über das Zellenschema mit den berechneten Zahlwerten, entnimmt dem Schema zunächst alle positiven Beiträge, addiert sie und bildet dann ebenso die Summe aller negativen Beiträge. Schließlich zieht man dann diese zweite Teilsumme von der ersten ab und dividiert die Differenz durch 12.

19, 4. Der Beweis von DIRICHLET, daß ein Profil durch die zugehörige FOURIERsche Reihe dargestellt wird.

19, 41. Integraldarstellung des Restgliedes. In den Beispielen haben wir gesehen, daß die Näherungsfunktionen $\varphi_n(x)$, die wir durch Berechnung der Fourierkoeffizienten zu den betrachteten Profilen konstruierten, die vorgelegte Funktion $f(x)$ überall im Periodenbereich mit wachsendem n immer besser annähern. Wir wollen nun untersuchen, welchen Bedingungen die Funktion $f(x)$ genügen muß, wenn es möglich sein soll, die Annäherung beliebig weit zu treiben. Da unsere Beispiele schon sehr allgemeine Profile vorstellten, können wir erwarten, daß wir keine großen Einschränkungen über die Natur der Funktion $f(x)$ zu machen brauchen.

Wir denken uns ein Profil

$$y = f(x)$$

gegeben, dessen Periode der einfachen Schreibweise halber wieder auf 2π reduziert sei, und wollen annehmen, daß die zugehörigen Fourierkoeffizienten und die Folge der Näherungsfunktionen

$$(1) \qquad \varphi_n(x) = \frac{a_0}{2} + \sum_1^n {}^{\nu} (a_\nu \cos \nu x + b_\nu \sin \nu x) \qquad (n = 1, 2, \ldots)$$

bestimmt sei. Dann bilden wir die Differenz

$$R_n(x) = f(x) - \varphi_n(x)$$

und untersuchen ihre Größe für jede Stelle x des Periodenbereiches. Wir wollen auch Sprungstellen der Funktion $f(x)$ mit in die Betrachtung einbeziehen und nur voraussetzen, daß ihre Anzahl im Periodenintervall endlich ist. An einer solchen Sprungstelle bilden wir die beiden Grenzwerte $f(x + 0)$ und $f(x - 0)$, die man erhält, wenn man von der rechten oder von der linken Seite her auf die Stelle x zugeht. Als Funktionswert an einer solchen Stelle x wollen wir dann das arithmetische Mittel

$$\frac{f(x + 0) + f(x - 0)}{2}$$

ansehen und der Abweichungsfunktion an einer solchen Stelle ent-

---

[1] Im Buchhandel sind solche Blätter unter dem Namen *Zipperer-Tafeln* käuflich.

sprechend den Wert

$$(3) \qquad R_n(x) = \frac{f(x + 0) + f(x - 0)}{2} - \varphi_n(x)$$

zuweisen. Für jede Stelle, an der $f(x)$ stetig ist, stimmen $f(x + 0)$ und $f(x - 0)$ überein, sie sind beide gleich $f(x)$, und somit enthält diese allgemeine Definition von $R_n(x)$ die frühere Darstellung (S. 403) als Sonderfall. Für ein festes x hängt die Größe des Restes von der Nummer n ab, und wir untersuchen, ob es möglich ist, sie durch passende Wahl von n unter eine vorgegebene positive (noch so kleine) Zahl ε herabzudrücken. Können wir das zeigen, so gilt für dieses x nach der Definition des Grenzwertes

$$\lim_{n \to \infty} R_n(x) = 0$$

oder, was dasselbe ist,

$$f(x) = \lim_{n \to \infty} \varphi_n(x).$$

Können wir es insbesondere für jeden Wert von x im ganzen Periodenbereich zeigen, so läßt sich die vorgegebene Funktion $f(x)$ als Grenzwert unserer Folge der Fourierschen Näherungsfunktionen $\varphi_n(x)$ darstellen.

Der Beweis, daß in der Tat diese Grenzwertgleichung für sehr allgemeine Funktionen gilt, ist in voller mathematischer Strenge zuerst 1829 von P. G. Lejeune-Dirichlet (1805—1859), einem der bedeutendsten der deutschen mathematischen Forscher des vorigen Jahrhunderts, geführt worden.

Um die Fehlerfunktion $R_n(x)$ übersichtlich darzustellen, schreiben wir zunächst die Näherungsfunktion (1) in geschlossener Form. Die Fourierkoeffizienten sind

$$(2) \quad a_\nu = \frac{1}{\pi} \int_{-\pi}^{+\pi} f(z) \cos \nu z \, dz, \quad b_\nu = \frac{1}{\pi} \int_{-\pi}^{+\pi} f(z) \sin \nu z \, dz, \qquad (\nu = 0, 1, 2, \ldots)$$

wobei wir den Integrationsbuchstaben mit z bezeichnet haben, um im folgenden eine Verwechselung mit der Veränderlichen x zu vermeiden. Führen wir diese Werte in (1) ein, so ergibt sich zunächst

$$\varphi_n(x) = \frac{1}{2\pi} \int_{-\pi}^{+\pi} f(z) \, dz +$$

$$+ \frac{1}{\pi} \sum_{1}^{n} \left(\cos \nu x \int_{-\pi}^{+\pi} f(z) \cos \nu z \, dz + \sin \nu x \int_{-\pi}^{+\pi} f(z) \sin \nu z \, dz \right),$$

und da hinsichtlich der Integration nach z die Faktoren $\cos \nu x$ und $\sin \nu x$ konstante Größen sind, können wir sie unter die Integralzeichen ziehen. Wir erhalten damit

$$\varphi_n(x) = \frac{1}{2\pi} \int\limits_{-\pi}^{+\pi} f(z)\,dz + \frac{1}{\pi} \sum_{1}^{n}{}' \int\limits_{-\pi}^{+\pi} f(z)\left(\cos \nu z \cos \nu x + \sin \nu z \sin \nu x\right) dz$$

$$= \frac{1}{\pi} \int\limits_{-\pi}^{+\pi} f(z)\left(\frac{1}{2} + \sum_{1}^{n}{}' \cos \nu (z - x)\right) dz.$$

Damit ist die Näherungsfunktion $\varphi_n(x)$ als ein bestimmtes Integral dargestellt, wobei x ein Parameter im Integral ist, der für die Ausführung der Integration nach z als Konstante anzusehen ist. Die Darstellung wird für unsere Zwecke brauchbarer, wenn wir statt z die neue Integrationsveränderliche $\xi = z - x$, $d\xi = dz$ einführen. Die Grenzen des transformierten Integrals sind $(-\pi - x)$ und $(+\pi - x)$. Da aber der Integrand die Periode 2π besitzt, so können wir statt des Integrationsintervalles $(-\pi - x)$ bis $(\pi - x)$ auch das Integrationsintervall $(-\pi)$ bis $(+\pi)$ wählen (vgl. S. 403[1]), d. h. für die Integration nach ξ die alten Grenzen beibehalten. Danach erhält jetzt $\varphi_n(x)$ die Form

$$\varphi_n(x) = \frac{1}{\pi} \int\limits_{-\pi}^{+\pi} f(\xi + x)\left(\frac{1}{2} + \sum_{1}^{n}{}' \cos \nu \xi\right) d\xi.$$

Die im Integrationsintervall stetige Funktion

$$(4) \qquad\qquad \sigma_n(\xi) = \frac{1}{2} + \sum_{1}^{n}{}' \cos \nu \xi,$$

die für $\xi = 0$ den Wert

$$(4a) \qquad\qquad \sigma_n(0) = \tfrac{1}{2}(2n + 1)$$

annimmt, läßt sich für $\xi \neq 0$ noch einfacher schreiben. Multiplizieren wir nämlich die Summe mit $\sin \frac{\xi}{2}$, so können die Sinusprodukte in bekannter Weise (vgl. S. 387) in Differenzen umgeformt werden. Es gilt also im ganzen Intervall mit Ausnahme des Nullpunktes:

$$\frac{1}{2}\left(1 + \sum_{1}^{n}{}' 2\cos \nu \xi\right) = \frac{1}{2\sin \frac{\xi}{2}}\left[\sin \frac{\xi}{2} + \sum_{\nu=1}^{n} 2\sin \frac{\xi}{2}\cos \nu \xi\right]$$

$$= \frac{1}{2\sin \frac{\xi}{2}}\left[\sin \frac{\xi}{2} + \sum_{\nu=1}^{n}\left(\sin \frac{2\nu+1}{2}\xi - \sin \frac{2\nu-1}{2}\xi\right)\right]$$

und man erkennt, daß sich in der Klammer alle Glieder bis auf eines zerstören, daß also

$$(4b) \qquad\qquad \sigma_n(\xi) = \frac{1}{2}\,\frac{\sin \frac{2n+1}{2}\xi}{\sin \frac{\xi}{2}} \qquad\qquad 0 < |\xi| \leqq \pi$$

ist. Die durch (4a) und (4b) erklärte Funktion wollen wir im folgenden kurz *Sinusquotient* nennen[1]. Damit haben wir für die Näherungsfunktion $\varphi_n(x)$ die übersichtliche Darstellung

$$\varphi_n(x) = \frac{1}{2\pi} \int\limits_{-\pi}^{+\pi} f(x + \xi)\, \sigma_n(\xi)\, d\xi$$

gewonnen. Zerlegen wir das Integral in zwei Bestandteile, indem wir erst von $-\pi$ bis 0, sodann von 0 bis $+\pi$ integrieren, und ersetzen wir hier im ersten Bestandteil ξ durch $-\xi$, so folgt leicht

$$(1a) \qquad \varphi_n(x) = \frac{1}{2\pi} \int\limits_0^{\pi} f(x - \xi)\, \sigma_n(\xi)\, d\xi + \frac{1}{2\pi} \int\limits_0^{\pi} f(x + \xi)\, \sigma_n(\xi)\, d\xi.$$

Nun läßt sich auch die Abweichungsfunktion

$$(3) \qquad R_n(x) = \frac{f(x + 0) + f(x - 0)}{2} - \varphi_n(x)$$

selbst durch bestimmte Integrale der gleichen Gestalt darstellen, denn integrieren wir den *Sinusquotienten* von 0 bis π, so erhalten wir nach (4)

$$\int\limits_0^{\pi} \sigma_n(\xi)\, d\xi = \pi,$$

da für jedes ν das Integral von $\cos \nu\xi$, über eine volle Periode erstreckt, verschwindet. Also wird

$$\frac{f(x + 0) + f(x - 0)}{2} = \frac{1}{2\pi} \int\limits_0^{\pi} [f(x + 0) + f(x - 0)]\, \sigma_n(\xi)\, d\xi,$$

und wir erhalten, wenn wir hiervon den Ausdruck (1a) subtrahieren,

$$(3a) \qquad R_n(x) = \frac{1}{2\pi} \int\limits_0^{\pi} [f(x+0) - f(x+\xi)]\, \sigma_n(\xi)\, d\xi$$

$$+ \frac{1}{2\pi} \int\limits_0^{\pi} [f(x-0) - f(x-\xi)]\, \sigma_n(\xi)\, d\xi,$$

eine Darstellung, die auch für solche Stellen gilt, an denen $f(x)$ unstetig ist.

19, 42. Das Verhalten des Sinusquotienten. Die beiden Integrale, die in (3a) auftreten, sind von gleichem Typus. Der Sinusquotient erscheint multipliziert mit einer Funktion $g(\xi)$, die für $\xi = 0$ den Wert Null

---

[1] Daß in der Tat $\lim\limits_{\xi \to 0} \sigma_n(\xi) = 2n + 1$ ist, folgt auch aus der auf S. 370 abgeleiteten Gleichung $\lim\limits_{\alpha \to 0} \dfrac{\sin \alpha}{\alpha} = 1.$

annimmt. Wir haben nun zu zeigen, daß der absolute Wert eines Integrals der Gestalt

$$\int_0^\pi g(\xi)\,\sigma_n(\xi)\,d\xi$$

unter der Voraussetzung, daß

$$g(0) = 0$$

ist, durch hinreichend große Wahl der Zahl n unter jede vorgegebene positive Zahl ε herabgedrückt werden kann. Die Möglichkeit dieses Nachweises beruht darauf, daß der Sinusquotient den Charakter einer abklingenden Schwingung hat.

Um dies einzusehen, verfolgen wir von $\xi = 0$, $\sigma_n(0) = 2n + 1$ den Wert des Sinusquotienten mit wachsendem ξ in dem Intervall $0 \leq \xi \leq \pi$. Er hat überall Nullstellen, wo der Zähler verschwindet, abgesehen von $\xi = 0$, also für $\dfrac{2n+1}{2}\,\xi = \varrho\pi$, d. h. für

$$\xi = \varrho\,\frac{2\pi}{2n+1} \qquad (\varrho = 1, 2, \ldots n).$$

Im übrigen verläuft der Sinusquotient in dem Streifen der (ξ, η)-Ebene, den die beiden Kurven

$$\eta = \frac{\pm 1}{\sin\dfrac{\xi}{2}}$$

abgrenzen, da der Zähler stets zwischen $(+1)$ und (-1) bleibt. Die Breite jeder einzelnen Halbschwingung ist $\dfrac{2\pi}{2n+1}$ (Abb. 138).

In zwei aufeinanderfolgenden Halbschwingungen haben die Ordinaten entgegengesetztes Vorzeichen, und ihr absoluter Betrag ist in der folgenden kleiner als in der vorhergehenden.

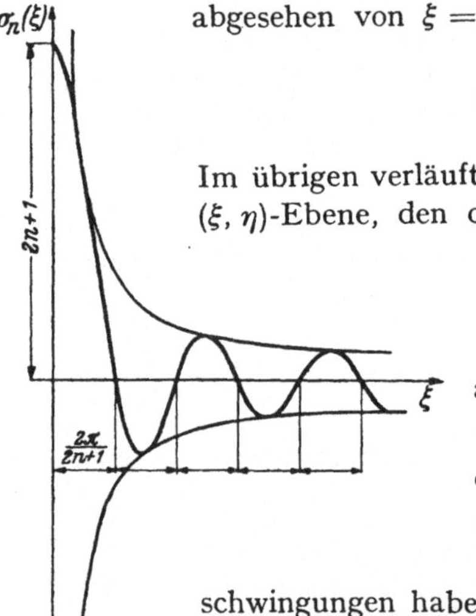

Abb. 138.

Wir sahen oben, daß der Flächeninhalt unter dem Sinusquotienten ganz unabhängig von der Nummer n den Wert π besitzt und veranschaulichen uns das leicht an der Figur. Für große Werte von n wird die erste Halbschwingung sich mehr und mehr einem rechtwinkligen Dreieck annähern, dessen Katheten die Längen $(2n + 1)$ und $\dfrac{2\pi}{2n+1}$ besitzen, so daß der zugehörige Flächeninhalt sich mehr und mehr dem Werte π nähert. Im übrigen Verlauf der Kurve heben sich je zwei aufeinanderfolgende Halbschwingungen angenähert auf, so daß sich der gesamte, auf die erste Halbschwingung folgende Flächeninhalt mit wachsender Nummer n mehr und mehr der Null nähert. Der gesamte Flächeninhalt unter dem Sinusquotienten stimmt für wachsendes n immer mehr mit dem Inhalt der ersten Halbschwingung überein.

Wir gewinnen in diese Verhältnisse genauen Einblick, wenn wir im Innern des Integrationsintervalls eine beliebige Stelle α annehmen und uns davon überzeugen, daß die Limesgleichung

$$(5) \qquad \lim_{n \to \infty} \int_{\alpha}^{\pi} \sigma_n(\xi)\, d\xi = 0$$

gilt. Hierzu suchen wir für jede Nummer n die erste auf die Zahl α folgende Nullstelle von $\sigma_n(\xi)$ auf und nennen sie ξ_n. Die so erhaltene Zahlenfolge $\xi_1, \xi_2, \ldots$ hat den Grenzwert α. Das Integrationsintervall von α bis π zerlegen wir in die beiden Teilintervalle $\langle \alpha, \xi_n \rangle$ und $\langle \xi_n, \pi \rangle$. Für das erste Teilintegral haben wir die Abschätzung

$$(5\,a) \qquad \left| \int_{\alpha}^{\xi_n} \sigma_n(\xi)\, d\xi \right| \leq \frac{1}{\sin \frac{\alpha}{2}} (\xi_n - \alpha) < \frac{1}{\sin \frac{\alpha}{2}} \frac{2\pi}{2n+1}.$$

Für das zweite Teilintegral ergibt sich aus dem Verlauf der Kurve, die den Charakter einer abklingenden Schwingung besitzt, daß der absolute Betrag des Integralwertes kleiner ist als die absolute Größe des Flächeninhaltes der ersten auf $\xi = \xi_n$ folgenden Halbschwingung[1]:

$$\left| \int_{\xi_n}^{\pi} \frac{\sin \frac{2n+1}{2}\xi}{\sin \frac{1}{2}\xi}\, d\xi \right| < \left| \int_{\xi_n}^{\xi_n + \frac{2\pi}{2n+1}} \frac{\sin \frac{2n+1}{2}\xi}{\sin \frac{1}{2}\xi}\, d\xi \right| <$$

$$< \frac{1}{\sin \frac{\xi_n}{2}} \left| \int_{\xi_n}^{\xi_n + \frac{2\pi}{2n+1}} \sin \frac{2n+1}{2}\xi\, d\xi \right|,$$

und dafür können wir wegen $\xi_n > \alpha$ schreiben

$$(5\,b) \qquad \left| \int_{\xi_n}^{\pi} \sigma_n(\xi)\, d\xi \right| < \frac{1}{\sin \frac{\alpha}{2}} \int_{0}^{\frac{2\pi}{2n+1}} \sin \frac{2n+1}{2}\xi\, d\xi = \frac{1}{\sin \frac{\alpha}{2}} \frac{4}{2n+1}.$$

Da nun die Schranken der beiden Integrale (5a) und (5b) mit $n \to \infty$ nach Null streben, so gilt die behauptete Limesgleichung, und zwar unabhängig von der Lage der Stelle α im Innern des Intervalls $\langle 0\,\pi \rangle$. Andererseits sahen wir, daß das von 0 bis π erstreckte Integral des Sinusquotienten den Wert π besitzt, und da dies unabhängig

---

[1] Vgl. die Ausführungen über alternierende Reihen (S. 327).

von n gilt, so können wir daraus in Verbindung mit der letzten Formel schließen, daß die Limesgleichung

$$\lim_{n \to \infty} \int_0^\alpha \sigma_n(\xi)\, d\xi = \pi$$

besteht.

Es ist für das Folgende zweckmäßig, das Resultat noch etwas zu verallgemeinern, indem wir den Sinusquotienten mit einer stetigen Funktion $h(\xi)$ multiplizieren, die im Intervall von 0 bis π nicht negativ und monoton nicht zunehmend ist. Die Kurve

$$y = h(\xi)\,\sigma_n(\xi) = \frac{h(\xi)}{\sin\frac{\xi}{2}} \sin\frac{2n+1}{2}\xi$$

hat ebenso wie die Kurve des Sinusquotienten den Charakter einer abklingenden Schwingung und verläuft zwischen den Hilfskurven

$$\eta = \pm\,\frac{h(\xi)}{\sin\frac{\xi}{2}}$$

hin und her. Wenn wir die obigen Überlegungen Schritt für Schritt wiederholen, so erhalten wir die Ungleichung

$$\left| \int_\alpha^\pi h(\xi)\,\sigma_n(\xi)\,d\xi \right| < \frac{h(\alpha)}{\sin\frac{\alpha}{2}} \left[\frac{2\pi}{2n+1} + \frac{4}{2n+1} \right],$$

aus der sich die Limesgleichung

$$(6) \qquad\qquad \lim_{n \to \infty} \int_\alpha^\pi h(\xi)\,\sigma_n(\xi)\,d\xi = 0$$

ergibt. Wenn wir weiter für dieses α den Flächeninhalt

$$\int_0^\alpha h(\xi)\,\sigma_n(\xi)\,d\xi$$

aufsuchen, so folgt in der gleichen Weise wie früher, daß dieser Flächeninhalt kleiner (oder höchstens gleich) ist dem Flächeninhalt der ersten Halbschwingung. In der ersten Halbschwingung ist aber der Sinusquotient überall positiv. Daher vergrößern wir das Integral, wenn wir die mit wachsendem ξ abnehmende Funktion $h(\xi)$ im ganzen Integrationsbereich durch ihren Größtwert $h(0)$ ersetzen. Es wird also

$$\int_0^\alpha h(\xi)\,\sigma_n(\xi)\,d\xi \leqq \int_0^{\frac{2\pi}{2n+1}} h(\xi)\,\sigma_n(\xi)\,d\xi \leqq h(0) \int_0^{\frac{2\pi}{2n+1}} \sigma_n(\xi)\,d\xi\,,$$

und da die erste Halbschwingung des Sinusquotienten ganz im Innern des Rechtecks der Breite $\dfrac{2\pi}{2n+1}$ und der Höhe $2n+1$ liegt, so folgt

$$(7) \qquad 0 < \int_0^\alpha h(\xi)\,\sigma_n(\xi)\,d\xi < 2\pi\,h(0)\,.$$

Das ist eine Abschätzungsformel, die für unsere Zwecke von grundlegender Bedeutung ist[1].

19, 43. Abschätzung des Restes. Nach diesen Vorbereitungen können wir unsere Aufgabe, die Abweichungsfunktion

$$R_n(x) = f(x) - \varphi_n(x)$$

abzuschätzen, in Angriff nehmen. Diese setzt sich nach (3a) S. 421 aus zwei Integralen der Form

$$(8) \qquad I_n = \int_0^\pi g(\xi)\,\sigma_n(\xi)\,d\xi$$

zusammen, worin für die Funktion $g(\xi)$ einmal:

$$(8\text{a}) \qquad g(\xi) = \frac{1}{2\pi}\left[f(x+0) - f(x+\xi)\right],$$

das andere Mal

$$(8\text{b}) \qquad g(\xi) = \frac{1}{2\pi}\left[f(x-0) - f(x-\xi)\right]$$

zu setzen ist, so daß in beiden Fällen

$$(8\text{c}) \qquad g(0) = 0$$

wird.

Von der Funktion $g(\xi)$ verlangen wir außer dem Bestehen der Gleichung (8c) noch, daß sie im abgeschlossenen Intervall $0 \le \xi \le \pi$ stetig[2] sein soll und in diesem Intervall nur endlich oft Größt- oder Kleinstwerte annimmt. Zerlegen wir nun das Integral (8) im Sinne der Ausführungen von 19, 42:

$$I_n = \int_0^\alpha g(\xi)\,\sigma_n(\xi)\,d\xi + \int_\alpha^\pi g(\xi)\,\sigma_n(\xi)\,d\xi\,,$$

so können wir auf Grund der eben gemachten Voraussetzung den Teilpunkt α so nahe an die Stelle $\xi = 0$ heranrücken, daß $g(\xi)$ im Intervall $0 \le \xi \le \alpha$ monoton verläuft. Wegen

$$g(\xi) = g(\alpha) + \left[g(\xi) - g(\alpha)\right]$$

erhalten wir dann für das erste Integral die Abschätzung

$$\left|\int_0^\alpha g(\xi)\,\sigma_n(\xi)\,d\xi\right| \le |g(\alpha)| \left|\int_0^\alpha \sigma_n(\xi)\,d\xi\right| + \int_0^\alpha |g(\xi) - g(\alpha)|\,\sigma_n(\xi)\,d\xi\,.$$

---

[1] Sie gilt auch für $h(\xi) \equiv 1$.

[2] Die Stetigkeitsvoraussetzung wird weiter unten noch gemildert.

Da die Funktion $|g(\xi) - g(\alpha)|$ alle in 19, 42 über $h(\xi)$ gemachten Voraussetzungen erfüllt, kann hierin auf beide Integrale die Abschätzungsformel (7) (auf das erste mit $h(\xi) \equiv 1$) angewandt werden. Bei Beachtung von (8c) erhält man:

$$(9) \qquad \left| \int_0^\alpha g(\xi)\, \sigma_n(\xi)\, d\xi \right| \leqq 4\pi\, g(\alpha) \,.$$

Um die Ergebnisse von 19, 42 auch auf das von α bis π erstreckte Integral anwenden zu können, fassen wir (das ist wegen der vorausgesetzten endlichen Anzahl von Größt- und Kleinstwerten stets möglich) $g(\xi)$ als Überlagerung zweier monotoner und im Intervall $0 \leqq \xi \leqq \pi$ stetiger Funktionen $g_1(\xi)$ und $g_2(\xi)$ auf, deren erste nicht abnimmt, während die zweite nicht zunimmt. Für $g_1(\xi)$ nehmen wir die Stücke der Kurve $g(\xi)$ aus den Teilintervallen, in denen $g(\xi)$ wächst, und reihen sie aneinander, wie es Abb. 139 zeigt, d. h. wir halten in den Intervallen, in denen $g(\xi)$ abnimmt, die Funktion $g_1(\xi)$ konstant gleich dem Wert, mit dem sie in das betreffende Intervall eintritt. Ebenso nehmen wir die absteigenden Teile der Funktion $g(\xi)$ und reihen sie mit Einschaltung horizontaler Stücke zu einer stetigen, monoton nicht zunehmenden Funktion $g_2(\xi)$ zusammen. Es gilt dann

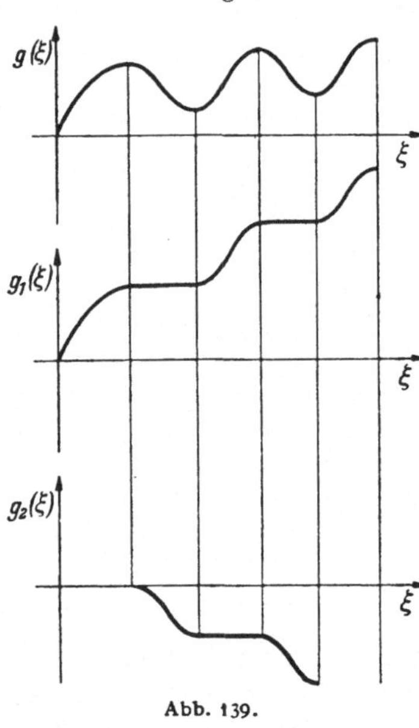

Abb. 139.

$$g(\xi) = g_1(\xi) + g_2(\xi) \,.$$

Setzt man nun

$$g_1(\xi) = g_1(\pi) - h_1(\xi) \,,$$
$$g_2(\xi) = g_2(\pi) + h_2(\xi) \,,$$

so erfüllen $h_1(\xi)$ und $h_2(\xi)$ wieder die Voraussetzungen über die Funktion $h(\xi)$ (S. 424). Dann wird:

$$\int_\alpha^\pi g(\xi)\, \sigma_n(\xi)\, d\xi = [g_1(\pi) + g_2(\pi)] \int_\alpha^\pi \sigma_n(\xi)\, d\xi - \int_\alpha^\pi h_1(\xi)\, \sigma_n(\xi)\, d\xi +$$

$$+ \int_\alpha^\pi h_2(\xi)\, \sigma_n(\xi)\, d\xi \,.$$

Hieraus folgt auf Grund der Limesgleichungen (5) und (6):

$$(10) \qquad \lim_{n \to \infty} \int_\alpha^\pi g(\xi)\, \sigma_n(\xi)\, d\xi = 0 \,.$$

Wir können nachträglich leicht auch den Fall einbeziehen, daß die Funktion $g(\xi)$ im Intervalle von 0 bis π endlich viele Sprungstellen von der Höhe C_ϱ ($\varrho = 1, 2, \ldots, p$) aufweist. Durch Wahl eines hinreichend kleinen α kann immer erreicht werden, daß in das Intervall $\langle 0, \alpha \rangle$ keine solche Sprungstelle fällt, so daß diese nur bei der Integration von α bis π zu berücksichtigen sind. .Dann fassen wir $g(\xi)$ auf als Überlagerung einer Funktion $\gamma(\xi)$, die stetig ist, und einer Funktion $\varphi(\xi)$, die die gleichen Unstetigkeiten wie $g(\xi)$ aufweist, aber zwischen den Unstetigkeitsstellen konstant bleibt, wie es die Abb. 140 zeigt:

$$g(\xi) = \gamma(\xi) + \varphi(\xi).$$

Da nun

$$\int\limits_{\alpha}^{\pi} \varphi(\xi)\,\sigma_n(\xi)\,d\xi = \sum\limits_{1}^{p} C_\varrho \int\limits_{\xi_\varrho}^{\pi} \sigma_n(\xi)\,d\xi$$

ist und mit Rücksicht auf (5)

$$\lim\limits_{n \to \infty} \int\limits_{\xi_\varrho}^{\pi} \sigma_n(\xi)\,d\xi = 0$$

gilt, so bleibt die Limesgleichung (10) bestehen.

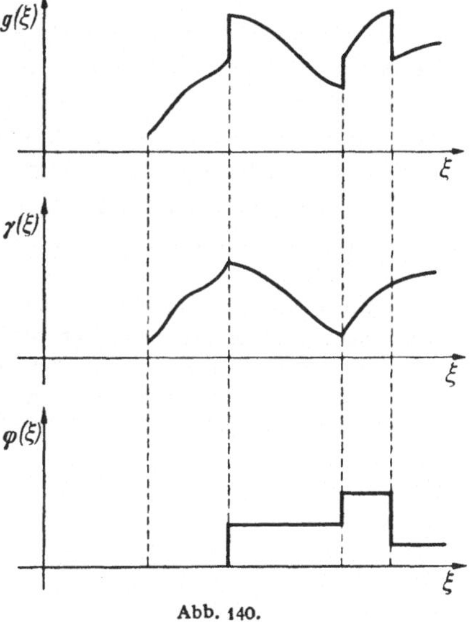

Abb. 140.

Wir können nun den Nachweis führen, daß das Integral (8) für $n \to \infty$ den Grenzwert Null besitzt. Für den ersten Teil hatten wir die Abschätzung (9) gewonnen, die uns ermöglicht, durch Wahl eines hinreichend kleinen α den Absolutwert dieses Integrals unter eine beliebig vorgegebene positive Schranke $\frac{\varepsilon}{2}$ herunterzudrücken, da die Funktion $g(\xi)$ bei $\xi = 0$ rechtsseitig stetig ist und $g(0) = 0$ ist. Auf Grund der Limesgleichung (10) können wir danach eine Nummer N angeben, so daß für alle $n \geq N$ der Absolutbetrag des zweiten Teilintegrals ebenfalls kleiner als $\frac{\varepsilon}{2}$ wird. Also gilt:

$$\left| \int\limits_{0}^{\pi} g(\xi)\,\sigma_n(\xi)\,d\xi \right| \leq \left| \int\limits_{0}^{\alpha} g(\xi)\,\sigma_n(\xi)\,d\xi \right| + \left| \int\limits_{\alpha}^{\pi} g(\xi)\,\sigma_n(\xi)\,d\xi \right| < \varepsilon.$$

Die Differenz unserer Profilfunktion und der trigonometrischen Näherungsfunktion stellte sich nach (3a) für eine feste Stelle x als Summe zweier Integrale der Form (8) dar. Wir erkennen daher, daß für alle Funktionen $f(x)$, die in dem Periodenintervall endlich bleiben, nur endlich viele Unstetigkeitsstellen besitzen und auch nur endlich viele Größt- und Kleinstwerte aufweisen, die Abweichung $R_n(x) = \dfrac{f(x+0) + f(x-0)}{2} - \varphi_n(x)$ an jeder Stelle des Periodenintervalls absolut genommen beliebig klein gemacht werden kann, sofern nur die Nummer der Näherungsfunktion genügend groß gewählt wird[1]. Man sagt in diesem Fall: *Die Funktion f(x) wird durch die Fouriersche Reihe dargestellt*, und schreibt

$$(11) \qquad f(x) = \frac{a_0}{2} + (a_1 \cos x + b_1 \sin x) + (a_2 \cos 2x + b_2 \sin 2x) + \cdots$$

Es sei bemerkt, daß bei diesem auf DIRICHLET zurückgehenden Beweis keine Voraussetzungen über die Differenzierbarkeit der Funktion $f(x)$ erforderlich sind. Setzt man stückweise Differenzierbarkeit voraus, so läßt sich der Beweis einfacher erbringen[2]. Die fortschreitende Entwicklung der mathematischen Wissenschaft hat inzwischen dazu geführt, das Problem in einen viel weiteren Fragenkreis einzuordnen, für dessen Behandlung neuartige Begriffe und Methoden herausgearbeitet sind[3].

---

[1] Über Verallgemeinerungen der Voraussetzungen vgl. v. MANGOLDT-KNOPP: Einführung in die Höhere Mathematik (7. Aufl.) Bd. 3 S. 515.

[2] Vgl. R. COURANT: Vorlesungen über Differential-Integralrechnung Bd. 1 S. 367.

[3] Eine geschlossene Darstellung dieses Fragenkreises findet man in COURANT-HILBERT: Methoden der Mathematischen Physik (2. Aufl.) Bd. 1 Kap. II.

Schlußbemerkung.

Wir sind in dieser Vorlesung nach dem Grundsatz verfahren, unter Beschränkung auf den Bereich der reellen Zahlen die wichtigsten Funktionen und Funktionenklassen in systematischer Gliederung zu behandeln und zugleich ihre Bedeutung für die Beschreibung von Naturvorgängen darzulegen. Diese besondere Art des Aufbaues konnte nicht ohne Einfluß auf die Auswahl des Stoffes bleiben. Während beispielsweise das Kapitel über die Fourierschen Reihen, das nicht zum Stoff des ersten Teils der Einführungsvorlesung zu gehören pflegt, den natürlichen Abschluß der begonnenen Linie bildet, hätte sich andererseits etwa die Geometrie ebener Kurven (Bogenlänge, Krümmung) nicht zwanglos einfügen lassen, weil bei all unseren Betrachtungen Kurven nur die Bedeutung von Schaubildern für funktionale Zusammenhänge besaßen und wir dementsprechend maßgeometrische Betrachtungen bewußt in den Hintergrund haben treten lassen (vgl. S. 16/17). (Wo sie überhaupt eingeführt worden sind (§ 10, § 16–17), gehörten sie dem Gebiet der Elementargeometrie an und waren im Grunde nur Mittel zum Zweck einer Vereinfachung der Sprechweise.) Wir werden auf diese Dinge im zweiten Band eingehen, wenn wir in der Vektorrechnung das geeignete Mittel zur Darstellung geometrischer Zusammenhänge entwickelt haben werden.

Verzeichnis der Anwendungen.

Sachverzeichnis.